Franco Rol

L'Uomo dell'Impossibile

Esperimenti, prodigi, miracoli di
Gustavo Adolfo Rol.

Antologia ampliata

VOLUME III

© 2022 Franco Rol – Tutti i diritti riservati

Aprile 2022

ISBN: 979-8-88680-548-2

1ª ristampa maggio 2024

Siti e pagine principali dell'Autore:

www.gustavorol.org

facebook.com/Gustavo.A.Rol

facebook.com/FrancoRolAutore

facebook.com/FrancoRolPilota

youtube.com/FrancoRol

INDICE

	Introduzione al Vol. III...................................	9
	Classificazione delle possibilità di Rol – 2022	21
I	Chiaroveggenza..	22
II	Endoscopia e visione dell'aura.....................	60
III	Interventi terapeutici e guarigioni.................	65
IV	Biblioscopia semplice....................................	69
V	Carte...	72
VI	Biblioscopia complessa.................................	90
VII	Telepatia..	94
VIII	Memoria..	99
IX	Precognizione..	100
X	Azione sulla coscienza altrui o "trasferimento di coscienza"...	128
XI	Oggetti "viventi"...	132
XII	Volontà..	134
XIII	Onda d'urto...	136
XIV	*Xenoglossia*	
XV	Intervento esterno apparente	138
XVI	Telecinesi..	139
XVII	Telecinesi di pennelli....................................	141
XVIII	Magnetismo...	143
XIX	Levitazione o sospensione gravitazionale......	145
XX	Tunnelling...	147
XXI	Bilocazione altrui..	153
XXII	Bilocazione di Rol...	154
XXIII	*Sdoppiamento*	
XXIV	Alterazione spazio-temporale	158
XXV	Viaggi nel tempo..	163
XXVI	Sincronicità...	177
XXVII	Interventi a distanza.....................................	182
XXVIII	Interventi vari	185
XXIX	Epifanie..	186
XXX	*Presenze*	
XXXI	Trasfigurazione...	214
XXXII	Plasticità del corpo.......................................	216
XXXIII	Materializzazione di disegni o dipinti............	220
XXXIV	Materializzazione di oggetti..........................	223
XXXV	Materializzazione di scritte...........................	242
XXXVI	Carte che si trasformano...............................	249
XXXVII	Dipinti o immagini che si trasformano...........	257

XXXVIII	Fiammate o raggi luminosi........................	260
XXXIX	*Fenomeni apparentemente indipendenti da Rol*	
XL	*Fenomeni sonori*	
XLI	Fenomeni vari...	261
XLII	Profumi..	270
XLIII	Animali..	271
XLIV	*Folgorazione*	
XLV	Consigli...	273
XLVI	*Anticipazioni scientifiche*	
XLVII	Sogni (apparizioni di Rol in sogno)...............	278
XLVIII	Scrittura automatica................................	281
XLIX	Post-mortem...	282
L	Resuscitazione..	318
APPENDICE I	*Il mio incontro con Rol* (di Elena Ghy)..........	321
APPENDICE II	*Lettera di Gianfranco Marinari*...................	327
APPENDICE III	*Le fotografie di Gustavo Adolfo Rol*.............	333
APPENDICE IV	*Due miei brevi articoli del 2019*..................	339
	Note bibliografiche e commenti al vol. III.......	343
	Bibliografia..	485
	Tavole..	493

Introduzione

Quando si entra nella sfera della "Coscienza Sublime" tutto diventa possibile.

Gustavo Adolfo Rol, 1951

Alla fine di luglio 2021 consegnavo all'editore Reverdito il mio studio *Fellini & Rol. Una realtà magica*, frutto di due anni di approfondimenti, dedicato all'amicizia di questi due grandi personaggi.

Da quando nel 2008 pubblicai *Il simbolismo di Rol*, mi sarei aspettato una traiettoria divulgativa diversa. Alcuni dei lavori che ritenevo e ritengo più importanti sono rimasti altrettanti cantieri aperti che ancora devono essere portati a conclusione. I libri che ho pubblicato fino ad oggi li considero tutti, nessuno escluso, deviazioni o soste lungo il percorso principale. Il *cuore* del "caso Rol" non è stato ancora raggiunto e illustrato. E questo perché, da un lato, si tratta di un "organo" alquanto *complesso*, la cui analisi deve essere il più possibile precisa ed esente da speculazioni superficiali e su un terreno quanto più possibile scientifico, lontano da certa letteratura *new age* speculativa che lascia quasi sempre il tempo che trova, o ricicla ciò che altri hanno già abbondantemente detto in passato – soprattutto gli studi e ricerche del XIX secolo condotte da ricercatori seri, spesso accademici, che i fruitori moderni di questa letteratura neanche conoscono – e in maniera meno precisa.

Dall'altro perché contingenze ed esigenze di vario tipo impongono che si approfondisca e si tratti di alcuni aspetti biografici prima di altri, aspetti che poi possono essere integrati successivamente, e profittevolmente, nel percorso principale.

Questo terzo volume antologico ne è un perfetto esempio. Già da alcuni mesi, nel 2021, mi dicevo che il materiale accumulatosi successivamente alla terza edizione del 2015 stava diventando progressivamente sempre più consistente e che era ora di ordinarlo e renderlo disponibile agli studiosi e ai lettori in generale. Ma la cosa sarebbe stata utile anche a me: mettere le cose in ordine serve per averle più facilmente accessibili e scoprire elementi che in un primo momento non si erano notati, così come ricorrenze, *patterns* fenomenologici e analogie tra le testimonianze. E come conseguenza, alcuni di questi elementi suggeriscono poi approfondimenti in certe direzioni che inizialmente si erano trascurate o non si erano proprio prese in considerazione, oppure ancora che ci si sarebbe proposti di analizzare in seguito e che invece un determinato episodio impone di analizzare subito.

Come in qualsiasi opera autenticamente creativa, si sa dove si inizia, si sa più o meno quel che si vuole fare, ma poi è l'opera a condurre il creatore, non il contrario. Ciò che del resto è applicabile anche a una parte della fenomenologia di Rol[1]. Il risultato è che il prodotto finale non corrisponde quasi mai al progetto iniziale, se non nelle grandi linee. Nel caso del presente volume, intanto non mi aspettavo che prendesse la consistenza che poi ha preso (ma questo mi capita ormai ogni volta, vista la quantità di materiale nuovo e le analisi che occorre fare) sia perché il materiale che lo costituisce non era visibile, essendo sparso in molti rivoli, sia perché nel momento in cui ho cominciato a metterci mano ho contestualmente acquisito informazioni ulteriori e complementari (le sole note bibliografiche per esempio hanno già l'estensione di un volume) dagli stessi testimoni o da altre fonti.

Le appendici inizialmente dovevano essere di più, ma mi sono limitato a quattro per non estendere ulteriormente il testo. Le prime due sono inedite, scritte direttamente dai testimoni Elena Ghy e Gianfranco Marinari, le altre due sono scritti miei del 2006 e 2019 che ho ritenuto opportuno riproporre qui.

L'ipotesi di fare una quarta edizione ampliata dei volumi precedenti non era percorribile. Non avrei comunque immaginato che in meno di sette anni potessero emergere così tante nuove testimonianze. È il caso di dire che l'epoca attuale si sta rivelando come il terreno più fertile che un Maestro illuminato abbia mai potuto avere nella storia. In altre epoche, dove le comunicazioni erano rudimentali e le testimonianze tramandate, qualche volta, da una generazione all'altra grazie alla tradizione orale, la quantità di racconti così come la possibilità di verifica degli stessi erano molto scarse. Non c'è dubbio che se Gesù vivesse in questo secolo il materiale che si potrebbe raccogliere su di lui sarebbe infinitamente maggiore, e molto più attendibile, di quello che abbiamo oggi.

Già nell'introduzione della prima edizione di questa antologia, ormai una decade fa (2012) scrivevo che «qualcuno come Rol, già rarissimo a trovarsi, e del quale sia stata catalogata tutta la fenomenologia nel modo in cui è stato fatto in questo libro, *non è mai esistito prima di lui*».

Con questo nuovo volume tale evidenza si rafforza ulteriormente. Ma quello che sorprende è l'aumento progressivo, non la diminuzione, delle

---

[1] Nel mio primo libro avevo difficoltà a chiamare Gustavo solo col suo cognome, come è noto a tutti, perché io non l'ho mai chiamato così. Scelsi il compromesso "Gustavo Rol", ma in seguito mi sono accorto che non era appropriato: da un lato perché il suo nome effettivo è "Gustavo Adolfo" (come *Carl Gustav* Jung, *George Bernard* Shaw, *Robert Louis* Stevenson o *Carl Maria* von Weber) nonostante all'anagrafe sia registrato solo come Gustavo, probabile errore di trascrizione. Se la targa sotto casa sua venne cambiata nel 2015 (nel 2014 era stata messa senza "Adolfo") lo si deve soprattutto alla mia sollecitazione (col contributo attivo dell'amica Chiara Barbieri). Dall'altro perché da un punto di vista biografico è corretto parlare di lui in termini storiografici, e quindi menzionando prevalentemente il solo cognome. In una nuova edizione de *Il simbolismo di Rol*, metterei (e forse metterò in futuro) solo "Rol".

testimonianze. E questo si è reso possibile grazie soprattutto alle reti sociali, che hanno messo in comunicazione con facilità e velocità persone che altrimenti mai si sarebbero conosciute o parlate. Pagine e gruppi dedicati a Rol, soprattutto su *facebook*, hanno fatto da calamita e catalizzatore per molti testimoni i quali hanno trovato conferma nelle testimonianze di altri di ciò che loro stessi avevano visto, spingendoli a condividere a loro volta la loro esperienza. In passato non c'erano luoghi dove fare tali condivisioni e con un pubblico così vasto; inoltre, non pochi testimoni preferivano tenere per sé quello che avevano presenziato, per timore di non essere creduti o di essere derisi. Altri erano nel dubbio di aver forse avuto allucinazioni o di essere stati ipnotizzati. Non potendo fare raffronti e confrontarsi direttamente con altri testimoni su queste cose, le testimonianze rimanevano nel privato, e spesso se ne andavano con la morte del testimone.

La pandemia è stata poi un *booster* ulteriore, perché a causa di essa si è ridotto sensibilmente il *gap* tecnologico della generazione più anziana, la quale per necessità ha dovuto aggiornarsi e imparare a comunicare con i nuovi mezzi. I confinamenti in casa hanno poi fatto il resto. Riducendo le attività sociali fuori, le si sono ampliate dall'interno. E la piazza, definitivamente, è diventata la rete. Molti dei testimoni di Rol sono persone ormai anziane, quelle più isolate durante la pandemia, che quindi hanno avuto le circostanze più favorevoli per farsi conoscere. Ho potuto scambiare messaggi sia su *facebook* che su *whatsapp* con molti ottantenni e anche qualche novantenne. Il fatto poi di scrivere invece che parlare è anche meglio, perché a una certa età l'udito non è dei migliori. Io stesso sono espressione di questa straordinaria Era dell'Informazione: pur abitando in Brasile, ho fatto un lavoro che in altri tempi non sarebbe stato possibile nemmeno se avessi abitato a Torino.

Siamo quindi di fronte a circostanze storiche eccezionali e favorevoli per poter avere tutto quello che occorre per comprendere un Illuminato come Rol.

Un altro aspetto importante è che molti testimoni hanno riferito loro stessi la loro testimonianza, per iscritto, senza il filtro o l'approssimazione della memoria di terzi, ciò che ha permesso maggiore precisione e aderenza agli eventi originali. Inoltre, la possibilità di approfondire direttamente con loro *facendo le giuste e opportune domande*, da parte dello scrivente che in genere non si accontenta del primo racconto sommario, ha quasi sempre fatto emergere dettagli ulteriori e preziosi, che altrimenti si sarebbero perduti.

Un approccio scientifico corretto non è molto diverso da una investigazione di polizia, con interrogatori, analisi, verifiche sul campo. La bussola costante deve essere il *fact checking*, e nel campo in questione ancor più che in altri campi, visto che ancora non esiste una dimostrazione scientifica di questi fenomeni, ciò che lascia spazio alle speculazioni, alle

illusioni e ai ciarlatani, ad un tasso ampiamente superiore a quello che si riscontra in altri ambiti.
Un elemento curioso riguardante la raccolta delle testimonianze è che quando ho cominciato a sistemare, ad agosto 2021, il nuovo materiale accumulato nei sei anni precedenti, questo stesso fatto mi ha portato a ricontattare molti testimoni per chiedere dettagli che inizialmente non avevo chiesto e nel fare questo qualche testimone mi ha comunicato episodi accaduti ad altri, che ho di seguito contattato. Il risultato è che nei primi mesi di sistemazione dei contenuti sono emerse molte nuove testimonianze, per il solo fatto di essere andato un po' più fondo in quelle già raccolte. Ci sono momenti che mi rammarico di non aver fatto questo lavoro capillarmente sin dalla fine del 1999, periodo in cui ho iniziato a occuparmi attivamente del "caso Rol". La presente antologia avrebbe come minimo già un volume in più, perché sin dalla fine degli anni '90 avevo sentito, senza andare a cercarle, molte testimonianze inedite che non avevo pensato di mettere per iscritto e che davo per "scontate", ovvero conferma di ciò che Rol poteva fare e che si trattava di prodigi autentici, non pensavo cioè che avrei potuto annotarle per farle conoscere in seguito anche ad altri. Purtroppo, ho riscontrato ancora di recente questo atteggiamento in qualche testimone, che non è interessato a far conoscere la sua testimonianza, sentendosi appagato di quanto ha avuto la fortuna di presenziare. Ma sarebbe un torto nei confronti di Rol, il quale ha mostrato le sue *possibilità* mai come fini a se stesse, né come limitate al fortunato di turno, ma come dimostrazione di una dimensione più vasta della realtà, che intreccia tutte le dimensioni di tempo spazio e materia *oltre* il tempo lo spazio e la materia, avuto accesso alla quale l'essere umano è messo in condizione di cambiare la sua prospettiva esistenziale e perdere «il terrore della morte», come dice Rol. È questo l'*unico* punto di vista possibile per tornare a una autentica *Età dell'Oro*, perché finché si continuerà con prospettive ristrette e condizionate solo dalle spinte biologiche questo mondo continuerà a commettere gli stessi ricorrenti errori e l'autocrate di turno continuerà a tenerlo in ostaggio con l'arma atomica, la quale da sola può mettere fine in un sol colpo a tutti i lentissimi progressi di millenni, anzi di milioni di anni perché distruggerebbe anche tutte le altre speci. Una tale situazione fa dell'uomo il vero demone del pianeta Terra, e il suo destino pare definitivamente segnato a meno che non si rivolga a una rinuncia dell'*ego* sostanziale, *conditio sine qua non* per elevarsi oltre le nebbie della sua miopia, ampliare i suoi orizzonti mentali e spirituali e di conseguenza operare le scelte giuste per salvaguardare la vita sulla Terra.
Sulle testimonianze, non tutto quanto mi è stato comunicato, o è stato pubblicato e commentato soprattutto in rete, assurge a episodio significativo degno di essere riprodotto.

In certi casi si riferiscono aneddoti che di paranormale non hanno nulla, e si attribuisce loro un significato o una importanza eccessiva. Le sfumature possono andare dall'ingenuità fino all'autosuggestione. La categoria più frequente è quella dei sogni. Per alcuni basta aver sognato Rol che la cosa è già "paranormale". Per altri una semplice coincidenza viene elevata al rango di *sincronicità di prim'ordine*. Tutto quello che non ho inserito in questa antologia – quando non si tratta di semplice svista – è materiale che non ritengo superi la soglia del "normale" o del credibile. L'aneddotica è già talmente corposa che proprio non è il caso di soffermarsi su episodi poco rilevanti o totalmente soggettivi, che non raggiungano criteri minimi di plausibilità (stabiliti principalmente dal *modus operandi* di Rol, dall'attendibilità del testimone, dall'andare oltre la mera coincidenza, i prodotti del subconscio, ecc.). Non parliamo poi dei casi di invenzioni pure e semplici dell'affabulatore di turno (mi sono capitati per esempio tre aneddoti che a tutta prima sembravano autentici ma che ad una analisi più attenta e domande stringenti fatte al testimone hanno rivelato non esserlo). Il rigore è d'obbligo, e non posso escludere che in questi anni delle centinaia di episodi raccolti qualcuno di *integralmente* falso possa avere attraversato il filtro, per quanta attenzione io possa averci messo. Di certo dovesse essere accaduto e venisse scoperto sarà prontamente segnalato.

Ciò che non si trova in questa antologia quindi, quando non è rara disattenzione o mancanza di conoscenza di un dato episodio, vuol dire che non è stato ritenuto sufficientemente valido e credibile per esservi incluso. Invito i testimoni che volessero essere inclusi in volumi futuri a scrivermi in modo circostanziale la loro testimonianza, preferibilmente per email. Alcuni continuano a preferire il telefono, ma questo non è un mezzo ideale. Dettagli possono sfuggirmi nel riportare quanto mi hanno raccontato, costringendomi poi a ricontattarli magari molte volte facendo perdere tempo a entrambi; meglio quindi mandarmi uno scritto (possono in fondo fare questo piccolo sacrificio), così che oltretutto la testimonianza abbia valore superiore non essendoci il mio filtro, per quanto quasi inesistente dal momento che tento sempre la massima adesione a quanto mi si riferisce.

Ho anche potuto rendermi conto che quello che ora considero in generale un mio errore metodologico, ovvero il fatto di archiviare una testimonianza senza chiedere subito tutti i dettagli del caso, si è però in alcuni casi rivelato utile: testimonianze magari ambigue, dubbie o con elementi poco convincenti, di testimoni sconosciuti e di cui non mi sia stato possibile verificare l'attendibilità, possono essere consolidate e corroborate da precisazioni fatte dagli stessi testimoni ad anni di distanza. È noto che quando qualcuno inventa o mente, ben difficilmente ricorderà a distanza di anni ciò che aveva inventato o come aveva mentito. Quando qualcuno ha vissuto in prima persona un evento e/o ha detto la verità su qualcosa, di norma ripeterà le stesse cose dette in precedenza, magari con

qualche dettaglio in meno o con piccoli errori dovuti però al solo difetto della memoria e non alla mistificazione. Questo consolida la credibilità e attendibilità della testimonianza, come quando per esempio qualcuno commenta su una pagina *facebook* e poi anni dopo mi riscrive la stessa cosa in privato, non avendo sottomano quanto a suo tempo aveva riferito né ricordando dove lo avesse fatto (mentre io che avevo annotato e archiviato quel commento o quell'email posso comparare le due versioni). Naturalmente, ora che "rivelo" questo trucco investigativo, ci sarà qualche approfittatore che si organizzerà di conseguenza, ma gli strumenti di indagine sono molti e su vari livelli, e in genere il ciarlatano fa sempre e comunque qualche passo falso.
È poi importante difendere Rol dagli approfittatori che vogliono brillare di luce riflessa. Ne ha avuti alcuni intorno quando era in vita – ma non potevano spingersi oltre più di tanto, perché lui lo avrebbe capito e li avrebbe esclusi dalla sua frequentazione – e ce ne sono stati altri, in crescita, dopo la sua morte. In particolare, oltre a quelli che ripetono al replay la loro testimonianza in ogni dove (oggi basterebbe eventualmente fare un solo video che tutti possono vedere e condividere) con il fine principale che pare solo quello di dire di essere stati suoi amici (soprattutto amiche), "farsi belle" insomma, parlando di Rol, e che non dicono mai nulla di nuovo né fanno qualche riflessione un po' più profonda che vada oltre il livello del gossip, del sensazionalismo o di una certa "spiritualità" melensa e buonista, di facciata, vi è anche gente che afferma di "comunicare" con lui, nella solita maniera più o meno spiritistica ben nota ormai da oltre due secoli e che ha preso diverse forme e nomi nel corso del tempo, ma la cui sostanza è sempre la stessa. Quando non sono mistificazioni intenzionali, sono quasi sempre autosuggestioni e fantasie della propria psiche, in qualche raro caso c'è un effettivo accesso alla "psiche collettiva", all'archivio "eterico" delle informazioni, ma ancora ce ne passa per dimostrare che la comunicazione sia del *vero* Rol, il quale, in quanto Maestro illuminato, non interviene nel mondo fisico nella stessa maniera di qualunque altro defunto o simulacro di defunto di persona che in vita era stata "normale"… Ciò ovviamente è ignorato dai comunicatori di professione, i quali illudono se stessi e gli altri che Rol parli con loro. Buona norma sarebbe escludere di default tutte queste cose, e quindi automaticamente tutti gli aspiranti approfittatori. Occorre attenersi a quello che Rol ha detto in vita, e solo a quello, soprattutto ai suoi scritti autografi, invece che andare dietro a presunte chiacchiere postume prive di autentica sostanza e fuorvianti.
Vi è poi il caso di chi scrive lunghi post affermando di essere stato grande amico di Rol pur nessuno avendo mai sentito parlare di lui o lei, né avendo mai parlato di Rol in quasi trent'anni dalla sua morte, fornendo poi testimonianze dubbie. E poi si scopre magari che ha incontrato Rol non più di un paio di volte.

Una previsione che si può fare è quella che aumenteranno i presunti amici che, se non inventeranno di sana pianta cose mai avvenute, inventeranno comunque la loro amicizia. Nei limiti del possibile, sarà mio compito vigilare su queste cose, e chiedere sempre più controprove addizionali di quanto si afferma. Qualche volta mi è capitato di trovare nel mio interlocutore fastidio alla mia indagine, quando chiedo particolari e dati contestuali. In genere chi è disonesto sfugge alle domande, mentre chi è sincero fornisce i dettagli e si mostra disponibile. Un testimone permaloso non è in genere indizio di attendibilità, anche se non sempre la esclude. Non lo è neanche quello che sviscera episodi multipli che si distaccano dalle categorie note, e non lo è quello che afferma che Rol avrebbe fatto affermazioni in conflitto palese con il suo pensiero stabilito e costante nel tempo, magari espresso molte volte quando era in vita.
Altri fenomeni crescenti di falsificazione riguardano presunti disegni o dipinti di Rol che spuntano fuori "dal nulla", di gente che afferma di trovarli nei posti meno probabili, o che li avrebbe ricevuti da presunti amici di Rol di cui non si fa il nome o che non ci sono più, così che è impossibile verificare. Stili e soggetti non hanno nulla a che vedere con quelli di Rol, le sue sigle sono manifestamente falsificate, anche in maniera abbastanza dozzinale. Il percorso in genere è quello di cercare di venderli in rete spacciati come originali. Si tratta di un fenomeno prevedibile e che purtroppo aumenterà e si affinerà nei prossimi anni. Come in tutte le cose, occorrono *esperti* in grado di stabilirne l'autenticità. Io credo di essere uno dei pochi a poterlo fare con una certa sicurezza, invito quindi a scrivermi in caso di dubbio[2].
Negli ultimi anni c'è stato anche un fermento nella compravendita di suoi dipinti e disegni, in questo caso autentici. Se fino al 2020 il mercato è stato solo privato e le quotazioni erano note a pochi estimatori, con l'asta *Bolaffi* del 10/11/2020 è diventato pubblico. In quell'occasione è stato venduto un paesaggio del 1939 per 9.400 euro[3], un valore che i non informati hanno considerato superiore alle stime, mentre io posso affermare, sulla base delle transazioni private di cui sono a conoscenza, che se fosse stato pubblicizzato maggiormente avrebbe raggiunto un valore più alto. Attualmente, nel 2022, le quotazioni per un paesaggio di grandi dimensioni (ad es. 50 x 70 cm) sono comprese tra i 17.000 e i 27.000 euro; i vasi di rose, soggetto prediletto da Rol, tra i 20.000 e i 40.000 euro. Il 02/03/2022 è stato venduto da *Il Ponte Casa d'Aste* il dipinto *Le rose senza tempo*, appartenuto a Valentina Cortese, a 19.000 euro (23.750 con la commissione).

---

[2] *francorol@gustavorol.org*
[3] Si veda mio post: *facebook.com/Gustavo.A.Rol/posts/208930857257391*, e il catalogo dell'asta: *astebolaffi.it/pdf/auctions/907-1.pdf*

Sono valori che sono destinati a salire molto nei prossimi anni. A questo proposito, occorre chiarire che Rol i dipinti li vendeva quasi sempre, essendo questa la sua rendita principale negli ultimi decenni della sua vita (ha comunque sempre amato definirsi un pittore, e come tale voleva essere considerato) diventando preponderante rispetto all'attività di antiquario che aveva svolto soprattutto tra gli anni '30 e gli anni '60. Alcuni, una minoranza, li donava, altri li ha dati come ringraziamento per servizi professionali o favori di conoscenti e amici.

In questa antologia così come in generale, trovo importante non solo l'analisi *qualitativa* della fenomenologia, ma anche quella *quantitativa*. Alcuni potrebbero giudicare le mie contabilizzazioni puntigli da ragioniere, tuttavia nessun approccio scientifico è possibile senza una componente quantitativa. Per quanto gli episodi siano certamente molto inferiori a quelli osservati da migliaia di persone per decenni, essi ne costituiscono comunque un campione significativo in grado di dare un quadro esauriente per poter condurre analisi e fare statistiche. Così procede un metodo scientifico degno di questo nome, grazie al quale sarà possibile fornire spiegazioni razionali e precise. Se la vicenda di Rol si limitasse al farci stupire, sarebbe ben poca cosa, un fuoco di paglia. Così come sarebbe ben poca cosa, per quanto apprezzabile, se essa servisse solo di consolazione e speranza per una *vita oltre la vita*. Un gran numero di Maestri, santi, mistici hanno già svolto questa funzione. La storia delle religioni è stracolma di testi sacri e insegnamenti luminosi e di grande ispirazione. È ora di andare oltre, fare un passo in più. Le parole non sono più sufficienti. L'exoterismo non è più sufficiente. Occorre una *vera* educazione spirituale, che conduca l'essere umano alla *coscienza sublime*, invece che mantenerlo nell'inerzia di pensare che sia Dio, ovvero il Tutto, a dover fare il lavoro per lui. «*Se Dio vuole*» ha un significato psicologico, mette nella giusta condizione di umiltà che favorisce la *coscienza sublime*; ma non deve trasformarsi in una delega indolente che produce solo sterilità.

Rol ci ha fatto capire che tutti potrebbero essere come lui, e ci ha indicato anche come fare, pur avendo dato, come in una caccia al tesoro, indicazioni indiziarie e "seminate" in tempi diversi in persone diverse, con quella che ritengo una precisa strategia pedagogica, molto astuta, non esplicita e responsabile.

Con questo terzo volume l'antologia raggiunge ora le 1.400 pagine, e ritengo sia ancora molto lontana dall'essere conclusiva.

Nel 2015 i casi raccolti e contabilizzati ammontavano a 1169. Sette anni dopo arrivano a 1551, ovvero 382 in più, di cui la metà inediti[4], raccolti

---

[4] Nello specifico, 162 episodi inediti, pubblicati qui per la prima volta (in aggiunta ai 156 dei volumi precedenti, per un totale di 318, ovvero 20,5% del totale, dal 1949 al 2022) e 22 racconti inediti, ovvero testimonianze già riferite o

cioè direttamente da me e mai pubblicati prima. Gli altri sono stati trovati in articoli o pubblicazioni del passato, oppure sono emersi in testimonianze recenti divulgate da altri o dagli stessi testimoni direttamente (in rete, tv, documentari, ecc.).
Le prime dieci classi, con le percentuali rispetto al totale dei casi, sono nel 2022 le seguenti:

CARTE	10,8%
CHIAROVEGGENZA	10,4%
MATERIALIZZAZIONE DI OGGETTI	9,5%
PRECOGNIZIONE	9,5%
MATERIALIZZAZIONE DI SCRITTE	8,6%
POST-MORTEM	4,2%
TUNNELLING	3,3%
INTERVENTI TERAPEUTICI/GUARIGIONI	3,3%
FENOMENI VARI	3,1%
TELECINESI	2,8%

Rispetto al 2015 si riduce il peso della *carte*, anche se permane al primo posto. Entra la classe dei *fenomeni vari*, cui contribuiscono le testimonianze di prodigi fuori dai protocolli sperimentali "standard" di Rol, e quindi con più varietà e libertà d'espressione, nei luoghi più vari e con le persone più varie, anche casuali. Esce quella della *biblioscopia complessa*, fenomeno registrato soprattutto da cronisti e studiosi nelle ore o giorni successivi ai fatti, difficili, come le carte, da ricordare bene nel lungo termine. Le altre classi, qui come nella tabella integrale che segue all'introduzione, si riaggiustano di conseguenza.
Il maggior incremento si è avuto nella classe della *precognizione*, con 56 casi in più rispetto al 2015, seguito dalla *chiaroveggenza*, 44 casi in più. Incremento di rilievo hanno avuto anche le *materializzazioni / smaterializzazioni di oggetti* (+36) e le manifestazioni *post-mortem* di Rol (+27).
Si aggiunge poi una classe in più, quella della *resuscitazione* – le classi passano quindi da 49 a 50 – emersa nel 2020 e per me particolarmente importante, visto che riguarda mio nonno, che Gustavo avrebbe resuscitato a distanza nel 1953 al seguito di un incidente avvenuto durante una corsa automobilistica in Sicilia. Di questa vicenda mi sono limitato a citare la testimonianza relativa e un breve commento, rimandando a un dettagliato studio a parte, già pronto e che spero venga pubblicato presto.
Alcune classi non hanno registrato nuovi episodi, pertanto i capitoli relativi sono stati saltati.

---

rese pubbliche in precedenza dal testimone ma raccontate nuovamente con maggiori particolari.

In generale valgono tutte le indicazioni e scelte stilistiche e classificatorie già fornite nell'introduzione del primo volume.

Testimonianze tratte dalle reti sociali sono state in acuni casi aggiustate nell'ortografia e punteggiatura, anche perché spesso chi le ha fornite lo ha fatto spontaneamente e senza troppo preoccuparsi della forma stilistica, delle ripetizioni o dei refusi. Talvolta non ho corretto i tempi dei verbi, lasciandoli come in originale. In alcuni casi, a un post o commento iniziale, il/la testimone, spesso perché sollecitato – non di rado da me – ha aggiunto altri commenti integrativi, ragion per cui si è resa necessaria una riformulazione e integrazione di questi elementi aggiuntivi nel commento iniziale, rimanendo comunque conforme in modo preciso a quanto il testimone ha riferito.

La numerazione degli episodi prosegue dal punto in cui era arrivata nel 2015 con la terza edizione dell'antologia.

Talvolta accanto al nome ho collocato l'anno della testimonianza, quando necessario per inquadrare meglio quanto riferito. Negli altri casi, la collocazione temporale si trova nelle note al fondo.

Si tende spesso a considerare marginali le note, ma nel caso di questa antologia, e in questo volume ancor più che in quelli precedenti, oltre alla citazione delle fonti esse sono un complemento essenziale per contestualizzare e mettere a fuoco la testimonianza, con l'aggiunta di analisi, considerazioni e spiegazioni inedite – che in altra opera strutturata diversamente avrebbero importanza preminente – nonché ulteriori commenti del testimone, riferimenti biografici e bibliografici, analogie con episodi simili, correzioni.

In qualche caso necessario, brevi note sono state messe anche a pie' pagina della testimonianza stessa.

Se non si vuole interrompere la lettura dopo ogni testimonianza per leggerne la nota corrispondente al fondo, si può farlo al termine di ogni capitolo, per non dimenticare gli episodi ai quali le note fanno riferimento.

In alcuni casi, una testimonianza diventa l'occasione per fare approfodimenti un po' più lunghi, con analisi e citazioni inedite di un certo rilievo, e il fatto che siano in nota non deve ingannare sulla loro importanza. C'è chi ha fatto monografie su Rol con molto meno materiale di quello che io fornisco inedito solo nelle note.

Talvolta ho ritrovato nel mio esteso archivio testimonianze che avevo dimenticato di inserire nei volumi precedenti, cosa già accaduta anche nelle precedenti edizioni. Il materiale che è andato accumulandosi nel corso degli anni è talmente tanto che può capitare che qualche cosa si perda di vista.

Tra le parti da segnalare più di altre, sicuramente l'analisi approfondita (nel cap. XXIX) del "caso Zolla", dove mostro che il grande studioso di religioni Elémire Zolla aveva grande stima di Rol, nonostante le informazioni contrastanti e imprecise che si avevano in precedenza.

In generale, numerosi sono gli episodi stupefacenti, anche molto datati – risalenti fino agli anni '40 e '50 – che confermano e rafforzano quelli già classificati nei volumi anteriori, e che lasciano l'impressione che per Rol davvero nulla fosse impossibile.

TABELLA I – CLASSIFICAZIONE DELLE POSSIBILITÀ DI ROL – 2022

I	CHIAROVEGGENZA	161	10,4%
II	ENDOSCOPIA E VISIONE DELL'AURA	43	2,8%
III	INTERVENTI TERAPEUTICI E GUARIGIONI	51	3,3%
IV	BIBLIOSCOPIA SEMPLICE	39	2,5%
V	CARTE	168	10,8%
VI	BIBLIOSCOPIA COMPLESSA	39	2,5%
VII	TELEPATIA	40	2,6%
VIII	MEMORIA	"1"	
IX	PRECOGNIZIONE	148	9,5%
X	TRASFERIMENTO DI COSCIENZA	28	1,8%
XI	OGGETTI "VIVENTI"	13	0,8%
XII	VOLONTÀ	8	0,5%
XIII	ONDA D'URTO	4	0,3%
XIV	XENOGLOSSIA	2	0,1%
XV	INTERVENTO ESTERNO APPARENTE	10	0,6%
XVI	TELECINESI	44	2,8%
XVII	TELECINESI DI PENNELLI	25	1,6%
XVIII	MAGNETISMO	10	0,6%
XIX	LEVITAZIONE	10	0,6%
XX	TUNNELLING	52	3,3%
XXI	BILOCAZIONE (di altri)	4	0,3%
XXII	BILOCAZIONE (di Rol)	14	0,9%
XXIII	SDOPPIAMENTO	4	0,3%
XXIV	ALTERAZIONE SPAZIO-TEMPORALE	13	0,8%
XXV	VIAGGI NEL TEMPO	12	0,8%
XXVI	SINCRONICITÀ	8	0,5%
XXVII	INTERVENTI A DISTANZA	11	0,7%
XXVIII	INTERVENTI VARI	8	0,5%
XXIX	EPIFANIE	29	1,9%
XXX	PRESENZE	6	0,4%
XXXI	TRASFIGURAZIONE	6	0,4%
XXXII	PLASTICITÀ DEL CORPO	16	1%
XXXIII	MATERIALIZZAZIONE DI DISEGNI O DIPINTI	40	2,6%
XXXIV	MATERIALIZZAZIONE DI OGGETTI	148	9,5%
XXXV	MATERIALIZZAZIONE DI SCRITTE	134	8,6%
XXXVI	CARTE CHE SI TRASFORMANO	13	0,8%
XXXVII	DIPINTI O IMMAGINI CHE SI TRASFORMANO	34	2,2%
XXXVIII	FIAMMATE O RAGGI LUMINOSI	5	0,3%
XXXIX	FENOMENI APPARENT. INDIPENDENTI (da Rol)	2	0,1%
XL	FENOMENI SONORI	5	0,3%
XLI	FENOMENI VARI	48	3,1%
XLII	PROFUMI	5	0,3%
XLIII	ANIMALI	5	0,3%
XLIV	FOLGORAZIONE	4	0,3%
XLV	CONSIGLI	12	0,8%
XLVI	ANTICIPAZIONI SCIENTIFICHE	"1"	
XLVII	SOGNI	"1"	
XLVIII	SCRITTURA AUTOMATICA	"1"	
XLIX	POST-MORTEM	65	4,2%
L	RESUSCITAZIONE	1	0,1%
	TOTALE	1551	

♥ ♦ ♣ ♠

I

Chiaroveggenza

118. Luciano Roccia, medico chirurgo:
«Dopo aver fatto due passi ci sedemmo su una panchina a chiacchierare, d'improvviso [Rol] mi chiese: "Perché tiene la fede matrimoniale al collo?". La domanda mi colpì perché effettivamente avevo la fede attaccata a una catenella d'oro che portavo al collo insieme a una mediaglietta regalatami da mia nonna, ma non capivo come avesse potuto vederla, visto che avevo giacca, camicia e cravatta.
Gli spiegai che facendo il chirurgo avevo l'abitudine di toglierla prima di lavarmi le mani in sala operatoria e in quel modo l'avevo già persa due o tre volte. Inizialmente la feci rifare, poi decisi di non tenerla più al dito. Gli chiesi anche come aveva fatto a vederla ma Quaglia intervenne spiegandomi che Rol "vedeva tutto" quello che gli altri non potevano vedere».

119. Giuseppe Platania, psichiatra:
«Aldo Provera mi aveva invitato, insieme a mia moglie, ad assistere, a casa sua, alla visione del film "The Day After", appena uscito nei cinematografi ma del quale, non so come, possedeva già una videocassetta VHS (allora la pirateria cinematografica era rara).
Per qualche ragione, non aveva informato Gustavo di quell'invito (Rol "pretendeva" di essere informato sulle attività degli amici più stretti, come lo era Provera) e mi aveva espressamente chiesto di non dirgli nulla.
Ci recammo quindi nella sua casa di collina dopo cena e, riuniti insieme a sua moglie, e ad una figlia (e forse anche ad un'altra persona), iniziammo la visione del film.
Al termine, almeno un paio di ore dopo, mentre ancora scorrevano i titoli di coda, e stavamo iniziando il commento, squilla il telefono.
Si sente abbastanza bene una voce piuttosto forte e imperiosa che dice: "Carissimi, sono contento della vostra bella serata. Ora passami Platania!".
Tra l'imbarazzo generale mi viene passata la cornetta e Gustavo esclamò: "Sono molto contento che tu sia lì: sono persone buone con le quali ti troverai sempre bene!"
Al termine della telefonata scese un silenzio imbarazzante, poi Provera con simpatia e ridendo risolse la situazione esclamando: "Gustavo è molto geloso, avremmo dovuto informarlo ma magari ci avrebbe detto di no...."».

120. *Antonella Tedeschi* (parenti):
«Una mia zia (moglie del fratello di mio papà) e sua sorella avevano perso il padre, e il loro dentista gli aveva detto che se avessero voluto ascoltare la voce del papà sarebbero potute andare a trovare Rol. Sono quindi andate in via Silvio Pellico e lui effettivamente gli fece sentire questa voce che diceva dei particolari che solo il papà poteva conoscere. Rimasero abbastanza sconvolte e dissero che sí, gli aveva fatto piacere, ma nello stesso tempo che non sarebbero andate mai più da Rol perché era stata una cosa che le aveva impressionate».

121. Micaela Martini (Alessandra B.):
«Alessandra, guida turistica, ricorda che da piccola, quando ancora andava a scuola, un uomo, del quale ha ricordi molto vaghi, aveva detto ai bambini presenti ad una "riunione" scolastica, che ciascuno di noi *ha accanto* le persone che ci hanno voluto bene anche se non sono più fisicamente tra noi esseri umani. All'allora piccola Alessandra, che non conosceva quest'uomo, disse che *aveva accanto* un uomo "stempiato" coi baffi. Era la descrizione dei suoi due nonni, e l'uomo che li descrisse era Gustavo Adolfo Rol».

122. Mirella Delfini (2016):
«Ho conosciuto bene Rol e non ho dubbi: era una persona straordinaria, ho avuto prove di cui non posso dubitare. Quando ho perso il mio compagno, lui che non l'aveva conosciuto l'ha visto accanto a me e siccome non riuscivo a crederci me l'ha descritto con assoluta precisione. Ha visto perfino la strana camicia cinese che a volte indossava in casa! Ho alcune lettere di Rol e ho incorniciato un breve scritto in cui commenta i miei lavori. È appesa sopra la scrivania e mi infonde coraggio. Ha sbagliato una cosa sola: la data della mia morte. Sto vivendo più di quel che aveva detto, ma forse Lassù hanno cambiato il mio futuro per lasciarmi finire "La Scienza giorno per giorno"».
In seguito specifica:
«Non gli avevo chiesto la data, avevo solo detto "credo d'essere arrivata, o quasi" e lui mi ha detto "Ma va, tu morirai a 74 anni", ne sono passati tanti da quella data! Ora ne ho 91"».

123. Mirella Delfini (2019):
«Mi sembra difficile raccontare questa specie di favola perché meraviglierà chi mi conosce e sa che sono una divulgatrice scientifica (…). Devo farmi coraggio e raccontare quel che ho potuto capire dell'incredibile Gustavo Rol (…). La prima volta che ho incontrato Rol in realtà non era la prima e lui me l'ha detto quasi sgridandomi per averlo dimenticato. Infatti non me ne ricordavo affatto, mentre lui ha citato ogni particolare di quell'incontro con una precisione sbalorditiva: era accaduto

proprio lì, al Salone della Tecnica e della Scienza di Torino, quando lavoravo per *"Quattroruote"*. Ha detto: "Ci siamo conosciuti qui (e giù l'anno, il mese, il giorno, l'ora)[1]. Le ho chiesto di venirmi a trovare, ma non l'ha fatto. Non lo farà neanche ora."
Sono rimasta zitta e anche un po' frastornata, poi qualcuno m'ha spiegato che dovevo conoscerlo almeno di fama, perché si trattava di una persona molto nota: una specie di mago. Come ho scoperto poi, 'mago' è una parola che gli ha sempre fatto orrore. Meglio chiamarlo veggente, ma non bastava perché lui era molto, molto di più. (…)
Quando ho incontrato per la seconda volta Rol, ero di nuovo al Salone della Tecnica e della Scienza, ma con il collega Silvano Villani del *Corriere della Sera*[2]. Sia lui che io dovevamo scrivere un articolo per i nostri giornali (ora lavoravo per *Paese Sera)* e mentre Rol parlava mi sentivo stranamente scombussolata, come se fossi caduta da una realtà in un'altra diversa, che pure – lo intuivo – m'apparteneva. Silvano Villani conosceva di fama le straordinarie capacità di quel signore elegante e compito, mentre io non sapevo neppure chi fosse. Eppure qualcosa m'era entrata come un'onda nella mente e aveva lavato via la polvere che ricopriva sensazioni per il momento indefinibili.
Il problema nasceva dal fatto che per principio rifuggivo sempre dalle cose fuori dal comune e quell'uomo diverso, quella sensazione anomala, mi sbalestravano e mi portavano verso uno stato d'animo del tutto differente da quello che fa sempre da sottofondo ai miei pensieri e che appena possibile vira sull'umorismo. Per tutta la vita avevo evitato quel che suonava un po' 'strano' perché mia madre con gli anni era diventata una patita del paranormale e aveva cercato spesso di tirarmici dentro, ma sempre inutilmente. Lui, Rol, come ho scoperto dopo quel secondo incontro, era paranormale a tutto campo.
"Venga a trovarmi", ha detto di nuovo, però io dovevo ripartire subito per Roma, avevo il lavoro e nel mio giornale i tempi erano sempre stretti. In treno riflettevo: eppure Silvano sostiene che in genere non sia facile vederlo, c'è gente che darebbe chissà che cosa per poterlo incontrare, ma non ci riesce. E allora perché questo signor Rol m'ha chiesto di andare a trovarlo, quasi avesse qualcosa da dirmi? E perché sentivo che dovevo andarci, che era importante anche se non avevo la più pallida idea del perché?
L'incontro con Rol non mi usciva di mente (…)».
«[Nel 1986 o 1987, giunta a Torino,] quando ho telefonato a Rol m'ha detto di nuovo "venga, l'aspetto".

---

[1] Sulla base di dati parziali incrociati, possiamo stabilire approssimativamente che questo primo incontro sia avvenuto nella seconda metà degli anni '50, forse 1957 o 1958.

[2] Ho stabilito essere il 23 settembre 1965 (cfr. nota al fondo).

Dunque non era davvero una persona tanto difficile da avvicinare, anzi m'era sembrato felice di vedermi. Ci sono andata di corsa, allegramente. "Diamoci del tu", ha detto, e io ero contenta perché nei giornali si è abituati a darsi tutti del tu così anche lavorare insieme e magari litigare diventa facile. Gli ho chiesto come dovevo chiamarlo, perché né Gustavo né Adolfo mi piacevano. Non s'è offeso, anzi s'è messo a ridere. Era uno che rideva volentieri, e questo aspetto del suo carattere mi stava bene, perché a me piace moltissimo ridere. Se non rido mi manca qualcosa di essenziale.

"Rol, chiamami Rol e basta. E mettiti seduta lì che parliamo." Ora, a distanza di tempo, mi chiedo se avesse avuto l'idea d'avvisarmi della tragedia che stava per piombarmi addosso, cioè che Giorgio, il mio compagno, di lì a poco sarebbe morto all'improvviso per un ictus, ma non l'ha fatto, non ne ha parlato per niente. Invece all'improvviso – come se avesse cercato un argomento diverso dal dolore che naviga nelle nostre vite insospettato e prima o poi ci azzanna – si è messo a descrivere la mia aura (delle aure io sapevo poco o niente). "È ancora piccola – ha detto – però crescerà." – "È d'oro?" – "No, non è d'oro, non esistono aure d'oro." Che stranezza, secondo me tutte le auree dovrebbero essere d'oro, ma poi ci ripensavo, è vero che non sono aureole, però la parola aura viene dall'oro, no? Allora di che cosa sono fatte, di luce colorata?» (...)
«Che strano uomo, Federico Fellini e Dino Buzzati avevano ragione, era speciale, avevo fatto bene a rivederlo, a cercare di capire meglio.
Una sera m'ha telefonato lui, quand'ero tornata a Roma da un po'. Aveva letto il mio primo libro, "*Insetto sarai tu!*", appena uscito con Mondadori [1986]. Ha detto che gli era piaciuto moltissimo, così aveva pensato di mandarmi un aiuto da lontano, insieme con alcuni amici, perché era piaciuto tanto anche a loro. Poi ha cominciato a raccontare una storia incredibile che non aveva nulla a che vedere col libro: "Sai, mentre eravamo lì riuniti, a un certo punto si è presentata un'entità, dicendo che era stato il tuo fidanzato quando avevi 18 anni e lui 22. Ha detto anche: "Non sono morto in guerra, non proprio ... Ma purtroppo avevo preso una via sbagliata, di violenza, di odio. Però nella grande sventura di morire così giovane ho avuto il bene di capire e di trasformarmi".
Io mi stavo bagnando di sudore, e piano piano dalla poltrona scivolavo in terra, quasi in ginocchio. Rol non poteva sapere niente di Gino – si chiamava Luigi Minasi ed era morto davvero a 22 anni. Poi Rol ha aggiunto: "Sai, ha spiegato d'essersi rimasto vicino per tutti questi anni sapendo che sei ... quella che sei, insomma. Ti dice qualcosa questo? Hai avuto un fidanzato morto giovane? E che significa 'non sono veramente morto in guerra?"
Ascoltavo col cuore in gola, la mia fronte continuava a bagnarsi... e lui come poteva, a quasi trent'anni dalla morte del mio fidanzato, conoscere quella storia? Eravamo due giovani sconosciuti, due studenti. Il significato

della frase che gli pareva strana invece lo sapevo: la morte di Gino era stata poco chiara per tutti. Il padre aveva perfino rifiutato la medaglia d'argento, convinto che quei suoi commilitoni fascisti (era partito sia pure controvoglia col battaglione San Marco, ma non c'era altro modo per cercare di venire al nord) l'avessero ucciso perché era 'rosso' ed era partigiano.
"Sì – ho detto – è tutto vero. Penso che l'abbiano ammazzato i fascisti, ma la storia non è mai stata chiarita. M'era arrivata una sua lettera, diceva che sperava di venire a raggiungermi, e che partire con 'loro' era la sua unica possibilità di passare le linee. Credo che quelli siano riusciti a far ribaltare il tank M13 dov'era. Stava sopra, a cavalcioni, sulla torretta ... ma in quel punto del loro percorso, ad Ascoli Piceno, la guerra non c'era. Non è morto in guerra, dunque. Quella notizia per me era stata devastante."
Nei giorni successivi non ho fatto che pensarci, ma soprattutto pensavo a Gino che aveva detto a Rol d'essermi stato sempre accanto, mentre io non l'immaginavo davvero e oramai, dopo tanti anni dalla sua morte, pensavo così poco a lui». (...)
«Ora, a Roma, vivevo sola. Avevo avuto un marito dal quale m'ero separata presto e un compagno, Silvano, un giornalista intelligentissimo e molto colto (...). Infine avevo quasi sposato Giorgio Signorini, un altro giornalista, che era capo dei servizi esteri di *Repubblica* e sicuramente migliore di me. Purtroppo è morto all'improvviso per un ictus: la tragedia che Rol certo sentiva arrivarmi addosso come un macigno, ma di cui non m'aveva voluto parlare, era quella. (...) Dopo qualche giorno [dalla sua morte] sono fuggita a Capalbio, dove avevo una casetta così piccola che quasi mi abbracciava. Ero a pezzi, però a momenti pensavo di andare a Torino da Rol. Pensavo che forse mi poteva un po' aiutare, non so come. E una mattina ha suonato il telefono.
"Sono Rol", ha detto con la sua voce inconfondibile. Ho provato un senso di vertigine e ho dovuto sedermi quasi in terra, su un gradinetto che divideva l'unica stanza in due. Poi ho sussultato "ma come hai fatto a chiamarmi, chi ti ha dato il numero?" Nemmeno se m'avesse telefonato il Papa sarei rimasta così scioccata. La mia casa in realtà era a Roma e il numero di Capalbio non era ancora sull'elenco. Ha risposto: "Infatti non lo trovavo, poi l'ho chiesto a Giorgio e lui m'ha detto come trovarlo."
"L'hai chiesto a Giorgio?! ... Ma se è morto il 26 di settembre. Non lo conoscevi neppure ..."
"Che importanza ha se lo conoscevo o no quand'era qua?"
"E loro, di là, si ricorderebbero perfino i numeri di telefono?" Non mi riusciva di crederci. Però quel numero come poteva saperlo?
"Loro sanno tutto – ha risposto Rol – siamo noi che sappiamo poche cose. Tu hai bisogno di aiuto, Giorgio s'è raccomandato di confortarti e farti capire che lui c'è ancora. Anzi, dice che è più vivo di prima. Quando vieni a Torino ne parliamo. Volevo anche dirti di nuovo che il tuo libro '*Insetto*

I – Chiaroveggenza 27

sarai tu!' è bellissimo, più lo leggo più mi piace. È eccezionale, grazie di averlo scritto. Tu lavora, lavora sempre, è la tua salvezza: ti aiuterà a superare anche la dipartita di Giorgio da questa Terra." Le lacrime disseccate da decine di anni, ecco, si stavano sciogliendo di nuovo, ho pianto sul ricevitore dal quale era uscita la sua voce confortante: "Vieni a Torino, vieni presto." »
«Era la fine del 1989, arrivava l'inverno, un inverno pieno di solitudine e di dolore. Avevo un'amica suora, superiora del convento di Testona vicinissimo a Torino e ho pensato subito a lei. Con Suor Agnese ci sentivamo spesso al telefono e a volte parlavamo anche di Rol, che lei conosceva e venerava come un santo: diceva che era un essere straordinario e profondamente credente. Ogni volta mi invitava a passare un po' di tempo da loro. "Così vedi anche Rol, andiamo a trovarlo, anzi in questi giorni gli voglio portare un quadro della Madonna, l'ha fatto una suora d'un altro convento, è bellissimo. Anzi gliene porterò più d'uno, voglio che a te lo dia lui, gli altri li darà a chi ne ha bisogno. C'è di sicuro qualcuno che ne ha bisogno (c'era, ed era Alberto Bevilacqua, regista, scrittore, giornalista, che ha preso il quadro con gioia)." Strano, anche le suore avevano un grande considerazione per Rol, eppure le persone molto religiose non sono molto portate verso i veggenti.
Dopo qualche giorno ho preso il treno e ci sono andata. Quelle suore sono speciali e lei forse era sulla via della santità, ammesso che i santi tra noi ci siano. Non ho l'abitudine di tenere un diario, ma in quei giorni a Testona ho preso qualche appunto. C'è la data del 23 novembre 1989.
"Ho passato quasi una settimana qui dalle suore senza la solita angoscia devastante, imparando molte cose sul rapporto con gli altri, anche con quelli che non ci sono più. Stasera loro hanno un impegno comunitario, non so che cosa sia, ma per non disturbarle ho detto che sarei andata a pregare un po'.» (…)
«Il giorno dopo sono andata da Rol accompagnata da due suore, che m'hanno lasciata da lui: "Torniamo dopo a prenderti", hanno detto. Ero confusa, grondavo dolore. Quando Rol ha aperto la porta m'ha abbracciata. Mi sono seduta sul divano (…) lui si è messo sulla poltrona davanti a me e siccome non riuscivo a dire nulla, ha cominciato a parlare.
"Non essere così disperata, fai del male anche a Giorgio che è lì, seduto accanto a te."
Ho fatto una spallucciata e scosso il capo. Volevo spiegargli che era inutile tentare di consolarmi con le bugie, però sono stata zitta, mentre lui esclamava meravigliato:
"Ma che strana camicia che porta!" Ho sbarrato gli occhi. Giorgio era stato da poco in Cina e aveva comperato qualche camicia cinese che metteva solo in casa. Se Rol non lo vedeva davvero come poteva immaginarselo? Il suo sguardo era fisso, non si staccava da lui. C'era qualcosa che lui ripeteva ogni tanto e che avevo imparato a memoria

perché era importante: "spalancare le porte sull'infinito, distruggere la malinconia, superare il terrore della morte". Anche della morte degli altri, delle persone care, carissime? Certo, si ritroveranno. (…) Non so più di che cosa abbiamo parlato dopo. Ero sottosopra, ora mi stavo convincendo che Rol vedesse davvero Giorgio accanto a me anche se io non vedevo niente e gli ho detto una frase cretina, cioè gli ho chiesto se tutto procedeva bene là dov'era andato e lui ha detto di sì, ma io quasi balbettavo, avrei voluto tentare di parlarci, però non volevo neppure guardare 'lì accanto' per non essere troppo delusa dalla mia ottusità. Forse speravo che ci parlasse lui e che Giorgio rispondesse, ma ero così, beh, così imbranata. Mi ha dato il quadretto della Madonna dicendo: "Guardale gli occhi, guardali bene. Ti diranno meglio di me che Giorgio c'è ancora, che sta bene, Lei ti convincerà"».

124. Donatella Poma (2016):
«Nel 1993 o 1994 mia mamma si è messa in contatto con il professor Rol per un grave problema che riguardava me, telefonandogli visto che un appuntamento era quasi impossibile, perché il dottore stava già male. Ha risposto e prima che lei dicesse qualcosa le ha detto: "Ciao Flavia", non poteva sapere che mia mamma si chiamasse Flavia.
Si è poi recata a Torino ed è andata a casa sua, Rol l'ha fatta accomodare e dopo una breve attesa, senza che lei chiedesse nulla lui le ha esposto tutto il problema con anche la soluzione, ovvero le ha fatto avere tutte le risposte alle domande che si celavano nella sua mente e nella mia, fatti molto tristi che riguardavano la mia vita e che purtroppo si sono avverati. Le ha anche fatto avere all'istante un mazzo di fiori freschi.
Non conosceva né mia mamma né me, non sapeva i nostri problemi né la mia storia, sta di fatto che qualche mese dopo lei l'ha richiamato al telefono, ha risposto una signora dicendole che il professore stava male ma che aveva lasciato un messaggio per me da tanto tempo, non era un bel messaggio, era solo quello che sarebbe avvenuto più avanti dopo la sua morte e purtroppo devo commentare che è avvenuto. Io sono malata da 3 anni per un ipertensione incurabile».

125. Pietro Ratto (2017):
«Una mattina di poco più che vent'anni fa, più o meno a quest'ora, seduto alla scrivania..
Il mio amico Enzo, da poco, mi aveva raccontato di te. Del grande Gustavo Adolfo Rol. Era accaduto in macchina, mentre lui guidava lento, la testa leggermente inclinata nella mia direzione, quasi per mettermi al corrente di chissà quale segreto. Mi aveva anche prestato un libro, poi. Un libro che raccontava la tua incredibile vita.

Così, più o meno a quest'ora, mi sedetti alla mia scrivania e afferrai la prima penna in grado di scrivere. Non c'erano ancora le mail: si usava la penna. Carta e penna, come si diceva un tempo.
Decisi di scriverti, sì. Perché Enzo e il suo libro mi raccontavano dei tuoi prodigi. Delle tue gioiose, prodigiose, stupefacenti esibizioni nell'antico salotto di casa tua, in via Silvio Pellico, a Torino.
Mi aveva spiegato che tu invitavi, a quei tuoi periodici incontri domestici, soltanto persone che reputavi assolutamente degne di assistervi. Gente in grado di capire; gente aperta, insomma. E lì, letteralmente il tripudio. Lì succedeva proprio di tutto.
Quadri appesi al muro il cui soggetto si modificava sotto lo sguardo incredulo degli astanti, carte da gioco estratte casualmente dal mazzo, che improvvisamente si liquefacevano e si riformavano componendo nuove figure, materializzazioni di oggetti antichi, di strumenti appartenuti a grandi musicisti del passato, pittura medianica.. Insomma: ero davvero curioso. Ma il mio era anche un autentico interesse, una voglia di capire, di addentrarmi in un mondo che sapeva condurre al di là dell'illusoria evidenza dei sensi. Un mondo che sapeva di infinito, di eternità. Di forte continuità tra l'esistenza e l'Essere.
Così, quella mattina, decisi di scriverti. Un paio di righe, nulla di più. Caro Maestro Rol, quanto vorrei assistere ad uno dei suoi incontri. Quanto mi sentirei onorato di conoscerla e di vivere quei momenti così coinvolgenti ed unici..! Ecco, più o meno le mie parole debbono esser state quelle.
Poi, l'errore: la dimenticanza.
Firmai "Pietro". Pietro e basta. Chissà perché. Che stupido, accidenti! Forse perché istintivamente (e impudentemente) mi sentivo molto vicino a te. Non lo so: non ero più un bambino. Avevo quasi trent'anni. Eppure mi sentivo piccolo, chissà. Piccolo e ignorante. Così, scrissi "Pietro". Soltanto "Pietro", senza nessun cognome.
Quando me ne accorsi era troppo tardi: avevo già chiuso la busta. Decisi allora di rimediare riproponendomi di apporre il mio indirizzo completo (con tanto di cognome, finalmente), sul retro della busta.
Andai quindi a cercarmi il tuo indirizzo, lo scrissi al posto giusto, e collocai la lettera, bene in vista, vicino alla porta di casa. Pronta per essere spedita.
Alla prima occasione mi portai dietro quella busta, e la imbucai spingendola dentro con una forza e un entusiasmo del tutto nuovi. Quasi volessi imprimerle un'accelerazione che la permettesse di giungere a te a rotta di collo. Veloce più che mai!
Soltanto quando mi voltai verso la macchina, me ne resi conto. E mi cascarono le braccia.
Avevo di nuovo dimenticato di inserire i miei dati. Non avevo assolutamente scritto nulla, sul retro di quella sfortunata busta! Niente da

fare. Al Maestro sarebbe giunta una lettera pressoché anonima, inviatagli da un non meglio precisato "Pietro". Uno stupido, stupidissimo Pietro che osava scrivere a uno dei più grandi sensitivi del secolo firmandosi irrispettosamente col suo solo nome, come fosse in chissà quale rapporto di stretta amicizia con lui.
Tornai a casa dispiaciutissimo. Mi venne in mente, lì per lì, di provare a porre rimedio al pasticcio riscrivendone subito un'altra. Ma più il tempo passava, più mi vergognavo della mia stupidità al punto di considerare una nuova missiva soltanto un mezzo per auto-denunciarmi. Per farti sapere per filo e per segno quali fossero il nome e l'indirizzo completo di quello sprovvedutissimo "Pietro".
Fu dopo circa un paio di giorni, forse tre, che arrivò la telefonata.
Alzai la cornetta e venni investito da una voce energica e cristallina. "Sono Rol".
Rimasi di stucco. Non solo mi avevi trovato. Non solo eri riuscito a sentire, attraverso i tuoi prodigiosi mezzi, a quale numero di telefono corrispondesse quell'anonimo "Pietro". Tu facesti di più. Mi indicasti con precisione, quasi divertendoti, la buca delle lettere in cui avevo lasciato cadere la mia missiva. Mi parlasti di mia sorella, di mia madre, dei suoi problemi.. Mi comunicasti forza e affetto, promettendo di richiamarmi appena fossi riuscito a riorganizzarti, e a inserirmi in uno dei folti gruppi che periodicamente invitavi nel tuo salotto.
Ci salutammo. Io ero al colmo della gioia. Non riuscivo davvero a crederci. Il Maestro Rol, il grande Maestro Rol mi aveva telefonato. E lo aveva fatto senza disporre di alcuna informazione utile a quello stesso scopo. "Ci sentiamo tra una settimana", mi assicurasti.
Poi i giorni passarono. Ne passarono almeno dieci, senza che tu ti rifacessi vivo. Io ero dispiaciuto, preoccupato.. A un certo punto mi risolsi a richiamarti io, dato che il tuo numero di telefono figurava tranquillamente nell'elenco telefonico di Torino.
Dall'altro capo del filo, una voce maschile mi rispose cortesemente, informandomi del fatto che tu non stessi molto bene, che ti fossi recato in una clinica in Svizzera per non so quali esami.
Ci rimasi male, e poco per volta persi le speranze di poterti risentire. Pensai che ti fossi dimenticato di me. Soltanto qualche mese dopo, dai giornali locali, venni a sapere della tua morte.
Sono passati tanti anni, ma non smetto mai di pensarti, Maestro. Qualche volta, quando suona il telefono, vengo preso da una strana, incomprensibile convinzione.
Perché con tutto quello che la tua mente riusciva a fare, con le tue incredibili capacità attraverso le quali, in vita, avevi salvato così tanta gente, beh: sono praticamente certo. Prima o poi, la tua telefonata mi arriverà. Non so da dove, ma ne sono certo, Maestro.
La tua telefonata mi arriverà».

126. Roberto Valentino:
«Mia madre nell'ottobre del 1978 subì un lutto, morì mia nonna di soli 56 anni (sua madre). Non si dava pace, era disperata per la sua morte prematura, poi un giorno del 1981 leggendo il settimanale *Stop* vedemmo una rubrica tenuta da Gustavo Rol, c'era un numero di telefono, si poteva fare il numero e parlare con lui. Mia madre chiamò, lui fu gentilissimo, descrisse mia nonna come era in foto, quella che mia madre aveva in casa e teneva in mano, come era vestita e il suo aspetto, del tipo: i suoi capelli sono lunghi e raccolti indietro, ha un viso tondo e sorride, ha una maglia a pallini, ecc...
Poi aggiunse: "Signora stia tranquilla, sua Madre brilla nella luce dell'amore". Non scorderò mai queste parole!
Da quel giorno mia madre cominciò a farsene una ragione e ad essere più serena. Grazie di cuore Gustavo».

127. Stefania Mariotti:
«Era il 1994, avevo 23 anni, telefonai a Rol dopo aver trovato il numero sulla guida del telefono, incuriosita da ciò che avevo sentito raccontare di lui dal suo amico Marianini e volevo sapere il suo segreto, come riuscisse a fare così tante cose meravigliose. Oltre a dirmi che ero troppo giovane per interessarmi di certe cose, lui mi disse con tono severo di leggere il Vangelo.
Mi disse anche di indossare vestiti blu o verdi perché in quel momento vedeva troppo rosso, infatti avevo un completo scozzese rosso: che colpo! sentiva la vibrazione dei colori anche a distanza.
Successivamente lo richiamai per liberarmi da un ragazzo che da più di un anno mi stava rendendo la vita impossibile con la sua insistenza nonostante io non ne volessi sapere. Rol mi disse di stare tranquilla che tanto non l'avrei più visto. Fu proprio così! Sparito!
Grande Rol! peccato che non sono riuscita a conoscerti di persona! Comunque le parole di Rol oltre a donarmi la fede mi aprirono la strada verso il Meraviglioso».

128. Graziella Malangone:
«Ho conosciuto Rol negli anni '70, da bambina, fino all'incirca al 1990. Lui era amico della mia famiglia e durante una telefonata mi descrisse, nei minimi particolari, il mio abbigliamento e finanche il colore e la lunghezza dei miei capelli! Non mi aveva ancora mai vista!
Lo ricordo sempre elegante, raffinato e affascinante. Quando mi guardava sembrava che i suoi occhi scendessero nel mio io più profondo.
Mia madre gli telefonava spesso intorno alla mezzanotte (quando i telefoni erano senza display), lui rispondeva alzando la cornetta e le sue parole erano sempre: "Donna Carmela, eccomi"!

La prima volta che vide mia nonna, la pregó di fermarsi mentre lui sembrava scrivere nel vuoto. Poi le porse un tovagliolino sul quale c'era scritto il suo nome cognome e data di nascita.
Ma ci sono state due cose che non dimenticheró mai.
A mia cugina predisse che sarebbe rimasta vedova, lei all'epoca era una ragazza e ci rise su. Purtroppo era la verità, il marito morì giovanissimo colpito da leucemia fulminante.
Io, invece, torturavo mia madre perchè vendesse un terreno e potere così trasferirci a Torino.
Lui un giorno mi disse che doveva parlarmi e ci allontanammo dai presenti. Mi disse: "Graziella non vendere mai quel terreno, ti servirà! La vita riserva sempre sorprese, esistono anche malattie che costringono le persone sulla sedia a rotelle".
Mio Dio, pensai... volevo dimenticare quelle parole! Ma quel terreno divenne edificabile e mi fu di grandissimo aiuto quando mia madre si ammaló di Alzheimer nel 2000 e poi ebbe bisogno di cure di ogni genere perchè costretta su una sedia a rotelle fino al 2014, anno in cui è mancata.
Io ancora oggi, nei momenti difficili, ripenso a lui, al suo sguardo e credo che lui sia proprio lì, vicino a noi, in una dimensione che "non vogliamo vedere".
Non parlo di Rol con tutti! Ho avuto il grande privilegio di conoscerlo ed è una "ricchezza" che custodisco gelosamente dentro di me».

128bis. *In seguito, la testimone ha riferito altri dettagli sulla telefonata iniziale e sul contesto:*
«L'ho conosciuto quando ero ancora una bimba... credo di aver avuto circa 10 anni. Oggi ne ho 57. Non vivevo a Torino ma era casa mia perché li c'era tutta la famiglia della mia cara mamma. ... È proprio grazie alle mie zie che conobbi il grande Rol. Io sono nipote dei Pisapia che avevano ed ancora c'è, la pasticceria Pisapia in via Madama Cristina! All'epoca il Dottor Rol, che abitava a pochi passi, era solito venire a consumare i suoi dolcini e amorevolmente si fermava a chiacchierare con le mie zie.
Il nostro primo incontro fu telefonico.
Arrivavo da Salerno dopo un giorno di viaggio in treno ed appena entrai in casa mia zia non fece in tempo a salutarmi perché c'era qualcuno che voleva parlarmi al telefono. Io ero una bimba e mi vergognavo tanto... non sapevo chi fosse il signore dall'altro capo del telefono. Ebbene con un filo di voce risposi ed egli mi salutó chiamandomi per nome (che poteva anche conoscere) ma non fu questo il mio stupore. Si complimentò tanto per i capelli, che io portavo lunghissimi e dei quali ero orgogliosissima! Ovviamente mi raggelai sentendomi osservata! Subito dopo mi fece sorridere perché fece una battuta sui miei pantaloni con tasconi laterali ed il Dottor Rol mi disse che indossavo dei bei pantaloni da aviatore con un golfino color cipolla! Poi mi disse di andare a riposare e che ci saremmo

incontrati, durante le festivitá natalizie, in pasticceria! Come si puó ben immaginare, fu una serata, per me, un pó strana... ero imbarazzata e continuavo a sentirmi osservata!».

129. Filippo Ascione:
«Oltre ai suoi fenomeni, mi ha colpito la sua figura. Ricordo ad esempio le lunghe chiacchierate fatte al telefono. Una volta ero seduto qui in sala e lui mi disse che ero sdraiato su un divano su cui ci sono state molte persone buone e molte cattive.
Non era vero, come credevo, che fosse di famiglia, di parenti di mio padre e che provenisse dalla Calabria, ma stava a Roma. Dovevo buttarlo? No, ma su quel divano c'è tanta storia. Mia madre mi disse che era della nonna paterna, che l'aveva dato al figlio.
Per caso tempo dopo incontro una sceneggiatrice, il cui padre era amico del fratello di mio nonno, un giornalista direttore dell'Avanti, molto amico di Mussolini. E su quel divano, mi raccontò, a Roma si sedevano fascisti e antifascisti. "Tuo zio", mi disse "era antifascista, come tuo padre, entrambi tra le poche persone che Mussolini rispettava, tanto da frequentare il suo salotto dove si incontravano letterati, giornalisti. Quando lo zio è tornato casa, si è portato dietro il divano. Quindi Rol aveva visto addirittura chi ci stava su quel divano».

130. Filippo Ascione:
«Il mio incontro con Gustavo Adolfo Rol è avvenuto proprio tramite Federico [Fellini], che era molto attratto dal mistero. Conoscendo la sua amicizia con Rol, gli chiedevo sempre di farmelo conoscere; e lui mi diceva sempre: "Per me è più facile farti conoscere il Papa... Anch'io ho impiegato tanto tempo prima che mi ricevesse (...). Per cui a un certo punto ho rinunciato a chiederglielo. Federico mi avevo detto più volte: "Se lui decide di conoscerti, un giorno in qualche modo succederà, come è successo con me". Dopo alcuni anni, un pomeriggio che stavo con Federico in corso Italia (a quel tempo avevo circa trent'anni) stavamo in silenzio, mi è venuto spontaneo chiedergli "Come faccio a vedere anche una sola volta Rol?". In quel momento squilla il telefono ed è Rol che gli chiedeva di me, parlandogli di me, dicendo il mio nome, mentre Federico rispondeva: "Sì, sì, è seduto davanti a me, è proprio così, sì, è cosi", va bene, domani veniamo a Torino". Poi mi dice, come se fosse normale: "Sai è Rol, stranamente come succede con lui in modo junghiano e misterioso, sa tutto a distanza. Vuole che tu vada da lui solo, senza di me". Quella sera stessa sono partito subito per Torino col vagone letto, anche se l'appuntamento era per il pomeriggio del giorno dopo».

130bis. «Lavoravo già con Federico, lui non stava facendo nessun film, c'è stato un periodo di alcuni mesi che bighellonavamo dalla mattina alla sera,

andavamo in giro, a cena, leggevamo libri, poi s'andava a Cinecittà o a Corso d'Italia nel suo studio, insomma si faceva la vita che fanno gli intellettuali un po' senza lavoro. Lui mi parlava anche di Rol e io gli dicevo: "Vorrei conoscerlo" e rispondeva: "Tu non hai idea come sia difficile incontrare Rol. Se vuoi incontrare il Papa te lo faccio incontrare domani mattina". E poi un giorno che stavamo in Corso d'Italia m'è venuto spontaneo dire: "Ma possibile che tu non riesca a farmi incontrare Rol in un modo o in un altro?" Federico andava di tanto in tanto a Torino e non mi portava, perché non conoscevo Rol. E in quel momento squilla il telefono, era Rol che si mise a descrivergli esattamente come ero in quel momento, ovvero seduto di fronte a lui, e sapeva come mi chiamavo, disse che mi voleva conoscere e di andare a Torino. E Federico gli ha detto:
"Quando dobbiamo venire?"
"Anche domani"
"Allora veniamo assieme"
"No, la prima volta deve venire da solo, perché devo parlare da solo con lui".
Federico c'è rimasto un po' male, non se l'aspettava. Infatti quella prima volta sono poi andato da solo».

130ª. Stanislao Nievo:
(*Pronipote dello scrittore e patriota Ippolito Nievo (1831-1861), che morì in un naufragio del piroscafo Ercole in navigazione da Palermo a Napoli, raccontò in un romanzo del 1974 le sue ricerche del relitto, contattando anche persone ritenute possedere percezioni paranormali, una delle quali era Rol*)
«Sottoposi i fili dell'intricata questione ad alcune persone dalle intense capacità paranormali. La prima fu un antiquario torinese. Era una persona colta, con un'oscura sicurezza di sé, riservata e paziente, e poi all'improvviso irruente. Medium ad effetti psichici e fisici norevoli, disponeva di un rituale sottile e preciso. Si toglieva gli oggetti d'oro, diceva e faceva pronunciare all'interlocutore alcune frasi dove ricorrevano parole comuni e decise, tra cui quella di un colore. A casa sua, in uno studio carico di cimeli del periodo francese tra il settecento e l'ottocento, esaminammo le carte nautiche che avevo sottoposto a Croiset.
"Nel luogo precisato al n. 3" disse il mio ospite "c'è una nave ma è un'imbarcazione barbaresca. Ci sono ancora avanzi umani, sembrano legati, incatenati. Ma la nave cercata è molto più a nord. 50 o 60 anni fa, presso la zona segnata sulla carta col n. 2, è giunto a terra qualcosa. Ma dovrei venire sul posto per capire cos'è".
"Ci venga" proposi. Lasciò cadere la cosa. Qualcosa non gli andava. Si era stabilita probabilmente una rivalità tra sensitivi, con Croiset. "La nave è coricata sul fianco destro" disse poi velocemente. "Imbarcò acqua nella

tempesta e si piegò affondando. Lei troverà qualcosa di interessante, ma non sarà del suo antenato. Cercherò di aiutarla, ma sarà difficile".
Poi concluse: "Non era un uomo felice. Ma era puro".
Era molto cortese, ma non riuscivo a togliermi il senso della sua sopportazione. Qualcosa non andava. Era una persona sovraccarica di energia, d'intuizione, ma era apparentemente contraria a ciò che chiedevo».

131. Fulco Ruffo di Calabria (Fabrizio Ruffo di Calabria):
«Un giorno accadde una cosa alquanto strana, ma chi va per mari misteriosi, pesci strani prende. Frequentava casa nostra Gustavo Adolfo Rol, grande amico di nonno Giovanni Vaciago. Il padre, Vittorio, avvocato, aveva aperto e diretto la sede della Banca commerciale italiana a Torino. Uomo piccolo[3], calvo, con gli occhi azzurri azzurri, incredibile paragnosta. Rol era considerato da alcuni addirittura una guida spirituale. L'Avvocato stravedeva per lui, come anche Federico Fellini. Una sera, mio padre, lui e mia madre fanno per salire al piano superiore della villa quando Rol, impallidito, si arresta sulle scale: "Fabrizio, in quella stanza è come se stesse bruciando qualcosa ... Un uomo sta morendo?".
In quella stanza dalle porte blindate mio padre custodiva le cose di maggior valore quando lasciavamo la casa di San Raffaele a fine estate. La apre. Rol nota un pezzo d'ala di un aereo. Si tratta di un caccia austriaco con croce tedesca. Trofeo di guerra di mio nonno Fulco, asso dell'aviazione durante il primo conflitto mondiale, medaglia d'oro al valor militare. Dopo la morte del suo comandante, il valoroso Francesco Baracca, fu lui a prendere il comando della 91ª squadriglia Caccia. Dietro quella porta Rol aveva ricostruito la scena della morte del giovane pilota austriaco avvolto dalle fiamme. Il giorno dopo quel cimelio fu condotto di corsa e ceduto al Museo storico dell'Arma di Cavalleria di Pinerolo».

132. Salvatore Pinto:
«Quando ero ragazzo ho incontrato Rol una sera in Corso Massimo d'Azeglio, mi ero perso. La cosa che mi colpí di più e che non dimenticherò mai furono i suoi occhi, il suo sguardo penetrante e profondo. Mi chiamò per nome, io mi sono preoccupato perché non lo avevo mai visto, mai incontrato, ma quando cominciò a parlare mi sono rasserenato. Una bella voce, la persona più gentile ed educata che io abbia mai vista, buona, era elegante, alto e mi disse: "Corso Sommelier è da quella parte", io non gli avevo chiesto nulla, poi stringendomi la mano aggiunse: "A presto Salvatore", mi lasciò senza parole, sbigottito e sbalordito».

---

[3] Descrizione non conforme alla realtà. Al contrario, Rol era alto (1,85 cm), caratteristica spesso sottolineata da molti testimoni.

Abbiamo chiesto ulteriori dettagli:
«Era il 1974 e non sapevo chi era, l'ho riconosciuto anni dopo sui giornali. Io avevo 16 anni ed ero scappato di casa. A Torino lavorava mio fratello alle Poste e abitava in corso Sommelier, che io avevo confuso con corso Moncalieri. Facevo il barista al bar Ferrero in corso Vittorio Emanuele, di fronte alla stazione di Porta Nuova e questo signore elegantissimo fu lui ad approcciarmi e dire che io non andavo dalla parte giusta e che corso Sommelier era dall'altra parte, io notai il suo sguardo, ce l'ho sempre davanti agli occhi, faceva un po' paura, ero ragazzo, era già buio a Torino alle 6 del pomeriggio, poi questo signore che era alto ha chinato la testa e il suo sguardo mi ha trafitto, come se mi leggesse dentro. Io dissi "Grazie signore" e lui: "Ciao Salvatore" io cominciai a camminare piu veloce, pensavo fosse un fantasma, sapeva tutto».

133. Marco Gay (2018):
«Fino alla primavera del 1956 non sapevo chi fosse il Dott. Rol.
Avevo allora 23 anni e una morosa, che poi è divenuta ed è da 59 anni mia moglie.
Un pomeriggio andai a trovarla a Pinerolo, ove abitava. Sentito il campanello, Ellen venne ad aprire il cancello e mi disse che in giardino vi erano i signori Rol, amici dei suoi genitori. Ci fermammo alcuni minuti a parlare sul cancello e venni quindi presentato ai signori Rol. Non ricordo altri particolari, poiché presto andammo a spasso per conto nostro.
Seppi poi da Ellen che, nei pochi minuti in cui ci eravamo fermati a chiacchierare sul cancello, il Dott. Rol aveva raccontato ai suoi genitori la mia vita nel dettaglio: non mi aveva mai conosciuto e nessuno gli aveva parlato di me!».

133ª. Marco Gay:
[*L'avvocato Gay incontrò Rol una seconda volta a metà degli anni '80, poi una terza nel 1990, come da racconto seguente (per un raffronto, si veda quanto scritto da Remo Lugli in I-36)*]
«Non ebbi altre occasioni di incontrare il Dott. Rol sino al giorno della morte della signora Elna[4], che era luterana, per quanto so non assidua praticante e che frequentava con un'amica valdese, la sig.na Malvina Pellenc, il tempio di corso Vittorio, non lontano da casa sua.
Il Dott. Rol era devoto cattolico, ma aveva sempre evitato di interferire nella vita religiosa della moglie.
Con molto rispetto volle quindi che il funerale si svolgesse con le modalità dei protestanti, molto sobrie.
Allora non vi era in Torino una comunità Luterana (che oggi esiste) e venne chiesto l'intervento del Pastore Valdese Luciano Deodato, il quale

---

[4] Il 27/01/1990.

nella casa di via Silvio Pellico 31, alla presenza di pochi intimi lesse alcuni passi biblici e fece una preghiera.

Il funerale fu concluso al Crematorio, ove il Pastore, presente un maggior numero di parenti ed amici, lesse e commentò altri passi biblici, con una preghiera.

Sentimmo il Dott. Rol alcune settimane dopo, quando una sera tardi chiamò mia moglie dicendole che avrei potuto aiutarlo, perchè intendeva dare esecuzione alla volontà manifestata dalla signora Elna che le sue ceneri fossero disperse nel fiordo dove era nata (era figlia di un armatore norvegese ed era nata nel fiordo di Oslo)[5].

Pur sorpresi, andammo dal Dott. Rol che ci disse che i tentativi fatti con l'impresa funebre erano stati vani e che egli non intendeva raggiungere lo scopo con un espediente che gli era stato consigliato, in quanto non intendeva ricorrere a sotterfugi come quello di nascondere le ceneri in un vecchio mobile da far trasportare, come se fosse stato un trasloco, in Norvegia ove allora la dispersione non era consentita.

Esaminammo le varie possibili soluzioni, fra cui la dispersione in Francia (i coniugi Rol erano di casa a Mentone) o nel Baltico, ma nessuna era accettata dal Dott. Rol che intendeva che fosse rispettata la scelta del fiordo norvegese.

Consultati colleghi amici di Copenhagen e di Oslo, finalmente la soluzione venne trovata: la dispersione avrebbe potuto avvenire in acque danesi o internazionali prossime.

Scartata la scelta danese (non era il fiordo norvegese!), venne deciso di portare le ceneri sul traghetto Copenhagen – Oslo e di fare la dispersione in acque internazionali.

Il Dott. Rol domandò a mia moglie se si sarebbe sentita di occuparsi della dispersione ed Ellen, pur emozionata, accettò.

Prima di raccontare come si svolse, credo necessario raccontare un fatto che mi colpì molto.

La mattina che andammo con il Dott. Rol al cimitero di Torino, ove l'urna era custodita, per ritirarla e portarla a Copenhagen, notai che il Dott. Rol aveva un'espressione estremamente triste, direi angosciata. Una breve riflessione (ispirata dal Dott. Rol stesso?) mi indusse a pensare che la sua manifesta tristezza fosse prodotta, in lui cattolico rigoroso, dal fatto che né la bara in occasione del funerale, né l'urna fossero state benedette, come è regola nel culto cattolico.

Manifestai la mia osservazione a mia moglie, dicendole che avremmo potuto proporre al Dott. Rol di chiedere ad uno dei monaci in servizio nella Cappella all'ingresso del cimitero di benedire l'urna.

Ricordo perfettamente che, da laico protestante qual sono, dissi – debbo ora confessarlo, con poco garbo – a mia moglie, in dialetto "na

---

[5] A Porsgrunn, un centinaio di km da Oslo, il 05/04/1904.

benedission ne gava, ne buta" (traduco: una benedizione nulla aggiunge e nulla toglie).

Il viso del Dott. Rol si illuminò quando gli proposi di chiedere al Cappellano del Cimitero di benedire le ceneri, prese l'urna ed entrò nella cappella ove parlò con il Monaco presente, che subito fu d'accordo.

L'urna venne dal Dott. Rol posata sull'altare, il Cappellano recitò il Padre nostro e benedisse le ceneri con un segno di croce.

Allora ci congedammo dal Dott. Rol, la cui espressione, pur addolorata, era tornata serena, e partimmo per la Malpensa diretti a Copenhagen.

Debbo dire che, durante il viaggio, fui colpito dai ripetuti sconvenienti gesti di scongiuro di vari addetti ai controlli quando dichiarammo il contenuto della borsa che la SOCREM ci aveva fornito.

A Copenhagen, svolti i vari incombenti amministrativi presso gli uffici competenti, ci presentammo all'imbarco del traghetto notturno diretto ad Oslo, ricevuti molto cortesemente dal Comandante che era stato informato del nostro compito.

Era una traghetto di grandi dimensioni, otto piani e 2500 passeggeri. Il Comandante ci volle suoi ospiti per il pranzo, mentre a bordo era in corso una festa danzante nel salone principale.

Ci propose di fare la dispersione quando sul traghetto fosse terminata la musica della festa, a mezzanotte o alle sei di mattina. Fummo d'accordo di farla a mezzanotte.

Il comandante fece venire nella cabina di comando, dalla quale si ammirava sulla destra la costa svedese illuminata, il suo secondo ed un meccanico, che con una cesoia aprì l'urna.

Il vice comandante scese con noi con l'ascensore (otto piani) per essere a pelo d'acqua.

Mediante coriandoli che aveva all'uopo portato, buttati fuori dalla porta, controllò la direzione del vento e, mediante telefono, avvisò a quel punto il Comandante, che modificò la direzione della nave in modo da non avere il vento contro di noi. Quindi, in segno di rispetto per quel che stava per accadere, spense i motori.

Ellen lanciò in mare l'urna aperta con tre rose che aveva portato da Torino.

Era da poco passata mezzanotte e tornammo nella cabina di comando per ringraziare il Comadante e ritirare il verbale che egli intanto aveva redatto.

A proposito di questo verbale debbo ricordare un'altra vicenda singolare che è prova delle non comuni doti del Dott. Rol.

Sbarcati ad Oslo alle otto di mattina, fummo accolti dai cugini di Ellen che erano venuti ad aspettarci al porto.

Ci accompagnarono in un caffè per fare colazione e di lì Ellen telefonò al Dott. Rol per informarlo dell'accaduto. In particolare intendeva indicargli le coordinate geografiche del luogo della dispersione indicato nel verbale redatto dal Comandante del traghetto, ovviamente in lingua danese.

Il Dott. Rol non lasciò parlare Ellen, ma disse subito che sapeva già tutto e, da Torino, lesse al telefono il verbale (scritto in lingua danese che Rol non conosceva!) che Ellen teneva in mano, indicando con estrema precisione le coordinate geografiche del punto ove la dispersione era avvenuta.
Pur conoscendo le capacità del Dott. Rol, non nascondo che fummo vivamente sorpresi».

134. Maurizio Dossi, anestesista:
«Io ho conosciuto il Dottor Gustavo Rol di persona nella sua casa di Via Silvio Pellico a Torino. Quello che si dice su di lui scompare dopo un incontro simile. Sono stato presentato a lui da un mio parente, un famoso medico di Torino [*Fabio Dossi*] che frequentava già Rol, invitato nella sua ristretta cerchia di amici. Loro si conobbero durante una visita al Cottolengo, che il mio parente frequentava curando gratuitamente i ricoverati, e così anche Rol. La loro amicizia era di diversi anni e andai a Torino a trovare il mio parente.
"Ti ho riservato una sorpresa" mi disse, "oggi conoscerai una persona fuori dal comune". Entrai con lui nel suo studio [*a casa sua*], accolti come fossimo suoi familiari. Mi colpirono i suoi occhi. Avevano una limpidezza che raramente avevo visto. Mai, direi. Parlammo del più e del meno, su vari argomenti. Io avevo pochi giorni prima rianimato una ragazza di tredici anni da morte certa nella mia Rianimazione. Rol ad un certo momento cambiò all'improvviso discorso. Mi disse:
"A proposito (parlavamo di angeli e cose di questo tenore) Lei è un bravo medico"
"Grazie"
"Ma..." – lui continuò – "vede, quella ragazza che grazie a lei oggi è ancora viva, a sua volta salverà molte vite! È stato davvero bravo!"
L'episodio finì lì e parlammo d'altro... io a chiedermi "ma come può saperlo?".
Oggi quella ragazza a distanza di tanti anni è la dirigente di un Reparto di Medicina Intensiva in una grande città del Nord Italia. Ci congedò dicendomi: "Lei ha fatto la scelta giusta nella sua vita, sta facendo il lavoro che le si addice" (sono anestesista Rianimatore)».

134[a]. *Fabio Dossi*, medico chirurgo (G.A. Rol):
«Rol una volta aveva raccontato a me e al prof. Giovanni Sesia che mentre era con altri amici aveva avuto un'intuizione e si era alzato di scatto, aveva fatto un numero di telefono e aveva risposto una signora, alla quale aveva detto:
"Lei è a Roma?"
"Sì".
"Abita in un alloggio che dà su un cortile?"

"Sì"
"Guardi sotto per favore, c'è un bambino che sta giocando nel cortile?"
"Sì"
"Gli urli immediatamente di andare via di lì perché tra poco capiterà qualcosa".
Questa signora urla al bambino di scappare, lui va via e poco dopo viene giù e si schianta nel cortile una vetrata intera che lo avrebbe probabilmente ucciso».
[*Nell'episodio seguente questo fatto viene indirettamente confermato, anche se o Dossi ha ricordato male, visto che Rol non chiamò telefonicamente la signora, oppure Rol ha semplificato con Dossi il racconto o volle darne una versione comunque analoga di altri episodi accaduti (ad es. I-38, 59)*]

135. Trascrizione da conversazione registrata (Archivio Franco Rol):

Serata del 26 marzo 1977 a casa di amici, presenti Remo ed Else Lugli, il dott. Alfredo Gaito, e Nuccia Visca. Rol accenna alle decine di lettere che riceve e che ha ricevuto soprattutto al seguito delle prime tre puntate del servizio su di lui di Renzo Allegri sul settimanale 'Gente' (5, 12, 19 marzo). Dice che non ha tempo di aprirle tutte e ne apre solo alcune (quelle che un impulso gli suggerisce di scegliere). Una di queste decide di leggerla agli amici presenti:

«"È stata spedita dalla signora Mirella Celletti, Roma, Via Val di Lanzo 93 [o 96], ed è stata spedita a: "Egregio dott. Gustavo Adolfo Rol – 'Gente'"... che me l'hanno girata a Torino. C'è il ritratto di una bella ragazza dentro... e qui la madre che scrive: "Egregio dott. Rol – data: 9 marzo ... Domenica 27 febbraio, dopo aver letto l'articolo su *Gente* che La riguardava[6], Le ho chiesto mentalmente aiuto per le mie necessità, ho pensato intensamente a Lei, ma ho sentito subito dentro di me una voce che mi diceva che Ella non poteva farlo, perché doveva aiutare in quel momento un bambino che giocava quietamente sotto la mia finestra. Io mi affacciai incredula a guardare quel gioco assolutamente normale di questo bambino e mi dicevo che non aveva nessuna probabilità di farsi del male. Dopo neanche un quarto d'ora un grosso vetro di una finestra è caduto, ed il bambino, sfiorato, non è stato ferito, anzi si è messo a giocare molto pericolosamente con i frammenti di vetro, fintantoché alcune persone spaventatissime non hanno avvertito la mamma che se l'è portato via.

---

[6] La prima puntata uscita col titolo: *Mentre è a Torino lo fotografano in America*, che però consta come data di pubblicazione il 5 marzo (la signora potrebbe avere fatto confusione – non ci sono articoli sul numero precedente – a meno che non fosse uscito con anticipo).

Dottor Rol io sono convinta che il Signore ha voluto unire ed aiutare i nostri spiriti".
[*Rol commenta, rivolto ai presenti*] Lei dice: io pensando Lei l'ho tirato qui, e Lei ha visto queste cose. Non è così?
"Grazie. Voglia perdonarmi se Le invio la foto della mia figliola Paola, essa ha vent'anni e soffre da circa dieci anni di ipertiroidismo dovuto ad una causa psichica, da quando mio marito abbandonò la nostra ... Se però Ella mi suggerisce una cura più adatta, in modo di cercare di guarirla, me lo dica... La reverisco Dottor Rol, e che Iddio la benedica per il bene che fa...".
[*Rol poi mette da parte la lettera e chiede a uno dei presenti:*]
"Secondo te come avvengono queste cose? È un caso?" *e mentre due dei presenti stanno per formulare una qualche risposta, Rol continua:* "Dunque, lei non sapeva che ci fosse un bambino che giocasse sotto le finestre, non lo sapeva. Pensa di essere aiutata per la figlia. E invece di essere aiutata per la figlia, o per i suoi ... affari, sente una voce dentro che dice: [*Rol cambia tono di voce, non sembra più la sua*] "Non posso aiutarti, perché devo occuparmi di quel bambino che giuoca sotto le tue finestre, devo aiutarlo perché potrebbe farsi molto male". [*Poi riprende la voce normale:*] "Va a guardare e vede un bambino che gioca; dice: 'Strano, sta giocando tranquillamente come i bambini, non c'è nessun motivo per cui deva farsi del male quel bambino'. Dopo circa dieci minuti, un quarto d'ora, sente un fragore e un grosso vetro cade giù dalla finestra, sfiora il bambino, il bambino che è incosciente piglia i grossi frammenti di questo vetro e incomincia a giocarci... Allora, è un caso?"
I presenti tentano delle spiegazioni, Gaito fa una analogia con quelli che invocano i santi (come San Pancrazio) che poi intervengono con una grazia. Rol dice che non è la stessa cosa e nega per due volte di essere un santo («Io non sono un santo, un santo può farlo»). Poi Lugli chiede a Rol:
«"Secondo te Gustavo, tu cosa pensi che possa essere avvenuto?".
Rol: "Io ti posso solo dire questo: a me viene molto sovente di assentarmi, per dei momenti".
Lugli: "E in quei momenti lì tu sei altrove".
Rol: "Credo. Te l'ho detto, lo hai scritto, ce l'hai registrato, tre-quattro anni fa, quattro anni fa"[7].
Lugli: "Anche l'episodio della Svizzera no?".

---

[7] Pare riferirsi alla registrazione della voce di Rol fatta da Lugli il 21/06/1973 (audio e testo pubblicati in Lugli, R., *Gustavo Rol una vita di prodigi*, 2008, pp. 27-28) mentre legge sue riflessioni su *spirito intelligente* e *coscienza sublime*. Tuttavia non c'è molta attinenza con quanto sta dicendo qui, e potrebbe trattarsi anche di altra registrazione, non pervenuta, riguardante il caso di Simecek di cui si parla in seguito.

Rol: "L'episodio della Svizzera, della mani... Il sindaco di Losanna, cui ho scritto. 'Aidez moi! Voilà Rol qui vient' ['Aiutatemi! Ecco Rol che viene', *aveva detto*] Simecek, il famoso scultore Simecek, amico di Picasso"[8].
Gaito: "Ma l'esempio più bello è quello di Oggero".
Lugli: "Sì anche... quello delle tende, delle finestre"[9].
Else: "È lo stesso meccanismo...".
Gaito: "È lo stesso meccanismo. Ora, quell'altra ha invocato Rol per un caso suo...".
Lugli: "Ecco, no, però c'è un fatto...".
Rol: "C'è il fatto che Oggero, lui aveva bisogno di respirare...".
Lugli: "Oggero ha detto: 'Ah se ci fosse Rol', per cui è all'incirca un'invocazione sempre".
Gaito: "No, lui non ha detto 'se ci fosse Rol', ma 'se io avessi qui qualcuno, qualcuno che aprisse le finestre', e si vede che lui nel suo subconscio ha pensato forse a Rol, ma lui ha detto: 'Se io avessi qui qualcuno, qualcuno che potesse aprire, ah, le finestre!'. In quel momento...".
Rol: "Ma lui non ha pensato a me!".
Gaito: "Lui avrà pensato inconsciamente, nel momento in cui lui, non so, da Gazzera, diceva...".
Lugli: "Diamo un po' di aria a Oggero che ne ha bisogno".
Gaito: "...ossia un affare del genere, cioè c'è stata una coincidenza...".
Rol: "C'è Oggero che ha bisogno di respirare".
Gaito: "Quindi Oggero nel suo inconscio... Quando poi ci siamo incontrati quella sera, noi due eravamo..."
Rol: "Ti ricordi? lui arrivava dalla stazione..."
Gaito: "Noi due passeggiavamo qui al Valentino e poi si stava ritornando a casa, in quel momento vediamo uno che arriva con una valigia dalla Stazione... cioè arrivava dalla Stazione ma per noi era uno con una valigia [*non sapevano ancora che arrivava dalla Stazione*], allora lui [*Rol*] guarda: 'È Oggero'. E allora Oggero appena ci ha visti ha fatto: "Ohhh Rol, ma non sai...?" e l'altro fa: "Sì sì lo so, le tende, le finestre..." e allora Oggero ha fatto: "a-a-a-a..." è rimasto tre minuti a tartagliare. Poi lo ha raccontato".
Rol: "Ho temuto che si sentisse male".
Gaito: "Qualcuno, qualcuno che aprisse le finestre...".
Rol: "No ma tutti, dice che erano tutti esterrefatti, perché c'erano – dice – ne ha contate sei mentalmente, enormi – dice – tende alte tre quattro metri, in quelle finestre di... che si tirano su...".

---

[8] Si veda episodio XXII-5 (*L'Uomo dell'Impossibile*, vol. I, 3ª ed. 2015, p. 300).
[9] Si veda episodio I-37 (*ibidem*, p. 54).

Gaito: "Ma fossero alte dieci cm o quaranta metri il fatto che da sole – bon! – si sono aperte".
Lugli: "Ecco e invece l'episodio della signora è un po' diverso perché lei cerca di mettersi in sintonia con Gustavo...".
Rol: "Per quello che riguarda lei stessa...".
Lugli: "Per quello che riguarda lei stessa, lì c'è un intervento invece di Gustavo al di fuori".
Gaito: "Siccome lui ogni tanto ha queste sensazioni di essere assente, no? Può durare anche una frazione di secondo... Non è necessario che lui stia assente per delle ore, anche una frazione di secondo, è come l'*aura*... l'equivalente... dell'epilessia, una persona sta parlando, io parlo con lei, ma a un dato momento... [*fa una breve pausa per simulare l'assenza epilettica*] e poi riprende a parlare, ecco mi sono fermato solo un attimo... Quindi nel momento in cui lui è arrivato in quella casa lì di Roma, – perché sicuramente, questa qui invocandolo... – lui avrà visto già un qualche cosa e siccome lui prevede, l'ha trasmesso a questa donna qui...".
Lugli: "Gliel'ha trasmesso lui...".
Gaito: "E certo che gliel'ha trasmesso lui"».

136. *Filippo Ascione*:
«Nel 1987 siamo andati a Torino da Rol, in un viaggio di produzione organizzato da Franco Cristaldi, eravamo io, la segretaria di Federico, Federico, il produttore esecutivo di Cristaldi, Pietro Notarianni, che era il suo braccio destro, comunista ortodosso che non credeva in queste cose e una dottoressa tedesca dalla quale Federico andava a farsi curare e che usava come metodo le vitamine, che poi era diventata la sua amante. Siamo andati da Rol con il copione del *Mastorna* avvolto in un telo nero, abbiamo preso l'aereo, io avevo il terrore di fare quel viaggio con questo copione, ne esisteva una sola copia, quando anni prima Federico mi chiese se lo volevo leggere mi aveva detto: "Non te lo posso dare, c'è una sola copia", ma non perché c'era una sola copia, ma "perché è un copione terribile, che ogni volta che lo prendi in mano succede qualcosa di terribile". Adesso però c'erano dei produttori americani che lo volevano fare e Cristaldi insisteva nel volerlo fare. Io avevo letto quel copione un paio d'anni prima e Federico m'aveva detto: "Guarda, siccome questo copione dicono che porta molto male ti darei un consiglio, mentre te lo leggi – l'ho letto seduto di fronte a lui – ti devi toccare i cosiddetti, che è meglio".
Allora partiamo. La storia si sa qual è: un aereo che precipita, e si va in un'altra dimensione. Ora, si può immaginare come ci sentivamo su questo volo per Torino con questo copione avvolto nel telo nero. Appena arrivati siamo andati da Rol, ma lui non c'era, c'era invece la moglie che ci disse che tutta la notte non aveva dormito per via della cavalleria di Napoleone. Questo produttore esecutivo, che era appunto Comitato Centrale del PCI,

cugino di Pietro Ingrao, non credeva a nulla di queste cose. Quindi aspettavamo che Rol venisse, era andato non so dove, e quando arrivò, la prima cosa che Federico gli ha detto è stata: "Dai facciamo un po' di esperimenti", e allora ha fatto un po' di esperimenti con le carte, un po' di materializzazioni. Poi Notarianni – che chiaramente era sconvolto da quegli esperimenti, ma non lo voleva far vedere, era convinto che ci fosse comunque un qualche trucco – a un certo punto per andare al sodo dice: "Guardi, stasera devo chiamare dall'albergo il mio produttore per dire agli Americani che questo film Federico lo può fare o meno", e allora Federico ritira fuori per l'ennesima volta il *Mastorna* – perché tante altre volte lui era andato a Torino per decidere se fare o no il film e Rol gli diceva che l'umanità non era pronta per *quel* film, che era meglio non farlo –. Anche questa volta gli dice la stessa cosa, e vede Notarianni sbiancare, e si può immaginare come per lui e Cristaldi già fosse una pazzia il fatto di dover andare da un "mago" per decidere se fare o no un film, pensa gli Americani quando Cristaldi dovette forse dirgli: "Sto aspettando la risposta del mago da Torino se fare o no questo film" – E allora lui sbianca, come glielo dice ora a Cristaldi? "Guarda che il mago m'ha detto che il film non si può fare". A quel punto però Rol gli ha detto: "Lei ha un copione che ha cominciato a leggere durante il viaggio, che si è portato qui a Torino, vero?" Lui ha detto: "Sì", infatti vedevo Notarianni che leggeva un copione, seduto dietro di noi. "Ecco, deve dire al suo produttore di fare quel film lì" – e quel film era *Nuovo Cinema Paradiso* – vedrà che sarà un successo".
Notarianni ha risposto: "Sì, mi sono portato questo copione, che è un po' lungo, e che ho letto in aereo e ho finito poi in albergo" e Rol: "Dica al suo produttore di non preoccuparsi, di fare quello lì, ma non questo, questo non lo deve fare".
Cristaldi l'ha presa malissimo perché c'erano molti soldi che gli Americani erano disposti a dare, con *Cinema Paradiso* i soldi li ha poi visti perché il film è andato bene, però aveva comunque perso un grosso affare».

136bis. Steve Della Casa (Filippo Ascione):
«È difficile pensare a un film più siciliano di "Nuovo cinema Paradiso", premio Oscar nel 1989 e gran premio della giuria a Cannes nello stesso anno. È siciliano d'ambientazione, è siciliano il regista Giuseppe Tornatore che racconta di fatto la storia della sua infanzia a Bagheria, è siciliano anche il protagonista bambino Totò Cascio. Eppure in quel film c'è una storia torinese, che da poco è stata resa nota.
È stato Filippo Ascione, attore e sceneggiatore che ha molto frequentato Fellini negli ultimi anni della sua vita, a rendere nota questa vicenda durante un omaggio a Tornatore tenutosi ad Assisi il 6 dicembre [2014]. E tutto parte dal famoso progetto di Fellini, "Il viaggio di G. Mastorna", che

per usare le parole di Vincenzo Mollica è "il film non realizzato più famoso del mondo".
Le vicende del violoncellista che mentre viaggia in aereo si ritrova in paradiso, è stata scritta da Dino Buzzati e Brunello Rondi nel 1965 e più volte Fellini ha iniziato la preparazione. Ma l'ha sempre interrotta: il film parlava della morte, Fellini era molto superstizioso e temeva che a morire sarebbe stato proprio lui. Ci provò prima Dino De Laurentiis e poi il testimone passò a Franco Cristaldi, il produttore torinese che da tempo si era trasferito a Roma. Questi incaricò Pietro Notarianni, storico direttore di produzione, di verificare la disponibilità di Fellini. Ma Fellini fu tassativo: "Solo se il mio amico Gustavo Rol... mi dirà che lo posso fare, io dirigerò il film".
Rol fu molto fermo anche in occasione di quell'incontro. Prima disse, guardando Notarianni: "Noi facciamo questo incontro con un comunista che non crede nell'Aldilà". Ma lo disse sorridendo, era una constatazione e non un'accusa, e infatti Notarianni (era lui il comunista nella stanza) rispose con un sorriso. Sorriso che gli si smorzò in bocca alla frase successiva di Rol: "Però Mastorna no, Federico. Mastorna non lo devi proprio fare".
A quel punto Notarianni vide svanire la possibilità di un lavoro importante e lo fece presente con forza. Rol rimase silenzioso per un attimo, e poi replicò:
"'Ci sono tanti altri film che si possono fare. Ad esempio: stavi leggendo un copione ieri a Roma, un copione che è contenuto in un fascicolo con la copertina azzurra. Bene, tu realizza quel copione, sono certo che sarà un grande successo'.
Notarianni era molto stupito.
In effetti il giorno prima Cristaldi gli aveva consegnato il copione di un giovane regista siciliano che aveva diretto un solo film[10], si intitolava "Nuovo cinema Paradiso".
La lettura fu accelerata, la storia gli parve buona e Notarianni lo propose a Cristaldi che si innamorò del progetto e lo realizzò. Fu una lavorazione difficile, ma il peggio doveva venire. Il film uscirà nelle sale italiane due volte, nel 1988 e, in versione molto ridotta e con un manifesto diverso, nel 1989. Entrambe le uscite furono un disastro, ma Cristaldi tenne duro. E dopo Cannes e l'Oscar, il suo sforzo fu premiato e il film diventerà un successo in tutto il mondo". Ma la storia torinese di "Nuovo cinema Paradiso" aggiunge un tassello in più alla fama mondiale di Rol.
Mastorna, come è noto, non è mai stato realizzato: è però diventato un fumetto disegnato dal grande Milo Manara, con Mastorna che ha il volto di Paolo Villaggio (e non di Mastroianni, l'interprete scelto per primo da Fellini). Tornatore, quando gli è stato raccontato il retroscena, non ha né

---

[10] *Il camorrista* (1986).

confermato né smentito: al fatto non era presente, non ha detto se ne era comunque a conoscenza. Ma ha molto riso quando un critico a mezza voce ha affermato: "Beh, adesso dovremo chiamarti Mastornatore"».

137. *Antonietta Abate*:
«Lavoravo in FIAT in Corso Marconi, nella segreteria del dottor Cesare Romiti, un giorno del 1992 o 1993 ha telefonato Rol, che già avevo visto di persona una volta quando l'avevo fatto entrare e accomodare dal dottor Romiti, perché voleva parlargli. Fu molto gentile e mentre aspettavo di passare la chiamata perché era occupato siamo rimasti un po' a chiacchierare, lui mi ha chiesto della mia vita, io gli ho detto che ero sposata e avevo due bambini, al che lui mi disse: "I suoi figli, Stefania e Marco, stanno bene, sono dei bei bambini". Io non gli avevo detto il loro nome, e questo mi era rimasto impresso».

138. Gemma Castino Prunotto (*trascrizione da video*):
«Si passeggiava, io e lui su e giù, vicino Notre-Dame, si andava tranquilli, lui si ferma, mi dice: "Devo fermarmi. Gemma vai in un bar, che io devo andare a chiamare della gente". Sono andata in un bar, lui è partito, è andato a chiamare la Polizia. [*Dopo un po' è ritornato*] "Scavate qua, in profondità, troverete una cosa interessante". Questi qua a scavare non volevano: "Oh già, spacchiamo!" "Fate cosa volete". Ha chiamato un personaggio di Parigi che ha sentito parlare di Rol, han scavato e hanno trovato il busto nientemeno del grande Napoleone. È lui che gliel'aveva fatto trovare. Lui diceva: "Sono nato disgraziato, perché è una sofferenza questa qui". E ha sofferto molto».

Questo racconto potrebbe essere l'unico attendibile per quanto riguarda il ritrovamento del busto di Napoleone che si trovava all'entrata dell'appartamento di Rol a Torino. A meno che non si tratti di altro busto – Rol ne aveva più di uno – dovranno essere considerate versioni romanzate o imprecise quelle riferite (in ordine cronologico) da Remo Lugli nel 1995, da Maria Luisa Giordano nel 2000 (che riporta un presunto racconto di Rol che potrebbe in realtà essere basato soprattutto su quanto scritto da Lugli aggiungendovi qualche commento avuto dallo stesso Rol – la Giordano non sarebbe nuova a questo tipo di plagio, come abbiamo mostrato ne "Il simbolismo di Rol") e da Mario Pincherle nel 2005 (autore di un libro su Rol che già a suo tempo avevamo segnalato come in gran parte inattendibile, plagiando e adattando materiale di pubblicazioni precedenti), a sua volta basato quasi certamente sul racconto della Giordano. Quello di Pincherle lo avevamo già riprodotto (si veda I-78^a), qui di seguito quelli di Lugli e Giordano. Nelle note ulteriori commenti.

138bis. Remo Lugli (n.p.):
«Nel vasto ingresso, su un tavolo del '700, troneggiava il busto di Napoleone, un Napoleone giovane, dell'epoca della campagna d'Italia. Era un busto carico non soltanto della sua storia di oggetto artistico nato all'inizio dell'Ottocento, ma anche della personalità di Rol. Era lì, in quella prima sala del grande appartamento, come volesse dare il benvenuto agli ospiti, grazie alle doti di sensitivo del padrone di casa.
Ecco come erano andate le cose. Un giorno degli anni Trenta in una strada di Parigi Rol si ferma, preso da un'istintiva spinta ad entrare in una casa e più precisamente nello scantinato che, secondo lui, deve avere il pavimento in terra battuta. Chiede al portinaio e la risposta è affermativa: sì, le cantine esistono e i pavimenti sono tutti di terra. Rol chiede che lo accompagni giù. Nel sotterraneo a un certo punto si blocca: "Qui, dobbiamo scavare qui" dice e il portinaio lo guarda sbalordito. Ma Rol sa essere convincente e l'uomo accetta di seguire la sua indicazione: si munisce di una vanga e incomincia a scavare nel punto preciso che gli viene mostrato. Mezz'ora dopo, a trenta centimetri di profondità, viene in luce questo busto in marmo, preziosissimo per Rol non solo per la sua fattura pregevole, ma perché è il frutto di questa sua improvvisa intuizione di origine extrasensoriale».

138ter. Maria Luisa Giordano ("Gustavo Adolfo Rol"):
«"Negli anni Trenta, mentre stavo passeggiando in una strada a Parigi, all'improvviso fui preso da una specie di raptus, un impulso fortissimo mi spinse ad entrare nell'androne di una casa, a rivolgermi al portinaio dello stabile: desideravo essere condotto al più presto in cantina.
Quel pover'uomo, che mi guardava alquanto sbalordito, mi vide così risoluto da non osare contraddirmi. Come presumevo in cantina il pavimento era in semplice terra battuta, lo pregai di prendere una vanga e di scavare nel punto da me indicato. Mi obbedì, e quale fu il nostro stupore quando poco dopo vedemmo affiorare una statua, la guardammo meglio: si trattava del busto in marmo di Napoleone, un'opera di rara bellezza. Naturalmente ricompensai il portinaio, sempre più sconvolto, con una mancia molto generosa.
Da quel giorno non me ne sono più separato, quel busto è sempre qui con me, una presenza viva, il nume tutelare della mia casa: era scritto che dovessi trovarlo in questo modo veramente insolito e prodigioso"».

139. Adriana Asti:
«Verso la fine degli anni Cinquanta (...) feci amicizia con un veggente, che fra l'altro frequentava anche Fellini. Si chiamava Gustavo Adolfo Rol ed era un signore torinese dagli occhi celesti, sempre vestito di grigio. Ad attrarmi non era tanto l'occulto e l'aura di mistero di cui Rol si circondava, quanto i superpoteri che quell'uomo esibiva e che erano reali.

Non era un mistico: semplicemente possedeva capacità straordinarie. Amava mostrarle davanti agli ospiti, che riceveva a casa sua a Torino. Faceva l'antiquario e abitava in un fastoso appartamento colmo di cimeli napoleonici perché aveva un vero culto per Bonaparte.
La prima volta che ci andai, accogliendomi all'ingresso, nel salutarmi mi prese le mani. Avevo qualche anello e lui iniziò: "Questo era di tua madre, quest'altro è un dono di tuo padre, questo ancora te l'ha regalato qualcuno che ti piace molto...". Elencò nomi e cognomi e non ne sbagliò uno. Rol conosceva cose che non avrebbe potuto sapere.
Diventammo amici.
Un giorno mi disse: "Si sa che a te piacciono i carrettieri...". La stessa identica frase che mi ripeteva Elsa Morante, quando voleva prendermi in giro. Come era possibile che lui ne fosse a conoscenza?"».

140. Ubaldina Viola:
«Nel 1979 abitavo a Torino in Via Rossini. Io lavoravo al teatro Regio e la mia amica Maria Vittoria alla Rai. Un giorno mi disse che voleva conoscere Rol per suoi grossi problemi esistenziali, telefonò sapendo che spesso lui non si concedeva. Dopo pochi secondi di presentazione lui disse: "Ma perchè è così arrabbiata con sua madre?" (dettagliando su cose talmente personali che Maria Vittoria rimase di sasso). Da quel momento iniziò a presenziare ogni settimana a quegli esperimenti di cui tutti ora sappiamo».

140ª. Chantal Personè:
[*Al telefono, la prima volta che ha chiamato Rol*]
«Stavamo discorrendo quando Rol mi ha detto: "Io lo so Lei come è vestita, di che colori è vestita". Ricordo di aver risposto un po' per sfida e un po' per curiosità: "Vediamo allora, mi dica che colori". E il grande sensitivo, come se mi vedesse davanti a sé, ha descritto esattamente il colore della mia gonna e perfino delle mie calze: "Lei è vestita di verde, dalla testa ai piedi, e ha delle calze di un verde quasi luccicante". Non posso dimenticare il mio sbalordimento, era vero. Rol non mi aveva mai visto di persona e per un caso indossavo gonna, golf e calzamaglia di un unico colore, in genere mescolo i colori, ma quel giorno sì, ero vestita di verde».

141. Maria Grazia Moreno:
«Un giorno ho cercato il suo recapito sulla guida telefonica, ho formato il numero e il Dottore mi ha risposto. Io non lo avevo mai visto, avevo sentito parlare di Lui da mia cognata che, essendo ammalata gravemente, periodicamente gli telefonava. Abbiamo conversato a lungo come se ci conoscessimo da tempo e Lui mi ha descritta perfettamente, persino come

ero vestita. Mi cantò anche una canzone francese del '700 facendomi sorridere e sollevandomi il morale».

142. Maria Grazia Ferraris (n.p.):
«Una mia amica dottoressa mi aveva detto, chiacchierando di Rol, che suo marito era stato fermato da lui per strada a Torino e gli aveva detto che doveva andare a casa subito e buttare il phon, cosa che fece, scoprendo che il phon sarebbe scoppiato se fosse stato usato anche solo una volta».

143. Francesca Fabbri Fellini (Federico Fellini):
«Un giorno Federico mi ha riferito di una seduta con Rol a Treviso. Con una voce soffusa, ansimante, ha cominciato a raccontare vicende dell'infanzia di Federico che solo suo padre Urbano potrebbe avere conosciuto. Poi ha invitato Federico a fare una domanda, in effetti a suo padre. Chiese: "A cosa potrebbe assomigliare la condizione di fine vita?" La risposta fu suggestiva: "È come su un treno di notte, lontano da casa, pensavo a te in una specie di opaco stato di assopimento, di semincoscienza, con il treno portandomi sempre più lontano".
Che cosa invidiavo di mio zio Chicco? Un amico così speciale come Rol, una bella anima, che ogni volta lo trasportava sempre di più verso altre, più elevate dimensioni».

144. Donatella Pozzali:
«Ho avuto il privilegio di conoscere il dott. Rol ed anche il grande pittore Renato Balsamo. Proprio il dott. Rol ha insistito perché io mi recassi a conoscerlo nella sua casa di Sorrento e gli portassi questo messaggio: "Gustavo ti saluta e dice che sei un genio". Mentre ero lì nella sua casa, abbiamo parlato a lungo e con entusiasmo della nostra conoscenza con il dott. Rol e, al termine, ci siamo fatti una bella foto sotto il portico del giardino, con tutta la famiglia. L'indomani, Renato Balsamo telefona al dott. Rol per raccontargli della mia visita... e il dott. Rol lo stupisce dicendo che anche lui era lì con noi e gli ha descritto perfettamente il luogo, il portico e le persone in posa nella foto! (Rol non è mai stato a Sorrento)».

145. Marina Ceratto Boratto (Caterina Boratto):
«Una volta, ad esempio, [*mia mamma, l'attrice Caterina Boratto*] era andata a fare una passeggiata in riva al Po, veramente lei non ci andava mai e non sapeva perché l'avesse fatto... tra l'altro era una triste giornata di pioggia, l'unica immagine che aveva conservato era quella di essersi trovata davanti a quella figura nera e imponente in riva al fiume e di aver balbettato un po' spaventata: "Ah, anche lei qui, Rol?"
Al che lui aveva risposto: "La vita è lunga e imprevedibile, non le consiglio di farlo!"

"Di far cosa?"
"Di fare la sciocchezza di buttarsi nel Po!"».

146. Anna Gianina:
«Inizio anni '90, disperata, con una fretta incredibile, entro inspiegabilmente in un negozio alla ricerca di un oggetto con la consapevolezza che probabilmente non l'avrei trovato. Entro comunque, mi rallegro perché non c'erano altre persone, ma sento la proprietaria che nel retro parlava al telefono. Aspetto, aspetto e aspetto.... sto pensando di andarmene quando la signora arriva in negozio e mi dice di andare a rispondere al telefono. Inutile dire che mi è sembrata folle ma ho pensato che sarebbe stato più veloce ubbidire piuttosto che discutere circa l'insensatezza della richiesta (era la prima volta che entravo in quel negozio).
Rispondo, anche un po' alterata, e sento una voce maschile che mi dice: "L'ho vista entrare così disperata che ho sentito il dovere di parlarle".
Non mi disse chi fosse anche se io l'ho più volte chiesto.
Finita la telefonata chiedo alla signora se era lecito sapere con chi avevo parlato. "Ma con il Dottor Rol", ed estrae da sotto il bancone un plico di ritagli di giornale.
Le dico: "Tornerò, ora ho troppa fretta".
Dopo un certo tempo sono tornata ma il negozio era sparito.
Ho ritrovato Rol dopo un paio di anni nello studio medico dove lavoravo, e alle presentazioni mi disse: "Noi ci conosciamo già"».

147. Giusy Mauri:
«Nel 1986, durante l'estate, leggendo il settimanale "Oggi" ho trovato un articolo che parlava del Dottor Rol. Qualche mese prima, a maggio, era morto il figlio di una mia carissima cugina, era morto in un incidente in motorino ed eravamo tutti a pezzi. Ho trovato il numero telefonico quindi ho chiesto il permesso a mia cugina e gli ho telefonato, avendo però lei di fianco a me. Ho parlato col Dottore che mi ha risposto subito, ho spiegato il motivo della mia telefonata e lui subito mi ha detto di avere lì vicino mio cugino, che si chiamava Gianmaria, che aveva 15 anni. Me l'ha descritto anche nell'abbigliamento, quindi dalla descrizione era proprio lui. Mi ha detto che dovevamo stare tranquilli perché lui era sereno, era tranquillo, che era in un bel posto e stava bene e che ci mandava, in un certo senso, i suoi saluti. Questo ci diceva attraverso il Dottor Rol. Questa esperienza è stata per me veramente incredibile, ho riferito tutto a mia cugina e l'ho ringraziato, gli ho chiesto se potevo sdebitarmi in qualche modo per la sua gentilezza e per il fatto che ci avesse proprio fatto questa descrizione. Lui ha detto che assolutamente non c'era niente da pagare, e allora ci siamo salutati».

148. Anonima:
«Antefatto: con mio marito se ne parlava spesso (del Dottor Rol), poi purtroppo per un errore chirurgico lui è morto a 38 anni.
Dopo mi sarebbe ancora più piaciuto conoscerlo e parlando con un'amica di mio fratello, V.R. (giro dirigenza Fiat) che lo conosceva e frequentava, le avevo espresso il mio desiderio. Mi aveva risposto che avrebbe chiesto ma che era molto difficile. Io ovviamente non ho osato insistere, mi sembrava poco educato.
Continuo il lavoro di mio marito (progettazioni tecniche) che mi porta sovente in Toscana. [*Nel 1976*] vado con il mio tecnico ed il tecnico dell'impresa, nostro referente a pranzo e, per tutto il tempo, mi chiede di Rol. E io gli ribadisco che avrei dato non so cosa per conoscerlo ma che non ci riuscivo.
Viaggio di ritorno: autostrada Genova Voltri - Alessandria, inaugurata da una settimana, praticamente vuota e senza aree di rifornimento.
Ad un certo punto vediamo una grande auto blu ferma e due persone che ci fanno cenno di fermarsi.
Un signore di statura media si accosta al finestrino e mi dice: "Mi presento : sono il Dott. G.S. della Fiat e con me c'è il Dottor Rol" (che nel frattempo si avvicina e mi porge la mano. Alto, mi guarda con quegli occhi azzurri.) "Può darci un passaggio? Siamo senza benzina".
Può immaginare il mio stato d'animo... Così ho conosciuto Rol, ma purtroppo per me senza seguito.
Poi dopo molte vicissitudini nel 1995 sono andata a lavorare per e con F.M. che è stato un altro modo di conoscere Rol».

149. Michela De Liquori:
«Era il 1984-1985 vivevo a Torino avevo 25-26 anni quando chiamai Rol. Non avevo il telefono a casa e cercai il suo numero nell'elenco telefonico. Era un periodo difficile della mia vita. Ero alla ricerca di qualcosa a cui non sapevo dare un nome. Ero una persona incompleta, inquieta. Leggevo molto e, in quel periodo, soprattutto argomenti sulla magia, spiritismo, religione, filosofia. Sentivo spesso parlare di Rol come un maestro, una figura quasi irraggiungibile e leggendaria, quindi mi stupii moltissimo quando mi rispose al telefono proprio lui. Mi chiese perché avevo chiamato ed io gli dissi che non lo sapevo neanche io, ma poi gli confessai che mi serviva aiuto. "Benedetta ragazza, non so proprio come potrei aiutarla. Le posso dire di pregare tanto e di non avere paura del suo dono". Mi ero presentata dicendogli il nome, Michela, ma dopo qualche minuto mi disse: "Lei ha due nomi potenti, Maria e Michela". Come faceva a sapere che il primo nome era Maria? Ma per una persona come lui... Mi disse ancora di pregare tanto e poi mi salutò. Ho letto qualche anno fa che lui rispondeva al telefono solo se sentiva che dall'altra parte c'era qualcuno che aveva veramente bisogno d'aiuto, e questo mi ha sempre

commossa. Gli sono infinitamente grata per avermi donato qualche minuto del suo tempo».

150. Caterina Dompè (amica dottoressa):
«A metà degli anni '70 una mia amica dottoressa che aveva problemi di famiglia aveva chiesto a Rol un appuntamento. Quando arrivò, il Professore stava dipingendo, la guardò dicendole:
"Ecco chi stavo dipingendo, è lei"
Sulla tela c'era la bozza del suo volto.
Me lo disse quando le raccontai la mia esperienza, era andata da Rol prima del mio incontro con lui a Saint-Vincent[11].
Non si erano mai incontrati prima e si identificò subito nel disegno. Il Professore le disse: "La aspettavo, non riuscivo a dipingere dei particolari"».

151. *Hermann Gaito* (n.p.):
[*figlio del dott. Alfredo Gaito*]
«Quando qualcuno mi chiede: "Tu Rol l'hai conosciuto, ma era veramente così?", ovvero se poteva fare tutte le cose che si dicevano di lui e cosa ne pensassi, in genere rispondo: "Guardate, avrei potuto anche vedere Gustavo separare le acque del Po per andare a prendersi una cioccolata a Cavoretto[12], che sarebbero delle cose limitate e materiali rispetto a quello che poteva fare", nel senso che era molto di più dei fenomeni per i quali è diventato conosciuto.
Quello che onestamente mi ha sempre sbalordito di più di Gustavo è stata un'altra cosa.
Lui a volte era inavvicinabile, sia per mio papà che per le persone vicine a lui e quando decideva che non voleva essere cercato non c'era verso. Intanto non voleva che si parlasse di lui e non cercava la fama, e si negava di frequente. Quindi accadeva che molte persone chiamassero casa nostra perché avevano bisogno di mettersi in contatto con lui, ricordo che papà prendeva le telefonate e dicevamo che anche noi avevamo grandi difficoltà a parlargli, probabilmente cercava di filtrare.
Un giorno ricevette una telefonata da un signore:
"Avrei piacere di parlare col dottor Rol, però sappiamo che non è possibile. Se Lei ha modo di ringraziarlo da parte nostra, perché ha fatto rinascere mia moglie".
"Ma... in che senso?"
"Abbiamo avuto un grande lutto in casa, abbiamo perso nostro figlio", non ricordo se per malattia o per un incidente, "e da allora, sono passati anni, mia moglie era in una profonda crisi depressiva e non si riprendeva.

---

[11] Cfr. IX-129.
[12] Borgo sulla collina di Torino.

Un giorno eravamo in una libreria e si avvicina questa persona che si rivolge a mia moglie dicendole: 'Signora, sa che vicino a Lei c'è un ragazzo giovane...' e glielo descrive, 'così così e così... guardi, sta benissimo, Le sta vicino sempre, e mi dice di dirLe che sta bene' ".
Gustavo poi andò via. Loro in libreria chiesero:
"Ma chi era quella persona? Lo conoscete?"
"È Gustavo Rol".
La moglie di questo signore, dopo le informazioni avute da Gustavo, ovvero la descrizione precisa del figlio, lì vicino a lei, che gli parlava e gli diceva che stava bene, "è rinata completamente", diceva il marito, "adesso sa che suo figlio è lì vicino. Allora noi volevamo ringraziare Rol, se ha modo Lei di farlo...".
Questa storia ci colpì molto, io l'avevo trovata meravigliosa, la ricordo benissimo e mi ha segnato, è stata una grande cosa di Gustavo, una sensibilità notevole. Anche ipotizzando fosse stata costruita a tavolino da lui, se ad esempio avesse saputo chi fosse questa persona e l'avesse trovata per combinazione in libreria e si fosse inventato una storia del genere, anche così sarebbe stato eccezionale.
E questo per me era il massimo di Gustavo, cioè questa sua capacità di dare con chi se lo meritava, così come poteva essere terribile con altre tipi di persone.
Ai miei occhi di bambino, di ragazzo adolescente la bellezza di questo episodio me lo ha reso particolarmente caro. Ci sono anche altre cose ma questa è quella che più mi ha colpito, perché so quanto possa essere pesante la sofferenza di una persona che perde qualcuno, e la capacità di essere così efficace e dare veramente una speranza ha un grande valore».

152. Clara e Luciano (*trascrizione da testimonianza in video*):
«[*Clara:*] Dicembre 1975 ci siamo sposati, siamo andati in viaggio di nozze come prima tappa a Mentone. Era di sera, le 9, 9 e mezza... Vediamo una coppia molto distinta, lei una signora in pelliccia e il marito tutto ben vestito, elegante, con gli occhiali scuri. Si avvicina a noi e dice: "Voi siete una coppia in viaggio di nozze, siete di Torino e siete alla ricerca di un caffè all'italiana". Ci siamo un po' guardati e abbiamo detto: "Mah... chi è?" "Chi è che ci riconosce?"
"E voi siete – ci ha detto – siete alla ricerca anche di un posto dove dormire. Vi porto io in un albergo". Noi un po' di timore lo abbiamo avuto perché abbiamo detto: "Dove ci porta?". Comunque ci ha portati nell'albergo dove alloggiava lui e ci ha fatto trovare una bella camera e siamo rimasti lì per qualche giorno. All'indomani, o dopo un giorno o due, siamo andati a Montecarlo, siamo entrati al Casinò giusto per curiosità, da soli... Abbiamo provato una volta con qualche centesimo.... Abbiamo perso... e siamo usciti. All'uscita abbiamo incontrato di nuovo lui, che c'ha detto: "Avete perso eh? Adesso rientrate, giocate... – ci ha

detto la cifra – recuperate quello che avete perso, e basta". Noi siamo entrati, abbiamo fatto come ha detto lui, abbiamo recuperato quello che abbiamo perso e siamo usciti.
Dopo qualche giorno quel signore doveva andare via. Allora un mattino è venuto a salutarci e ha detto: "Io vi saluto, vado via. E vi sareste chiesti perché tengo sempre gli occhiali...". Se li è tolti e abbiamo visto due occhi di ghiaccio, fantastici... Però io non sapevo chi era. [*Diciamo*:] "Grazie, grazie di tutto" ecc.
Quando torniamo a casa, dopo qualche giorno leggo sul giornale *Oggi*... apro il giornale, e c'era a piena pagina la fotografia di Rol che diceva chi era.
E poi ci aveva lasciato il numero di telefono e... non sapevamo chi era. Ce l'ha scritto sopra un pacchetto, e ha detto: "Di qualunque cosa abbiate bisogno, chiamatemi". Abbiamo perso il treno quella volta, veramente. Perché non sapendo chi era... L'abbiamo ancora a casa il numero, però non lo abbiamo mai chiamato.
[*Luciano aggiunge*:] Si è seduto vicino a noi a fare colazione, abbiam fatto colazione in albergo».

153. Pietro Loprete (n.p.):
«Un mio carissimo amico adesso deceduto da qualche hanno, ha perso un figlio giovanissimo in un brutto incidente e lui ne rimase scosso per molto tempo. Una amica comune [*nel 1993*] si propose di farlo incontrare con Gustavo Rol e voleva che lo accompagnassi per poi parlare loro. Io sarei rimasto in disparte. Poi andò sua moglie, ancora meglio, e chiesero notizie del figlio scomparso. Lui fu molto gentile e diede molte spiegazioni del figlio, come se fosse presente con loro. Hanno quindi saputo che il figlio stava benissimo e di non preoccuparsi per lui perché era felicissimo dove era».

154. Luciano Ramazzina:
«Nel 1982 appena diciottenne lavoravo da poco per una ditta che si chiamava S.i.e.t ed era in via Baretti a Torino, era novembre, ero neo patentato. Quel giorno facevo delle commissioni a piedi per la ditta e lì in via Baretti angolo via Principe Tommaso mi fermò il dott. Rol che io non avevo mai conosciuto. Mi disse: "Giovanotto faccia attenzione alla sua auto, le porterà diversi episodi sgradevoli, la cambi subito". Poi mi disse che ero protetto da entità superiori. Naturalmente io rimasi sconcertato che un uomo anche se molto distinto mi fermasse così per strada e mi dicesse queste cose. Finiva lì il mio incontro con questo misterioso signore. Successivamente chiesi al mio capo che da anni è mancato chi poteva essere quel signore. Dopo una breve descrizione mi disse sbalordito: "Ma è il dott. Rol! è famosissimo, abita nella via qui dietro". Beh io non cambiai macchina e nel giro di pochi mesi successe di tutto:

guasti, incidenti, rotture, di tutto. Poi in seguito negli anni cominciai a studiare esoterismo e astrologia, ora [*nel 2022*] ho 58 anni e so cosa voleva dire il dott. Rol riguardo la protezione che avevo».

155. *Pierangelo Garzia (Leo Talamonti)*:
«Ho conosciuto bene lo scrittore Leo Talamonti[13], il quale mi aveva raccontato della sua frequentazione con Rol e del loro incontro nel 1961[14]. Talamonti lavorava per *La Settimana Incom illusrata*, periodico diretto da Lamberto Sechi, il quale era stato a cena con Rol e altre persone, e gli aveva detto:
"Ieri sera ho incontrato un personaggio particolare, molto strano, dovresti intervistarlo per quell'inchiesta sul paranormale che hai intenzione di fare"
"Chi è?"
"Si chiama Gustavo Adolfo Rol"
"E cosa fa?"
"Fa delle cose strane. Io ero seduto di fronte a lui e ha cominciato a dire il contenuto di quello che avevamo nelle nostre tasche. Arrivato a me inizia ad elencare anche quello che tenevo nel portafoglio, tant'è vero che ho pensato che fosse un prestigiatore, allora tocco la tasca e il portafoglio era ancora al suo posto. Comunque la giacca non me la sono mai tolta, lui non si è mai avvicinato a me per cui è impossibile che mi avesse sottratto il portafoglio e guardato all'interno. E declamava: "C'è questo, c'è questo, c'è tanto di contanti, ecc.", tutto esatto. Poi fa un sorriso e comincia ad attaccare con una lettera molto intima che era nel portafoglio, al che naturalmente ho strabuzzato gli occhi. Dopo essersi fermato apro il portafoglio, guardo se c'è ancora la lettera, è sempre lì. Intanto Rol continua a sorridere".
Credo che poi Rol gli abbia fatto qualcosa anche col tovagliolo, se non ricordo male, di pensare una parola o una frase che si è trovata scritta sul tovagliolo.
Talamonti che non aveva mai sentito parlare di Rol dice: "Ma non è un prestigiatore?"
"No no, guarda, assolutamente, è impossibile, le cose che ha fatto nessun prestigiatore le può fare, come faceva a leggere questa lettera?"
"Ma magari ti ha tolto il portafoglio"
"No, il portafoglio non è mai uscito dalla mia tasca, non mi sono mai tolto la giacca"
"Dove lo trovo?"

---

[13] Cfr. Garzia, P., *Intervista con Leo Talamonti*, Luce e Ombra, n. 2, apr.-giu. 1981, pp. 81-114.
[14] Talamonti ne parla nei suoi libri *Universo proibito* (1966), *La mente senza frontiere* (1974), *Gente di frontiera* (1975), *I protagonisti invisibili* (1990).

"Lo trovi a Torino, guarda sulla guida del telefono"
Quando decise poi di telefonare a Rol, si trovava a Milano, ma all'epoca abitava a Roma, dove si era trasferito e quando sono andato a trovarlo io stava a Trastevere. Era mercoledì e lui doveva tornare a Roma. Quindi pensa: "Sono a Milano, lo chiamo, se riesco a fissare un appuntamento per l'indomani (giovedì) lo intervisto e poi me ne ritorno a Roma". E così lo chiama: "Buongiorno sono un giornalista, sto facendo un'inchiesta…"
"No no, io non parlo con i giornalisti, voi travisate tutto, siete superficiali".
"Guardi, se Lei è un centesimo di quello che mi descrivono e pensa un attimo a me, vedrà che io non sono mosso solo dalla curiosità, vorrei documentare seriamente".
"Vedo che Lei è molto abile con le parole. Va bene, venga venerdì sera, alla tal ora", e gli mette giù il telefono.
Al che Talamonti pensa: "Accidenti non mi ha dato neanche modo di replicare, adesso se lo richiamo poi magari ci ripensa e non mi riceve più. E ora cosa faccio? Tornare a Roma e poi risalire di nuovo è una sfacchinata (non era veloce come adesso). Va beh, vado comunque a Torino già domani, lì ci sono vari circoli spiritici, posso intervistare un po' di gente e poi venerdì vado a trovare Rol".
L'indomani parte, prende il suo treno, arriva a Porta Susa. Mi raccontava: "Scendo a Porta Susa e vado nel primo alberghetto che trovo lì vicino, si chiamava *Patria*. 'C'è una stanza libera?' 'Guardi c'è la tal stanza". Salgo in camera. Dopo pochi minuti squilla il telefono, alzo la cornetta:
"Pronto, è il dottor Talamonti?"
"Sì"
"Sono Rol"
"Come Rol?"
"Eh sì, stavo disegnando e la mia mano ha scritto il suo nome, il numero di telefono e l'albergo, la stanza…. Quindi se è già qui a Torino venga pure oggi alla stessa ora"[15].
Talamonti andò quindi da Rol, e in seguito ebbe varie dimostrazioni tra cui la lettura a distanza di uno o più libri, scelti tra i numerosi che aveva nel suo studio[16]. Rol vedeva però che il giornalista rimaneva piuttosto freddo, e gli disse:
"Ma lei non si sorprende per quello che le ho mostrato?"
"Guardi non è che non mi sorprendo, è che il mio carattere è questo. Posso dirle però che provo un *piacere estetico*", e lì si misero a ridere tutti e due,

---

[15] Cfr. I-3.
[16] Si riferisce forse al giorno successivo, quanto andò da Rol con un fotografo, cfr. IV-2. A meno che anche al primo incontro non abbia assistito ad un esperimento di questo tipo.

e Rol gli rispose: "Questa non l'avevo ancora sentita, un 'piacere estetico'"!
Poi raccontò di un episodio riferito anche in *Universo proibito*, di telepatia, mi pare riguardasse Napoleone all'isola d'Elba e Giuseppina Beauharnais. Talamonti aveva nella borsa un articolo non ancora pubblicato, materiale poi usato nel suo libro, scritto a macchina, se l'era portato dietro per rileggerselo e rivederlo in treno, e la bozza non l'aveva vista ancora nessuno.
Appena arrivato Rol gli disse:
"È interessante quello che ha scritto, però l'episodio di Napoleone non è corretto e la data non è quella", mostrando di conoscere cosa esattamente lui aveva scritto e fornendogli in seguito le informazioni corrette»[17].

155bis. Leo Talamonti (Lamberto Sechi):
Il brano seguente è quanto scrisse direttamente Talamonti sulla conversazione avuta col direttore Lamberto Sechi e che non era stato inserito nei volumi precedenti, perché Sechi sembrava fare esempi generici di cui avesse solo sentito parlare, mentre grazie alla testimonianza di Pierangelo Garzia sappiamo che alcuni riguardavano direttamente lui.

«[Un giorno] il mio direttore – che da Milano reggeva le sorti di un noto settimanale – mi tenne questo discorsetto, parola più parola meno:
"Giorni fa, a Torino, ho conosciuto un tipo alquanto insolito, capace di fare scherzi che lasciano senza fiato. Sarebbe bene che ti occupassi anche di lui, in uno dei prossimi tuoi articoli sulle frontiere della mente, eccetera. D'accordo?". Prima ancora di sapere a chi si riferisse, gli avevo già detto di sì. Dopo di che, gli chiesi come si chiamava quel tale, e la risposta non fu incoraggiante. Suonava pressappoco così: "Rolla o Rolli, o qualcosa del genere; ma non ne sono affatto sicuro. Ci hanno presentato in occasione di un pranzo in casa di comuni amici, ma non sperare che ti dia il loro nome; non mi garba che siano disturbati per faccenduole come questa. Non dubito però che ti sarà facile rintracciarlo: non è poi così grande, Torino, e chissà quanta gente avrà sentito parlare di lui, soprattutto a proposito di quelli che si occupano di metapsichica (si dice così?). Si tratta di un industriale: altra indicazione preziosa".
"Ti do un'idea di ciò che è in grado di fare quel signore. Mettiamo il caso che tu gli abbia stretto la mano di sfuggita, e poi vi siete seduti allo stesso tavolo da pranzo, alle due estremità opposte. Mi segui? Ogni tanto ti si accosta la cameriera e ti riconsegna un *tuo* oggetto personale che l'altro le ha dato da restituirti: un orologio, o una penna stilografica, o un taccuino;

---

[17] Per un raffronto, cfr. I-1 e IV-1. Sull'episodio di Napoleone, cfr. nota al fondo.

insomma qualcosa che non avrebbe potuto né dovuto muoversi dalla tua tasca; e invece si è mosso, eccome".
"Un prestigiatore, diciamo?".
"Piano, aspetta. A un dato momento, quel Tizio che sta dalla parte opposta alla tua si mette a recitare ad alta voce il contenuto di una lettera *molto privata* che tu sai di avere nel portafogli, e allora ti precipiti a vedere se c'è ancora. C'è, ma quello lì seguita a leggerla ugualmente, come l'avesse in mano lui. Lo stupore, a questo punto, cede ovviamente il passo alla contrarietà, e tu gli dici di smetterla; l'altro obbedisce, ma se la ride. Se non si fosse fermato al punto giusto, potresti anche offenderti; ma si è fermato e non hai di che risentirti. A parte ciò, ha un aspetto per bene, molto per bene... Ecco, ti ho detto tutto. Va, trovalo e cucinalo a dovere. È *un fenomeno unico*, e tutti gli studiosi di parapsicologia (è così che si dice, mi pare) sapranno certamente chi è..."
Dove si vede fino a qual punto si possa illudere il direttore di un periodico sia pure autorevole, supponendo che basti professare di occuparsi di parapsicologia, per essere al corrente di certe cose. La parapsicologia "ufficiale", diciamo così, segue strane vie tortuose che non di rado l'allontanano dalle fonti vere o presunte dei fenomeni paranormali; diciamo pure che in genere ci si limita a fare dell'accademia scritta o verbale, accontentandosi di rimasticare notizie e opinioni provenienti dall'estero. Non è una regola, ma quasi. A quel tempo, l'uomo di cui ci occupiamo era noto soltanto a pochi intimi. Per decenni aveva chiuso la porta in faccia a curiosi e giornalisti. Praticamente fui io ad aprire la serie delle incursioni indiscrete nella sua vita; dopo di che il suo atteggiamento difensivo cominciò a rilassarsi, e di ciò approfittarono in tempi diversi parecchi altri giornalisti o scrittori, tra cui qualche nome illustre: Buzzati. Infine si mossero anche alcuni studiosi, e fu interessante vedere come reagivano a quell'incontro, che poteva considerarsi come un test di probità intellettuale, intelligenza e carattere. Non tutti ne uscirono con onore. Giunsero a indire un convegno speciale per confrontare le proprie opinioni sull'enigmatico signore di Torino, e i pareri, al solito, risultarono assai discordi. Pochi ebbero il coraggio di rendere omaggio indiscusso agli aspetti inquietanti e problematici di una certa realtà che si era manifestata, ai loro occhi, per il tramite di quel signore».

156. Anonima:
«Abito a Torino da tanti anni e vorrei condividere la mia testimonianza. Ho frequentato per un po' di tempo un ragazzo di nome Andrea. Dai suoi racconti seppi che la sua mamma ha incontrato Rol molte volte e lui le faceva anche delle previsioni sulla sua vita. Insomma quando lei aveva un problema si rivolgeva a Rol. Andrea un giorno mi raccontò che una volta la sua mamma chiese a Rol se nell'incontro successivo avrebbe potuto portare anche Andrea, perché a lei avrebbe fatto piacere che Rol lo

conoscesse. A questa richiesta precisa Rol ebbe una reazione che al momento alla signora risultò singolare. Lui si alzò dalla sedia e con uno sguardo severo intimò alla donna di non azzardarsi assolutamente a portargli suo figlio, che lui non lo voleva assolutamente conoscere e che anzi le fece promettere di tenerlo sempre lontano da casa sua. La donna rimase un po' male della risposta ma ovviamente acconsentì. Chiesi il motivo di questo rifiuto ma nessuno lo seppe mai. Beh, per farla corta e breve, i mesi passavano e io iniziai a notare un cambiamento di Andrea nei miei confronti. Dopo un periodo abbastanza lungo di frequentazione si trasformò da ragazzo dolce e attento a spietato bugiardo e violento. Non avevo capito all'inizio, accecata dall'innamoramento, perché aveva saputo recitare bene mostrandosi dolce e bravo. Ma le persone dopo un po' si rivelano sempre per ciò che sono e una notte, durante un furioso litigio in cui lui alzò le mani nuovamente su di me, fui costretta a fare frettolosamente una borsa con pochi vestiti e scappai via mettendo finalmente fine a quel rapporto tossico e distruttivo, fatto di bugie, tradimenti e offese. Quella esperienza mi ha lasciato un segno indelebile purtroppo, ma mi ha anche insegnato tanto. Solo dopo ho messo a fuoco le parole di Rol che, pur non conoscendo Andrea, non aveva voluto incontrarlo. Ancora una volta Rol aveva visto oltre, aveva visto l'animo malvagio di questo ragazzo».

Inseriti in altri capitoli ma contati anche in questo:
157. Ferraris di Celle (III-43)
157ª. Molinari (X-nota 27)
158. Bernocco (XXXIV-141)
159. Ascione (XXXV-116 e nota)
160. Deny (Giovanni Porta) (XLI-46)
161. Ghy (A1)

II

Endoscopia e visione dell'aura

29ª. *Nadia Seghieri* [già titolare col padre Alfo del ristorante *Firenze* a Torino]:
«Quando si è ammalata mia mamma, mio papà aveva chiesto a Rol se andava a trovarla in ospedale – mia mamma è morta a 52 anni di tumore al pancreas – e lui aveva detto di no, che non sarebbe andato, perché era già un po' di tempo che non le vedeva più l'aura intorno alla testa. Lui diceva che vedeva l'aura della salute, e mia mamma non ce l'aveva più da tempo, per cui non è mai andato a trovarla, poi lei è mancata e non è venuto al funerale. Due anni dopo a mio papà aveva detto che se voleva rivederla avrebbe potuto fargliela rivedere, però non sarebbe più stata tranquilla, così mio padre ha preferito di no, gli ha detto: "No, non mi interessa, ormai non c'è più, preferisco che stia tranquilla"».

30. Luciano Roccia:
«Da mia madre seppi che un giorno, a un ricevimento, Rol consigliò a una sua amica di fare una radiografia perché vedeva un grosso calcolo renale. Diagnosi che all'incredula signora fu confermata dopo qualche giorno».

31. Maurizio Marongiu:
«Quando con mio zio Ennio andammo da Rol (si prenotò per telefono, era tra il 1977 e il 1979) quando entrammo, gli oggetti sopra i mobiletti e altri oggetti erano stati coperti con dei lenzuoli bianchi. Alla signora che ci aprì, mio zio chiese come mai fosse tutto coperto così (non dovevano dare il bianco) e gli fu risposto che era per volere di Rol.
Avevo più o meno 5 anni, mio zio aveva visto in me qualcosa di non comune credo e per questo mi portò da Rol. Parlò da solo con lui che era dietro uno scrittoio, poi si rivolsero verso di me mentre diceva: "Vediamo se capisce o capirà", e da un tubo uscirono fuori delle carte da gioco a una velocità innaturale che si sparsero dappertutto. E mi ricordo che guardai dentro e non c'era nulla. Era un tubo di plastica non perfettamente rotondo. Disse anche a mio zio di fare attenzione al fegato. Mio zio era spericolato, e credo che continuò a bere superalcolici e dopo un ischemia passò diversi anni sulla sedia a rotelle e poi morì. Non ascoltò il consiglio di Gustavo Adolfo».

32. Alberto Lanteri:
«Nel 1979 avevo 24 anni e abitavo in via Po' angolo Piazza Vittorio Veneto, ero a passeggio con mia zia e a un certo punto si avvicinò Rol, non sapevo chi fosse, si presentò e parlò con mia zia alla quale disse: "Signora Carla, lei ha una brutta malattia alle ghiandole, ma guarirà e vivrà a lungo". Era il morbo di Hodgkin, allora si moriva, mia zia rimase stupefatta e pure io, poi si congedò. Lei infatti guarì, è morta dieci anni fa, nel 2009. La guarigione non era assolutamente scontata, anzi. Io incontrai Rol in seguito ancora una volta e prendemmo un caffe, mi disse cose personali che sono andate come mi aveva detto».

33. Enrico Priotti:
«Conoscevo un internista all'ospedale Molinette di Torino che mi confermò che Rol si presentava regolarmente in corsia, eseguendo diagnosi al volo, suturando istantaneamente ferite e altre cosette assai inusuali. In reparto lo conoscevano tutti.
Un mio ex-collega della Magneti Marelli, Paolo B., lo incontrò sul tram 18, senza sapere chi fosse. Quel personaggio magnetico gli disse di andare immediatamente al pronto soccorso se non voleva morire, perché quel "sordo dolore di pancia che sentiva [*e di cui non aveva parlato a nessuno*] non era la sua solita colite". Gli altri passeggeri del tram, che avevano assistito al colloquio gli rivelarono chi fosse quel signore elegante e carismatico e gli consigliarono di ascoltarlo senza indugio. Gli salvò la vita da una peritonite già in fase attiva».

34. Marco Gay:
«Mia moglie Ellen Koch, amica di Elna e norvegese come lei, aveva 17 anni quando, come si usa nelle chiese protestanti, fece la confermazione del battesimo.
I signori Rol, che – dopo la guerra – erano ancora sfollati nella casa di San Secondo, eran venuti a trovare la famiglia Koch ed Ellen ebbe in dono dal Dott. Rol una spilla di corallo che era appartenuta a Giuseppina, moglie di Napoleone.
Più o meno in quel tempo Ellen soffriva molto per forti dolori che si ritenevano causati dal trigemino ed avrebbe dovuto essere operata dal Prof. Andrea Romero, primario di neurologia all'Ospedale Mauriziano.
Il dott. Rol, al quale nessuno aveva parlato di tale infermità e della cura prevista, telefonò alcuni giorni prima della data fissata per l'intervento per dire che Ellen non doveva essere operata.
I genitori osservarono che ormai l'intervento era prenotato, che sarebbero stati imbarazzati a disdirlo con il Prof. Romero e manifestarono la loro contrarietà.
Il Dott. Rol rispose che non dovevano avere alcuna preoccupazione. Suggerì invece ad Ellen di rivolgersi al suo dentista per una panoramica.

L'influenza del Dott. Rol sui genitori di Ellen era tale che seguirono le sue indicazioni, ne parlarono con il Prof. Romero per disdire l'intervento chirurgico.
Ellen quindi non andò all'ospedale e il Dott. Romero non disse niente (evidentemente il Dott. Rol era intervenuto) rimase a casa con il suo dolore al trigemino, ma andò prontamente dal suo dentista che fece la panoramica suggerita dal Dott. Rol, estrasse un dente del giudizio ed il dolore scomparve».

35. Eleonora Minotto (Silvano Innocenti?):
«Un alto funzionario Fiat [*forse l'ing. Silvano Innocenti, direttore della Fiat Grandi Motori*] che assiste regolarmente ai suoi esperimenti ha raccontato: "Rol non crede negli spiriti, è un cattolico praticante (...) ed è convinto di usare un'energia che tutti gli uomini possiedono".
Per quali scopi Rol si serve delle straordinarie capacità che è riuscito a sviluppare e a controllare?
"A fini umanitari e a scopi scientifici – ha risposto l'intervistato senza esitare – sovente i medici ricorrono a Rol per una diagnosi. Rol vede con i propri occhi quello che noi vediamo servendoci di un apparecchio a raggi X. Per esempio: ha saputo dirmi a quale tipo di intervento chirurgico ero stato sottoposto senza affatto conoscermi"».

36. Valerio Gentile:
[*Aveva già accennato (III-27) a un tappeto di casa Rol sul quale lui lo aveva fatto distendere, ma non aveva menzionato la diagnosi/previsione sull'ernia*]
«Su quel tappeto alla presenza della signora Cristina Lechiancole e ad Anna che si occupavano delle pulizie di casa, Rol mi curò un principio di gastrite, avevo un dolore terribile al fondo ventre, mi fece mettere disteso sul tappeto e il dolore mi passò, però mi disse: "Lei dovrà essere operato di ernia", così finii dopo solo tre mesi alle Molinette, venne di persona a seguirmi con il prof. Masenti».

37. Donatella Pozzali:
«Era la vigilia di Natale 1987. Sapevo di dover fare ancora molte cose prima di cena e mi sentivo stanca e stressata. Avevo in proposito di chiamare Gustavo per fargli gli auguri, ma decisi di farlo più tardi. Non passano 5 minuti e... suona il telefono di casa: era lui che mi aveva anticipato. Mentre parliamo, lui si accorge che qualcosa non va e il suo tono di voce diventa perentorio: "Non stai per niente bene... devi andare subito al pronto soccorso o da un medico!" Io insisto a dirgli che sto bene. Lui insiste in modo incalzante e mi prega vivamente di andare offrendosi di pagare il taxi ed il medico. A questo punto, gli dico che ci andrò e lo saluto. Più tardi sono in auto e sto guidando, quando avverto un peso

strano sullo sterno e mi gira la testa. Decido di andare al pronto soccorso dove mi visitano e riscontrano la pressione massima e minima molto alte e mi potrebbe venire qualsiasi cosa... mi trattengono alcune ore curandomi con delle flebo. Mi faccio venire a prendere per tornare a casa perché non ho più la forza di guidare. Devo ringraziare Gustavo che ha tanto insistito».

38. Rosanna Priotti (2021):
«Io sono una miracolata del dottor Rol, perché è stato lui a salvarmi la vita. Ho da poco compiuto gli 80 anni. La memoria non è più quella di una volta, però sono episodi che non si dimenticano mai, perché quando devi della riconoscenza a qualcuno te lo ricordi.
Quando avevo circa 12 anni, intorno al 1953, ero molto malata e mia mamma continuava a portarmi dal medico del paese, il dottor Raul Ros Sebastiano che le diceva sempre: "Vedrà che si rimetterà a posto". Tutte le domeniche veniva l'avvocato Rol a mangiare da noi alla *Locanda del Cannone d'oro*, a San Secondo di Pinerolo, e una volta che era lì a tavola con noi, perché mangiavamo tutti assieme, dice a mia mamma: "Guardi signora che sua figlia è molto malata, qui bisogna fare qualcosa". Siccome nei paesi c'era un medico condotto, mia mamma quasi scusandosi gli risponde: "Io la porto dal medico, però lui mi dice sempre di aver pazienza e che prima o poi queste cose passano". E Rol le ha detto: "No, questa cosa non passa, domenica prossima porto il dottor Vecchia che è un mio carissimo amico e la facciamo visitare da lui". E da lì è cominciata la mia cura col dottor Vecchia, che era davvero molto amico con l'avvocato Rol. Se lui non si fosse accorto di questa cosa magari sarei andata avanti solo qualche anno. Avevo un problema all'ipofisi, ero sempre più grassa, anche se non mangiavo gonfiavo. Vecchia mi ha curato per cinque anni a Torino.
Mi sono sempre sentita in debito col dottor Rol e non sono mai stata capace per la mia timidezza di fargli una telefonata e di ringraziarlo, mai. Di questo mi pento amaramente, perché gli devo molto. Io non avrei potuto avere figli e invece ho avuto figli, ho avuto una bella famiglia».

39. Silvia Dotti:
«Mio figlio Nicolò giocando nel lettone mi aveva dato un calcio sul seno sinistro. Qualche giorno dopo avevo un livido enorme. Il mio ginecologo, Paolo Quaini, amico di Gustavo, visti gli esami, decide di operare. Era il 24 giugno 1981, Gustavo è venuto con me alla clinica Fornaca, io piangevo perché la sua presenza voleva dire che la situazione non era facile. Gustavo era vestito col camice verde e quando ebbe estratto il nodulo il professore stava per cucire. Lui gli ha detto: "Scava ancora", così ha estratto un altro pezzo di nodulo. Mio figlio lo aveva spaccato a

metà. Se non ci fosse stato Gustavo quel pezzo mi avrebbe causato seri problemi».

40. Silvia Dotti:
«Una sera stavamo passeggiando al parco del Valentino, Gustavo, mia sorella Clara ed io, Gustavo a un certo punto mi dice che avevo una brutta aura, che dovevo smettere di fumare, di bere caffè e che l'indomani alle 9 dovevo andare all'ufficio d'Igiene e chiedere del dottor Gaito. Così ho fatto. Gaito mi ha fatto l'esame del sangue e io avevo solo 1 milione di globuli rossi invece di 6 milioni, rischiavo la vita. Ho smesso di fumare, bevevo te, mangiavo macrobiotico e senza medicine ne sono venuta fuori».

41. *Anna Rosa Nicola*:
«Rol affermava di poter vedere l'aura delle persone, e sapeva dove c'erano dei problemi di salute. Ad esempio a una ragazza che lavorava da noi disse: "Lei ha male lì", e le ha toccato il dito: lei ha fatto un salto perché effettivamente aveva male in quel punto, anche se non era evidente».

41[a]. Franco Rol (A.D.):
Quando la signora A.D. era una bambina, Rol frequentava i suoi genitori. Una sera a cena, forse passando la mano a distanza sulla schiena o vedendo direttamente, Rol percepì un principio di scoliosi e consigliò ai genitori di farla subito controllare. La diagnosi fu confermata e grazie ad essa il problema venne arginato.

42. *Pierantonio Milone*:
«Un giorno mi accadde qualcosa di sconcertante: Rol mi aveva chiamato per farmi visitare la moglie Elna, che versava in precarie condizioni di salute. Appena Rol mi aprì la porta di casa notò qualcosa nella mia aura e mi consigliò di farmi controllare il fegato. Sul momento non feci molto caso alle sue parole. Soltanto nei giorni seguenti, quasi per gioco e con la ferma intenzione di smentire il veggente, mi assoggettai ad una ecografia epatica, che dimostrò alcune grosse cisti asintomatiche».

Inseriti in altri capitoli ma contati anche in questo:
43. Delfini (I-123)

III

—— Interventi terapeutici e guarigioni ——

39ª. *Nadia Seghieri* (G.A. Rol):
«Rol mi disse di aver constatato per la prima volta le sue possibilità terapeutiche una volta che era stata male sua mamma. Mentre lui le stava vicino lei migliorava e si sentiva meglio».

40. Gianfranco Angelucci (Federico Fellini):
«Fellini mi riferiva che spesso Rol veniva chiamato all'Ospedale delle Molinette di Torino per intervenire quando i pazienti da operare non erano in grado di sopportare l'anestesia. Ed egli naturalmente si prestava gratuitamente a ogni richiesta».

41. Marina Ceratto Boratto:
[*Nel 1964 nella villa di Fregene, presenti Giulietta Masina, Caterina Boratto e altri frequentatori abituali, Fellini*]
«chiese a mamma di spiegare a tutti chi fosse Gustavo Rol, visto che lo conoscevamo da anni, infatti si faceva curare nella clinica in collina costruita da mio nonno e poi ereditata da papà, la Sanatrix. Appoggiando le mani sul corpo dei malati, poteva fare delle diagnosi precise. Ma ciò non avveniva mai davanti a mio padre, che aveva in odio tutto ciò che non era più che scientifico. [Rol] Chiese di andare a trovare Fausto Coppi nel pieno della sua fama, ricoverato da noi per la frattura della clavicola e operato da Achille Mario Dogliotti. Ne uscì visibilmente provato. Solo mia madre, insistendo molto, riuscì a farsi spiegare il motivo.
"Vedo una vita tragica per un uomo così buono, il fratello Serse morirà presto. E anche lui". Mamma nascose il vaticinio a tutti, soprattutto a mio padre, ma avvenne esattamente tutto ciò che aveva predetto.
Gustavo Rol viveva a Torino in via Silvio Pellico e... possedeva degli incredibili occhi blu-azzurri, sfavillanti e scrutatori. Io lo temevo un po'. Da bambina fui sorpresa più volte da lui a mangiare di nascosto lo zuccotto al cioccolato in una antica pasticceria, da pfatish. Non rivelò mai la cosa ai miei genitori. Solo a me ripeteva: "Fame di dolci, fame d'amore..."».

42. Donatella Pozzali:
«A proposito della "purezza di cuore" [*argomento caro a Rol*], ero seduta sul divano con le rose[1], a casa di Rol; ad un certo punto, suona il telefono e lui risponde: era una giovane signora che gli chiede: "So di avere un tumore... non le chiedo se potrò guarire, ma mi dica se esiste l'aldilà...." La risposta, molto chiara, fu: "Certo che c'è il paradiso e, per entrarci, saremo misurati sul nostro cuore puro". Abbiamo recitato tre Ave Maria per questa signora alla Madonna della Consolata, patrona di Torino. Rimase assorto per un po' e poi mi disse: "Credo che questa persona guarirà!" E così è stato... sono cose che rimangono indelebili nella memoria, perché le ho vissute».
Ho poi chiesto alla signora Pozzali altri dettagli in merito all'esito:
«Poco tempo dopo quella telefonata mi capita di parlare casualmente con una conoscente che mi racconta di una sua amica che stava facendo cure per un tumore ed era molto preoccupata per lei, tanto da consigliarle di provare a parlarne con Rol. A quel punto mi viene spontaneo chiedere qualcosa di più dell'ammalata e scopro che è di Torre Pellice, che è una giovane signora e mi dice il nome, che ora non ricordo: tutto corrisponde con la persona della telefonata! È passato del tempo, poi un giorno questa conoscente mi racconta con grande gioia che la sua amica aveva superato il peggio e si avviava verso la guarigione e aveva telefonato ancora una volta a Rol per farglielo sapere. Era sicuramente la stessa persona della telefonata cui ho assistito».

43. *Gianfrancesco Ferraris di Celle*:
«Ogni tanto Rol spariva, nessuno sapeva dove fosse, ma una volta ritornò al momento giusto: avevo 18 anni e fui operato di notte per una peritonite molto pericolosa, allora non c'erano gli antibiotici. Alle otto del mattino lui telefonò dicendo "So che avete bisogno di me" ma nessuno poteva avergli detto nulla; così venne a casa, impose le sue mani su di me e febbre e dolori svanirono».

44. *Nuccia Visca*:
«A mio marito Giorgio, Rol fece regredire e sparire un tumore alla prostata con metastasi al polmone. Era stato visto dal medico di famiglia, erano state fatte delle lastre alla clinica Gradenigo e all'ospedale Molinette di Torino. Ma il tumore era scomparso».

45. *Mariella Balocco*:
«A 22 anni, nel 1984, stavo facendo l'Accademia delle Belle Arti e avevo gli esami pronti, quando il mio medico aveva scoperto che avevo un

---

[1] Nel salotto principale. Lo stesso disegno floreale Gustavo suggerì a mia mamma di metterlo a sofà e poltrone di casa nostra.

problema al basso ventre e mi aveva dato dieci giorni per operarmi. Fui operata d'urgenza a Saluzzo. La chirurgia mise in luce dei markers tumorali maligni e lo stesso giorno, dopo il mio risveglio dall'intervento, il medico mi disse: "Dobbiamo cominciare subito con la chemio perché Lei è giovane, è una forma aggressiva, bisogna agire subito". Io gli dissi: "Guardi, sono maggiorenne, Lei non dica niente ai miei genitori, io la chemio non la voglio fare".
Non molto dopo mi addormentai e sprofondai in una febbre molto alta, 41° o 42°, fu quello che mi dissero tre giorni dopo quando tornai cosciente. Quando mi svegliai cominciai a stare meglio, i valori del sangue erano normali, non avevo più nulla. Il medico non seppe spiegarselo. E io non ho più avuto bisogno di fare la chemio (anche se non l'avrei comunque voluta fare).
A Gustavo non avevo detto del mio problema e che sarei stata operata, non volevo disturbarlo, non gli ho mai chiesto niente.
Quando sono poi andata a trovarlo quattro mesi dopo – avevo impiegato tre mesi per camminare di nuovo – lui s'è arrabbiato per non avergli detto nulla, mi ha detto che sarebbe venuto in sala operatoria ad assistere all'operazione. Mio papà però lo aveva avvisato e secondo me in quanto è successo, la febbre repentina e la guarigione quasi immediata e imprevista, c'è stato il suo intervento».

46. Silvia Dotti:
«Avevo fatto una gaffe sul lavoro, Gustavo mi dice che dovevo stare a casa qualche giorno, di chiamare il medico a casa, il Medico della mutua.
Dunque io stavo benissimo, chiamo il medico per la visita a casa, quello arriva, mi ero appena messa nel letto, mi misura la febbre, io mi vergognavo... 40 esterna!»

47. *Hermann Gaito*:
«Mi ricordo molto bene di un episodio che era stato narrato anche in uno dei primi libri su Gustavo[2].
Mio fratello Emanuele non stava bene, era collassato con una febbre altissima. La camera da letto mia e di mio fratello era vicina a quella di mio papà e lui era al telefono con Gustavo, era molto preoccupato, e gli diceva che Emanuele aveva la febbre molto alta e che non riusciva a fargliela andare via in nessuna maniera. E Gustavo gli disse qualcosa del tipo: "Guarda non ti preoccupare, non c'è nessun problema". In quel momento tornai in camera da letto, e c'era mio fratello che saltava come un matto sul letto mentre poco prima era steso e "cotto". Chiamai mio papà, che credo avesse appena messo giù il telefono: "Vieni a vedere un

---

[2] Da suo papà Alfredo Gaito, in *Rol L'incredibile*, 1986. Cfr. III-21.

po' Emanuele!". E lui rimase sbalordito quando constatò che non aveva più niente, non aveva più la febbre».

48. *Gilda Provera*:
«Era una presenza benefica... parlava per ore con papà [*Aldo Provera*], faceva anche da paciere in famiglia se occorreva... aveva una vibrazione amica, una grande energia, era allegro, scherzoso, raccontava barzellette... Io a 19 anni ho avuto problemi di anoressia, lui mi accompagnò dal medico, poi un giorno sentii una sorta di clic nel cervello - e da quel momento sono guarita....».

49. Giliana Azzolini:
«[Rol ha] guarito mio marito. Un disturbo della pelle, gli rendeva la vita impossibile.
"Dica a suo marito che il tal giorno, all'ora tale mi pensi intensamente. Ha capito madamin?"
E mio marito iniziò il suo percorso di guarigione in quel preciso istante».

50. *Manuela Visca*:
«Quando ebbi dieci anni cominciai ad avere dei mal di pancia, non sembrava niente di grave. La mamma per scrupolo ne parlò con Rol il quale disse di portarmi immediatamente all'ospedale e farmi operare subito per appendicite. Ricordo bene la sequela di ospedali dove dicevano che non avevo niente e mi rimandavano a casa. Rol però insisteva e disse di portarmi al Maria Vittoria da un suo amico chirurgo, il quale accettò di operarmi solo perché lo diceva Rol: pensava di togliermi un'appendice sana e basta. Rol arrivò col taxi e volle entrare anche lui in sala operatoria perché – disse – non sarà facile. Mi fecero quindi un'anestesia leggera da appendicite, ma poi in sala operatoria risultò che la situazione era gravissima: l'appendice era spappolata, ero a rischio setticemia. Bisognava fare di corsa un'anestesia più pesante, ma Rol disse che non occorreva, ci avrebbe pensato lui. E così fu. Mi tenne le mano sotto la testa e non sentii niente. Ogni tanto mi chiedeva come stavo, io stavo bene e glielo dicevo. In sala operatoria erano tutti basiti, il chirurgo, che era andato in panico, dovette lavorare in fretta per ripulire bene tutto e mi fece un taglio grande e brutto. Disse poi ai miei che sarebbero bastati pochi minuti e sarei diventata un angelo. La brutta cicatrice me la tengo in ricordo di Rol che mi ha salvato la vita, mai pensato di fare una plastica per nasconderla!».

Inseriti in altri capitoli ma contati anche in questo:
51. Rosanna Priotti (XXIX-27)

IV

Biblioscopia semplice
Lettura di libri (o lettere, documenti) chiusi

30. Tinto Vitta, antiquario:
«Rol passava spesso nel mio negozio di antiquariato in Via Maria Vittoria, una o due volte alla settimana, di pomeriggio. Era un grande appassionato e conoscitore di cose antiche. Alla fine siamo diventati amici e regolarmente faceva qualcuno dei suoi "giochi" che non erano per niente giochi, non so come chiamarli. Lui era sempre scherzoso e ironico, ma quello che faceva era incredibile e senza alcun dubbio autentico, anche perché non toccava mai nulla. Ad esempio io avevo una grande scrivania e una libreria, lui si sedeva da una parte, io stavo dall'altra, prendevo un libro a caso, erano libroni da dorso molto belli che servivano per l'aspetto, libri antichi o comunque molto vecchi, di solito in latino e mi diceva: "Aprilo a una pagina qualsiasi", e lui dall'altra parte della scrivania, da dove non poteva vedere assolutamente nulla, lo leggeva, cioè leggeva quello che io avevo davanti agli occhi».

31. Francesco Amato:
«Della serie "libri" posso anch'io testimoniare quanto mi disse una mia amica all'epoca segretaria del presidente Ilte [*Industria Libraria Tipografica Editrice*] e che sembra fosse amico di Rol. Entrando nell'ufficio della mia amica, prima di entrare dal presidente, le chiese di scegliere un libro a caso dalla fornita biblioteca e di scegliere una pagina ed una riga a caso e lui le lesse quanto c'era scritto».

32. Marco Gay:
«Nel 1985 o 1986 ebbi il secondo incontro con Rol quando, con mia moglie andammo a trovarlo per portargli un libro scritto da un amico, Gianni Long, allora vice segretario della Camera dei Deputati e poi professore di diritto parlamentare alla Luiss, ma soprattutto grande appassionato di Bach.
Eravamo nel suo salotto e il Dott. Rol, visto il libro, mi ringraziò e me lo ridiede in mano, invitandomi ad aprirlo e a scegliere una frase qualsiasi ed a restituirglielo chiuso. Al che, ancora a libro chiuso lesse la frase che io avevo scelto a caso, poi lo aprì alla pagina corrispondente».

33. *Elsa Priotti*:
[*A San Secondo di Pinerolo*]
«Un giorno arrivavo da scuola, facevo le medie e abitavo nella stesso stabile dove c'era anche la nostra trattoria, la *Locanda del Cannone d'Oro*. Rol era lì e mi disse: "Prendi quel tovagliolo che hai davanti, piegalo bene in mano, tienilo stretto stretto. Quanti anni hai?"
Io avrò detto 13 o 14.
"Hai già il fidanzato?"
"No, ho un amico"
"Quanti anni ha?"
"17"
"Dimmi un altro numero", di un'altra cosa che ora non ricordo. Poi mi dice: "Apri il tovagliolo".
C'erano scritti a matita i tre numeri separati: uno in alto, l'altro a metà, l'altro in basso. E lui era rimasto a due/tre metri di distanza. Me lo ricordo ancora bene, ho fatto male a non tenere il tovagliolo ma per noi era normale, faceva questi "giochi" molto spesso».

34. Stefania Rivoira (2019):
«Nel 1979 nella grande biblioteca della casa in collina di mio zio a Torino, Rol fece trovare in un libro [*attraverso un processo di scelta casuale determinato dalle carte*] una frase che suonava più o meno come "l'importante è assolutamente smettere di fumare". Allora prese il pacchetto di sigarette, ci scrisse sopra la data e grazie a ciò che lesse smise immediatamente di fumare. Oggi ha quasi 90 anni».

35. Nadia Seghieri:
«Mio papà era stato a casa di Rol due volte, in una delle quali lui gli aveva fatto prendere un libro a caso dalla libreria, e detto di aprire una pagina a caso. Rol quindi, a distanza e senza naturalmente poter vedere, gli aveva letto la pagina dicendo però che a destra non riusciva a leggere perché c'era un angolo, e infatti, come mi aveva raccontato mio padre, c'era un angolo con un albero e non riusciva a leggere fino in fondo».

36. *Filippo Ascione*:
«Una volta a Torino ero con Rol, Fellini e una sua collaboratrice, prima di andare a cena siamo entrati in una libreria perché Federico cercava un libro, e la ragazza stava male fisicamente. Rol se ne accorse e lei confermò: "Sì sto male". Io sapevo che aveva le mestruazioni e perdeva del sangue, ma Rol non lo sapeva. Allora chiamò il commesso, il libraio, e gli disse di prendere un libro su uno scaffale e di aprirlo a una certa pagina, quindi di leggere la prima parola; lui eseguì e lesse la parola, che era "sangue"».

37. Andreina d'Agliano:
«Mia madre aveva per Rol stima e amicizia. Negli anni '60 veniva ogni tanto a cena a casa, avendo diversi amici in comune con i miei genitori e talora faceva una delle sue cosiddette "esperienze".
Una volta mia madre gli rivolse una domanda riguardo a una sua tazza in porcellana che sua nonna diceva esser appartenuta al Re di Roma [*Napoleone II, figlio di Napoleone e Maria Luisa d'Austria*].
Il dr. Rol si concentrò e disse a mia madre di prender un volume del *De Bello Gallico* conservato in una libreria di legno chiusa solitamente con una chiavetta.
Quando mia madre ebbe il volume fra le mani, il dr. Rol le disse di guardare in alto a pagina ... (non ricordiamo né numero del volume né pagina della citazione) e di leggere. La mamma lesse una frase priva di importanza per la questione e allora Rol si mise a dire: "No è impossibile... io l'ho visto".
Si fece dare il libro e si accorse che era composto di due volumi o tomi, e che alla pagina da lui citata, nel tomo successivo, in alto compariva la scritta "Hoc Caesar me donavit".
Da quel momento, la tazza venne conservata come oggetto prezioso di provenienza reale.
Anni dopo, come studiosa di porcellane del '700 e '800, ho trovato che la tazza apparteneva a un servizio donato da Napoleone a Giuseppina.
Non era il Re di Roma, ma comunque una persona della famiglia reale».

Inseriti in altri capitoli ma contati anche in questo:
38. Delfini (VIII-1°)
39. Ascione (XXXV-116 e nota)

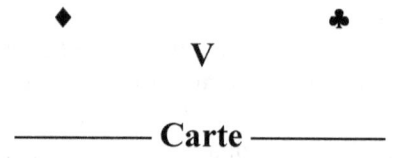

─── Carte ───

150. Remo Lugli:
«Sera del 25 marzo 1976, *in casa Lugli, presenti Remo, Else e Bettina, il prof. Giuseppe Ceria, docente in clinica odontoiatrica, e la moglie, Nuccia Visca.*
Viene fatto un accenno all'esperimento di poche sere fa (le pagliuzze argentate che fanno la "neve"), ma Rol ferma il discorso prima che sia detto ciò che si è materializzato. Vuole vedere se i due nuovi arrivati, i coniugi Ceria, intuiscono di cosa si tratta, "perché" dice Rol, "c'è ancora qualcosa di quel clima". I Ceria non riescono ad immaginare e Rol vuole fare un esperimento con le carte per ottenere una parola che dica o la cosa che si materializzò o il tempo al quale si riferiva o la funzione che aveva. Si opera con sette mazzi di carte da noi lungamente mescolati. Se ne sceglie uno e lo si scompone in sette mazzetti, con l'intervento di tutti, cioè ognuno prende una porzione di carte per fare il proprio mazzetto. Roi spiega: "Da ognuno di questi piccoli mazzi prendiamo le prime due carte e annotiamo i loro valori, tenendo conto che i jolly e le figure valgono zero. Ad ogni numero ottenuto con un mazzo faremo corrispondere una lettera dell'alfabeto ed avremo così una parola". Dal primo mazzetto si ricava un dieci e un due, cioè 12, che è uguale a N; dal secondo uno zero e un uno, cioè 1, uguale ad A, dal terzo si ottiene 18; dal quarto 1; dal quinto 10; dal sesto 5; dal settimo due zeri, cioè O. Ecco la sorpresa finale: le lettere sono NATALE».

150ª. Gastone De Boni:
[*Testimonianza già riferita separatamente in V-18, 18bis, 19 e XXXVI-3 (1970), qui di seguito raccontata nuovamente con altri dettagli, pubblicata in altro testo successivo (1975)*]
«Erano vari anni che io sentivo parlare di Rol da persone molto qualificate e che avevano sperimentato con lui. Presi alcuni contatti, io mi recai a Torino, ov'egli vive, con un Principe milanese, sua moglie, una contessa torinese. Egli è un nobiluomo di vecchio stampo, che vive in una splendida casa allestita con oggetti d'antiquariato. Verso la mezzanotte iniziò la seduta. Era la sera dell'11 luglio 1967.
Rol ci dice subito: "Ognuno di lor signori ha davanti un mazzo di carte; io consiglio loro di mescolarle fino a che ne avranno voglia; indi, uno alla volta e separatamente, porranno il mazzo con la faccia in giù!". Finita, uno di noi indipendentemente dall'altro, l'operazione, controllammo tutti

e cinque la carta superiore del mazzo posto a faccia in giù, e tutti vedemmo con una certa sorpresa, che la carta prelevata era una donna di fiori. Rol prosegue a dirci: "Tutti loro possono mettere il loro pacco di carte qui sul tavolo e uno di loro abbia cura di mescolarle"; il che, uno di noi fa. Poi, mescolate bene le carte, il Rol copre i 5 mazzi mescolati con il tappeto verde. Fa degli strani gesti sul tappeto; noi vediamo distintamente che qualcosa si muove sotto; indi guardiamo e tutti vediamo i 5 mazzi perfettamente ricostituiti, senza un solo errore. Continuiamo così per qualche tempo e sempre con evenienze di questo tipo. L'esperienza psicocinetica si realizza sempre alla perfezione. Mai un errore. Ma a questo punto il dott. Rol mi invita a passare con lui in un salotto attiguo. Mi dice: "Scelga una carta a suo piacimento; la ponga fra le palme delle due mani, stringendola a viva forza; quando poi io glielo dirò, lei la guarderà". Scelgo un 7 di picche. Rol si allontana di qualche passo, indi mi dice di guardare la carta che io tenevo ben stretta fra le mani. Guardo: era una donna di picche! La carta si era trasformata nelle mie mani. Si era ripetuta l'esperienza occorsa a Fellini[1], che aveva visto trasformarsi la carta che aveva in mano. Senonché egli fu più accorto (e più disobbediente) di me, in quanto guardò la carta quando non doveva: e vide così uno strano miscuglio realizzarsi nella carta che aveva in mano, quasiché fosse avvenuta una mescolanza di tutti i vari colori costituenti la carta stessa».

151. Tinto Vitta:
«All'angolo della via dove avevo questo negozio di antiquariato c'era un tabaccaio dove andavo a comprare dei mazzi di carte nuove di zecca avvolti nel cellophane. Gustavo diceva a me o a questa mia amica che stava con me in negozio: "Pensa due carte", lui non toccava mai nulla, io avevo una grande scrivania, un Bureau Plat, lui stava dall'altra parte della scrivania, le carte le toccavo io, tuttalpiù questa amica mia, lui non le sfiorava neanche, e mi diceva di pensare una carta o un seme o quello che volevo, e anche alla mia amica in contemporanea. Io – *e lo sottolinea col tono della voce* – aprivo il mazzo di carte, sigillato come le consegnano in tabaccheria, e la carta o le carte che avevo pensato o quelle che aveva pensato la mia amica erano girate dall'altra parte.
Cioè, possono essere "giochi di carte", uno li può chiamare come vuole, ma insomma sono cose abbastanza sconvolgenti!».

151bis. (*trascrizione da conversazione telefonica*):
«Lì accanto c'era un tabaccaio cartolaio, [Rol mi diceva] di andare a comperare dei mazzi di carte. Io andavo a comprarli, i mazzi di carte sono nuovi, come tutti sappiamo, avvolti nel cellophane, e lui mi diceva: "Non

---

[1] Cfr. XXXVI-4, 4[bis/ter/qua].

aprirlo... pensa... un numero, una carta, dieci carte, un seme o quello che vuoi". Io lo pensavo e [anche] questa mia amica, poi mi diceva: "Bene, adesso apri il mazzo di carte" che era [ancora] avvolto nel cellophane, quindi sigillato..., io aprivo il mazzo di carte, e le carte che avevo pensato, solamente pensato... erano girate all'incontrario. E questo era già abbastanza incredibile. E poi con le carte ce ne faceva tanti di questi, io li chiamo giochi, ma non sono propriamente giochi, ma insomma era tutto fatto sul pensiero che uno aveva prima appunto di aprire questi mazzi di carte, sempre sigillati, e lui te li faceva trovare o mescolati, pensa una scala e lui te li faceva trovare tutti in scala... E di questi ce ne ha fatti non dico quotidianamente ma quasi, quindi non so descriverne uno per uno. Però era molto, molto interessante. Lui li faceva solo a noi, se arrivava qualcuno, qualche amico in visita... lui immediatamente smetteva. (...) erano abbastanza sciocanti (...) però io ero perfettamente a mio agio, non mi sentivo per niente turbato (...) anche perché avevo sempre questo rapporto un po' scherzoso con lui. Lui si divertiva di questo perché di solito la gente quando c'era Rol era tutta in punta di piedi.. io invece lo trattavo come un padre, un vecchio zio... aveva questi occhi abbastanza... non vorrei dire una parola forte, terrificanti, perché aveva uno sguardo davvero incisivo, molto, molto, molto incisivo e si divertiva, sennò non c'era motivo perché venisse così spesso a trovarmi».

152. Fabio Dossi:
«Una volta mi ha fatto mescolare quattro mazzi di carte, lui non li ha toccati, poi mi ha detto: "Buttali sulla tavola". Ogni mazzo è risultato avere una fila di carte con lo stesso seme: in uno erano picche, in un altro cuori, un altro quadri, e infine fiori. Effettivamente ti viene da pensare: "O sono estremamente bravo io, o estremamente bravo lui". Però i mazzi li avevo io, li ho mescolati io, e li ho buttati io. Indubbiamente faceva delle cose molto inspiegabili, su questo non c'è dubbio».

153. Giovanna Demeglio (*trascrizione da intervista filmata*):
[*Dopo i primi incontri avvenuti nel suo negozio di antiquariato nel 1977*]
«Prima che mi ricevesse a casa sua son passati 6 mesi. (...) [Poi] una sera sono stata invitata a casa di Aldo Provera nella sua bella casa nella collina di Torino. Vedo un tavolo... in questa bella sala, coperto da un tappeto verde. Qui a capotavola si siede Gustavo Rol, io di fianco, l'altra persona dall'altro lato, altre due persone, e di fronte, capotavola, c'era Aldo Provera [*quindi 6 in tutto*]. Gustavo chiede a Provera di portargli un mazzo di carte. Lui porta un mazzo di carte intonso, quindi io lo apro, e mi dice di mescolarlo e di copparlo, io lo mescolo, lo coppo, e poi mi ha detto di metterlo sotto un coperchio di una grande zuppiera che era in mezzo al tavolo. Io alzo questo coperchio, metto questo mazzo di carte, mescolato. A questo punto, lui mi dice: "Che carta vuoi?""L'8 di fiori".

Lui mi dice: "Benissimo, allora vai a vedere da Aldo nelle tasche che cos'ha. Io obbedisco, vado, tocco in tutte le tasche, e ho detto: "Non c'è niente". "Ok, allora ritorna pure qui. Tu hai scelto l'8 di fiori. Allora, prendi il manico del coperchio e comincia a girare". E fa: "È fatto. E fatto". A questo punto mi dice: "Alza il coperchio". Io alzo il coperchio e cosa vedo? Vedo tutte le carte, normali, girate, meno l'8 di fiori. Mi dice di prenderlo, m'ha fatto andare vicino a lui, alzo il tappeto verde, come lui mi ha ordinato, lo poso, e lui non ha toccato niente e fa: fffhh, con un soffio [*fa il gesto come se soffiasse sul tavolo in direzione della carta*], e vediamo spuntare dalla tasca di Provera la carta, l'8 di fiori, e tutti rimangono stupiti di una cosa così, io compresa. Finisce la serata in questa atmosfera di magia, di suspense anche, e vanno tutti via. Quindi, quando finalmente siamo soli, gli dico: "Gustavo, sei fantastico, sei un illusionista incredibile, io ho mai visto... ne ho visti eh! ma come te nessuno. Ma dimmi come hai fatto! Ti prego, raccontami, puoi, adesso abbiamo confidenza". E lui non mi dice niente, assolutamente niente. Allora cosa ho fatto? Vado a comprare una scatola di plexiglass trasparente con due mazzi di carte sigillata, e lo aspetto. Passano un po' di giorni e me lo vedo arrivare, vedo arrivare Rol, e lo sfido, e gli dico, all'entrata: "Gustavo, guarda cos'ho comprato", e lui senza scomporsi mi dice: "Molto bene Giovannina, dimmi che carta vuoi", e io dico: "Voglio il 5". "Perché?" "Perché è il tuo numero". "Di che segno [*seme*]?" "Di cuori" "Perché?" "Perché mi vuoi bene". "Va bene, allora cosa scriviamo sopra questa carta? Una cosa magnifica" "E scrivi 'amore'", gliel'ho detto un po' alla leggera. Lui piglia la sua matita di bambù, e nell'aria dice delle cose. A un certo punto dice: "È compiuto. Apri la scatola". Io davanti a tutti – non eravamo soli, c'erano altre persone – apro questa scatola, apro il primo mazzo, lo apro tutto per suo ordine, e non succede niente. Invece apro l'altra parte e cosa succede? Che tutte erano girate, meno la carta di cuori, con scritto "amore"»[2].

154. *Gianfrancesco Ferraris di Celle*:
«Le carte facevano "quello che voleva lui" in maniera impressionante: ci faceva aprire di seguito anche 6 o 7 mazzi ancora incellophanati: e la prima carta era sempre quella scelta dall'interlocutore!».

155. *Paolo Fè d'Ostiani*:
«Ricordo benissimo molti esperimenti fatti a casa nostra – di mia moglie e il sottoscritto – e a casa anche di Del Mastro Calvetti, proprietari di una ditta di trasporti, dove ho assistito a tantissimi esperimenti, uno dei quali per esempio fu questo: eravamo in sei nella sala da pranzo di Del Mastro

---

[2] La seconda parte del racconto era già stata riferita in precedenza (cfr. V-80 e 80bis). Inedito invece l'antefatto.

dove c'era una grande tavola, e Gustavo ha detto: "Scelgo io una carta", con le sue solite procedure, ed è venuta fuori una carta di cuori. Poi si era fatto dare 16 o 17 mazzi di carte da parte dei padroni di casa e m'ha detto: "Vai a nascondere questi mazzi di carte dove vuoi". Io li ho presi, qualcuno aveva ancora la plastichina attorno, li ho messi uno alla volta per esempio dentro a un vaso, ho chiuso il vaso nell'armadio, li ho nascosti con estrema cura e poi sono tornato al tavolo, eravamo in penombra, lui s'è concentrato e dopo qualche momento c'erano sul tavolo disseminate circa duecento carte di cuori, ovvero siccome erano 13 le carte per ogni colore in un mazzo, ce n'erano 13 moltiplicato per 16. Partendo da questa carta di cuori campione, selezionata da quell'unico mazzo che era rimasto sul tavolo, mentre gli altri 16 o 17 li avevo nascosti da tutte le parti, sono saltate fuori le carte di cuori provenienti dagli altri mazzi.
[*Precisa ulteriormente*]
Lui si era concentrato, aveva messo le mani sulla carta selezionata, tremava, e subito dopo il tavolo era ricoperto da più o meno 200 carte di cuori, dall'Asso al Re, prelevate dai mazzi che io avevo nascosti. Questa non era un'illusione ma il risultato di quello che lui aveva deciso di fare, cioè andare a prelevare "con la mente" dai mazzi di carte nascosti tutti i cuori ivi contenuti, ed erano mazzi di carte mescolate tranne quelli con ancora l'involucro di plastica che invece erano in ordine, cioè 13 carte di cuori, 13 di fiori e così via. Tirar fuori in pochi minuti questa valangata di carte di cuori non lo può fare nessuno. Io poi ho fatto il percorso a ritroso e tranne in un mazzo o due in cui ho trovato ancora una o due carte di cuori, tutti gli altri ne erano privi.

156. *Paolo Fè d'Ostiani*:
«Un'altra volta, presente anche Manuel Ferrero di Ventimiglia, Rol ha messo le mani su un mazzo di carte che era ordinato con tutte le figure verso il basso e si vedeva solo il dorso. Ha messo una mano su questo mazzo, io sentivo "frrrrrr" un rumore così, come il volare di un uccellino e le carte si sono alzate, e dopo ce n'era una dritta una a rovescio, una dritta una a rovescio... Delle cose incredibili, fatte così sull'istante».
[*In altra occasione ha specificato (trascrizione da intervista filmata)*]
«Rol ha messo la mano su un mazzo di carte, eravamo in due a vedere, in piena luce... le carte si sono sollevate, si è sentito il fruscio come di un uccelletto che volasse... dopodiché le carte – son sembrate un sufflè – si sono riadagiate perfettamente una sopra all'altra ma una era dritta e l'altra rovescia, una era dritta e un'altra rovescia».

157. Paolo Fè d'Ostiani (*trascrizione da intervista filmata*):
«Una sera [Rol] ha chiesto a mia moglie: "Prendi ago e filo e infila il filo nella cruna dell'ago", [lei] ha fatto un nodino, fondo come si fa quando uno deve rammendare qualche cosa. Dopodiché [Rol] ha detto: "Paolo,

prendi ste tre carte in mano" – carte a caso – "prendi il filo e l'ago, metti tutto assieme, stringi il pugno, metti la mano in tasca più in fondo che puoi e poi vedrai che cosa succede". Dico: "E se sbaglia la mira cosa mi succede?" Ci siamo fatti tutti una risata, perché in effetti dopo qualche istante le carte erano trapassate da parte a parte – e le avevo io in mano eh! nel pugno, chiuse – legate coscienziosamente col filo, da una parte c'era l'ago con ancora il filo nella cruna dall'altra parte c'erano i nodini che aveva fatto mia moglie, che allora erano stati legati come un pacchettino. Io sfido chiunque a fare una cosa del genere».

158. Marco Molteni (Paolo Chionio):
«Il mio caro amico Barone Paolo Chionio, 84 anni, senese di padre torinese, mi ha raccontato che, trovandosi nel 1948 a Torino, nell'appartamento di suoi parenti in via Perrone 3, fece la conoscenza di Gustavo Rol che, vedendolo curioso ragazzino, lo volle divertire con un "gioco". Fattosi consegnare un mazzo di carte ancora intonso (conservato cioè nel suo involucro originale), di proprietà del padrone di casa, invitò il ragazzino ad aprire il mazzo, dopo che Rol ebbe lasciato la stanza, e a scegliere una carta senza palesarla, lasciandola all'interno del mazzo stesso. La carta scelta era il sette di picche. Rientrato che fu Rol si fece consegnare dal ragazzino il mazzo di carte chiuso e lo lanciò contro una parete. Tutte le carte caddero a terra ma il sette di picche rimase incollato al muro. Solo quando il ragazzino ammise che quella era la carta che aveva scelto, la stessa si staccò dalla parete e cadde fra le altre. Subito dopo, lo stesso Rol, vedendo l'espressione sbalordita del ragazzino, cercò di rassicurarlo dicendogli: "È solo un gioco di prestigio"».

Questo episodio, riferito nel 2021 in uno dei gruppi facebook dedicati a Rol, è interessante sotto numerosi punti di vista, e per questo lo commento qui invece che nelle note, anche perché serve a integrazione del racconto successivo. Il relatore, compositore, è amico del testimone. Come mio solito, particolarmente quando non è il testimone diretto a fare la comunicazione, ho cercato di andare in profondità, e sapere se fosse stato possibile parlare direttamente con Paolo Chionio, o se lui potesse mettere per iscritto la sua testimonianza. Andare in profondità è sempre conveniente: da un lato per scoprire eventuali affabulatori o approfittatori e quindi escludere testimonianze inattendibili; dall'altro per avere più dettagli e la storia completa inclusi contesto e profilo biografico basico di un testimone, utile e necessario in un campo di ricerca ed esperienze soggette alle più svariate speculazioni, superficialità, autosuggestioni e fraintendimenti, quando non si tratti di vere e proprie mistificazioni. Testimonianze serie, precise, verificate, multiple sono una base sicura da cui partire per fare poi analisi razionali che non poggino sulle sabbie mobili, sulle quali molto spesso c'è chi

costruisce sontuosi palazzi dialettici destinati alla lunga, alla prova dei fatti, a sgretolarsi rovinosamente al suolo.
Marco Molteni, molto disponibile, mi ha così messo in contatto diretto con Chionio, e ho potuto raccogliere la sua testimonianza completa, con ovviamente più dettagli di quella sintetica di cui sopra. Prima però di parlare con lui, avevo intanto commentato il post, nello specifico rispondendo a qualcuno che non capiva, oppure prendeva per buona, l'affermazione conclusiva di Rol, ovvero che «è solo un gioco di prestigio». Questo il mio commento:

«Il fatto che qualcuno creda all'affermazione conclusiva di Rol mostra quanto non si rifletta a sufficienza su questo episodio. Che non fosse un gioco di prestigio è ovvio:
1) non c'è alcun elemento in questo racconto che possa giustificare una manipolazione;
2) avendo Rol fatto tutta la vita esperimenti dove il trucco è semplicemente impossibile (io stesso sono stato messo in grado di fare gli esperimenti – come ho più volte raccontato – solo seguendo le sue indicazioni, lui non toccando nulla) non si vede perché dovesse qui servirsi di un trucco, per di più con un bambino;
3) potrebbe un mistificatore a vita svelare il suo "segreto" in maniera tanto plateale, sminuendo e di fatto squalificando tutto quello per cui ha vissuto (l'aiuto al prossimo, ecc.)?
4) ma il punto essenziale, che giustifica quella frase, che non ho alcuna difficoltà a credere essere vera, è che *Rol non mostrava le sue possibilità ai più giovani*, per l'impatto emotivo e psicologico che potevano generare. È un principio persino banale da comprendere e che qualsiasi psicologo saprebbe perfettamente illustrare, e che il buon senso un minimo attento è sufficiente a riconoscere. Ragion per cui, a un ragazzino di appena 11 anni che era rimasto con una «espressione sbalordita», Rol, che forse si era accorto di avere ecceduto con quella dimostrazione (o anche no, avendola fatta di proposito per ragioni note a lui), l'ha subito sminuita per tranquillizzare la fragile psicologia del giovane, secondo la linea di condotta (occasionale e mirata, non da intendere come regola generale) che proprio in quegli anni '40 comunicava allo scrittore Pitigrilli suo amico: «Noi dobbiamo lasciare all'umanità sofferente la speranza eterna che in questi terribili fenomeni ci sia della mistificazione» (Pitigrilli, *Gusto per il mistero*, Sonzogno, 1954, p. 8)»[3].

Naturalmente su quest'ultima affermazione molto ci sarebbe da dire, ma basta mettere in risalto qui appena l'effetto "rassicurante" che il prodigio

---

[3] Mio commento del 09/08/2021 al post di Marco Molteni dello stesso giorno su: *facebook.com/groups/gustavorol*.

non fosse espressione di un potere vero, eventualmente terribile per le sue implicazioni quando ci si soffermi a rifletterci con calma e troppo difficile da comprendere: "ah per fortuna, è solo un trucco...", non occorre preoccuparsi allora, soprattutto non a 11 anni. E via a giocare a pallone o con i trenini... Quando poi ho parlato con Paolo Chionio, lui stesso ha confermato, come si vedrà, che in seguito aveva perfettamente compreso questo aspetto protettivo per evitargli contraccolpi psicologici difficili da gestire.

La testimonianza di Chionio è poi rilevante per altri due elementi: essa risale al 1948 ed è emersa nel 2021, vale a dire ben 73 anni dopo, raccontata dal testimone in persona. Questo porta a una considerazione piuttosto notevole: se nel 2021 è possibile avere ancora testimonianze di prima mano di episodi accaduti negli anni '40, allora ne consegue che sarà possibile l'emergenza di testimonianze su Rol, di testimoni diretti, almeno ancora per i prossimi 50 anni. Ad esempio come qualcuno che sia nato nel 1981, e che abbia testimoniato a 11, 12 o 13 anni un qualche prodigio di Rol (morto nel 1994) facile da ricordare nella sua dinamica, come è quello raccontato da Chionio, e che lo racconti all'età poniamo di 90 anni – la divulgatrice scientifica Mirella Delfini ha per esempio raccontato la sua testimonianza su Rol con lucidità nel 2019 all'età di 94 anni – ovvero nel 2071. E potremmo spingerci tranquillamente al 2100 e anche oltre con nuove testimonianze riferite per esempio dai figli di testimoni diretti, e che magari hanno spesso sentito in casa raccontare un dato episodio che hanno finito per memorizzare piuttosto fedelmente (una volta la si chiamava la "tradizione orale")[4]. Il che ci permette di collocare questa nostra antologia in una prospettiva molto diversa da quello che può sembrare allo stato attuale: non "ben 3 corposi volumi", ma "appena 3 volumi". Questo terzo volume raccoglie le testimonianze emerse in poco meno di sette anni, dalla fine del 2015 all'inizio del 2022. Ciò è stato permesso, come già detto nell'introduzione, dall'accelerazione e dalla facilità di accesso e condivisione delle comunicazioni moderne, oltreché dal mio impegno personale e dalla collaborazione di estimatori di Rol. Se il trend è questo, potrebbe non essere peregrina l'ipotesi che nel prossimo mezzo secolo possano essere aggiunti ai tre volumi attuali un'altra decina, o quasi, di volumi analoghi. Così che diventerà effettivo ciò che Rol diceva nel 1977 non riferendosi al suo presente, come sarebbe potuto sembrare, ma al futuro:

---

[4] Già nell'introduzione alla prima edizione de *L'Uomo dell'Impossibile*, nel 2012, ritenevo improbabile «che col 2012 termini la raccolta di testimonianze inedite, che riteniamo possano ancora emergere almeno per i prossimi due decenni». Quella stima la giudico ora troppo moderata, e conformemente a quanto ho detto sopra, avrei forse dovuto scrivere *nove* decenni.

«Su di lui sono stati scritti volumi»[5].

Nel 1977 infatti non era stato scritto nessun volume su di lui, ma solo qualche articolo e qualche capitolo in libri più o meno di nicchia. A me inizialmente era sembrata strana questa affermazione, ma Rol non parlava a vanvera: stava invece parlando del futuro, in una prospettiva e retrospettiva storica. La frase sarebbe già valida nel 2022, ma acquisirà sempre maggior concretezza con il passare del tempo.
Il secondo elemento della testimonianza di Chionio, che ho spesso messo in evidenza, è la precarietà cui sono soggette le testimonianze, che emergono oppure no al seguito di mere circostanze fortuite e contingenti. Nel suo caso, averla raccontata a qualcuno che a sua volta l'ha riferita a una platea più ampia, ciò che poteva benissimo non avvenire e rimanere per sempre nell'oblio.

158bis. Paolo Chionio:
«Rol era molto amico di Ermanno Chionio, un mio biscugino che viveva a Torino in via Perrone 3, dove anche io ho vissuto a lungo nei miei anni giovanili. Per me Torino è come la mia seconda patria. Io sono senese, da ragazzino stavo a Siena però siccome non avevo voglia di studiare e in casa mia c'erano soltanto donne e non avevano nessun potere di strigliarmi, negli anni scolastici mi spedivano a Torino da mio cugino Manno che era bonario, ma aveva un pochino più di polso e infatti qualche cosina ho fatto. Lui è mancato nel 2002. A Torino avevo un altro biscugino, Ermanno Buffa di Perrero, detto Manin, figlio di una sorella di mio nonno paterno. Ho conosciuto in anni successivi anche il figlio Carlo, ma non sapevo che entrambe conoscessero Rol, non ne abbiamo mai parlato[6].
Io sono del '37, l'episodio del mazzo di carte è avvenuto nel '48, avevo 11 anni o andavo per gli 11. Lui era abbastanza amico di famiglia, era venuto per salutare la madre del mio biscugino Manno Chionio, la contessa Laura Trotti. Era una visita di cortesia.
Rol non lo avevo mai visto prima, ero lì in casa che stavo facendo i compiti, mi hanno chiamato e mi è stato presentato da Manno che mi ha detto:

---

[5] Rol, G.A. (firmato da Renzo Allegri), *Mentre è a Torino lo fotografano in America*, 'Gente', 05/03/1977, p. 11.
[6] Lo è venuto a sapere da me non appena mi ha detto che era parente dei Buffa di Perrero. La cosa è piuttosto curiosa, considerando che Ermanno e Carlo (che conosco personalmente) sono due dei cinque conoscitori di tecniche illusionistiche che conobbero Rol (gli altri sono Alexander, Binarelli e Giuseppe Vercelli). Carlo Buffa di Perrero è poi quello che ha messo più volte alla prova Rol, non riscontrando alcun possibile trucco nei suoi esperimenti (cfr. I-25, IV-23, V-128, VII-4, XXXIII-24/24bis, XXXIV-65, XXXVII-4, XLVI-1ª).

"Guarda, questo signore è il signor Gustavo Rol. Lui sa fare delle cose straordinarie".
E io che ero un ragazzino curioso gli dissi:
"Davvero? E che sa fare?"
"Una cosa te la potrei far vedere", disse Rol.
Manno era un appassionato giocatore di Bridge e teneva in casa spesso dei mazzi di carte intonsi, nuovi, ancora chiusi nel cellophan – forse allora il cellophan non c'era, sarà stata carta velina, la plastica era arrivata dopo – e allora richiestogli ne ha subito fornito uno. Il Rol, senza guardarlo, l'ha dato in mano a me, ancora chiuso, e mi ha detto:
"Io esco un momento dalla stanza" – ed è uscito da questa grande camera-salotto che dava in un corridoio – "tu apri il mazzo, guardati una carta, sceglitela, però poi rimettila dentro il mazzo, chiudi il mazzo e chiamami".
"Va bene" gli ho detto io, e così è stato, e mi ricordo perfettamente che la carta era il 7 di picche. Io ho aperto per caso, ho guardato e c'era sto 7 di picche, ho richiuso il mazzo e ho detto:
"Io ho visto".
Rol è rientrato nella stanza e mi ha detto:
"Allora dammi il mazzo, ma dammelo chiuso eh? Dammelo chiuso così com'è". Gliel'ho dato, lui senza nemmeno più guardarlo ha fatto un gesto nemmeno violento, un gesto deciso, e ha scaraventato il mazzo contro il muro. Tra l'altro mi ricordo bene che c'erano due quadretti alla parete, che aveva la carta da parati ed era liscia, lui l'ha tirato in modo che le carte battessero nel muro fra i due quadretti. E chiaramente le carte si sono smazzate e sono andate per terra, tranne il 7 di picche che è rimasto attaccato lì. Come se fosse incollato. Io sono rimasto allibito e lui m'ha detto:
"Era quella, la carta?"
"Era quella!".
Quando io ho confermato, la carta è caduta su quelle altre e mi ricordo che lui aiutato da Manno hanno poi raccolto questo mazzo. Al che io gli ho detto:
"Ma come ha fatto? ma come ha fatto?" e lui:
"Ehhh ma figurati, ma questo è un gioco di prestigio! ma che ti credi? No no, qui la magia non c'entra" e poi mi pare se ne sia andato o hanno rimandato me nella mia cameretta a fare i compiti.
Che non fosse un gioco di prestigio questo io l'ho capito dopo, faceva parte delle sue straordinarie facoltà. Evidentemente non voleva che un ragazzo della mia età pensasse che lui avesse delle possibilità strane, o comunque straordinarie e quindi me l'ha voluto minimizzare. Cioè, lì per lì s'è divertito a sbalordirmi, ma poi siccome chiaramente c'era di che essere sbalorditi, io credo non solo un ragazzetto, ma anche un adulto di

fronte a una cosa di questo genere, allora poi me l'ha voluta minimizzare per togliermi l'idea che lui avesse delle qualità "sovrumane".

Questo mio cugino-zio in seguito mi aveva detto che Rol era molto modesto e soprattutto non aveva piacere che circolassero tanto le voci delle sue facoltà, e che era una persona non solo gentile – io infatti me lo ricordo gentilissimo – ma anche molto buona, e un po' restia a manifestare questi suoi poteri. Mi aveva detto, e questo mi era rimasto impresso:

"Sai qualche volta, ma poco volentieri, fa anche degli esperimenti un po' paurosi, perché lui per esempio è capace, creando una zona di buio, di suscitare il fuoco, può apparire una specie di palla di fuoco".

Sembra che avesse questa facoltà in qualche modo di evocare il fuoco, non si capisce se fosse un fuoco chimico, un fuoco vero o una visione, questo non lo so proprio.

Un altro dei fenomeni che poteva manifestare era la bilocazione, cui aveva assistito questo mio cugino, nel senso che si trovava in un posto dove c'era Rol e nello stesso tempo telefonicamente si erano messi in contatto con una famiglia di conoscenti, che avevano detto: "Ma è qui con noi!".

E poi aveva la facoltà di far passare gli oggetti attraverso una parete».

159. *Rosina Goffi*:
[*Già titolare del ristorante "Goffi del Lauro" a Torino*]
«Mio papà era scettico, allora una sera ho detto a Rol:
"Puoi fare qualcosa che mio papà capisca?"
"Ma io non so nulla... non faccio mica niente"
Ho insistito, e lui:
"Hai un mazzo di carte?"
"Sì, un paio nuove"
"Va bene".
Avevo i tarocchi della Lavazza, sono andata a prenderli in un armadietto.
"Non le conosco queste carte" ha detto Rol, poi ha chiesto a mio papà:
"Qual è per te la carta più bella o che vale di più dei tarocchi?"
Lui risponde in piemontese: "Al Diau" [*il diavolo*]
"Ah no no no, non mi piace".
"Allora gli Amanti"
"Sì, quelli mi piacciono"
Ha preso il mazzo e lo ha buttato subito sul tavolo senza toccarlo[7]: le carte si sono distese e a metà era girata quella degli Amanti.

---

[7] Vale a dire: senza manipolarlo o trattenerlo. È questa una tipica situazione in cui Rol, pur toccando un mazzo, non avrebbe alcuna possibilità di operare qualche tipo di trucco. Quando gli scettici affermano che non è vero che Rol *non toccava mai il mazzo*, menzionando situazioni come queste, si guardano bene poi dal dare ad azioni del genere il loro peso effettivo, che ai fini dell'ipotesi illusionistica è nullo. È cioè evidente l'irrilevanza dell'aver preso in mano il mazzo per un istante

Sembrano stupidaggini, in realtà siamo rimasti tutti a bocca aperta.
Mio papà ha detto: "Parlapà!" [*sono senza parole, incredibile*] e poi non ha più detto niente, già lui era uno di poche parole, però era rimasto davvero emozionato».

160. *Loredana Muci*:
«Un sabato pomeriggio il mio amico Beppe Brucco, che mi aveva invitato per un caffè, mi propose di andare a trovare la sua amica Giovanna Demeglio, titolare di un negozio di antiquariato in Corso Regina Margherita a Torino. Quel giorno nel negozio casualmente c'era anche Rol. Quando ho attraversato la porta d'entrata, lui si trovava verso il fondo (era piuttosto ampio) dove c'era un salotttino, seduto con altre persone. Ha cominciato a indicarmi e a parlare di me, mi ha fatto una specie di radiografia, dicendo parole molto belle e intense, mi ha descritta come "acqua cristallina che sgorga dalla sorgente". Rimasi abbastanza perplessa, avevo sentito parlare del personaggio ma non sapevo chi fosse, mai più mi sarei immaginata di avere l'opportunità di incontrarlo. Ci siamo seduti in questo salottino mentre lui parlava con le persone presenti e a un certo punto si rivolse verso di me – in quel periodo, apro una parentesi, mio papà che aveva 66 anni era ricoverato in ospedale per una serie di indagini, una sorta di *check up*, perché non stava molto bene – mi guarda e mi dice: "Lei è molto triste, non lo sia, perché Lei neppure immagina cosa l'aspetta nella vita. Le dirò di più: se Lei fosse un cavallo io punterei tutto ciò che ho su di Lei, perché Lei è vincente, ma neanche lo può immaginare. Una unica cosa: da qui a quel momento, non posso evitarle sofferenze molto molto intense. È il suo percorso". Dopo ha continuato a chiacchierare con i presenti, mentre io non parlai neanche per un momento.
A un certo punto dice: "Ho voglia di fare un "giochino" con voi, un esperimento" e ha chiesto a uno dei presenti di andare a comprare dei mazzi di carte nuove dal tabaccaio lì vicino. Costui è andato, ha portato questo mazzo di carte incelofanato, poi Rol mi guarda e mi dice: "Voglio giocare con te".
Io l'ho guardato e ho detto: "Io?"
"Sì"
Mi ha chiesto di alzarmi, di mettermi vicino al tavolino su cui erano state appoggiate queste carte e ha detto:
"Non aprirle, dimmi solo il colore che ti piace, il rosso o il nero"
"Rosso"
"Seme?"
"Quadri"

---

e qualsiasi dubbio evapora quando si pensa che Rol questi stessi esperimenti li faceva fare ad altri a distanza, anche per telefono.

"Adesso girale".
Erano tutte di quadri».

160ª. Ruggero Galeotti (2020, *trascrizione da testimonianza in video*):
[*Episodio riportato in precedenza nel 2003 da M. Ternavasio (V-83) con qualche differenza*]
«Mio cognato [*Emanuele Demeglio*] era un po' scettico. Eravamo sette/otto persone. [*Rol*] Cominciava sempre verso le dieci/dieci e mezza [*di notte*] e finiva sempre alle prime ore del mattino. [*Rol*] aveva detto di portare le carte integre, cioè nuove, sigillate. Mio cognato ha portato due mazzi, perché bisognava sempre portare due mazzi. Questi due mazzi [*Rol*] dice: "Uno lascialo qua, e l'altro cerchi una carta". Allora [*Emanuele*] apre, [*Rol*] gli fa scegliere le carte, aprire…tutte le carte, poi lui [*Rol*] diceva: "Segna un punto", da quel punto lì in poi le eliminava, prendi quelle che rimangono… Lui [*Rol*] non toccava niente. Quindi non poteva assolutamente… [*imbrogliare*], chi dice che c'era qualche trucco è in torto, non può esistere, non esiste assolutamente. Lui guardava e sorrideva. Mio cognato lui prende [le carte], dice [*a me (Ruggero)*]: "Stai tranquillo, controlla anche te, guarda tutto…". Allora, alla fine esce una carta a scelta. Dice [*Rol*]: "Va benissimo. Adesso apri l'altro mazzo nuovo, metti le carte…" – perché le carte erano tutte in ordine, dall'1 al Re, all'Asso – adesso prendimi la carta che hai scelto". Mazzo nuovo, quella carta che lui aveva scelto, metti il Re… nell'altro mazzo che era integro, gli ha detto – io ero lì vicino a lui, per cui anche io sono rimasto lì, di sasso – "Adesso tirami fuori quella carta". Apre, non so [*per esempio era*] Re di picche[8], c'era il Fante e la Donna, e non c'era il Re. E lui dice: "Ma come? Sono nuove, dev'esserci il Re" "No che non può esserci, perché te lo sei messo in tasca". Lui [*Rol*] era dall'altra parte del tavolo. Mio cognato fa: "Ma – come dire – questo è scemo, questo è fuori di testa, non è possibile", e io gli davo ragione effettivamente, non potevo dire che non era vero, perché ero vicino, l'ho visto tutto quello che ha fatto. Rol gli dice: "Mettiti la mano nella tasca destra". Mio cognato mette la mano nella tasca destra e tira fuori il Re di picche. "Te l'ho detto io che c'avevi il Re di picche nella tasca". Pensavo gli fosse venuto un coccolone, perché m'ha guardato e non smetteva più di guardarmi, [*non smetteva più di*] toccar la carta e metterla via».

---

[8] Nel 2003 M. Ternavasio (*Gustavo Rol. Esperimenti e testimonianze*, p. 57) ha scritto «tre di cuori» (non è dato sapere se ha messo una carta qualunque o se Galeotti nel 2020 non la ricordava più). È invece una probabile inesattezza di Ternavasio quando riferisce che il mazzo è solo uno. La testimonianza diretta di Galeotti riferita nel 2020, anche se molti anni dopo, dev'essere quella corretta, anche perché lo schema dei *due* mazzi è quello consueto. E in questi esperimenti ciò che conta, nelle testimonianze, è ricordare lo schema, non che carta fosse.

161. *Anna Rosa Nicola*:
«Noi non abbiamo mai partecipato ai suoi esperimenti, lo vedevamo solo in laboratorio quando veniva. Una volta aveva fatto un "gioco" con le carte, aveva chiesto a mia mamma:
"Qual è la carta che Le piace di più?"
"L'Asso di cuori"
Allora aveva fatto girare una per una le carte di un intero mazzo ed erano tutti assi di cuori. Queste cose lui le faceva in amicizia per intrattenere, in maniera leggera, tranne in quei casi come ad esempio quello della bambina colpita da meningite, che è stato molto toccante».

162. Manlio Pesante:
Trascrizione da conversazione registrata del 6 settembre 1972 tra Remo Lugli – che aveva conosciuto Rol brevemente il giorno precedente e voleva avere informazioni precise su di lui e i suoi esperimenti – e l'ing. Manlio Pesante, che con la moglie Dina Fasano, nota cantante degli anni '50 che con la sorella Delfina costituiva il "Duo Fasano", aveva conosciuto Rol circa quattro mesi prima e frequentato fino a quel momento in più di una ventina di occasioni, a casa loro a Torino.

«*Pesante*: "[Gli esperimenti] che mi hanno colpito di più sono quelli più semplici, non i più complicati. Cioè, lui fa degli esperimenti – e fa comparire una carta o scomparire una carta senza toccare le carte. Mi spiego?"
Lugli: "Sì"
Pesante: "Ora, in questo caso qualsiasi trucco di manipolazione è eliminato, a priori, perché se lui non tocca le carte, e le fa alzare e mischiare da uno, alzare da un altro, poi salta fuori una cosa di anormale, cioè di non conforme alle regole…"
Lugli: "Cioè le carte che prima avevate visto o no?"
Pesante: "No ma dico in generale, non so, faccio un esempio: lui prende un mazzo, lo fa mischiare, poi fa sei mazzetti e dice: 'Signora indichi un mazzo', la signora indica un mazzo; [poi] dice a lei [a un'altra persona]: 'Dica un numero', e allora lì lei dice "5" per esempio. [Rol:] 'Allora, in quel mazzo, la quinta carta è… la carta è 5 di quadri'. [La persona] gira la quinta, guarda, ed è il 5 di quadri. Sempre. Lo può ripetere cento volte questo esperimento."
Lugli: "E nel mazzo ce n'è uno solo ovviamente"
Pesante: "E il mazzo, le abbiamo comprate, carte nostre, che usiamo per giocare a bridge, qui. Verificate. Io poi… questa sera la signora ha assistito, io sono rimasto lì… Che poi [Rol] è venuto qui molte volte… sarà venuto qui 25 volte. Una o due volte alla settimana, questo prima delle ferie. E allora io col mio spirito di indagine scientifica ho controllato… Dico: 'Beh, può darsi che lui ci suggestioni

collettivamente'. Lui faceva certi esperimenti per i quali era richiesto un notevole lasso di tempo per mettere le carte in un certo ordine, anche..."
Lugli: "E nel frattempo cosa faceva? Parlava, chiacchierava...?"
Pesante: "Parlava, chiacchierava, lui non è mai stato in *trance*, come me e Lei in questo momento"
Lugli: "Si distraeva anche"
Pesante: "Sì, sì sì, ogni tanto lanciava una battuta, anzi di spirito anche, uno anche molto spiritoso, quando vuole. Allora io ho controllato tutto, era sotto così, e avevo preso un vecchio orologio, coi secondi, questo qui non ha i secondi. Allora lui faceva un esperimento in cui ci voleva un certo tempo per disporre le carte in un certo ordine, per esempio. Cose che io ho provato a fare, per me ci voleva due minuti. Ma mettiamo che un abilissimo lo facesse in venti secondi, dieci secondi. Io sopra il tavolo controllavo, no?, e tutto avveniva in un paio di secondi. Quindi non era possibile che... a meno che lui ci suggestionasse e ci facesse vedere delle cose che non erano. Però controllando con l'orologio ho constatato che non era possibile questo. Per esempio io ho un mazzo, a un certo punto lui prende il mazzo, lo fa mischiare da me – ma tutto in piena luce eh – lo fa mischiare da me, tagliare da un altro, ritagliare da un altro, poi lo mette in un fazzoletto... – eh, Le posso spiegare questo esperimento – poi prende un altro mazzo e dice a un medico che era lì: 'Lanci in aria tre carte, così com'è, verso il soffitto'. Le carte volano verso il soffitto e cadono per terra. Allora per esempio la prima è venuta coperta, la seconda è venuta scoperta, la terza è venuta scoperta, e il mazzo era già chiuso dentro il fazzoletto davanti a me. Allora lui svolge il fazzoletto. Le carte erano: 1 coperta, 2 scoperte, 1 coperta, 2 scoperte, come... – una volta è successo 1 coperta 1 scoperta, l'altra volta 2 scoperte 1 coperta – come erano venute per terra. E il lancio di queste carte fatto in aria è stato fatto dopo che il mazzo era stato messo nel fazzoletto. Oppure delle volte si beveva un whisky e lui metteva il bicchiere di whisky sopra".
Lugli: "Ecco lui quando le ha messe nel fazzoletto le ha messe... a caso, le ha messe a posto"
Pesante: "Le ho mischiate io"
Lugli: "Le ha mischiate Lei. Lei le ha mischiate ed erano tutte voltate da una..."
Pesante: "Certo, stavo attento in un modo pazzesco io"
Lugli: "Poi invece eran tutte girate verso un senso"
Pesante: "Come son le carte normali ... Poi lui apre il fazzoletto, lo mette così, no?, sul tavolo, e questo mazzo di carte si gonfia".
Lugli: "Chiuso nel fazzoletto"
Pesante: "No, no, lo toglie dal fazzoletto, dopo che questo medico ha tirato queste carte, e noi vediamo che il mazzo si gonfia"
Lugli: "Lo vedete così aperto, è aperto...".

Pesante: "No no, il mazzo è così no? e lo vediamo gonfiarsi, alzarsi, di un centimetro almeno. Poi... il mazzo, tiriamo e: 1 carta così, 1 carta così. Allora io ho controllato in tutti i modi perché io ero veramente scettico, e son venuti qui dei miei amici, degli ingegneri, il mio medico personale col quale siamo anche amici, e allora abbiamo concluso una cosa: di non raccontare a nessuno quello che abbiam visto perché ci prendono... [poi dicono] 'ma sto qui c'ha già l'arteriosclerosi...'"
Lugli: "Anche... questi pezzi, questi articoli qui, sono difficili, perché poi la gente dice: "Ma quello lì racconta delle cucchere"."
Pesante: "Ecco. Ora, io Le assicuro questo: che, quando sentivo raccontarmi di questi esperimenti qui, io pensavo: 'o li hanno infinocchiati, o sono arteriosclerotici o sono dei creduloni'... Ma certi esperimenti, specialmente i più semplici, quelli che ho potuto controllare, lì lui non ha toccato le carte. Quindi, per abile che sia nella manipolazione delle carte... Io ho pensato alla suggestione, allora ho controllato quanti secondi intercorrevano fra l'inizio di questo qui, controllavo le sigarette mentre si fumava, tutto ho fatto"».

163. Manlio Pesante:
[*Continuazione della conversazione registrata di cui al brano precedente.*] «*Pesante*: "...un mio amico, un certo Luciano... non so, Rol fa così no? [*intanto agisce sulle carte*] piglia un mazzo e lo fa mischiare da me o da Lei, così. Taglia, taglio così... Poi da un altro mazzo di carte fa scegliere da uno una carta, metta non sia l'asso di cuori sta carta, da un altro mazzo no? questo rimane sempre qui. Allora, mettiamo che sia l'asso di cuori, allora viene su e con la sua matita, a questa distanza, fa uno scarabocchio. Poi dice: 'Adesso guardate l'asso di cuori'"
Lugli: "In questo mazzo qui"
Pesante: "In questo mazzo qui. C'è la sua sigla sopra. Ora, questo esperimento può ammettere un trucco, cioè prima lui, con una maniera abilissima, riesce a fare la sua sigla sull'asso di cuori – ho alzato l'asso di cuori, ma guarda... [*ridono*] – fa la firma abilissimamente, la mette qui e poi, anche lì è misterioso, fa scegliere proprio l'asso di cuori però la scrittura è qui. Allora questo mio amico mi ha raccontato che un giorno, dice: 'A me sto affare qui mi puzza di trucco'. Allora è andato da un tabaccaio e ha comprato un mazzo di carte. Allora viene lì – io non c'ero quella sera, ma ci sentiamo... giochiamo a bridge tutte le settimane – allora arriva lì e aveva in tasca il mazzo di carte, ancora involto nel celofan. A un certo punto lo tira fuori, e allora lui era seduto qui e Rol, un lungo tavolo, era seduto all'altro capo del tavolo, e Rol gli fa: 'Ah – dice – bravo – dice – non credi, credi che sia un trucco! – dice – bene piglia il tuo mazzo, scegliti una carta, solo tu, poi rimetti il mazzo davanti a te... scegli una carta mentalmente... pensala'. Allora lui toglie il celofan, pensa una carta e mette il mazzo così. Allora Rol si alza lì, viene in piedi qui, fa

così per aria con la sua matita, torna lì. Dice: 'Che carta hai pensato?' E lui fa: 'Il 5 di cuori'. Dice: 'Beh tiralo fuori'. Lui tira fuori il 5 di cuori, c'era la firma di Rol. Sul mazzo che lui aveva preso dal tabaccaio"».

164. Alfredo Gaito e Dina Fasano:
[*In una fase successiva dell'incontro di cui ai brani precedenti, si aggiunse al gruppo il dott. Alfredo Gaito.*]
«*Gaito rivolto a Lugli*: "Guardi, uno dei più begli esperimenti di carte, a parte questi qui, sono quelli dei cinque assi... Una sera... – l'unico esperimento che lui fa al buio – l'unico che fa al buio non perché è necessario, come dire, creare una determinata atmosfera, ma perché deve isolarsi da... non deve essere disturbato da nulla, non vuole la luce, non vuole i rumori, e infatti quella sera noi ci siamo messi..."
Fasano: "Abbiam preso quel tavolo là e l'abbiam messo nell'ingresso"
Gaito: "In questo corridoio, no? perché doveva non sentire nulla, proprio, essere completamente ovattato... Ha messo sei mazzi di carte, noi eravamo disposti poi in modo tale che nessuno poteva muoversi"
Fasano: "Eravamo in quel corridoio lì, si immagini, in sei"
Gaito: "Dunque a un dato momento lui ha detto, di tenerle, ha detto [*a Pesante*]: 'Guarda, prendi questi cinque mazzi e valli a nascondere dove vuoi'. Lui s'è alzato, ha preso i cinque mazzi di carte e poi è partito"
Fasano: "Lui li ha messi in quei cassetti laggiù in fondo"
Gaito: "Sì ma noi non lo sapevamo. Lui s'è alzato, ha preso i cinque mazzi e poi è tornato. Poi a me ha detto: 'Prendi il mazzo che è rimasto...'"
Pesante: "No scusa un momento. Io, lo settico che sono, ho perso un po' di tempo lì e ho contato le carte di un mazzo. Le carte di un mazzo sono 54, perché ci sono i due jolly dentro. Non ho voluto contar tutti i mazzi, ma di un mazzo ne ho contate 54. Dico: beh vediamo se forse capiterà qualcosa in cui se io vedo che manca una carta lì, allora già mancava da prima. Allora, di un mazzo, son sicuro, eran 54"
Lugli: "Ma le carte erano sue?"
Fasano: "Nostre nostre nostre carte... queste, queste carte qui con le quali noi giochiamo a bridge"
Pesante: "Allora mentre io ero lì ho perso un po' di tempo e ho fatto [*e conta le carte*]: 2, 4, 6, 8, 10... 54... c'eran tutte... almeno in un mazzo"
Gaito: "Allora si è fatto dare un ago..."
Fasano: "Un ago e del filo, un ago infilato"
Gaito: "Un ago e una gugliata di filo, e l'ago è stato puntato sul tappeto verde..."
Fasano: "Messo lì"
Gaito: "Poi mi ha detto: 'Quel mazzo lì prendilo, mescolalo, taglia', e ho tagliato un asso di quadri. M'ha detto: 'Mettitelo in tasca'. L'altro mazzo l'avevan portato via. Ha fatto spegnere le luci e ha dato a ognuno di noi un

foglio di carta, no? e ha detto: 'Quando io vi dico 'carta' voi questa carta la prendete e la muovete, in modo da fare un piccolo rumore. Quando vi dico 'mani' voi posate il foglio di carta sul tavolo e fregate le mani'. E infatti noi abbiam detto carta perché avevamo tutti un foglio di carta... [*pare una battuta, ma non si capisce*] Poi, 'mani'. Io a un dato momento sento un colpo che fa *tac*!, per terra"
Fasano: "Sì tutti abbiam sentito un colpo"
Gaito: "Allora, accendiamo le luci, c'erano cinque assi di quadri infilati, quell'ago lì che era sul tavolo non c'era più"
Lugli: "Non c'era più?"
Gaito: "Non c'era più. Era infilato... erano cinque carte di quadri proprio... – non le hai più quelle carte?"
Fasano: "Sì ho l'asso che poi ho tirato via dall'ago"
Gaito: "Sono bucate"
Pesante: "Sì"
Fasano: "È bucato, devo averlo da qualche parte"
Gaito: "Cinque assi di quadri infilati a distanza di dieci centimetri l'uno dall'altro, tutti infilati in quel filo di quell'ago che era lì davanti a noi"
Fasano: [*ha portato la carta*] "Passi il dito..."
Gaito: "C'è un forellino... Allora lui ha detto: 'Andate a prendere i cinque mazzi', lui è andato a prendere i cinque mazzi e in ogni mazzo mancava l'asso di quadri..."
Pesante: "E in un mazzo io ero sicuro che quando l'ho messo c'erano 54 carte, in quel mazzo lì le ho contate erano 53, mancava l'asso di quadri"
Gaito: "M'ha detto che questo esperimento lui l'ha fatto con due persone... l'ha fatto con... e l'ha fatto non so se era con la Paola di Liegi o qualcuno della famiglia della Paola di Liegi, non mi ricordo più"
Fasano: "Un esperimento che ci ha lasciato di stucco"
Pesante: "Allora Lei capisce che per me..."
Lugli: "Ci potrebbe essere il trucco"
Pesante: "Non so come, ma ci potrebbe essere"
Fasano: "Ma però fa delle cose che io credo che nessun altro al mondo fa"». [*la registrazione termina con Pesante che fa uscire "casualmente" un asso di quadri, con risate dei presenti*]

Inseriti in altri capitoli ma contati anche in questo:
165. Asti (IX-110-112)
166. Sambuy (IX-116)
167. Bonadonna (IX-130bis)
168. Ghy (A1)

VI

──── Biblioscopia complessa ────
Lettura di libri (o lettere, documenti) chiusi, determinata sulla base di una previa scelta matematica casuale

38. *Fabio Dossi*:
«Una volta avevamo fatto questo gioco con le carte dove venivano fuori dei numeri. Mi aveva mandato in libreria a prendere – dico a caso – il terzo libro della quarta scansia, aprirlo a pagina 164, leggere tre righe, dove c'era scritto più o meno: "non guardare la pagliuzza che c'è negli altri ma pensa alla trave che c'è nei tuoi occhi", quindi aveva a che fare proprio con me che facevo l'oculista.
Era tutto un gioco di casualità di carte che rappresentavano dei numeri che corrispondevano alla riga dove si parlava proprio degli occhi, come "caso" lo vedo proprio molto difficile da spiegare».

39. Leo Carasso:
«Mia madre ha sempre serbato una enorme stima verso il Dr. Rol. La conoscenza avvenne in modo casuale a Torino nel 1965.
Una nostra carissima amica di famiglia desiderava acquistare come regalo di compleanno a suo marito un quadro di Fontanesi e, per il tramite di un amico di mio padre che per hobby si interessava di antiquariato ci ha segnalato che il Dr. Rol, a quanto mi risulta appassionato anche lui di antiquariato, ne aveva uno disponibile. È stato concordato un appuntamento presso l'abitazione del Dr. Rol e l'amica dei miei genitori e mia madre (tra l'altro pittrice dilettante) si recarono in Via Silvio Pellico a casa del Dr. Rol.
Il Dr. Rol le ricevette nel suo studio e mia madre in particolare fu particolarmente colpita dal magnetismo dei suoi occhi.
Purtroppo la transazione non andò a buon fine perché il "budget" previsto per l'acquisto era un pò inferiore.
Ma il Dr. Rol insistette perché mia madre e la sua amica si fermassero per bere un the.
Esse accettarono (cosa molto strana perché difficilmente sia mia madre che la sua amica – moglie di un primario di un ospedale torinese) non avrebbero mai accettato un invito da una persona praticamente sconosciuta.
Ma non so per quale motivo (e mia madre sottolineava sempre questo fatto) esse restarono ed accettarono.

Nell'attesa che il the venisse preparato il Dr. Rol ha incominciato a parlare di carte da gioco e di esperimenti.
Mia madre e la sua amica si guardarono tra loro e posso immaginare cosa potessero aver pensato. Nessuna delle due era a conoscenza di chi fosse il Dr. Rol né mai avevano sentito prima di allora il suo nome.
Il Dr. Rol tirò fuori da un cassetto un mazzo di carte ancora sigillato e lo diede a mia madre che lo tenesse in mano. All'amica di mia madre indicò una libreria e le disse di scegliere un libro qualsiasi.
Scelto il libro le disse di prenderlo, di riaccomodarsi e di tenerlo in mano senza aprirlo.
Mia madre e la sua amica continuavano a guardarsi ed ambedue hanno pensato (per ammissione stessa si di mia madre che della sua amica) di essere presso un ciarlatano... (penso che chiunque – soprattutto chi non aveva mai sentito parlare di lui avrebbe pensato la stessa cosa).
Fece aprire a mia madre il mazzo di carte e glielo fece smazzettare e mescolare. Ovviamente senza che lui toccasse né il libro né le carte.
Lui disse a mia madre: "Apra il mazzo, scelga una carta e tenga a mente il numero".
La carta era una regina di cuori, quindi senza numero. Mia madre disse che la carta che aveva scelto non conteneva numeri
Il Dr Rol le disse di dire un numero da 4 a 44 (secondo me perché la lettera Q della donna di cuori portava a dire il numero Quattro...). Mia mamma disse il numero 36.
Il Dr. Rol guardò l'amica di mia mamma, disse alcune parole di senso compiuto che purtroppo non ricordo e che nemmeno mia madre si ricordava (e le è sempre rimasta la tristezza di non ricordare quelle parole).
Dopo aver detto queste parole disse all'amica di mia mamma di aprire il libro alla pagina 36 e alla quarta riga corrispondevano le parole dette pochi istanti prima dal Dr. Rol.
Mia madre e la sua amica restarono a bocca aperta.
Sia mia madre che la sua amica erano particolarmente emozionate e praticamente non ci fu discorso. Ma il Dr. Rol forse intuendo i pensieri che passavano nei loro cervelli disse loro che chiunque di noi potrebbe fare quello e cambiò poi discorso.
Mia mamma (persona molto sensibile) non osava chiedere di fare qualche altro esperimento perché aveva capito che chi aveva davanti era una persona speciale.
Il Dr. Rol intuì quello che mia madre pensava e la invitò a recarsi vicino ad un vaso di rose che era su un tavolino nella stanza. Le chiese di prendere una rosa qualsiasi dal vaso e di dargliela. Mia madre mi ha detto

che erano delle rose "baccara"[1] ma che quando estrasse dal vaso la rosa prescelta, questa divenne di colpo bianca[2].

L'amica di mia madre molto più scettica pensò ad un trucco da prestigiatore e subito Lui le disse qualcosa che solo lei poteva sapere e che mia madre infatti non capiva, quando l'amica, di mia, madre disse : "Sì è vero"[3].

Fece poi loro visitare delle stanze dove c'erano dei cimeli napoleonici e raccontò loro di come fosse appassionato di Napoleone e di tutto il periodo napoleonico.

Mentre stavano parlando di Napoleone Rol si rivolse verso di lei e le parlò di un disco su Napoleone e le disse: "Questo disco suo figlio non ce l'ha nella sua collezione".

Mia madre lo guardò e si chiese come faceva a sapere che io ero appassionato di musica e che collezionassi dischi (nel 1965 avevo solo 8 anni ma avevo già una discreta collezione di dischi – particolarmente di musica classica di cui sono molto appassionato – attualmente ne posseggo quasi 23 mila). Era sconvolta.

Nel frattempo arrivò il the, quindi terminata la piacevole pausa egli chiese se avevano piacere di vedere ancora un paio di esprimenti e credo che mia madre non disse certo di no.

L'amica di mia madre – ripeto molto dubbiosa sulle facoltà del Dr. Rol, mossa forse da curiosità, accettò anche lei di assistere.

Questa volta chiese all'amica di mia madre di prendere da un cassetto un nuovo mazzo di carte, di pensare un numero, di aprire il cellophane e di estrarre una carta a caso. La carta era proprio quella che l'amica di mia mamma aveva pensato.

Quindi, per concludere, il Dr. Rol chiese a mia madre di prendere un ulteriore mazzo sigillato dal cassetto, chiese alla amica di mia madre di pensare un numero, quindi disse a mia madre di aprire il mazzo e, con stupore, la prima carta era proprio il 7 di quadri, cosa molto strana in quanto normalmente le carte in un mazzo nuovo sigillato sono in ordine progressivo.

Infine il Dr. Rol offrì ad ambedue, a ricordo della giornata, un bottone di legno proveniente da una divisa napoleonica e disse loro di conservarlo con rispetto. Mia madre sentí il "suo" bottone molto caldo mentre quello della sua amica no.

---

[1] Di un colore rosso granato molto scuro.
[2] Cfr. il mazzo di garofani divenuto grigio di cui parla Fellini (XLI-10).
[3] Un passaggio piuttosto paradigmatico: da un lato abbiamo l'impatto inziale sullo scettico di turno (chiunque forse lo sarebbe stato), ciò che mostra l'importanza di una sufficiente frequentazione come antidoto efficace, antidoto che, dall'altro lato, Rol inzia a somministrare subito dopo. La maggior parte delle persone che hanno conosciuto Rol all'inizio facevano fatica a credere a ciò che assistevano. La frequentazione gradualmente diradava i dubbi e lo scetticismo.

Accompagnate alla porta, ovviamente nel viaggio di ritorno alle loro case non fecero che parlare di cosa era accaduto.
L'amica di mia madre non riusciva a capacitarsi di come il Dr. Rol le avesse detto una cosa della sua vita che solo lei sapeva e che mia madre infatti non aveva capito di cosa parlasse.
E mia madre invece era sconbussolata e lo rimase per diversi giorni.
Quel bottone che esibì al suo ritorno a casa lo ha sempre tenuto in massima considerazione, ed è sempre stato messo assieme ad altri oggetti di famiglia in una vetrinetta nel salone di casa.
E, venendo poi a sapere chi era Rol, come pure mia madre, abbiamo doppiamente apprezzato il dono e cercato di valorizzarlo al massimo senza mai considerarlo un talismano».

VII

──── **Telepatia** ────

27. Paola Giannone:
«Ho lavorato come segretaria dagli avvocati Rappelli e Ferreri dall'ottobre del 1970 fino ad Aprile 1974 (...). Poco dopo gli avvocati sono andati a vivere in Costa Rica e non li ho più sentiti. Invece il Dr. Rol, dato che abitavamo nella stessa zona, lo vedevo sovente, non sono però mai andata a casa sua. Se lo vedevo per strada e lui era distante da me si girava a guardarmi. (...)
Successivamente ho avuto un negozio di abbigliamento in Corso Marconi per quattro anni, non è stata un'esperienza positiva e alla fine, avendo bisogno di un consiglio, ho scritto una lettera al Dr. Rol sperando di poterla consegnare di persona. La portinaia mi ha detto che non stava bene e la dottoressa Ferrari, che si occupava di lui a quell'epoca, non voleva. Dopo un po' di giorni, il giorno prima che andassi dall'avvocato, erano le 23.45 e avevo sempre sul comodino un libro con la sua foto, l'ho guardato e gli ho chiesto per favore se poteva darmi una risposta. Mi ero appena assopita quando è suonato il telefono, mio marito guardava la tv dal letto ed ha risposto. Ho sentito che diceva: gliela passo subito, e Gustavo mi ha detto: "Mi piace suo marito" e poi mi ha chiesto: "Paola, cosa c'è che non va?", quasi seccato perchè lui sentiva chi aveva bisogno di parlargli. Mi ha dato dei consigli ed ho risolto positivamente».
[*In seguito ha fornito ulteriori dettagli*]
«Ho scritto la lettera un mesetto prima che Gustavo mi telefonasse a casa, avevo problemi legali e gli chiedevo un consiglio; dovrebbe essere nel mese di Aprile 1994, la telefonata dovrebbe essere di Maggio e a fine Giugno ho chiuso l'attività per cui ho parlato ancora con Gustavo all'inizio del mese di Giugno 1994, non ricordo esattamente le date. Ho scritto che Gustavo sembrava un po' seccato data l'ora in cui mi ha telefonato; lui sentiva le richieste di aiuto delle persone e, quella sera, io l'ho pregato di darmi una risposta urgente entro qualche ora. Ho immaginato che magari dormisse già e che si fosse svegliato per questa mia richiesta. Però con me è sempre stato gentile».

28. Paola Giannone (n.p.):
«Una cliente del mio negozio conosceva il Dr. Rol non di persona ma una sua amica le raccontava delle cose ed anch'io. Lei era vedova e diceva di vedere sempre il marito, desiderava fortemente parlare con Rol ma era praticamente impossibile contattarlo per telefono per via della dottoressa

Ferrari. Aveva tante sue foto e lo pregava sempre. Un pomeriggio verso le 15.30 questa signora viene da me tremando, dicendo: "Paola mi ha chiamato il Dr. Rol e ci samo parlati per una mezz'ora". Io le ho chiesto se aveva il suo numero di casa e lei mi ha risposto che lui ha chiamato con un nome di fantasia e lei gli ha risposto che stava sbagliando numero al che lui le ha detto: "Sono il Dr. Rol, so che ha bisogno di parlare con me". Lui sapeva chi era che lo chiamava al telefono, chi era che gli suonava al portone».

29. Maria Luisa Giordano
«Il regista [Fellini] asseriva che, con una sola occhiata, Gustavo riuscisse a leggergli nell'anima, le parole non erano necessarie».

30. Gianfranco Marinari:
«Vorrei riferire qualcosa che ho compreso del mio breve rapporto col Prof. Rol. Le prime domande che mi fece immediatamente e anche dopo, erano tutte opinioni da me espresse! come per esempio "Chi ti giudicherà alla morte? / Le donne non peccano, perché hanno l'utero. / Mi sento bene come a 30 anni. / Napoleone sbagliò a fare la campagna di Russia...", ecc. Ho compreso che tutto quello che Rol mi ha detto – tutto!! – erano idee mie, che lui mi rifletteva.
Lo strano è che le trovai strane, ma ora sono certo che era una riflessione mentale. Voleva aiutarmi, fece di tutto, fino al dono promesso della carrozza[1], perché voleva che andassi a trovarlo con mia moglie: aveva visto la separazione e tutto quello che ne è seguito. Solo una previsione non fu *riflessione*: o era una cosa che ha visto, o l'ha detto per aiutarmi (so in che modo)».

31. *Marianna Fratta*:
«Oltre all'esperimento del numero e alla lettura della mano, in cui aveva proprio fatto riferimento a mia sorella, mi ha chiesto se avevo fratelli e sorelle, e la persona con una grave sofferenza l'ha proprio individuata in mia sorella, prima che accadesse questa grande sofferenza.
Mi ha fatto anche l'esperimento di pensare un oggetto che lui ha indovinato e di pensare un colore che lui ha indovinato.
Quattro cose: la lettura della mano,... il giochetto numerico, [*l'oggetto e il colore*].
Il tutor mi ha presentata, ha chiesto il permesso che ci fosse anche la mia presenza, e lui a quel punto ha preso un po' in mano questo incontro.
Penso che [il tutor] fosse già andato altre volte. La seduta... non è stata fisioterapica, il tutor che lo conosceva ha scambiato due parole, perché si trattava credo di andare a fare degli esercizi di respirazione, in cui gli si

---

[1] Si veda l'Appendice II.

chiedeva di respirare in un certo modo, seduto, perché... è stato comunque a letto, forse con una bella vestaglia da camera, seduto ben dritto ma non è sceso dal letto. Era già in ossigenoterapia, credo che in quel momento gli occhialetti non li avesse. E quindi io non gli ho fatto fisioterapia. (...) Il mio tutor... non ha neanche commentato i "giochi", gli esperimenti... era presente. ... Nell'ordine: la lettura della mano, poi immaginare l'oggetto e il colore... [un oggetto] nella stanza... che mi veniva in mente guardando la stanza. E non c'era la mela nella stanza su cui io ho focalizzato l'attenzione, però ho pensato a una mela e lui l'ha indovinato. ...
[Poi] lui mi ha detto... di pensare un colore e io ho pensato a una mela verde, ho fatto un collegamento [*con la mela*] e quindi ho pensato al verde.
Mi avrà chiesto: "L'ha pensato?" "Sì" "Allora è il verde?" "Sì" "L'oggetto è la mela?" ""Sì".
[*L'esperimento del numero*] è su un foglio dell'intestato dell'Ospedale, ha un timbro dell'ospedale e la dicitura sopra...
Penso che ce l'avesse già lì, perché penso che sia il classico foglio da blocchetto...
[*Le racconto il mio esperimento, lei conferma che è stato analogo*]
Sì esatto, ha scritto qualcosa quasi sotto la mano. ... Ho sicuramente l'idea della mano che copriva, e mi è sembrato che lui lo abbia scritto prima che io lo pensassi del tutto. E poi mi sembra che l'ultimo gesto sia questo sbarrare il cerchiolino al centro.
[*chiedo se le ha chiesto un numero qualunque o un numero di 3 cifre*]
Un numero di tre cifre.
E poi mi ha consegnato questo foglio dicendomi: "Lo conservi con cura, non lo dia a nessuno" e forse ha detto "Le porterà fortuna"».

32. *Hermann Gaito*:
«Erano gli anni '70, ero bambino e facevo le elementari. Ero a casa che non stavo tanto bene, c'era la tata, una signora che stava da noi in maniera permanente, mio papà e mia mamma non c'erano, penso che mio padre fosse a un congresso medico.
Eavamo in cucina e dissi alla tata: "Adesso voglio mangiare la panna cotta" e lei: "Tuo papà e tua mamma ti hanno detto che non puoi mangiarla perché non stai bene"
"Io la mangio lo stesso, ora la prendo in frigorifero"
In quel momento sentimmo nel corridoio un "No!" perentorio e la tata disse: "Ma hai sentito anche tu? C'è qualcuno...?". Ci siamo spaventati, subito dopo suona il telefono, vado a rispondere io, era Gustavo che mi dice: "I Tuoi non ci sono, ricordati di fare il bravo e di seguire quello che ti è stato detto".

Naturalmente sono rimasto colpito e quella situazione non me la sono mai più dimenticata. Mi ero poi chiesto: sarà stata una coincidenza? C'è stata quella voce che abbiamo sentito, una voce maschile che non ho identificato, e lì per lì mi ero detto: "Mah, non è mica possibile", però eravamo in due ad averla sentita e non era una cosa vaga, ma un "no" veramente secco. Poi c'è stata la telefonata, e la cosa cominciava ad essere davvero strana. È stata una suggestione? Non lo so».

33. *Cesare De Rossi*:
«Io incontro spesso la signora Iozzelli che abitava nell'alloggio a fianco di Rol, il marito era direttore alla Star, ci incontriamo al bar di Via Silvio Pellico di fronte all'Ospedale Valdese. Lei faceva la telescrittura con Rol. Rol senza parlare le mandava dei messaggi e lei scriveva in scrittura automatica».

34. *Anna Rosa Nicola*:
[*episodio in parte riferito anche da Remo Lugli, III-19*]
«Avevo 15 anni, un giorno mia mamma era molto preoccupata per una mia amica, Annamaria, con cui giocavo quando ero più piccola e che abitava proprio in Via Santa Giulia come noi, era la figlia del garagista che c'era nel cortile, Giulio Sacco. S'era ammalata di meningite ed era molto grave. Mia mamma era da Amarengo e aveva in casa il giornale *La Stampa* dove c'era un articolo proprio su Rol, con una sua foto grande che guardava verso lo spettatore. D'istinto ha aperto il giornale e guardando intensamente la foto si è rivolta mentalmente a lui: "Vai da Guido[2] che ti parla della bambina". Ma gliel'ha detto così, in maniera molto istintiva. Una o due ore dopo mio papà da Torino telefona a mia mamma e le dice: "Sai chi c'è qui con me? C'è il dottor Rol". Mia mamma si è sentita gelare: "Ma com'è possibile?" e Rol poi le ha confermato al telefono: "Sì, l'ho sentita!".
Lui per molti giorni è poi andato tutte le mattine alle 6:30 alla Consolata a pregare per questa bambina, e lei alla fine è guarita».

35. Angelo Celeste Vicario:
«Nel 1963 ero andato a casa del dott. Rol in via S. Pellico 31, per installargli l'antifurto.
A quel tempo non esistevano le cellule fotoelettriche. Avevo messo contatti alle porte interne e alla porta d'ingresso, quella di servizio a sinistra arrivando. Gli antifurti allora si studiavano sul posto. Per inserirlo avevo fatto una serratura a combinazioni ed e al momento d'inserirlo lui mi ha detto: "Ma è semplicissimo..." e si è messo a spiegare a me il

---

[2] Guido Nicola, marito di Anna Rosa, che era nella casa-laboratorio di Torino, vicino al garage di Sacco.

funzionamento, leggeva la mia mente (ma non "registrava"). Appena sono arrivato a casa, stanchissimo, mia moglie mi dice: "Ha telefonato il dott. Rol, dovresti ritornare perché non ha capito niente, e oltre a corrisponderti il tempo ti darà 10 mila lire in più[3]. Ha chiesto per favore di prendere un taxi e di fare in fretta, perchè domani deve andare in Francia".
Mi ero un po alterato. Abbiamo poi scritto tutto il funzionamento compreso il quadro, il più delicato. Comunque sono poi dovuto tornare altre volte. Io non sapevo chi fosse. Dopo un po' di tempo un mattino su *La Stampa* leggo un articolo su di lui, dove c'era scritto che al ristorante *Due lampioni* faceva ballare le posate a diversi clienti e alla presenza del giornalista. Allora mi sono venute in mente tantissime cose inspiegabili che mi erano successe a casa sua e mi sono preso anche paura.
Ad esempio, una volta stavo lavorando ed ero pensieroso, a un certo punto lo vedo arrivare nel corridoio ma girandomi lo vedo anche dall'altra parte! Mi spiego: stavo mettendo un contatto ad una porta, a fianco della stanza che aveva due cannoncini (che lui mi disse essere di Napoleone, lunghi un po' più di un metro, forse di pietra) e verso via S. Pellico, avevo la scala in mezzo alla porta, di lì non poteva passare. Lui arriva nel corridoio per guardare il lavoro ma subito me lo vedo nella camera, altre porte non ne aveva.
Un'altra volta, un primo pomeriggio ero inginocchiato vicino alla porta della camera da letto della moglie, stavo montando il quadro dell'antifurto, la porta della sua camera era alle mie spalle, e tra me e me pensavo: "Con una moglie così giovane e bella chissà alla sua età cosa farà...". Di scatto si spalanca la sua porta, mi vedo lui – in scendi letto marrone al ginocchio e due gambe bianche – che facendo due o tre cenni all'ingiù con dito pollice e mignolo ben distesi dice: "Amico, una volta alla settimana, e va benissimo"».
Gli dico che la moglie Elna, nata nel 1904, nel 1963 aveva già 59 anni, quindi non poteva essere giovane.
«Veramente vedendola, ed era la prima volta, di schiena entrare in camera mi sembrava più giovane. Comunque questi episodi erano quasi subito scomparsi dalla mia mente, ma quando ho saputo chi era, è poi finito il rapporto di lavoro ed amicizia, perchè quando si parla con una persona è difficile non pensare a niente e sapendo che l'altra persona ti legge nel pensiero, non mi stava bene».

Inseriti in altri capitoli ma contati anche in questo:
36. Ascione (I-130, 130bis)
37. Asti (IX-110-112)
38. Ascione (XXXV-116 e nota)
39-40. Ghy (A1)

---

[3] 125 Euro nel 2022.

♥ ♦ ♣ ♠

VIII

——— **Memoria** ———

1°. Mirella Delfini:
[*Il seguente è stato contabilizzato come "biblioscopia semplice" ma riprodotto qui per evidenziarne i nessi "mnemonici" (reali o apparenti)*]
«[La prima volta a casa Rol] ho rivolto lo sguardo ai libri, alla serie dell'enciclopedia Treccani, su in alto, nell'ultimo ripiano della grande libreria bianca.
"Vuoi che ti legga una pagina? Facciamo un gioco, vediamo cosa c'è scritto".
"Troppa fatica. Ti tocca tirare giù uno di quei libroni ..."
"Lo leggo da qui. – ha detto tranquillamente – Scegli il numero del volume, quello di una pagina e d'una riga".
Glieli ho detti così, a caso, il 5° volume, la pagina non la ricordo, la quindicesima riga. Lui ha socchiuso gli occhi poi ha cominciato a parlare come se leggesse. Ridevo, per me stavamo davvero giocando.
"Bene, ma come faccio a sapere se in quella pagina c'è la frase che hai detto?"
Si è messo a scrivere le parole che aveva 'letto', poi si è alzato – in tutta la sua statura che era notevole (…) – ha preso il volume, ha aperto la pagina e me l'ha fatta vedere. Le stesse parole, identiche. Anche se aveva una bella mente, come poteva sapere tutta la Treccani a memoria? Che dire, era solo un gioco, o voleva convincermi di qualcosa? Abbiamo parlato d'altro, ora non so più di cosa e io avevo l'impressione che tra me e lui ci fosse un feeling speciale, come ... come se avessimo dei ricordi in comune, ma non si trovasse la via per incominciare a parlarne, solo viottoli senza uscita».

Inseriti in altri capitoli ma contati anche in questo:
1ᵖ. Delfini (I-123)

IX

———— Precognizione ————

93. Sandro Mancini:
«Una volta al ristorante *Firenze* il dott Rol chiamò al tavolo mia zia (Nadia Seghieri) e chiede la cortesia di avvertire la giovane coppia che nello stesso momento pranzava in una zona non visibile, di evitare di prendere l'aereo del pomeriggio. Non so se la coppia prese o no quell'aereo, ma ci fu su quel volo un incidente».

94. Luciano Roccia:
«Era il 1972, l'anno in cui conobbi personalmente Gustavo Rol. Era grande amico di Quaglia Senta e una sera volle presentarmelo.
Me ne aveva già parlato mia madre che, quando ero ragazzo, aveva assistito a un fatto particolare. All'inaugurazione dell'appartamento di una sua cara amica [*Raffaella Pinna*], era salita con lui in ascensore ed erano entrati insieme in casa. Subito dopo i primi convenevoli, Rol disse alla padrona di casa, che li attendeva, di fare molta attenzione, perché vedeva il pavimento sporco di sangue. Dopo alcuni giorni la donna di servizio cadde con un vaso in mano, procurandosi un lungo taglio al braccio che sanguinò copiosamente.
Una volta erano andati insieme con mia madre al Casinò di Sanremo. Gustavo indovinava tutti i numeri che uscivano alla roulette ma non potevano giocarli, perché a Rol era interdetto il gioco in tutti i casinò e chi era con lui non poteva giocare[1]. Si raccontava che ad alcune persone che si trovavano in difficoltà Rol avesse suggerito dei numeri da giocare con l'obbligo morale di non esagerare. (...)
Personaggi importanti dell'epoca avevano voluto incontrarlo e consultarlo. Si diceva che avesse salvato la vita a Valletta, l'amministratore delegato della FIAT, sconsigliandogli un viaggio a Roma su di un aereo che poi precipitò[2].
Iniziò una lunga conversazione sui poteri del cervello, sulla forza psichica, sul fatto che l'uomo adoperava una minima parte della propria capacità intellettiva e mentale, sulle potenzialità di comunicazione che l'uomo poteva avere e che non sapeva usare se non pochi soggetti al mondo, tra i quali, naturalmente, Rol.

---

[1] Ci sono state comunque non poche eccezioni.
[2] È ciò che aveva riferito anche Arturo Bergandi (IX-20).

Parlava del futuro dell'umanità, del futuro di ognuno di noi, tanto che mi venne naturale chiedergli a un certo punto cosa ne pensasse del mio futuro. "La vedo in perenne ascesa" mi disse e continuò: "lei avrà una carriera vertiginosa nel suo lavoro per sette anni e poi subirà un arresto improvviso per motivi di salute" e a quel punto si fermò.
Per quanto avevo saputo su Rol, quella profezia nei miei confronti mi preoccupò non poco "e dopo cosa succederà?" gli chiesi. Mi guardò a lungo in silenzio e aggiunse: "si riprenderà, ma non vedo oltre". Mi sentii meglio dopo queste ultime parole, ma quella previsione mi accompagnò sempre sino al 1979, quando si rivelò apertamente e si dimostrò fondata[3].
Non ne parlammo più, anche se diventammo amici e ci frequentammo per un certo lasso di tempo, durante il quale fui anche il suo medico curante. (...) gli chiesi perché si perdeva in quei "giochetti", dissi proprio così, invece di dedicare i suoi poteri a cose più utili. Gli ricordai l'episodio che mi era stato raccontato di Valletta chiedendogli se era vero e se, nel caso, non sarebbe stato possibile salvare altre vite umane. Si rabbuiò in viso, mi disse che la vera vita era un'altra[4] e congedò tutti i presenti. Pochi giorni dopo seppi da Fred Gaito che Rol non voleva più vedermi perché "lo inibivo nei suoi esperimenti"».

95. Monica Bianchini:
«Volevo riferire purtroppo con poca precisione di dettagli, che mia madre, mancata nel 2005, mi aveva raccontato di aver conosciuto il Signor Rol, che quando gli aveva stretto la mano per il consueto "piacere di conoscerla" i suoi occhi l'avevano impressionata. Mi disse: "Era uno sguardo difficile da sostenere, due occhi perforanti che ti attraversavano fin nell'anima", e che un po' la spaventava, erano nella hall di un albergo (credo a Milano) e degli amici dissero al signor Rol che l'indomani o nel pomeriggio avrebbero preso un volo per andare in una località che purtroppo non ricordo. Lui disse di non salire su quell'aereo poi salutò e andò via e gli altri rimasero a consultarsi sul da farsi, convenendo poi che se il suo consiglio era di non prendere quel volo era meglio non prenderlo. Quell'aereo che per fortuna queste persone non presero ebbe un incidente, credo fosse precipitato per un'avaria. Mia madre ne rimase sconvolta, non ne parlava spesso, bisognava un po' cavargielo di bocca questo racconto».
[*In seguito mi ha dato altri dettagli contingenti*]

---

[3] Soffrì un arresto cardiaco e sperimentò una OBE (*Out of Body Experience*, esperienza fuori dal corpo).
[4] Questa *vera vita* è quella nella dimensione dello spirito, cui spesso Rol ha fatto riferimento (alcuni erroneamente hanno pensato alludesse alla reincarnazione, ad esempio quando dice – in una registrazione dal mio archivio che ho pubblicata in rete – che la morte non esiste e che «*c'è subito un'altra vita*»).

«Mia madre si trovava se non ricordo male con mio papà lì per lavoro, dei loro clienti alloggiavano nell'hotel e i clienti conoscevano Rol (non so che livello di conoscenza) e essendo lì lo presentarono ai miei genitori. Mia madre amava molto l'eleganza e ricordo che lo descrisse come un uomo elegante, curato e molto educato, ricordo un dettaglio: indossava un cappotto, quindi doveva essere sicuramente non in estate.
Mia mamma non mi ha mai voluto dire quello che lui disse a lei personalmente, credo perché ne rimase scioccata, ma mi raccontò dell'aereo».

96. Beppe Avvanzino:
«Ho conosciuto il dott. Rol negli anni '60. Ero andato nella sua abitazione in Via Silvio Pellico 31 per risolvere un guasto telefonico. Fui testimone di parecchi prodigi. Mi disse alcune cose sullo svolgimento della mia vita. Cose che negli anni si sono avverate.
Aveva 60 anni, mi disse che andava per i 90, e indovinò. Era alto, magro e nel suo ingresso si mise il tallone del piede in testa in posizione Yoga».

97. *Domenica Visca Schierano {Nuccia Visca} (2003):*
«Gustavo negli anni '70 mi aveva detto che sarei morta quando avrei avuto tra gli 86 e gli 88 anni».
[*Nuccia, nata il 20/10/1929, è mancata il 28/01/2017 a 87 anni e tre mesi. Non è escluso che Rol abbia preferito dirle «tra 86 e 88» per non dirle 87, considerata la natura ansiogena che questo genere di previsioni può comportare[5].*]

97[a]. Silvia Dotti:
[*Commentando nel 2014 la previsione di Rol sugli anni che avrebbe vissuto Giorgio Caretto, avveratasi nel 2008 (cfr. IX-71) ha scritto*]
«A me ha detto 94 anni, ne avrò presto 70».

98. Maria Grazia Moreno:
«Io ho parlato parecchie volte con il Dottor Rol. Ricordo con commozione l'ultima telefonata a febbraio 1994, in cui mi chiese notizie di mia cognata, molto ammalata, e, singhiozzando mi disse: "Cinzia non ne ha

---

[5] Il che non giustifica la consueta spiegazione scettica secondo la quale è proprio tale caratteristica ansiogena, autosuggestiva, a creare i presuposti per il decesso (profezia autoavverantesi). Non che tale processo non esista, ma è il confronto con altre testimonianze su Rol ad escludere che, per quanto concerne le sue previsioni, sia questa la spiegazione. Al solito, una teoria è attendibile e assume validità scientifica solo quando prenda in considerazione *tutti* gli elementi, e non solo quelli che fanno comodo.

per molto, ma io la seguirò a ruota". Cinzia morì il 21 luglio e il Dottore due mesi dopo».

99. Giuseppe Platania:
«Rol venne a trovarmi a casa. Motivo: visita di cortesia ed "inaugurazione" della collocazione del suo dipinto su tela "Ricordo di Gioventù" presso la sala da pranzo della nostra abitazione.
Commenti sulla disposizione dei mobili e suggerimenti per alcune variazioni. Chiede di un foglio di carta, estrae la sua matita di bambù e disegna, in modo rapidissimo, quasi automatico, la parte superiore di un abat-jour, dalle linee piuttosto complesse (avremo in seguito scoperto che quel disegno conteneva qualche "sorpresa").
In seguito, l'avremmo casualmente "ritrovata" esposta in un negozio di Firenze, esattamente "quella", ed avrebbe fatto parte del nostro arredamento».

100. Nadia Seghieri:
«Un lunedì che eravamo chiusi ero a ristorante con una mia compagna di liceo, Marina Spadaro. Rol entra dal retro, dove c'era la cucina, per prendersi da mangiare come spesso faceva anche quando eravamo aperti ma non voleva fermarsi e preferiva portarsi il cibo a casa, la guarda e mi dice:
"Chi è questa bella ragazza?"
"È una mia compagna di liceo"
"Ah, come ti chiami?"
"Marina"
"Stai attenta eh? Perché avrai una grossa delusione d'amore".
Lei ha fatto finta di niente. Rol ha preso le sue cose ed è andato via col taxi, al che Marina mi dice:
"Ma chi è quel pazzo lì scusa?"
"È il dottor Rol"
"Cosa?"
È scappata fuori per cercare di fermarlo, diceva: "Voglio parlargli voglio parlargli!". Lei stava con Fausto Carello che poi l'ha lasciata ed è andato a vivere in Sud Africa».

101. Claretta Maiorca (Flavia Rol):
«A Flavia Rol [*una lontana cugina di Gustavo che viveva nel pinerolese*], disse che avrebbe avuto tre figlie femmine e così fu!»

102. Renzo Rossotti (*trascrizione da intervista radiofonica*):
«[Rol] aveva delle facoltà che altri non hanno, e lui le sapeva sviluppare, dicendo: "Io sono soltanto la grondaia che porta l'acqua che cade sul mio

tetto e riverso la mia acqua su tutti gli altri". Un pomeriggio [del 1963], passando in Via Madama Cristina angolo C.so Marconi andiamo a prendere un aperitivo...
"Offro io"
"No, offro io"
"Sa, paghi tu"
"No pago io"
"Ma guarda che son senza soldi".
Allora dice al barista: "5, 36 e 80 per Bari, così l'aperitivo è pagato".
È uscito un terno secco su quei numeri, non siamo più potuti passare da quel bar, perché il barista veniva fuori dicendo: "Dotto' per favore, un altro terno!" e Rol era fatto così, personaggio tutto per Torino, legato a Torino, che ha contribuito molto alla leggenda della "Torino Magica", indiscutibilmente. Aveva questi suoi poteri, li adoperava, li adoperava anche in chiave di benessere verso il prossimo, in ospedali, parlando con medici, con grossi personaggi, però era uno che aveva ben chiara la propria visuale terrena».

102[a]. Renzo Rossotti:
«Dio era il punto di riferimento di Rol, il cardine di tutto, l'inizio e la fine di una sciarada che per Rol durò novantun'anni. Forse, sembra, da qualche parte aveva scritto il momento della sua fine terrena, l'anno, mese e giorno, forse anche l'ora».

103. "Alda" (2006):
«Quando ho conosciuto Gustavo la prima volta, mi aveva detto: "Lei incontrerà un uomo che avrà sui 56 anni, un uomo importante, che a Roma... – e mi ha detto dei particolari – e allora sì che saranno guai". Come faceva lui a sapere queste cose? Perché poi io questo uomo l'ho conosciuto 7 anni dopo! E infatti son stati proprio guai per me, è stata la "malattia" più brutta della mia vita, l'ho sofferta, patita. Ma poi non è mai finita. Non è neanche finita adesso che lui è mancato lo scorso anno. Era un medico, un cardiologo. La storia tra me e Gustavo è finita nel 1980 a causa sua, dopo sette anni e mezzo.
Da quella volta che fece la previsione non ne abbiamo mai più parlato per tutti quegli anni in cui ci siamo frequentati. Quindi non era una cosa che a lui fosse rimasta, e che la sentisse ogni tanto. Lui non la sentiva affatto. L'ha sentita in quel momento che l'ha detto a me. In quel momento lui era in stato di grazia, forse se io glielo avessi chiesto non avrebbe neanche ricordato di avermi detto quelle cose. Lui si era "aperto" e "chiuso" in quel momento, e basta».

104. Mita Messina:
«Un mio amico, Edoardo Lentati, che ora è morto mi raccontò che una sera Rol disse a suo padre di andare molto piano in macchina. Infatti

lungo la strada iniziò una grande nebbia e all'improvviso si accorse che c'era un camion in mezzo alla strada che aveva invaso tutta la corsia. Se avesse tenuto una velocità sostenuta si sarebbe schiantato. Rol gli salvò la vita!»

105. Donatella Lazzerini:
«Una signora di Torino mi raccontò che la mamma aveva conosciuto Rol e passeggiando con una amica il sig. Rol le si avvicinò e disse alla sua amica di stare lontano dai treni. Non capivano il perché. Molto tempo dopo venne a sapere che la sua amica attraversò i binari per fare prima e un treno merci si staccò e morì. Gli ritornò in mente che Rol aveva avvertito del pericolo».

106. Giusy Muscarella Biagio Cubisino:
«L'ho incontrato solamente una volta, nel 1978, nello studio legale dove lavoravo da ragazzina, in Corso Matteotti a Torino. Era amico degli avvocati Rocca e Ciccu.
Sono rimasta un po' perplessa quando stringendomi la mano mi ha detto "Buon marito". A quel tempo ero fidanzata con un ragazzo che poi ho sposato l'anno successivo. Abbiamo festeggiato 40 anni di matrimonio. Fu l'unica cosa che mi disse. Eravamo in tre segretarie ma disse questo solo a me».

107. Rita Jacob:
[*Negli anni '70 Rol diceva frequentemente di avere la certezza assoluta che il comunismo sarebbe "crollato", quando nessuno avrebbe scommesso facilmente su questo sviluppo. In una conferenza del 2019 Rita Jacob aveva detto che Rol aveva previsto la caduta della "cortina di ferro". Le chiesi in seguito se ricordava i dettagli e quando lo aveva affermato*]
«Mi pare di ricordare fosse poco prima della caduta del muro ma ancora quando era impensabile potesse accadere. Lo disse in salotto nel contesto di una chiacchierata prima degli esperimenti. C'erano sicuramente mio marito e forse il signor Provera, il Dr. Gaito e signora, i coniugi Visca ma di questi testimoni non sono certa.
Ricordo la sua gratitudine a Tito per tenerci al riparo da un'espansione del nemico rosso».

108. Enrico Agovino:
«Intorno al 1980 il mio amico Fazio della Sisport Torino mi portò da Rol, lo abbiamo incontrato in una villetta sulla strada da Torino a Sestriere, vicino a Pinerolo. Non so bene perché fosse lì, comunque mi disse che avrei avuto problemi alla gola che non sarei mai riuscito a risolvere, io all'epoca non avevo nulla ma in seguito accadde esattamente quello».

109. Carlo Rosa:

«Il 05/06/1967 Rol telefona a mio nonno Sebastiano Rosa (chiamato da tutti Bastianin), che come lui abitava a Torino e si conoscevano, al mattino presto, erano le 4 del mattino, e gli dice di non preoccuparsi, che sarebbe scoppiata il giorno stesso una guerra ad Israele, sarebbe durata 6 giorni e Israele avrebbe vinto.

Nei giorni precedenti non ci furono avvisaglie, tanto è vero che fu come un fulmine a ciel sereno (parlo delle persone normali come potrei essere io, magari qualcuno dei potenti sapeva!) tanto è vero che il giorno stesso la mia famiglia lo seppe tardi, dalla televisione».

110-112. Adriana Asti:

«Un'altra volta, mi rassicurò: "Tu lavorerai, lavorerai molto e andrai a vivere a Parigi". Che è poi quello che è successo. Rol vedeva anche cose che altri non potevano percepire. Riusciva a leggere nel pensiero. Era a conoscenza di fatti che sarebbero accaduti solo di lì a qualche ora o a distanza di anni. (…)

Certo, molti lo trovavano inquietante, invece a me Rol non ha mai fatto paura. Non ne avevo alcun motivo, visto che mi elargiva sempre rivelazioni positive e, addirittura, piacevoli magie. Nel 1979 venne a trovarmi in camerino al teatro Carignano, poco prima del debutto di *Come tu mi vuoi* di Pirandello, che recitavo con la regia di Susan Sontag sempre per lo Stabile di Torino. Di lì a poco, sarei andata in scena. Accanto a noi, accoccolata sul pavimento, c'era Carlotta Del Pezzo, una mia adorabile amica, che avevo fatto scritturare nel ruolo di un'infermiera sotto il nome di Carlotta Wachtmeister (il nome dell'amante di Greta Garbo). Per ingannare l'attesa della chiamata sul palcoscenico, Carlotta faceva un solitario. Rol, salutandomi, mi disse: "Sarà un grandissimo successo! Tanto denaro!". E nel pronunciare quelle parole, fece un ampio gesto come avrebbe fatto Mandrake. In quel momento, le carte sul pavimento diventarono tutte di quadri e tali restarono. *Come tu mi vuoi* fu accolto con così tanto entusiasmo da parte del pubblico che fu necessario spostarsi per le repliche in un teatro più grande.

Non era invece mai venuto a trovarmi quando, qualche anno prima, recitavo nella *Devozione alla Croce* di Pedro Calderón de la Barca. Anzi, per tutto il tempo che lo spettacolo era rimasto in cartellone, aveva perfino evitato di avvicinarsi troppo al teatro. Faceva complicati giri della città pur di restarvi alla larga. Sosteneva che quella pièce portava sfortuna e una serie impressionante di eventi sgradevoli, se non addirittura tragici, sembrò, in effetti, dargli ragione, a iniziare dalla morte improvvisa di un attore per un incidente d'auto. Anch'io, sebbene meno gravemente, dovetti risentire di un qualche influsso negativo, visto che persi del tutto la voce. Di colpo diventai muta, così si dovettero sospendere le repliche.

Con la speranza di guarire in tempi brevi, andai a Ischia per sottopormi a un ciclo di cure termali per la gola, senza però trame alcun beneficio. Non so perché non gliene parlai subito, ma quando Rol venne a sapere della mia disavventura, mi rassicurò: "Non ti preoccupare della voce, te la faccio tornare io". E così fu. Si scoprì poi che a provocare la mia improvvisa afonia era stata la moquette sul palcoscenico: mi aveva scatenato una reazione allergica».

113. Marina Ceratto Boratto:
«Chiamai Gustavo Rol, che era sempre semplice e sintetico. (...)
"Rol, devo chiederle un consiglio, posso?"
"Certo, chieda pure Marina".
"Lei continuerebbe a seguire il [*film di Fellini in via di realizzazione*] *Satyricon* [1968] a costo di un'impalpabile sofferenza psichica? Il regista ha intorno anche persone gelose".
"Lei soffrirà di sicuro, ma proprio per questo oserei, non si cresce senza dolore. Un consiglio: scriva in terza persona, mai in prima, come se fosse una narrazione oggettiva di un'epoca del passato. Diventerà una giornalista in pianta stabile tardi, forse quando ne avrà già perso ogni speranza, ma questa sarà la prima pietra della costruzione della sua professione".
"Grazie di tutto, lo farò"».

114-115. Marina Ceratto Boratto:
«Non ho assistito a grandi prodigi di Rol ma la seconda volta che passai da Torino con il mio compagno Jean Pierre Filipinetti Rol mi disse brutalmente: "Vedo che continua a fumare, vedo che non mi crede quando le dico che le verrà un tumore al seno".
"Nella sua vita ci sarà anche molta solitudine... per fortuna Dio la ama".
Il mio compagno si sparò in bocca per dissesti finanziari.
Trascorsi otto anni in solitudine e mi riaccostai alla fede, poi arrivò mio marito e un infarto, finalmente smisi di fumare. Ma dietro l'angolo c'era ad attendermi il tumore al seno e non solo... perché mai non lo ascoltai? Perché non smisi subito?
Ma anche al figlio di Valentina Cortese, Jacky Basheart, aveva previsto – se continuava a bere – tutte le malattie delle quali poi è morto.
So che svolgeva in qualche ospedale e gratuitamente questa opera di grande umanità. Solo il suo sguardo inquietava moltissimo. Ti sentivi all'improvviso nudo».

116. Vittoria Degosciu (Filippo di Sambuy):
«Pochi giorni fa, ho chiesto ad un pittore Torinese [*Filippo di Sambuy*] se conoscesse Rol, e mi ha raccontato un aneddoto che vorrei condividere con voi.

Mi racconta:
"Io non lo conoscevo, ma la mamma di mia moglie sì. All'epoca, io e mia moglie dovevamo sposarci, ma mia suocera non era per nulla contenta che sua figlia avesse scelto me. Sa, un artista, una persona inaffidabile.
Un giorno mia suocera incontrò per caso Rol che subito le disse:
'xxxx, ti vedo molto preoccupata cosa succede?'
E lei gli disse:
'Eh sa, dottor Rol, mia figlia ha scelto di sposare un uomo che a me non piace proprio e sono preoccupata'.
Erano in piedi, distanti, mi pare in un bar. Rol le disse:
'Controlla nella tasca destra del cappotto'.
Mia suocera mise in tasca la mano e tirò fuori un asso di cuori.
Lui disse:
'Stai tranquilla, quello è l'uomo giusto per tua figlia'.
Siamo felicemente sposati da oltre 30 anni"».

117. (Bruno Zanin):
[*Da un articolo del 2015*]
«*Oggi vive quasi da eremita e scrive libri per esorcizzare la depressione. Bruno Zanin nel 1973 fu scelto dal Maestro [Fellini] come Titta, protagonista di* Amarcord, *grazie a una strana premonizione del veggente torinese Rol. Poi ha recitato in una ventina di film, in teatro, in tv.*
Perché Fellini scelse proprio lei per Amarcord?
"Per una serie di fatalità. Pare che di ragazzi per fare Titta ne avesse selezionati già due, ma siccome credeva ai maghi, a pochi giorni dall'inizio delle riprese si rivolse disperato al suo amico Gustavo Adolfo Rol, il sensitivo torinese. Il quale gli disse: 'Smetti di cercare. Ti troverà lui'.
E così avvenne".
Crede alle premonizioni?
"Alle coincidenze. E agli incontri predestinati, sì".
In che modo lei trovò Fellini? E perché lui decise di scritturarla?
"Da tempo fuori casa, già ospite di varie carceri minorili, dopo un periodo balordo passato a Roma a correre la cavallina mi ero trasferito sull'isola di Lipari per salvarmi da una sorta di maga Circe conosciuta durante una seduta spiritica, che mi aveva reso la vita un inferno. Avevo 21 anni. Vendevo braccialetti, collanine e orecchini realizzati da me. Mi capitò di fare un prestito a una romana priva dei soldi per tornare a casa con la famiglia. Mesi dopo, uno dei suoi figli mi portò al casting per un film western a Cinecittà. Al teatro 5 notai una trentina di ragazzetti in fila. Attendevano un provino per *Amarcord*. L'assistente Maurizio Mein chiamò più volte un nome, lo ricorderò sempre: Tiberi Daniele. Nessuno si fece avanti. Mi presentai al suo posto e mi ritrovai con altri sei in una stanza. Stavo arretrato per non farmi scoprire. Fellini discuteva a voce alta

con un tizio strambo, la barba da frate: era il gesuita svizzero Gérald Morin, suo segretario privato. Il maestro era nero come un temporale, ce l'aveva con il costumista Donati. Finché non gli cadde l'occhio su di me: "È quello la chi è? Perché non vieni avanti?" gridò. Stavo per scappare, ma fui trattenuto dalla sua voce, divenuta all'improvviso dolcissima: "Tu, cappellone, avvicinati, ti voglio vedere meglio".
Cominciò a farmi delle domande strane, come se già mi conoscesse, mi chiese persino di che segno fossi. Quando sentì che arrivavo dalle isole Eolie, che ero dell'Ariete e che non mi avevano convocato, bensì mi ero intrufolato per la curiosità di conoscerlo, ebbe una reazione da matto: "È lui, è lui, è arrivato! Gérald, chiamami subito Rol al telefono!".
Una settimana dopo, tolto l'orecchino, tagliati i capelli e vestito da Titta, cominciamo le riprese. Era il 23 gennaio 1973».

117ª. Marco Lo Vetro:
[*Ebbe occasione di parlare con una condomina del palazzo dove Rol abitava, in via Silvio Pellico a Torino*]
«Lei mi disse che era bambina quando Rol era in vita, ma lo conosceva bene, i suoi genitori erano amici. Mi raccontò che suo padre gli descrisse una sera a cena, dove a tavola erano presenti più famiglie. Il papà della ragazza, si accorse che Gustavo era nervoso, irrequieto, tanto è vero che chiese se andasse tutto bene, Rol rimase in quello stato per tutta sera. Dopo poco tempo una donna presente a quella cena morì, credo per via di un brutto male. Il papà della ragazza andò da Gustavo dicendo che il motivo del suo nervoso era dovuto al fatto che lui "sapeva" ma probabilmente non poteva sfruttare le sue possibilità in quello specifico caso e di conseguenza guarirla. Rol, mi raccontò la ragazza, negò categoricamente a suo padre, innervosendosi ancor più. Vi racconto questa cosa perché provo ad immaginare il senso di responsabilità e a volte di smarrimento che Rol poteva accusare. Un peso talmente grande da rendersi insopportabile per persone comuni. Nella sua vita non dovremmo soffermarci solo sulle sue possibilità... bensì pensare anche a quel suo lato umano così forte quanto fragile».

118. Rina P.:
«Ho avuto il piacere e l'onore tanti anni fa di servirlo a tavola in un ristorante dove lavoravo. Avevo preparato io il tavolo e non conoscevo nessuno di quei commensali, se non ricordo male 5, era seduto a capotavola mi guardò e mi chiese come mi chiamavo, prese una penna e scrisse nell'aria il mio nome, poi mi diede il tovagliolo di stoffa che era davanti a lui dicendomi di aprirlo e con mio stupore in un angolo c'era scritto il mio nome. Nessuno dei commensali mi conosceva e il tovagliolo era stato toccato solo da me. Impossibile che sia stato un illusionista, era molto di più».

[*La signora P. mi ha poi comunicato che l'episodio è avvenuto intorno al 1990, quando lei aveva 22 o 23 anni. Il ristorante era il* Fons Salutis *di Agliano Terme, in provincia di Asti. Rol era ospite da qualcuno. Dopo quella volta è andato di nuovo a mangiare lì almeno altre tre volte, di cui due lo ha servito lei, mentre un'altra volta che non c'era aveva fatto le raccomandazioni che fosse servito come piaceva a lui, «che mangiava sempre e solo riso bianco cottissimo, stracotto, con parmigiano grattuggiato fresco».*
L'esperimento del tovagliolo lo ha fatto la prima volta che era venuto appena si era seduto, sia a lei che alla sua amica che era la figlia dei proprietari. La volta successiva le ha detto:]
«"Signorina, sappia che lei si sposerà e sarà felice"
"E colui che sposerò lo conosco già?"
"No, non lo conosce ancora"».
[*Lei commenta:*]
«Questa cosa mi è stata molto di aiuto perché ne ho passate di veramente brutte, e il fatto che un giorno mi sarei sposata e che sarei stata felice, come infatti poi accaduto, mi ha dato tanta forza per andare avanti».

119. Riccardo Falco (*trascrizione da conversazione registrata*):
[*Il padre Guido Falco, classe 1918, aveva fatto la II[a] Guerra Mondiale*]
«Il suo capitano era Gustavo Rol... Mio padre era praticamente un motociclista, faceva il portaordini in Jugoslavia... poi è stato mitragliato e la moto ha preso a fuoco. È stato ricoverato nell'ospedale di Gorizia, è stato due mesi tutto impalettato perché ovviamente non si poteva più muovere. Poi l'hanno riportato qua a Pinerolo... ed è stato in convalescenza a casa. Quel giorno mia mamma mi diceva che Gustavo Rol gli ha detto:
"Stai attento perché faranno un rastrellamento i tedeschi, tu devi nasconderti e loro non ti troveranno comunque".
E lui si è nascosto e non l'hanno trovato. (...) Magari... non sapeva nemmeno che [*Rol*] faceva queste cose perché gliel'ha detto così, gli ha detto:
"Tu Falco vai a casa, ti nascondi, non ti troveranno".
E lui è andato a casa, si è nascosto ed è passato il rastrellamento e non lo hanno trovato».

120. Grazia Sappino (Ada):
«Ho scoperto per caso che la mamma della mia migliore amica, ormai ottantaseienne, era stata ricevuta a casa del signor Rol, e le aveva predetto tutte le tribolazioni che poi avrebbe dovuto passare e che l'ultima casa in cui ella avrebbe abitato avrebbe avuto di fronte tre grandi pini. Quest'estate ho aiutato personalmente questa signora a fare trasloco e dal

terrazzo dell'appartamento si vede un giardino con tre grandi pini. Purtroppo non ha conservato lo scritto».
[*Richiesti ulteriori dettagli, mi risponde*:]
«La signora Ada che allora aveva i figli in età scolare, mi ha detto che si è recata nell'autunno del 1972 o 1973 dal dottor Rol il quale le ha predetto che avrebbe cambiato residenza e sarebbe stata lontano da Torino. Avrebbe dovuto superare numerose traversie provocate dal marito. Che la signora sarebbe poi restata vedova e che soprattutto la figlia le avrebbe dato grandi soddisfazioni. Tutto vero! La signora si è poi trasferita a Graglia (Biella) e ora la sua attuale abitazione ha tre pini di fronte come le era stato predetto. Ricorda lo sguardo magnetico di Rol, dal quale si è recata solo una volta insieme a sua cugina ed una altra signora che si chiamava Ida».

121. Patty Viviani (nonna):
«Vorrei raccontare un aneddoto molto importante della conoscenza tra mia nonna e il Dottor Rol. Gli incontri avvennero intorno agli anni '70. Mia nonna aveva delle percezioni extrasensoriali e in quel periodo era stata contattata da una signora per la scomparsa di sua figlia che poi trovarono morta nei pressi di Orbassano in una balera. La presentazione di mia nonna al Dottor Rol fu fatta da una signora che conosceva il Dottor Rol e che lavorava presso la Famiglia Agnelli come guardarobiera. Conoscendo la potenza del Dottor Rol mia nonna voleva chiedergli un parere su questo caso e così diventarono amici. Proprio nel periodo del loro incontro, erano passati alcuni mesi, mio papà aveva acquistato un'attività a Druento, nella cintura di Torino, e mia sorella maggiore aveva piacere di andarla a vedere. Mio papà le aveva promesso che un pomeriggio quando usciva da scuola lui l'avrebbe aspettata e portata là. Se non che mia nonna il giorno prima ricevette una telefonata dal Dottor Rol che incominciò a farle delle domande sui nipoti e poi improvvisamente le disse che doveva dirle a sua figlia (mia mamma) di non fare andare una nipote con il papà e di non aspettarlo. In quel pomeriggio mio padre telefonò a mia mamma perché era in ritardo dicendole di tranquillizzare mia sorella che lui di lì a poco sarebbe arrivato a prenderla ma mia mamma, che era stata avvisata da mia nonna, e per mia mamma ciò che diceva mia nonna era importante, gli disse di non venire a prenderla e che ci sarebbe stata un altra occasione per questa visita. Mio padre acconsentì e se ne andò per suoi affari. Nella serata, nel ritornare a casa, lui fece un gravissimo incidente per cui ci vollero quasi sei mesi per riprendersi, dove per fortuna tornò quello di prima. I periti che esaminarono l'incidente gli dissero che se c'era un passeggero nell'auto avrebbe sicuramente perso la vita».

122. Elena Ghy:

«Ho avuto la fortuna di conoscere il Dottor Gustavo Adolfo Rol. Si è parlato tanto di lui ma mai abbastanza, c'è sempre qualche cosa da aggiungere al grande personaggio quale Lui è stato. Vorrei con il mio racconto, sottolineare la splendida disponibilità e umanità che mi ha sempre dimostrato. Mi spiace che venga descritto come una persona che ha prediletto le amicizie altolocate. Non è così, sono una persona normalissima eppure il tempo e l'attenzione che mi ha dedicato sono state uguali a quelle che leggo dalle testimonianze di personaggi famosi. Era il 1970, ero sposata da 9 mesi, mio padre ed io avevamo appuntamento con un dentista. Nella sala d'aspetto incontriamo una coppia che spicca per il dialogo elegante e raffinato. È lui che ci rivolge per primo la parola parlandoci come se ci conoscesse da sempre. Ci fa delle previsioni ben precise (ovviamente si avvereranno nel tempo). La nostra reazione fu di incredulo stupore quasi se avessimo incontrato il Santone del villaggio. Poco dopo, il dentista ci disse che avevamo avuto una fortuna incredibile nell'aver incontrato e dialogato per caso con il famoso Dottor Rol. Aggiunse che parecchi suoi pazienti lo imploravano di far coincidere gli appuntamenti pur di vederlo. Quel giorno dubitammo molto anche del dentista.
Gli anni passarono. Io nel frattempo ho letto diversi articoli su Rol; ho sentito dire che è una persona eccezionale e mi rammarico per quell'incontro troppo breve. Lavoro in una grande azienda a Torino dove conosco Liliana [Merlo] che diventerà la mia migliore amica. Ha dei problemi di salute e quindi decide di prendersi un periodo di riposo; in seguito lascerà il lavoro. Continuiamo comunque a frequentarci e a condividere tutti i nostri piccoli e grandi problemi.
Siamo nel 1986 Liliana un giorno mi telefona: *"Ho qui davanti a me tutte le analisi e i referti, purtroppo ho un tumore e di quelli tosti per giunta. Se mi sottopongo alla terapia ho circa un anno da vivere altrimenti saranno quattro... cinque, chi può saperlo? Ho deciso di non fare nessun tipo di cura e di vivere quello che mi resta come una persona "normale"*. Rimasi senza parole.... Qualche giorno dopo, mi capita tra le mani una rivista che non leggo e né acquisto abitualmente. La sfoglio e la mia attenzione si ferma su un articolo che parla del Dottor Rol. Non ho un attimo di dubbio, sento che l'unica cosa che posso fare per la mia amica è quella di metterla in contatto con Lui. Non avendo il coraggio di telefonargli, gli scrivo una breve lettera. Il giorno dopo averla imbucata Rol mi telefona (in seguito mi ha sempre risposto in modo modo vago e ironico riguardo la celerità delle Poste Italiane) e da quel giorno è iniziata una delle più belle e tristi esperienze della mia vita. In quel periodo ho assistito a molti eventi ed incontri eccezionali in Sua presenza ma soprattutto sono stata letteralmente rapita e affascinata dalla grandezza di quell'uomo unico ed eccezionale. Ho notato in mille particolari la sensibilità e la delicatezza che dimostrava chiunque, e ogni volta apprezzavo sempre di più la

semplicità che aveva mantenuto nonostante fosse un personaggio tanto famoso.
Liliana è stata *"assistita"* da lui fino alla fine. Contrariamente alle previsioni dei medici ha vissuto due anni serenamente e come aveva desiderato, senza sottoporsi a nessun tipo di terapia.
Quando è mancata Liliana il Dottor Rol era in ospedale in seguito ad un'operazione. Appena dimesso mi chiamò per dirmi: *"La nostra amica ci ha lasciati, io non potevo fare di più, ma lei il giorno stesso della sua morte è apparsa nella mia camera in ospedale e improvvisamente mi sono spariti tutti i dolori che mi tormentavano in seguito all'operazione"*.
Mi dava l'ennesima lezione di umiltà, il grande Rol, dipinto come colui che ama circondarsi da potenti, era riconoscente e ringraziava una semplice ragazza morta a 38 anni serenamente grazie al Suo prezioso aiuto».

123. Elena Ghy:
«[*Il 20 giugno 1987*] eravamo a casa di un amica e il dottor Rol ha cercato un foglio qualunque, poi mi ha detto: "Pensa un numero" e il numero che avevo pensato [*4551*] era già stato scritto da lui. Ovviamente sono rimasta senza parole».
«Il foglio era stato preso da un block notes qualunque... lo ha preso in mano e il numero che ho pensato era già scritto con una penna che lui portava sempre con sé».

124. Piermario Brosio:
«Sono stato per quasi 20 anni, dal 1977 alla fine del 1996, il responsabile del servizio cassette di sicurezza della Comit, Banca Commerciale Italiana, nella sede di Via S. Teresa n. 9 a Torino, e il dottor Rol aveva un armadietto dove custodiva i suoi tesori. Avevo come cliente anche sua sorella Maria che, nonostante l'età, era molto giovanile e indossava una vistosa bigiotteria. Voleva molto bene al fratello. I suoi lineamenti avevano i tipici tratti somatici della famiglia, occhi penetranti e sguardo vivace.
Ho parlato più volte con loro anche ricevendo confidenze che ho sempre tenuto riservate e tuttora lo sono perché mi stimavano.
Una volta, era il 31 luglio 1987, sedutosi di fronte a me alla mia scrivania il dottor Rol mi chiese di dargli un foglio e io ne avevo di piccoli per il mio lavoro.
Mi disse: "Pensi a un numero". Io pensai 139 e lui mi consegnò velocemente il foglio con su scritto il numero che avevo pensato. Mi ha dato cioè il foglio quasi contemporaneamente al momento in cui gli ho detto il numero. Poi mi disse: "Le porterà fortuna". Mi aveva promesso che prima di morire mi avrebbe consegnato un bel regalo. Infatti prima

della sua morte mi mandò la dottoressa Catterina Ferrari che mi consegnò una medaglia d'oro con l'effigie della famosa macchina *124* della Fiat».

125. *Franca Granero Fabbri*:
«All'inizio degli anni '50, avrò avuto 15 o 16 anni, conobbi Rol ad Alpignano nella casa di famiglia del pittore Guido Tallone.
Era un signore che non dava assolutamente l'idea di essere "stravagante", di essere cioè "diverso" e avere quelle doti che tanti hanno testimoniato. Molto compito, mi sembrava più un grande dirigente, era distintissimo, avresti parlato con lui di qualsiasi altra cosa tranne che di "stranezze". Io lo vedevo sporadicamente in mezzo ad altri, veniva ogni tanto, era molto gentile, e una volta mi disse – lì c'era un giardino e si giocava un po' alla maniera antica, soprattutto alle sciarade – "Tu ti sposerai tardi ed andrai a vivere in una città di mare". E in effetti io mi sono sposata a trentatré anni (per allora era tardi) e sono venuta a vivere a Genova.
È una frase che mi ero dimenticata completamente, avevo avuto altri fidanzati e altri amori che sono finiti e vivevo in Piemonte. È ritornata in mente quando poi è successo veramente così. Anzi non pensavo neanche più di sposarmi, avevo già realizzato un po' la mia vita diversamente. E invece mi sono addirittura trasferita. All'epoca non avevo idea di tutte le sue doti, l'ho scoperto in seguito, lo vedevo solo come un personaggio gentilissimo, mi avevano detto soltanto che aveva consigliato a qualcuno di non prendere un aereo e che questo il giorno dopo era precipitato».

126. Roberto Pinotti (Spartaco Bartoli) (*trascrizione da video*):
«Vi racconto un episodio che mi ha raccontato – quindi ci metto la mano sul fuoco – un mio vecchio carissimo amico che è stato come me un fondatore del CUN [*Centro Ufologico Nazionale*], si chiamava Bartoli. Lui aveva partecipato a una serata con Rol... Quando poi la serata è finita e loro si sono accomiatati da Rol e lo hanno salutato, e lui dice di aver avuto... la sensazione... – "la 'sensazione', perché... mi rendo conto che non poteva essere vero però io ho avuto questa sensazione" – di vedere praticamente un Samurai giapponese che c'era in casa che si inchinava di fronte a loro che uscivano (e quindi questa è una cosetta su cui possiamo glissare pure)... quando lui ha salutato Rol gli ha detto:
"Maestro, io la ringrazio, addio"
E lui ha detto a Bartoli:
"Perché addio? Arrivederci... Lei stasera avrà ancora mie notizie".
Bartoli se n'è andato e dice [tra sé] "Ma questo che vuol dire?".
Scendono giù in macchina, e lui e altri tre si mettono in macchina e vanno verso [*il centro di*] Torino, per rientrare verso Torino. A un certo punto forano... si devono fermare e devono cambiare la gomma... Cambiano la gomma e... levano la gomma sgonfia... la buttano da una parte, la fanno rotolare due o tre metri dietro la macchina e sostituiscono ovviamente la

ruota con la ruota di scorta. Fatto questo [uno] dice: "Oh, la ruota, prendila che domani me la devo far gonfiare, sistemare". Lui [*Bartoli*] va a riprendere la ruota per poi riportarla alla macchina e metterla nel portabagagli. E mentre arriva lì vede che vicino alla ruota c'era una lattina che – guarda meglio – è una lattina di olio, di olio per macchina: "Olio ROL"».

[*Ho in seguito chiesto a Pinotti se ricordava qualche dettaglio in più*]
«Spartaco Bartoli era un toscano doc (...) persona brava, seria, simpatica e pragmatica (...). Mi parlò della cosa fra la fine del 1965 e l'inizio del 1967, durante il quale ci incontrammo più volte per gettare le basi del CUN a Milano. Mi fece capire comunque che la visita in casa Rol sarebbe stata una sola, grazie a comuni amici che però non mi nominò affatto. E – la cosa non la ho glissata più di tanto, trattandosi di un fenomeno evidentemente "sui generis" – mi riferì invece, rimarcandola, la storia del Samurai "inchinatosi" di fronte a lui (non ricordo se all'arrivo a alla partenza da casa Rol a termine della serata, ma probabilmente fu al momento di accomiatarsi) in evidente segno di deferente saluto, cosa che al contempo lo colpì e lo sconvolse, visto che non pensava proprio di avere "sognato". Dunque, per quanto mi riguarda, il fatto resta confermato e inspiegabile (...). Circa poi la destinazione della vettura dopo che ebbero lasciato casa Rol, era evidentemente il centro della città. Ma non mi disse nulla sul dove l'auto forò una gomma».

127. Mariagiovanna Lazzarone:
«Era il 1988, volevo andare in vacanza a Stresa perché mi piaceva il lago e poi era un bel posto, vicino all'hotel delle isole Borromee. Quando incontrai Rol mi disse di non andare perché mi sarebbe successo qualcosa, me lo disse in via discorsiva ed io non lo presi molto sul serio. E fui rapinata da un topo d'albergo. Fra i clienti c'era un signore attempato, che diceva di essere un giornalista ed aveva ingannato tutti, anche me che avevo conosciuto per lavoro dei giornalisti. Una sera aspettavo la cameriera ed aprii la porta. C'era quel tipo armato che mi derubò di soldi e gioielli. Mia madre, avvertita dagli albergatori, telefonò a Gustavo che disse: "Le avevo detto di non andare a Stresa: spero che non vada mai più". Anni dopo, dimentica di questo episodio, andai un week-end a Stresa con un mio amore, ci fu un litigio e non lo vidi più».

128. Caterina Dompè:
«Nell'estate del 1975, ritornata con mio marito in Italia dall'Africa dove lavoravamo, fummo invitati ad una cena all'Hotel Billia [*a Saint-Vincent*]. Non conoscevo Rol, seduto alla nostra lunga tavolata. Ad un certo punto mi chiese:
"Mi può prestare il suo tovagliolo?"
"Certo"

Lo spiegò e con un dito scrisse qualcosa. Quando me lo diede indietro, lo aprii, c'era la scritta: "sarà un maschio". Nessuno lo sapeva, ero incinta di due mesi. Questo episodio mi colpì molto. Quando ritornai in Africa, dove diedi alla luce mio figlio, raccontai questo episodio che ritengo tutt'ora magico».

129. Silvia Dotti:
«Quella volta che io avanzavo più di un mese di ferie, che non riuscivo a fare, il direttore del personale voleva mandarmi in vacanza. Le ferie non venivano rimborsate se non usufruite, Gustavo dice: "No, tu gli dirai che le regali all'azienda, tanto poi te le pagheranno". Tre giorni dopo il direttore del personale, furente, mi ha detto: "Quest'anno le ferie si rimborsano"».

130. Nicolò Bonadonna (*trascrizione da testimonianza video*) (2018):
«Io avevo tra i 12 o 13 anni… e con la mia scuola andammo tutti quanti in treno alla Grotte di Toirano [*vicino ad Albenga*]. Era una gita che avevamo fatto con la scuola media, ai tempi. E mi ricordo che eravamo di ritorno con questo treno. Eravamo tutta la classe, tutti insieme, felici e contenti. E praticamente lo scompartimento del treno era con due sedili e due sedili [*gli uni di fronte agli altri*], però tutti posti aperti… E dov'ero seduto io… il posto proprio in faccia a me era vuoto, gli altri due miei amici erano seduti qui vicino.
Si ferma il treno – non mi chiedete dove perché non me lo ricordo e vi mentirei – stavamo andando noi a Ventimiglia… Vediamo salire questo signore alto… era una persona che non poteva passare inosservata… Comunque mi ricordo i suoi occhi, gli occhi chiarissimi. Ed entrò e guardò noi, e disse tutto gentilmente:
"Mi posso sedere qui?"
Noi abbiamo detto: "Siediti", poi eravamo ragazzini, sapete come sono i ragazzini, un po' snob no?
Mi metteva un po' soggezione questa persona. A un certo punto mi guarda, mi sono sentito praticamente… non "violentato", perché è una parola un po' forte, però mi sono sentito strano, come se quest'uomo mi stesse guardando dentro. A un certo punto mi guarda e mi dice: "A te ti piace cantare". Io mi giro così [*stupito*] verso il mio amico e ho detto: "Sì". Effettivamente io ho sempre avuto la passione della musica, tutt'ora ce l'ho e tutt'ora canto. E ho detto: "Ma scusa, ma tu come fai a saperlo?" Lui mi guarda, ammicca un sorriso, e mi fa: "Eh ma io so tante cose". E il mio amico prontamente gli dice: "Sì, stasera gioca Milan-Inter – se non mi ricordo male – chi vince, il Milan o l'Inter?" Lui si gira verso il mio

amico e fa: "Vince l'*Inter*[6]. 3 a 1". Me lo ricordo proprio come se fosse ieri. Dicendoci addirittura chi avrebbe segnato la partita. ... La partita è finita proprio nel modo in cui lui aveva detto. ... Nessuno di noi sapeva chi fosse Gustavo Rol.
Incominciamo a incuriosirci. Tutti quanti: "Ragazzi ragazzi, ma tu sei un mago, tu sei un mago". Lui non rispose, si mise solamente a ridere. Fa: "No, io non sono un mago", una cosa del genere, vagamente, poi ha detto, perché noi glielo chiedevamo veramente insistentemente: "Ma tu sei un mago?" e volevamo che ci leggeva la mano, pensate quanto eravamo ignoranti, e lui era molto affettuoso, mi ricordo questa persona dolcissima, era veramente una persona dolce, però vi ripeto quando ti guardava ti metteva realmente in imbarazzo, in soggezione, ti sentivi nudo. Pensate che io ero bambino, a 12/13 anni si è bambini. La cosa che mi stupì, veramente che mi sciocco... è stata questa – adesso non mi ricordo le cose esattamente, però fece delle previsioni un po' a tutti quanti –: a un certo punto arriva un mio amico, sempre ragazzino, e lui cambia espressione, di colpo diventa serio. Questo mio amico non mi ricordo se ci rimase male o cosa, comunque non gli volle dire nulla e si allontanò andando più avanti nel treno e continuò a ridere e a scherzare. A un certo punto guarda noi e ci fa:
"Quanti anni ha questo vostro amico?"
"Guardi ha la nostra età"
Mi fa: "Vi dico una cosa ma non dovete dire nulla"
Ragazzi io c'ho la pelle d'oca mentre vi dico questa cosa, e lui cambiò completamente espressione.
"Cosa?"
"Purtroppo questo vostro amico lascerà questa Terra da giovane, avrà vent'anni"
Io per una questione di rispetto verso questo mio amico non posso dire il suo nome, però vi posso dire che quello che vi sto raccontando ci sono i testimoni, cioè questa storia non è che me la ricordo solo io, figuriamoci. E ci disse anche come sarebbe morto, perché noi abbiamo detto: "Ma come muore?". Si gira verso un altro nostro amico e comincia a guardare questo nostro amico. Non ci disse nulla, vi dico solo che questo nostro amico, che il suo nome comincia con la P.[7], a vent'anni è morto per incidente stradale, ammazzato – chiaramente non fatto apposta – da

---

[6] Nel video dice, confondendosi, "Milan" e credo opportuno non riprodurre l'errore (lapsus in racconti orali non sono rari, soprattutto, come in questo caso, a 28 anni di distanza dall'evento). Si tratta – come poi ho potuto stabilire, basandomi sull'anno di nascita di Nicolò (1978) – del derby del 18/03/1990, vinto dall'Inter 3 a 1. Ciò che ricorda con precisione è il fatto che Rol previde il risultato della partita e che disse chi avrebbe segnato.
[7] In seguito ha poi deciso di comunicare il nome, Pasquale C.

questo nostro altro amico con la macchina ed è morto sul colpo. Io ragazzi sono rimasto sciocato. ... Ce lo siamo detti a distanza di anni.

Come ho fatto a scoprire che questa persona era Gustavo Rol? Per caso, su internet, l'ho visto: "Ma questo è quel famoso signore che io ho incontrato quel giorno sul treno!" E per me è stato uno shock ma allo stesso tempo è stata un'emozione fortissima, perché ho detto: "Ma allora gli angeli esistono". Io non so se lui fosse un angelo, fosse una persona speciale, sento e leggo tante storie su di lui, però credetemi che vivere una storia del genere personalmente ti stravolge la vita. ...

È un'esperienza che mi ha segnato la vita. E a chi dice che questo nostro Gustavo Rol fosse un prestigiatore, un mago... tipo il mago Silvan, io rido perché credetemi, non era assolutamente un prestigiatore, lui veramente riusciva a vedere... sicuramente eventi futuri, perché ne abbiamo la prova... Ah attenzione, dimenticavo un passaggio, che poi noi, che eravamo dei coglionazzi, noi ragazzini, come lui scese dal treno immediatamente siamo andati da lui [*da Pasquale*] e abbiamo detto: "Oh ma sai che questo signore ha detto che tu muori govane?" Gli abbiamo rovinato l'esistenza... vabbè, "gli abbiamo rovinato l'esistenza", poi magari lui non ci ha più pensato, però la cosa lo scosse parecchio... Purtroppo, sapete come sono fatti i ragazzini che magari tante volte non riescono a tenersi le cose».

Nicolò Bonadonna ha fatto il video-selfie da cui è tratta questa trascrizione nel 2018 su mia sollecitazione, perché ritenevo importante che comunicasse lui stesso direttamente la sua testimonianza, che è emblematica degli incontri casuali che Rol ebbe durante la sua vita. Di testimonianze come quella di Bonadonna potrebbero essercene altre decine ancora sconosciute, soprattutto di chi lo conobbe senza sapere chi fosse, e che grazie a internet o qualche programma televisivo o periodico lo riconosce.

Qui di seguito riporto quanto mi disse due anni prima, nel 2016, all'epoca del suo primo contatto con me pochi giorni dopo aver scoperto che il misterioso signore incontrato sul treno nel 1990 si chiamava Gustavo Adolfo Rol ed era noto per le sue possibilità paranormali. Naturalmente ci sono delle ripetizioni, ma anche dettagli ed elementi aggiuntivi, che nella testimonianza sintetica del video non ha riferito.

130bis. (2016)

«Ecco chi era! Era una vita che mi domandavo chi fosse questa persona! Io ero ragazzino – adesso ho 38 anni – facevo la seconda o la terza media, sarà stato l''89 o il '90[8]. Andammo in gita con la scuola alle Grotte di

---

[8] Solo in seguito ho potuto stabilire la data esatta, Nicolò all'epoca non la ricordava e non l'aveva cercata.

Toirano, in Liguria. Eravamo con tutta la comitiva sul treno, stavamo tornando a Ventimiglia (dove abitavo e abito). Lo scompartimento era di quelli aperti con gruppi di 4 posti, due da una parte e due dall'altra.
Ci eravamo seduti con altri due miei amici, uno era rimasto vuoto, e a un certo punto arriva questo signore tutto ben vestito, con una giacca lunga, uno sguardo particolare, rimanemmo tutti impressionati dal suo sguardo, era uno sguardo molto buono, ma ti fulminava.
E abbiamo cominciato a parlare del più e del meno, era molto simpatico, molto disponibile, e a un certo punto ha cominciato a giocare con noi, e poi abbiamo parlato di calcio, o meglio: i miei compagni parlavano di calcio, non è che a me interessasse molto, e ricordo che si parlò del Milan e lui disse: "La partita finirà 3 a 1", mi pare che giocasse contro l'Inter. La cosa strabiliante è che lui disse pure chi segnava i gol. Questa è la cosa che proprio ci ha lasciato stupiti. Anche altri miei compagni si ricordano di lui.
Poi ha cominciato a parlare di me, mi fa – me lo ricorderò per tutta la vita – : "A te piace cantare vero?", effettivamente io canto, volevo fare il cantante quando ero ragazzino. Gli ho risposto: "Sì, come fai a saperlo?" e lui: "Guarda, sei veramente bravo, però non sarà questa la tua strada, la tua strada sarà un'altra", e io rimasi abbastanza impressionato. Poi gli chiesi: "Ma diventerò ricco?" e lui si è messo a ridere. "No, non diventerai ricco" e io: "Come non diventerò ricco?".
A un certo punto – ecco la cosa che per me è stata sconvolgente – arriva un mio amico, Pasquale, che gli dice: "Io io, che cosa farò io, che cosa farò io?" Lui non gli risponde. E il mio amico invece di insistere prende e si va a risedere. Rol guarda me, guarda l'altro nostro amico e mi fa: "Purtroppo il vostro amico a vent'anni se ne andrà via, ma non ditegli niente". Queste sono state le parole che c'ha detto. Il mio amico Pasquale a vent'anni è morto. Ha avuto un incidente stradale. E noi che eravamo ragazzini, chiaramente, dopo gliel'abbiamo detto quasi subito: "Pasquale, quel signore ha detto che a vent'anni muori", e lui diceva: "Sì come no...". Questa cosa non me la scorderò mai per tutta la vita.
Quando poi ho visto la foto di Rol su internet mi è venuto un colpo, perché mi sono detto: "Ma ecco chi è!".
È tutta la vita che io ci penso a questa storia, perché è una cosa che ti rimane, ti sciocca.
Poi ci disse altre cose, ricordo soprattutto di quando parlò di una guerra civile in Italia:
"Ragazzi voi vedrete una guerra"
"Che guerra?"
"Una guerra civile"
E la sua espressione, il suo sguardo mentre lo diceva si era fissato nel vuoto, triste, quasi avesse le lacrime agli occhi, mi fa ancora venire i brividi.

"Ma come la guerra? Ma noi moriamo?"
"No no, voi non morite"
Ci eravamo spaventati.
"State tranquilli ragazzi, sarete già grandi, perché se ne parla dopo gli anni 2000"
"Ma nel 2000 non viene la fine del mondo?"
Lui si è messo a ridere e ha detto:
"No, non viene la fine del mondo nel 2000", perché noi ragazzini pensavamo già che venisse la fine del mondo nel 2000.
Aveva detto dopo gli anni 2000 e da come lui l'ha fatta intendere sarebbe stato o sarebbe iniziato verso il 2020 o il 2021, non mi ricordo bene, ci sarebbe poi stata una guerra civile in Italia dove ci sarebbero stati tanti morti[9].

---

[9] Rol avrebbe comunque potuto riferirsi «agli anni '20» e come nel caso della previsione riferita da Giuseppe Spagarino (IX-73ª, vol. 1, 3ª ed. p. 238 e nota p. 240: «entro il 2025... l'Italia sarà divisa con 60% di persone di colore e 40% di persone bianche») che inizialmente, nel 2014, mi parlò del 2020, e poi in seguito, alla fine del 2017 inizio 2018, si accorse – grazie a una sua registrazione degli anni '90 – che si trattava invece del 2025, potrebbe aver fatto capire che le cose sarebbero cominciate nel 2020-2021; la pandemia potrebbe essere stato un primo fattore destabilizzante, e alcuni a conoscenza di questa previsione hanno ipotizzato che essa avrebbe potuto esserne la causa, idea a cui io però ho dato sempre poco credito; nel 2019 avevo invece fatto due ipotesi: una guerra civile negli USA, che avrebbe contagiato altri Paesi (ci si è andati vicino con l'assalto al Congresso del 06/01/2021); oppure la Russia, che con qualche tipo di invasione, avrebbe potuto essere il fattore scatenante, e nel momento in cui scrivo la guerra in Ucraina è già al secondo mese ed è certo la situazione più pericolosa per il mondo sin dalla IIª Guerra Mondiale.
Questa eventuale guerra civile *potrebbe* (oppure no) avere dei collegamenti anche con la previsione riferita da Spagarino, la quale se si dovesse avverrare, di certo non avrà come causa il regolare flusso migratorio più o meno stagionale con inbarcazioni di fortuna che ormai va avanti da anni. Per quelle percentuali occorrono eventi di grande portata, come una guerra nucleare o un fenomeno astronomico che da un lato decimi la popolazione italiana e dall'altro crei carestie e problemi tali nel sud del mondo da far fuggire le popolazioni in massa. In questi anni ho potuto constatare come certa mentalità complottista, e anche razzista, ami speculare su queste cose, strumentalizzandole per portare avanti proprie idee, spesso politiche. Tanto che la tentazione di non menzionare minimamente questo genere di previsioni è per me molto forte. Ma sarebbe una mancanza di completezza. Quello che succederà, se succederà, e le cause effettive, lo stabiliremo a posteriori, nel 2026. La guerra civile potrebbe essere anche successiva agli eventi che potrebbero portare al realizzarsi della previsione sul 2025. O magari Rol si è sbagliato (qualche volta è accaduto, anche se raramente) quindi inutile mettere il carro davanti ai buoi. Se c'è qualcosa di fastidioso nella letteratura *new age*, che spesso va a braccetto con quella complottista, sono le speculazioni apocalittiche e catastrofiste (che quasi mai – per fortuna – si

Quello che più mi colpiva di lui erano gli occhi e lo sguardo. Poi non parlava solo con me, parlava anche con gli altri miei amici. Ma a parte quei due momenti in cui aveva cambiato espressione, era una persona scherzosissima, ci ha fatto molto ridere, era veramente simpatico e ci sapeva fare con i bambini, anche se scherzando ci diceva delle cose che ci lasciavano a bocca aperta e delle quali non riesco a darmi una spiegazione logica, probabilmente non c'è.
Nonostante sia una piccola esperienza che io ho avuto è una cosa che mi porterò dentro per tutta la vita, un qualcosa che mi dà la certezza che esiste un qualcosa di superiore a ciò che c'è di terreno, a ciò che c'è di "normale". Sono sicuro che esista altro, lui ne era veramente la prova.
Per anni mi sono detto: "Cosa pagherei per ritrovare quel signore, darei tutto quello che ho solamente per stringergli la mano, vorrei ritornare indietro nel tempo per ritrovarmelo davanti e magari conoscerlo meglio".
Una decina di anni fa ne parlai con l'amico che era seduto accanto a me, e anche lui si chiedeva: "Chissà chi era? Secondo me era una specie di mago", perché noi eravamo convinti che fosse un mago[10].
Poi mi ricordo anche la sua voce, il suo modo di parlare, il suo modo di guardarti, questo suo sguardo che, nonostante fosse dolcissimo, nonostante ci guardasse con dolcezza, al tempo stesso ti metteva non tanto "timore", però è come se ti guardasse dentro.
Un ragazzino di 12/13 anni non ha tutta quella consapevolezza, però in quel momento io mi sentivo piccolo, avevo paura a guardarlo, mi dicevo: "Questo qua vede i fatti miei, i miei segreti", perché vedeva tutto, tutto.
Poi parlava anche con altri ragazzini, noi eravamo lì che discutevamo su quello che c'aveva detto, più che altro ci eravamo fossilizzati su Pasquale e quindi non ho sentito che cosa dicesse agli altri, anche se ce l'avevo seduto di fronte, di schiena rispetto al moto di marcia del treno, dalla parte del finestrino.
Però ho solo un flash, non ho una immagine nitida, a parte gli occhi non è che ricordi proprio bene le cose, le parole esatte che mi ha detto, anche se ricordo il suo aspetto e il suo modo di fare: era elegante, aveva un paio di scarpe beige e un cappotto scuro lungo fino alla caviglia, sorridente, tranquillo, anche se era anziano parlava bene, ragionava bene e avevo visto che camminava bene.

---

realizzano; ho però spesso riscontrato, soprattutto di recente, come invece i pericoli veri non vengano visti). Ogni tanto succede, è nella natura delle cose, non per questo significa che i catastrofisti avessero ragione (se per cento volte puntiamo sul nero, alla roulette, è praticamente certo che almeno una volta esca).
[10] Una delle ragioni era anche che aveva fatto, come vedremo tra poco, un "gioco" con le carte, ma nella prima telefonata Bonadonna aveva finito per dimenticarsi di dirmelo.

Nonostante siano passati tanti anni, nel raccontare di nuovo l'episodio ho riprovato ora l'emozione che ho provato quel giorno. È una cosa che veramente pagherei per riviverla. Non la voglio raccontare a nessuno perché sa com'è la gente no?[11] Se a me avessero raccontato una cosa del genere avrei detto: "Fortunato tu che l'hai vissuta", ma non so quanto avrei creduto realmente. Quando invece una cosa tu la vivi in prima persona, allora è completamente diverso, rischi di, non dico diventare matto, però arrivi a farti come minimo delle domande: "Ma com'è possibile una cosa del genere?" e a voler cercare una spiegazione razionale».

Nel 2018 in una nuova conversazione, sono emersi altri dettagli:

«Avevo dimenticato di dire che lui fece anche un gioco con delle carte. Aveva tirato fuori un mazzo di carte Modiano nuove, ancora sigillate, chiuse nel cellofan. Le ha date così com'erano a una nostra amica e le ha detto forte, davanti a tutti:
"Pensa una carta"
Lei ha pensato la carta (non ricordo quale fosse) e gliel'ha detta.
"Apri il mazzo"
Lei ha tolto il cellofan e aperto il mazzetto di carte e l'unica carta girata era quella che lei aveva pensato. Lui non aveva toccato le carte[12].
Quanto al tragitto del treno, parlandone anche con i miei amici, pare che Rol fosse salito ad Albenga, avesse detto di essere diretto in Francia ma era sceso prima di noi, quasi certamente a Bordighera. Il nostro incontro sarà durato quindi forse 45 minuti, il tempo che più o meno ci vuole tra le due stazioni.
Riguardo la partita, se c'è una cosa che non mi interessa è il calcio. Nella nostra zona siamo comunque tutti interisti o juventini.

---

[11] Infatti ci ha poi messo due anni prima di fare il video, dopo le mie insistenze e dopo aver visto quante testimonianze "impossibili", anche molto più della sua, ci fossero su Rol.

[12] Questo episodio presenta un aspetto importante che non si trova in altri episodi analoghi: Rol a quanto pare si portava dietro dei mazzi di carte nuove, pronti ad essere usati a titolo dimostrativo se se ne fosse presentata l'occasione, soprattutto in situazioni dove il testimone non poteva averle lui a portata di mano o procurarsele, come è il caso di un viaggio in treno. È anche un esempio dove Rol non tocca le carte *nella parte dell'esperimento che un illusionista invece avrebbe bisogno di toccare*, per poterlo manipolare. Anche se il mazzo era di Rol, lui non poteva sapere in precedenza quale carta sarebbe stata pensata, e non essendoci elementi per affermare che lui abbia *forzato* in qualche modo la scelta di Daniela – farle dire cioè una carta che lui in precedenza poteva avere già collocato rovesciata nel mazzo – la loro presunzione non è legittima, e altri esperimenti con le carte che si possono mettere a confronto propendono per escluderli senz'altro.

Siccome c'era la partita dell'Inter, qualcuno aveva fatto a Rol la domanda se l'Inter avrebbe perso o vinto, e lui disse che la partita finiva 3 a 1 dicendo chi segnava i gol. A scuola poi ne parlammo, e mi ero spaventato, perché avevo detto: "Se ha previsto il risultato della partita, allora Pasqualino muore".
Quando gli avevamo chiesto: "E com'è che muore?" lui che già era diventato serio, di colpo era diventato diverso, aveva uno sguardo come se si fosse assentato dal suo corpo, pareva non essere più nel suo corpo. Come una bambola con gli occhi rigidi, fermi, fissi. Si era girato verso questo nostro amico, che era seduto dietro di noi dall'altro lato dello scompartimento, e lo aveva guardato; lui lo ha guardato a sua volta e ne è rimasto scosso. Poi si rigirò verso di noi e ci disse: "Morirà in un incidente stradale". Ce lo ha detto con un certo tatto, poi ha aggiunto: "Non diteli niente", ma noi glielo abbiamo raccontato quasi subito.
Ecco come andò: quando ebbe vent'anni, c'era stata una festa, tipo le sagre, dove fanno carne alla brace, ecc., lui in genere andava a casa col fratello, ma quel giorno il fratello non è voluto rientrare a casa con lui. Pasquale ha preso la moto e mentre tornava da questa sagra, in una curva, dal senso opposto arrivava in macchina l'altro mio amico che lo ha preso in pieno e gli ha fatto fare un volo di venti metri. È morto sul colpo.
Un'altra cosa piuttosto strana è che pochi mesi fa (dicembre 2017) ho cambiato casa, e non solo sono andato ad abitare dove prima abitava un mio ex compagno che era anche lui sul treno della gita quel giorno, ma ho scoperto quasi subito che nella casa di fronte abitava il fratello di Pasquale. Cioè nel mio condominio, nel centro storico di Ventimiglia, appena si entra sulla destra c'è la mia porta, di fronte c'è la sua, non ce ne sono altre».

131. Giorgio Pedrollo (*trascrizione da audio*):
«Io sono nativo di Verona, ho emigrato nel '72 a Copenaghen in Danimarca e da qui la mia vita è cominciata. Premetto che io di Gustavo Rol non sapevo niente, non avevo mai né conosciuto né sentito parlare di Rol (...).
[*Nel 1983*] Apro un ristorante nel centro di Copenaghen. [*Nel 1985*] Il mio caposala che arrivava dall'America, lui aveva già avuto un contatto con Gustavo Rol telefonicamente e mi dice un giorno:
"Ma perché non telefoniamo a questo personaggio, Gustavo Rol?"
"E chi è?"
Telefoniamo a Rol e subito mi ha dato l'impressione come se mi stava aspettando. Diceva "Finalmente sei arrivato" e da lì è cominciata la mia epopea e la conoscenza di questo grande personaggio, tutto il suo essere, il tuo amore che lui ha dedicato a tutta l'umanità a donare. Ma parliamo del mio [*unico*] incontro fisico con Gustavo Rol [*fino ad allora sentito solo telefonicamente*] che è avvenuto il 10 luglio [*giugno*] del '92, due anni

prima che lui lasciasse la vita terrena. L'ho incontrato a Torino nel suo appartamento e ho avuto un grande benvenuto, mi ha accolto con grande amore e subito però mi ha esposto tutto il suo dolore per la mancanza della moglie Elna... e lui voleva andare [*a raggiungerla*]. Ci siamo seduti e da lì abbiamo cominciato un colloquio sono andati avanti quasi più di un'ora parlando del più e del meno fino a che scrive un numero in un cerchio e mi dice "Dimmi un numero di tre cifre"[13] io ho subito riposto "221". Risponde "2+2+1 fanno 5, il tuo numero è il 5, ecco il tuo colore è il verde" e poi aggiunse "Guarda il colore verde, no... lo devi immaginare il colore verde". E così ho fatto e mi dice "Adesso ci siamo". Questo episodio perché lo racconto, perché... ha aggiunto che ad Einstein fece questo gioco del numero e diceva che Einstein rideva come un matto, come un bambino perché lui non riusciva a capire se era Gustavo che donava il numero con la sua mente o era lui che lo captava».

132-133. Chiara Valpreda:
«Ho conosciuto Gustavo Rol nell'ottobre del 1988 in occasione del suo ricovero presso il reparto pensionanti dell'ospedale Molinette. A quell'epoca io ero una giovane biologa che lavorava presso il centro trasfusionale Banca del Sangue e del Plasma dello stesso ospedale. Nello stesso reparto pensionanti, in quel periodo, era ricoverato il mio papà purtroppo sofferente per una grave forma di leucemia, all'epoca incurabile. Era mia consuetudine, durante la pausa pranzo, recarmi, in camice, a far visita al mio papà per tenergli un po' compagnia. Sapevo perfettamente che non sarebbe vissuto ancora a lungo. Un giorno accadde che, appena entrata in reparto, proprio davanti alla grande porta d'ingresso mi si parasse davanti un uomo a me sconosciuto, alto, in vestaglia, con due profondi occhi magnetici. Senza preamboli mi chiese: "Che cosa ci fa lei qui?" Pur non conoscendolo, non rimasi né intimorita né stupita e gli raccontai il motivo della mia visita. Mi disse di andarlo a trovare nella sua camera che aveva delle cose da dirmi. La mitica caposala di allora, la indimenticabile signorina Emma [*Ghioni*], che aveva assistito alla scena, mi spiegò chi fosse quell'uomo che mi aveva fermato e parlato. Ricordo ancora le sue parole concitate: "Dottoressa lei sa con chi ha parlato? Si tratta di un uomo speciale, è una delle più grandi menti al mondo, lei non sa che privilegio ha avuto, lui sceglie con chi parlare e chi avvicinare, ha certamente visto in lei una luce particolare" (forse Emma mi voleva semplicemente bene, ma disse proprio così). In realtà io sapevo

---

[13] Gli ho poi chiesto maggiori dettagli, mi ha risposto: «Ha preso un foglio che aveva lì vicino, ha scritto un numero dentro a un cerchio coprendolo con la mano sinistra e mi ha chiesto: "Mi dica un numero di tre cifre"...», ecc.

pochissimo di Gustavo Rol, avevo letto qualcosa su di lui ma non avevo mai approfondito.
Nei mesi e negli anni successivi, dopo averlo conosciuto, comprai moltissimi libri che mi fecero conoscere la sua straordinaria vita. Dopo il primo incontro in corridoio seguirono molti incontri privati in cui mi parlò a lungo di mio padre, parlammo del mio lavoro e della sua frequentazione con il prof. Ezio Levi che era il nostro vicedirettore, mi raccontò della sua vita senza però mai accennare ai suoi poteri particolari. Mi raccontò con molta semplicità che mio padre sarebbe sicuramente mancato a breve ma che avrebbe trovato un mondo di luce. Mi disse un giorno: "Se soltanto potessi farle vedere, lei pregherebbe che suo padre morisse domani". Queste parole non le ho mai scordate.
Un altro giorno disegnò su di un foglio bianco una specie di cerchio, lo firmò e poi mi disse: "Se un giorno dovesse sentirsi disperata prenda questo foglio, fissi qualcosa di verde e vedrà che io la aiuterò".
Una sola volta mi è capitato di chiedergli aiuto e l'ho ricevuto. Mi parlò di mio figlio (allora aveva quattro anni), mi predisse che cosa avrebbe fatto nella vita e che avrebbe avuto due figlie femmine e forse altri figli. Mio figlio ha effettivamente due figlie femmine ed è in arrivo un maschietto.
Quando fu dimesso mi invitò ad andare a trovarlo a casa sua. Non lo feci, forse per timore, forse perché presa dalla malattia e poi dalla morte di mio padre, me ne pentii, ma ormai era troppo tardi.
Conobbi anche la moglie, me la presentò un giorno, persona molto simpatica che ogni tanto scherzava su di lui.
Conobbi la farmacista [*Catterina Ferrari*] che gli stava accanto, me la presentò con queste parole: "Questa donna ha perso due figli. Come pensa possa essere così serena nonostante questo gravissimo lutto?".
Ho tante immagini nella mia mente di tanti momenti passati a chiacchierare con il dott Rol. È stato davvero un incontro importante che ha segnato la mia vita».

134. *Anna Rosa Nicola*:
«Mio marito Nicola Pisano ed io siamo stati dodici anni senza avere bambini, ma ci sarebbe piaciuto molto averli. Un giorno Rol era venuto a Torino in laboratorio, noi eravamo sposati dal 1979, già da quattro o cinque anni, erano i primi anni '80, intorno al 1984. Ci chiese come stavamo, noi gli diciamo: "Certo ci piacerebbe avere un bambino ma ancora non è arrivato" e lui: "No no no, arriverà, arriverà, perché avete tutti e due le facce di avere dei discendenti". E in effetti dopo qualche anno è arrivata Eleonora, nostra figlia».

135. *Gian Luigi Nicola*:
«Avevo uno zio (Giuseppe Querini Borri) che aveva un tumore di quelli che non si riescono a curare, aveva conosciuto Rol e si erano parlati a

lungo, ma non so di che cosa. Quando mio zio era già abbastanza avanti con il male, aveva detto a mia zia Bruna (Gorrone): "Ci vediamo a Sant'Elena", e lei all'epoca aveva detto: "Mah, riguarderà qualcosa di cui deve aver parlato con Rol, forse di Napoleone a Sant'Elena", e si chiedeva che senso avesse questa frase detta così, un po' in dormiveglia. Quando una persona è prossima ad andarsene qualche volta tira fuori delle frasi e non si capisce bene cosa dica.
Fatto sta che il 18 agosto del 1974 lo zio muore, ed era il giorno di Sant'Elena!
Ce ne siamo resi conto quando abbiamo controllato il calendario, e allora capimmo il senso di quella strana frase.
Quando mio zio è morto in ospedale a Torino è successa un'altra cosa stranissima: io ero ad Aramengo, lui è morto a mezzogiorno in punto e a mezzogiorno le campane, come era consuetudine, avrebbero dovuto suonare, ma non avevano suonato. In compenso ci pensarono i nostri cani (ne avevamo una dozzina): si sono messi ad abbaiare tutti insieme, da lupo ("huuuuuu"), e io mi sono detto: "Ma cosa sta succedendo?". Non molto dopo mi telefona mia zia e mi comunica che lo zio era appena mancato.
Questi cani erano molto affezionati a mio zio, perché con lui e con mio papà (Guido Nicola) andavano a caccia, erano cani da caccia di mio papà che servivano anche come sistema di allarme al laboratorio, di fianco a casa nostra».

136. *Giovanna Catzola*:
«A vent'anni, temevo di non avere figli. Rol ha letto il mio turbamento e mi ha detto che a ventisei anni sarei diventata mamma. Sei anni dopo la nostra conversazione, è nato Alessandro».

137. Bianca Chiovelli:
«Un giorno di tanti anni fa io e mia madre dovevamo andare da Lui, ci raccomandò di prendere il treno non di prima mattina ma più tardi, così abbiamo fatto. Solo dopo abbiamo capito il senso, il treno che partiva prima si era fermato per un guasto. Il Dottor Rol era una persona speciale».

138. Rosa D'Agostino:
[*Custode del palazzo dove viveva Rol, lo vide per l'ultima volta quando lo portarono all'ospedale, dove morì pochi giorni dopo*]
«Salutandolo gli dissi: "Ci vediamo presto...!", ma lui mi rispose: "Non ci vediamo più. Il mondo sarà sempre più cattivo, non ci voglio stare..."».

Inseriti in altri capitoli ma contati anche in questo:
139-140. Poma (I-124)
141. Malangone (I-128)
142. Registrazione (I-135)
143. Ascione (I-136)
145-145. Ceratto Boratto (III-41)
146. Fratta (VII-31)
147. Ceratto Boratto (XXXV-120)
148. Depréde (XXXVII-33)

X

Azione sulla coscienza altrui o "trasferimento di coscienza"

23-25. Silvia Dotti:
«Nel luglio 1974 quando ho dato l'orale della maturità all'Istituto Regina Margherita ero molto nervosa, ad un certo punto una donnetta modesta, con un grande borsa di plastica ha attirato la mia attenzione. Mi sono avvicinata e le ho chiesto per chi fosse venuta. Ed ecco la voce di Gustavo! Di colpo mi sono rilassata, quando ho finito l'esame con la coda dell'occhio l'ho vista andarsene ed ho sentito nella testa: "Ciao Silvia".
Il giorno dopo salendo a Cervinia mi sono fermata all'Hotel Billia di Saint Vincent per salutarlo. La mattina in cui era "venuto" al mio esame era stato sempre in piscina con Nuccia Visca e le figlie. Bilocazione assoluta. Due anni dopo cercavo una colf, mi si è presentata la stessa vecchina, con la stessa borsa. Non aveva referenze, ma l'ho assunta subito. Ha allevato i miei figli come una nonnina».
In comunicazioni successive Silvia mi ha fornito altri particolari:
«Quando venne da me nel 1977, in seguito ad un'inserzione su *La Stampa*, io riconobbi lei e la sua borsa, aveva 63 anni. La assunsi benché senza referenze, perché l'avevo riconosciuta, ma non le raccontai mai niente. È rimasta da noi 10 anni, si chiamava Alma [*nomen omen*, n.d.r.], ed è stata la tata dei miei figli che l'adoravano. Aveva un marito con una forte asma e dovette trasferirsi al mare per lui».
«Io ero fuori dell'aula in cui si tenevano le interrogazioni, ero molto agitata quando ho visto arrivare questa persona, mi è venuto il desiderio di chiederle per chi fosse venuta e lei mi ha risposto con un modo di esprimersi tipico di Gustavo: "Eh eh non te lo dico" dopo di che io non ricordo più nulla dell'orale, se conoscevo le risposte, niente; ricordo benissimo che lei era entrata con me e che quando l'esame stava per finire ed io ero ancora seduta davanti agli esaminatori, con la coda dell'occhio l'ho vista uscire ed ho sentito nella mente: "Ciao Silvia"».

26. *Nadia Seghieri*:
«Al ristorante *Firenze* Rol mangiava di solito la milanese, gli piaceva, poi le scaloppine al limone e la costatella alla Robespierre, che è una invenzione di mio papà, e poi quando gli veniva in mente faceva mangiare a tutti la stessa cosa! Non diceva niente, però magari ordinavano per esempio sei Robespierre tutte insieme, e mio padre che stava in cucina diceva: "È arrivato Rol? che fa mangiare quello che vuole lui?"

Ordinava una cosa e faceva ordinare a tutti la stessa cosa, ma non perché gli dicesse "ordinate questo", glielo faceva ordinare senza che lui dicesse niente... Non se ne accorgevano neanche, ordinavano...».

27. Massimo Molinari (*trascrizione da conversazione registrata*):
«Gigi il fratello di mia moglie voleva andare a Torino perché c'era da vedere la Sindone e dico, beh allora andiamo a Torino così andiamo da Rol. Siamo partiti facendo l'autostop con 7500 lire in tasca in due. Facendo l'autostop io leggevo la mano alle persone e mi facevo pure pagare... per cui siamo arrivati a Torino e con i soldi... abbiamo potuto pagare l'albergo. Siamo andati a trovare Rol, la signora [*la custode*] non voleva farci entrare, siamo riusciti a distrarla, abbiamo salito le scale, suonato il campanello, Rol apre la porta, mi guarda in faccia e mi fa:
"E lei, cosa ci fa qua? Non l'ho mica invitata ancora?"
Dico: "Sig. Gustavo mi scusi, mi sono permesso, sarà per una prossima volta".
Ed è finita lì. Poi mi ha telefonato la sera stessa a casa e dice:
"Guardi, mi deve scusare ma sono stato colto così all'improvviso, ho reagito emotivamente".
Dico: "Signor Rol si figuri, non è un problema, quando capiterà...".
E questo è stato il primo incontro.
Poi una seconda volta siamo andati con Paolino, che era un mio amico di Bassano, e ci siamo trovati al parco Valentino e quando mi ha visto fa:
"E lei cosa ci fa qua? Ma è una persecuzione!"
Cioè faceva finta di essere scostante... Nei giorni successivi io lo chiamavo [*al telefono*] e mi rispondeva una voce, alle volte una voce da donna, alle volte una voce da uomo dicendo che il Dottor Rol è assente perché è in ferie in Francia. La cosa mi risultava sospetta, dopo un po' di giorni chiamo un'altra volta, dice:
"Sono il segretario del Dottor Rol, mi dica che riferisco".
Dico: "Senta, io sono il segretario del Sig. Massimo Molinari, dica al signor Rol che vorrei conferire....".
Allora s'è messo a ridere, aveva capito che lo avevo sgamato e non poteva scappare.
I nostri contatti erano molto più interiori, telepatici, diretti. Tante volte ero per strada, che avevo i miei pensieri, mi veniva incontro una persona e mi rispondeva in vece sua. Cioè erano parole sue, lui usava le persone per strada, rispondeva alle mie domande. Io non ho mai dato peso a nessuna di queste persone che facevano da messaggeri, figurati se gli andavo dietro a dirgli "Ma che cosa mi ha detto?" Accettavo e ho sempre accettato le risposte di Rol ai miei quesiti, finché ne ho avuti, e questo era il nostro continuo dialogo. Fino a che poi non è cominciata la fase depressiva... [*causata da Piero*] Angela e Cicap e compagnia bella. Gli ultimi mesi mi ricordo dice:

"Non so se ce la faccio".
"Signor Rol, ma a stare appresso a queste persone, anni fa le avevo detto: 'Non stia appresso a questi angeli camuffati'".
È finita così».

28. Maria Cancellara:
«Io sono di Torino ed ho lavorato presso il negozio Ferrua Belle Arti per molti anni. Il Dottor Rol abitava a Torino e lui dipingeva, anche se lui diceva sempre che non era lui che dipingeva, nel senso che diceva che non era capace di tenere un pennello in mano. Io lavoravo in questo negozio quindi veniva a comprare i colori in centro a Torino, vicino alla stazione di Porta Nuova ed invece lui abitava in Corso Massimo D'Azeglio, di fronte al Valentino. Ho cominciato ad averlo come cliente quando avevo 17-18 anni, quindi parliamo degli anni '70, e veniva regolarmente. Lo ricordo benissimo perché innanzitutto era un bel signore, alto, sempre con il cappello quando veniva d'inverno e con il cappotto, invece d'estate con i guanti tagliati. La prima cosa che faceva entrando si toglieva il cappello, in simbolo di saluto. Tutte le volte che veniva voleva essere servito subito, era un po' impaziente e anche se c'erano altre persone noi lo sapevamo e cercavamo di farlo passare avanti. Cercava i colori e a volte scambiava qualche parola e si fermava un po' di più. Io all'inizio non sapevo chi fosse, ero una ragazzina e non mi ero mai interessata a lui. La cosa che mi colpiva di più erano i suoi occhi azzurri, molto profondi, tanto che non riuscivo a sostenere quello sguardo. Lui forse sentiva questo mio disagio e si faceva solo servire. Una volta ero presente io con la mia titolare, si parlava del più e del meno, quando ad un certo punto dice alla mia titolare: "Le faccio un giochetto, mi guardi bene... adesso si giri di spalle, chiuda gli occhi, (io e la mia titolare eravamo dietro il bancone, l'ha fatta stare un attimo in quella posizione e poi) ora si rigiri. Mi dica cosa vede". In quel momento non c'erano i clienti, la titolare risponde di aver visto una persona vecchia, ricurva e con i capelli e la barba bianca. Il Dottor Rol rispose: "Ma no, ma no!". Lei si era svegliata come da una trance ed ha chiesto a Rol cosa le avesse fatto, cosa le avesse fatto dire. Il Dottor Rol rispose di stare tranquilla, che non le aveva fatto dire niente di compromettente. Io poi l'ho rivisto perché sono di nuovo ritornata a lavorare in quel negozio nel '91 e lui veniva molto più di rado perché erano passati degli anni anche per lui, però si era ricordato di me e mi disse: "Lei che fine ha fatto?". Io risposi che ero stata a casa perché avevo avuto i bambini, ma non mi chiese altro. Veniva sempre d'inverno con il suo bel cappello e la sciarpa, con il suo cappottone blu che ricordo benissimo, leggermente un po' più curvo perché erano passati gli anni anche per lui, e gli chiesi se ancora dipingeva. Lui mi rispose: "Vengo ancora a comprare i colori, ma dipingere... ma lei lo sa che non sono io

che dipingo? ... mi chiedono... devo avere i colori a casa perché ogni tanto il pennello va da solo".
Comunque qualsiasi cosa lui facesse non lo faceva per lucro. Mi è rimasto un bel ricordo del Dottor Rol ed ancora oggi seguo i gruppi e le pagine a lui dedicati».

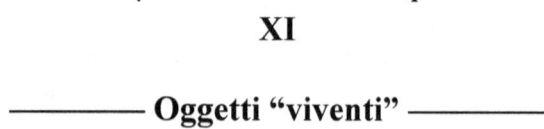

XI

Oggetti "viventi"

9. Nadia Seghieri:
«Rol mi portava sempre i cioccolatini, una volta era una scatola con sopra sul coperchio dei gattini di ceramica, e mi ha detto: "Guarda come si muovono, come giocano" e io li ho visti muoversi, proprio come se fossero due gatti veri».

10. *Anselma Dell'Olio (Federico Fellini)*:
«[Fellini] aveva visto [Rol]… far danzare una statua del suo salotto. Sfiorata dagli ospiti era di carne».

11. *Marius Depréde*:
«L'unica volta che sono andato a casa sua, poco dopo essere entrato c'era una pallina, una biglia, che si muoveva da sola e andava avanti e indietro nel corridoio. Le persone già presenti, un pittore e una signora anziana di cui non ricordo i nomi, la stavano guardando. Sarà andata in giro tre o quattro volte.
Era una di quelle biglie germane tutte colorate, un po' più piccole delle classiche biglie, me la ricordo bene anche perché Rol me ne ha poi regalate quattro che ho ancora, si vendevano in confezioni rotonde».

12. *Rosanna Priotti*:
«Una sera a San Secondo, avevo 11 o 12 anni (1952 o 1953), ho avuto un po' paura perché il dottor Rol ha fatto "ballare" delle zucche su un muretto di cinta della casa che avevamo di fronte.
C'era un muretto che girava tutto attorno a un isolato e quella sera lui ha voluto fare uno dei suoi "giochi", ma per i suoi amici, per i grandi, non per noi bambini. Non c'era la luce elettrica per le strade e a un certo punto abbiamo visto tutto questo muretto illuminato con sopra delle zucche gialle che ballavano. Qualcosa impossibile da dimenticare».
Riesce a dirmi qualcosa di più preciso? In che senso "ballavano"? Quante zucche ci saranno state? Tre, quattro…
«Ma che tre-quattro! c'era tutto il muretto! Ne ho viste un'immensità di zucche che ballavano sopra, ha presente le zucche di Halloween? si muovevano, si illuminavano, eravamo tutti lì a bocca aperta a guardare questa cosa, era stato un avvenimento. Proprio fuori dall'osteria, siamo usciti, saran state le dieci e mezza di sera.

C'era un muretto non tanto alto, sarà stato un due metri e sopra una lastra di pietra che lo ricopriva, e girava tutto attorno a questa grande casa dei Gallea, per tutto il percorso da Via della Repubblica, poi quella casa girava verso la piazzetta, tutta la strada saranno stati venti metri di percorso. C'è ancora la casa, ora c'è un albergo.
San Secondo a quell'epoca non aveva l'illuminazione per le strade, quindi era tutto buio, e non si vedeva niente, non so se le zucche c'erano prima o se non c'erano. Quando lui ha fatto uscire tutti da casa mia, dal ristorante, ha detto: "State attenti a vedere cosa succede", adesso le parole esatte io non me le ricordo, ero solo una bambina. Ci fosse mia madre se lo ricorderebbe bene, questo è un episodio che ci aveva anche spaventate perché eravamo piccole. Tutto questo muretto si è illuminato e queste zucche ballavano sopra. Nel buio della notte vedevamo queste luci che si accendevano e spegnevano, cose che andavano avanti e indietro, su e giù, e abbiamo visto che erano delle zucche.
Forse io sono anche tornata in casa perché avevo un po' di paura. Ero una bambina anche molto timida, una bambina di paese, non ero abituata a queste cose.
C'erano tutti quelli che erano lì nell'osteria e che sono usciti fuori a vedere. Non capisco come sia potuto accadere, forse un'illusione ottica, non glielo so dire».

13. *Giovanna Catzola*:
[*Negli anni '70, al ristorante Firenze*] «dopo aver ordinato il solito piatto di hamburger burro e salvia "scatenava una danza di stuzzicadenti sul tavolo, e così non riuscivo a servirlo finché non si rituffavano nel salino"».

♥ ♦ ♣ ♠

XII

―――― **Volontà** ――――

7ª. *Giuseppe Ghigo* (Vittorio Giacosa):
[*Condomino del palazzo dove viveva Rol, in Via Silvio Pellico 31*]
«Anni fa avevo chiesto al condominio se potevo utilizzare quella parte di cantina sotto le cantine che avevano usato durante la IIª Guerra Mondiale come rifugio. Una volta ero lì che stavo parlando con un condomino, Vittorio Giacosa che abitava al quinto piano, e lui mi ha raccontato che durante la guerra erano scesi nel rifugio perché era cominciato un bombardamento. C'era anche Rol, che a un certo punto si è come raggomitolato su se stesso, a terra, sofferente, e pochi istanti dopo è caduta una bomba che ha distrutto il palazzo di fianco, lasciando intatto il nostro. Quando Rol si è alzato era tutto sudato, ha detto che aveva sentito arrivare la bomba ed era riuscito a deviarla perché stava cadendo su di loro».

7ᵇ. *Cesare De Rossi*:
«Negli anni '70 una donna ha sparato a Rol e non l'ha preso. È una cosa che nessuno sa, io l'ho saputo da una persona che doveva essere amico della donna. La cosa è stata messa a tacere e non si è fatto niente. Non conosco la motivazione. Però una donna gli ha sparato e non l'ha colpito. Questa persona, che era un nostro fornitore, un giorno arriva e dice: "Una donna ha sparato a Rol ma non l'ha preso, non l'ha colpito", e credo che lui non abbia neanche fatto la denuncia».

L'episodio raccontato da De Rossi, nonostante la carenza di particolari, è stato inserito qui per analogia con quello precedente. Così come Rol avrebbe deviato la traiettoria di una bomba, avrebbe deviato anche quella di un proiettile. Si tratta naturalmente di supposizioni (e infatti nessuno dei due episodi è stato contabilizzato), visto che per quel che se ne sa, la donna potrebbe semplicemente aver sbagliato la mira (mentre per la bomba abbiamo commentato in nota, con rimandi ad altri episodi il cui raffronto è valido anche per questo episodio di bersaglio mancato o proiettile scansato/deviato). Nel racconto di De Rossi però è implicita l'idea – anche per il tono con cui me lo disse – che Rol abbia usato il suo potere, o meglio la sua potenza, *per non essere colpito, e probabilmente questa idea era implicita anche per il fornitore che lo riferì a De Rossi. Entrambi gli episodi, se si avesse la possibilità di confermarli e corroborarli con testimonianze dirette o indirette, configurerebbero –*

insieme ad altri che si potrebbero aggregare – una classe aggiuntiva più pertinente che non quella di "volontà", che passerebbe eventualmente ad esserne una sottocategoria, ovvero quella di invulnerabilità.
La cosa potrebbe fare anche sorridere – il pensiero va evidentemente subito ai supereroi dei fumetti – ma si sorriderebbe un po' meno quando si scoprisse che (anche) questa è una siddhi *annoverata e data per certa nella tradizione indiana, conosciuta sin dall'antichità. Non è qui però che faremo le dovute e precise comparazioni, che saranno illustrate in altro lavoro. Mi limito a una breve citazione da Julius Evola:*

> «Lo yogin [*illuminato*] ... può porre intorno a sé un cerchio che a nulla è dato di attraversare – una lancia o un proiettile scagliato contro di lui rimbalza contro chi l'ha inviato»[1].

8. *Uma Koller* (Olga Micca):
«Stando a mia madre, Rol era innamorato di mia nonna Carla (detta anche Carolina) Micca, ma lei non osava dirlo, anche perché lui era molto corretto, mia nonna essendo sposata; erano comunque grandi amici e lei aveva grande affetto per lui, si frequentavano molto e sentivano spesso. A Torino dicevano che era una delle donne più belle. Ne parla anche Natalia Ginsburg in un libro (mia mamma non ricorda quale), sia di lei che di mio nonno Rio vonKoller, il primo marito di mia nonna, che in seguito si sposò col notaio Bordoni.
Rol era anche molto amico di mia prozia, la sorella di mia nonna, Olga Micca: lei aveva contratto un debito e lui, che era interdetto dai Casinò e non poteva entrare, una volta le disse esattamente su quale numero puntare e le fece vincere la cifra esatta corrispondente al valore di questo debito, né un centesimo di più né un centesimo di meno».

---

[1] Evola, J., *L'uomo come potenza*, Mediterranee, Roma, 1988 (1925), p. 227.

♥ ♦ ♣ ♠

XIII

──────── Onda d'urto ────────

4^b. Gianluca Nani (*trascrizione da video*):
[*Episodio contato in* post mortem, *ma utile collocarlo qui. Riferito nel 2016 nell'ambito di una dimostrazione musicale di gong, pubblica, in sala*]
«Il 23 novembre 2012 per un caso fortuito mi sono trovato a conoscere Lorenzo Ostuni… un giornalista della RAI che ha condotto "Misteri", quella serie di trasmissione sul mistero, ancora negli '80, molto amico di Fellini… e appunto il 23 novembre io mi trovavo a Roma, presso lo studio che lui aveva, chiamato "la Caverna di Platone"… Per anni ha tenuto dei corsi di "biodramma" dove insegnava alla persone una tecnica che lui aveva elaborato ancora negli anni '80 e andava ad applicare in California nell'università. Arrivando dentro la Caverna di Platone mi è successa una cosa, di fronte a lui, incredibile. Lui era seduto davanti a me in una scrivania, dietro di lui c'era un armadio, lui era comodamente seduto, io ero davanti a lui che stavo parlando, ad un certo punto ho sentito una forza che mi ha scaraventato a terra, facendomi sedere su un divano che c'era dietro. E lui mi guarda e mi dice: "È stranissima la cosa, io la sensazione che ho avuto è che qualcuno sia venuto e ti abbia spinto". Quando io mi sono seduto su quel divano succede che mi accorgo che dietro, in linea diretta, c'era la foto di Gustavo Adolfo Rol, e poi mi volto e poi vedo la foto di Paramahansa Yogananda, che è collegato al mondo dei gong, e poi di un altro signore, l'avvocato Pietro Ubaldi… un personaggio che ha vissuto a Foligno, penso negli anni '30, che ha scritto un sacco di libri, conosciutissimi all'estero, che usava tecniche di canalizzazione applicate alla fisica e alle cose che arrivavano. E quindi, in poche parole, io mi son trovato questi tre personaggi, e poi voltandomi a destra ho visto su un comodino quell'immagine.
Quella, vedete, è una cornice, quella era la Madonna, la cornice che Gustavo Adolfo Rol ha tenuto nel suo comodino per tutta la vita[1]. Com'era arrivata alla Caverna di Platone? Perché facendo una serata a Torino, la governante di Gustavo Rol regalò a Lorenzo Ostuni quell'immagine. Io quella sera catturai quest'immagine, che ora ho nel telefonino, e questa è la prima volta che la usiamo pubblicamente in una

---

[1] Nella sala conferenze dove G. Nani stava parlando, era proiettata sulla parete, in grande formato, una diapositiva del ritratto della *Madonna della Divina Grazia* di Rosta (cfr. I-123 e nota), che verrà lasciata durante tutta l'esecuzione del concerto.

sessione come questa e penso che questo sia il posto giusto per farlo. Quindi quando noi staremo suonando, quando loro suoneranno guardatela, perché se un uomo como come Gustavo Rol aveva quest'immagine sul suo comodino per tutta la vita, c'è il suo grande perché».

XV

—————— Intervento esterno apparente ——————

10. Remo Lugli:
[*Nell'esperimento intitolato* "La lettera che la Duse non spedì", *che abbiamo segnalato al fondo del cap. XXXIV del vol. precedente, avevamo solo considerato la materializzazione della lettera dell'attrice. Non però il fenomeno seguente, accaduto poco dopo la comparsa della lettera*]
«In mezzo al tavolo, sul tappeto verde, c'è la lettera. È un biglietto postale, di quelli con tre lati punteggiati per l'apertura. Di colore azzurrino stinto dal tempo. L'indirizzo è su due righe, con scrittura corsiva, inchiostro sbiadito: *"Al Comandante Gabriele D'Annunzio"*. La tocchiamo con emozione. Rol si accinge a strappare i lembi laterali, ma la lettera gli schizza via dalle mani verso l'alto senza che le sue dita si siano mosse per imprimerle questo movimento. E questo si ripete al secondo tentativo. Si chiede Rol: "Significa forse che non deve essere aperta?" La controlliamo bene e ci accorgiamo che solo il lato lungo è incollato, i due lati laterali sono scollati, dentro si intravede un foglio e questo foglio ha la possibilità di scorrere fin sui margini gommati. La lettera è schizzata di mano perché se Rol avesse strappato quel bordo come stava per fare avrebbe danneggiato il biglietto interno.
Rol strappa il lato lungo e la lettera si apre».

XVI

—— Telecinesi ——

44. *Cesare De Rossi* (sig. Esposito / n.p.):
«Il sig. Esposito, figlio di un mio caro amico, mi ha raccontato che uno che lavorava per Rol l'aveva truffato. Fu lui a parlargliene. Questo qui aveva in cucina una piattaia, un mobile che sotto ha due ante, due cassetti, e che poi diventa piatto e si appendono i piatti, e su un piano si possono anche appoggiare i piatti impilati. A mezzanotte in punto – quando suonava una pendola – si aprivano le ante, i piatti volavano, e questo mobile si spostava, si aprivano le porte della cucina, il mobile girava, andava verso la camera da letto buttando piatti, entrava in camera da letto e finiva di buttare giù gli ultimi piatti, tremando.
Questo era accaduto più di una volta, sempre a mezzanotte, e la persona era terrorizzata.
Fino a quando Esposito gli disse: "Tu vai da Rol, gli chiedi perdono e vedi che finisce tutto", e così è avvenuto».

44[a]. *Gustavo Adolfo Rol* (*trascrizione e traduzione dal francese di una conversazione registrata, 1970 circa, forse 1973*):
«Dieci anni fa ero con mia moglie a Parigi, era mezzanotte, eravamo usciti da un cinema, non lontano c'era un grande negozio che vendeva dischi. Entrati, c'erano migliaia, decine di migliaia di dischi, su tre piani. Era molto grande, i dischi arrivavano fino al soffitto. Ho domandato se avevano dei dischi per la musica di Napoleone, mi hanno risposto:
"No signore, li abbiamo venduti tutti. Ne avevamo uno molto bello, un disco formidabile di cui è andata persa la matrice. Si sarebbe potuto produrne ancora, ma degli Americani avevano acquistato la matrice e in seguito è andata persa, non so se su un aereo o per qualche ordine. Non ce l'abbiamo più.
"Oh che peccato!"
"…Era una musica dove si sentivano anche i cannoni, si sentiva tutto… erano tutte le marce dei tempi della Rivoluzione e dell'Impero, tutto in un solo disco".
"Oh ma che peccato, ma qui tra un milione di dischi ci potrebbe forse essere, forse potreste averlo".
"Eh no, questo non c'è".
In quel momento, proprio in alto un disco si sposta, poco a poco. Io ero con mia moglie, che è Norvegese e ha i piedi per terra. E allora ecco che il disco comincia a scendere lentamente così, è venuto a posarsi sulle mie

mani. E tutti: "Oh!!!", così, tutti... Avevano paura. E allora l'ho preso, era il disco che cercavo! Allora lui e la commessa e il titolare sono venuti e tutti hanno detto: "Ma signore, dovete prenderlo, non possiamo farvelo pagare. È venuto tra le vostre braccia!"

Era sceso da quindici metri di altezza, lentamente come una foglia morta, tra le braccia. Ve lo faccio ascoltare. C'era anche un giornalista presente e ha poi scritto sul giornale di Parigi. Due giorni dopo c'era l'articolo».

XVII

Telecinesi di pennelli

22. Silvia Dotti (Marisa Matteoda):
[*A proposito di un esperimento della fine degli anni '40 o inzio dei '50 di cui purtroppo mancano i particolari,*] «la mamma raccontava che nella penombra si vedevano i pennelli muoversi da soli».

23. *Nadia Seghieri*:
«Rol aveva invitato mio padre Alfo ad andarlo a trovare in via Silvio Pellico. Lui rimandava sempre e gli diceva che era molto occupato col ristorante (il *Firenze*). Alla fine però ci è andato due volte, e mi ha detto: "Non ci vado più, mi sono spaventato". Aveva visto i pennelli che facevano i quadri da soli: "Ma qui siamo impazziti!" aveva detto tra di sé. E questo nonostante a ristorante avesse visto e i camerieri gli avessero raccontato fatti altrettanto straordinari, come le posate o altri oggetti che attraversavano le pareti».

24. Carlo Rosa:
«Quando ho visto gli esperimenti ero ancora minorenne. Una volta a casa sua c'erano dei pennelli che andavano da soli sulla tela. Era dopo pranzo, c'era luce naturale, quella di una bella giornata. I pennelli si vedevano bene ma nessuno osò avvicinarsi, io ero ragazzino e mio nonno Sebastiano Rosa mi trattenne. Ero come estasiato, c'era un'atmosfera serena in quella casa e tutto pareva come se fosse "normale", non ho mai avuto paura».

25. *Rosina Goffi*:
[*Già titolare del ristorante "Goffi del Lauro" a Torino*]
«Una sera a cena erano in cinque persone, c'erano Rol, Provera, un assessore conoscente di Provera con la moglie dottoressa e un altro signore. Questi ultimi erano scettici, non credevano a queste cose.
Dopo cena siamo andati a casa di Rol, ci siamo seduti intorno al tavolo, io mi sentivo normale, tranquilla, perché mi aspettavo che facesse degli scherzi come ha sempre fatto a me al ristorante.
E invece quanto assistetti era qualcosa di molto serio. Rol mise davanti a sé, sul tavolo, un foglio di carta bianca con sopra una matita. Quindi chiese all'assessore chi avrebbe avuto piacere di chiamare, quale "spirito intelligente" avrebbero dovuto interpellare. L'assessore suggerì il pittore Claude Monet. Pochi istanti dopo ho visto la matita cominciare a muoversi da sola, mettersi in verticale come se una mano invisibile la

muovesse e disegnare sul foglio! È una cosa che nessuno crederebbe possibile, bisogna proprio vederla, essere lì. Una cosa stupenda. Sono rimasta molto impressionata, ero abituata agli "scherzi" ma non a una cosa del genere. E anche gli altri, tranne Provera che era abituato, sono rimasti senza parole.
Alla fine della serata, al momento del commiato, dissero: "Dobbiamo ricrederci, ci scusi", ed erano tutti un po' in silenzio quando siamo andati via».

XVIII

— Magnetismo —

7. Elsa Priotti:
«Alla *Locanda del Cannone d'Oro,* la nostra trattoria a San Secondo di Pinerolo, avevamo in cucina una stufa enorme e una pinza di ferro per tirare fuori la brace, di quelle che si usano nei caminetti, molto pesante e lunga forse mezzo metro.
Una volta Rol, che veniva a mangiare solo a pranzo, era passato di sera intorno alle 18:00. A un certo punto ha preso questa pinza e l'ha messa per terra, poi dritto in piedi (era alto) ha steso il braccio come nei saluti militari romani, ha cominciato a sudare, era tutto rosso. E quel ferro da terra, in modo rapidissimo, è andato ad appicciarrsi sotto al suo braccio, come fosse stato attratto da una potente calamita. Pazzesco! Il braccio sarà stato, non so, a un metro e mezzo da terra e *paf!* si è appicciato su da solo. Mi vedo ancora adesso la scena e l'hanno vista tutti quelli che erano lì presenti».

8. Fabio Dossi:
«Rol faceva due tipi di esperimenti con un uovo: ad esempio prendeva un uovo qualsiasi e mi diceva: "Mettilo in piedi, fallo stare in piedi", e io naturalmente non riuscivo a farlo stare in piedi. Poi lo prendeva lui, te lo ridava e allora stava in piedi. Era buffissimo, cioè stava proprio in piedi, in qualsiasi modo, con qualsiasi polo lo mettessi stava in piedi. Anche mia moglie lo ricorda bene.
[*Precisa*]
A casa sua, in quelle famose serate in cui ci si ritrovava, lui mi dava l'uovo, io lo guardavo bene – non gli faceva niente eh! – poi lo prendeva e diceva: "Adesso lo faccio stare in piedi", ma non erano le sue mani, cioè lo prendeva e rimaneva diritto da solo, dopodiché diceva: "Adesso prendilo tu e mettilo diritto", e lui si metteva diritto. Guardavo se aveva una base che lo facesse star dritto, ma no, era lo stesso identico uovo»[1].

9. Giovanna Catzola:
«[Rol] con Giovanna amava scherzare. Quando si toglieva il cappello "Non riuscivo a sollevarlo, pesava almeno cento chili. Glielo dicevo, e allora lui rideva e lo alzava come una piuma…"».

---

[1] Per l'altro esperimento, cfr. XX-40.

10. *Nadia Seghieri / Alfo Seghieri*:
«Al ristorante *Firenze* Rol andava spesso in cucina, poteva capitare che facesse prendere a mio papà (lo *chef* e titolare) un coltello o un'altra posata e glielo facesse tenere in mano, poi mio papà apriva la mano e non riusciva più a toglierlo, non riusciva a staccarlo perché si incollava alla mano e scherzosamente lo implorava: "Dottore devo lavorare, mi tolga questo coltello per favore!"».

Vale la pena commentare direttamente qui, brevemente: questa testimonianza di Nadia Seghieri conferma – se ancora ce ne fosse bisogno – la fallacia dell'ipotesi illusionistica propagandata in modo superficiale da Mariano Tomatis, autore scettico che soprattutto tra il 2002 e il 2008 aveva proposto più o meno dovunque (in articoli, libri, internet e tv) come suo cavallo di battaglia anti-Rol la testimonianza dell'artigiano torinese Rinaldo Soncin (XVIII-4) dal quale Rol si era fatto dare un martello che poi era rimasto "incollato" al palmo bene aperto della sua mano e che, proprio come nel caso di Alfo Seghieri, non si riusciva a staccare. Tomatis aveva banalizzato la cosa bollandola come giochino da bambini che si trovava persino nel Manuale di Paperinik, *sostenendo che Rol avesse tenuto il martello aiutandosi col dito dell'altra mano dando l'illusione che fosse attaccato al palmo da solo. Avevo già smontato pezzo per pezzo questa ipotesi nel 2007, facendo una vera analisi fattuale e una vera investigazione, incontrando sia Soncin (il fratello del quale, Tullio, conoscevo tra l'altro da anni, avendo fatto lavori di riparazione a casa di mia mamma Raffaella e di mia nonna Elda) che la signora Rosa D'Agostino, custode del palazzo dove Rol abitava alla quale aveva fatto un esperimento analogo (XVIII-2, 2bis)*[2].
Nel caso di Seghieri, è del tutto evidente come nessun trucco fosse possibile, a meno che non si voglia sostenere che anche lui, segretamente, conoscesse il famigerato Manuale di Paperinik...
Occorrerà poi ipotizzare, per l'episodio riferito da Elsa Priotti, che nei primi anni '60 Rol nascondesse nella manica una potente calamita, in grado di attrarre un pesante pezzo di ferro da una distanza di un metro e mezzo. Lascio ai fisici l'onere di calcolare quale tipo di magnete ci sarebbe voluto per una performance del genere. In alternativa, esiste anche la scappatoia di un elasticone trasparente (ci sarà, questo, nel Manuale di Paperinik?*).*

---

[2] Si veda: *http://2000-2013.gustavorol.org/paperinik.html*

XIX

Levitazione o sospensione gravitazionale

7. Lorenzo Pellegrino (*trascrizione da audio*):
«Era una bella giornata di fine inverno, circa 1969 o 70. E ancora una volta ero a Torino, e per motivi di neve in Svizzera ho viaggiato in treno. Quel giorno avevo appuntamento al Valentino con Rol in una panchina non lontano da casa sua. Io viaggiavo in tram. Scendo in corso Vittorio alla fermata di Corso Massimo d'Azeglio. Già da lontano vedevo che Rol non era solo, ancora una volta è in compagnia di Fellini e io non stavo piu nella pelle dalla contentezza... Dopo i convenevoli saluti – "come stai in Svizzera? come si lavora?..." – si decide di camminare un po' dato che era abbastanza freddo. Io naturalmente mi gustavo questi momenti, Fellini invece era una esplosione di domande verso Rol, chiedeva cose banali, forse cose scientifiche, tutte le sue domande venivano sempre risposte... si può dire "scentificamente provate". Fellini era allegro... sorridente e di luna molto buona. Sentivo e vedevo che Rol era anche lui contento, camminava quasi ballando e... regalava sorrisi a tutti, e nello stesso tempo si vedeva... che stava cercando qualcosa per combinare qualche marrachella. Nel frattempo si era arrivati al Borgo Medioevale e dall'altra parte della strada, un po' prima, c'era (o c'é ancora) un piccolo laghetto che Rol chiamava il "laghetto delle anatre". Tutto intorno se ricordo bene era chiuso da una cancellata di ferro, alcune anatre erano in acqua e altre assopite ai bordi. Dopo qualche tempo Rol guarda Fellini, ride e chiede allegramente: "Cosa devo fare?", come se Fellini avesse chiesto qualche cosa (più che una domanda mi era sembrata una reazione a una domanda di Fellini che io non ho sentito). E Fellini con i suoi occhietti sorridenti dice: "Perché non mi fai vedere come si cammina sull'acqua" – e sorride. Rol si guarda in giro, sorride anche lui, non si vedono persone e lo vediamo subito che sale al bordo del laghetto dopo aver letteralmente attraversata la cancellata. Scherzosamente gli faccio notare che è freddo e che se non gli va bene [rischiando di cadere in acqua] sicuramente si becca un raffreddore, pensiero condiviso anche da Fellini che non stava più nella pelle, sorrideva e sempre con quel suo tono da gallinella. Rol si avvia con passi decisi e vediamo che nemmeno la suola delle scarpe era bagnata o quasi a contatto con l'acqua. Era una cosa straordinaria (cammina veramente come su una strada e senza che le scarpe affondino minimamente). Poco tempo dopo vediamo in lontananza che una coppia si stava avvicinando con un cane e Rol allora torna verso la cancellata, per non destare sospetti fa finta di aprire una porta che non c'era, attraversa di

nuovo la cancellata e si trova fuori. La coppia ci passa vicino, sorride e penso che abbia riconosciuto Fellini, o anche Rol. Fellini scoppiava dalla gioia per quello che aveva appena visto. Ridevano a pazza gioia tutti e due, sia lui che Rol, al che gli faccio notare che la persona più seria in quel momento ero io».

8. Silvia Dotti:
«Una sera Gustavo, mia sorella Clara ed io eravamo andati al cinema. All'uscita siamo tornati alla mia macchina, eravamo in via San Pio V, e l'abbiamo trovata bloccata da un'altra in seconda fila. Era chiusa, con la marcia inserita e il freno a mano tirato. Abbiamo provato a spostarla ma non si muoveva. Allora Gustavo ha detto: "Un momento"... e subito dopo si muoveva come se fosse sul burro. L'abbiamo spostata quel tanto da potermi permettere di uscire dal parcheggio. L'auto scivolava come se fosse in discesa (ma le ruote non giravano!) e abbiamo poi dovuto fermarla».

9. *Anselma Dell'Olio*:
«[Fellini] lo aveva visto far levitare una ragazza».

10. *Cesare De Rossi*:
«Mi ricordo quella volta che m'ha fatto fare la rampa di scale. Entro da lui, lui mi fa entrare nella porta di servizio, e c'era abbozzato con il carboncino un quadro di rose, e lui mi dice: "Ah me l'ha ordinato – non so se – la Tate Gallery o la Galleria Nazionale Inglese". Io lo guardo con fare notevolmente incredulo. Faccio quello che devo fare e quando usciamo [io dico:]
"Io vado a piedi"
e lui in torinese mi dice – come Marianini –
"A le mei ca pia l'ascensur" [*È meglio che prenda l'ascensore*]
"Ma noo dutur, vado ju a pe" [*Ma noo dottore, vado giù a piedi*]
"Ma noo, ca pia l'ascensur". [*Ma noo, che prenda l'ascensore*]
L'ultima rampa mi son sentito sollevare e me la son fatta col coccige... l'ho fatta col sedere, senza inciampare. L'ultima rampa di scale... lo spigolo non c'era perché era consumato, me la son fatta col sedere, mi son proprio sentito sollevare e sono scivolato sui gradini. Mi ha sollevato».

XX

———— Tunnelling ————

37. Mario De Rossi (*trascrizione da video*):
«Quando eravamo al ristorante *Firenze*... in via San Francesco da Paola... – era un ristorante che era una istituzione – e allora eravamo seduti, c'era anche Rol, entra questo rappresentante di mobili, un signore toscano... [che] lavorava [molto], girava tutto il Piemonte, e aveva questo mazzo di chiavi, e le butta sul tavolo e a momenti spacca un bicchiere. Allora Rol prende queste chiavi e dice:
"Non si fa così, rompevi il bicchiere!" e le butta verso il muro.
"E le mie chiavi?"
"Valle a prendere fuori".
E allora ci siamo alzati tutti, siamo usciti e le sue chiavi erano sul marciapiede di via san Francesco da Paola».

38. *Cesare De Rossi* (barman del *Firenze*):
[*Fratello di Mario, oltre a confermare l'episodio precedente mi ha detto che*]
«Quando Rol faceva queste cose per noi era ormai una cosa normale, ci eravamo abituati. Una volta ha lanciato delle posate contro una parete e ha detto al barman di andare a raccoglierle dall'altra parte. L'ho incontrato di nuovo anni dopo alla collocazione della targa sulla casa di Rol nel 2014 e ancora me lo aveva ricordato stupito».

39. Luciano Roccia:
[*Dopo una serie di esperimenti*]
«lo vidi buttare, o almeno mi parve di vedere, un mazzetto di viole contro un muro e fui invitato ad andare a raccoglierlo nella stanza accanto dietro al muro stesso».

40. *Fabio Dossi*:
«Un altro esperimento che Rol faceva con un uovo era quello di farlo passare da una parte all'altra del tavolo. Mi diceva di mettere un uovo nel mezzo della tavola, su di un piatto di porcellana. L'uovo era ben in vista, poi mi diceva di guardare sotto il tavolo e lo vedevo sotto, per terra, sempre integro, sulla stessa perpendicolare del centro della tavola, da cui intanto era sparito, e mi diceva di prenderlo. Questo esperimento lo ha visto anche mia moglie».

41. *Fabio Dossi*:
«Rol faceva anche l'esperimento di lanciare un mazzo di fiori contro una parete e farlo passare dall'altra parte, non solo lui ma lo faceva fare anche ad altri. Il mazzo veniva lanciato, spariva nella parete, poi si andava nell'altra stanza ed era lì, dove prima non c'era»

42-43. Eleonora Minotto (Silvano Innocenti?) (1977):
«"È in grado mi dicono, ma a questo esperimento non ho assistito, di passare attraverso un muro. Però ho visto qualcosa di simile, anche se meno spettacolare. Dopo aver fatto distribuire un mazzo di carte (Rol non tocca mai le cose con le quali realizza i suoi esperimenti) vi ha fatto posare sopra un piatto ed ha chiesto a uno dei presenti di muovere il piatto con una mano e di indicargli una carta. Dopo qualche secondo abbiamo udito come il rumore di una sega che taglia il legno e da sotto il tavolo in noce e spesso diversi centimetri Rol ha estratto la carta che gli era stata indicata. Abbiamo contato e controllato le carte rimanenti: mancava effettivamente quella che Rol aveva fatto passare attraverso il tavolo. (...)
Rol legge a distanza libri che non conosce neppure, dirige con la sola forza del pensiero carte lanciate in aria da altre persone: una sera ha conficcato le carte di un mazzo nel vetro di un quadro appeso al muro. Sono rimaste lì durante tutta la seduta. Siamo stati noi a levarle, prima di andarcene. Sul vetro non c'era nessuna traccia, neppure un graffio"».

43[a]. Luigi Bazzoli (1979):
«Come è giunto Rol ad intuire le proprie possibilità? Quando si è accorto che poteva attraversare i muri, scoprire i malanni fisici di una persona con uno sguardo...?»

43[b]. Maria Teresa Chiapponi:
«A Rol pendeva un bottone dell'impermeabile ed io glielo feci notare. Lui se lo strappò e lo gettò nella porta (chiusa) che dava sul pianerottolo. Non osai dire nulla ma una volta usciti dal suo appartamento il bottone era lì vicino alle scale».

44. Carlo Buffa di Perrero, prestigiatore amatoriale (*trascrizione da intervista televisiva*):
«Io ho visto, per esempio, in un finto eccesso d'ira, lanciare contro la parete una pipa di schiuma, per cui un oggetto che andando contro il muro dovrebbe partire in cento pezzi. C'era un sofà contro questa parete, quindi noi avremmo dovuto trovare i pezzi sul sofà. Non c'era niente, ma in camera da letto, che era nella stanza dopo, c'era la pipa sul letto».

45. Tinto Vitta:
«Una volta ho testimoniato un fenomeno abbastanza sconvolgente. Il mio negozio di antiquariato era diviso in due: da una parte c'era la stanza con la vetrina che dava sulla strada, dietro c'era il mio studio. Io avevo dei libri da dorso, cioè libri per fare belle le librerie, erano dei volumoni grandi, poco più che dei messali. Rol prende uno di questi libroni e lo butta contro il muro che separava il mio ufficio dalla stanza e questo librone cade nell'altra stanza».

45bis. Tinto Vitta (*trascrizione da conversazione registrata*):
«Questo mio negozio aveva due stanze, nella prima stanza ci stava questa deliziosa anziana signora che collaborava con me e che riceveva eventualmente visite dei clienti, però non partecipava a queste nostre chiamamole "sedute" [*con Rol*]. Mi ricordo una volta, sempre da questa libreria che io avevo nella seconda stanza, quindi non nella prima, eravamo soltanto al solito Rol ed io e non questa mia amica, prende un grande volume di quelli che si chiamano "volumi da dorso", che sono belli da vedere perché hanno delle rilegature belle, eleganti. Prende questo libro, era abbastanza grande, lo scaglia contro il muro che separava le due stanze e il libro cade nell'altra stanza».
«Certo erano dei poteri veramente impressionanti... Buttare un libro contro una parete, una parete spessa, e ritrovarselo nell'altra stanza... e poi lui dopo non aveva l'aria... di una vittoria, o di una cosa che gli era riuscita... era assolutamente normale... "Beh, adesso me ne vado un po' da qualcun altro... Sono stufo di stare con voi" [*diceva scherzosamente*]... Era questo il nostro rapporto. Forse questo è stato il motivo per cui veniva così spesso, almeno una o due volte la settimana, a trovarci al pomeriggio. Si beveva anche, infatti ci si faceva portare qualcosa da bere, un thè o quello che lui voleva, dal bar che era attaccato proprio al mio negozio. Erano delle visite così, di un personaggio con queste capacità sovrannaturali e io anche adesso, quando parlo di lui, ne ho un ricordo... sempre affettuoso... Questo omone con un cappotto di cammello – quasi sempre quello aveva – alto alto con questi occhi penetranti un pochino, non è la parola, ma un po' spaventosi... con uno sguardo fortissimo».

45[a]. Filippo Ascione:
[*In un volume precedente abbiamo citato una telegrafica testimonianza di Ascione – sceneggiatore e aiuto regista di Fellini – del 2012 dove aveva ricordato di Rol «la sua mano che trapassava le porte come fossero di burro»* (XX-27), *presente anche Fellini. Come mio solito, ho voluto andare in profondità, e nel 2019 gli ho chiesto i dettagli*]
«Era la porta di casa sua, all'ingresso. Non ricordo se fosse blindata, comunque di legno massiccio. Ha "infilato" la mano nella porta, più o

meno fino al polso, pareva che la porta fosse diventata di burro. E lui aveva detto che era una cosa che faceva spesso, gli capitava di non trovare le chiavi, di non sapere in quale tasca le aveva messe, era distratto, allora se non aveva girato la serratura e c'era una sola mandata, ovvero se si era solo tirato dietro la porta, infilava la mano da fuori e apriva la maniglia da dietro. Per questo ce l'aveva fatto vedere.
Sul momento sembrava la cosa più normale del mondo, il problema era quando uscivi da quella casa, e ti sedevi a ristorante, e con Federico dicevamo:
"Ma l'hai vista la mano che è entrata lì? Ma come ha fatto?"
"Era tipo burro, però poi l'ha tirata fuori e non c'era niente, nemmeno un graffio!"
La cosa curiosa con Rol è che dopo tre o quattro incontri tutto ti sembrava normale. Era quello che dicevamo con Federico quando ritornavamo in albergo la sera, e pensavamo a tutto quello che avevamo visto, e nasceva una discussione: "Ma come è possibile? allora noi possiamo condizionare la materia!", e lì chiaramente ci perdavamo tra la filosofia, la metafisica, la religione, la spiritualità, la fisica, c'era tutto».

46. *Nadia Seghieri*:
«Una volta al *Firenze* stavano pranzando Giuseppe Raffo, sindacalista che era stato mio padrino di matrimonio, la moglie e Costantino Vaglio, amico di Raffo e papà di Anna Vaglio Assetto che era una mia amica di scuola, seduto nell'angolo, nella seconda sala entrando del ristorante. Dietro di lui c'era un'altra saletta piccolina dove poi si andava ai bagni. Erano clienti fissi di mio padre, venivano a mangiare due o tre volte alla settimana a pranzo. Anche Rol veniva spessissimo. Quel giorno Rol è entrato, è andato nella seconda sala, loro lo conoscevano e lo hanno salutato.
"Buonasera dott. Rol" e lui è andato al tavolo a salutarli.
"Buonasera, buonasera"
Poi ha visto che Vaglio aveva un Rolex e gli chiede:
"Può farmi vedere il suo Rolex?"
Lui è rimasto un po' così, perché conoscendo Rol e sapendo chi era, era un po' titubante.
"Certo", ha tolto il Rolex e glielo ha dato, poi Rol gli dice:
"Adesso le faccio un bel gioco"
Ha preso il Rolex e lo ha lanciato contro il muro dietro di lui, lo ha proprio scaraventato, e Vaglio è rimasto allibito perché l'orologio non c'era più, era sparito. Era diventato pallido cadaverico!
Rol allora gli dice rassicurante:
"Vada nell'altra sala"
Vaglio è andato nell'altra sala e ha trovato l'orologio posato su un altro tavolo.

[*Chiedo se lei, che era presente alla scena, avesse visto proprio volare l'orologio nella direzione del muro*]
Sì assolutamente, e poi è sparito ed è riapparso di là sull'altro tavolino, intatto».

47. *Mariella Balocco*:
«Ho conosciuto Gustavo nel 1978 o 1979, avevo 16/17 anni, perché mio papà, Giuseppe Balocco, commercialista di Fossano, era già suo amico almeno dal 1972. Tramite Gustavo ho conosciuto nel gennaio 1986 Massimo Foa, che poi sarebbe diventato mio marito, qualche tempo dopo che era mancata la sua prima moglie, Carla Mortarino Majno di Capriglio. Massimo e Carla avevano affittato lo studio che Gustavo aveva sopra il suo appartamento in via Silvio Pellico, una piccola soffitta arredata. Massimo lo tenne ancora per qualche tempo dopo la morte di Carla, lui e io ci siamo incontrati ogni tanto là, poi magari vedevamo Gustavo e andavamo a cena con lui. Io arrivavo in treno a Torino da Fossano, dove abitavo. Anche prima di conoscere Massimo andavo a trovare Gustavo ogni dieci giorni, gli portavo il miele, i cioccolatini *cuneesi* ripieni che gli piacevano molto e i kiwi, perché a Fossano avevamo un frutteto.
Un giorno ero con Massimo nello studio-soffitta, stavamo parlando di Gustavo e io l'ho visto nel pavimento che mi guardava e mi sorrideva, ammiccava facendo l'occhiolino. Non era una immagine o una impressione, ma era proprio come fosse lui, vivo, la testa emergeva dal pavimento tridimensionale, come se passasse attraverso un oblò. E ovviamente non c'erano aperture o passaggi nel pavimento, cosa che avremmo subito scoperto. Massimo però non lo vide. Io poi lo dissi a Gustavo, che si limitò a sorridere, come spesso faceva».

48. Aldo Giacosa (la madre):
[*Condomino del palazzo dove viveva Rol, in Via Silvio Pellico 31, figlio di Vittorio Giacosa (cfr. XII-7^a)*]
«Ho conosciuto Rol nella veste di "nonno". Mi ricordo che ad un mio compleanno, mi sembra quando andavo alle medie, mi è venuto a suonare al campanello e mi ha portato fuori per comprarmi un regalo. Ce l'ho ancora, non l'ho mai buttato. E sono passati quasi quarant'anni. Non ho assistito ad esperimenti o prodigi, ero troppo giovane, mia mamma invece sì. Li faceva anche alle assemblee di condominio. Mia mamma mi ha raccontato che durante un'assemblea degli anni '70 o '80 è passato attraverso la porta chiusa».
[*Gli segnalo la testimonianza di Isabella Vogliotti (XX-25) che lo aveva visto attraversare un muro*]
«Isabella era la mia vicina. Anche lei al 5° piano».
[*Ipotizza poi che potrebbe trattarsi della stessa occasione e che lui abbia ricordato male. Non ci sono però indizi in questo senso, e anche se non è*

da escludere, lo abbiamo comunque considerato come un episodio diverso. In ogni caso è l'ennesima conferma di questa possibilità, da parte di persone identificabili e che lo frequentavano o incontravano anche quotidianamente]

«Mio padre Vittorio Giacosa invece era scettico. Però ho sentito parlare dell'episodio della bomba forse deviata [XII-7^a], lui all'epoca era bambino».

49. *Rosina Goffi*:
«Conoscevo una signora che affittava un appartamento di proprietà di Rol, la incontravo sovente in un negozio del centro che entrambe frequentavamo.
Un giorno mi dice: "Devo andare dal dottor Rol a pagargli l'affitto, però ho sempre paura, lui pare non esserci mai e poi si presenta di colpo, vieni anche tu per favore".
Allora l'ho accompagnata, abbiamo suonato il campanello, ci hanno fatto passare in una bella sala. Mentre aspettiamo lei borbotta: "Non c'è, non viene, non c'è…"
Di punto in bianco Rol compare proprio dietro di lei:
"Come non ci sono, sono qua!"
Al che lei, rivolta a me: "Hai visto? Hai fatto bene a venire perché se no io svenivo!".
Le porte della sala erano chiuse, era sbucato dal nulla, credo fosse passato attraverso il muro, che si fosse smaterializzato e rimaterializzato o qualcosa del genere. Per lui era come un gioco, lo faceva apposta, amava gli scherzi».

49^a. Marcello Ghiringhelli:
«[*Negli anni '60*] una signora… mi ha raccontato che Rol ha attraversato un muro con il corpo, in via Silvio Pellico dal salone al salotto».

50. Elena Pomè (riferitole da Giovanna Catzola):
[Al ristorante *Firenze*]
«Rol era giocoso anche quando scaraventava tazzine e orologi contro le pareti. Gli oggetti attraversavano i muri e si sistemavano integri e ordinati sulla credenza della sala accanto, tra lo stupore dei presenti».

Inseriti in altri capitoli ma contati anche in questo:
51. Pellegrino (XIX-7 e nota)
52. Bugni (XXII-12)

XXI

———— Bilocazione altrui ————

4. *Filippo Ascione*:
[*Riferisce del primo di molti incontri con Rol, all'inzio del 1984*]
«"Quando sono arrivato da lui, era solo e mi stava aspettando; mi ha fatto sedere, mi ha offerto un caffè e abbiamo parlato di tante cose, anche di cinema, di Federico, e a un certo punto aveva individuato qual era il mio problema, quello che mi pesava di più e mi disse "Lei (ci siamo sempre dati del lei), lei ora è preparato per assistere a questo esperimento". Quindi mi ha portato in quella che lui chiamava la stanza degli esperimenti. Tra me e lui c'era un tavolo ovale. A un certo punto ho visto che in una sedia accanto a lui una figura femminile che si componeva piano piano, un po' sfocata: in lei ho riconosciuto mia madre e non mi sono spaventato. Vedevo la sua bocca che parlava muovendo solo le labbra, con parole che però non capivo, e così Rol: entrambi muovevano la bocca senza suono durante un tempo che mi sembrò infinito, ore e ore (ed invece erano passati pochi minuti). Poi è finita, lui mi ha parlato, mi ha detto delle cose molto personali su di me e la mia vita. Poi gli ho chiesto: "Mi fa un po' di giochi", come li chiamava Fellini. Così lui ha fatto alcuni esperimenti, con le carte, che si muovevano e si mischiavano da sole, oppure dicevo un seme e quando le voltavo erano diventate tutte dello stesso seme. Per quella volta mi bastava, ero soddisfatto di quanto mi aveva detto e di ciò che avevo visto.
Quando sono tornato in albergo ho subito chiamato mia madre e ho scoperto che alle 5 del pomeriggio, mentre io facevo quell'esperimento con Rol, era sul letto, perché l'aveva preso un gran sonno. Le chiesi com'era vestita e aveva lo stesso grembiule che avevo visto su quella materializzazione».

♥ ♦ ♣ ♠

XXII

──── **Bilocazione di Rol** ────

8. Lorenzo Ostuni (*trascrizione da intervista televisiva*):
«Fellini in una delle tante volte – questo doveva essere il '75/ '76 – aveva deciso di andare a Torino, e una certa mattina, mi ricordo di un venerdì, doveva partire per Torino presto, per passare tutto il venerdì e tutto il sabato con Rol, ed eventualmente tutta la domenica. Lui abitava a via Margutta 110, la mattina esce con la sua borsa, col suo trench, perché il taxi lo sta aspettando, saluta Giulietta Masina, apre e chiude la porta e sul pianerottolo trova Rol. E lui rimane sbalordito. "Ma... Gustavo come... come mai qui? sto venendo lì a Torino da te". E Rol gli dice: "Ti ho precorso". "Come mi hai precorso?" Fellini dice "Va beh, è una delle tante superesperienze che fa Rol". Scendono insieme le scale, due piani, arrivano giù, entrano tutti e due nel taxi che li aspettava per andare all'aeroporto, uno entra da destra, uno entra da sinistra, Fellini si accomoda sulla destra – poniamo – sul retro della macchina, e Rol sulla [sinistra] scompare, non c'è più».

9. Francesca Fabbri Fellini:
«Federico mi parlava dei poteri di Rol, dicendomi che aveva la capacità di trovarsi in due posti contemporaneamente nello stesso momento (bilocazione). Una volta Federico era seduto nel suo salotto di casa, in Via Margutta 110 e mentre parlava al telefono con Rol, girandosi lo vide seduto lì con lui».

10. Giando Baston (*trascrizione da audio*):
«Lo incontrai per caso, ero in zona Piazza Statuto [a Torino] con le stampelle, ero uscito da pochissimo tempo da un incidente stradale, ero stato in coma e non sapevo chi fosse questo uomo, non ne avevo mai sentito parlare (...). Ero rimasto fuori dal bar ad aspettare [i] miei amici. Lui si avvicinò, e iniziò a fissarmi. Io lo guardai e dentro di me dissi: "Ma questo sguardo – occhi di ghiaccio – è strano, uno sguardo fortissimo, penetrante", mi si è avvicinato, mi mise una mano sulla spalla e mi disse testuali parole:
"Non ti preoccupare, passerà tutto, loro ti saranno vicini, non avere paura se li vedrai", e io gli dissi:
"Scusi, ma chi è che si deve avvicinare a me?"
"Non ti preoccupare, sei un ragazzo fortunato, e io in questo momento non sono qui".

Io mi son girato per guardarmi attorno e lui in un attimo non c'era più. (...) Da lì iniziai a chiedermi: "Ma chi è quest'uomo?" non riuscivo a capire chi era. Poi dopo svariato tempo ero in una libreria e vidi un libro con una copertina col [suo] viso, dissi: "Ma... è quello che ho incontrato a Torino!"».

11. Sabrina Rubino:
«Mia mamma Mirella Roccatagliati (mancata nel 1997) dal 1978 aveva un ammirazione smisurata per Rol, in quanto un mattino di quell'anno (io ero ragazzina ed ero a scuola quel giorno) si è sentita svegliare da una voce, si gira e vede un signore vestito di bianco accanto al suo letto che la chiamò per nome e le disse: "Mirella alzati sono le 8, questo non è un sogno guarda l'ora e capirai che sei sveglia". Lei girò la testa e vide che erano le 8. Era tra lo sbigottito e lo sconvolto di vedere uno in casa che non conosceva. Lui le disse di guardare l'ora per dimostrarle che non stava sognando ma era vero, quindi scomparve.
Ci raccontò la storia per una settimana, era sconcertata, ma non sapeva chi fosse (all'epoca si parlava meno di lui). Più o meno un mese dopo mio padre compra *La Stampa* e mia mamma a un certo punto caccia un urlo: "È lui! quello che ho visto quel mattino!" (mio padre non crede mai a nulla). C'era la foto di Rol associata a un articolo che parlava di lui. Io sono come era mia madre e le credetti subito».

12. Paola Bugni (B.P.):
«Mio zio fu presente ad un suo dislocamento in due posti diversi. Si trovava a cena in due luoghi diversi, suo fratello era ad una cena e lui ad un'altra. Sono poco propensa a certe cose ma loro avevano la foto con lui ad entrambe le cene. Le ho viste. I miei zii erano persone troppo perbene e poi non erano consapevoli che fossero presenti a due cene diverse.
Non credo mai a cose riportate ma l'evidenza di quella foto che portavano nel portafoglio, e poi uno dei miei zii era presente ad altre cose e conoscendolo so che era vero tutto ciò che raccontava».
[*Questo è quanto la signora Bugni aveva commentato in un gruppo facebook, semplificando. Ecco ora altri elementi che mi ha poi comunicato direttamente, in vari frammenti che ho unito in poche parti. Le ho chiesto inizialmente se sarebbe stato possibile recuperare le foto*]
«Purtroppo mio zio B.P. è morto a 86 anni, già da qualche anno, e non avendo figli tutte le cose sono andate perse. Il racconto mi è stato fatto tanti anni fa e credo che lui fosse (se ricordo bene) a una cena o qualcosa di simile a casa sua e l'altra in un ristorante. So che ne era affascinato e mi diede da leggere un libro di Rol, che poi pretese indietro. Non ho idea da quanto lo conoscesse. L'altro non era propriamente mio zio ma un amico di mio zio.

La città credo fosse Torino, il periodo verso la fine degli anni '80 o primi '90.
Ricorda se Rol era vestito nello stesso modo? Foto a colori?
Erano foto a colori, ma colori molto spenti come le foto di una volta, con colori non chiari. Me le mostrò entrambe però non so se l'altra se la fosse fatta dare o imprestare o fosse una copia.
Secondo me era vestito nello stesso identico modo.
Ed era seduto al tavolo in entrambi i casi?
No. In una era seduto e nell'altra era in piedi, mi sembra fosse di profilo ma sono trascorsi troppi anni e sinceramente allora non mi soffermai, le foto erano anche parecchio consumate perché tenute nel portafoglio.
Se non sbaglio nel locale dove lui era in piedi disse di essere passato per caso a salutare o qualcosa di simile e si trattenne un po' a parlare con persone che conosceva.
Mio zio mi raccontò altri episodi ma ricordo solo che lo vide attraversare un muro, penso a casa del Maestro, ma era tutto troppo strano, lui stesso era confuso nel raccontarlo come se fosse qualche cosa d'impossibile e si fosse suggestionato. Disse che lo vide etereo, quasi trasparente, per poi tornare normale. E tuttavia non ha mai dubitato di quello che aveva visto, era convinto che fossero fenomeni reali e non illusione, e non era un credulone.
Non so come si fossero conosciuti, mio zio amava la musica e andava a teatro oppure a vedere il Torino ma non so se si fossero conosciuti così oppure portato da un amico comune, forse più probabile.
Quello che ricordo con sicurezza è che aveva ammirazione per il Maestro, trapelava dalle sue parole, ne parlava un gran bene».

12ª. *Filippo Ascione* (Gustavo Adolfo Rol):
[*Un giorno parlando dell'incontro che Ascione ebbe con Padre Pio nel 1966 o 1967, il discorso cadde anche sulla bilocazione, al che*]
«Gustavo mi aveva parlato degli esperimenti che lui faceva di bilocazione, mi aveva detto: "Io posso andare a New York o a Parigi senza muovermi da qui, ma posso anche andare nella Parigi di Napoleone. Posso fare anche una bilocazione "scavalcando il tempo" cioè sia una bilocazione reale sia una bilocazione temporalmente differita. Spesso vado nella Francia di Napoleone"».

12ᵇ. *Anna Rosa Nicola*:
«Rol riusciva ad essere in due posti contemporaneamente, poteva sdoppiarsi. A tal proposito mia mamma mi raccontò, ma non ricordo i particolari, che una volta a ristorante lui era sì presente, lo vedevi come persona, eppure si sentiva che era "da un'altra parte"».

Inseriti in altri capitoli ma contati anche in questo:
13. Pellegrino (nota a II-29^a)
14. Chionio (V-158bis)

XXIV

Alterazione spazio-temporale

10. Lorenzo Pellegrino (*trascrizione da conversazione telefonica*):
«Un giorno [del 1964] vado da Rol, mi ricordo che avevo una maglietta, era molto caldo, non so se era luglio o agosto, era tempo di vacanze comunque. Maglietta, pantaloni corti e scarpe da tennis che si parlava allora, quelle di tela, che poi andavano... della Superga – parlando di marche – e vado, e ci siamo incontrati sempre al Valentino, quasi allo stesso posto[1]. Io avevo sentito parecchie cose su di lui, che lui faceva questo lui faceva l'altro, e lui sentiva, quasi quasi ti leggeva quello che avevi dentro... e mi chiede a un certo punto:
"Ma a te cosa di piacerebbe, dove ti piacerebbe andare, cosa ti piacerebbe fare?"
E io gli ho detto: "A me piacerebbe andare una volta in Australia dove c'è quella montagna rocciosa rossa", che poi non sapevo il nome, non lo so nemmeno adesso, e dice:
"Va bene... allora andiamo subito" e ho detto: "Ma... subito? così su due piedi?"
"Sì, dammi la mano" poi dice "dammi l'altra che è più sicuro", sempre scherzando, perché penso che era una cosa... solo uno scherzo. E di colpo ho sentito un caldo tremendo, ancora più caldo di quello che c'era a Torino, perché a Torino era abbastanza caldo, però arrivato lì era proprio afoso, ho avuto un attimo di smarrimento, come se avessi un giramento di testa, apro gli occhi bene e vedo che ero lì e c'era un orizzonte molto piatto tutto intorno, una cosa magnifica. E ho incominciato a camminare – eravamo in un posto molto alto, vedevo giù e c'era quasi quasi a strapiombo su una radura sotto. E... sensazioni ... felicità, non te lo so spiegare, guarda, un affare di emozioni, lacrime, questo me lo ricordo, mi vengono anche adesso se ci penso bene, è veramente una cosa stupenda così. E dopo... abbiam continuato a camminare intorno lì, e dopo ho detto:
"Beh, adesso l'ho visto, andiamo no?"
Era forse un po' di paura che avevo, e dico: "Qua se non si torna indietro cosa bisogna fare?", il mio ragionamento da ragazzino. Dopo siamo tornati, come al solito io [faccio] la strada con il tram, nel tram me la ridevo da solo, la gente guardandomi forse mi dava anche del pazzo e poi vado a casa. Mia madre queste scarpe di tela le lavava periodicamente,

---

[1] Cfr. l'incontro con Rol e Fellini (XIX-7).

quasi settimanalmente perché si sporcavano troppo, e allora una mattina mia madre mi fa:
"Ma dove sei stato tu con le scarpe e una terra rossa?".
E io ho detto: "Ma da nessuna parte!" e dice: "Ma che strano, le ho lavate e sono ancora rosse", e poi queste scarpe mi sono rimaste rosse ma per moltissimo tempo, prima che è andata via bene la [terra], o forse non è mai andata via la terra che era attaccata, o il colore che gli aveva dato. Una cosa veramente bellissima.
Lui era molto contento, mi guardava come per dire: "Adesso ti ho portato qua, sei contento?", sempre con i suoi sguardi... e rideva anche lui... Poi ci siamo lasciati con le mani, quasi subito, e tutti e due si caminava uno dietro l'altro, oppure così, non è che siamo rimasti attaccati, questo no. Poi appunto ricordo il particolare che lì era anche giorno, che poi ho chiesto a te se faceva anche viaggi temporali nel tempo, perché l'ho pensato dopo, quando siamo andati via era pomeriggio, quando siamo arrivati su quella "montagna" in Australia era pomeriggio col sole molto alto, e quello però me ne sono accorto dopo un po' di tempo, pensandoci su dicevo, come può essere che, se c'avevo il sole a Torino, erano forse le 3 o le 4 [pm], lì avrebbe già dovuto essere scuro, il ragionamento che facevo, che poi per tanti anni questo dubbio me lo sono tirato dietro fino a che una volta se ti ricordi te l'ho chiesto, se era possibile che... lui facesse questi viaggi nel tempo. Da tutte e due le parti era pomeriggio. La stagione non l'ho nemmeno pensato. C'era più di 30 gradi sicuramente, perché era sui 37-38. A Torino era molto caldo, non so quanti ce n'era, però Torino diventa molto caldo, caldissima anche lì, però quando sono arrivato lì m'ha dato l'impressione proprio di entrare in un forno, proprio una decina di gradi in più».

Quando Lorenzo Pellegrino mi raccontò questa sua esperienza la prima volta, io gli feci notare che appunto di strano non c'era soltanto l'orario incompatibile, ma anche la temperatura, quindi la stagione. Quella che segue è la didascalia al video di questo racconto che pubblicai su Youtube nel 2016:

«Un fatto interessante che emerge dal "viaggio" istantaneo in Australia è che il sig. Pellegrino dice essere avvenuto nel primo pomeriggio a Torino, e che in Australia il sole era ancora alto sull'orizzonte. Ora, il fuso orario tra Italia e Northern Territory, lo stato dove si trova Ayers Rock, nel mese di luglio – quando si sarebbe svolto l'episodio[2] – è di 7 ore e 30 min (in avanti). Quindi se Pellegrino ha "viaggiato" intorno alle 15 del pomeriggio, come ricorda, in Australia dovevano essere circa le 23! Lui

---

[2] Avevo escluso agosto perché Rol in genere in quel mese andava a Mentone o comunque sulla Costa Azzurra.

stesso tempo dopo l'accaduto si è accorto di questa stranezza. Noi gli abbiamo fatto notare che non c'è solo questo di strano: c'è anche la stagione "inversa", e che la temperatura da lui percepita di quasi 40° è incompatibile con quell'epoca dell'anno, essendo in Australia inverno, e dove ad Ayers Rock le temperature medie sono (a luglio) di 20 gradi la massima (di giorno) e di 4 la minima (di notte). Per spiegarsi la prima incongruenza, da lui stesso constatata, a Lorenzo è venuto il dubbio che Rol potesse viaggiare nel tempo. E infatti lo abbiamo informato che era questa una sua possibilità, di cui lui non sapeva nulla (non avendo letto nessuno dei libri dedicati a Rol, abitando in Svizzera dagli anni '60). E quindi? Perché Rol avrebbe avuto bisogno di trasferirsi anche temporalmente? O non sarà che ha usato la "memoria" collettiva per fare il viaggio, quindi servendosi solo di un "archivio" mentale, piuttosto che viaggiare nell'Australia di quel momento? Difficile rispondere, anche perché Rol ha dimostrato in altre occasioni di trasportarsi fisicamente e velocemente a distanza, e non solo con la mente. E il testimone ha avuto la netta impressione di essere lì, fisicamente (cosa che hanno testimoniato anche altri testimoni "temporali" o di viaggi istantanei [*di Rol*]). Probabilmente poteva servirsi di metodi diversi e usare quelli che riteneva più adeguati a seconda dei casi, o quelli che semplicemente era in grado di usare in un dato frangente. Però la terra rossa sulle scarpe da ginnastica... lascia poco spazio alle suggestioni mentali».

Aggiungo qui che il fatto che Pellegrino si sia "portato dietro" la terra rossa è compatibile con quei viaggi nel tempo nei quali il o i viaggiatori portano nel presente un oggetto visto durante l'esperienza. Si tratta di un dettaglio significativo, perché come per altri casi, un episodio ne conferma altri e viceversa e perché se nel caso di oggetto visto abbiamo una situazione cosciente del viaggiatore, nel caso della terra rossa no. Non c'era alcuna intenzionalità e neppure consapevolezza in Pellegrino di portarsi dietro questa terra. La cosa è avvenuta prescindendo da lui.

11. Emanuela Minosse:
«Conobbi Rol nel lontano 1979. Mi è stato presentato dal Prof. Guasta, suo grande amico. Il prof. ed io in quel periodo studiavamo "le voci dei viventi di ieri"[3] ed egli volle sottoporle a Rol affinchè formulasse il suo pensiero in merito. Inutile dire che quella sera furono fatte tutte le ipotesi possibili, compresa quella di eventuali alieni o abitanti di altri mondi che cercavano un contatto con noi. Ricordo perfettamente che Rol escluse a priori questa possibilità dicendo che non esistevano altri pianeti abitati da esseri senzienti come noi. Il seguito fu una lunga diatriba fra Rol e chi pensava che la terra non potesse essere l'unico pianeta abitato. Rol fu

---

[3] Fenomeno conosciuto anche come *psicofonia*.

irremovibile nel sostenere che ne aveva la completa certezza, peraltro motivata![4] Inutile dire che non ci diede ulteriori spiegazioni, questo era il Dott. Rol: una persona meravigliosa quanto criptica e misteriosa!»

«Purtroppo Rol non dava spiegazioni, credo che non ci ritenesse in grado di capire, non avendo gli elementi necessari per poterlo fare e neppure il modo per comprendere le sue spiegazioni. Lui viveva in un altro mondo, vedeva e sentiva cose che per noi erano pura fantascienza. Trattava questi argomenti con il prof. Guasta, suo grande amico e "sui generis" come lui. Guasta li raccontava a me per farmi conoscere questo essere meraviglioso... Si contraddiceva anche, senza spiegazioni, ed era inutile insistere. Ho incontrato Rol forse una decina di volte ma con il Prof. Guasta parlavo molto spesso di lui. Certo avevo 23 anni, ero una piccola maestrina di provincia, completamente a digiuno circa i discorsi che trattavano, ma ero curiosa, prendevo appunti per poi cercare di capire in tutti i modi possibili. Credo che talvolta si sentisse solo perchè incompreso e nonostante il suo innato senso dell'umorismo trapelava in quei suoi chiarissimi occhi una profonda tristezza che dissimulava non appena si sentiva osservato. Mi disse che avrei avuto una vita molto difficoltosa, piena di ardue prove da superare, toccando anche argomenti specifici, e così è stata la mia vita! Continuò dicendo che queste prove mi avrebbero resa del tutto diversa, in grado di capire in parte anche lui ma quando questo sarebbe avvenuto lui non sarebbe più stato fra noi. Avrei voluto crescere in un momento e glielo dissi ma lui, proprio in quell'istante sparì sorridendo per poi ricomparire all'angolo opposto della stanza. Il mio cuore batteva all'impazzata, ciò nonostante non avrei voluto essere in nessun altro luogo».

12. *Giuseppe Ghigo*:
[*Nel 1986, ventenne, andò a vivere da solo in Via Silvio Pellico 31, al piano terra, nello stesso palazzo dove abitava Rol (al quarto piano). Tempo dopo...*]
«Qualche anno prima che mancasse, quando non ero più un ragazzino, mentre stavo per tornare a casa lo trovai che camminava lentamente davanti a me. Era molto alto, aveva il cappello e un cappotto lungo tipo loden, forse era fine autunno, non faceva caldo, ed era da solo. Io arrivavo da Via Madama Cristina / via Ormea, e camminavo più veloce, lui essendo già molto anziano camminava piano, l'ho visto entrare nell'atrio del palazzo e sono arrivato subito dopo.
Normalmente io entravo dal cancello, perché per andare a casa mia si fa prima a passare dal cancello, invece quella volta lì sono passato dal portone perché volevo salutarlo.

---

[4] Nel senso che, visto il suo livello spirituale dimostrato oggettivamente da tutte le sue *possibilità*, la sua non poteva essere considerata una mera opinione.

Appena entrato nell'atrio mi aspettavo di vederlo lì, o al massimo di vedere l'ascensore che stava andando su o di vederlo parlare con la custode. Invece non c'era da nessuna parte. Ho guardato in giro, mi sono detto: "Ma dov'è?", ero già preparato ad incontrarlo, a salutarlo. L'ascensore era al piano e non era stato preso, sulle scale non c'era così come in portineria, dove non c'era nessuno ed era chiusa. Era sparito».

Inseriti in altri capitoli ma contati anche in questo:
13. Vicario (VII-35)

XXV

—— Viaggi nel tempo ——

8[h]. Maria Luisa Giordano:
«Dei viaggi nel passato e nel futuro... avevo sentito parlare dagli amici che erano soliti frequentare Rol, purtroppo per i più diversi motivi, a noi non fu possibile: me ne rimane il rimpianto.
Erano esperimenti particolarmente faticosi, Rol mi raccontava che occorreva almeno un'ora di preparazione, la procedura era molto lenta.
In penombra, dopo aver scelto un'epoca, la data e il luogo diceva ai partecipanti di rilassarsi e di concentrarsi sul colore verde; poi faceva immaginare ad ognuno di trovarsi là a quel tempo e in quel luogo.
Tutti percepivano le medesime sensazioni, vedevano le stesse cose, sentivano gli stessi suoni e gli stessi odori. Quando si materializzava qualche apporto, Rol spesso lo faceva distruggere».

8[i]. Catterina Ferrari:
«La gamma multiforme di "possibilità" di cui era dotato, gli ha permesso di spaziare in ogni campo, di poter fare esperimenti di ogni genere, compresi viaggi nel passato e nel futuro, sempre per il bene del prossimo e per uno scopo altamente morale.
Per comprendere come ciò sia stato possibile, bisogna parlare della sua teoria dello "spirito intelligente".
Ogni oggetto che ci circonda esercita una certa funzione che continua anche quando l'oggetto cessa di esistere.
Funzione = spirito dell'oggetto.
Alla costruzione dell'oggetto hanno partecipato persone e nella manipolazione l'oggetto è venuto a contatto con altri oggetti: si è costituito così un legame che perdura nonostante la fine dell'oggetto.
Se esiste lo spirito della cosa, ovviamente lo spirito esiste anche per gli animali, e tanto più per l'uomo. Rol definisce "spirito intelligente" quello dell'uomo; esso non ha nulla a che fare con l'anima, la quale è immortale e dopo la morte torna a Dio.
Lo "spirito intelligente", posseduto da ciascuno di noi, è quel "quid" che compendia tutto quello che noi siamo e sa tutto del presente, passato e futuro, e rimane sulla terra anche dopo la morte a prova dell'esistenza e dell'inconsumabilità di Dio. Come lo spirito di ogni oggetto è legato allo spirito degli altri oggetti che hanno contribuito alla sua creazione, così lo "spirito intelligente" di ogni uomo è legato ai suoi predecessori. Così non è impossibile pensare che il nostro "spirito intelligente" possa risalire

attraverso la catena di discendenza al tempo passato, venendo a conoscenza di nozioni che sono il risultato di tutte le funzioni che hanno contribuito a formarlo. (…)
Lo spirito intelligente dell'uomo può stabilire un rapporto con lo spirito intelligente di altri uomini viventi o defunti ed è in virtù di questi rapporti tra spiriti intelligenti che si ottiene la conoscenza di cose avvenute nel passato o presagire cose future.

> "I viaggi avvengono in questo modo: uno dei presenti indica un luogo qualsiasi, per esempio piazza San Carlo od altro luogo anche ignoto a tutti i presenti, ad eccezione della persona che lo ha indicato descrivendolo. Potrebbe anche essere una villa o un alloggio. Poi si stabilisce una data passata o futura. Ora giorno mese ed anno, senza limiti di tempo; esempio: 5 aprile di qualsiasi anno passato o futuro, ore 4 del pomeriggio.
> Si spengono totalmente le luci e tutti sono invitati a concentrarsi sul luogo designato immaginandolo com'era stato descritto e collocandolo nel tempo stabilito. La concentrazione è molto lunga e non sempre riesce; quindi questi viaggi nel passato o nel futuro sono difficili. Quando le cose si svolgono favorevolmente, c'è sempre uno dei presenti che incomincia a parlare e dice che cosa vede. Il più delle volte si rivolge ad una persona che il suo spirito gli mostra o si limita a descriverla. Succede anche che si stupisce di veder indossare indumenti che prima non conosceva. Ricordo in una seduta fatta in casa di un noto avvocato di Torino che rivelò di essere in contatto con una bella Signora (1700) e raccontò che la stessa lo condusse nella sua casa dove gli mostrò dei gioielli. 'Ma come, Lei me lo deve donare?' In quel momento la luce si accese da sola nella camera, e tutti vedemmo nel centro della tavola lo stupendo anello che il giorno dopo, donammo anonimamente al Cottolengo!
> Lo spazio non mi consente di dilungarmi, altrimenti avrei raccontato l'esperimento in modo più completo ed interessante". »

Questo brano citato da Catterina Ferrari è senza fonte, non si sa al momento chi lo abbia scritto. È possibile che sia dello stesso Rol.

9. *Paolo Fè d'Ostiani* (cognata Paola):
«Rol faceva esperimenti di viaggi nel tempo. Una volta ne ha fatto uno a casa mia, c'ero io, mia moglie, mia cognata Paola e un paio di altre persone oltre a Rol. Sarà durato un quarto d'ora / venti minuti. Io però sono stato solo testimone esterno, non riuscivo infatti a partecipare. Non è che fossi un elemento estraneo e contrario o disturbatore della serata, tutt'altro. Però chi era preso completamente da questo esperimento si

lasciava trasportare e diceva quello che vedeva, quello che sentiva, quello che percepiva. Io invece rimanevo distratto dalla realtà circostante, sentivo i rumori del traffico giú in strada, non riuscivo ad essere preso dall'esperimento.
Quella volta mia cognata Paola aveva cominciato a parlare di questo mondo dove si trovava in quel momento, era l'Olanda del XVIII secolo, sentiva di avere i vestiti di quell'epoca e stava vedendo una contadinotta con un cappello a due punte e una bacchettina in mano passare per un ponticello sopra un fiumiciattolo, stava guidando un gruppetto di oche al pascolo.
Un po' un classico o uno stereotipo dell'Olanda vista dai bambini, cioè la contadina con gli zoccoli di legno, il cappello di traverso con due punte, grembiulino e la bacchetta e le oche davanti; lei si è trovata in quell'ambiente, è tornata indietro di duecento anni, non sentiva nessun altro rumore esterno. Io invece sentivo i rumori dei motorini o delle macchine che andavano verso Mirafiori per fare i turni allo stabilimento, quindi non ero proiettato all'indietro come lei o come anche mia moglie. A Rol questo l'ho detto e infatti non ho più partecipato a questo tipo di esperimento. Gli altri riuscivano a viaggiare all'indietro, io no. Quella volta nessun oggetto è stato preso durante il viaggio, come so accaduto in altre occasioni».

10. *Paolo Fè d'Ostiani*:
«Rol faceva spesso rievocazioni del passato, era un ammiratore di Napoleone e una volta il discorso è andato sulle battaglie napoleoniche.
Prima ancora che lui arrivasse a casa mia avevo messo sotto il tavolo un registratore, di quelli piccolini della Geloso (erano grossi più o meno tre volte un pacchetto di sigarette, con la bobinetta che si avvolgeva).
A un certo punto si son sentiti dei colpi di cannone e altri rumori di battaglia e alla fine della serata ho poi verificato che il registratore aveva registrato anche quei rumori, e quindi che i rumori che avevamo sentito erano reali».
[*Gli ho in seguito chiesto maggiori dettagli*]
«Abbiamo sentito rumori indistinti, come un vociare, rumori vari, potevano anche somigliare a rumori di un reparto che sta combattendo, con grida, urla, ecc. anche se molto sfumati, però quello che mi ha colpito in modo robusto è stato l'arrivo di una palla di cannone. È arrivato questo fragore nella stanza da pranzo dove eravamo. In casa in corso Vinzaglio c'era il parquet di legno, e proprio si è sentita una palla di cannone – ovviamente di ferro – che è entrata in casa e ha dato un colpo secco – così forte che avrebbe sfondato il pavimento –, era il rumore di un qualcosa di pesante che cadeva sul parquet e subito dopo un altro colpo di rimbalzo, poi è finita contro un muro della stanza.

Come quelle palle piene usate al Castello di Castagneto, che durante l'assedio di Torino era stato bombardato dai Francesi, erano palle intere pesanti qualche chilo che venivano sparate da questi cannoni ma non esplodevano, frantumavano le rocce, frantumavano i mattoni, frantumavano le mura, ma non esplodevano. Erano palle piene di ferro.

E io avevo messo sotto il tavolo, senza sapere che Rol avrebbe fatto questo esperimento, un minuscolo registratore Geloso, che era uno dei primi registratori a nastro da 8 mm, a batterie senza filo, non dava nessun rumore, nessuna luce però registrava quello che si sentiva.

Quando poi Rol è andato via, che erano già le due del mattino, ho preso il registratore e c'erano registrati questi rumori, questi tonfi che sentivamo tutti quanti durante l'esperimento.

Purtroppo non ho idea dove sia finita quella cassetta, ho fatto molti traslochi, sarà forse andata persa.

Ma io il rumore l'ho sentito e il registratore l'ha registrato. Non era una mia illusione anche perché ho premesso che io ai viaggi nel passato non riuscivo a partecipare. Invece il sentire un colpo come quello sì e lo avevamo sentito tutti distintamente».

11. Marina Ceratto Boratto:
[*All'inizio del 1987 la madre di Marina, l'attrice Caterina Boratto*]
«ebbe il sospetto che suo fratello non fosse morto fucilato con gli ufficiali italiani a Cefalonia nel settembre del 1943[1]. Infatti sul settimanale "Oggi"[2] era stata pubblicata la foto di un soldato italiano che gli somigliava molto, scattata in un campo di concentramento in Albania e perciò chiese a Rol [*per telefono*] se poteva essere lui.

Il veggente sentì e fece sentire il grido del fratello Filiberto al momento della fucilazione avvenuta a Cefalonia proprio il 22 settembre del 1943. Mamma mi passò il telefono, non potendo sopportare questo ulteriore dolore. Fu un momento terribile quando, tra ripetuti ordini tedeschi, in mezzo al rimbombo delle mitragliatrici, udii quel vano e straziante grido, suo e di altri ufficiali: "Dio dove sei? Aiutaci!"

Rol aveva la capacità di navigare nel tempo e aveva recuperato il dramma di Cefalonia.

"Mi perdoni [Marina], perché [Caterina] mi credesse ho dovuto riportarla a Cefalonia dove è morto il fratello. Fu una feroce strage e la si può accettare solo con una grande fede in Dio"».

---

[1] Nonostante Rol, 41 anni prima, le avesse già detto che invece era morto fucilato. Per comprendere meglio l'antefatto e il contesto del racconto che segue, si veda l'episodio I-79.
[2] Del gennaio o febbraio 1987.

11ª. Marina Ceratto Boratto:
[*Il far "ascoltare/vedere il passato" era però stato accennato da Rol a Marina alcuni anni prima, all'epoca delle riprese del film di Federico Fellini* Satyricon *(1968-1969), che stava avendo continue interruzioni:*]
«Chiamai Gustavo Rol, che era sempre semplice e sintetico. "Federico non ha nessun modello da copiare. Deve solo captare le voci di una civiltà divorata dal fluire del tempo. Non ha nessuna nostalgia, ma è capace di farsele venire, penso che sarà un film imprevedibile, il più imprevedibile e realistico fra i suoi. Gli farò ascoltare la musica di quel tempo".
Ebbene potrà sembrare incredibile, ma [Rol] aveva la capacità di farti navigare attraverso il tempo, forse per lui era facile fargli attraversare l'antica Roma».

12. Trascrizione da conversazione registrata (Archivio Franco Rol):

UN ESPERIMENTO DI VIAGGIO NEL TEMPO[3]

Si tratta del «primo passo» di questo tipo di esperimento, ovvero della prima fase di (almeno) tre fasi (come spiegherà Rol a un certo punto). Siamo a casa di amici, nel 1977 (forse febbraio), presenti Giorgio e Nuccia Visca, Alfredo e Severina Gaito, Giovanni Zina e moglie. È circa mezzanotte. Dall'inizio alla fine dell'esperimento effettivo (non della trascrizione che diamo qui, che comincia da prima e si estende oltre a un esperimento di carte e a complementari spiegazioni di Rol), ovvero da quando inizia il conteggio a ritroso degli anni a quando termina lo stesso conteggio in senso inverso, quindi il ritorno nel presente, passano esattamente 16 minuti e 32 secondi.

«*Rol*: "Allora adesso cosa facciamo? Un viaggio? Allora, bisogna che mettiamo la lampadina sul tavolo, qui bisogna fare al buio per forza. Il viaggio si fa al buio. (…) Allora facciamo una cosa, vuoi esser gentile di darci la luce dell'ingresso, e chiudiamo questa, perché un po' di luce ci va".
Giorgio Visca: "È troppa?"
Rol: "No no va bene, non è molto forte… Ecco, spegni pure questa, la rimettiamo là. (…) Non è fortissima neh quella luce?"
Nuccia Visca: "Possiamo accenderne un'altra"
Rol: "Ecco, meno forte (…) Ah questa qui è impossibile, troppo forte"

---

[3] Ne avevo anticipato il riassunto in XXV-7[b]. I puntini indicano di norma commenti dei presenti poco rilevanti, brusio di più voci o impossibilità, causa audio molto basso e di scarsa qualità, di comprendere ciò che viene detto. Sia la trascrizione che la registrazione sono inedite. Ad oggi è l'unico documento dettagliato esistente di questo genere di esperimento.

Nuccia: "Ma no, spegni quella là Giorgio, che io ho già acceso. Spegni. Ho già acceso io..."
Rol: "Ecco, va benissimo. Tra poco ci leggiamo anche il giornale... [*Tamburella sul tavolo*] Appena siamo ben distesi, mettetevi molto comodamente seduti. Allora ci facciamo viaggiare la nostra cara Seve[rina Gaito]"
Nuccia: "Solo lei?"
Giorgio: "Possiamo viaggiare con lei?"
Signora (non identificata) "... fatica..."
Rol: "No no. Fatica è per voi, non per me... Beh io mi prendo Seve, e poi... se qualcheduno si aggrega può farlo. La disposizione d'animo ce l'abbiam tutti, se qualcuno si aggrega... Io ne prendo una per campione... Ma io vorrei farlo... adesso, non l'hai mai tentato, ma io l'ho già fatto tante volte con altre persone, uno in una camera e l'altro dall'altra. Mi han detto che poi dopo si sente, "Io ho visto questo, io ho visto quello"... e hanno veduto le stesse cose. Una luce lì e un orologio... Allora vi chiedo tante scuse ma la preparazione è molto lunga. E poi faccio per conto mio".
[*Qui si sente come se la cassetta fosse stata messa in pausa, poi riprende*]
Rol: "...cristiani... Io lo prego a modo mio. Chiunque abbia altre religioni è autorizzato senz'altro, a tradurre la preghiera che faccio io nella propria fede. Dunque: Nel nome del Padre del Figlio e dello Spirito Santo. Io chiedo a Dio un'autorizzazione, che è quella di riportare il tempo indietro – la nostra mente nel tempo indietro – e di proiettarla nel futuro. Io chiedo aiuto a Dio, perché tengo che la mia intelligenza e la mia coscienza non siano in grado di giudicare se l'esperimento possa nuocere a coloro che furono, a coloro che sono e a coloro che verranno.
Se non fosse nocumento per qualcuno, Dio che tutto sa che non era mia intenzione di nuocere, ma io supplico Dio di volermi impedire di nuocere, ossia di voler impedire che l'esperimento... Vorrei chiedere ancora una cosa, che da questo esperimento i presenti possano trarne un vantaggio. Il vantaggio dovrebbe essere la coscienza che ciascheduno di noi è dotato di mezzi che sono *ultra* le possibilità umane, mezzi che dovremmo costantemente impiegare per vivere per amore degli altri, e non lo facciamo, perché siamo costantemente sollecitati... per quanto con un po' di buona volontà potremmo...
Vorrei ancora una cosa: che nessuno di noi, io compreso, capisca che questo tipo di esperimento, per sola curiosità o passatempo, o anche per ... ricerca scientifica, perché ... esclude, viceversa, il lato ... (...) qualche cosa di superiore... questa sua origine divina.
Allora, ancora una cosa voglio dire: che se, come ho constatato nel corso della mia vita, molte cose avvengono mentre noi stessi non ne abbiamo apparentemente alcuna responsabilità, ho potuto constatare che invece questa responsabilità esiste, e che tutto ciò che ci trova attori di un evento, è perché noi siamo di nostra volontà o presenti in quel momento che

l'evento avviene o l'abbiamo favorito o noi siamo in rapporto con persone... o noi abbiamo trascurato di evitarlo l'evento...
Ed è per questo che io adisco questo esperimento sempre con un certo qual timore, che non sarà tanto questa mia invocazione a Dio, appunto perché Dio mi ha già dato il senso della responsabilità. Se tu dovessi ad ogni volta... Dio, sarebbe un po' troppo comodo...
Però ho un dubbio: se non faccio niente non tento niente, ma se lo faccio posso sbagliarmi, nuocere.
Ai due mali seguo il minore, che è quello di tentare, perché se nuocio, non nuocio in maniera così grande, e viceversa se faccio qualcosa che è talmente grande, e che riesco, e dono qualche cosa al prossimo, tanto più che, se la cosa può nuocere, nuoce in superficie, non credo che... possa portare... viceversa ... poi c'è ancora l'immediatezza e il futuro, sono i due pilastri del ponte gettato sull'infinito...".
Seve dimmi un po', vuoi sceglierti un luogo, qualunque, ovunque. Per esempio: in Europa, non in Europa... amerei qualche cosa... un luogo che tu non conosca. Un luogo qualunque, dove tu vuoi, nel mondo o in una nazione europea o in Italia, dove ti piace."
Severina Gaito: "Che non conosco..."
Rol: "Che non conosci. Allora dimmi dove vuoi"
Severina: "Ma non so.. ad esempio..."
Rol: "Ho bisogno però di sapere il luogo"
Severina: "In Palestina"
Rol: "In Palestina. Un momento. Ti metto in guardia. La parola "Palestina" accende automaticamente in te due scene: Cristo e la guerra attuale"
Severina: "No. No no allora"
Rol: "Ma, vedi, allora hai scelto un punto molto nevralgico per la nostra mente, ho paura che tu rimanga influenzata".
Severina: "Sì, forse sì"
Rol: "Eh sì, proprio influenzata, o dalla conoscenza del Vangelo o dalla lettura dei giornali..."
Severina: "Ma no... cioè... parlare, io... davanti il paesaggio che non so perché m'ha fatto venire in mente la Palestina, senza pensare né alla guerra né alla..."
Rol: "Va bene. Allora rimaniamo in quel paesaggio e sapremo che cosa è. Sapremo che cosa è. Non te ne distolgo. Allora rimani per piacere così. Vuoi sederti molto comodamente? Mettiti molto molto bene. Puoi anche metterti appoggiata al tavolo, generalmente i viaggi li abbiam sempre fatti seduti intorno al tavolo, ma stai comodamente no?"
Severina: "Si si"
Rol: "Allora, vuoi darmi un'epoca, dunque un anno? Qui siamo nel 1977. Vuoi andare indietro per piacere, di quanto tempo, non meno... non meno

di 50 anni... quanto vuoi, puoi andare indietro anche di 3000 anni. Di quanto vuoi?"
Severina: "Di mille anni"
Rol: "Di mille anni. Va bene, allora stabiliamo questo: in quale stagione vuoi essere? In una stagione come tu hai visto, hai intravisto..."
Severina: "Un paesaggio estivo, quindi...
Rol: "Va bene, ho capito tutto, allora questo non è... Allora dimmi soltanto un'ora del giorno"
Severina: "Alla sera"
Rol: "Alla sera... mi piace ... Allora tu chiudi gli occhi... appoggiati, fai tutto quello che vuoi, chiudi gli occhi e ripeti con me le parole che io dico:
[*Rol parla e Severina ripete ogni frase o parte di frase*]
"Io compio questo viaggio col mio pensiero, io sono certa di non nuocere a nessuno".
"Oggi 1977"
"Cento anni fa 1877"
"1277"
"1077"
"Era prima dell'anno 1000"
"Anno 980"
"Prima dell'anno 1000"
"Anno 979"
"Prima dell'anno 1000"
"Anno... 78. 978. Prima dell'anno 1000. Anno 978. Prima dell'anno 1000. Anno 978. Prima dell'anno 1000. Prima dell'anno 1000. Prima dell'anno 1000. "
"Anno 977. Prima dell'anno 1000." (...)
Rol: "Quali colori... la stoffa che tocchi con la mano sinistra..."
Severina: "Rossa"
Rol: "Ci sono altri colori...?"
Severina: "Le scarpe"
Rol: "Hai le scarpe rosse. Come sono fatte? Sandali...?"
[*Severina le descrive, ma l'audio è estremamente basso e non si capisce*]
Rol: "Tu abiti in via Ormea...".
Severina: "Si"
Rol: "Sei la moglie di un medico".
Severina: "Si"
Rol: "Nella tua casa ci sono molte..."
Severina: "Si"
Rol: "C'è qualche cosa che ti ricordi un paesaggio, che tu hai intravisto...? Quel paesaggio completamente... Hai visto delle palme?"
Severina: "No"
Rol: "Cosa hai visto? Perché ti sei fatta mettere in mente la Palestina?"
Severina: "Ho visto..."

Rol: "Cosa hai visto?
Severina: "…una grande spianata, con delle cose molto… e in fondo invece delle colline… ecco si, forse c'erano delle piante, ma non erano palme"
Rol: "Senti un po'… allora, senti un po' una cosa… Chiediamo aiuto alla nostra fantasia. Io e te siamo in piedi per una strada… dove sia, dove conduca e di dove finisce. Io conosco il tuo nome e conosci il mio. Tu non sei Severina Gaito, io non sono Gustavo Rol…" (…)
Guarda. Io ho uno strano volto… fuori, fino a che, quando… un colore opaco, pesante… la mano, e la metto dentro… di che colore… lo vedi il colore?"
Severina: "Si"
Rol: "Che colore è?"
Severina: "Ma…"
Rol: "Ti piace questo colore? … Vedi laggiù in fondo alla strada che c'è della polvere"
Severina: "Sì, è molto polveroso"
Rol: "Molto polveroso vero? Ma noi… è l'ingresso di quella città… è l'ora che è andato giù il sole. C'è della gente che entra o esce. Tanta gente. Ci entriamo anche noi. Aspetta che ci siamo… Ahh… Descrivi… Ma è vero! Eccola! Non c'è più tanta luce per fare scintillare… È vero? Però c'è luce sufficiente per vedere le cose. Dì un poco, in questo momento, che siamo entrati, in una specie di porta, cosa… Puoi descrivere qualcosa che vedi?"
Severina: "…ho visto delle persone, ma purtroppo erano…"
Rol: "Io ho visto uno vestito di nero…"
Severina: "Si ma sarà un mendicante… no?"
Rol: "Può darsi. Cosa vedi ancora? Alla tua sinistra… cosa si vede all'interno? Ci sta facendo vedere una cosa curiosa. Non vedi niente? Dimmi che colore è il suo abito"
Severina: "È rosso …"
Rol: "Senti una cosa, adesso ti metti in testa una cosa d'argento, è un velo, sai, d'argento. Ecco ce lo avevo qui e volevo fartelo vedere, ti sta molto bene"
Severina: "Ma non ho un argento… un argento come in trasparenza"
Rol: "Che colore…?"
Severina: "Quasi bianco, un argento… È a strisce"
Rol: "Vorresti mangiare, bere?"
Severina: "No"
Rol: "Cosa vuoi che facciamo? Conosci qualcuno…?"
Severina: "No no"
Rol: "Ma io conosco nessuno… Ah si si, aspetta. Ho un amico che abita…"
Severina: "Ma ci sono dei gradini…" (…)

Rol: "Quanti?"
Severina: "5"
Rol: "Poi cosa c'è? Alla tua destra"
Severina: "…questa cosa qui, sembra un forno, una specie di… una cosa molto rustica"
Rol: "C'è gente?"
Severina: "No, adesso non c'è nessuno"
Rol: "Allora avanti"
Severina: "C'è una strada tutta storta, sconnessa. Non la vedi?"
Rol: "No, no. La strada non la vedo… seguo te, preferisco … che mi tenessi per mano perché io sai ci vedo poco. Portami dove ci sia un qualche cosa da… vedere"
Severina: "Ecco, guarda, io vedo una panca vicino a una… di pietra. Non la vedi?"
Rol: "Siii… che mi siedo qui…"
Severina: "Si sta bene"
Rol: "È fresco"
Severina: "Sì"
Rol: "Senti un po', chiama qualcuno che mi portino da bere"
Severina: "…ma non vedo nessuno"
Rol: "Chiama"
Severina: "Ma posso fare io da sola"
Rol: "No, ho bisogno che ci sia qualcuno che ce lo dia… Non mi fido"
Severina: "Hai paura che sia sporca l'acqua del pozzo?"
Rol: "Si vorrei sapere che cos'è…"
Severina: "Verso sera, quindi a quest'ora staranno mangiando tutti, per la strada non c'è più nessuno"
Rol: "Non senti niente?..."
Severina: "A festeggiare qualcosa forse? Come faccio a parlare? … Nessuno, non so"
Rol: "Immaginati di battere le mani, forse qualcuno salterà fuori. Vedi che le batti bene le mani. Guarda un po' se vedi bene, che di fronte a noi, un po' a sinistra tua, mi pare che si è aperta una porta, no?"
Severina: "Sì, c'è la luce accesa dentro"
Rol: "C'è una luce accesa, fioca luce, piccola luce. Vedi che c'è qualcuno dentro? Descrivimi un po'…"
Severina: "È un uomo…"
Rol: "No mi piace questo qua…"
Severina: "No, neanche a me, è tetro"
Rol: "Non mi piace niente… Andiamo via."
Severina: "Andiamo"
Rol: "Facciamo in fretta"
Severina: "E dove andiamo?"

Rol: "Andiamo dall'altra parte. Aspetta. Chiudi gli occhi, ti porto io, ti porto io. Guarda che c'è più luce qui. È chiaro. Vedi gli alberi? Cosa vedi?"
Severina: "Ma, adesso vedo una chiesa..."
Rol: "Vedo io quel che tu dici... mi descrivi..."
Severina: "È una chiesa con delle campane"
Rol: "Voglio che tu parli con qualcheduno adesso..."
Severina: "Ma cosa chiedo? Posso chiedere dove siamo"
Rol: "Chiedi dove siamo"
Severina: "Dove siamo? E dove siamo?"
Rol: "A chi lo chiedi?... un uomo..."
Severina: "C'è sempre un uomo. Donne non ne vedo mai in questo posto"
Rol: "Dammi la mano. Ripeti con me quello che ti dico. Anno 1000"
Severina: "Anno 1000"
Rol: "Anno 1200"
Severina: "Anno 1200"
Rol: "Il Rinascimento"
Severina: "Il Rinascimento"
Rol: "Luigi XIV"
Severina: "Luigi XIV"
Rol: "Napoleone"
Severina: "Napoleone"
Rol: "Mussolini"
Severina: "Mussolini"
Rol: "1977"
Severina: "1977"
Rol: "Siamo a Torino"
Severina: "Siamo a Torino"
Rol: "Io sono Severina Gaito"
Severina: "Io sono Severina Gaito"
Rol: Via Ormea ...
Severina: Via Ormea ...
Rol: "Mi sento bene"
Severina: "Mi sento bene"
Rol: "Mi dai la luce tu Giorgione un momento?"
Giorgio: "Quella là?"
Rol: "Non quella lì grossa, questa qua qui.... Grazie tante...
Andiamo molto bene. Questo è il primo passo, il secondo sarà ancora meglio, il terzo...
Avete visto con quale lucidità è arrivata: prima, io, nonostante avessi detto la parola che ho fatto, "1977", sono retroceduto, retrocesso fino al 977, prima dell'anno mille, come si è visto... Era cosciente di essere sempre Seve[rina]. Poi di colpo, viceversa, si è immessa nel paesaggio, dove la sua immaginazione ha portato. E lo vedi no? Adesso vedi meglio ancora"

Severina: "Si..."
Rol: "Hai un ricordo preciso però, no? precisissimo"
Severina: "Si..."
Rol: "Dunque, Zina, questo non è fantasia. Questo è il punto... E la morale della favola è questa: due persone, una è qui e una è nella camera accanto che non ha sentito niente, si rivedono e dicono quello che han visto e dicono le stesse identiche cose, quindi è difficile che possano avere una fantasia identica, no? un processo di fantasia identico. Questo avviene regolarmente. Purtroppo non abbiamo avuto... Uhhh l'avevo preparato e non l'ho fatto. Perché al buio le facevo prendere una carta, poi gliela facevo vedere e lei diceva che carta era, la vedeva, poi controllavamo, e poi ognuno... quella carta. Ah che peccato. Quello è una buona prova. Vede come però..."
Severina: "... penso sempre abbastanza dotata..."
Rol: "In generale le donne sono più dotate degli uomini, perché avete più fantasia e avete un maggiore senso di realtà di quanto...
[*Rol poi descrive a turno le caratteristiche dei presenti*]
Ma lui è aperto, disponibile, ma contesta...
Aperto, disponibile, contesta...
Lui è in una posizione intermedia, però abbastanza... più di loro due.
Lei: osservatrice, spettatrice, cento per cento.
Lei: metà metà"
Signora: "Io sono in un periodo no"
Rol: "Come dice?"
Signora: "È un periodo no"
Rol: "Periodo negativo"
Signora: "Si"
Rol: "Lei è disponibile, ma... in questo caso preferisco non...
Lei è portata...
Io voglio... vuoi prendere un mazzo?
Le faccio vedere dove può arrivare la disponibilità di... mescoli bene le carte... Giro. Anzi, no no, giri tu... preferisco... Io ne ho vista una, ne ho vista una mentre giravo, e allora vedendone una mi... Indica tu la carta... Si è fermata lì. Benissimo. Si è fermata lì. Quindi quest'ultima carta non la può conoscere. Indica una di queste carte... sopra?...
Se ti dico – chiudi gli occhi – tu sei in una camera, perfettamente scura. Io tocco qualche cosa sulla parete, c'è un foro luminoso. Ti dico: vieni qui a guardare come da un buco della serratura. C'è una carta, che è la carta che hai sotto la mano sinistra, questa stessa carta è nel mazzo, è nell'altro mazzo, sotto le mani... Tu dimmi questa carta, tu di' così: "Io vedo la carta che è sotto la mano sinistra"
Severina: "Io vedo la carta che è sotto la mano sinistra"
Rol: "Adesso dimmi un numero"
Severina: "6"

Rol: "Allora, apri gli occhi. Conta – adopera pure anche questa mano – mettiti 6 carte sul tavolo"
[*Severina esegue e mette le carte una dopo l'altra sul tavolo*]
Rol: "Adesso, indica una di quelle carte. Vediamo cos'è.
[*Severina indica la carta e la gira. Rol prorompe in un tono di soddisfazione ed entusiasmo*]
È prodigioso signori! È meraviglioso, perché lei lo ha visto! Ditemi se non è una cosa fantastica! Ecco il *viaggio*, immediato. Ma hai visto Gaitone? Ah come sei brava! come sei brava, ah... guarda che è bellissimo. Questo è un viaggio immediato, dalla camera... Dunque, come lei riesce a aver visto, era per dimostrare che il paesaggio che vedeva era reale! Io questo l'ho fatto per dimostrare. Non trovate fantastico? Ma rendetevi conto di quel che succede! È aprire... È questa [*la carta*] no? non è suggestione nostra. Li ha radunati, i mazzi, come voleva, sulla carta che voleva, numero 6 le ha detto lei, ha indicato quella carta là, qui da principio ha sempre avuto la mano sopra questo... (...)
Rol: "Ma Gaito ti rendi conto?"
Alfredo Gaito: "Ma certo che mi rendo conto, solo che non mi rendo conto di come avviene..."
Rol: "Avviene che c'è... Io questo l'ho fatto per dimostrare (...) che la visione è reale. È reale la visione" (...)
Nuccia: "Ma tu non l'hai detto che aveva un ..."
Rol: "Si si.. su lei, la prendo io"
Nuccia: "... su lei, ma non ha detto..."
Signora: "No, no no. Ha detto: faccio io"
Rol: "Faccio io si..."
Nuccia: "Ma però ... non l'hai detto"
Severina: "No non l'ho detto ma, cioè siccome lui era con me lo vedeva anche lui, no?" (...)
Signora (moglie Zina?): "Ma se quest'ultimo esperimento è risultato... delle persone presenti sarebbe ugualmente avvenuto?"
Rol: "Si. Certo!"
Zina: "Lui me lo ha fatto fare a me"
Signora (moglie Zina?): "Ma non dipende dalla disponibilità anche..."
Rol: "No ma questo è un altro tipo di esperimento..."
Zina: "Si ho capito perché..."
Rol: "Perché lei era nella camera, completamente buia, ha visto il forellino luminoso, "Guardaci", e lei ha guardato, senza poter dire... l'ha detto differentemente. Invece di dire: "Vedo il 4 di quadri", lo ha indicato, perché se diceva soltanto: "La vedo", la parola... invece no, c'è stato un fatto materiale, ha unito il toccare con l'indicare, quindi le due mani hanno agito sotto l'impulso mentale.
E c'è anche stato un altro impulso, di disporre le carte in quella determinata maniera e in quel determinato numero, perché se erano

quattro, quattro mazzi, questo lo ha messo qui, quello lo ha messo qui, li ha radunati, quindi lei la carta doveva trovarla per forza, doveva, perché la cosa l'aveva vista, quindi avendola vista doveva esprimerla.
Noi siamo attori di cose che sono al di sopra della nostra volontà. Ma un momento: dove noi siamo coinvolti, è nell'accettarle o meno queste cose, è la responsabilità morale, quindi piena, e assoluta. E l'errore nostro viene dal fatto che non ascoltiamo mai la nostra intelligenza. Noi non compiremmo degli errori se noi meditassimo di più a quanto noi facciamo, ma abbiamo fretta, noi abbiamo la fretta di fare"
Alfredo: "Ma quando lei radunava i mazzi, lei aveva la visione di dov'era quel 4 che lei aveva visto"
Rol: "Oh, certamente sì. Son convinto di sì. Che lei sapeva in quale di questi mazzi c'era il 4, e che li ha messi in maniera da poter trovare la quarta carta. Sono convintissimo. Non solo: lei ne ha messe qui 6 carte. È lei che ha detto 6. No, ce n'erano molte, le ha radunate lei, ha detto: "Basta", l'ultima carta che – ti ricordi? – è lei che l'ha fatta venire, il prodigio è quello, che ci sono due persone, quella reale, e quella interiore, e tutte e due vediamo che si manifestano. Una, che tocchiamo, e l'altra che vediamo nel risultato ottenuto"
Alfredo: "… sarebbe lo spirito intelligente quello che…"
Rol: "Lo spirito intelligente, esattamente… quello che vede… che può tutto. Ora, quello che è formidabile, e che non oso dirlo, ma noi abbiamo la stessa potenza di Dio. Oh, soltanto che per arrivare a esplicarla ci serviamo della scienza.
Dove ho iniziato il discorso in macchina l'altro giorno, dove ti dicevo che l'animale ha l'istinto, noi il progresso scientifico tende a distruggere in noi l'istinto e a sostituirlo con l'intelligenza, perché l'istinto – puoi capire – se l'istinto fosse intelligente non sarebbe più istinto. Noi quando arriveremo alla sublimazione dell'intelligenza, noi avremo magari anche vinto la morte, non ci sarà più la necessità di morire… Anche se hai vissuto soltanto un'ora… "Ma che cosa ha fatto un bambino in un'ora?", eh no, perché in quell'ora qualche cosa è successo..."
Giorgio: "Me lo sono sempre chiesto"
Rol: "Eppure c'è"
Alfredo: "Ma poi la morte è solo materiale"
Rol: "È solo materiale. Questa è una grande frase. Proprio quello. (…) La morte è solo materiale. Non so se l'ha fatto ad arte, ma ha detto la definizione di Leibniz: 'La morte è solo materiale'"».

Inseriti in altri capitoli ma contati anche in questo:
12ª. Ascione (XXII-12ª)

XXVI

Sincronicità

Gli episodi che seguono non riguardano fenomeni accaduti quando Rol era in vita. Potrebbero anche essere collocati nel capitolo post mortem ma in ogni caso non sono stati contabilizzati perché potrebbe non esservi un ruolo effettivo di Rol (o potrebbe esservi, ma trovo non ci siano elementi sufficienti per stabilirlo). Tuttavia in quanto coincidenze significative o sincronicità come ebbe modo di definirle C.G. Jung – e che molto spesso possono spiegarsi con certe nostre potenzialità psichiche in collegamento con il Tutto – ho ritenuto opportuno menzionarli, e in questo capitolo.

8[a]. Lia Silvia Gregoretti:
«Era il 2012, davano su History Channel un documentario su Rol[1] e alla fine mi sentii particolarmente ispirata. "Gli chiesi" di darmi un segno della sua presenza al mio fianco, subito pentendomene, essendo un gesto meschino proprio dell'ego, o 'io piccolo' come lo si vuole chiamare.
La mattina successiva scesi in città. Io abito ai margini di un bosco, sul confine con la Slovenia, in pieno Carso, e percorro una stradina che mi porta ad un incrocio che immette sulla provinciale. Mi fermai allo stop e immediatamente mi passò davanti un furgoncino color marrone sulla cui fiancata campeggiata enorme la scritta ROL. Proprio così, ROL, acronimo di non so che, e sotto vi era anche una didascalia, ma non so di cosa si trattasse, essendo scritto in Sloveno. Ma il fatto che io non l'avessi mai visto né prima né dopo, e che sia passato proprio in quel preciso momento, fu (è) per me un inequivocabile segno della sua presenza».

8[b]. Luisa Miroglio:
«Non ho conosciuto personalmente il dottor Rol ma credo di aver ricevuto da lui un segnale e forse anche una risposta. Ho saputo della sua esistenza in occasione della sua morte e sono rimasta immediatamente affascinata dalla sua figura e dalla sua energia. All'epoca (il 1994) lessi i libri che erano usciti, in particolare il primo che riuscì a procurarmi fu un libro di Renzo Allegri[2]. Essendo musicista ero rimasta attratta dall'esperimento in cui Rol materializzò uno spartito perduto del compositore Paisiello

---

[1] *Rol. Un mondo dietro al mondo*, 2008, di Nicolò Bongiorno.
[2] *Rol il mistero*, 1993.

durante una serata a casa sua. Questo spartito fu poi donato da Rol stesso a Renzo Allegri.

All'epoca avevo 23 anni e mi ponevo i primi quesiti sulla vita e sull'esistenza di una vita al di là della morte. A un certo punto chiesi a Rol, visto che era stata una figura con un'energia così potente, che mi desse un segno dell'esistenza dell'aldilà. Passarono anni, mi dimenticai della richiesta forse strampalata fatta a una persona neanche conosciuta in vita. Fatto sta che nel giorno di Ferragosto del 2000 un'amica mi chiese di aiutarla ad andare a mettere in ordine l'archivio musicale della contessa di Guarene, presso il castello di Guarene vicino ad Alba in provincia di Cuneo. Con mia enorme sorpresa, mentre mettevo ordine a manoscritti e stampe di secoli passati, ho trovato una copia in stampa di quello spartito di Paisiello. Lo riconobbi subito, sapevo a memoria come era nato l'esperimento e il viaggio nel tempo fino a un Carnevale ambientato a Venezia nella seconda metà del '700[3]. Essendo lo spartito di Rol l'unico conosciuto di questa aria perduta, lo spartito di Guarene confermava la sua legittimità e testimoniava un apporto non tramite via esoterica ma reale. Ovviamente misi al corrente tutti di questo spartito, la contessa stessa conosceva Rol e aveva anche un suo quadro.

Fino qui uno potrebbe chiamarla coincidenza o fortuna. Quello che accadde dopo fu sorprendente ma non è accaduto per mio volere o su mie azioni. Anzi. L'amica che mi aveva coinvolta nel riordino dell'Archivio raccontò il fatto a persone di cui non ricordo il nome e alla fine a Renzo Allegri stesso, il quale inserì il racconto nel suo secondo libro su Rol[4]. Io mai parlai con Renzo Allegri. Comunque nel suo nuovo libro le prime due parole di pagina 94 furono... Luisa Miroglio.

È la cosa più strabiliante che mi sia capitata in vita, non tanto trovare lo spartito ma (senza fare nulla) essere citata dallo scrittore di cui avevo letto il libro e proprio a proposito dell'esperimento che mi aveva così affascinato!».

8[c]. *Marius Depréde*:
[*Conobbe Rol negli anni '80, dal 2020 titolare di un Caffè letterario in via Silvio Pellico, mi ha chiesto se tra gli esperimenti di Rol dove i pennelli dipingono da soli sulla tela risultino esservi anche soggetti di van Gogh, perché qualcuno gli aveva raccontato di un esperimento di questo tipo con un soggetto di questo pittore. L'ho informato che è possibile, tuttavia non ci sono al momento resoconti noti. Allora spiega:*]
«Prima io non avevo una passione per van Gogh, nella maniera più assoluta. In uno dei sogni fatti da una signora di Pavia estimatrice di Rol che afferma che talvolta (dopo la morte) le ha dato segnali chiari, un

---
[3] cfr. XXXIV-34 e 34bis.
[4] *Rol il grande veggente*, 2003.

giorno mi aveva detto: "Ha detto il dottore che nel tuo locale devi mettere van Gogh", e io le ho risposto che non avevo alcuna intenzione di mettere dei dipinti di van Gogh, ovvero delle stampe, nel mio locale.
Tre giorni dopo, il 22 febbraio 2020, facciamo l'inaugurazione, e una signora che non conoscevo personalmente se non su *facebook* arriva con tre piccole tele di van Gogh: il *Cafè de nuit*, i *Girasoli* che sono uno dei classici, e quello con i gigli. Quando li ho visti mi è venuto subito in mente quello che mi aveva detto la signora di Pavia. Quella invece che me li ha portati, e che mai avevo incontrato prima, mi ha detto di averli visti, di aver pensato al mio locale e che potevano starci bene. Io non ho mai pubblicato niente su van Gogh in rete, dove ho un blog abbastanza seguito, e neanche su altri pittori.
Quindi il fatto che tre giorni prima una mi parla di van Gogh e mi dice che il dottore le ha detto in sogno che devo mettere delle cose di van Gogh nel locale, poi arriva quest'altra signora con questi tre quadretti... Ma chi è che pensa di regalare tre quadretti di van Gogh a un locale, che è già arredato? Ma nessuno! Io non sono un credulone, direi piuttosto il contrario, per natura abbastanza scettico, tuttavia questi piccoli segnali che ho da lui[5] – anche per averlo conosciuto in vita, pur se in poche occasioni, e aver potuto constatare che era davvero un personaggio con capacità fuori dell'ordinario, oltre che una persona speciale in tutti i sensi – li ho spesso e volentieri e mi fanno piacere. Ora i quadretti sono qui appesi».

8[d]. Piermario Brosio:
«[*Nel 2018*] Appartenendo all'epoca a un gruppo di Whats App aderii ad una cena. Ero in macchina con il capogruppo il quale ricevette una telefonata da una aderente che gli chiedeva un passaggio. Il capogruppo chiese il riferimento e lei rispose Via Sansovino n. 139 (Torino). Questo numero mi allertò poiché corrispondeva a quello dell'esperimento di Rol eseguitomi in banca anni prima[6]. Subito dopo ci fermammo ad un semaforo e voltandomi scorsi il numero civico 346, che era l'interno numerico dell'ufficio cassette di sicurezza, da me gestito, in cui mi incontravo con Rol. Trasalii per la sincronicità dell'evento, ma ancora di più quando due o tre giorni dopo ricevetti la richiesta di intervenire a una conferenza su Rol a Montanaro, il mio paese[7]. A questo punto non avevo dubbi, Rol mi segnalava che ne era a conoscenza. Nella conferenza citai il fatto e dissi che secondo me era presente lo spirito di Rol».

---

[5] Si veda in particolare il racconto di quando trovò il locale (XLIX-53).
[6] Cfr. IX-124.
[7] In provincia di Torino, conferenza tenutasi il 23/02/2018 e organizzata dalla dott.ssa Paola Castelli, antropologa, anche lei di Montanaro, dalla quale era venuta la richiesta. Brosio è il padre di un suo amico di infanzia.

8ᵉ. Loredana Roberti:
«Nella stessa ora in cui è stato pubblicato il post [*3 dicembre 2020*] stavo per prendere il treno per Torino, era il 3 dicembre 2017, per incontrare Chiara Patrizia Barbieri ed altri componenti del gruppo *Museo Gustavo Adolfo Rol*, gruppo che avevo creato nell'aprile dello stesso anno.

Chiara (Chiaretta per tutti) è stata una grandissima amica di Gustavo A. Rol, aveva un'ammirazione totale per Lui ed è per merito suo che è stata apposta la targa sul portone di Via Silvio Pellico, 31, residenza del Dottor Rol. Aveva chiesto anche la titolazione della via ma purtroppo il Comune non gliel'ha concessa, con grande suo rammarico. Beh, la creazione di questo gruppo ha creato fin dall'inizio parecchia curiosità e tante persone hanno subito chiesto informazioni sui progetti che si sarebbero andati a realizzare, ma anche tanta diffidenza ed ottusità per qualcosa che nasceva con i propositi e i sentimenti più puri e sinceri. La notizia è arrivata anche a Chiaretta e, dopo numerose telefonate e messaggi, abbiamo deciso di incontrarci. A Torino nei giorni precedenti c'era stato brutto tempo, con neve e freddo, ma quella mattina era uscito un sole bellissimo che illuminava le grandiose e bianchissime Alpi, regalandoci anche tanto buon umore. Abbiamo pranzato tutti insieme in un clima di allegria parlando del Dottor Rol, delle sue abitudini, della tremenda legge, del verde, del calore, delle cene passate insieme … con Franco Rol al telefono di Chiara che rispondeva alle nostre domande.

Ci siamo poi trasferiti nell'ambulatorio veterinario di cui Chiaretta era la direttrice ed abbiamo continuato lì le conversazioni. Ci ha mostrato libri, pubblicazioni, ed anche oggetti materializzati dal Dottor Rol, in particolare un rosario (che mi era stato promesso ma che purtroppo è andato perduto), una medaglietta con croce, una moneta da 5 pesos e una medaglietta del Santuario della Consolata che, anziché essere ovale era di forma quadrata, spiegandoci anche il luogo ed in quale circostanza erano avvenuti gli apporti. Chiara aveva un particolare modo di mettersi in comunicazione con il Dottor Rol (lei si definiva la grondaia della grondaia) e, quasi in maniera immediata, aveva da Lui risposte alle domande. Era una Persona pura e forse per questo le era stato concesso questo grande privilegio. Abbiamo poi parlato di questo progetto e, con l'immensa disponibilità che ci ha da subito riservato, ci disse che lei avrebbe contribuito al museo dedicato al Dottor Rol donando due bottiglie a Lui appartenute. Il tempo di recarsi in un'altra stanza e vediamo Chiara ritornare con le bottiglie di cui una in particolare ha attirato la nostra attenzione; aveva un'etichetta che ci ha lasciato tutti sbalorditi "ROBERTSON'S"… siamo rimasti un attimo in silenzio ma poi siamo tutti scoppiati dal ridere per la stranezza dell'accaduto. Abbiamo allora pensato che il Dottor Rol avesse previsto con tantissimo anticipo quel

nostro incontro ma la cosa ancora più impressionante è stata che sul pavimento, che ho sempre tenuto sotto osservazione perché era proprio nella mia visuale, è apparsa inspiegabilmente una pozza d'acqua. Ci siamo chiesti da dove venisse quell'acqua, che Chiaretta ha provveduto prontamente ad asciugare, e ho subito pensato al fatto che il Dottor Rol si definiva "la grondaia che convoglia l'acqua dal tetto" e che forse in qualche modo ha voluto farci sentire la Sua presenza.
È stata una giornata indimenticabile per tutto quanto accaduto e la gioia con cui ci siamo lasciati, con tutti i migliori intenti per il prosieguo delle iniziative. Stavo per lasciare Chiaretta quando ho deciso improvvisamente di tornare indietro e darle un ultimo forte abbraccio. Sentivo che forse non l'avrei più potuto fare... Chiaretta stava male ma certamente nessuno pensava che il 13/1/2018, a poco più di un mese dal nostro incontro, ci avrebbe lasciato improvvisamente, senza darci il tempo di salutarla. Abbiamo poi realizzato la mostra "Le possibilità dell'Infinito" grazie al grandissimo aiuto di Franco Rol e l'abbiamo dedicata a lei, come era giusto che fosse. Una grande Persona era Chiaretta e ricordo che un giorno mi scrisse: "... adesso posso anche morire che ho il testimone per il Dottor Rol". Spero Chiara di essere sempre alla Tua altezza, di fare tutto il possibile per il Dottor Rol come avresti fatto Tu, anche se hai lasciato una ferita profonda, dove ti troverò... sempre».

XXVII

Interventi a distanza

4. Paolo Pietrangeli (*trascrizione da intervista video*):
[*Per comprendere alcuni commenti occorre premettere che il testimone, regista e figlio del regista Antonio Pietrangeli, era scettico e ideologicamente schierato (comunista). Alcuni fenomeni appartengono ad altre classi, ma abbiamo preferito lasciare la sua testimonianza integrale qui*]
«Era il '67. Mio padre doveva fare dei sopralluoghi per un film che avrebbe girato a Torino. Il film poi lo girò, non lo finì perché morì durante la lavorazione. Il film fu finito male da coloro i quali furono incaricati dalla produzione di montarlo, per cui secondo me è l'unico film di mio papà che non è di mio papà. Andammo mia madre ed io accompagnare mio papà a Torino, e a un certo punto conoscemmo un signore... non simpaticissimo, un signore anziano già allora che si chiamava Gustavo Rol. C'era una specie di aria strana. Entrammo in questa casa e incominciai a capire che c'era qualcosa di... tra virgolette "magico" intorno alla figura di Rol.
Rol disse qualche cosa a mia madre, poi quando fu a quattr'occhi con mio padre, disse che non voleva parlare affatto di quello che sarebbe successo. È facile collegare il fatto che da lì a qualche mese mio papà sarebbe morto, ma lui non è che disse "guardi che...". Però successero alcune cose stravaganti, nel senso... ci fu il famoso gesto del cucchiaino, per cui avendo un cucchiaino in mano me lo trovai piegato, quelli che si occupano di paranormale dicono che è un trucco banale, io... non mi sembrò tanto banale; mi fece così col dito [*usa l'indice della mano destra teso, come fosse un coltello, facendo un "taglio" sulla mano sinistra, quasi sul palmo*] e qui sulla mano, per molti anni, adesso è andata un po' via, ci fu una cicatrice, come se avesse avuto una lama... ma anche lì, magari c'aveva una lametta... non lo so. E poi ci furono cose anche un po' più inquietanti. Lui era veramente antipatico, Rol. Molto reazionario. Comunque, a me sembrò allora molto schierato su posizioni di destra[1]. Lui faceva queste cose che leggeva da lontano, nella sua libreria... diceva [*per esempio*]: "Nella terza pagina, quel libro, l'ultima parola è pesca"... e difatti era così, però, stando a casa sua magari poteva essere un... [*trucco*].

---

[1] Rol politicamente aveva preferenze per l'allora *Democrazia Cristiana* (DC).

La cosa che non mi pareva così tanto preparata fu quella di dire a mia madre che c'era una zuccheriera d'argento sul tavolo del salotto di casa a Roma – noi stavamo a Torino – e mia madre dice: "Sì è vero", e di lì a qualche minuto questa stessa zuccheriera apparve sul tavolo dello studio a Torino. E questo fu un po' più inquietante. Non mi chieda perché per come, perché io ho sempre avuto un atteggiamento molto critico nei confronti di queste pratiche di telecinesi, tele-non-so-che. Però, insomma, questa cosa fu fatta... E ci fu anche una firma di Rol, mandata a distanza sul retro di un quadro che era appeso a casa mia, questa cosa fu testimoniata da una donna di servizio alla quale telefonammo e dicemmo: "Mah, dietro quel quadro che sta nel corridoio, c'è la firma "Gustavo Rol"? E lei disse "sì c'è".
Poi seppi più avanti – oppure me lo disse papà – che c'era un rapporto abbastanza frequente con Fellini, che evidentemente aveva un atteggiamento diverso dal mio su quello che è il caso, la magia».

5. Adriana Asti:
«Rol mi dava piccoli consigli senza senso, i cui effetti però erano stupefacenti. Un giorno gli confidai che mi piaceva moltissimo un famoso attore straniero sceso al Principi di Piemonte, il mio stesso hotel. E lui, per tutta risposta, mi disse: "Lo vuoi?".
"Be', mi piacerebbe ..." replicai interdetta.
"Mi basta vederlo una sola volta" aggiunse.
E così, quello stesso pomeriggio, mi accompagnò in albergo. Incontrò l'attore nella hall e mi diede subito il suo responso: "Devi raccoglierti i capelli, altrimenti non gli piacerai" mi raccomandò.
Raccogliermi i capelli? Ma come? Chissà perché poi. E me ne dimenticai. Accadde in seguito che amici comuni mi presentassero quella celebrità in modo del tutto imprevisto. Così, quando lo conobbi di persona, i miei capelli erano, come d'abitudine, sciolti sulle spalle. E, come in un film dell'orrore, sfiorandomi uno zigomo lui mi disse: "Metti i capelli indietro, così...". Furono proprio queste le prime parole che mi rivolse, come se qualcuno gliele avesse suggerite. Rol aveva anche quel potere. Il potere di spingere le persone a fare e dire determinate cose. Mi raccolsi i capelli e il mio desiderio di avere una storia con il famoso attore straniero fu esaudito».

6. *Maurizio Bonfiglio* (Catterina Ferrari):
«Catterina mi ha raccontato che Rol le ha tolto a distanza una spina di pesce che le era rimasta in gola.
Un giorno chiama Rol, lei era a Carmagnola, si dovevano dire delle cose, a un certo momento lui fa:
"Ti sento la voce un po' strana, cosa succede?"
"Guarda Gustavo, ho mangiato pesce, mi è rimasta in gola una spina"

"Stai ferma lì, non muoverti, apri la bocca".
Al che lei si è sentita qualcosa, una forza estranea, che le toglieva via la spina di pesce dalla gola».

Inseriti in altri capitoli ma contati anche in questo:
7. Clara e Luciano (I-152)
8. Gaito (VII-32)
9. Asti (IX-110-112)
10. De Rossi (XIX-10)
11. Merlo e Ghy (A1)

XXVIII

——— Interventi vari ———

Inseriti in altri capitoli ma contati anche in questo:
7. Mariotti (I-127)
8. Asti (IX-110-112)

XXIX

——— Epifanie ———

22. *Ciro Buttari*:
«Conobbi G.A. Rol verso la fine del 1987 a Torino. Il mio nome d'arte nel Teatro dei Sensibili di Guido Ceronetti è Yorick. Presso il Cottolengo avevamo messo in scena "Mystic Luna Park" con le marionette Ideofore. Una di queste rappresentava il dottor Rol e lo raffigurava con un cilindro e delle carte da gioco. (Maria Luisa Giordano accenna in parte[1] il ricordo di quella sera in compagnia di Rol venuto a vedere la pièce teatrale dell'amico Guido Ceronetti). Aggiungerò alcuni particolari. Alla fine della rappresentazione dietro le quinte arrivò voce della presenza in platea di Rol e, ricordo, che le attrici si dileguarono per il timore di incontrarlo. Eravamo rimasti io e Guido. Stavo riordinando i miei strumenti musicali quando lo vidi entrare da dietro il siparietto. Non ero per niente a disagio. Ricordo che la signora Giordano rimase in platea e mentre Rol si avvicinò a Guido, gli prese le mani e gliele baciò. Guido allora con un minimo di disagio gli disse: "Ma dottor Rol, che fa? ... sono mica un Cardinale... e Rol rispose: "Lei è molto di più! Molto di più di un Cardinale!". Poi Rol rivolse lo sguardo verso di me poco distante e allargando le braccia, sorridendomi, mi venne incontro dicendo: "Bravo, complimenti, Lei è un genio, un genio della musica! Venga a trovarmi, ho tante belle cose da dirle!" Lo guardavo e lo ringraziavo e mi sentivo felicemente attratto dalla Sua figura magnetica.

Qualche anno fa ad Albenga, dove Guido è solito passare qualche tempo presso una casa di cura, lo incontrai per intervistarlo con il mio registratore. Mi parlò dell'amico Emile Choran, dell'ultimo incontro a Parigi e della strana morte della moglie, rapita da una grande onda. Ricordo che passeggiavamo sul lungo mare di Albenga. Ricordai l'incontro con G.A. Rol accorgendomi che non ricordasse il dettaglio delle mani e del Cardinale (ma io ne sono certissimo). Inoltre, quando Rol si accomiatò, Guido mi disse: "Guarda, vacci tu da solo, io non verrò, sai... il mio cuore si è indebolito e non sopporta certe emozioni. L'ultima volta che ho assistito ai suoi esperimenti apparvero nelle sala alcuni cavalli imbizzarriti". Mi diede così un foglietto di carta con scritto sopra il numero di telefono del dottor Rol e aggiungendo che lo avrei trovato disponibile alle ore 14:00. Così ho fatto (...).

---

[1] Si veda nota al fondo.

Rol è stato un Uomo di Luce e di Ombra che non ha mai peccato di sovrumana presunzione, fatto bersaglio ingiurioso dei mediocri e dei ciarlatani».

22ª. Alberto Castaldini:
[*La seguente testimonianza, che colloco qui per attinenza a quella precedente, è relativa soprattutto al rapporto tra Rol e Ceronetti*]
«Fu nell'autunno del 2012 che, durante una cena in un ristorante vegetariano nel centro di Milano, lo scrittore Guido Ceronetti (1927-2018) di cui per un decennio fui amico e, per suo desiderio, dal 2013 esecutore testamentario, mi raccontò un episodio relativo a Gustavo Adolfo Rol. Chiestogli se l'avesse conosciuto e frequentato, Ceronetti mi confermò la loro cordiale consuetudine, ma colsi sin da subito una specie di timore reverenziale nei confronti del suo celebre concittadino.
Questo l'aneddoto, a mio avviso di grande rilevanza umana e spirituale. Durante una serata nella residenza torinese di via Silvio Pellico, probabilmente all'inizio degli anni 90, Rol fece alcuni esperimenti con le carte con il noto scrittore, il cui scettico disincanto (non avulso però da una sottile curiosità per il mistero) era proverbiale. A un certo punto – e Ceronetti mi evocò nel tono della voce la concitazione di quel momento – Rol gli prese le mani e gli disse perentorio: "Guido! Devi dire per tre volte ACCETTO!". Ceronetti rimase basito chiedendo il perché. Rol ribadì deciso: "Devi dire per tre volte ACCETTO! ACCETTO! ACCETTO!". Domandai allo scrittore se l'avesse fatto, e Ceronetti mi rispose di sì, ripetendo per tre volte quella parola. "E poi che accadde?" – aggiunsi io incuriosito. "E poi mi capitò di tutto: iniziarono acciacchi, problemi di salute, una cara amica di Parigi si ammalò di cancro, insomma…". Rimasi molto colpito dal racconto e subito dissi che – a mio avviso – Rol non era certamente la causa di quanto gli era capitato. Lui rimase perplesso e mi fece capire che, in fondo, temeva Rol. Era infatti noto agli amici – ma non ne faceva mistero nei suoi scritti – che Ceronetti, intellettuale di grande acume, temesse l'imprevisto che ogni esistenza riserva, adottando a volte strategie scaramantiche. Di Rol forse paventava le prospettive lontane e la profondità d'animo: meglio non conoscere, dunque, il futuro. Prima di passare ad altri argomenti di conversazione, egli mi aggiunse un dettaglio molto significativo che però dimenticai completamente, per poi "ritrovarlo" con mia grande sorpresa sei anni dopo, all'indomani della morte dello scrittore. Ceronetti mi disse che Rol gli aveva lasciato in eredità le carte da gioco di Napoleone ("tarocchi", li chiamò). Ma aggiunse che non le volle accettare, facendo intendere di temere chissà quali ripercussioni.
Veniamo dunque alla seconda metà di settembre del 2018. Poco dopo la morte di Guido Ceronetti (avvenuta il 13 settembre), ripensando – confesso con una singolare e improvvisa attenzione – al suo rapporto con

Rol e a quell'episodio lontano nel tempo, avendo appreso che l'esecutrice testamentaria di Rol era stata Catterina Ferrari, già titolare di una farmacia a Carmagnola, cittadina non lontana dal luogo di sepoltura di Ceronetti (Andezeno, nei pressi di Chieri), decisi di telefonarle. Mi presentai, scusandomi se per caso risultassi inopportuno e qualificandomi come esecutore testamentario dello scrittore recentemente scomparso. La signora Ferrari mi ascoltò e mi parve non troppo sorpresa dalla mia iniziativa. Sapendo che aveva assistito Rol negli ultimi anni della sua esistenza terrena, le chiesi perciò un'interpretazione di quell'episodio con la triplice richiesta di accettazione. Lei mi disse che rammentava quella serata e osservò che il fatto le ricordava quello occorso fra Rol e lo scultore di Losanna *François* Louis Simecek.

Mi documentai in proposito e ne dedussi, per l'elevato significato morale, che Rol, con ogni probabilità, aveva in qualche modo introdotto e sostenuto Ceronetti nelle prove che lo avrebbero atteso nell'ultima parte della sua vita. In pratica, come per quell'artista svizzero, Rol aveva favorito un'evoluzione dello spirito, una maturazione interiore nella prospettiva ineluttabile della morte, ma anche nella consapevolezza che l'intera esistenza è un dono di Dio e che perciò va vissuta nella sua completezza, che non esclude la sofferenza.

Sempre nel corso di quella prima telefonata, Catterina Ferrari, nella mia veste di esecutore testamentario di Ceronetti, mi comunicò che il dott. Rol aveva disposto un legato a suo favore nel testamento: "le carte (da gioco) di Napoleone". Io fui sorpreso giacché non ricordavo quel dettaglio che però lo stesso Ceronetti, quasi intimorito, mi aveva comunicato anni prima. La donna mi spiegò che aveva cercato di consegnare le carte a Ceronetti, ma lui le aveva rifiutate con ostinazione. Mi chiese allora se vi fossero degli eredi cui trasmetterle. Io risposi che erede universale era la moglie dello scrittore Erica Tedeschi e che l'avrei contattata in proposito. Parlai dunque con la signora Ceronetti – residente nei pressi di Roma – che si disse disposta ad accettare quelle carte e ricontattai più volte Catterina Ferrari per raggiungerla a Carmagnola. Purtroppo, per una serie di ragioni non dipendenti da me, l'incontro non ci fu come non avvenne mai la consegna delle carte e la successiva trasmissione da parte mia del legato alla signora Ceronetti.

Allorché nel mese di ottobre del 2018 mi recai in Toscana accompagnato da un amico mantovano, Massimiliano Franchetto, per l'apertura della successione di Ceronetti presso un notaio di Chiusi, gli raccontai della disposizione testamentaria di Rol (per inciso Franchetto conobbe Ceronetti ed è un grande estimatore della figura di Rol) e lui, prima che precisassi l'oggetto, me lo indicò con mio grande stupore, aggiungendo che io stesso glielo avevo detto anni prima. Come ho già scritto, mi ero completamente dimenticato di ciò e – conoscendo la mia memoria ferrea – non riesco ancora a capacitarmene. Sono però convinto che per misteriose

vie, per quell'intima unione e mutua comunicazione tra i vivi e i defunti in Cristo, dopo la morte di Ceronetti si dovesse altrimenti perfezionare la volontà testamentaria di Rol.
Ciò non è materialmente avvenuto, e ne fui rammaricato, ma forse quella consegna doveva avvenire su di un piano simbolico, per il suo scopo maggiore, quale elargizione postuma di un bene spirituale di Rol all'amico Ceronetti, per il tramite di chi quell'amico aveva scelto come suo esecutore testamentario, per concludere, chissà, oltre i limiti della vita terrena e al cospetto di Dio, quella triplice accettazione espressa molti anni prima».

23. *Filippo Ascione*:
«Una volta che ero andato a trovarlo con Federico [Fellini], ci accolse insieme ad altri invitati sua moglie, una persona molto discreta, distinta, gentile, di origine norvegese. Lui era stato chiamato in ospedale per confermare una diagnosi (spesso lo chiamavano quando non era chiaro cosa esattamente avesse il paziente e qualche volta era entrato anche in sala operatoria, oppure andava in corsia). Lei ci raccontò che quella notte non aveva chiuso occhio. "Tutta la notte da questa stanza è passata la cavalleria napoleonica, facendo così tanto rumore che non ho potuto chiudere occhio". E poi con una certa ingenuità diceva: "Federico, ha visto com'è bravo mio marito?", dopo che magari Rol aveva fatto uno dei suoi prodigi, come far sparire un mobile».

23bis. «Rol mi sconvolgeva, ma solo dopo che ero andato via da casa sua. Quando ero con lui, anche quando ero insieme a Federico, mi sembrava la cosa più normale del mondo.
Ti avevo mai raccontato della cavalleria napoleonica? Federico ha detto a Elna: "Come stai?"– eravamo arrivati a Torino – e Elna dice:
"Federico, tutta notte non ho chiuso occhio, tutta notte in camera da letto cavalleria di Napoleone, cavalleria di Napoleone, cavalli che attraversavano camera da letto", come se fosse la cosa più normale del mondo.
Quando si entrava in quella casa ci sembrava tutto normale. Non puoi entrare in quella casa e dire: "Oddio che sta succedendo?". No. Quando ad esempio io sono entrato che ho visto materializzare piano piano una persona viva[2], non mi sono sconvolto, mentre in un altro momento sarei scappato via.
È stato uno dei primi incontri che ho avuto con Rol. Però mi sembrava la cosa più normale del mondo in quel contesto lì. Io non mi sono

---

[2] Sua madre. Cfr. racconto dell'episodio che Ascione aveva già riferito (XXI-4), qui lo cita di nuovo come esempio, poi torna su Elna che aveva visto la fanteria di Napoleone.

spaventato, tant'è vero che quando sono tornato in albergo ho chiamato mia mamma, e lei mi ha detto che alle cinque del pomeriggio le era preso un gran sonno e si era addormentata. Le ho chiesto com'era vestita e mi ha detto: "Avevo un grembiule bianco e blu" come quello che io avevo visto nella stanza di Rol, sulla poltroncina.

Quindi, quando entravi in quella casa, tutto ti sembrava normale, anche la moglie che diceva: "Stanotte non ho chiuso occhio perché i cavalli di Napoleone hanno attraversato la camera da letto". Non è che stai a dire: "Ma dimmi com'è avvenuto", no, normalissimo, come ci fossimo dimenticati il televisore acceso. L'unica domanda che facevamo era: "Molti o pochi?"

"No, un'intera fanteria. Per questo non ho chiuso occhio".

Era la cosa più normale del mondo che la fanteria attraversasse tutta la notte la camera da letto di una persona. Fossimo stati in un manicomio si poteva capire. E invece stavi in una dimensione reale, in piena dimensione "scientifica", neanche metafisica, proprio scientifica».

24. Paola Giannone:
«A proposito dello Spirito Intelligente: dal 1970 al 1974 sono stata segretaria presso lo Studio degli Avvocati Rappelli Ferreri. Il Dr. Rol era un loro amico e spesso veniva in ufficio. Un mattino l'Avv. Pier Lorenzo Rappelli stava passeggiando con Gustavo in Via XX Settembre, davanti allo Studio. Tornato in ufficio l'avvocato, che sembrava un po' disorientato, mi ha raccontato che, mentre camminavano, gli stava venendo incontro il Notaio Ettore Morone con la sua 24 ore. Allora l'avvocato ha chiesto: scusa Gustavo ma è Morone? Rol gli ha risposto di sì. L'avvocato esclama: ma è morto! E Gustavo: sì. L'avvocato domanda: ma lo vedono tutti? No, lo vedi solo tu perché sei con me. Devi sapere che l'uomo è uno spirito intelligente e, dato che lui ha ancora dei compiti da svolgere sulla Terra, è ancora con noi».

25. *Caterina Merlo* (Liliana Merlo):
«Quando eravamo su a Paesana, una sera mia figlia Liliana è arrivata a casa e dietro di lei ha trovato Rol, cioè si è trovata dietro di lei lo spirito di Rol. È venuta dentro dicendo: "Mamma, mamma, c'era Rol qui dietro, c'era Rol!". Le era apparso».

26. Mariella Balocco:
«Un'altra volta al mare [*nella casa di Mariella a Borgio Verezzi*] l'ho visto in salotto che è passato e m'ha salutato. Son cose che ovviamente non si possono raccontare, sembra che io abbia le visioni, eppure questo era Gustavo».

26ª. *Anselma Dell'Olio*:
«[Fellini e Rol] mentre erano insieme, sono apparsi tanti ridanciani puttini sul soffitto, e pare sia stato complicato scacciarli».

26ᵇ. *Cesare De Rossi* (n.p./idraulico):
[*Il racconto seguente riguarda la mistica calabrese Natuzza Evolo (1924-2009) e non un prodigio di Rol, anche se è parte della storia*]
«Rol era amico di Natuzza, si conoscevano bene e a lei aveva mandato l'idraulico di Piazza Madama Cristina, al quale era morto il figlio a San Raffaele Cimena, vicino a Torino (era in bicicletta, un trattore non gli ha dato la precedenza e lo ha ucciso). Disperato l'idraulico era andato insieme alla moglie da Rol, che gli aveva detto: "Vai da Natuzza a nome mio". Vanno allora da lei che li fa accomodare in una stanza.
A un certo momento è apparso il figlio, proprio fisicamente, che ha detto: "Papà sto bene, sono felice e in un posto meraviglioso, non preoccupatevi per me, non piangete, quando sarà ora ci reincontreremo". Natuzza aveva il dono della bilocazione, come ce l'aveva Rol, e come ce l'aveva Padre Pio».

27. *Rosanna Priotti*:
«Verso i 14 o 15 anni, nel 1955 o 1956, sono stata operata di tonsille, di adenoidi alla clinica di via Bidone [*Sedes Sapientiae*], da un amico del dottor Rol che era il prof. Redoglia.
Il dottor Rol era venuto in sala operatoria a farmi da anestesista perché allora non facevano le anestesie. E mi aveva fatto vedere i cavalli e gli indiani per tutto il tempo dell'intervento, che sarà durato pochi minuti.
Sua sorella Tina e il marchese Solari mi avevano accompagnata da San Secondo a Torino, lui è venuto lì e mi ha assistito durante l'intervento, poi è andato via.
Tuttavia il giorno dopo ho avuto un'emorragia al seguito di questo intervento, allora lui è arrivato alle cinque del pomeriggio e ha sgridato mia mamma, le ha detto: "Perché non mi avete chiamato prima?". Mi ha messo le labbra sulla fronte e l'emorragia è cessata. Non l'ho mai dimenticato.
Mi ricordo anche che quando sono tornata a casa, siccome non potevo parlare, ho scritto su un bigliettino a mio papà: "Il dottor Rol mi ha baciata" [*intanto ride*]».
In che senso Le ha fatto vedere i cavalli e gli Indiani?
«Lui sapeva che io avevo una nonna che veniva dal Sud America e che viveva nelle pampas, quando era giovane andava a cavallo, e non lo so io perché, tutto il tempo dell'intervento mi diceva: "Guarda gli Indiani, guarda gli Indiani", e vedevo questi Indiani a cavallo.
[*Non è in grado di entrare nei dettagli, cioè discriminare precisamente se si fosse trattato di una visione ad occhi aperti, chiusi, ecc., però ci prova*]

Probabilmente non li vedevo con gli occhi, era la mia mente e credo avessi gli occhi aperti perché mia mamma dice che ho piantato un urlo, tutto il tempo dell'intervento ho sempre urlato e poi lui mi diceva: "Come ti chiami? Come ti chiami?" e io non riuscivo a dirglielo, forse voleva farmi parlare perché mi avevano operato, non mi ricordo perché, so solo che lui mi diceva: "Come ti chiami? Come ti chiami?" e io volevo dire il mio nome e non ci riuscivo, e quindi non so dire se ero sveglia o se ero addormentata. So che prima dell'intervento mi avevano messo una garzina bianca sulla bocca per la sensazione di freddo che avevo avuto, ma che io fossi sveglia o addormentata questo non lo saprei dire.

Non mi ricordo di avere avuto male, forse era stata la paura, ricordo mia mamma che mi aveva detto: "È uscito tutto il primo piano della clinica tanto hai urlato", perché allora operavano le tonsille seduti su uno sgabello con le mani legate, non c'era niente. Non mi ricordo se era presente anche il dott. Vecchia durante quell'intervento, è probabile di sì perché era il mio medico, però quello che mi aveva operato si chiamava Redoglia ed aveva i capelli rossi. Aveva lo studio a Torino in via Ettore de Sonnaz numero 8».

28. *Silvia Ronchey*:
[*Saggista, filologa e professoressa di Civiltà bizantina, in un suo articolo sullo scrittore Guido Piovene pubblicato nel 2020 su un periodico del quotidiano "La Repubblica", riferiva che Piovene*]
«credeva ai fantasmi. Quando per la prima volta incontrò Fellini, nella sua casa di Fregene, tra i pini, in un'umida serata di settembre, i due parlarono per ore, febbrilmente, non solo narrandosi le esperienze fatte con Gustavo Rol, amico di entrambi, ma scambiandosi i racconti dei propri personali incontri con l'uno o l'altro tipo di fantasma e discutendone la definizione stessa. Per entrambi, il fantasma non era né sogno né visione né tanto meno archetipo o simbolo, ma una realtà empirica e tangibile, emanata dall'esperienza».

Ho contattato Silvia Ronchey per saperne di più. La conversazione ha poi portato molti più frutti di quanto avrei immaginato.

«Era l'epoca in cui Piovene ebbe il premio Strega per Le stelle fredde[3], doveva essere il 1971, io lo ricordo personalmente, avrò avuto sui 12 anni[4]. Mio padre[5] era molto amico sia di Piovene che di Fellini. Mia

---

[3] 1970.
[4] Nata nel 1958.
[5] Alberto Ronchey (1926-2010) direttore del quotidiano *La Stampa* dal 05/12/1968 al 04/05/1973, editorialista di *Corriere della Sera* e *La Repubblica*, saggista e Ministro dei Beni culturali e ambientali dal 1992 al 1994.

mamma era stata compagna di università di Giulietta Masina, e attraverso Giulietta mio padre e Fellini si erano incontrati, tra di loro c'era proprio una grande amicizia, durata fino alla morte di Fellini, entrambi passavano l'estate a Fregene e avevano molte cose in comune.
Sia Piovene che Fellini, separatamente, parlavano di esoterismo, di fantasmi, di magia, avevano grande interesse per questi temi.
E allora in famiglia si era detto che bisognava farli incontrare. Noi d'inverno stavamo a Torino e d'estate andavamo a Fregene, l'incontro è avvenuto a settembre inoltrato, all'epoca c'erano lunghe vacanze scolastiche e rimanevamo fino ad ottobre, Fellini vi rimaneva ancora più a lungo, aveva una bellissima villa che purtroppo è stata demolita, era un posto magnifico vicino alla pineta, proprio dove ha girato *Giulietta degli Spiriti*.
Quando Piovene venne a trovarci andammo quindi tutti a casa di Fellini. E quella sera si parlò principalmente delle esperienze di entrambi con il "mago Rol", così veniva chiamato Gustavo Rol, anche con affetto.
Si fece molto tardi, non finiva mai questa lunghissima conversazione che di fatto era tra loro due, intervenivano anche Mimy che era la moglie di Piovene e mia madre che aveva sentito altre testimonianze di persone che frequentavano Rol a Torino.
Io quel che ricordo bene era la concomitanza di alcuni prodigi, che così venivano etichettati.
Un tipo riguardava la biblioteca di Gustavo Rol, lui chiedeva di prendere un libro e di aprirlo, di leggere e, senza ovviamente avvicinarsi, diceva qual'era la frase o la parola che la persona stava leggendo.
Tra loro che raccontavano era una specie di gara, Piovene ricordava un episodio, la moglie un altro e un altro lo riferiva Fellini.
Un altro tipo di prodigio riguardava qualcosa che avveniva dietro le porte, negli angoli, ovvero presenze che sia Fellini che Piovene riferivano di avere visto, credo su richiesta. Poteva essere una persona, un personaggio, qualcuno di evocato e che veniva visualizzato nell'angolo di una porta, cioè la porta era aperta, il battente veniva scostato e dietro questo battente, ferma nell'angolo, vedevano la persona che era stata evocata. Perlomeno, è così che io avevo visualizzato il loro racconto.
Questo mi ricorda un po' il dio romano Giano, protettore delle porte, dei guadi, dei passaggi, la *ianua* ovvero la porta come soglia, un tramite tra ambienti o dimensioni diverse. Pensata a posteriori non mi stupisce ora l'idea che la porta possa celare un'altra dimensione, avrebbe una sua giustificazione anche nella tradizione antica.
Poi c'era stata una lunga disquisizione su cosa fossero i fantasmi. Perché partendo dagli spiriti di Rol, Piovene diceva di aver avuto una sorta di conferma di ciò che lui aveva sempre pensato, cioè che esistessero i fantasmi, e infatti negli scritti di Piovene è qualcosa di presente.

Aveva parlato con Rol di una villa mi pare del Nord Italia, forse vicina a un lago, notoriamente infestata dai fantasmi, di cui aveva sentito parlare ma dove aveva paura di andare. Però lo incuriosiva, era un'esperienza che non aveva mai fatto e l'idea lo aveva spaventato perché credeva nei fantasmi, ma alla fine era andato perché incoraggiato proprio da Rol, il quale gli aveva dato questa avvertenza: "I fantasmi si manifesteranno non necessariamente come figure antropomorfe, ma come manifestazioni di ciò di cui tu hai la massima paura", cioè si sarebbero manifestati nella forma di fobie dello stesso Piovene, "la paura è ciò di cui si serve questa forza incantatrice che c'è in quel luogo".

E Piovene aveva detto che era andata esattamente così, anche se non aveva voluto specificare. Ci sono cose che rimangono impresse nella memoria e mi ricordo che io ero timida e non parlavo mai, mi facevano sempre partecipare a questi cenacoli anche se ero piccola però io stavo sempre zitta. Ma in questo caso avevo provato timidamente a chiedere a Piovene che cos'era questa cosa di cui aveva tanta paura e che si era manifestata, ma lui era stato vago, aveva solo detto: "È un animaletto, un piccolo animale". Non so se fosse vero oppure no e se lo dicesse perché ero piccola, comunque non era solo quello, ciò che si era manifestato era stato l'inizio di questa esperienza ed era coinciso con quello che Rol gli aveva detto.

Comunque Piovene continuava a dire che la presenza di questo animale era reale, non era stata una visione.

Oltre a questa storia di Piovene, sui fantasmi si era sbizzarrito naturalmente Fellini, e avevano parlato molto di quello che Rol diceva e teorizzava al riguardo.

Sia Piovene che Fellini riferirono di sedute fatte e in un modo tale da non lasciare adito alcuno a dubbi. Erano persone con una formazione filosofica e una grande cultura, non erano certamente degli sprovveduti ed erano profondamente convinti di questi fatti perché erano stati convinti da Rol. Pur avendo sempre avuto un'attenzione e un'inclinazione per queste cose, i rispettivi incontri con Rol li avevano portati alla certezza e ormai a non sorprendersi più di tanto per questi fenomeni, anche se raccontavano cose prodigiose.

Poi c'erano stati molti altri racconti su Rol, su come parlava, sulla sua personalità. Io non lo conoscevo, né in seguito l'ho mai incontrato, però certamente rispetto all'idea del "mago Rol" come fosse, per me che ero bambina, per esempio il mago Zurlì[6], era invece una presentazione di grandissima stima e serietà per questo personaggio, proprio per la personalità.

---

[6] Personaggio interpretato da Cino Tortorella dal 1959 al 1972 nel programma televisivo per bambini *Lo zecchino d'oro*.

Avranno parlato almeno quattro ore. Ciascuno dei due era andato a trovare Rol a casa sua, avevano riferito cose viste e accadute e si erano scambiati le loro esperienze con lui, oltreché in generale sulla magia, gli spiriti e su quelli che oggi chiameremmo "lati esoterici" della loro esperienza.
È da quell'incontro a Fregene, da quella fatale conversazione da parte di persone così affidabili, così intelligenti e ragionevoli come Fellini e Piovene che io ho sviluppato la certezza del fatto che Gustavo Rol fosse una persona molto speciale.
Io poi sentii parlare di lui e dei suoi esperimenti da altre persone di Torino, così come, soprattutto, da Elémire Zolla e Guido Ceronetti, che si dicevano amici di Rol. Soprattutto Zolla, che era molto interessato a queste cose, ne aveva una stima completa, ne parlava come di una incarnazione reale, presente, che testimoniava con la sua esistenza, con il suo lavoro, con quello che faceva, tutta una serie di cose che lui aveva studiato».

***

Si tratta di una testimonianza biograficamente molto rilevante. Sul fenomeno delle epifanie dietro alle porte, ho commentato al fondo. Invece, ciò che mi porterà ora a una approfondita digressione prende le mosse dalla parte finale di questa prima parte di conversazione. Quando Silvia Ronchey mi parlò in questi termini – e ho trascritto le sue precise parole – di Elémire Zolla, saggista prolifico esperto di storia delle religioni e docente universitario, ovvero questa «stima completa» che aveva per Rol, ne fui molto contento, perché 19 anni prima, nel 2002, era stata ripubblicata una testimonianza di Zolla risalente al 1996 o inizio 1997, abbastanza dissacratrice, che venne subito ripresa dagli scettici che hanno tentato di portare il grande studioso di tradizioni spirituali nel loro campo, contro Rol. A me però i conti non tornavano. Uno studioso del calibro di Zolla, per gli argomenti di cui si era occupato, non avrebbe avuto senso che potesse parlare in modo superficiale o sminuente nei confronti di Rol.
Riprenderemo più avanti cosa ha poi aggiunto Silvia Ronchey. Vale la pena analizzare con un po' di attenzione questa questione di Zolla, piuttosto importante.
Il giornalista Aldo Cazzullo nel suo libro *I ragazzi di Via Po 1950-1961. Quando e perché Torino ritornò capitale*, pubblicato nel maggio 1997, riferiva quello che gli aveva detto Elémire Zolla qualche mese prima, in merito alla Torino del dopoguerra:

> «Sui cultori dell'occulto non mi ero fatto illusioni. C'erano circoli antroposofici riuniti attorno a personaggi improbabili e insolenti, proletari che avevano il culto delle vecchiette in trance, giovani

ipnotizzati da Rol, che raccontava in modo lesto e poteva colpire chi non si fermava ad analizzarne le parole. Un giorno si presentò a casa mia. Si aprì la porta, e c'era il vuoto: quell'ometto calvo era già in salotto. Un piccolo saggio della sua abilità. Poi prese a parlare in modo fitto, variando rapidamente parole e argomenti, e disse di possedere un quadro che mio padre aveva dato in gioventù a una ragazza, dopo una notte d'amore. Portai Rol da papà, che ne fu seccato. Lui continuava a raccontare le storie più varie, diceva di essere il confessore della Lollobrigida e delle altre grandi attrici del momento. Poi tirò fuori il quadro, e chiese a mio padre di apporre la firma, che mancava. Papà lo guardò e rispose: 'Ma lei pensa davvero che io abbia potuto dipingere una tela così brutta?'"»[7].

Quando lessi questo racconto per la prima volta verso la fine del 2002[8] pensai che Cazzullo avesse riferito in maniera scorretta, oppure che il giudizio di Zolla fosse per qualche ragione sbagliato o affrettato. Purtroppo non potevo chiedere lumi allo stesso Zolla, che era appena mancato (29 maggio 2002).
L'illusionista Mariano Tomatis, autore di un libro scettico su Rol pubblicato nel maggio 2003 dove ogni pagina è un gioco di prestigio dialettico condito di forzature, *misdirections* o insabbiature secondo i propri comodi – e la cui superficialità e fallacia in questi anni in parte ho già messe in evidenza – non poteva mancare di citare Cazzullo, facendolo precedere dal suo coniglio tirato fuori dal cilindro: «In alcune occasioni, però, [*Rol*] venne smascherato»[9]. Le «alcune occasioni» di fatto si riducono appunto a questa testimonianza di Zolla, dove però, al di là del giudizio sommario dello studioso *in quel momento*, e che mi accingo ad analizzare, io non vedo alcuno "smascheramento".
Siamo alla fine degli anni '40 o all'inizio dei '50 – peccato non sapere l'anno preciso – Rol comunque è conosciuto solo in certi ambienti, anche

---

[7] Tratto dalla riedizione del 2014, ebook Mondadori. Nell'introduzione datata aprile 2013 Cazzullo scrive anche che Zolla «mi diede appuntamento nella sua splendida casa di Montepulciano e smontò il mito di Rol». Se Cazzullo davvero crede che sia sufficiente questo paragrafucolo per «smontare» il «mito» di Rol è abbastanza ingenuo, e vedremo in che modo si debba condurre una indagine seria e non approssimativa, lacunosa di dettagli che non si hanno interesse di cercare come sempre accade in presenza di idee preconcette su qualche cosa, o semplicemente quando ci si accontenta di quattro chiacchere.
[8] Nel libro di Cazzullo *I Torinesi da Cavour a oggi*, pubblicato ad aprile 2002 (Laterza, pp. 222-223) dove lo stesso brano era stato riproposto.
[9] Tomatis, M., *Rol. Realtà o Leggenda?*, Avverbi, Roma, 2003, p. 97 (p. 101 ed. 2018).

se nel 1951 raggiunse il grande pubblico con l'intervista su *Epoca*[10] e qualche menzione in precedenza all'interno di articoli del 1949 che parlavano dell'incidente aereo di Giorgio Cini a Cannes, previsto da Rol. Pensare di sapere chi fosse Rol solo per aver letto le poche pagine di questi articoli, ammesso che li si fossero letti, o per averne sentito vagamente parlare da altri, sarebbe stata una beata illusione.
E lo è ancora oggi per molti che continuano a considerare Rol un mistero, nonostante i fiumi di inchiostro che già si sono versati su di lui. Nemmeno chi lo ha frequentato abbastanza lo ha capito... figurarsi uno che lo abbia incontrato solo una volta, brevemente, e negli anni '40 o '50![11]
Questa era precisamente la situazione di Zolla. Nato nel 1926, era appena un ragazzo quando Rol andò a casa sua, e non per vedere lui, che era ancora un emerito sconosciuto (almeno fino al 1956, quando vinse il Premio Strega con *Minuetto all'inferno*) ma perché aveva bisogno di parlare con suo padre, Venanzio Zolla, che era pittore (1880-1961)[12].
La generalizzazione fatta da Elémire, o così interpretata da Cazzullo, che Rol «raccontava in modo lesto e poteva colpire chi non si fermava ad analizzarne le parole» riguarda appena quella mezzoretta, forse persino meno, che Rol dovette rimanere dagli Zolla. Un po' poco per esprimere un giudizio obbicttivo. La frase che segue è poi per me non molto intelligibile: «Si aprì la porta, e c'era il vuoto: quell'ometto calvo era già in salotto. Un piccolo saggio della sua abilità». Se invece di Cazzullo ci fossi stato io a sentire queste parole, avrei bombardato Zolla di domande... invece, ahimé, non ne potremo forse mai sapere di più. Che cosa voleva dire Zolla? Che Rol, senza che lui lo percepisse, si era *traslato* seduta stante dall'entrata al salotto? Come ad esempio nell'episodio (XXIV-4) testimoniato da G.M.? Nel 2012 io includevo questa affermazione di Zolla nei fenomeni di *alterazione spazio-temporale*. Però potrei anche essermi sbagliato. Magari Zolla intendeva che Rol era stato molto svelto e intraprendente e senza tante cerimonie era entrato subito in casa. Nel qual caso l'«abilità» non era una *possibilità* paranormale, bensí una scaltrezza molto normale (o almeno, così poteva averla interpretata Zolla). E si sarebbe tentati, nel leggere il tenore generale della testimonianza, di propendere per questa seconda ipotesi; e un'altra breve descrizione di Zolla di questo momento, che vedremo tra breve, non aiuterà a chiarire.

---

[10] Fasolo, F., *Il signor Rol, Mago*, Epoca n.20, 24/02/1951, p. 39-41.
[11] È per me emblematico quello che scrisse Giorgio di Simone nel 1970: «Sapevo che fosse difficile scrivere del dott. Rol di Torino e delle sue eccezionali facoltà paranormali, ma, da quando ho avuto la fortunata occasione di incontrarlo, mi sono reso conto che è ancora più difficile scrivere di lui dopo averlo conosciuto di persona» (Di Simone, G., *Incontro con Gustavo Adolfo Rol*, Metapsichica, lug.-dic. 1970, p. 112).
[12] Per un profilo biografico, si veda: *galleriarecta.it/autore/zolla-venanzio*

E poi perché lo descrive come un «ometto»? È solo un ulteriore diminutivo (che implicherebbe una certa altezzosità, di chi giudica da un gradino superiore) – Rol era alto 1,85 cm – oppure Rol a Zolla, che mai lo aveva visto prima e che potrebbe non averlo mai più visto in seguito, era sembrato relativamente piccolo? Non sarebbe una eccezione, e non solo per la nota possibilità di Rol di diminuire o aumentare di dimensione, ma anche perché altri hanno avuto impressioni analoghe, come il violinista Uto Ughi, che entrato «nello studio del grande Rol» lo descrisse come «piccolissimo e dolcissimo, con un sorriso timido e uno sguardo di un'acutezza che impressionava»[13].

«Piccolissimo» è ancora più senza senso di «ometto», eppure faccio fatica a credere, almeno in questo caso, che si siano travisate le loro parole. Né Ughi né Zolla avevano però termini di paragone con seconde volte che incontrarono Rol, perché entrambi lo incontrarono, a quanto pare, una sola volta. Quindi posso ammettere che Rol, a loro, si mostrò piccolo (il perché non saprei proprio: allusioni napoleoniche? chi lo sa) e nessuno dei due poté rendersi conto di essere di fronte a una delle sue *possibilità*.

Perché Rol era andato dal pittore Venanzio Zolla? Perché aveva «un quadro che mio padre aveva dato in gioventù a una ragazza, dopo una notte d'amore»[14]. Venanzio era nato nel 1880. Se con «gioventù» ipotizziamo gli anni a cavallo del '900, allora stiamo parlando di qualcosa accaduto mezzo secolo prima, e la reazione del pittore («Ma lei pensa davvero che io abbia potuto dipingere una tela così brutta?») non dimostra per niente che Rol potesse essersi sbagliato o volesse approfittarsi di lui – perché è questo che l'episodio sottintenderebbe – neanche stessimo parlando di Picasso... Venanzio poteva benissimo non ricordare di aver fatto quel dipinto e siccome in mezzo secolo un artista può cambiare completamente di stile o anche rinnegare un suo stile precedente (o aver dipinto una tela brutta che preferisce disconoscere...), mi pare del tutto plausibile che Rol dicesse il vero e che Venanzio invece non ricordò o fece finta di non ricordare.

Quanto al giovane Elémire, da un lato l'ignoranza di chi fosse effettivamente Rol (del quale aveva solo sentito parlare da qualche "discepolo" magari troppo idolatra e *new age* ante litteram) dall'altro la

---

[13] Ughi, U., *Il violino s'accordò da solo*, Astra, 01/07/1987, p. 92.
[14] Scrive Grazia Marchianò, vedova, biografa e curatrice dell'Opera di Zolla, che «lo studio di Venanzio Zolla, al piano superiore dell'appartamento di via Pesaro [*a Torino*] dove la famiglia era andata ad abitare, è un via vai di modelle, acquirenti, mercanti» (Marchianò, G., *Elémire Zolla: il conoscitore di segreti*, Rizzoli, Milano, 2006, p. 31). Marchianò dice anche che Elémire vi «aveva vissuto fino al 1956 assieme agli altri membri della famiglia» (p. 169), quindi l'incontro con Rol deve essere avvenuto anteriormente al 1956 (nel 1957 si trasferì a Roma).

reazione «seccata» del padre dovettero influenzare negativamente il suo giudizio, superficiale, per anni.
Come dicevo, avevo inizialmente pensato che forse era stato Cazzullo ad aver frainteso quanto Zolla gli disse verso la fine del 1996 o inizio 1997. Invece conferma di questa, chiamiamola così, supponenza un po' dissacratoria, frutto di un probabile pregiudizio e indice, all'epoca, di un considerevole errore di valutazione, lo troviamo in una conversazione che Zolla ebbe due anni prima, nell'estate 1994 col giornalista e critico letterario Doriano Fasoli e pubblicata nel libro del 1995 *Un destino itinerante*:

> «[*Nella seconda metà degli anni '40*] Andavo a lezione all'Università in via Sant'Ottavio[15]. (...) I compagni di studi stavano sempre a parlare d'un Maestro capace di farti firmare una carta da gioco che poi ritrovavi, firmata, dentro ad un mazzo che compravi a caso, dal primo tabaccaio.
> O ti lanciava dal terrazzo una fragile coppa che ritrovavi intatta.
> In bisca, come puntava vinceva. A patto che i soldi servissero "a opere di Bene". (...)
> Essi credevano al Maestro. Chiunque li ascoltasse, finiva che chiedeva di farselo presentare e allora cominciava la commedia dei rinvii. Facevano conoscere un tale che del Maestro era stato l'apprendista. Ad una condizione, non far parola dell'orrenda esperienza, la notte che dormì col Maestro a Parigi e i mobili cozzavano fra loro: s'era dovuto curare per anni.
> Mostravano materializzazioni, futilissime carabattole, apporti di spiriti al Maestro, timbri, pietruzze, scarabei, calamai. Ricordini di sue bilocazioni. E si doveva sospirare a lungo per vederle. Facevano infine ascoltare musica registrata, da Lui composta in transe.
> I giochi delle voci: è atteso al castello ... no, è ripartito all'improvviso.
> Anni dopo: suonò il campanello, aprii e subito l'ebbi alle spalle; un vecchio calvo, stava in salotto, m'era sgusciato dentro come un topo. Chiedeva un favoruccio spiegando che i suoi poteri gli servivano soltanto per gli altri, "per il Bene".
> Vidi il suo segreto, stava tutto nella lestezza da soldato, da bracconiere, da zingarella: fra la gente pomposa e intronata (da queste parti non ne manca certo) vinceva con la mossa del barbiere ed io gli faccio tanto di cappello»[16].

---

[15] Facoltà di Legge/Giurisprudenza dell'Università di Torino.
[16] Zolla, E., e Fasoli, D., *Un destino itinerante*, Marsilio, Venezia, 1995, pp. 20-23.

Zolla non fa il nome di Rol ma è chiaro di chi stia parlando, e del resto la menzione della visita a casa sua lo conferma. Partiamo da qui.

«Anni dopo»: direi, visti fino ad ora gli elementi cronologici, che l'episodio è collocabile proprio all'inizio degli anni '50;

«aprii e subito l'ebbi alle spalle»: di nuovo, si direbbe che siamo di fronte a una *possibilità* di *traslazione*. Si ripropone la stranezza del momento e la frase seguente non aiuta: «stava in salotto, m'era sgusciato dentro come un topo». Certo non è un paragone molto rispettoso (riproposizione di una esigenza di sminuire in modo quasi spregiativo), però almeno, da un punto di vista figurativo, dà l'idea della strana rapidità con cui Rol passò dall'entrata al salotto. L'«ometto» qui è sostituito da un animale piccolo e forse c'è una relazione. Abbastanza singolare anche il fatto che ne parli come di «un vecchio calvo». Certo Rol a quell'epoca era già calvo, ma un cinquantenne (Rol era nato nel 1903) non è propriamente un «vecchio». Forse dalla prospettiva del giovane Zolla lo era, e la calvizie faceva sembrare Rol più anziano, per quanto ci siano testimonianze contrarie che attestano invece la sua giovanilità, valga per tutte quella di Dino Buzzati nel 1965: «a sessantadue anni ne dimostra almeno dieci di meno, una vitalità straordinaria e gioiosa»[17].

Zolla accenna al «favoruccio», altro diminutivo in salsa più o meno dissacrante, ovvero la richiesta rivolta al padre di «apporre la firma, che mancava» al dipinto giovanile. È un "favore" piuttosto relativo: dalla prospettiva di Rol, quel quadro era di Venanzio – ma davvero si può credere che Rol fosse andato da lui col dipinto di un altro, o da lui stesso dipinto, chiedendogli di apporre una firma? ipotesi insensata, avrebbe avuto un grado minimo di legittimità se Rol gli avesse portato per esempio una copia falsificata di un dipinto più recente in uno stile inconfondibile dell'autore – quindi essendo di Venanzio, per Rol l'apposizione della firma era un atto dovuto, corrispondente all'autenticazione del dipinto.

Difficile poi capire cosa c'entri questo "favoruccio" con l'affermazione, comunque vera, che «i suoi poteri gli servivano soltanto per gli altri, "per il Bene"». Anche qui pare che Zolla volesse mostrare che "non se la beveva" più di tanto, come a dire che Rol giustificava i suoi "traffici" con le azioni a fin di bene. Questa diffidenza è abbastanza tipica di coloro che giudicano superficialmente qualcosa o qualcuno che in realtà non conoscono ed è, tra parentesi, uno degli ingredienti principali della mentalità complottista, che diffida di tutti e vede spesso o sempre azioni con secondi fini o qualcosa di losco che individui o gruppi di individui stanno nascondendo, tramando, ecc.

---

[17] Buzzati, D., *Un pittore morto da 70 anni ha dipinto un paesaggio a Torino*, Corriere della Sera, 11/08/1965, p. 3.

In mezzoretta, il giovane Zolla pretende aver visto «il suo segreto» che al di là delle espressioni colorite che usa si riduce alla «lestezza» di chi sa dare scacco matto ai principianti, agli sprovveduti e ai fessi in poche mosse («la mossa del barbiere»). E conclude con un *"chapeau!"*. Da cui se ne deduce che in fondo, a suo modo, mostrava verso di lui un grado di apprezzamento e gli faceva i complimenti quantomeno per prendere per il naso «la gente pompa e intronata».

Naturalmente, se crediamo alle sue parole non aveva capito un bel niente. Ma proseguiamo. Il racconto di come era percepito e raccontato Rol dalle persone con cui Zolla era in contatto alla fine degli anni '40 ha un valore non indifferente. Ci dice che «i compagni di studi stavano sempre a parlare d'un Maestro capace di farti» una serie di prodigi che viene elencando. Siccome a quell'epoca non esisteva assolutamente *nulla* pubblicato su Rol (il primo articolo noto è del settembre 1949 su *La Stampa*, non però su Rol direttamente ma nell'ambito dell'incidente aereo occorso a Giorgio Cini) le informazioni che avevano i suoi giovani colleghi universitari erano più o meno dirette, o perché alcuni conoscevano personalmente Rol, o perché conoscevano chi lo conosceva. Da un lato è sorprendente che stessero «sempre a parlare d'un Maestro», quasi non gli interessasse altro, dall'altro non lo è perché nessuno che abbia conosciuto un minimo Rol poteva rimanere indifferente (a me e a molti altri ha cambiato o indirizzato la vita). Infatti «essi credevano al Maestro. Chiunque li ascoltasse, finiva che chiedeva di farselo presentare», cosa certamente vera e anche abbastanza ovvia: chi infatti non avrebbe voluto conoscere un personaggio del genere per "toccare con mano" e quindi entusiasmarsi oppure eventualmente "smascherarlo"? Perché poi è questo che in fondo molti pensavano, viste le cose *impossibili* che si raccontavano su di lui. E allora per Zolla «cominciava la commedia dei rinvii». Anche questo è in parte vero, ma detta così pare una specie di farsa, di cortina fumogena quasi settaria per ammantare tutto di un mistero ancora più grande, per collocare il proprio idolo a distanze siderali, inavvicinabile e quindi contribuire così al suo mito. Questa eventualmente era una conseguenza secondaria ma non certo con i fini di cui sopra. Rol essenzialmente non desiderava – ho già avuto occasione di scriverlo – la fila sotto casa di questuanti in cerca di brividi o della soluzione dei loro problemi personali. Le gente è in larga parte egoista, per soddisfare le proprie esigenze personali, fossero curiosità epidermiche o necessità pratiche o psicologiche, da Rol avrebbe solo preso, come a un bancomat magico-spirituale (ciò che del resto è avvenuto comunque con gran parte di quelli che lo hanno avvicinato).

Inoltre, non è perché Rol vestiva elegantemente in giacca e cravatta e viveva in Occidente con l'*apparenza* di una persona normale che venivano meno i principi millenari dell'iniziazione (e Zolla questo avrebbe dovuto capirlo, ma non conoscendo bene Rol, non lo capì o fece finta di non capire). La Tradizione Orientale, in particolare, è ricca di aneddoti che mostrano un Maestro che crea una serie di ostacoli all'apprendista o aspirante discepolo prima di accettarlo nelle sue grazie. Tra questi ostacoli c'è sicuramente, e principalmente, quello di negarsi, di non rendersi accessibile con facilità. Beninsteso, questa non è una regola che vale per tutti, ma solo una disposizione di carattere generale, con ampie e frequenti eccezioni a seconda dei casi: lo stesso Rol poteva diventare estremamente accessibile con persone sconosciute e anche semplici, scavalcando tutti i "protocolli" iniziatici necessari per gli altri, e questo perché Rol, come ogni grande Maestro, vedendo nell'animo del suo interlocutore sapeva sia a quale effettivo livello spirituale si trovasse sia ciò che fosse più adatto per lui e di cosa davvero avesse bisogno.

In generale doveva quindi necessariamente filtrare e uno dei modi era quello di far andare avanti suoi amici e conoscenti[18] che spontaneamente sapevano abbastanza valutare chi presentargli e chi no: persone troppo materialiste o curiose, presuntuose o scettiche irriducibili, difficilmente potevano arrivare a lui. Non era evidentemente gente con la quale si sentisse a suo agio e per la quale desiderasse perdere il suo tempo, che considerava più che prezioso, visto il bene che poteva fare agli altri, soprattutto a quelli che lo meritavano.

Zolla dice che gli estimatori e conoscenti di Rol «facevano conoscere un tale che del Maestro era stato l'apprendista».

È probabile che si riferisca all'avvocato Giacinto Pinna, che in quegli anni '40 era il "prediletto" di Rol (negli anni '60 invece lo fu l'allora avvocato Pierlorenzo Rappelli, che Rol diceva essere il suo «braccio destro», mentre nei '70 lo fu Nuccia Visca, quella che il dott. Massimo Inardi, senza nominarla, riferiva essere nel 1975, usando le stesse parole di Rol, la sua «erede spirituale»[19]).

La giornalista de *La Stampa* Laura Bergagna nell'estate 1949 conobbe Rol tramite Pinna, in una maniera compatibile con quanto riferito da Zolla:

> «[*Rol era*] circondato da alcuni adepti di cui si faceva scudo per ritrosia a nuovi incontri. Riuscii a conoscerne uno, suo discepolo prediletto, di nome Pinna. Era la primavera dei miei esordi di

---

[18] In questo volume abbiamo ad esempio visto l'inedita testimonianza di Hermann Gaito (I-151) che mostra come il padre Alfredo fosse uno di questi filtri. Si veda anche *Il simbolismo di Rol*, in particolare *Gli articoli su "Gente"* (p. 23 e sgg., 3ª ed.).

[19] Inardi, M., *Gustavo Adolfo Rol. Il favoloso personaggio che da solo costituisce un'antologia delle capacità paranormali*, in *Dimensioni sconosciute*, SugarCo, Milano, 1975, p. 160. A scanso di equivoci, dopo la Visca non ce n'è stata nessun'altra o altro.

giornalista a *Stampa Sera* (...). Pinna, commosso dalla mia giovinezza fervida e curiosa, m'invitò ad un incontro [*con Rol*]»[20].

Onestamente, questi termini usati sia da Zolla che da Bergagna (adepto, discepolo, apprendista) sono abbastanza inesatti per descrivere chi stava intorno a Rol. Capisco che sia difficile trovarne altri, tuttavia si tratta appena di *amici* e a tale "status" in effetti e comunque sono poi rimasti, visto che in nessun caso qualcuno ha mostrato di aver portato avanti un qualche tipo di "lignaggio", di aver fatto un qualche tipo di aprofondimento significativo, pubblicato qualche analisi acuta per dare seguito al "lascito" di Rol o mostrato di avere anche un centesimo delle sue *possibilità*. Ad oggi solo qualche frammento qua e là è emerso, ed è il caso di dire appena le briciole.

Quanto a quelli che Zolla chiama «i giochi delle voci: è atteso al castello ... no, è ripartito all'improvviso» non erano "giochi", ovvero di nuovo la presunta cortina fumogena finalizzata alla creazione del mito, ma la necessità che aveva Rol, per usare le parole di Laura Bergagna, di farsi «scudo per ritrosia a nuovi incontri». Fine della storia, senza tante speculazioni ed elucubrazioni. Rol arrivava anche a depistare direttamente chi gli telefonava – il suo numero era sulla guida del telefono, quindi in teoria accessibile a chiunque – cambiando voce e facendosi passare per il maggiordomo o la collaboratrice domestica (ciò che faceva anche il suo grande amico Federico Fellini, come ho mostrato in *Fellini & Rol*).

Ancora una volta Zolla, che non conosceva Rol, giudicava le cose da fuori in maniera superficiale e sommaria.

Della sua testimonianza merita ancora un commento la fenomenologia che riferisce. In quegli anni '40 consta che Rol, tra le altre cose:

– «[*fosse*] capace di farti firmare una carta da gioco che poi ritrovavi, firmata, dentro ad un mazzo che compravi a caso, dal primo tabaccaio»;
– «lanciava dal terrazzo una fragile coppa che ritrovavi intatta»;
– «come puntava vinceva. A patto che i soldi servissero "a opere di Bene"»;
– «i mobili cozzavano fra loro»
– «materializzazioni... apporti di spiriti...»
– «Ricordini di sue bilocazioni»
– «musica... da Lui composta in transe»[21]

Sono sette tipologie fenomenologiche di episodi che furono riferiti a Zolla. Anche qui, fossi stato io l'intervistatore, gli avrei fatto molte

---

[20] Si veda l'Appendice 1 del vol. II, p. 657 (3ª ed.).
[21] Episodi che per la carenza di particolari non abbiamo contato, per quanto nel caso della coppa e dei mobili lo si potrebbe comunque fare.

domande per avere maggiori dettagli. La cosa interessante è che comunque Zolla, nonostante il tenore dissacratore della sua testimonianza, non mette in discussione questi fenomeni. Li cita e basta. Certo, non gli dà pressoché importanza, ma forse la ragione non è dovuta al fatto che non vi credesse, quanto al fatto che essi in una ottica esoterica o comunque spirituale non sono così importanti, e in ogni caso non lo sono mai se fini a se stessi (senza i prodigi e miracoli di Gesù, per esempio, non esisterebbe comunque il Cristianesimo, al massimo sarebbe una delle tante correnti filosofiche). Anche lo spiritismo ha prodotto fenomenologia autentica (al di là di certe spiegazioni approssimative o sbagliate) non per questo essa ha una importanza esagerata fuori da un determinato quadro di riferimento. Io stesso potrei far spallucce nel sentire la descrizione di una qualche seduta spiritica con fenomeni "superiori", perché so che sono possibili ma al tempo stesso so come collocarli né mi aggrada la forma e la spiegazione che i partecipanti danno a queste cose. Forse Zolla aveva sentimenti analoghi nel sentire quello che dicevano di Rol e nel vedere magari approcci troppo superstiziosi, fanatici o poco profondi in certi suoi "adepti" o presunti tali. Come molte persone intelligenti che ragionano con la propria testa, anche lui doveva essere «seccato» di questo "alone" intorno a Rol (e non gli posso dare torto più di tanto, visto che anche io non sono troppo tenero verso questo stesso "alone" oggi).

Dei fenomeni riferiti, i più interessanti per la loro peculiarità per me sono due: intanto quello in cui «lanciava dal terrazzo una fragile coppa che ritrovavi intatta». Non è dato capire dove Rol abbia lanciato questa coppa, ma credo sia implicito sia stata lanciata in strada o sul marciapiedi, forse dal suo terrazzino al quarto piano di Via Silvio Pellico 31 o da quello di casa di amici o conoscenti. Se io vado su un terrazzo a lanciare qualcosa, non è per lanciarlo in casa. Naturalmente ogni regola vuole la sua eccezione, e in un caso Rol, che era sul suo balcone, lanciò un grosso martello in casa facendogli attraversare tre pareti, come aveva raccontato Arturo Bergandi (XX-4). In quel caso era un preciso atto dimostrativo che prendeva spunto da una frase dello stesso Bergandi. Non si può escludere che sia accaduta una cosa analoga con la coppa, ma gli darei una percentuale inferiore. Naturalmente questa coppa non poteva essere di metallo, visto che avrebbe benissimo potuto non rompersi. È implicito fosse di un materiale fragile. Un episodio di qualcosa finito in strada è quello riferito da Anselma Dell'Olio (XXXIV-128): «[Fellini] raccontava di una libreria del salotto di Rol finita integra in Via Silvio Pellico». Potrebbe trattarsi della stessa tipologia.

L'altro fenomeno interessante è quello dove «i mobili cozzavano fra loro», una «orrenda esperienza» a causa della quale Giacinto Pinna (forse lui) «s'era dovuto curare per anni». Mi ricorda «gli esperimenti di musica» che «producono fenomeni» che causano «terrore», di cui Rol aveva parlato in una registrazione degli anni '70 di cui ho dato trascrizione ne *Il simbolismo di Rol*[22]. Anche in questo caso Rol era a Parigi, e lo sfortunato testimone-sperimentatore era il Colonnello Louis Gilis (1893-1992), medico, diplomatico, commendatore della Legion D'Onore, esperto dell'epopea napoleonica e di Napoleone, pittore[23]. Rol aveva affermato di aver fatto con lui «un esperimento di musica», e lui era «impazzito», rimase nove mesi forse ricoverato o con delle sequele, anche se poi era guarito.

In entrambi i casi non è dato capire cosa esattamente fosse successo, anche se nel caso di Gilis il «terrore» è prodotto dagli effetti della musica mentre in quello di Pinna dal trauma psicologico della fenomenologia testimoniata. Potrebbe essersi trattato di fenomeni di telecinesi assimilabili alle manifestazioni *poltergeist*, non diverse da quelle riferite per esempio da Cesare De Rossi (XVI-44) dove il testimone era infatti «terrorizzato» da un mobile da cucina di cui «si aprivano le ante, i piatti volavano, e questo mobile si spostava, si aprivano le porte della cucina, il mobile girava, andava verso la camera da letto buttando piatti, entrava in camera da letto e finiva di buttare giù gli ultimi piatti, tremando».

Tra i fenomeni menzionati da Zolla c'è poi la «musica registrata, da Lui composta in transe». Anche qui, difficile capire esattamente a cosa si riferisca, perché non abbiamo nessun'altra testimonianza in questo senso (ecco un altro esempio dell'importanza di fare domande al testimone e di avere altri episodi da poter comparare). Le ipotesi secondo me sono due: 1) Rol aveva scritto un brano o spartito musicale, con l'annotazione delle note su pentagramma, che poi era stata da lui eseguita e registrata dai presenti; 2) aveva eseguito direttamente, per improvvisazione, al pianoforte o al violino, una musica sconosciuta.

Darei maggiori probabilità alla prima ipotesi, dovendo attenermi alle parole di Zolla (che comunque non necessariamente sono esatte): se Rol avesse solo suonato e non scritto, Zolla avrebbe parlato di musica «eseguita», non «composta».

Assumiamo quindi che Rol scrisse un brano musicale inedito. Viene detto che tale composizione avvenne «in transe». Ma Rol non andava in *trance*, anche se c'è una tipologia di suoi fenomeni che sono parenti della *trance*: quelli che abbiamo chiamato di *trasfigurazione* (cap. XXXI), durante i quali Rol cambia di aspetto perché sta incorporando uno *spirito intelligente*, come quello ad esempio del pittore François Auguste Ravier, grazie al quale è in grado di dipingere un dipinto nel suo stile in pochi minuti. Lo stesso principio, senza però trasfigurazione ma solo, eventualmente, in uno stato di coscienza dove Rol è leggermente *assorto*, lo troviamo nella *scrittura automatica*, dove la mano di Rol scrive

---

[22] Appendice II, p. 498 (3ª ed.)
[23] Si veda Charles Boudet, *Eloge de Louis Gilis*, 24/11/1997, in: Bulletin de l'Académie des sciences et lettres de Montpellier, Vol. 28, 1998, pp. 323-333.

rapidamente con la grafia e lo stile di uno *spirito intelligente*, con contenuti compatibili con la "personalità" di quello spirito intelligente. Rol faceva anche esperimenti con spiriti intelligenti di viventi, incluso il suo. Penso quindi che avesse fatto scrivere al *suo spirito intelligente*, grazie alla scrittura automatica, le note musicali di un brano inedito su un pentagramma, in seguito eseguito e registrato.

Il resto della fenomenologia menzionata da Zolla è nota: il vincere nei giochi d'azzardo – ad esempio la roulette al casinò, mezzo da Rol prediletto – a condizione che non sia per se stesso ma per aiutare qualcuno o come atto dimostrativo, riassumibile nella formula «non sbaglio perché non gioco» che Rol ebbe a dire all'amico Aldo Provera (IX-11) o nell'episodio della vincita al Casinò di San Mauro per comprare medicine urgenti per una bambina malata (IX-10)[24]; le materializzazioni di scritte su una carta e quelle degli oggetti più svariati, divisibili in «apporti di spiriti» (*intelligenti*) e «ricordini di sue bilocazioni», vale a dire: nel primo caso materializzazioni di oggetti ottenuti durante un esperimento in cui veniva coinvolto lo spirito intelligente di qualcuno, e/o grazie al quale si aveva l'apporto; nel secondo caso Rol che materializzava oggetti da lui "prelevati" da qualche parte, senza il contorno dell'esperimento e senza spiriti intelligenti (si pensi per esempio alla zuccheriera di Paolo Pietrangeli, XXVII-4), divisione che tra l'altro dovrebbe suggerire come gli esperimenti "strutturati" avessero un carattere pedagogico, ovvero a beneficio dei presenti e materia di studio e analisi, piuttosto che di reale necessità, se Rol poteva materializzare oggetti *ad libitum* senza alcun "protocollo" sperimentale e la partecipazione degli "alunni" del momento.

Il solito Zolla «seccato» ci dice che «si doveva sospirare a lungo per vederle» queste materializzazioni. Evidentemente la cosa doveva interessargli parecchio se, implicitamente, anche lui era tra quelli che sospiravano…

Nel 2012 lessi una nuova affermazione di Aldo Cazzullo tratta da un altro suo libro pubblicato tempo prima, dove sintetizzava in maniera negativa e senza appello quello che secondo lui era il persiero di Zolla, basandosi sempre sullo stesso racconto raccolto nel 1996 o 1997. Cazzullo menziona Rol come «il mago torinese che Elémire Zolla definiva un impostore»[25].

Fu per me un po' la classica goccia che faceva traboccare il vaso, perché trovavo non credibile e diffamante questa affermazione, ulteriormente peggiorativa rispetto a quanto aveva detto lo stesso Zolla, che non aveva per niente qualificato Rol come un impostore, nonostante il tono

---

[24] Episodio avvenuto nel 1946 o 1947, dopo che è stato possibile stabilire che il Casinò venne inaugurato nel 1946 (informazione che a suo tempo non avevo fornita).
[25] Cazzullo, A., *Outlet Italia. Viaggio nel Paese in svendita*, Mondadori, Milano, 2007, p. 257.

dissacrante della sua testimonianza. Del resto, più di un indizio mi ha mostrato che Cazzullo sia di suo piuttosto scettico, quindi deve avere operato anche il suo filtro negativo.

Occorreva trovare conferme alla *vera* e *conclusiva* opinione di Elémire Zolla.

Ho così contattato nel settembre 2012 Grazia Marchianò, professore ordinario di Estetica e Storia e Civiltà dell'Asia orientale all'Università di Siena-Arezzo, vedova di Zolla, curatrice della sua Opera omnia e responsabile del *Fondo Scritti Elémire Zolla*.

Le menzionai la testimonianza raccolta da Cazzullo, che non conosceva. Ne fu sorpresa. Sapeva benissimo chi era Rol, me ne ha parlato con molta stima e considerazione e le sembrava strano che Zolla potesse avere parlato di lui in quei termini. Al tempo stesso mi disse però, e la cosa sorprese me, di non ricordare di aver parlato di lui col marito. E dire che si sono frequentati per oltre 40 anni e hanno vissuto insieme per 25 anni, dal 1977 al 2002, sposati dal 1980. Le chiesi anche, in quanto conoscitrice di tutta l'opera di Zolla, se da qualche parte lui avesse scritto di Rol. Mi disse di no, o comunque riteneva di no. Io nel 2012 non conoscevo ancora il brano dal libro-intervista del 1995, dove Rol non è menzionato per nome ma solo come «Maestro», può darsi che la professoressa Marchianò lo abbia letto ma non lo abbia associato a Rol. Del resto sono stato io ad accorgermene grazie al fatto di conoscere bene la biografia di Rol e per aver voluto approfondire il "caso Zolla".

La conversazione con Grazia Marchianò non aveva quindi risolto quasi nulla. Quasi, perché comunque 1) non confermava il quadro scettico offerto da Cazzullo e quello un po' dissacratore dello stesso Zolla; 2) non aggiungeva eventuali altri commenti negativi, il che dimostra almeno che le due fonti che abbiamo citate sono isolate e poco rappresentative; 3) la sorpresa della Marchianò e la sua stima per Rol sono evidentemente una componente positiva[26].

Ho comunque dovuto attendere quasi altri nove anni, nel gennaio 2021, per avere finalmente una testimonianza di prima mano credibile ed attendibile, da parte di una persona che aveva conosciuto molto bene Zolla e non solo fatto quattro chiacchiere per una intervista veloce. Soprattutto questa persona, Silvia Ronchey, ha frequentato Zolla dal 1997 al 2002, gli ultimi 5 anni della sua vita[27], per cui le sue idee sono cronologicamente

---

[26] Quando già avevo terminato questa lunga analisi – ed è per questo che aggiungo qui una nota – Silvia Ronchey mi ha comunicato di aver parlato (novembre 2021) con Grazia Marchianò, la quale nel frattempo aveva avuto qualche vago flashback, scrivendo che Zolla «lo sentii parlarne bene [*di Rol*]», «solo ricordi di battute benevole». Già è qualcosa in più, che rafforza ulteriormente quanto sto qui analizzando.

[27] Una delle ragioni, oltre all'interesse per i suoi studi che conosceva bene sin dall'adolescenza e apprezzava, anche per la vicinanza geografica: «Ho insegnato

preminenti rispetto a quello che può aver affermato in passato. L'ultimo testamento in ordine di tempo invalida di norma quello precedente.
Torniamo quindi a quello che mi aveva raccontato. Oltre a Fellini, Piovene e altri,

> «sentii parlare di lui e dei suoi esperimenti... soprattutto da Elémire Zolla e Guido Ceronetti, che si dicevano amici di Rol. Soprattutto Zolla, che era molto interessato a queste cose, ne aveva una stima completa, ne parlava come di una incarnazione reale, presente, che testimoniava con la sua esistenza, con il suo lavoro, con quello che faceva, tutta una serie di cose che lui aveva studiato».

Io non avevo introdotto l'argomento Zolla né sapevo che la Ronchey lo avesse conosciuto. Ciò che mi ha detto non è quindi stato influenzato in nessuna maniera da mie domande previe o considerazioni al riguardo.
Vi è evidentemente uno stridore assordante tra le sue parole e quello che abbiamo visto in precedenza. Come è possibile?
È ben noto che Ceronetti fosse amico di Rol, come abbiamo anche visto all'inizio di questo capitolo, tra l'altro nel 2003 io rimasi deluso da un suo articolo su *La Stampa*[28] dove secondo me non aveva fornito una testimonianza chiara e risoluta su di lui, invischiandosi troppo in labirinti lessicali ed estri dialettici (c'è il momento della poesia e c'è quello del pragmatismo) e lo criticai all'interno di una mia lettera che il quotidiano pubblicò su cinque colonne qualche giorno dopo[29], ciò che lo indusse a replicare il giorno seguente con maggior chiarezza e assenza di ambiguità[30].
Una cosa analoga sarebbe magari potuta accadere anche con Zolla, fosse stato vivo.
Ceronetti inoltre era lui stesso divenuto suo amico quando entrambi vivevano a Roma, come ricorda Zolla:

---

per lunghi anni a Siena e anche per questo frequentavo regolarmente Zolla, perché abitava vicino a Siena», a Montepulciano (circa 60 km di distanza). Silvia Ronchey è stata professoressa associata all'Università di Siena. Attualmente è ordinaria di Civiltà bizantina nel Dipartimento di Studi Umanistici dell'Università di RomaTre. È autrice di decine di saggi specialistici. Anche Grazia Marchianò insegnava all'Università di Siena nello stesso periodo, Filosofia estetica e Filosofia orientale, ma nella sede di Arezzo, e nell'ambito universitario non si erano mai incontrate.

[28] Ceronetti, G., *L'uomo che aveva sempre saputo di essere un altro*, La Stampa, 03/06/2003, p. 11.
[29] Rol, F., *Rol, solo chi non lo conosce è scettico*, La Stampa, 06/06/2003, p. 29.
[30] Ceronetti, G., *Rol e l'inesplicabile*, La Stampa, 07/06/2003, p. 27.

> «A Ceronetti... mi univa l'incompatibilità con Torino. Ma ci siamo conosciuti dopo, a Roma. A presentarci fu Elena Croce»[31].

Considerando che Ceronetti non solo era amico di Rol, ma ne aveva grande stima, c'è da chiedersi come mai Zolla potesse aver espresso quei commenti dissacranti a metà degli anni '90. Con Guido non ne aveva mai parlato? Oppure ne parlò solo tempo dopo la morte di Rol? Ritengo sia questa la risposta principale, cui aggiungere alcune considerazioni alternative fatte da Silvia Ronchey, che vedremo più avanti. Trovo impossibile che i due non possano mai aver parlato di lui, ma forse l'occasione capitò solo negli ultimi anni di vita di Zolla, quando cominciarono a uscire numerose monografie su Rol dove si parlava, tra l'altro, anche dell'amicizia con Ceronetti.

A rafforzare questa ipotesi il fatto che Silvia Ronchey conobbe Zolla proprio tramite Ceronetti, e talvolta con entrambi si incontrava a Montepulciano o a Cetona, paese ad appena una ventina di chilometri dove Ceronetti visse gli ultimi trent'anni della sua vita.

Di quanto detto da Ronchey, ho trovato sorprendente, rispetto appunto a quanto visto in precedenza (non a quanto io mi sarei aspettato) in particolare che «si dicevano amici di Rol. Soprattutto Zolla... ne aveva una stima completa»

Zolla si diceva amico di Rol, suo estimatore più ancora di Ceronetti? Suo estimatore lo divenne certamente negli ultimi anni, ma amico? Avendolo incontrato – come parrebbe – appena una volta? E *quella* volta? La cosa potrebbe essere vera solo se Zolla abbia scientemente nascosto questa amicizia, tenuta a un livello rigorosamente *esoterico*, dando in pasto ai suoi intervistatori solo briciole *exoteriche* ad uso e consumo, per usare le sue stesse parole, «di gente pomposa e intronata»...

E alcune considerazioni fatte da Ronchey sembrerebbero legittimare questa ipotesi. Quando lei citò Zolla e la sua opinione su Rol, io ne fui molto contento, venendo a rispondere a domande che mi ponevo da anni, poi la informai di cosa aveva scritto Aldo Cazzullo. Lei si disse molto sorpresa (come sorpresa fu Grazia Marchianò, sarà un caso?). Questa postura un po' strafottente e semplicistica nei confronti di Rol alla Ronchey non tornava. Ecco cosa mi disse:

> «Bisogna conoscere il personaggio. Zolla era così, cioè era un uomo dispettoso con un senso dell'*iniziatico* che partiva sempre dalla negazione e si adattava molto alla persona con cui parlava. Era veramente *esoterico*, nel senso che io gli ho sentito dire una cosa e il suo contrario a seconda della persona con cui parlava

---

[31] Elena Croce era una delle quattro figlie di Benedetto Croce. Sua sorella Alda è menzionata da Bianca Tallone (XXXIV-49).

perché non voleva dischiudere di sé, anzitutto, e poi delle cose che studiava, nulla al suo interlocutore se prima non aveva capito qual'era l'interlocutore, sul quale faceva anche dei test[32].

Ad esempio io gli ho presentato una volta un amico molto caro che studiava il Manicheismo, la Gnosi, e gli ho sentito dire delle vere e proprie panzane sull'arca di Noè, perché voleva sondare, saggiare il suo interlocutore. Quando invece ha visto che il suo interlocutore era una persona seria, la volta dopo ha cambiato completamente atteggiamento e ha cominciato a parlare invece di Gnosticismo e di Manicheismo con molta profondità. Lui era anche una persona ironica, amava gli scherzi. Io sono certa di avergli sentito parlare più volte con assoluto rispetto di Gustavo Rol, e anzi di avere sentito parlare dei suoi scambi con Rol, di una sua adesione proprio alle sue spiegazioni.

Zolla ha studiato tutto lo sciamanesimo, l'alta cultura tibetana, indiana, ha girato villaggio per villaggio, era un grande esperto, conosceva questi stati di coscienza e li aveva provati. Ed è morto controllando la morte, ovvero in uno stato di coscienza del morire, veramente da sciamano.

Quel giorno mi ha chiamato all'alba Grazia Marchianò, perché ero molto amica di entrambi, li ho raggiunti a Montepulciano e lui sapeva che stava morendo, il cuore si stava fermando e ha attuato una pratica di respirazione che gli ha permesso di esalare l'ultimo respiro in un particolare stato di coscienza».

Ecco che finalmente sentivo ciò che le mie orecchie si aspettavano di sentire da quasi vent'anni.
Non solo Zolla aveva una vera stima per Rol – cosa che per me, che studio da decenni la storia delle religioni, non poteva che essere *ovvia* – ma emerge anche che Zolla aderisse alle sue spiegazioni, il che del resto è anche questo abbastanza ovvio, Rol inserendosi essenzialmente nella corrente *tradizionalista* dove certi argomenti sono ben compresi lontano dalle speculazioni e chiacchiere della *new age*. In particolare, c'è da ritenere che Zolla condividesse le nozioni di *spirito intelligente* e *coscienza sublime*, che sotto la veste di parole più o meno nuove celano aspetti esoterici o anche solo mistici ben noti. Per non parlare poi della "tremenda legge" di Rol, che a Zolla dovette sembrare piuttosto intelligibile, soprattutto – come io sottolineo almeno sin dal 2000 – la sua relazione con precisi elementi della tradizione *yogica*.
Se però l'ipotesi di un Zolla che conoscesse bene Rol ci stesse stretta, perché pare incompatibile con le due testimonianze pubbliche rese prima a Fasoli e poi a Cazzullo e perché, come ho detto in precedenza, sulla base

---

[32] Ciò che del resto faceva anche Rol.

di quelle testimonianze e sulla cronologia torinese parrebbe chiaro che incontrò Rol una sola volta, allora l'alternativa è quella di un Zolla che avesse fino ad allora giudicato male Rol e che iniziò a riconsiderare la sua opinione affrettata a partire dal 1997, anno dell'inizio dell'amicizia con Silvia Ronchey, magari sollecitato in questo senso dalla casuale chiacchierata con Cazzullo; un Zolla che a Silvia Ronchey fece credere di essere stato amico di Rol – perché a quel punto, dopo aver compreso la sua effettiva grandezza, gli avrebbe fatto gioco, da un punto di vista inziatico, dire così – mentre invece ciò non era mai avvenuto.
Nel 1997 erano già stati pubblicati alcuni libri seri su Rol, come quello di Remo Lugli nel 1995 (*Gustavo Rol. Una vita di prodigi*) e quello di Giorgio di Simone nel 1996 (*Oltre l'umano. Gustavo Adolfo Rol*), oltre al primo libro di Maria Luisa Giordano (*Gustavo Rol. Oltre il prodigio*, 1995), semplice e comunque gradevole testimonianza, e quello di Luciana Frassati (*L'impronta di Rol*, 1996), libro particolare che non poteva passare inosservato agli intellettuali non superficiali, per l'impostazione, la grafica e l'autorevolezza dell'autrice.
Posso immaginare un Zolla negli ultimi anni '90 informarsi meglio su Rol e cominciare a parlarne con più attenzione con Guido Ceronetti e altri.
Soprattutto, il libro che potrebbe aver fatto la definitiva differenza e fatto capire a Zolla la grandezza di Rol – sempre che lui in precedenza non avesse *depistato* – può essere stato *"Io sono la grondaia"*, pubblicato nel gennaio del 2000 e recensito da Alberto Bevilacqua sul *Corriere della Sera* il 12 marzo di quell'anno, con queste parole:

> «Non passa giorno senza che io riceva lettere che mi chiedono di Gustavo Adolfo Rol, che protagonisti del secolo, fra i più prestigiosi in ogni campo, definirono "fenomeno vivente". E questo perché ne cito puntualmente i poteri nella rubrica che tengo in "Sette", il supplemento settimanale di questo quotidiano.
> Perché di Rol sono stato uno degli amici privilegiati nei suoi "rapporti a distanza"[33]. Perché ho raccontato questi rapporti,

---

[33] Nel rileggere questa frase, mi sono accorto a posteriori che Bevilacqua aveva chiarito sin da allora il tipo di relazione con Rol, che stando a quanto mi disse poi Catterina Ferrari nel 2011 non si erano incontrati personalmente, ma solo sentiti di frequente al telefono (ma almeno una volta dovettero incontrarsi, cfr. nota I-123 al fondo). All'inizio de *Il simbolismo di Rol* avevo infatti supposto che Bevilacqua non avesse mai visto gli esperimenti di Rol, neanche quelli basilari con le carte, e avevo criticato certe sue sortite al riguardo fatte durante una puntata del programma televisivo *Enigma* del 2007, dove aveva lasciata aperta l'eventualità che potesse anche trattarsi di giochi di prestigio, solito pre-giudizio superficiale di chi appunto non ha visto questi esperimenti (e, oggi, anche di chi non ha analizzato le ormai numerosissime testimonianze).

prodigiosi, in uno dei miei libri[34], quando lui era ancora in vita. Perché, dietro il mio tavolo di lavoro, tengo un dipinto di Madonna con bambino, che nessuna mano terrena ha tracciato; l'ultimo dono di Gustavo, che sapeva far apparire, concretamente, dipinti anche celebri[35].

Solo ieri, due lettere. In una, una signora torinese scrive, come tanti: "Sono rimasta affascinata da quest'uomo che non è stato compreso dai media". Nell'altra, un lettore milanese si scaglia, giustamente, contro "quegli esponenti o presunti tali – del mondo scientifico che non perdono occasione per accanirsi contro tutto quanto non è riconducibile alle loro scienze esatte". Si citano, in particolare, i nomi – che non farò – di un noto divulgatore e di una scienziata, che avrebbero potuto evitare di procurare a Rol, poco prima della morte, l'ultima, inaccettabile umiliazione[36]. Ma sono, con tutto me stesso, d'accordo: il sapere tutto su come s'accoppiano le foche monache, non autorizza a dileggiare, senza conoscere. Che proveranno ora questi signori leggendo (ma non lo leggeranno) questo prezioso libro di Catterina Ferrari che, dopo aver vissuto accanto a Gustavo negli ultimi dieci anni, ha raccolto, senza intervenire in prima persona, eccezionali documenti diretti: dalle "Agende" alle "Lettere", ai "Pensieri", alle "Poesie"? A parte le facoltà di Rol (le riassume Federico Fellini: "L'uomo più sconcertante che io abbia conosciuto. Sono talmente enormi le sue possibilità, da superare anche l'altrui facoltà di stupirsene"), ci si trova di fronte a uno scrittore di rara intensità, a un pensatore, e a un filosofo del credo religioso, di enorme portata. Si tratta, e non ci sono squallide denigrazioni che tengano, di una personalità fra le più sorprendenti del secolo.

La verità sta venendo a galla. Le manifestazioni del suo talento superiore richiederebbero uno spazio illimitato, ma si riassumono nel principio: "Lo spirito intelligente", posseduto da ciascuno di noi, è quel "quid" che compendia tutto quello che noi siamo e sa tutto del presente, passato e futuro, e rimane sulla terra anche dopo la morte. Molte volte ho parlato, con Rol, dei suoi rapporti con Einstein, che ebbe modo di assistere, affascinato e scosso, ai

---

[34] *Un cuore magico,* Mondadori, 1993.
[35] Si tratta della *Madonna della Divina Grazia* di Rosta, di cui parlo nella nota I-123 al fondo.
[36] Il riferimento è al giornalista Piero Angela e all'astronoma Margherita Hack, che pur avendo mai incontrato Rol e sapendo quasi nulla di lui, aveva dimostrato uno scetticismo abbastanza penoso (si veda per es. il suo articolo: *L'invasione di maghi e fantasmi dilaga anche in tv,* Corriere della Sera, 06/11/1994, p. 35).

suoi esperimenti che ci convincono di una cosa: c'è tanta verità ancora da scoprire»[37].

Bevilacqua coglieva precisamente nel segno, le sue parole sono molto giuste e importanti e certamente hanno aperto le porte al mondo di Rol a tanti intellettuali snob o recidivi che avevano i ben noti pregiudizi di chi crede che tutto quanto sia vagamente "occultistico" sia sinonimo più o meno di ciarlataneria.
Non che in parte non possa capire questo *sentimento*, però dovrebbe sempre dominare la *ragione* e la valutazione caso per caso.
Mi immagino Zolla leggendo queste attestazioni entusiastiche di Bevilacqua e procurarsi nei giorni seguenti il libro. E a due anni dalla sua morte ricalibrare completamente la sua opinione su Rol.
È questa per me l'ipotesi più percorribile, senza però escludere l'altra. Nell'un caso come nell'altro, la conclusione è per me comunque univoca: Zolla «aveva una stima completa» e un «assoluto rispetto» per Gustavo Adolfo Rol.

***

Inseriti in altri capitoli ma contati anche in questo:
29. Pinotti (IX-126)

---

[37] Bevilacqua, A., *Nessuna meraviglia: semplicemente Rol*, Corriere della Sera, 12/03/2000, p. 34.

XXXI

——— Trasfigurazione ———

6. Mirella Delfini:
[*L'episodio che segue può essere considerato come un principio di trasfigurazione*]
«Ero seduta sul divano, lui mi stava di fronte, in poltrona. Il suo viso, ma soprattutto la sua espressione, mi ricordavano qualcuno, però non riuscivo ad associarlo a nessuno. Un disco suonava Mozart che per lui era una vera passione. Dicono i suoi amici che lo ascoltava sempre e lo capisco perché è anche la mia, di passione. (…)
All'improvviso, guardando Rol, m'è venuto in mente, come se fosse riemerso da una memoria non troppo remota, il viso di Napoleone. E mi sono chiesta "si saranno conosciuti, quei due, in una vita precedente? Dopotutto ..." ma subito mi sono ritratta da quel pensiero come se scottasse. Era possibile, poi però ho pensato divertita che Napoleone non amava molto la musica, a parte quella delle fanfare di guerra... Invece qualcosa nel loro volto s'assomigliava parecchio: gli occhi azzurri, la strana linea che sembrava un taglio sotto il labbro inferiore, la forma del viso, l'espressione, anzi certe espressioni: era come se scattassero dei lampi, a momenti sembravano fondersi, amalgamarsi, a momenti no. La sola cosa che Napoleone aveva in più erano delle specie di riccioli sulla fronte mentre Rol era quasi pelato. Chissà se lui, intanto, aveva capito... dicevano che riusciva a seguire i pensieri degli altri, così come riusciva a leggere i libri chiusi. Magari se aveva capito s'era anche un po' arrabbiato, perché a quanto m'hanno detto Rol non crede alla reincarnazione e io cominciavo proprio a pensare che fino al 5 maggio 1821 fosse stato Napoleone Bonaparte.
Ho cominciato a guardarmi intorno. C'erano tante cose belle nella stanza, alcuni affascinanti quadri (…). Poco più in là, nell'ingresso, c'era anche un busto in marmo di Napoleone. Le braccia non c'erano, si fermavano sotto le spalle: un accenno e basta. Avrei voluto andare a guardarlo da vicino perché anche quello mi ricordava qualcosa, ma ho scansato il pensiero, e per distrarmi ho rivolto lo sguardo ai libri (…).
[Rol] si è alzato – in tutta la sua statura che era notevole (invece Napoleone aveva le gambe un po' corte, se non sbaglio) (…)».
[*In altro scritto aggiunge:*]
«m'è tornata in mente all'improvviso una frase letta tanto tempo prima nel libro di Ludwig su Napoleone: "Il suo sguardo penetrante ha qualcosa di stranamente misterioso". Sì, Rol mi ricordava di nuovo Napoleone. In

seguito, tornata a Roma, sono andata a frugare su internet in cerca delle vecchie immagini dell'Imperatore, quelle dove si vedeva bene il viso. Che shock è stato! Alcune somigliavano davvero a Rol: gli stessi occhi, le sopracciglia appena pochi millimetri sopra la palpebra, la piega – che avevo già notato – sotto il labbro inferiore, la bocca, gli occhi altrettanto azzurri e la fronte. Ma via, pensavo, suggestioni, nient'altro, che diamine andavo a pensare. Eppure...».

XXXII

Plasticità del corpo

13. *Antonella Tedeschi*:
«Ero molto giovane, avrò avuto tra i 13 e i 15 anni, doveva essere il 1977-79, sono andata a cena con i miei genitori, mia zia e mio zio al ristorante *La Pace*, in Via Galliari. Quando siamo entrati c'era un tavolo con tre persone, una delle quali era l'attrice Valentina Cortese, lo abbiamo notato perché c'era questo personaggio con questo foulard in testa, particolare, ed era un'attrice famosa. Poi c'era un altro signore che non avevo mai visto, che non conoscevo, e un altro che suppongo fosse il marito di Valentina Cortese. Premetto che io non posso essere stata influenzata, perché Rol non lo conoscevo, come non lo conoscevano i miei, lo conoscevano solo di nome perché comunque a Torino era famoso, ma personalmente non lo avevano mai visto, quindi anche loro non sapevano chi fosse. A un certo punto, mentre stavamo mangiando tranquillamente – io ce lo avevo proprio di fronte ma non sentivo quello che si dicevano al tavolo – però quello che mi ricordo benissimo, ma non l'ho visto solo io, l'hanno visto anche i miei genitori, questo uomo si è alzato, ed era già un uomo molto alto, e in una frazione di secondo, veramente, si è "steso", non so come spiegarlo, si è "steso", si è alzato, cresciuto, quasi ad arrivare a toccare la testa al soffitto, e nella stessa frazione di secondo è ritornato della sua altezza. Cioè come un elastico, come se qualcuno lo avesse preso con un elastico dalla testa e l'avesse tirato.
È andato con la testa al soffitto e nella stessa frazione di secondo è rimpicciolito, è ritornato come era, della sua altezza naturale, tant'è che Valentina Cortese si è messa le mani sulla faccia, come dire "no, no, no, mi fa impressione".
Quando è arrivato il cameriere, mio papà gli ha chiesto:
"Ma scusi, chi è quella persona lì?"
"Non sapete chi è?"
"No, sinceramente non lo so"
"È Gustavo Rol"
"Ah sì, di nome lo conosco, è famoso".
Poi dopo Rol ha fatto un'altra cosa, da quello che ho capito ha chiesto a Valentina Cortese di pensare a qualche cosa, un fiore, un film, non lo so, quindi ha chiamato il cameriere, le ha fatto portare un tovagliolo pulito e le ha detto: "Adesso aprilo", lei ha aperto il tovagliolo, e dentro c'era scritto qualcosa a cui lei aveva pensato. E di nuovo lei si è messa le mani sul volto, come dire "sono sconvolta" "sono impressionata"».

[*Poi aggiunge*]
«Noi eravamo in un tavolo lungo e loro erano in un tavolo vicino a noi di fronte, un tavolino da quattro perché erano in tre. Tutti lo abbiamo visto, assolutamente.
Io sono stata per dieci anni con un fisico nucleare che insegna all'università di Siena, ricercatore al CERN di Ginevra. Gli ho raccontato questa storia e lui da scienziato mi ha detto: "È stata una allucinazione collettiva".
"Nico, ma come può essere una allucinazione collettiva? Tra l'altro non sapevamo chi fosse".
E lui da buon scienziato dice: "È stata un'allucinazione collettiva", e non c'è stato verso di fargli cambiare idea.
"Spiegami tu, visto che stai lavorando sul bosone di X, spiegami come è stata possibile una cosa del genere", e lui mi ha risposto in quel modo.
Io rimango convinta della mia idea proprio perché non sapevo neanche chi fosse. Avessi saputo sarei forse stata nella disposizione psicologica "adesso mi aspetto"... avrei potuto esser stata suggestionata no? Invece non lo avevo mai visto. Ed è durato una frazione di secondo, quanto basta per rendersi conto e tuttavia da non riuscirsi neanche a soffermare, perché è stata veramente una cosa brevissima.
Sa quale esempio le posso fare? Ha presente nei cartoni animati quando esce il genio della lampada? che esce ed è diventato anche più grosso sopra, come spalle, si è espanso verso l'alto ma non è cresciuto solo in altezza, si è espanso come ci fosse qualcosa, un cono che lo contenesse, verso l'alto. Questa è l'immagine che ho».

14. Paola Iozzelli:
«Fra il 1977 e il 1979 – avevo all'incirca 8 anni – esco di casa con mia mamma, il mio appartamento era sullo stesso piano di quello di Rol, e lo trovo sul pianerottolo. Ho avuto la netta sensazione di vederlo molto più alto e con occhi particolarmente brillanti e mi spaventai. Qualcosa non tornava, lui aveva capito che io ero fra lo stupore e lo spavento ma non disse nulla, sorrise e poi scendemmo insieme in ascensore. Il sorriso mi tranquillizzava ma restava lo stupore e la sensazione di aver visto qualcosa di speciale. Di quelle cose che fai fatica a raccontare perché temi che nessuno ti creda. E poi ero proprio solo una bambina».

15. *Paolo Fè d'Ostiani*:
«Una sera a casa nostra, mentre eravamo seduti al tavolo dove Rol faceva gli esperimenti, e c'era un po' di penombra, con le luci principali abbassate, lui è ingigantito il doppio della sua statura, non il doppio, ma due terzi della sua statura, come se si fosse sollevato dalla sedia e ci guardasse dall'alto. Una cosa che ricordo benissimo. Fai conto di gonfiare una persona con dell'aria compressa, si allarga e si allunga. La stessa

cosa. L'ho visto che giganteggiava su di noi, era diventato gigantesco. È durato pochi secondi. Non dico che arrivasse al soffitto, ma poco ci mancava.
Lui era a capotavola, c'era anche la mia ex moglie e altre persone, persone che lui ammetteva a casa nostra. E io ero di fronte all'altro capo del tavolo, lui era di fronte a me. Il tavolo sarà stato lungo due metri e venti cm, più o meno. Fra l'altro non era seduto con la finestra alle spalle, ma con il muro alle spalle, bianco, per cui l'ho visto molto bene, anche se nella penombra, diventare gigantesco».

16. Sandro Rho:
[*Commento iniziale in rete*]
«Tirando le bretelle, arrivava quasi a toccare il soffitto o diventava alto come il mancorrente della scala! Ero molto giovane, la cosa mi divertiva, non pensavo al grande mistero che vi era dietro!»
[*Ho chiesto maggiori dettagli*]
«Il luogo era l'androne di Via Silvio Pellico, l'altezza, onestamente non ricordo, penso circa tre metri, anche perché non avevo dato importanza ai dettagli (trovavo la cosa molto divertente).
Penso fosse l'82, ma non ne sono certo. Ricordo che mi aveva telefonato, perché voleva andare alla Clinica Cellini a far visita a Paolo G. (marito della segretaria di Sergio Rossi, uno dei più importanti industriali italiani, padrone anche della COMAU), in quell'occasione era particolarmente allegro. Quando sono entrato nell'androne di casa sua gli avevo detto che ero nuovamente con il mio A112 Abarth (macchina piccolina e lui invece alto e con le gambe lunghe e quindi sarebbe stato scomodo), mi aveva risposto che non c'erano problemi, aveva le bretelle, prima le ha tirate verso l'alto ed è cresciuto a dismisura, poi le ha tirate verso il basso e sarà diventato circa un metro. Personalmente, mi ha fatto ridere come un matto! Ma il pomeriggio era appena incominciato... andiamo alla Cellini da Paolo che alla mattina presto era stato operato di emorroidi (dovevamo andare mi sembra alla stanza 36). Arriviamo a destinazione è troviamo la stanza buia, il "Paolo" coricato sulla schiena (cosa un po' strana, visto il tipo di intervento subito) ed una signora in piedi vicino alla finestra.
Al che entriamo e Gustavo chiede alla signora come stesse Paolo, in risposta: "Paolo sta bene, ora riposa" e Gustavo allora chiede: "E la Rita dov'è?"
Questa signora, indispettita chiede: "Rita chi?" E Gustavo... "sua moglie", al che la signora, un po' su di giri dice di essere lei la moglie e di non avere idea di chi sia la Rita.
A quel punto Gustavo, un po' perplesso chiede se il signore fosse Paolo G., e la signora ha risposto che sì era Paolo, ma non G. (Non ricordo più il cognome)...!

A quel punto Gustavo si gira e vede che c'era un'altra stanza 36 (forse 36A), (la Cellini, costruita in periodi diversi, aveva i piani sfalsati, non eravamo in alto è ci siamo resi conto dell'errore). A quel punto Gustavo, ridendo di gusto mi ha detto: "Andiamo via Sandrino, abbiamo sbagliato culo!"
Raccontandolo a casa a mio padre e mia madre ridevo come un matto! Mi ero preso (in modo gogliardico) una piccolissima rivincita, su di un uomo che pensavo non avrebbe mai potuto commettere un errore!
Penso siano anche gli errori, sbagli o cantonate così (roba sicuramente di poco conto), ad aumentare il grande fascino di quell'uomo che non riuscivo a guardare negli occhi, perché leggeva in me anche le cose che non avevo piacere che si sapessero!».

♥ ♦ ♣ ♠

XXXIII

──── **Materializzazione e/o smaterializzazione** ────
di disegni o dipinti

36. Fulco Ruffo di Calabria:
«Rol un giorno arrivò a casa nostra, in corso Galileo Ferraris, con una tela bianca. A casa, con i miei, anche Rosy Rivetti e Pilla Valmarana. Rol chiese di spegnere le luci. E dopo due minuti riapparve a tutti la stessa tela, dipinta di bellissimi fiori. La vernice era ancora fresca».

37. *Federico Fellini* (intervistato da Rolly Marchi):
«Il primo incontro [*con Buzzati*] avvenne per *Giulietta degli spiriti* a Roma, fui felice di incontrarlo perché ero ammirato dalla sua fedeltà a un mondo che fu poi definito il "mondo di Buzzati". In quell'occasione provai un'immediata simpatia, e anche curiosità per i suoi modi così compiti e un pochino anche irrigiditi da una gestualità quasi teatrale. Stando con lui era come trovarsi entrambi su un palcoscenico con un pubblico invisibile.
Parlaste di magia?
Naturalmente perché avvertivo l'interesse che si prova per delle persone che hanno delle congenialità, noi due affascinati... dalla fascinazione per l'anomalo, il prodigioso, l'arcano, il mistero, raccontai a Buzzati fatti di certi esorcisti, della Pasqualina Pezzolla, di maghi, stregoni che avevo visitato per il mio film. Buzzati prendeva nota perché poi fece un'inchiesta sull'Italia magica.
In seguito andaste da Rol, a Torino.
Sì certo.
E cosa avvenne?
Eravamo Buzzati, io, e altre quattro persone perché Rol aveva bisogno di un cerchio magnetico, cioè persone, ben disposte ad aspettarsi prodigi. Buzzati fu pregato di tenere in mano l'interruttore di un paralume, unica luce accesa nella stanza, Rol s'inginocchiò, preparò davanti a sé una tela bianca, s'infilò fra le dita sette, otto pennelli già intinti in colori diversi, restò un po' in concentrazione, poi disse a Buzzati: "Spegni!" Devo ricordare che la tavola bianca l'avevamo firmata tutti sul retro, Dino spense e a me parve di sprofondare in un buio insolito, come risucchiato in un'oscurità che era come trasparente, si sentiva ansimare, qualcosa come raschiare, Dino era vicino a me, sospeso... Rol disse improvvisamente: "Luce!" Dino obbedì, non era passato nemmeno un minuto; Rol era a terra su un fianco, i pennelli sparsi, si alzò traballante,

sulla tela c'erano delle macchie di colore e noi stemo lì a osservare la cosa straordinaria che stava accadendo, un prodigio perché via via che il tempo passava i colori prendevano forma, profondità, diventarono un paesaggio. Rol posò la tela su una mensola dicendo: "Sta lavorando ancora, ci sta lavorando..." il cielo del quadro diventò temporalesco, in primo piano apparvero cespugli, alberi, acquitrini, Rol lo firmò "*à la manière de...*", un pittore francese del Settecento di cui non ricordo il nome. Domandai a Rol il quadro, lo ebbi, lo portai a Roma, lo mostrai ad alcuni pittori, anche a Guttuso chiedendo quanto tempo avrebbe dovuto averci messo l'autore, per curiosità... non dicevo che era stato dipinto in 57 secondi, tutti mi dicevano "cinque giorni, una settimana". Lo tenni a Fregene, ma dopo otto mesi il quadro una mattina non c'era più. Lo dissi a Rol, e lui mi rispose: "Te l'avevo detto che te lo potevo dare solo per un po'".
Quale fu il pensiero di Buzzati su questo episodio?
Credo di ricordare un attento stupore ma anche la serietà estrema di chi sa che questi fatti sono normali, naturalmente in una certa dimensione».

38. *Tinto Vitta*:
«Rol mi diceva sempre che non voleva fare degli esperimenti troppo inquietanti per la mia età di allora, perché ero troppo giovane. Però uno me lo fece, io lo andavo a trovare a casa, in via Silvio Pellico a Torino. Lui aveva tutti i cimeli napoleonici di cui era un collezionista appassionato. E mi ricordo aveva una stanza interna che era un po' il suo studio, dove restaurava anche dei quadri, suoi o di amici o di clienti, e quella volta mi misi a sedere, mentre lui stava in piedi accanto a me, e ciò che accadde fu abbastanza sconvolgente, anche se poi lui mitigava sempre queste sue cose.
Io ero dunque seduto, e lui accanto a me in piedi emetteva dei suoni, delle voci, delle cose non comprensibili, e c'era un cavalletto con una tela bianca in fondo alla stanza, 5 o 6 metri da noi. Dopo qualche minuto è apparso un paesaggio francese del '700, e aveva tutta la *craquelure*[1], questa era una tela nuova di pacca, pronta per essere dipinta, e lì apparve non una pittura nuova – questo me lo ricordo come fosse oggi, non ieri – ma un paesaggio francese con tutta la *craquelure*, su una tela consunta. Insomma, sono cose che non si possono facilmente dimenticare, no?».

39. Adriana Asti:
«Una sera distribuì dei pezzi di carta immacolati dicendoci di tenerli contro il petto, mentre muovendo le mani disegnava nell'aria. E quando su suo invito voltammo i nostri fogli, ecco apparire solo sul mio un mazzo di rose dipinto ad acquerello. Tuttora lo conservo nella mia casa di Roma: l'ho incorniciato e appeso a una parete».

---

[1] Screpolatura: reticolo di screpolature che si forma sulla superficie dei dipinti.

40. Eleonora Minotto (Silvano Innocenti?):
«"Un altro esperimento veramente eccezionale, che ho visto con i miei occhi, è la riproduzione di un quadro di Picasso. Rol ha messo in mano a uno dei presenti una tela bianca. Ha fatto disporre su un tavolo colori e pennelli. Poi si è concentrato. Comandato dalla sua volontà in qualche minuto, il pennello ha dipinto il quadro che noi avevamo richiesto. L'aspetto più straordinario non è soltanto la capacità di realizzare fedelmente un quadro d'autore senza prendere un pennello in mano ma il fatto che, sottoposto ai raggi X, questo quadro è risultato essere, in tutto e per tutto, come l'originale" (è noto che una delle moderne tecniche per verificare l'autenticità di un'opera d'arte e quella di sottoporla i raggi X)».

XXXIV

Materializzazione e/o smaterializzazione di oggetti

113. Maurizio Dossi (Fabio Dossi):
«Ho un cugino torinese, un chirurgo Oculista noto a livello mondiale tra gli specialisti della chirurgia della cornea e cristallino. Il Prof. Fabio Dossi. (…) Mi raccontò che durante un suo incontro con Rol fu invitato a fare un "esperimento" da Rol stesso. Mio cugino accettò e Rol lo pregò di prendere da un cassetto della libreria un mazzo di carte, uno tra i tanti presenti nel cassetto. Glielo porse, ma Rol disse: "No no Professore, lo tenga lei. Anzi lo tolga dall'astuccio e lo mescoli accuratamente". Mio cugino fece come Rol gli disse.
"Adesso, disse Rol, senza farmi vedere nulla sollevi leggermente il mazzo come le capita e si annoti mentalmente la carta che vede". Mio cugino vide la carta che appariva dalla fessura aprendo il mazzo. Poi invitato da Rol rimise il mazzo in mezzo al tavolo. Rol per prenderlo avrebbe dovuto alzarsi, ma restò immobile sulla sua sedia.
"Adesso, scelga un libro qualunque dalla biblioteca alle sue spalle".
Vi erano migliaia di volumi. Mio cugino esitò per un minuto circa... poi ne prese uno. A caso.
"Adesso dica un numero, un numero che riguardi le pagine di quel libro, ma non me lo dica e apra la pagina del libro al numero da lei pensato ma non mi faccia vedere la pagina".
Mio cugino aprì la pagina e la carta era lì, esattamente la carta che aveva visto nel mazzo. Disse a Rol: "Ma Dottor Rol, qui c'è la carta…" Rol non lo lasciò finire, gli disse: "La prenda, ma non me la mostri e torni al mazzo di carte. Guardi se c'è ancora nel mazzo o se manca il due di fiori che lei ha in mano Professore, guardi se c'è ancora nel mazzo". Mancava proprio *esattamente* la carta che mio cugino aveva visto e che ora teneva nella mano dopo averla ritrovata nel libro».

114. Gianpaolo Bergandi:
«Avevo circa 13 14 anni era la prima volta che venivo a conoscere il dottor Rol a casa sua. Era una domenica e il dottor Rol dopo le presentazioni mi chiese l'orologio, lo chiuse in uno dei due suoi pugni e poi mi chiese dove era. Io chiaramente risposi che era nella mano in cui lo avevo posto. Lui aprì il pugno e l'orologio non c'era. Mi portò a visitare tutta la casa e poi ci sedemmo in uno dei suoi splendidi salotti, sempre a debita distanza. Quando venne il momento del congedo il dottor Rol mi

disse: "E l'orologio dove è?" Io risposi che non lo sapevo, allora lui infilò le sue dita nel taschino della mia giacca e lo tirò fuori. Io rimasi stupito, anche perché il dottor Rol non si avvicinò mai così tanto da poterlo mettere lui dentro il taschino. L'anno sarà stato tra il 1974-1975».

115. Silvia Dotti (Serena Pinna):
«I fratelli Pinna, avvocati, si chiamavano Giacinto e Franchino, nati a Trani, si erano trasferiti a Torino, erano molto amici di Nino Rota, il re delle colonne sonore di Fellini.
Quando Nino Rota venne a Torino con Fellini per vedere Gustavo, stava a casa da Giacinto. I nostri genitori erano molto amici, tanto che lo chiamavamo zio Giacinto, e frequentavano Gustavo, che portava al mignolo un anello che era un cammeo di corniola sostenuto da 2 cariatidi in oro. Un gioiello di fine fattura, unico.
Lo zio Giacinto l'aveva avuto in pagamento da un cliente, la zia Serena, sua moglie, lo portava al dito medio e Gustavo aveva trovato che era magnifico. Se lo fece dare, chiuse il pugno e disse alla zia Serena:
"Adesso sparirà e chi lo troverà se lo tiene".
Aprì la mano... era sparito. Allora disse al cameriere – erano a cena al ristorante *Firenze* – di portare un cestino con il pane e chiese alla zia Serena di prendere un panino (erano delle Rosette), un altro lo prese lui. Nel suo panino si trovava l'anello in questione, allora lo zio Giacinto gli disse: "Ora appartiene a te". La zia Serena era dispiaciuta, ma amavano molto Gustavo, che ha portato quel solo anello per tutta la vita, fino alla sua morte».

116. Luciano Roccia:
«La sera ci vedevamo in casa sua o di amici comuni, dove praticava i suoi "esperimenti", così li chiamava, e il primo cui assistetti mi coinvolse personalmente. Mi mandò a comprare un mazzo di carte da gioco che riuscii a trovare, a quell'ora tarda di sera, alla tabaccheria della Stazione ferroviaria di Porta Nuova. Al mio ritorno mi invitò, davanti a tutti, a posare il mazzo di carte ancora impacchettato al centro del tavolo, poi chiuse gli occhi, iniziò a contorcersi e a mugolare, allungò una mano sotto il tavolo e la ritirò con una carta. Mi invitò ad aprire la confezione del mazzo di carte e a verificare se ne mancava una. Mancava l'asso di cuori e l'aveva in mano lui.
L'esperimento non mi colpì in modo particolare, pensavo a un trucco, per me incomprensibile, ma pur sempre un trucco da prestidigitatore. Gli altri presenti che conoscevano e frequentavano Rol da tempo ne erano incantati».

117. Nadia Bertarelli (n.p.):
«Ricordo un episodio che raccontò la mia professoressa di matematica delle medie, avevo dodici o tredici anni e lei era sulla quarantina, doveva essere il 1981. Ci raccontò che un pomeriggio era a prendere il the con le ragazze della Torino bene in una sala the. Chiacchierando finiscono il the, nel mentre entra un signore distinto e cortesemente chiede loro se potevano offrirgliene una tazza. Loro subito risposero che lo avevano finito e lui gli rispose che non era possibile perché la teiera era piena. Mi viene sempre da pensare che fosse Rol quel signore».

118. *Filippo Ascione* (2016):
«Una volta mi chiamò al telefono Gustavo Rol e mi disse:
"Io so che Lei deve incontrare Piero Angela" – io in realtà non lo dovevo incontrare, però lui aveva non so come visto che io una sera, e infatti è successo, sono andato ad una cena dove c'era Angela – "deve dire che Lei mi conosce e che con me si è comportato molto male, perché ha voluto vedere gli esperimenti e poi [*in un suo libro*] ha detto che in realtà erano frutto di illusionismo".
Quando ho incontrato Angela gli ho solo detto che Rol era molto dispiaciuto per come l'aveva trattato e lui mi ha detto: "Sì lo so".
Lui fece un programma sulla parapsicologia per la televisione alla fine degli anni '70, dove doveva dimostrare che non esisteva o comunque che era tutto frutto, nella migliore delle ipotesi, di coincidenze, salvava un po' la telepatia ma la relegava a qualcosa più legata alla coincidenza. Gli esperimenti di Rol furono ripresi da Piero Angela, ma non li mandò mai in onda. Me lo ha detto Gustavo Rol, non li mandò in onda, non li montò nel programma. Per questo lui c'è rimasto molto male, per lui questa cosa di Piero Angela era una ossessione, chiamava anche Federico Fellini per dirgli la stessa cosa.
Rol si rifiutò all'inizio, però poi gli disse che potevano riprenderli. Questo risale a prima del '75. Angela ha sempre negato di aver fatto delle riprese, mentre Rol mi disse che le aveva fatte.
Per questo lui era molto arrabbiato. Il filmato o l'ha distrutto o ce l'ha lui e non lo fa vedere a nessuno. Angela ha sempre negato di aver fatto delle riprese, in realtà pare siano andati in cinque persone. Però Rol disse: "Io non voglio nessun prestigiatore qui" – questo è vero – "se volete fate delle riprese". Tant'è vero che in quel programma lui non mise queste riprese[1].

---

[1] In effetti è piuttosto strano e sospetto che in nessuna puntata del programma non si menzioni nemmeno di sfuggita Rol. Evidentemente si fece la scelta di insabbiarlo del tutto. Menzionarlo senza mostrare il filmato avrebbe suscitato certamente una reazione di sdegno anche da parte degli amici di Rol e Angela sarebbe passato subito dalla parte del torto. Non menzionarlo ha evitato qualsiasi polemica. Del resto Rol non amava la riservatezza? Angela lo ha accontentato.

Negli ultimi due o tre anni di vita Rol era ossessionato da questa cosa di Piero Angela, e chiamava Federico per dirgli più o meno: "Voi che lo potete incontrare, perché è più facile tra giornalisti, scrittori, se vi capita ditegli che è un gran bugiardo, che si è comportato male".
Ogni tanto mi chiamava per dirmi che quando avrei incontrato Angela di dirgli che era un gran vigliacco.
Era ossessionato perché diceva che queste riprese erano state fatte, mentre Angela diceva di no, che lui è andato lì e ha solo assistito.
Io so il perché della sua avversione per la parapsicologia, il figlio quando era piccolo ha avuto dei problemi, forse di salute, e la moglie di Angela lo portò da uno di questi maghi un po' cialtroni che gli hanno portato via solo dei soldi creandogli dei problemi. Da quella volta lui ha avuto una avversione verso tutto questo mondo qui.
Questo è l'episodio scatenante che la famiglia aveva avuto quando il figlio era piccolo. Allora erano di moda maghi e cartomanti e la moglie li frequentava».

Due anni dopo che Ascione mi aveva detto quanto sopra, in una intervista ha specificato anche qual'era l'esperimento che Angela avrebbe filmato:

118bis (2018): «questo episodio mi è rimasto molto impresso. Io non ero presente, ma mi era stato raccontato da Rol. Lui era fissato con Piero Angela, tanto che una volta ci chiese se lo conoscevamo. Fellini gli rispose: "A me le persone che non credono, che seguono dei dogmi e fanno di tutto per provare che qualcosa non esiste, mi fanno molta pena. Nella vita bisogna essere aperti. Per questo non lo voglio conoscere".
Allora Rol si rivolse a me, raccontandomi che alla fine degli anni '70 Angela aveva fatto riprendere dai suoi operatori un esperimento di materializzazione di una cassapanca per il suo programma RAI sulla parapsicologia. E non solo non l'aveva mai mandato in onda, ma non si trova più neanche negli archivi della Rai. "Gliel'ho fatto come me l'aveva chiesto, alle sue condizioni. Se lo incontra, glielo deve dire". Si era sentito tradito di non essere stato creduto».

119. *Filippo Ascione*:
«Negli anni '60 Federico era andato da Rol a Torino e dopo una cena a ristorante, era notte, hanno fatto una passeggiata per tornare a casa di Rol, passano in una piazzetta dove c'era un piccolo monumento e Rol dice a Federico: "Aspetta un attimo, fermati, non ti muovere". Questo monumento è sparito, subito dopo si è sentito un tonfo nel cortile di un palazzo accanto. Vanno a vedere, un cancello dava su questo cortile e quel monumento si era rimaterializzato lì. Dopodiché è ritornato al suo posto».

119ª. *Filippo Ascione*:
[*Gli ho chiesto dettagli in merito a un esperimento di cui aveva parlato brevemente a Voyager nel 2013 (XXXIV-66).*
Quanto segue è estremamente significativo da un punto di vista teorico.]
«Una volta a ristorante, eravamo in cinque o sei, sul nostro tavolo c'era un portacenere che prima ha cominciato a muoversi, poi spariva e riappariva più volte. E Rol diceva che non bisogna avvicinarsi con le mani dove l'oggetto viene smaterializzato, perché si crea un campo magnetico.
"Se voi prendete una forchetta, o un tovagliolo e lo buttate lì dove prima c'era quell'oggetto, quell'oggetto che voi buttate scompare".
Per questo lui aveva paura di fare questo tipo di esperimenti, perché ci poteva essere il rischio che qualcuno si avvicinasse a quel campo magnetico. Ci disse anche: "Talvolta dico alle persone di buttarci qualcosa dentro, un oggetto, una cosa che hanno, ed è come se entrasse in un buco nero, scompare".
Poi gli oggetti riappaiono, lui li fa riapparire. Però ci ha detto che si formava un campo magnetico, e che molte persone non sono preparate a vedere cose che si smaterializzano».

120. Gianfranco Angelucci (Federico Fellini):
«Sulle magie di Rol, Federico indugiava ammirato, con profusione di dettagli. Raccontava incredibili fenomeni di telecinesi, grazie ai quali con la sola forza della mente [Rol] era in grado di spostare gli oggetti da una stanza all'altra, smaterializzarli e ricomporli in uno schiocco di dita anche a grande distanza, in altre abitazioni, in città lontane. A un ex aiuto che aveva ottenuto di poter assistere a un incontro con il mago, era accaduto qualcosa di sbalorditivo: tornando a Roma, esattamente come era stato preavvertito, aveva trovato un pesante posacenere di vetro di Murano non più sulla sua scrivania, dove giaceva abitualmente, ma dentro la vetrinetta del soggiorno. E i familiari giuravano di non averlo spostato. Fellini stesso conservava religiosamente un paio di scarpe a cui Rol, per gioco, aveva scambiato i tacchi, togliendolo a una e raddoppiandolo all'altra».

121. *Carla Rolli Casalegno*:
«Gustavo era andato a prendere Fellini all'aeroporto, hanno preso un taxi e sono venuti all'Arethusa, la mia libreria in centro a Torino. Cercavano un libro, *I re taumaturghi* di Einaudi, lo voleva Fellini.
Io ho detto: "Non ce l'ho, è in ristampa da sei anni".
"Ah ma sa, magari Einaudi ce l'ha".
"No", ho detto, "perché l'ho chiesto ancora poco tempo fa, non si trova assolutamente più".
Allora Gustavo è rimasto per un momento come assorto e poi mi ha detto: "Signora, se Lei sale la scala e va sopra, nello scaffale di fronte a Lei e guarda bene, nella prima fila c'è quel libro".

Io ho detto: "No scusi, sullo scaffale che è proprio al mio livello lo avrei visto mille volte, cosa dice?"
"Provi".
Sono andata su e il libro c'era. Rol l'ha trovato subito, e io avevo detto: "No Rol, Lei si sbaglia, no, no, no" invece aveva ragione lui, gliel'ho dato e loro erano contenti».

122. Marco Gay:
[*Nel 1990 l'avvocato Marco Gay e la moglie Ellen Koch dovevano andare in Norvegia per soddisfare il desiderio di Elna Resch-Knudsen, moglie di Rol e norvegese come l'amica Ellen, di disperdere le sue ceneri nei fiordi (era mancata il 27 gennaio). Occorreva prima espletare una serie di formalità burocratiche*]
«Era stato necessario predisporre in Pretura un atto notorio delle volontà espresse soltanto verbalmente dalla signora Elna.
Per tale atto erano convenute in Pretura, allora in via Corte d'Appello 10, nella Cancelleria sita a piano terreno (locale abbastanza angusto), quattro sue amiche che avrebbero dovuto riferire alla Cancelliera le volontà della defunta, volontà di cui erano a conoscenza.
Nella sala non vi erano altre persone. Ricordo che le quattro signore consegnarono le loro carte d'identità alla dottoressa, che avevo preavvisato con la bozza dell'atto da redigere, che compilò il verbale dopo avere trascritto le generalità delle testimoni e ricevuto le loro dichiarazioni giurate.
La Cancelliera, ottenute le firme delle quattro signore, restituì a ciascuna la sua carta d'identità. Ci dirigemmo all'uscita quando una di loro si accorse di non avere la sua carta d'identità che reclamò alla Cancelliera. Ci fu un battibecco, nel senso che la Cancelliera sosteneva di averla consegnata e la signora negava.
Il Dott. Rol pose termine alla disputa domandando alla dottoressa se avesse una scala. La Cancelliera sorpresa domandò la ragione di tale richiesta e il Dott. Rol, sorridendo, rispose: "Lei è giovane e sportiva; provi ad accostare una sedia a quello scaffale. La carta d'identità potrebbe essere li sopra".
La dottoressa salì sulla sedia e, sullo scaffale, alto più di due metri, trovò la carta d'identità. La meraviglia fu generale. Invero la vera sorpresa fu della sola Cancelliera, che non conosceva il Dott. Rol; le quattro signore ed io fummo sorpresi, ma non più di tanto».

123. Mauro Maneglia (*trascrizione da intervista video*):
[*L'aneddoto seguente è molto importante da un punto di vista teorico (come lo è quello di Ascione visto più sopra)*]
«Era mia abitudine girare i locali di Torino, seguivo il jazz, e lo facevo con un caro amico, Carlo [Altavilla], che una sera mi disse: "Stasera non

andiamo a vedere un concerto jazz, andiamo a sentire cosa ne pensa il signor Rol del mio ultimo libro – che lui scriveva dei libri – e così io per occasione [*per caso/in quella occasione*] conobbi questa figura che io conoscevo solo per la sua fama, in realtà poi col tempo ho avuto modo di conoscerlo, e così mi trovai in Via Carlo Alberto a Torino, in compagnia di questo amico, e salimmo in questo stabile molto bello, entrammo in questa casa che era una casa per metà arredata e per l'altra era completamente nel caos. Era stata data a Rol per poterla arredare, col suo gusto, e quindi io mi trovai a girare intorno a questi libri, e quando mi rivolsi a Rol per chiedere se potevo guardare questi libri, mi disse:
"I libri sono fatti per essere letti" e il mio amico Carlo subito disse:
"Sì, c'è chi ha bisogno di aprirli per leggerli, e c'è chi li legge senza aprirli". Col senno del poi capisco cosa voleva dire. E mentre io osservavo questi bellissimi libri, grandi, spessi, a un certo punto il mio amico Carlo si alza e dice:
"Sa, apriamo questa bottiglia Gustavo".
Io sapevo che lui non beveva e non fumava[2], però era un vinello che poteva anche gradire. E in quel momento lui [Carlo] disse:
"Dove sono i bicchieri?" rivolgendosi a Rol, e lui disse – una cosa che mi è rimasta impressa[3]:
"Stai fermo lì che adesso arrivano i bicchieri".
Quindi io mi aspettavo di vedere qualcuno uscire con un vassoio, con questi bicchieri[4]. In realtà non c'era nessuno, eravamo solo noi tre. E la prima *sensazione* forte che ho avuto è quando cade un fulmine, quando l'aria diventa un po' particolare, ho sentito i peli del braccio che si raddrizzavano, dopodiché la mia attenzione è stata attirata da una specie di gelatina trasparente che si manifestava, come un qualcosa che non era a fuoco, e infatti io mi ricordo che avevo strizzato gli occhi [*fa il gesto, si sfrega gli occhi*] e mi ha incuriosito questa massa informe che poi informe insomma non è più stata visto che son diventati tre bicchieri, tre bicchieri uguali, dei *flûte* tutti uguali, solo uno era leggermente meno trasparente degli altri».

123bis. [*Anche in questo caso, ho chiesto ulteriori dettagli*]
«È un fenomeno che io ricorderò sempre, ho sentito proprio l'aria cambiare intorno a me, e si sono materializzati questi 3 bicchieri da questa materia molto evanescente che si è formata nell'aria, e da lì sono scivolati

---

[2] Aveva sì smesso di fumare molti anni prima, probabilmente negli anni '50, ma non era astemio.
[3] Affermazione fatta spesso da testimoni diretti di fenomeni che hanno un forte impatto emotivo. *Impressa* come una fotografia…
[4] Un dettaglio che esclude completamente l'aspettativa per il fenomeno (quindi una eventuale suggestione).

sul tavolo fino ad arrivare alla testa del tavolo dove erano seduti loro due. Per cui è molto difficile dimenticarsi una cosa de genere».
A che distanza ha visto formarsi i bicchieri?
«Un paio di metri da lui. Lei immagini un tavolo lungo che alla testa è arrotondato, Carlo era seduto in testa, e Rol era seduto nella parte lunga, quindi di fianco. Quando il mio amico Carlo ha espresso il desidero di aprire una bottiglia, ha chiesto a Rol dove erano i bicchieri, perché in quell'ambiente lì era ancora tutto da arredare, non si vedevano i bicchieri. E allora Rol ha detto: "Stai tranquillo che adesso i bicchieri arrivano", e gliel'ha detto in piemontese, perché parlavano in piemontese tra loro due.
Quando Rol ha detto che sarebbero arrivati i bicchieri, io a quel punto, naturalmente, pensavo che ci fosse qualcuno in quella casa che portasse i bicchieri. E invece ho sentito quest'aria particolare, e la mia attenzione è caduta proprio in quel punto dove ho visto proprio che si trasformava in qualcosa di preciso, io la descrivo come una gelatina senza una forma precisa, che si stava formando molto rapidamente e a quel punto i bicchieri hanno cominciato a prendere forma».
Questa gelatina si stava formando sul tavolo?
No, era proprio nello spazio aperto della camera, in aria. Io mi sono strizzato gli occhi perché non riuscivo a capire se dovevo mettere a fuoco qualcosa o meno, in realtà la gelatina non era possibile metterla a fuoco, perché per sua natura non aveva una forma distinta, però sarà durato qualche secondo, questa materia informe, perché poi dopo si son ben distnti questi tre bicchieri, si sono distinti nell'aria, e poi si sono diretti sull'inizio del tavolo, e sono scivolati fino alla testa dove erano loro. Sono arrivati proprio come se qualcuno li spingesse.
Poi c'è un'altra cosa che mi ha colpito molto: che quando abbiamo fatto il brindisi non c'è stato nessun suono tra i bicchieri. È un po' come chiudersi le orecchie e non sentire più niente. E io mi sono chiesto:
"Ma come fa a non produrre un suono un bicchiere che batte contro un altro?".
Non c'era suono. E soprattutto, guardandoli bene questi bicchieri, erano uno leggermente diverso dall'altro, anche perché non sono stati fatti in fabbrica, sono stati prodotti sul momento».
L'aria strana che ha sentito all'inizio è continuata anche dopo, durante il fenomeno e fino al brindisi?
«No, assolutamente. L'aria ha preceduto il fenomeno, e poi non l'ho più sentita. Io non so se Le è mai capitato di sentire un fulmine quando cade, l'effetto che rimane nell'aria: si carica di ioni. Io ho sentito quello, e subito dopo ho visto questa gelatina. Quindi sono fenomeni associabili uno all'altro, credo».
Anche il Suo amico Carlo ha visto lo stesso fenomeno?
«Sì».
È ancora vivente?

«No, è mancato nel 1998. Lui si occupava di testi di filosofia moderna all'interno dell'università. C'era molta cordialità e confidenza tra lui e Rol».

124. Marcello Ghiringhelli (intro e domande di Nicola Gragnani) (2020):
«Alcuni anni fa un uomo, allora detenuto (da pochi mesi finalmente libero), Marcello Ghiringhelli, mi parlò di un fatto straordinario capitatogli con Rol. Nella conferenza per l'anniversario di Rol[5], durante il mio intervento, raccontai l'episodio e promisi al pubblico che avrei raccolto la testimonianza diretta. Perciò, con l'amico Giovanni Fasulo, siamo andati (oramai quasi un anno fa) da Marcello mentre lavorava in un bar in regime di semi-libertà e abbiamo raccolto un'intervista audio. Quella che segue è la trascrizione dell'intervista (...).

Marcello Ghiringhelli è un detenuto del carcere Le Vallette *in regime di semi-libertà, pluri ergastolano per rapina in banca e anche per adesione alle Brigate Rosse. È anche un grande scrittore che ha scritto libri molto interessanti come "La mia cattiva strada". Abbiamo avvicinato Marcello Ghiringelli per altri motivi completamente differenti, perché Marcello ha avuto il piacere e l'onore di conoscere direttamente Gustavo Adolfo Rol e quindi gli chiediamo in quale occasione lo ha conosciuto e cosa è successo.*

"Erano gli anni '60, non mi ricordo più esattamente l'anno, una sera non sapevo cosa fare e un amico mi dice di andare con lui che mi avrebbe portato da un 'mago'. Mi ha portato in un appartamento di lusso, in Via Silvio Pellico. Siamo entrati, c'era questo signore, non ci siamo neanche presentati, non sapevo nemmeno chi era. Lì c'era parecchia gente, gruppetti di persone che parlavano e il padrone di casa che teneva banco. Sembrava un salotto di quelli antichi, tipo Luigi XV, specchi. Io ho girato un po' e mi stavo annoiando perché sinceramente non conoscevo nessuno, non era il mio ambiente perché si vedeva che era tutta gente di un certo tipo, mentre io ero un ladro e non c'entravo proprio niente con questi qua. Poi ad un certo punto si avvicina uno senza capelli..."
E tu non sapevi neanche che fosse Rol?
"No, no, e mi ha detto:
'È brutto non sapere cosa fare in certe situazioni'. Come? Che cosa vuole questo qui? faccio tra me. Lo guardo... però era simpatico, la faccia, tipo alla mano no? bonario. E continua:
'Certo avere una quasi morosa e non sapere cosa regalarle è dura'.

---

[5] Il 22/09/2019 nell'ambito della mostra fotografica su Rol tenutasi a Torino.

E mi ha detto la verità! Ma come cavolo fa a sapere che pensavo a questa mia amica? Comunque mi parla mentre io pensavo e a un certo punto mi fa:
'Visto che sei giovane e hai bisogno di una spinta potresti regalargli questo…' e me l'ha materializzata davanti a me, una rosa".
Così come lo stai facendo di fronte a noi? [Marcello parlando ha steso il braccio a mimare il gesto di Rol], cioè palmo della mano steso, steso al cielo come dire, e nel palmo è apparsa una rosa.
"Una rosa. Mi ha materializzato una rosa. Roba da non credere! Io sono rimasto allibito… ho visto i prestigiatori e si capisce che son balle… ma questo mi ha fatto così [*Marcello ripete il gesto del palmo vuoto ben visibile*] e mi è apparsa una rosa… una cosa strana, non mi era mai successo".
Non poteva in nessun modo, come dire, averla nella manica della camicia.
"No, no, assolutamente no! E poi tra l'altro questa rosa l'ho regalata alla mia amica, dovrebbe ancora averla, ed è vissuta più di un mese nell'acqua, ed è già strano, una rosa dura 10-15 giorni al massimo, e non si è appassita come fanno i fiori, è rimasta intatta, la mia amica ce l'ha dentro un libro e, oltre ad essere durata più di un mese profumava, e il profumo è rimasto per sempre".
Ah! Continuava a profumare anche una volta secca?
"Anche secca! Mi ha stupito".
Hai più visto Rol e in che condizioni? [domanda posta da Giovanni Fasulo]
"Ho visto Rol un'altra volta sempre con il mio amico, però questa volta siamo andati fuori Torino, credo che fosse dalle parti di San Secondo [di Pinerolo] ma non ne sono sicuro. Siamo andati lì, era una villetta cintata, però un particolare mi ha colpito; appena passato il muro di cinta era come se fossimo entrati in un campo di forza, come se al di là di questo muro ci fosse la pace assoluta, una sensazione mai provata, ma me lo sono tenuto per me. Dentro c'erano i soliti invitati, persone alto borghesi (mi avevano detto che Rol era una persona importante, che aveva incontrato anche De Gaulle, che era venuto a Torino per incontrarlo). Non mi ricordo però cosa sia successo quando ero in casa, non c'è stato niente di particolare, chiacchere, giochi con le carte in un tavolo, ma io non partecipavo".
Ah! Ci sono stati giochi con le carte!
"Era lui che faceva questi giochi con le carte ma io non ho seguito perché non mi interessava, avevo 25-30 anni, tra l'altro io ai prestigiatori non do molto retta anche se questo non era un prestigiatore (mi ha materializzato una rosa!). Una signora, una degli invitati, mi ha raccontato che Rol ha attraversato un muro con il corpo, in via Silvio Pellico dal salone al salotto. In questi ultimi anni, parlando con la gente, mi sono fatto un'idea

di chi era Rol... secondo me era un extraterrestre perché era un tipo "strano", non era possibile».

***

La materializzazione della rosa sul palmo della mano di M. Ghiringhelli mi ha ricordato un passaggio di un romanzo di Mircea Eliade – il maggiore storico delle religioni del '900 – che riproduco qui come breve intermezzo, allusivo e simbolico.

«"Il mio 'doppio' mormorò sorridendo "risponde sempre alle domande che mi accingo a porre. Come un vero angelo custode ..."
"Anche questa formula è corretta e utile. Ce ne sono anche altre?" chiese.
"Molte. Alcune antiquate o desuete, altre ancora abbastanza attuali, soprattutto là dove la teologia e la pratica cristiane hanno saputo conservare le tradizioni mitologiche immemoriali."
"Ad esernpio?" chiese con un sorriso divertito.
"Ad esempio, oltre agli angeli e agli angeli custodi, le potenze, gli arcangeli, i serafini, i cherubini. Esseri per eccellenza intermediari."
"Intermediari tra conscio e inconscio."
"Certamente. Ma anche tra natura e uomo, tra uomo e divinità, ragione ed eros, femminile e maschile, tenebre e luce, materia e spirito ..."
Si sorprese a ridere e si drizzò a sedere. Si guardò attorno per qualche secondo con attenzione, poi sussurrò, pronunciando lentamente le parole: "Veniamo, dunque, alla mia antica passione: la filosofia. Riusciremo mai a dimostrare logicamente la realtà del mondo esteriore? La metafisica idealista mi sembra ancor oggi la sola costruzione perfettamente coerente".
"Ci stiamo allontanando dal soggetto della nostra discussione" si ascoltò pensare. "Il problema non è la realtà del mondo esteriore, ma la realtà oggettiva del mio 'doppio' o dell'angelo custode, scegli il termine che preferisci. Non è vero?"
"Verissimo. Non posso credere alla realtà oggettiva della persona con la quale parlo; la considero come mio 'doppio'"
"In un certo senso è così. Il che tuttavia non significa che non esista oggettivamente, indipendentemente dalla coscienza di cui mostra d'essere la proiezione."
"Vorrei lasciarmi persuadere, ma..."

"Lo so, nelle controversie metafisiche le prove empiriche sono prive di valore. Ma non ti piacerebbe ricevere adesso, in questo stesso istante, due ... alcune rose appena colte nel giardino?"
"Rose!" esclamò con emozione e un velo di paura nella voce. "Mi sono sempre piaciute le rose!"
"Dove vuoi metterle? In ogni caso non nel bicchiere..."
"No" rispose. "In ogni caso non nel bicchiere. Ma una rosa nella mia mano destra, così come la tengo adesso, aperta, e un'altra sulle ginocchia, e la terza, be', diciamo ..."
In quel preciso momento si accorse di tenere tra le dita una bellissima rosa dal colore sanguigno, mentre sulle ginocchia, in equilibrio instabile, ne vacillava un'altra"»[6].

***

125. Carlo Rosa[7]:
«Quando ho visto gli esperimenti ero ancora minorenne. Una volta a casa sua Rol ha fatto apparire delle castagne in primavera, non era stagione di castagne, sono apparsi sul pavimento dei ricci che si aprivano facendo uscire castagne, ma non erano tanti, una decina credo».

126. Pasquale Verbale (*trascrizione da audio*):
«Io nel '63 ho cominciato a lavorare, avevo 16-17 anni e lavoravo nel negozio di cornici in Via della Rocca 30, a Torino e come cliente c'era appunto il Dottor Rol, che mi chiamava "il ragazzo di bottega", e veniva spesso a farci visita e poi io gli portavo anche a volte i quadri, le cornici a casa sua. Adesso non ricordo se era in via Baretti o via Silvio Pellico 31, comunque, quasi angolo Corso Massimo D'Azeglio... Una persona d'oro, squisita. Un giorno ci ha fatto una, non so neanche come dire... eravamo io, il mio principale e lui a distanza di mezzo metro a testa, in una specie di triangolo. Poi si fa dare un pezzo di legno dal principale, se lo mette nel palmo della mano e dopo un po' non c'era più. Era nel taschino del principale, dentro al taschino».

127. Luca Corna:
«Rol passava spesso nel salone da barbiere di mio nonno che era a poche decine di metri dalla sua villa di campagna di San Secondo di Pinerolo. Era molto riservato ma gentile. Giocava a far sparire le forbici e farle comparire a casa del nonno, posto dove mai lui le avrebbe portate».

---

[6] Eliade, M., *Un'altra giovinezza*, Rizzoli, Milano, 2007, pp. 71-73.
[7] Mi si crederà sulla parola se affermo che si tratta di *sincronicità* (cfr. nota al fondo).

128. *Anselma Dell'Olio* (Federico Fellini):
«[Fellini] raccontava di una libreria del salotto di Rol finita integra in Via Silvio Pellico. Ma dopo non era poi stato capace di farla ritornare in salotto senza l'aiuto di persone con qualche muscolo».

129. Massimo Molinari:
«Eravamo circa negli anni '90 e degli amici ci invitarono (me e famiglia) a trascorrere le vacanze insieme in Sicilia, esattamente a Scoglitti. (...)
[*Una sera in pizzeria*] Susy o Elena, sua figlia, parlando di eventi e personaggi insoliti, sapendo che ero al corrente dei "Fatti" legati a Rol con cui parlavo spesso al telefono (...), mi invitò a parlare di questo straordinario personaggio. Faccio presente che, visto il caldo eccessivo, eravamo in pieno agosto, preferimmo quella sera andare al chiuso in un locale con l'aria condizionata. Eravamo io, mia moglie Daniela e le mie due figlie, Lamarika e Camilla, ed anche Susy ed Elena sua figlia, attorno ad un tavolo rotondo e messi in un angolo, per ragioni di spazio.
Stavo descrivendo le scorribande Spirituali reciproche e le mie obiezioni, recalcitrante come sono ai vari "principi d'autorità", che emergevano durante queste conversazioni telefoniche, e stavo descrivendo lo strano ed inconsueto fenomeno che si realizzava, e forse si realizza tutt'oggi, nelle abitazioni di quei "fortunati" (è un eufemismo) che hanno uno di questi quadri di Rol con le rose "sfatte", cioè che capitava di rinvenire sul pavimento sotto questi quadri dei petali ancora freschi... di fiori di rosa! e mentre racconto cominciano a piovere dei fiori di *bouganville* freschi come appena raccolti. Meraviglia delle Meraviglie!
E più continuo a parlare di questi quadri ed ancora di più se ne materializzano cadendo sul tavolo e siamo in una stanza al chiuso ed in angolo!
Stupore, meraviglia, ed entusiasmo per quel "Dono" di "presenza" di Rol! Questi fiori sono stati regalati anche ai commensali presenti dei tavoli vicini che hanno assistito a questo *evento*, da parte mia ne ho conservato alcuni in un involucro di plastica trasparente delle sigarette e sono rimasti *integri* e *mummificati* appesi nel muro del "Sancta sanctorum" del mio studio per molti anni fino al 2015, quando, assente Daniela, per la nascita di mio nipote Adya in Canada, furono pitturate alcune stanze e con il trambusto generato con quel lavoro di quei fiori non mi è rimasta traccia, come di tanti altri "doni".
Naturalmente, dopo un primo momento di sgomento (eravamo rimasti tutti i presenti a bocca aperta per il modo in cui l'"Evento" si era realizzato in un tempo così esteso e prolungato ed in modo così copioso) cominciarono a sorgere in me le prime domande riguardanti il *significante* (come avrebbe detto Lacan o Verdiglione) del *motivo*, del *come mai* proprio *quei* fiori. L'argomento fu trattato e discusso, appena rientrato [*a Padova*], direttamente con Gustavo [*al telefono*], fugando ogni ombra di

dubbio anche e soprattutto sulla scelta del fiore, dei numeri in esso contenuti e del suo simbolismo ed infine del colore».

130. Lavinia Antinori:
«Lo ha conosciuto il mio ex marito [*negli anni '80*]. Era un commissario di polizia. Mi ha narrato cose strabilianti.
Rol andava a pranzare alla *Buca di San Francesco* a Torino e mi raccontò che un giorno una signora che mangiava con il marito, vicino a Rol, aveva terminato di mangiare il gelato e si girò con la testa per chiamare il cameriere. Il marito le disse "ma non mangi il gelato?"
Rol aveva fatto uno scherzo dei suoi, facendogli comparire alla signora, la coppa di gelato di nuovo piena!».

131. Guido Maschera:
«Ricordo era un sabato pomeriggio. Arrivai in cascina a San Secondo di Pinerolo verso le 16,00. Seduti al tavolo rotondo nel grande salone c'era mio zio Aristide con un signore che mi venne incontro per presentarsi. Non compresi subito il suo nome ma ricordo che mi apparse subito estremamente estroverso, gentile e educato. Mi sedetti con loro. Aristide si fece portare dalla domestica una bottiglia di moscato ed una di acqua per accompagnare i pasticcini che avevo acquistato a Pinerolo da Galup. Qualche piacevole chiacchiera quando l'amico dello zio mi disse di siglare con una penna il mio pacchetto di Marlboro. Incuriosito, tolsi quella leggera velina che riveste la scatola di sigarette e scrissi le mie iniziali, G.M. con un pennarello nero. Lo consegnai a questo signore, il quale me lo restituì senza proferire parola. Ripresi le mie sigarette, ci infilai dentro l'accendino e misi il pacchetto nella tasca sinistra della mia giacca. Guardai perplesso Aristide, il quale sorrise guardando il suo ospite. Dopo un po' di tempo bussò alla porta un altro amico di mio zio. Aveva appena varcato la porta d'ingresso quando il signore al tavolo gli disse: "Ciao Piero, hai una sigaretta?" "Sai bene che non fumo" rispose sorridendo. Infilai immediatamente la mano in tasca, avrei potuto io offrire la sigaretta ma il pacchetto era sparito. Il signore al mio tavolo aggiunse, "dai Piero, cerca bene" ... Sempre fermo all'ingresso lo stesso Piero cercò nelle sue tasche e dalla tasca sinistra della sua giacca estrasse un pacchetto di sigarette, ma non uno qualunque, era proprio il mio di pacchetto... Allibito e un pochino confuso mi rivolsi ad Aristide il quale, si alzò dalla sedia e, dandomi una botta sulla spalla, mi disse chi avevo di fronte: Gustavo Adolfo Rol! Tengo a precisare che: Aristide, Rol ed io eravamo seduti al tavolo distante circa una decina di metri dalla porta d'ingresso. Nessuno si è mai alzato, neppure per aprire la porta (si apriva solo con la maniglia, non era chiusa con serratura) e Piero si è avvicinato a noi solamente dopo aver estratto dalla tasca le mie sigarette. Rol e Piero si conoscevano già, diversamente non gli avrebbe risposto "Sai bene che

non fumo" e quindi, sapendo bene con chi avesse a che fare, non si stupì più di tanto. Non so quante volte ho rivisitato mentalmente l'episodio e garantisco che non esiste alcun trucco o spiegazione logica».

132. *Franco Turina*:
«Mio padre era mezzadro di casa Rol, a San Secondo di Pinerolo. Io sono nato in quella casa nel 1934. Avevamo anche una casa nostra separata e nostra vicina era Catterina Bessone, la balia di Rol che lo aveva allevato e alla quale lui aveva lasciato due camere a vita. Ogni tanto veniva a trovarla e passava a salutare anche noi. Una volta era venuto anche col regista Federico Fellini e la moglie Giulietta, li aveva presentati a me e a mia moglie.
Un giorno arriva e dice a mia moglie di guardare cosa avesse in tasca, lui non era entrato ma era rimasto sulla porta. Lei mette la mano in tasca e tira fuori una pallina, ed era una pallina che per Rol era una specie di mascotte, la sua pallina "magica". E mia moglie dice: "Ma come ha fatto ad arrivare qui nella tasca?" e Rol: "Ah non lo so...". Lui era appena arrivato ed era ben distante da lei, poi mia moglie gliel'ha restituita».

133. *Elsa Priotti* (una dottoressa sua conoscente):
«Una dottoressa che era andata ad abitare a Torino compagna di un mio amico che veniva a San Secondo in villeggiatura mi aveva raccontato che una sera per andare a teatro s'era messa un brillante, un anello di quelli carissimi, e lo aveva perso. Arrivata a casa aveva telefonato al teatro, le dissero che la Maschera era ancora lì e che poteva tornare a cercare l'anello. Così fece ma non si trovò.
L'indomani telefonò a Rol, dal quale forse era già stata, e lui le disse dove era finito l'anello, poi però aggiunse, come fosse la cosa più normale del mondo: "Ah ma il tuo anello ora è qua!". In seguito lei andò a casa di Rol a riprenderselo».

134. *Rosina Goffi*:
[*Già titolare del ristorante "Goffi del Lauro" a Torino*]
«Rol era una persona squisita, un giocherellone, gli piaceva scherzare. A me faceva gli scherzi perché ero entrata abbastanza in confidenza, prima ero in confidenza col signor Provera che me lo aveva presentato, in seguito anche con lui. E allora mi faceva per esempio sparire il pane e mi diceva:
"Ma se non me l'hai portato!"
"Ma se l'ho portato prima!"
"Non me lo avevi portato, comunque ora guarda, è nel cestino del pane".
Ed era di nuovo nel cestino. Parecchie cose di questo genere».

135. Sandra Milo (Federico Fellini) (*trascrizione da video*):
«Tanti anni fa fu trovata una statuina azteca in oro, bellissima... e tutti i giornali del mondo pubblicarono in prima pagina questa foto, una cosa eccezionale. Allora lui [*Fellini*] in quel periodo era andato a Torino a trovare Rol e gli aveva detto: "Dio quanto mi piacerebbe vederla dal vivo questa cosa". E lui, lui gliela fece apparire sul tavolo, Federico la vide, pensava a una visione, lui gli disse: "No, la puoi toccare", allora toccò, e sentì proprio la consistenza di metallo della statuetta, fu una grande emozione ovviamente, e poi dopo lui la fece sparire di nuovo. Lui era capace di fare queste cose».

136. *Anna Rosa Nicola*:
«Ho conosciuto Rol sin da bambina e quando ero piccola mi faceva come dei giochi di prestigio, anche se so che non erano tali, ad esempio avevo una piccola tabacchiera d'argento, lui la metteva in mezzo alla mano, poi chiudeva e diceva: "Ecco! Non c'è più", riapriva la mano e la tabacchiera era sparita. Mi faceva questi giochetti ovviamente perché ero piccola, oppure mi faceva suonare il naso come una trombetta».

137. *Gian Luigi Nicola*:
«Di ricordi suoi "concreti" ho un bottone che a un certo punto ha fatto comparire nel palmo della mano, dicendomi: "Questo è un bottone di un ufficiale di Napoleone che lo ha perso a Marengo", e poi me l'ha regalato. Ce l'ho ancora, lo tengo chiuso in una cassetta bene al sicuro, è un bel ricordo».

137[a]. *Marta Marzotto*:
«Lui non era un mago, materializzava gli oggetti. (...) Ricordo la sera che l'ho incontrato, portata da un amico. Entriamo in questa biblioteca pazzesca, con migliaia di volumi. Gustavo Rol mi dice: "Scelga un libro". Ne indico uno foderato di rosso e oro. Lo sfoglio, ed ecco che dentro trovo un rubino grezzo!».

137[b]. *Milena Vukotic*:
«[*Federico Fellini*] Mi ha raccontato delle cose alle quali ha assistito con Gustavo Rol, un uomo molto persuasivo. (...) [*Ha assistito*] alla trasformazione di qualcosa che stava su un tavolino, una cosa che ha preso vita, mi pare fosse un pesce».

138. Giliana Azzolini (*trascrizione da video*):
«Erano passate alcune settimane che non c'eravamo sentiti [*al telefono*] ... Un mattino mi alzo e trovo degli spilli sul letto. Dico: "Ma che strano, avrò cucito ieri sera, sul letto". Ho lasciato perdere. Poi vado in cucina, verso dell'acqua limpida dalla bottiglia nel bicchiere, la verso, intanto

avevo un libro in mano, acqua pulita, l'accosto alla bocca – ma son cose vere, verissime! – un ragno che copriva tutta la superficie, un ragnone. Io non ho paura dei ragni. Comincia a venirmi il sospetto: "Qui c'è la mano di qualcuno", faccio anche il segno di croce, verso il bicchiere ... A sera si cena. Tiro fuori il minestrone che avevo preparato a mezzogiorno, ci metto la minestrina. Questo è terribile: verso a mio marito il minestrone nel piatto, tutto in regola, la verso a me, esce un lucertolone che mi occupa tutto il piatto. Allora ... mah, io poi non mi s... non lo so... abitavo in Corso Duca degli Abruzzi, non era entrato – [ero] al secondo piano – non era arrivato dal giardino, perché non l'avevamo. Allora ho cominciato a pensare a Rol. Mi chiama il giorno successivo e mi dice: "Allora Madamin, tutto bene?" io dico: "Benissimo" "Ma comee? Ho voluto impaurirla! Ma Lei non ha paura neanche del diavolo?" Era anche birichino. Poi mi disse: "Mi farò perdonare, non mi chiama mai, mi farò perdonare". Alla notte io ho sentito un profumo, e ho trovato il mattino dopo una rosa, che ho tenuto nel... Io so che è stato lui. L'ho tenuta per degli anni, ma ce l'ho ancora, in uno dei tanti libri... Ma il fatto è che profumava, come è possibile?».

[*L'ho poi contattata per avere maggiori dettagli*]
«Il lucertolone era reale, palpabile. È stato mio marito a prenderlo in mano e l'ha buttato insieme al minestrone, nel water».
Era vivo o morto?
«Non siamo stati attenti se respirava o meno, era... turgido e verde ... non si muoveva»;
«sia mia figlia che mio marito erano presenti e sono stati testimoni»;
«è stata una cosa inquietante ma neanche troppo sorprendente dal momento che nel pomeriggio avevo trovato un grosso ragno che occupava tutta la superficie del bicchiere d'acqua di bottiglia. Non c'era e poi... c'era. Ha fatto la stessa fine del lucertolone, nel water».

139. *Uma Koller* (Carla Micca):
«Mia mamma ha vivo nella memoria il ricordo di un episodio raccontatole da mia nonna Carla Micca: era una serata con molti amici, mia nonna spesso organizzava a casa sua, in Via Roma a Torino, dove Gustavo era sempre invitato, ed erano nel "salotto blu", quando lei si è accorta che mancava una sedia. Allora ha esclamato che l'avrebbe fatta portare subito, ma lui l'ha fermata e ha detto che avrebbe fatto arrivare la sedia immediatamente e così, in mezzo allo stupore di tutti, la sedia si è materializzata qualche secondo dopo all'interno della stanza».

140. *Uma Koller* (Carla Micca):
«Mia nonna aveva un anello che era stato del suo grande amore, che avevano poi portato in un campo di concentramento. Lo aveva al dito e lo muoveva spesso. Mentre lei lo toccava, poteva accadere che Rol glielo

facesse sparire e riapparire da un'altra parte. Per esempio quando lei abitava in Via Roma le diceva: "Vai nel salotto blu" – lei era magari in un'altra sala – lo trovi lì, dietro al tal libro", lei andava e lo trovava dove lui aveva detto. La cosa particolare che ricordo è che prima di sparire dal suo dito c'era una specie di fumo, di nebbia intorno al dito, lei lo diceva sempre: "Era come una nebbia, vedevi come una nebbia"».

141. *Bartolomeo Bernocco*:
[*Ex dipendente di mio nonno Franco Rol*]
«Andavo ogni tanto a casa del signor Gustavo a portargli dei pacchi che tuo nonno, il signor [Franco] Rol, mi diceva di andargli a consegnare. In tutto sono state cinque o sei volte, due delle quali c'erano anche il signor Franco con la signora Elda. Tra di loro più che una parentela c'era proprio una fratellanza.
La prima volta che sono stato insieme ai signori Rol (Franco ed Elda) è stato impressionante. Era un mercoledì sera verso le ore 22, nel 1976. Eravamo tutti seduti in salotto. Il signor Gustavo a un certo punto è stato zitto un momento, forse qualche decina di secondi, poi tutto d'un tratto si è alzato in piedi, con uno slancio come se si fosse alzato da terra, e ha detto a tuo nonno:
"Tu in tempo di guerra hai bombardato e hai ammazzato un ragazzo giapponese, e i suoi parenti lo stanno ancora cercando. Adesso guarda nella tua tasca, hai la medaglia di quel ragazzo che è morto, gliela devi fare avere ai suoi parenti".
Il signor [Franco] Rol si mette la mano nella tasca, e trova una medaglia, che tira fuori. Era di ottone, di quelle di riconoscimento che portavano i militari in tempo di guerra.
So che riuscì poi a rintracciare questi parenti, mi pare tramite il consolato, che aveva accesso alla lista dei caduti in guerra, gli fece avere la medaglia e gli chiese perdono, non so se per lettera o telefono, fu la signora Elda che ce lo disse.
In un'altra occasione in cui ero presente, sempre con i signori Franco ed Elda, aveva preso un grande vaso di vetro e l'aveva riempito d'acqua, poi aveva preso un foglio di carta bianco, lo fece a pezzettini e lo mise dentro il vaso. Dopo pochi minuti mise la mano nel vaso e tirò fuori un foglio dipinto che prima non c'era».

142-143. Alfredo Gaito (*trascrizione da registrazione audio*, 1972):
«Andiamo al ristorante – soventissimo andiamo a cena fuori… – e [*Rol*] prende un pezzo di grissino lì sul tavolo, lo mette in mano e fa… soffia. Apre la mano, non c'è più. Non c'è più eh?
[*Lo stesso fa*] con i miei bambini, con le pietrine. Il bambino che mi guarda e mi fa: "Lui mi prende le pietrine e le mette in mano", gli prende

le pietrine, nella ghiaia, no? Le mette in mano e gli fa al bambino: "soffia", apre la mano… [*e non ci sono più*]».

Inseriti in altri capitoli ma contati anche in questo:
143^c. Borio (V-nota a 158bis)
144. Asti (IX-110-112)
145. Pinotti (IX-126)
146. Pietrangeli (XXVII-4)
146^8. Marchi (XXXIII-37)
147. Ascione (XXXV-116 e nota)
148. Torassa (Marianini) (XLII-5)

---

[8] Riduzione di un numero (cfr. nota al fondo).

XXXV

—— Materializzazione e/o smaterializzazione ——
di scritte

110-111. Luciano Roccia:
«Gli esperimenti si susseguivano uno dopo l'altro e vi assistevo curioso ma con una certa indifferenza[1], finché Rol mi invitò a prendere un foglio bianco da un blocco di carta su un tavolo vicino. Mi disse di piegarlo in quattro e di infilarlo nella tasca interna della giacca. Poi chiuse gli occhi, si concentrò e mi ordinò di prendere un libro dalla biblioteca vicina e di leggerne una pagina qualsiasi. Iniziai a leggere la pagina aperta a caso e, a quel punto, Rol mi invitò a prendere il foglio che avevo in tasca. Scritto a mano, era riportato alla lettera il testo che avevo iniziato a leggere sul libro. Quell'esperimento decisamente mi colpì.
Qualche sera dopo eravamo a cena alle Tre colonne e verso la fine della serata offrii una bottiglia di champagne per festeggiare il mio compleanno. Mentre parlavo avevo in mano il tovagliolo spiegazzato. Rol a capo tavola dalla parte opposta alla mia fece dei gesti nell'aria come se scrivesse, e subito dopo Quaglia mi invitò ad aprire il tovagliolo: vi era scritto "12 gennaio 1939"».

112. Mario De Rossi (*trascrizione da video*):
«E un'altra volta [*sempre al ristorante* Firenze, *qualcuno, presumibilmente lo stesso Rol, dice*]: "Oggi che cosa c'è di menu?" e Rol prende un tovagliolo, se lo appoggia sul viso, e dopo un po' [*lo toglie*] e sul tovagliolo c'era il menu della giornata!
Cose [*che*] la gente non ci crede, ma [*che*] ho visto io! E questi ... invece di tenerlo hanno lavato il tovagliolo! Pensi a che livelli erano! Dico: "Ma signora, ma cosa ha lavato il tovagliolo, doveva farlo incorniciare!"».

113. *Cesare De Rossi*:
«Andavo a mangiare a pranzo tutti i giorni al ristorante *Firenze*. Una volta che c'era anche Rol – lui aveva il suo posto preferito con la schiena contro il muro – la cameriera si è avvicinata al suo tavolo e gli ha chiesto: "Dottore cosa vuole? Le porto il menu?"

---

[1] Era il primo incontro e la prima volta che vedeva gli esperimenti con le carte, impressione abbastanza usuale tra i neofiti, che non capendo di che si tratta spesso sospettano non siano altro che giochi di prestigio. Una impressione del genere sarebbe stata invece impossibile se si fosse trattato della decima volta.

"No no, non c'è bisogno"
Allora lui ha preso uno dei tovaglioli che erano sul tavolo, se l'è messo sulla fronte per qualche secondo e poi l'ha mostrato: c'era "stampato" il menu! L'ha fatto altre volte questo esperimento, e tutte le volte hanno poi lavato il tovagliolo. Era una cosa normale per i titolari del *Firenze*».

114. *Nadia Seghieri*:
[*Titolare, col padre Alfo, del* Firenze]
«Quando Rol veniva si divertiva un po' con mia mamma anche con questa cosa dei tovaglioli, chiedendole di pensare qualcosa. Un giorno mia mamma ha detto: "Adesso lo frego io" e ha pensato tutto il menu del ristorante, noi avevamo 32 primi, 40 secondi, avevamo un menu enorme. "Adesso penso al menu e vediamo cosa succede" e lui ha aperto il tovagliolo e c'era stampato il menu del *Firenze*.
Fino alla sera quando contavano la biancheria il tovagliolo rimaneva scritto. Poi avevamo le lavandaie e veniva lavato, difatti per questo che tanti clienti che vedevano queste cose ci chiedevano se glielo vendevamo, dicevano: "Signora mi dica quello che vuole, lo compriamo", ma mia mamma rispondeva: "No, non vendo niente, per me è un cliente da tanti anni, quindi quando fa queste sue cose poi la sera lo laviamo, ma non vendo nessun tovagliolo", difatti nel primo libro su Rol[2] c'è proprio il tovagliolo del *Firenze,* quello con la striscia gialla. Purtroppo io ho finito per non tenerne nessuno.
Per noi Rol era una persona di famiglia, veniva anche il lunedì quando eravamo chiusi, passava dal retro col taxi. Mio padre gli preparava da mangiare e lui si portava a casa i piatti con il coprimacchia[3] legato, come si faceva una volta».

115. Gianmaria Vendittelli Casoli:
«Agli inizi degli anni '80 ero a pranzo al ristorante "La Pace" con i miei genitori, zona S. Salvario a Torino, e Rol sedeva di fianco al mio tavolo con due signore. Era la prima volta che lo incontravamo. Alla fine del pranzo ha conversato a lungo con noi, e poi ha chiesto di dire un numero a quattro cifre. Due cifre le ha chieste a me, le altre due credo a mia madre.
Ha tirato fuori un lapis e ha fatto il gesto di disegnare nell'aria. Ci ha quindi detto di guardare il tovagliolo che era sul tavolo e le cifre che avevamo detto erano scritte sopra. Lui sarà stato lontano due metri.
La conversazione è nata perchè a Rol sembrava che in qualche modo ci conoscessimo, quindi ci ha chiesto informazioni sul ceppo familiare, su eventuali parentele o amicizie in comune e poi ha detto delle cose su mia

---

[2] *Rol l'incredibile*, 1986.
[3] «Piccola tovaglia che, nei ristoranti, si stende sulla tovaglia vera e propria per proteggerla dalle macchie» (Treccani).

mamma e su di me. Ad esempio ricordo che ha detto "Suo figlio è come un gatto, cadrà sempre in piedi".
Era una persona molto distinta e signorile, con uno sguardo magnetico che mi ha colpito molto anche perchè durante il pranzo si è girato svariate volte per guardarmi, ed è stato poi lui ad attaccar discorso con i miei genitori.
Invitò mia madre ad assistere ai suoi 'esperimenti' a casa sua, ma lei non andò mai perchè la cosa la spaventava».

116. Filippo Ascione:
«Oltre ad assistere ad altri esperimenti, ritornando da lui da solo o con Fellini, due o tre volte all'anno, ho avuto anche altre esperienze mentre ero a casa mia. Rol mi aveva detto che se volevo comunicare con lui dovevo semplicemente pensarlo: così spesso, mentre ero nel mio salotto, pensavo a lui e squillava il telefono.
Una volta mi disse di andare a prendere un libro nella libreria, su un certo scaffale, in una certa posizione. "Troverai dentro un foglio piegato; ma non adesso, fallo domani mattina".
E poi mi disse anche di tenere quel foglio in cassaforte al buio. Se volevo farlo vedere potevo fare anche una fotocopia, ma l'originale non dovevo farlo vedere a nessuno.
Quando aprii il libro che mi aveva indicato trovai una sua lettera rivolta a me, con la data, la sua firma e la sua calligrafia. Federico mi disse che lui non lasciava mai cose materializzate, dopo che le persone le avevano viste le smaterializzava; invece a me quella lettera è rimasta. Insomma è stato un regalo... a distanza. Anzi Rol mi disse di metterla in cassaforte e ogni tanto di guardarla: e ogni volta cambia il messaggio, qualche parola. Lo tengo sempre lì».

117. Fulco Ruffo di Calabria:
«Rol abitava in una traversa di corso Massimo d'Azeglio, vicino al parco del Valentino (...). Una volta Imara e mia madre, che si era separata da poco da mio padre, lo raggiunsero a casa sua. Rol, che aveva in malo modo chiuso i rapporti con mio padre, chiese a mia sorella un foglio dal suo bloc-notes. Dopo qualche minuto su quel foglio apparve una missiva scritta in italiano del Settecento, nella quale era, guarda caso, il nostro Cardinal Ruffo a decretare la fine definitiva del matrimonio dei miei. Rol, quel foglio, non volle lasciarlo a mia madre».

118. *Paolo Fè d'Ostiani*:
«Eravamo al *La Pace*, un locale preso da una giovane coppia appena sposata che cercava di lanciare. Rol li stava aiutando. In seguito è diventato un ristorante elegante e apprezzato.

I tovaglioli erano a lato del piatto piegati a triangolo, con tanti lembi, dritti e rovesci, contrapposti. Rol aveva messo la mano su un tovagliolo e si era concentrato per un attimo. Tremava tutto.
Aperto poi il tovagliolo, era comparsa una scritta sul diritto e sul rovescio, in carattere antico, poteva essere un carattere del '600/'700, una scritta a mano fatta da qualcuno di quell'epoca».

119. Adriana Asti:
«Al ristorante, senza averti mai visto prima, ti lanciava addosso un tovagliolo piegato. Lo aprivi e dentro trovavi scritti il tuo nome e la tua data di nascita.
"Come fai? Dimmi il tuo segreto!" gli domandavo di continuo. Ma lui si limitava a sorridere».

119ª. *Vania Traxler*:
[*Protagonista di un episodio di cui aveva già parlato Cesare Romiti, che ne fu testimone (non ricordando correttamentente il cognome l'aveva chiamata «Traxat» (cfr. XXXV-74)*]
«L'unica cosa è che io non sono svenuta[4]. Lui disse: "Prenda un tovagliolo in mano, lo stringa – lui stava seduto di fronte a me – e pensi a una cosa". Io lì per lì non sapevo a che pensare, e ho pensato al primo filarino (si diceva così) che ho avuto nella mia vita quando avevo quattordici anni, al mare a Riccione, ho pensato a lui, al suo nome. Poi dopo un minuto lui m'ha detto "apra", ho aperto il tovagliolo e sopra c'era scritto il nome di questo mio ragazzino. Una cosa impressionante. Perché poi era il diminutivo, lui si chiamava Enrico, e tutti lo chiamavamo Chicco. Quindi non c'era scritto Enrico, c'era proprio scritto "Chicco". Una cosa impossibile a sapersi e inoltre da allora (era il 1952 o 1953) erano passati molti anni.
Rol l'ho incontrato solo in quella occasione ma me ne parlava spesso Fellini, il quale raccontava sempre che qualsiasi cosa doveva decidere chiedeva prima a lui».

120. Marina Ceratto Boratto:
«Gustavo Rol aveva anche visto in anticipo l'errore che mio padre aveva fatto a vendere la Sanatrix, la prestigiosa clinica fondata da mio nonno. Avendolo invitato a cena, su di un tovagliolo, aveva fatto comparire la perfetta firma del genitore che lo avvertiva: *Stai per fare un'autentica corbelleria! Non vendere! Tuo padre Martino.*
Il prodigio avvenne nel ristorante della clinica davanti al cuoco Mabrito, a me e a mia madre. Niente riuscì a fermare mio padre».

---

[4] Era quello che aveva detto Romiti dopo che lei aveva aperto il tovagliolo. Probabilmente intendeva solo un "mancamento".

121. Maria Assunta Meriggio:
«In mia presenza fece un esperimento di scrittura diretta, per consegnare un messaggio proprio dedicato a me. Era il 1990 o 1991. Il messaggio era di una persona scomparsa. La firma era identica, compreso il diminutivo con il quale si firmava. Ero sua ospite. È stato un grande aiuto per me».

122. *Anna Rosa Nicola* (Gian Luigi Nicola):
«Quando mio fratello Gian Luigi era piccolo e andava alle elementari, un giorno era tornato da scuola e in laboratorio a Torino, che era parte di casa nostra come in seguito ad Amarengo, c'era Rol, che gli chiese: "Cosa hai studiato oggi?" e lui: "Abbiamo fatto storia". Allora Rol col dito ha tracciato una "N" sulla copertina del libro di storia e ha chiesto di dirgli un numero, lui disse poniamo 75, e Rol: "Vai a vedere a pagina 75, troverai la N di Napoleone". Effettivamente a quella pagina c'era segnata una N come lui l'aveva tracciata».

123. Elena Pomè (Giovanna Catzola):
«La proprietaria del ristorante *Firenze*, nel centro di Torino, era disperata: dai tavoli erano spariti quasi tutti i tovaglioli. Erano gli anni Settanta e un cliente speciale, Gustavo Adolfo Rol, frequentava il locale. "Con la forza della mente agitava in aria una matita che scriveva da sola" ricorda oggi Giovanna Catzola, all'epoca cameriera. "Ha disegnato anche il mio nome su un tovagliolo, proprio davanti ai miei occhi. Era straordinario. Tutti i clienti si infilavano in tasca un ricordo"».

124 Daniela Gobbi:
«[*A proposito del*]la mia visita a casa del Dottor Rol, avevo 17 anni, 51 anni fa! [*nel 1973*], ero studentessa di un liceo scientifico di Torino, e avevo la fortuna di avere come Professore di Filosofia il professor [Augusto] Del Noce, padre del giornalista [Fabrizio Del Noce], un vero e proprio *vate*, colui che mi ha aperto la zucca e ci ha infilato più pillole di saggezza che poteva e che solo ora da vecchietta comprendo appieno.
Una sera radunò i più secchioni, ovviamente i più curiosi e ci disse: "Questa sera ve la ricorderete per tutta la vita".
Fino a che non fummo in Via Silvio Pellico non capimmo nulla di quanto ci aspettava, entrammo timidi e spaesati in una casa bellissima, tanti tavoli, tavolini, inginocchiatoi e vasi di rose profumatissime ovunque.
C'erano altre persone, presumo amici e giornalisti, non ricordo nient'altro, solo il viso e gli occhi più accesi che avessi mai visto.
Ci parlò del significato della vita, dell'amore incondizionato per il sapere nella sua intima essenza.
Qualcuno dei presenti sollecitò il professore Rol, il quale andò ad un leggio ove c'era la *Divina Commedia* e chiese ad altri di recarsi in un'altra stanza ove era presente su un tavolo un leggio con un quaderno intonso e

di verificare che i fogli fossero tutti bianchi. Poi si mise a leggere, mi pare di ricordare che all'inizio mi venne come un disagio a sentire quella voce intensa. Mentre lui leggeva nell'altra stanza, sull'altro leggio, su quelle pagine bianche mano a mano comparvero le quartine.
Io vi giuro non so se fosse un trucco, io so che se chiudo gli occhi a distanza di 51 anni rivivo quella strana sensazione: un misto di stupore, incredulità e... un gran senso di pace interiore».

125. Dina Fasano / Manlio Pesante (*trascrizione da audio*):
«*Fasano*: "E per esempio a ristorante no? È questa facilità di Rol nel fare le cose che è straordinaria. A ristorante... una sera eravamo a cena tutti insieme, viene fuori non si sa come, parlando di vini, la parola *rond*, parlando del sapore di un vino, *rond*.
Pesante: "C'era un nostro amico che ha vissuto dodici anni in Francia e diceva: 'Sto vino ha un sapore *rond*'".
Fasano: "Bene, aveva il tovagliolo qua, glielo dà in mano, così, da tenere, [*Rol*] prende la matita, apriamo il tovagliolo: "rond" scritto su. Fa delle cose che... ma fanno i-m-p-a-z-z-i-r-e. No ma perché... dico: *ma cuma l'è pusivel chiel sì* ["ma come è possibile quella cosa lì"]? ... è vero? Aveva sto tovagliolo qua, quello dice "rond", lui [*Rol*] fa così, tira fuori la matita e *rond* viene scritto sul tovagliolo"».

126. Else Lugli (*trascrizione da audio*):
«*Else*: "Come quella... la Ferraro... la mia amica... i coniugi Ferraro... Carlotta... Quand'erano fidanzati una volta erano a un ristorante, c'era anche lì un signore che lei non conosceva..."
Lugli: "È entrato lui [*Rol*]"
Else: "Allora lei va per spiegare il tovagliolo, c'era scritto sopra 'buon appetito', scritto a matita. E poi lui si avvicina, dice: 'Le ho augurato buon appetito, se permette mi presento, sono il tizio, volevo dirLe una cosa che le interessava: Lei sposi questo signore, perché in questo modo sarete contenti... siete bene indovinati, mi scusi ma non potevo fare a meno di non dirlo'... Ed era Rol. Ma lei non lo conosceva mica, assolutamente"».

127-128. Alfredo Gaito / Dina Fasano (*trascrizione da audio*):
«*Gaito*: "La cosa che [*Rol*] fa soventissimo a ristorante col tovagliolo. Lui prende un tovagliolo che – si va ad un tavolo qualunque eh?, non è detto che uno debba andare al tavolo dove ha prenotato... Niente, si arriva ad un ristorante, noi siamo andati, con [*il dott. prof. Alberto*] Quaglia Senta, siamo andati..."
Fasano: "Al *Firenze*"
Gaito: "No, sì siamo andati al *Firenze* ma siamo andati due o tre volte con la Perosino anche, in questo periodo più o meno, da Ferrero. Prende un tovagliolo... lo piega in otto, tiene così, tira fuori la matita, poi... scrive

una frase: 'di tutti i dolci un po'. Non una parola... [*ma una frase:*] 'di tutti i dolci un po', e poi firma. Ma così, eh? poi rimette la penna [*la matita*] in tasca, poi apre il tovagliolo e c'è scritto: 'di tutti i dolci un po'".
[*lo va a prendere, torna poco dopo*]
"Il tovagliolo era piegato così"
Gaito: "Ah vedi, ce l'hai tu il tovagliolo"
Fasano: "Sì. Così, no? L'ho dato in mano a questo nostro amico, poi abbiamo aperto il tovagliolo, ecco, qui c'è scritto *rond*, come Le dicevo prima [*rivolto a Lugli*], c'è scritto *camembert*, che dopo siamo venuti a parlare di formaggi"
Pesante: "Allora quello lì è il tovagliolo rubato al tavolo..."
Fasano: "Io l'ho rubato al *Firenze*, l'ho messo in un pacchettino..."
Else: "Proprio roba incredibile"».

129. *Filomena Rizzuti*:
«La maestra delle elementari aveva l'abitudine di disegnare le "ochette" – dei disegnini che faceva – sul quaderno delle bambine, quando sbagliavano qualcosa. Io andavo a scuola alla Rayneri di Corso Marconi a Torino, accompagnata da mia nonna Filomena, un giorno al ritorno da scuola incontrammo il dottor Rol che la nonna conosceva di vista, in quanto abitavamo vicino via Saluzzo. Era davanti al ristorante *La Pace* dove stava andando a pranzare.
Lei lo salutò e il dottore mi fece un dolce sorriso e una carezza (che non scorderò mai!), io avevo il quaderno in mano e lui lo volle vedere. Quando tornai a casa mi accorsi che le "ochette" erano sparite ed al suo posto era comparsa la parola "diligente". Poi non l'abbiamo più incontrato. Facevo la seconda elementare, era il lontano 1962».
«La maestra usava spesso anche quel termine "diligente" che era presente sul mio quaderno in altre pagine. Quelle "ochette" erano, per me, un brutto segno ed avrei voluto cancellarle con tutte le mie forze, non volevo farmi sgridare dalla nonna! Evidentemente il grande dottor Rol l'aveva intuito e mi "aiutò"».

Inseriti in altri capitoli ma contati anche in questo:
130. Malangone (I-128)
131. Perissinotto (IX-118)
132. Pietrangeli (XXVII-4)
132ª. Tedeschi (XXXII-13)
133. Depréde (XXXVII-33)
134. Ghy (A1)

XXXVI

———— Carte che si trasformano ————

10. Guido Lenzi, psicologo (*trascrizione da audio*):
[*La testimonianza che segue è molto importante, analoga a quella di Fellini (XXXVI-4, citata anche più avanti da nuove fonti) ma con molti più dettagli e riferita da uno psicologo conoscitore dei meccanismi e procedimenti dell'ipnosi*]
«[*A metà degli anni '80*] avevo spedito a Rol una lettera perché a un mio caro amico [*Luciano Masseglia*] era morta da poco la figlia [*Giuliana*], e quindi era tutto interessato alle esperienze di un'altra dimensione, esperienze più spirituali, perché non era una persona religiosa. Io gli scrissi questa lettera, non ricevetti mai nessuna risposta da Rol, allora provai a chiamarlo, e gli chiesi: "Ma Lei ha ricevuto per caso una mia lettera?" Lui si mise a ridere, e disse: "Ma sa quanta posta ricevo al giorno? Se dovessi aprirla tutta, non avrei più tempo". Allora gli risposi: "Se vuole posso propormi come volontario per smaltire la posta", e lui si mise a ridere. Trovai comica la cosa. Io facevo lo psicologo, e lui mi chiamava – mi sembra – lo psicologo di Padova. Ci vollero diverse telefonate prima di poterlo incontrare.
[*Quando accadde, il dott. Lenzi potè assistere anche a un esperimento, uno solo*]
Ancora oggi non capisco bene se in qualche modo fosse riuscito – ma io penso proprio di no – a ipnotizzarmi.
Mi chiese di scegliere una carta. Io la presi, mi ricordo bene era un Re di picche. "Guardala", io l'ho guardata. "Tientela in mano", va bene, teniamocela in mano. Poi mi chiede di nuovo che carta è e vidi un asso di picche, dopodiché mi dice: "Adesso guardala". Io ricordo che la guardai e mi sentii tutto tremare, perché sembrava gelatina, come gelatina, un materiale tipo gelatina no? Cioè sciogliersi, vedere questa figura sciogliersi, scomporsi e ricomporsi in qualcosa di diverso, che era [*di nuovo*] un Re di picche. La carta poi mi disse che potevo tenerla, lui me la lasciò tenere, per diversi anni l'ho avuta, poi in realtà non l'ho più trovata, è sparita in mezzo ai libri, penso mia madre quando fece il trasloco, chissà che fine ha fatto. Io infatti l'ho esaminata questa carta, perché sapevo di carte che erano truccate, e possono anche cambiare immagine, e questa non era per niente truccata. Si è rovinata a furia di tenerla in mano, l'ho invecchiata, perché era praticamente nuova. Per me rimane qualcosa di straordinario, anche se poi per lui sembrava più un gioco, lui si divertiva in effetti, era divertito dalla mia sorpresa, dal mio disorientamento, dal

mio essere perso, a non capire, sperduto, ma divertito non in maniera ironica, in maniera affettuosa, aveva questo aspetto giocoso, non dico infantile, ma piacevole, questa innocenza nel fare certe cose[1].
Dove è avvenuto l'esperimento? A casa di Rol?
No, in studio da lui. Lui aveva uno studio, erano due indirizzi: uno era l'abitazione, che non ho mai visto, dove non ero mai stato, e l'altro era uno studio, c'eran delle fotografie, forse c'era De Gaulle, era molto disordinato come studio, pieno di cose sparse, però non era la casa, la sua casa era diversa, però era poco distante[2]. C'eran delle fotografie appese, anche quadri. Mi sembra di ricordare ci fossero personaggi raffigurati in foto insieme a lui, più giovane, personaggi di una certa notorietà[3].
Io vidi ma non feci nessuna domanda, anche perché non volevo sembrare curoso, invadente. A me interessava capire chi era questa persona, se era dotata di queste capacità, queste qualità spirituali come si diceva, anche se più che spirituali, io l'ho trovata magica. Strano come aggettivo, però mi ricordo che in quegli anni mi era venuto in mente questo aggettivo quando riferii poi al mio amico Luciano come era andato l'incontro.
"Magico", perché sì, è qualcosa di una dimensione spirituale, però anche in realtà una dimensione materiale, cioè qualcosa di una capacità straordinaria di fare cose che per noi comuni mortali sono impossibili [*e che*] a lui riuscivano, c'era qualcosa di "magico".
Il mazzo lo aveva portato Lei oppure era di Rol?
Ce l'aveva lui. Gli ho chiesto se potevo tenerla [*la carta*]. Mi ricordo la sensazione: mi chiese di guardarla – io pensavo a un trucco, cioè mi ha ipnotizzato – ero molto scettico, ero molto incredulo. Anche se poi questa carta mi ha fatto compagnia per diversi anni, poi è finita dentro a un libro quando abbiamo fatto il trasloco.
"Guarda adesso" e io ho guardato.
Adesso pensando bene, sul dettaglio che mi avesse invitato lui [*a guardare*], non sono sicuro. Mi ricordo qualcosa del tipo "adesso guarda cosa succede". So che ce l'avevo in mano, e a un certo punto mentre era girata sul dorso, ho visto questa cosa stranissima sciogliersi, cioè strana, incomprensibile, io credevo che fosse una carta truccata, per questo che chiesi a lui di poterla tenere, anche se truccata non lo era per niente.

---

[1] Come un moderno si divertirebbe a stupire un primitivo facendogli vedere un accendino, dicendogli o pensando dentro dentro di sé: "Non è fantastico?" O come un adulto si divertirebbe a mostrare a un bambino qualcosa per lui consueto ma per il bambino ancora eccezionale.

[2] Era un appartamento al quarto piano di Via Baretti 45, parallela immediata di Via Silvio Pellico.

[3] Una di queste foto era quella dell'incontro col presidente Giuseppe Saragat (cfr. vol. II, tav. XXIII).

Io mi ricordo una volta al mercato, a Lecco, girava un tipo che vendeva un mazzo di carte, [*e ricordo di*] come queste carte, piegandole, lateralmente cioè, cambiassero fisionomia. Quindi avevo già visto carte strane.
So cos'è l'ipnosi, per cui so di non essere stato ipnotizzato. Io la conosco. Come psicologo penso di poterlo escludere assolutamente. Cioè non è possibile un indirizzamento come quello che dovrei aver avuto io, assolutamente no, non può farmi vedere cose che non ci sono, in quella maniera. Impossibile. Cioè, io l'ho vista. Poi è tornata ad essere quella di prima. Quello sciogliersi… Si vedeva che era emozionato, forse lui capiva che c'era un sottofondo, come dire, scettico in me, quindi voleva quasi non dico infierire, però sempre in maniera gioconda.
[*Ribadisce e cerca di esprimere ancora le sue impressioni*]
È tornata la carta di prima, l'ho vista cambiarsi, era un asso, è tornata a essere un Re di picche. La guardo ed è un asso, dopodiché torna ad essere un Re di picche. La carta che è rimasta a me è un Re di picche, è la carta che mi ha fatto compagnia per decenni, e che io ho visto essere asso.
M'ha detto semplicemente "guarda che cos'hai", e ho visto che non era il Re di picche, era un asso di picche, e lì ci fu il mio essere sbalordito, dopodiché la vidi sciogliersi, e ricomporre un Re di picche. Non mi disse né di guardare né niente, cioè è qualcosa che avvenne, accadde, lui vide il mio stupore, però probabilmente colse da parte mia un atteggiamento curioso ma non volevo sembrare una persona invadente, [*ma solo*] incuriosita, non scettica, però se non tocco con mano, cioè non sono uno scettico per posizione, però non sono neanche un credente a qualsiasi condizione.
È impossibile farmi vedere [*delle*] cose. Non avviene così, cioè non c'è stata nessuna indicazione, non c'è stata nessuna parola, non c'è stato nessun movimento, non esiste una cosa del genere. Le modalità ipnotiche, quando avvengono, sono completamente diverse, ma lì non avvenne assolutamente nulla che potesse dare a pensare in quel senso.
[*Poi gli chiedo, citandogli l'episodio di Fellini (che non conosceva), se anche lui al momento dell'esperimento ha sperimentato nausea o sintomi analoghi*]
No, francamente nausea, cose di questo genere, no. C'era stupore, ero sbalordito, ero incredulo, contento ma incredulo ancora, e questo non volergli restituire la carta, la volevo tenere e me l'ha lasciata. Perché era importante, la certezza che qualcosa era veramente accaduto. Avrei lottato coi miei denti per non mollarla la carta. Però lui non fece nessuna storia, "tientela pure… la tenga"… ci davamo del "Lei"… "la tenga, la tenga…".
Poi cosa avete fatto? A che ora si è svolto questo esperimento? Con che luce?
Dovevo andare a casa perché mi aspettava qualcuno. Era ancora pomeriggio sul tardi, però non era sera, c'era luce. Si vedeva benissimo, non c'era penombra o buio, assolutamente».

11. Mirella Delfini:
[*Nel 1965, dopo aver incontrato Rol per la seconda volta al Salone della Tecnica e della Scienza di Torino (si veda I-123)*]
«a Roma ne ho parlato con l'amico Fellini che lo conosceva bene, anzi ho saputo in seguito che erano veramente molto legati. Federico si circondava sempre di maghi, veggenti e insomma della gente più strana, ma per Rol aveva una totale venerazione. Lui ha sobbalzato, m'ha abbracciata con foga: "L'hai visto? Ci hai davvero parlato? Cosa ti ha detto? Ma non lo confondere con altri maghi e i maghetti, Rol è veramente grande, è grandissimo... non so dirti bene cos'è anche se siamo grandi amici, ma se lo frequenti te ne accorgi... Raccontami tutto."
Poco tempo prima avevo letto da qualche parte una frase di Fellini: "... Rol è l'uomo più sconcertante che io abbia conosciuto. Sono talmente enormi le sue possibilità da superare la nostra capacità di stupircene ..." E io m'ero stupita che esistesse qualcuno così. Forse non ci avevo neppure creduto.
M'ha raccontato subito di uno 'scherzo' – però non era proprio uno scherzo – che Rol gli aveva fatto, lasciandolo sconvolto. Sono rimasta senza parole.
Conoscevo Federico e Giulietta fin da quando ero una ragazzina e loro due, grazie alla Rai – anzi all'EIAR come si chiamava allora – erano diventati due personaggi famosi: la coppia "Cico e Pallina" con tante avventure divertenti. A quei tempi anch'io volevo fare l'attrice e loro, più grandi, lì al Teatroguf ci insegnavano a recitare. Io l'ho fatto per un po', ma senza molta convinzione. Gli anni poi erano passati, avevo abbandonato quell'idea, ero diventata una giornalista, giravo il mondo come inviata, ma ogni tanto ci incontravamo. Questa volta però Federico, sempre fissato coi veggenti, mi spalancava una porta che avevo sempre tenuta sbarrata e mi parlava di un uomo con una personalità e un potere troppo grandi per poterci credere. Un uomo che lui ammirava quasi come una divinità e che per me assomigliava invece a una favola.
"Ascolta – ha detto Federico – e guai a te se questa volta ridi come quando ti parlo di un mago qualunque e mi prendi anche in giro: ti racconto una cosa sola, ma spero che basti per farti almeno capire com'è diverso dagli altri. Un giorno Rol m'ha fatto prendere a caso una carta da un mazzo, credo fosse il 4 di fiori, comunque era un quattro nero, e m'ha chiesto "ma tu che carta vorresti?" – "Vorrei... l'asso di cuori."[4]
(Chissà perché, pensavo mentre lui parlava, chissà perché la gente vuole sempre l'asso di cuori). Poi – ha detto – m'ha restituito la carta[5] e se n'è

---

[4] Qui c'è un probabile errore di memoria della Delfini: le carte erano quasi certamente il 6 di fiori e il 10 di cuori (cfr. nota al fondo).

[5] Dubito che le cose siano andate in questi termini, lo spiego alla nota successiva (12) al fondo.

andato verso la finestra, dandomi le spalle e dicendo "mettila nel taschino, ma non la guardare. Dammi retta, non la guardare". "Tu sai come sono, Mirella, l'ho guardata. Aveva ragione, non l'avessi mai fatto. Quell'incubo, se ci penso, mi sconvolge ancora oggi a distanza di anni... "
È un'altra delle fantasie di Federico, mi convincevo sempre più ascoltandolo, ed ero lì lì per andarmene, ma certo non era una cosa gentile da fare anche perché lui sembrava proprio sconvolto. Era perfino pallido e un po' sudato solo nel ripensarci. Mi sono arresa.
"Allora spiegami meglio. Cos'è successo? Hai avuto il tuo asso di cuori?"
"Sì, però mentre guardavo la carta tutto ha cominciato a girare e mi portava via la testa, gli occhi, i suoni dalle orecchie, sempre ruotando... mentre i colori si mischiavano con violenza, come in un vortice... ho pensato d'essere finito in un buco nero, sai quei cosi maledetti che non capisce nessuno, ero lì lì per vomitare... sono riuscito a stare in piedi a malapena finché all'improvviso tutto si è ricomposto e immobilizzato in un asso di cuori. Non lo potrò mai dimenticare."
"E lui dov'era?"
"Sempre lontano da me, di spalle. Guardava fuori della finestra che aveva le tende spalancate, non aveva toccato nulla, non s'era neanche avvicinato. Ha detto solo, senza voltarsi: "T'avevo avvertito di non guardare. Peggio per te."
Ero parecchio stupita, ma cercavo di convincermi che si doveva trattare delle solite fantasie di Federico ... però qualcosa mi diceva ... insomma sentivo che raccontava la verità».

12. Federico Fellini:
[*Il brano seguente è tratto da una intervista video di Damian Pettigrew a Fellini di cui abbiamo solo la trascrizione nel libro corrispondente ("Federico Fellini. Sono un gran bugiardo", 2003). L'intervista, condotta in due sessioni durante le estati 1991 e 1992, durava complessivamente 16 ore. Nel documentario dallo stesso titolo, del 2002, sono confluite meno di due ore. Il passaggio dove Fellini parla di Rol fa parte delle 14 ore residue e non è mai stato mostrato. Sarebbe utile poterlo vedere, anche per confermare che sia stato trascritto correttamente, essendoci un paio di punti a mio avviso dubbi*]
«Poi ci fu... la volta in cui trasgredii le severissime regole di Rol e stetti male. Fui incapace di mangiare o dormire, camminai per due giorni.
Cos'ha trasgredito esattamente?
Il sette di fiori. Rol stava dimostrando un trucco[6] con le carte. Dovevo prendere una carta a caso dal mazzo e così mostrai il sette di fiori. Con la

---

[6] Mi pare strano abbia usato questo termine – mai usato da Fellini da nessun'altra parte – anche se non si può esludere una semplificazione per non dover stare a

sua abituale solennità, Rol mi disse di tenerla sul mio petto senza guardarla. Poi mi chiese: "In quale carta la devo trasformare?" Quindi presi[7] un'altra carta a caso. "Nel dieci di cuori," risposi. Ma mi mise in guardia: "Ricorda, Federico. Non guardare mai il sette di fiori." Avevo la carta appoggiata al mio petto e Rol cominciò a conferire con la mia mano e il sette di fiori, con lo sguardo fisso e penetrante. Sfortunatamente, fui colto dall'irresistibile urgenza di guardare la carta. Non ho mai dimenticato ciò che vidi: una spaventosa e grigiastra massa putrefatta, una pappa di porridge rivoltante in cui i contorni del sette di fiori si dissolvevano, lasciando una ragnatela di vene sanguinolente. In quell'istante era come se qualcuno mi avesse afferrato gli intestini e li avesse strappati violentemente. Prima di svenire, comunque, ebbi la soddisfazione di tenere in mano il dieci di cuori. Riporto i fatti come li ho vissuti».

13. *Filippo Ascione*:
[*L'episodio seguente, inedito, di Fellini che vede una carta trasformarsi, è interessante perché non è lo stesso di cui il regista parlò a Buzzati, a Cederna, a Delfini, e testimoniato negli anni '60. Siamo invece a metà degli anni '80, quindi vent'anni dopo. Ma il tipo d'esperimento è lo stesso, con lo stesso fenomeno. E significativo è il fatto che Fellini volesse sbirciare la carta di proposito, nonostante la prima traumatica esperienza. Quando Ascione, che era presente con Fellini, me lo raccontò la prima volta, nel 2016, non conosceva quello che aveva scritto Buzzati, pensava fosse qualcosa successa in forma inedita negli anni '80. E io inizialmente pensavo che Ascione si riferisse a Buzzati. Invece Fellini non disse ad Ascione che aveva già assistito a quel prodigio*]

(2016)
«Una volta ero da Rol con Federico, mentre c'erano le carte sul tavolo Federico ha alzato una carta che era vicino a lui. Rol gli ha chiesto che carta fosse e in che carta volesse che la trasformasse, Federico gli ha detto una carta e poi ha alzato di nuovo la stessa per vedere cosa succedeva nel frattempo, e ha visto mentre il seme cambiava sulla facciata anteriore, mentre si materializzava. Più volte Rol ha fatto lo stesso esperimento anche con me, ma mentre Federico l'ha vista cambiare, io non l'ho vista, non ho mai voluto sbirciare. Federico era un po' più monello, mentre io temevo un po' Rol, nel senso di essere rimproverato, non avevo questa

---

spiegare all'intervistatore che cosa erano questi esperimenti. Quanto al 7 di fiori, si veda la nota al fondo dell'episodio precedente (11).
[7] Se non è lo stesso Fellini che, raccontando a braccio, è stato solo impreciso, potrebbe essere un errore di trascrizione, perché il senso non è «presi» ma «pensai».

confidenza, e lui aveva alzato la carta e visto come una gelatina che si formava, vedeva proprio la materia che si formava e diventava un altro seme. E si divertiva a vedere mentre cambiava, come avveniva questo cambiamento».

(2019)
«Una volta ero con Federico a Torino a casa di Rol, che faceva questi esperimenti pazzeschi usando le carte. Federico chiedeva sempre di fare degli esperimenti, siamo andati nella *sala degli esperimenti*, come la chiamava Rol, e prima di sederci Federico ha detto: "Questa volta voglio vedere cosa succede". Io ero seduto accanto a lui, Rol gli chiede di prendere una carta, lui la prende, la tiene sotto la sua mano, poi Rol, che aveva capito già quello che Federico voleva fare, chiude gli occhi, e dice a Federico: "In che carta vuoi che la trasformi?" e Federico dice "cinque di bastoni". E allora Rol, sempre con gli occhi chiusi, dice a Federico: "Che carta hai detto, cinque di bastoni?" e Federico nel frattempo l'aveva voltata, e si stava formando, materializzando, il cinque di bastoni. Ma lui l'ha vista proprio che si formava, come una gelatina. Rol sapeva che Federico voleva guardare, per questo ha chiuso gli occhi, altrimenti Federico non avrebbe potuto fare bene. Sarebbe stato uno sgarro anche nei confronti di Rol, "ma come, ti metti a guardar la carta?". Invece lui ha chiuso gli occhi – io lo guardavo che chiudeva gli occhi – per lasciare a Federico la possibilità di poter guardare quello che succedeva. E ha visto che si stava formando come una gelatina e poi questo cinque di bastoni. Era una carta napoletana».
«Federico sapeva che l'avrebbe ferito osservandolo, per questo Rol, che aveva già capito quello che voleva fare, chiuse gli occhi. Federico non si era spaventato. Alla fine quando siamo usciti, perché sul momento non ne ha voluto parlare, ha detto: "Era questo che io sapevo di vedere. Sapevo già che avrei visto questo"»
[*Dico ad Ascione che infatti lo aveva già visto vent'anni prima, per questo sapeva ciò che avrebbe visto e Rol sapeva che cosa voleva, lui sorpreso mi risponde*: «No, ma non lo aveva mai visto!». *Quindi rielabora una spiegazione*]
Probabilmente l'ha voluto rivedere, non lo so, però non ha avuto nessun tipo di nausea, l'ha solo vista e m'ha detto: "S'è trasformata". Io ero accanto a lui.
Quel giorno eravamo andati anche con un produttore, Franco Cristaldi, e poi a cena ce lo siamo raccontato di nuovo, e Federico ha detto di avere visto la trasformazione.
Non conoscevo quello che ne aveva detto Buzzati, quel che posso dire è che Federico l'ha rivisto accanto a me. Forse l'avrà fatto anche altre volte, per avere sempre di più la conferma.

Però questi esperimenti con le carte con Federico poi non si facevano più, si andava con altri molto più forti, di quadri che si formavano, esperimenti molto più pesanti. Quelli con le carte li faceva quando c'erano anche altri amici, sia di Rol o che Federico portava da Roma, persone che non erano preparate. Lui evidentemente si divertiva a vedere quello che succedeva sotto, come una conferma, una ennesima conferma di quello che aveva già visto.

Però la cosa che mi impressionò di più fu che Rol chiuse gli occhi, io osservavo sempre Rol quando faceva questi esperimenti, o che disegnava col matitone in aria per materializzare delle lettere o degli scritti, ma io osservavo sempre lui piuttosto che l'oggetto sul tavolo. E il fatto che chiuse gli occhi – non lo faceva mai durante degli esperimenti – era come se avesse capito che Federico quella volta avesse voluto guardare, e se non era la prima volta, allora si vedeva che gli piaceva guardare questa trasformazione della materializzazione».

XXXVII

—— Dipinti o immagini che si trasformano ——

33. *Marius Depréde*:
«Ho conosciuto Rol agli albori delle *Cantine Risso*, ristorante in Corso Casale 79 a Torino, dove ho lavorato quando avevo 14/15 anni, intorno al 1981.
Quella volta mi disse, indicandomi una persona ad un altro tavolo:
"Vada da quella signora e le dica di aprire il tovagliolino".
Avevamo ancora i tovaglioli di stoffa, andai dalla signora e le chiesi se poteva aprirlo. C'era scritto "Buon appetito".
Rimasi un po' stupito della cosa, ma lo vedevo come un gioco di prestigio perché sono uno molto "quadrato".
Rol era seduto con due persone, una signora e un signore, lui mi pare fosse un pittore, lei era piccina, magrolina, molto gentile, con un foulard blue a fiori.
La titolare che era lì presente mi ha detto: "Lui è un mago, un personaggio molto importante", e abbiamo chiacchierato un po', io gli ho raccontato di mia nonna francese e mio nonno generale e lui si è messo a conversare amabilmente, parlava di "energie", tutti erano entusiasti, ma a un certo punto gli ho detto: "Comunque non si offenda, io credo poco a queste cose, proprio per natura". E allora mi ha invitato ad andarlo a trovare a casa sua.
Quando andai, prima di arrivare, all'incrocio con Corso Massimo d'Azeglio dove c'è il semaforo due ragazzi hanno cercato di rubarmi la bici e mi sono detto: "In questa zona non verrei mai ad abitare, mi spaventa parecchio"
Quando ho visto Rol gliel'ho detto e lui si è messo a ridere, sentenziando: "Tu un giorno qui ci verrai a lavorare", cosa che infatti, a discapito di tutte le mie aspettative, si è poi verificata[1].
La sera dell'incontro ho assistito a degli esperimenti con le carte (ad esempio un dieci di quadri era diventato un asso di fiori) ma ciò che più mi ricordo fu una figura in un dipinto che prima c'era e in seguito è sparita.
Era un dipinto che aveva fatto lui, si trovava nella stanza a destra appena entrati dove lui aveva anche dei cavalletti e dipingeva.

---

[1] Cfr. XLIX-53.

Non so perché ho buttato l'occhio su questo quadro: rappresentava un uomo di spalle, una figura nera con il bastone, presso la vecchia Camera di Commercio di via Carlo Alberto 16, un palazzo che ha le colonne fuori. Al momento del commiato, alla fine della serata, gli ho dato ancora un'occhiata e mi sono accorto con sorpresa che l'uomo era scomparso.
Al che dico a Rol:
"Ma lì c'era un uomo dipinto!"
"Sì, ogni tanto passa…"
Anche le altre due persone presenti, un uomo e una donna, dicevano:
"Ohh, è vero! c'era un uomo…"
Io ho sorriso e me ne sono andato».

Anticipando la domanda che gli farebbe uno scettico, gli chiedo se è ipotizzabile che Rol possa aver sostituito il dipinto senza che nessuno se ne accorgesse.

«Il quadro non era un altro, io per natura e abitudine sono molto attento ai particolari, devo avere tutto preciso, quando guardo una cosa la posso poi descrivere nei dettagli, se in una pittura o in qualcos'altro cambia anche solo un millimetro me ne accorgo, è impossibile che fosse un altro quadro. E poi Rol non si è assentato durante l'incontro, è sempre rimasto con noi».

33ª. *Domenica Fenoglio*:
«C'è una sua fotografia all'ingresso di casa, dove sorride. Non sempre: a volte appare corrucciato. Succede quando faccio qualcosa di cui non vado fiera». Non se ne stupisce? «Sa, per una che ha visto scappare e tornare a posto i personaggi di diversi quadri, non c'è niente di cui stupirsi davvero».

33ᵇ. *Roberto Giacobbo* (2017):
[*Un cronista chiede*]
«*Giacobbo, nella sua trasmissione la parte della verifica scientifica è rigorosa. E ho la sensazione che Lei sia un uomo molto razionale. Mi racconta, però, un episodio assolutamente irrazionale che le è capitato?*
"Eravamo in una casa dove Gustavo Rol ha fatto diverse riunioni (…). C'era un quadro molto bello, raffigurante una donna, un dipinto che in passato — alla presenza di diversi testimoni tra cui Rol — aveva preso fuoco per poi tornare al suo posto. Chiesi al nostro operatore di inquadrare quel viso, quando ci accorgemmo che, in camera, la donna dipinta mostrava un sorriso che altrimenti non aveva. Scattai anche delle foto che provavano quello che si vedeva nell'occhio della telecamera. In video, quel sorriso non apparve. Come spiegare questa cosa che io e altri abbiamo visto?"»

33^(b bis). *Roberto Giacobbo* (2018):
[*Un altro cronista chiede*]
«*Nel 2005 ha detto di aver visto cose inspiegabili nella casa torinese del celebre sensitivo Gustavo Adolfo Rol: come fa a credere a queste cose?*
"Ho visto un dipinto mutare espressione e non so come possa essere successo. Quello che si vedeva nella telecamera non era quello che era attaccato al muro. Non so che dire. Non ho trovato una spiegazione, nessuno me l'ha saputa dare"».

33^c. Aldo Cazzullo (Franco Reviglio):
«Franco Reviglio, l'ex ministro delle Finanze ed ex presidente dell'Eni, mi raccontò ad esempio che Rol era amico di suo padre, aristocratico torinese, e frequentava la sua casa di corso Moncalieri: "Si divertiva ad animare i quadri e a fare magie con le carte; ma quando si giocava a bridge era corretto..."».

33^d. Massimo Molinari (*trascrizione da audio*):
«Poi ci siamo trovati con tutta questa gente che erano frequentatori assidui. Poi negli anni io ho seguito sti gruppi di persone che raccontavano dei quadri, andavo a casa loro a vedere sti quadri di Rol che una volta c'era la foglia caduta per terra della rosa, una volta il quadro era diverso da quello di prima con le fotografie di prima e di dopo. Sta gente è stata sempre molto schiva, assolutamente non vuole e non voleva, a quei tempi, 7-5-10 anni dopo la morte... essere coinvolta da pubblicità, da Cicap... quelle erano esperienze loro, interiori, personalissime che confidavano sempre e solo ed esclusivamente a pochi intimi. Io ho avuto la fortuna di vederli questi quadri prima e dopo e durante... con i petali cambiati, come fa un quadro messo dietro il vetro a cambiare la forma dei petali?»

Inseriti in altri capitoli ma contati anche in questo:
34. Ascione (XXXV-116 e nota)

XXXVIII

Fiammate o raggi luminosi

5. *Paolo Chionio* (Ermanno Chionio)[1]:
«[Ermanno] Mi aveva detto, e questo mi era rimasto impresso:
"Sai qualche volta, ma poco volentieri, [Rol] fa anche degli esperimenti un po' paurosi, perché lui per esempio è capace, creando una zona di buio, di suscitare il fuoco, può apparire una specie di palla di fuoco".
Sembra che avesse questa facoltà in qualche modo di evocare il fuoco, non si capisce se fosse un fuoco chimico, un fuoco vero o una visione, questo non lo so proprio».

5ª. Giuditta Miscioscia (*trascrizione da intervista video*):
«Eravamo a casa di Gustavo, il dottor Rol. Disse: "Io ti faccio vedere – se tu fai questo film, Mastorna – cosa potrebbe accaderti. Guarda fisso quel quadro... guarda fisso". Era un quadro bellissimo, molto rilassante, molto bello. E [in] un attimo è uscita una fiammata, che a distanza di Fellini... sai la fiamma ossidrica, una vampata di fiamma, che noi tutti siamo rimasti spaventati. Fellini si alzò e disse: "Questo film non lo farò mai"».

---

[1] Già visto nell'ambito di V-158bis, qui riproposto come estratto, visti i pochi episodi.

XLI

Fenomeni vari

32. Ottavia Caracciolo Di Sanvito:
«Io non conoscevo l'esistenza di Rol. Un giorno dal parrucchiere lessi una rivista, "Gente", e al termine di questo articolo, dopo la firma del giornalista, c'era segnato anche il numero di telefono di Rol e mi era sembrato strano che fosse presente il suo numero di telefono nella rivista. Mi segnai il numero e lo conservai per lungo tempo. Successe poi che fu rapito un mio cugino in Calabria e non avevamo più sue notizie, quindi pensai di chiamare Rol. Composi il numero che mi ero segnata sull'agenda, erano passati circa due anni dall'annotazione, e rimasi stupita perché lui mi rispose immediatamente, erano circa le 20,00 di sera. Gli chiesi di avere notizie di questo cugino, se era vivo, ma lui mi disse di non sapere niente di lui, ma piuttosto di conoscere bene me. Pensai che mi avesse scambiato per un'altra persona perché non ci conoscevamo per niente, ma continuammo a parlare. Provai di nuovo ad insistere per avere notizie di mio cugino ma... niente. Poi gli dissi di nuovo che noi non ci conoscevamo ma lui rispose: "Ma io la conosco benissimo!" e mi raccontò un po' di cose mie, della mia vita, tutte esattissime e un po' scettica pensai che qualcuno che mi conosceva gli avesse riferito quelle cose su di me. Poi mi disse: "Se viene a Torino mi venga a trovare, mi farebbe piacere vederla, incontrarla", e questo mi sembrava alquanto strano perché Rol non incontrava tutti. Erano passati due giorni dalla telefonata quando con una mia amica decidemmo di andare in vacanza a Courmayeur. Non ero mai stata in quelle zone e pensai che Courmayeur non era poi troppo lontano da Torino, decisi quindi di telefonare a Rol. Anche questa volta lui mi rispose immediatamente. Gli dissi che mi trovavo a Courmayeur e lui mi disse che mi avrebbe ospitato molto volentieri ma che la moglie stava poco bene e quindi non era possibile. Prenotò una stanza in un albergo per me e la mia amica e ci accordammo per incontrarci la sera stessa. Mi disse: "Mi raccomando non parta senza aver messo le catene alla macchina, me lo deve promettere". Contattammo un nostro amico per farci portare fino a Torino e lui ci assicurò che non c'erano pericoli per strada, non c'era neve perché eravamo in primavera e si viaggiava comodamente, escludendo la possibilità di montare le catene. Volendo seguire i consigli di Rol, che non si sbagliava mai, cercammo le catene in ben tre distributori che però ne erano sforniti. Decidemmo comunque di partire. Eravamo quasi arrivati a Torino quando ci trovammo in una strada con uno strapiombo di mille metri sulla destra e una parte

rocciosa sulla sinistra. L'auto passò sopra un lastrone di ghiaccio, scivolò, uscì con la ruota di dietro di destra fuori dalla strada per ben due volte. Nel frattempo la macchina aveva preso velocità e fermò la sua corsa contro un campo coperto di neve. Tutto il pezzo davanti era rientrato di venti centimetri, chiamammo il carro attrezzi che ci tirò fuori, ci sistemò l'auto e così piano piano riuscimmo ad arrivare a Torino. Nonostante la drammaticità del momento io mi sentivo tranquillissima. Rol mi venne quindi a prendere in albergo e si mise ad urlare perché non era stato seguito il suo consiglio. Appena lo vidi lo abbracciai stretta, fu una cosa istintiva e mi misi a piangere dall'emozione. Quella sera andammo al ristorante dove gli chiesi di nuovo notizie di mio cugino. Lui fece dei cenni in aria e mi disse di leggere quanto scritto sul mio tovagliolo. Aprii il tovagliolo e, scritto a carboncino, trovai la frase: "Non morirà mai". Dopo cena ci trasferimmo in casa Rol dove c'erano quattro amici che lo stavano aspettando. Rol volle controllare l'articolo di *Gente* dove io avevo letto il suo numero di telefono, ma il numero non era pubblicato. Pensavo mi avesse fatto uno scherzo perché sono cose talmente assurde che non ci sono spiegazioni. In quel periodo frequentavo il capo di un partito molto importante e Rol mi disse che avrebbe avuto piacere di incontrarlo. L'incontro purtroppo non avvenne, ma mi disse di riferire alla persona che doveva chiudere il partito proprio per il bene del partito. Io non riferii il messaggio e non sappiamo ad oggi quali sarebbero state le conseguenze di questa eventuale scelta. Con Rol ci incontrammo e ci sentimmo al telefono poi diverse volte, anche se io mi trasferii in Brasile e in altri stati. Una volta mi disse: "Tu sarai molto sfortunata con gli uomini, sapere questo ora ti viene utile perché tu crederai che la persona ti sarà sempre vicina e ti sbagli, è meglio che lo sai da adesso". Ed in effetti così è stato. Mi disse che sarei stata sempre avanti di venti anni agli altri ed in effetti già da piccola dicevo cose molto più moderne rispetto alla mia epoca. Infine mi disse che io sarei morta molto vecchia quando mi sarei stufata della vita, e siccome non mi sono ancora stufata, sono ancora qua. Rol l'ho sempre avuto nel cuore e, anche se non lo vedevo, era sempre comunque presente, è presente pure oggi nella mia vita».

33. Ottavia Caracciolo Di Sanvito:
«Rol non voleva mai essere fotografato. Gli dicevo: "Guarda che sono brava!!". Niente! Un giorno eravamo in macchina noi due soli, lui scende ed entra in banca, quando esce io penso... adesso lo frego e faccio la foto! Esco dalla macchina e mentre lui attraversa la strada scatto tre foto. Lui si blocca un momento, poi comincia a fare lo sciancato, struscia la gamba, storce la bocca e biascica: "Tanto non viene niente, tanto non viene nienteeee!!". Io sghignazzando gli dico: "Figurati se non viene niente!! Viene viene!". Torno a Roma, porto il rullino a stampare e mi consegnano le foto il giorno dopo. Cerco le tre di Rol e non ci sono. Dico al fotografo:

"Qui ci mancano tre foto, come mai?". Lui prende il rullino, controlla e mi fa vedere che tutta la pellicola era perfetta, meno tre fotogrammi trasparenti, che non erano stati impressi. Il fotografo dice: "Ma che strano... ma che ha fatto? Ha tirato via la pellicola e poi l'ha rimessa saltando i fotogrammi? Non c'è altra spiegazione!!". Avevo la Nikon, che non va avanti se non scatti la foto. Non avrei potuto saltare tre fotogrammi se non togliendo la pellicola dalla macchina, rimettendola dopo e saltando tre fotogrammi, cosa che non feci perché ero a metà pellicola, né alla fine né al principio. Invece la spiegazione c'era...
Pensa che l'avevo pure rimproverato: "Ti pare che devi pure fare lo scemo in mezzo alla strada?"
Rol ti poteva scombinare le tue sicurezze di milioni di anni umani. Se ti dicono che l'asino vola tu naturalmente non ci credi. Con lui l'asino volava. Adesso quando succede qualcosa di incredibile che tutti rifiutano, io penso che sia vero. Credo che a tutti quelli che lo hanno conosciuto possa succedere o sia successa la stessa cosa.
Con lui tutto era incredibile».

34. Giovanna Demeglio:
«[*Una sera del 1987, a casa Rol,*] portai con me una candela e gli chiesi il permesso di accenderla, come segno di benedizione, lui acconsentì indicandomi un piccolo candeliere posto su una mensola. Continuammo a chiacchierare. Rol era un conversatore affascinante, colto e ironico. Ad un certo punto lo vidi assorto... e mi dice:
"Vuoi vedere che la fiamma si allunga?"
"Fammi vedere" gli risposi.
In pochi secondi la fiamma diventò altissima!!! Un'espressione lieta e serena vidi sul suo volto, lo ringraziai veramente emozionata e commossa! Come testimonianza ebbi la fortuna di poter fare la fotografia, che non rende grazia, perché la fiamma era molto più alta».

35. Maurizio Marongiu:
«[*Intorno al 1978*] con mio zio [*Ennio*] andammo da Rol (si prenotò per telefono) e quando entrammo, gli oggetti sopra i mobiletti e altri oggetti erano stati coperti con dei lenzuoli bianchi. E mio zio disse questo alla signora che ci aprì, del come mai fosse tutto coperto così (non dovevano dare il bianco). E disse a mio zio che era un volere di Rol.
Io avevo piu o meno 5 anni, mio zio aveva visto in me qualcosa di non comune credo.
E mi portò da Rol. Parlò da solo con lui, che era dietro uno scrittoio. Poi si rivolsero verso di me, mentre diceva "vediamo se capisce o capirà", da un tubo uscirono fuori delle carte da gioco a una velocità innaturale che si sparsero dappertutto. E mi ricordo che guardai dentro e non c'era nulla. Disse anche a mio zio di fare attenzione al fegato.

Si ricorda di più di questo tubo? Dove era o come era fatto?
Suo zio, che Lei sappia, ha poi seguito il consiglio riguardo al fegato?
Era un tubo di plastica non perfettamente rotondo, [*in passato*] quando mi sono ricordato di questo fatto lo collegavo (il tubo) a un gambo di un tavolo di plastica girato, ma quando avevo preso in mano il tubo per guardarlo era in realtà un tubo e basta. Di mio zio ricordo che lo aveva detto in casa quando siamo tornati del fegato, ma mio zio era spericolato, e credo che continuò a bere superalcolici e dopo un ischemia passò diversi anni sulla sedia a rotelle e poi morì. Non ascoltò il consiglio di Gustavo Adolfo».

36. Didi Gagliardini:
«Ho conosciuto personalmente il Dott. G.A. Rol sul finire dell'anno '87 (ottobre/novembre). Gli telefonai un giorno al colmo della disperazione avendo saputo che una persona, alla quale ero molto affezionata, aveva ricevuto un'infausta diagnosi. Il Dott. Rol, percependo il mio dolore, si dichiarò (con rara generosità e disponibilità), disponibile a riceverci entrambi presso la sua abitazione, alle ore 18,30 di un certo martedì sera. Il mio accompagnatore era persona molto nota in città, dove svolgeva la propria attività da oltre trent'anni e dove viveva stabilmente. All'ora stabilita di quel giorno, io mi recai all'incontro, ma non fui più in grado di raggiungere l'indirizzo comunicatomi dal Dott. Rol: via Silvio Pellico era *scomparsa*. Solo molto più tardi e dopo incredibili peripezie raggiunsi l'edificio, dove trovai ad attendermi il portiere dello stabile, il quale dichiarò che il Dott. Rol mi stava aspettando. Essendo io torinese e conoscendo a menadito la mia città, la cosa mi apparve inverosimile, innaturale, fuorviante, ai limiti della fantascienza. Viceversa la persona convocata assieme a me, giunse perfettamente in orario e senza alcun disguido. Solo molti anni più tardi, compresi appieno e mio malgrado le motivazioni di tale sconcertante avvenimento. Il Dott. Rol, in quell'occasione, mi diede degli ottimi consigli sul come impostare la mia vita privata, consigli che seguii scrupolosamente con benefici insperati. Fu però rigoroso e spietato a proposito del mio coinvolgimento sentimentale, consigliandomi (pur in presenza del mio accomagnatore), di allontanarmi immediatamente da una situazione penosa ed imbarazzante, dalla quale non avrei tratto altro che infelicità e dolore. Non seguii il suo consiglio, ed ancora oggi i risvolti negativi della mia vita fanno capo a quella disubbidienza».

37. *Antonella Tedeschi* (sua zia):
«La mia zia d'acquisto (moglie del fratello di mio papà) e la sorella avevano perso il papà, il loro dentista gli aveva detto che se avessero voluto ascoltare la voce del papà sarebbero potute andare da Gustavo Rol.

Così sono andate in via Silvio Pellico ed effettivamente lui gli ha fatto sentire questa voce, che diceva dei particolari che solo il papà poteva conoscere. Ne furono abbastanza sconvolte, e in casa in seguito dicevano: "Sì ci ha fatto piacere ma nello stesso tempo non andremo mai più perché è una cosa che ci ha impressionato"».

38. *Alfredo Gilardini* (Giovanna Gawronski):
«Mia mamma Giovanna mi ha detto che sua mamma, ovvero mia nonna Luciana Frassati, grande amica di Rol, un giorno gli aveva telefonato e mentre stavano parlando a un certo punto lui disse qualcosa del tipo: "Silenzio, ora parla Napoleone!" e un istante dopo è subentrata alla voce di Rol una voce diversa e francese, che suppostamente era quella dell'Imperatore».

39-40. Marco Gay:
«Una vicenda, che avvenne durante la guerra, riguarda mio suocero, Wilhelm Koch, che dirigeva allora la Mustad, ditta norvegese di Pinerolo che fabbricava chiodi per ferrare i cavalli, allora molto numerosi a Pinerolo, sede della Scuola di Cavalleria.
In un incontro con il Dott. Rol, allora sfollato in San Secondo, il sig. Koch disse di aver difficoltà nel trovare patate per la minestra che la fabbrica forniva ogni giorno agli operai. Allora non vi erano i buoni mensa.
Il Dott. Rol disse al sig. Koch, che era un buon ciclista: "Prenda la sua bicicletta e vada verso Cuneo: lì sicuramente troverà le patate".
Così fece il sig. Koch: alcuni giorni dopo arrivato al bivio di Busca, trovò fermo, come in sua attesa, un uomo che gli disse: "È lei che viene da Pinerolo per le patate?". Così gli operai ebbero di nuovo la minestra.
Sempre al tempo della guerra avvenne un'altra singolare vicenda, che riguarda mia moglie, che non può dimenticarla.
Nella casa di Pinerolo Ellen giocava con le sorelle ed un'amica, mentre i signori Rol chiacchieravano con i genitori, tutti seduti in giardino.
Ad un certo punto il Dott. Rol si avvicinò alle ragazzine intente a giocare con le bambole – facevano rumore in giardino, non so se disturbavano – e domandò loro se avrebbero fatto volentieri una passeggiata in carrozza.
La risposta fu naturalmente entusiasta e mentre tutti aspettavano di sapere come la proposta si sarebbe realizzata, suonò il campanello.
Fuori dal cancello, in via dei Mille, era fermo il vetturino Albertengo, con il suo cavallo e la carrozza sulla quale le quattro bambine fecero la passeggiata in centro e poi il giro dei viali di piazza d'armi.
I genitori di Ellen, che ben sapevano di che cosa il Dott. Rol era capace, non furono sorpresi più di tanto; allora le bambine, felici di fare la passeggiata in carrozza, non si posero problemi, problemi che invece furono ricorrenti dopo e che ancora oggi non trovano spiegazione per

l'amica di giochi, ora novantenne, che non manca occasione di ricordare la singolare passeggiata in carrozza».

41. Franca Bertana:
«Conobbi Rol all'hotel Miramare a Sanremo, subito dopo la fine della guerra.
La stessa sera ci mostrò degli esperimenti interessantissimi, come tirare fuori un cerino e accendere tutti i candelabri chiusi in un altro salone, ma visibili attraverso una vetrata.
Dopo cena molti clienti dell'albergo chiacchieravano tranquillamente in una grande sala, gruppetti più piccoli e più grandi tra di loro. Gustavo ha chiesto con la sua solita gentilezza se avessero voluto assistere ad una cosa un po' diversa. Avendo avuto risposta affermativa chiamò i camerieri (che molto probabilmente lo conoscevano) chiedendo di portare nel salone attiguo dei candelieri d'argento a diversi bracci caduno, credo una decina circa se non di più, con candele naturalmente spente e li fece portare in fila su di un lungo tavolo. Le due sale erano separate da una grandissima porta a vetrata che fece chiudere. Poi chiese un attimo di silenzio, trasse di tasca un cerino, lo accese e tutte le candele della sala attigua dove non c'erano più neanche i camerieri si accesero contemporaneamente, naturalmente erano candele di cera e non elettriche».

42. Christian Hamnett:
«Quanto avevo 18 anni, (ora ne ho 64) ero un'inguaribile razionale. Decisi pertanto di sfidare Rol, chiedendogli di ritrovarmi un orologio ultrapiatto che avevo perso sei mesi prima. Siccome abitavo a poche centinaia di metri da lui, mi avvio in bicicletta sotto la sua casa, ma complice una timidezza, forse mai guarita, non mi oso, per cui torno a casa. Il giorno dopo decido, casualmente, di cercare sull'enciclopedia (composta comunque di diversi volumi) il nome dell'isola di Chersterfield. Apro l'enciclopedia e *trovo l'orologio!* Da quel giorno mi sono reso conto che forse la scienza conosce ancora molto poco della realtà che ci circonda, e che Rol era ed è un Grande Maestro».
[*Ristampa 2024: dopo la pubblicazione di questo volume chiesi a Hamnett che cosa lo spinse a cercare il nome di quest'isola piuttosto che qualunque altra cosa. Ho aggiunto la sua risposta a p. 269*].*

43. *Cesare De Rossi* (dott. Cerri):
«Rol e altre persone sono andate a una riunione dal dott. Cerri, dentista, che aveva lo studio in Corso Francia e abitava nello stesso stabile di Rol. Fuori dalla porta Cerri ha detto: "Ho dimenticato le chiavi, vado a prenderle". Allora Rol: "Aspetti", ha fissato la serratura, *tlan tlan tlan...* la porta si è aperta senza infilare nessuna chiave, l'ha spinta e sono entrati».

44. Gianfranco Angelucci (Giulietta Masina):
«A Giulietta Masina che a tavola, con un gesto sbadato, aveva sporcato di unto la preziosissima borsetta e si disperava per l'incidente, Rol aveva fatto sparire la macchia semplicemente sfiorandola con le dita».

45. *Gian Luigi Nicola* (n.p.):
«Mi è stato raccontato che una volta Rol era a ristorante con delle persone e a un certo punto pare che qualcuno, o lo stesso Rol, abbia fatto "suonare" un bicchiere, e non so se il cameriere o uno dei presenti ha fatto un'appunto. Rol allora dice a questa persona: "Ma scusi, non vede che tutti i bicchieri stanno suonando?" E tutti i bicchieri del ristorante si sono messi a suonare da soli».

45[a]. Umberto Joackim Barbera:
«Era un giorno infra settimanale dell'autunno 1968 o della primavera 1969 ed io ero andato a rivedere i Roveri[1] dove ero stato qualche giorno prima ospite con mia sorella Giuliana. A quel tempo io non giocavo ancora a golf ma ero andato a curiosare.
Quel giorno al ristorante eravamo in tre persone sole, di cui una lasciò la sala lasciando soli io ed un signore che non conoscevo se non di vista.
Sicuramente non lo riconobbi se non molti anni dopo l'incontro, quando comprai un libro su Rol in cui il suo volto era pubblicato in copertina[2].
Rol era dunque seduto ad un tavolo vicino alla porta del ristorante, io ero seduto in un altro tavolo dirimpetto a lui, ma dall'altro lato della sala. Sarebbe quindi stato normale vederci distrattamente mangiando, ma mi accorsi che Rol mi stava guardando fissamente (forse mi scrutava avendomi riconosciuto come un amico di sua cugina Raffaella?[3]).
Ricordo che mi fissava come se fosse assorto in un suo pensiero e mi domandai perché mai i suoi occhi incontrassero il mio sguardo, tanto che sentendomi a disagio, terminai il breve "lunch" e mi alzai per primo per lasciare la sala, dovendo quindi passare per forza di cose vicino al tavolo in cui Rol ancora era seduto.
Educatamente lo salutai dicendogli solo "Buongiorno, buon proseguimento!" e Rol mi rispose con un cenno del capo (stava mangiando una macedonia di frutta fresca).
Uscito dal ristorante mi recai a destra, per curiosare i prezzi dell'attrezzatura sportiva, dove comprai le mie prime palle da golf. Quindi, sempre per rendermi conto di come fossero disposti i locali, ritornai sui miei passi e percorsi tutto il corridoio nel senso inverso e mi recai alla sala del Bar dove vidi che vi erano alcune persone.

---

[1] Golf Club vicino Torino.
[2] *Rol l'incredibile*, 1986.
[3] Mia mamma, amica di Umberto e giocatrice di golf.

Nel frattempo ch'io mi ero trattenuto nel "Pro Shop", Rol aveva lasciato il ristorante e si era recato nella sala del bar "Buvette": Rol era quindi tra le persone che avevo intravisto.

Mentre percorrevo il corridoio, Rol uscì dalla Buvette e mi venne incontro. Giuntomi a pochi passi, io lo riconobbi come il signore che mi aveva fissato al ristorante. Mi apprestavo a fargli un cenno di ricambio al probabile suo saluto, quando i nostri sguardi si incrociarono ed io fui nuovamente ammaliato dal suo sguardo profondo e penetrante, tanto che dopo avergli fatto un cenno di saluto e passatogli accanto, entrambi senza soffermarci, io entrai nella sala della buvette girandomi indietro e chiedendomi chi potesse essere quel signore e perché mi avesse fissato in un modo cosi strano ed inusuale.

In pratica entrai nella sala della buvette guardando alle mie spalle, senza vedere se ancora ci fossero quelle persone che avevo intravisto. Ed infatti mi scontrai con una persona in modo violento, un vero scontro pedonale!

Non ricordo se la buttai a terra, comunque poco ci mancò. Quella persona era una bella signora bionda, alta ed indimenticabile.

"Ma è questo il modo?" mi rimproverò la signora con tono secco, di fronte ad altre persone che erano sedute nel primo tavolo a lei vicino.

"Mi scusi, sono mortificato – le risposi – ma quel signore mi ha guardato in un modo così strano…" cercai di giustificarmi. La signora rimase basita, guardò Rol che si allontanava ed i suoi amici seduti al tavolo. Tutti erano sorpresi e si guardavano senza commentare.

La situazione era glaciale.

Anche il barista si era fermato come un automa. Tutti mi guardavano, non avendomi mai visto prima, come io fossi un alieno preannunciato da Rol. Io ero ben vestito con una giacca di tweed e pantaloni di lana grigia, camicia e cravatta di Jack Emerson, un giovane all'apparenza per bene.

"Sono desolato e dispiaciuto per il modo… Permette? Sono Umberto Barbera…" Le dissi con una certa sfacciataggine. La Signora improvvisamente mi sorrise cambiando umore.

"Sei il figlio di Silvio?" (seppi poi che aveva frequentato mio padre Silvio in gioventù, in tempo di guerra a Torino).

La bella sconosciuta signora, squadrandomi con i suoi occhi chiari, si presentò: "Io sono Marinella Nasi"[4] mi disse tendendomi la mano che presi esibendomi in un compìto baciamano. "Ti presento i miei amici: la Signora Lancia[5] ed il Signor Ginatta…" più un'altra persona di cui non

---

[4] Marinella Wolf (1922-2002), moglie di Giovanni Nasi (1918-1995) già vicepresidente FIAT imparentato con la famiglia Agnelli.

[5] Maria Luisa Magliola, prima moglie di Giovanni Lancia, per alcuni anni amministratore delegato dell'azienda omonima, figlio del fondatore Vincenzo Lancia.

ricordo il nome. Ci fu un breve scambio di saluti e quindi tolsi il disturbo ancora scusandomi.
Il mio primo incontro con Rol e Marinella Nasi avvenne come se Gustavo Rol le avesse preannunciato un incontro inatteso e rocambolesco.
Rividi qualche tempo dopo e riconobbi Marinella, la prima volta che il maggiordomo di casa Nasi venne a prendermi a Torino per portarmi in casa Nasi (a Castiglione Torinese). Sotto il portico della villa era pronta una lucida Dino Ferrari Coupé di color nocciola-visone, se ben ricordo, e un domestico stava caricando una valigia. Sulla porta apparve raggiante Marinella che mi disse tra il sorpreso ed il divertito: "Ah... ma sei tu?" Ero proprio io, il compagno di studi di suo figlio Andrea che ancora dormiva. Sono certo che Marinella Nasi mi associò alla "predizione" di Gustavo Rol. Fu così che io fui accolto ed accettato in famiglia Nasi come un amico di famiglia».

46. *Gabriele Deny* (Giovanni Porta):
«Un architetto torinese, Giovanni Porta, mio amico da trent'anni anche se è da tempo che non lo vedo, aveva avuto dei problemi abbastanza seri ed era andato a casa di Rol per avere un colloquio, una consulenza o un consiglio. Gli aprì la porta una signora che gli disse: "Guardi, il dottore è occupato, dovrebbe arrivare tra 40 minuti". Appena terminato di dire questo da una stanza uscì la voce del dottor Rol, come se fosse presente, per dire qualcosa (non ricordo di preciso, forse qualcosa del tipo "sto arrivando, tra poco sono da Lei").
Infatti arrivò, ma non da una stanza della casa da dove pareva fosse uscita la voce, ma dalla strada, con le valige. Arrivava dall'aeroporto! Giovanni era sicurissimo di aver sentito la sua voce in casa. Quando poi volle dirgli la ragione per cui era venuto, Rol lo prevenne, sapendo già di cosa volesse parlargli».

Inseriti in altri capitoli ma contati anche in questo:
47. Pietrangeli (XXVII-4)
48. Bonfiglio (Ferrari) (XLIII-5)

---

* Christian Hamnett (ep. 42) in data 29/05/2022 mi ha scritto per quale ragione scelse di cercare sull'enciclopedia il nome di Chesterfield: «Quando ho visto l'enciclopedia ho pensato a Chesterfield perché era un'isola [*per la precisione, è un arcipelago di isole*] molto isolata situata nell'oceano Pacifico [*in Nuova Caledonia*]. Mi incuriosiva cosa avrebbe detto la mia enciclopedia (ero appassionato di Geografia, e, guardando un atlante, leggevo curioso i nomi di quasi tutte le isole del Pacifico), sapere qualcosa di quest'isola che non sapevo, dei suoi abitanti, come vivevano, cosa facevano, visto l'estrema lontananza da qualsiasi altra terra emersa. Non pensavo minimamente al ritrovamento di quest'orologio ultrapiatto, che tra l'altro, poi ritrovato, ho nuovamente perso!».

XLII

——— Profumi ———

5. Sergio Torassa (Gianluigi Marianini):
[*Alla fine degli '80 andò a un incontro in biblioteca, a Carmagnola, organizzato forse dai Lions. Era presente anche il prof. Gianluigi Marianini, insegnante di filosofia, noto concorrente di "Lascia o Raddoppia?", esperto, tra le molte cose, di demonologia e amico di Rol. Torassa lo sentì dire*]
«che era stato a casa di Rol e parló di una evocazione con rumore di zoccoli e puzza di zolfo. (…) Marianini raccontò questo aneddoto e rimasi perplesso. Premetto che fino ad allora non sapevo chi fosse Rol».
[*Domando:*] *Era serio Marianini quando lo diceva oppure era più una battuta? (considerati gli argomenti di cui si interessava)*
«Non saprei dire. Istrionico, grande affabulatore, ma se mi ricordo bene non diede certezze, come non avesse ben capito a che cosa era stato presente. Raccontò anche un altro aneddoto su un giornale di non so quale nazione che fece vedere non so a chi ma che era della data di quel giorno e che quindi fosse impossibile che fosse nelle mani di Rol non essendo Egli mai uscito dalla stanza. (…) Forse questo indurrebbe a credere che Marianini fosse serio».

XLIII

Animali

4. *Loredana Muci*:
«Nel 1999 o 2000 mi trovavo a Nizza, stavo mangiando un gelato sulla Promenade des Anglais e guardavo le palme che erano avvolte da lucine bianche colorate. Pensavo: "Certo che i Francesi riescono a valorizzare tutto". Poi improvvisamente ho visualizzato Rol, non so il perché, non è che lui sia il mio pensiero fisso, anche se so che frequentava molto la Costa Azzurra. Mi sono detta: "Chissà se anche lui le apprezzava".
Rientro in casa con un'amica che aveva un appartamento nella Rue de France, perpendicolare della Promenade. Per arrivare a questo appartamento, che era al piano terra, si attraversava un giardino condominiale, si apriva una porta di vetro e si entrava nell'androne. Mentre camminavo, di nuovo nella mia mente ho visto Rol e ho visto anche un gatto. Entriamo in questo giardino condominiale e sentiamo miagolare, la mia amica mi dice: "C'è un gatto che gira per il giardino". Entriamo nell'androne, chiudiamo la porta di vetro, entriamo nell'appartamento, chiudiamo la porta. Poco dopo sentiamo grattare alla porta. Lei apre, e c'era il gatto. Dice: "Oh poverino, forse aprendo la porta di vetro è entrato e non ce ne siamo accorte, facciamolo di nuovo uscire nel giardino". Ha aperto la porta di vetro nell'androne e lo ha fatto uscire nel giardino. Esattamente dieci secondi dopo era di nuovo dietro la porta che grattava.
Ogni qual volta mi sono trovata in cattivi pensieri, Rol è sempre arrivato: sotto forma di sogno, sotto forma del mio pianoforte che suonava delle note senza che qualcuno lo toccasse mentre io ero nel letto... varie manifestazioni che non mi hanno mai messo senso d'angoscia o di paura, ma mi hanno dato un segnale, percepivo che era un segnale di presenza, una sorta di consolazione».

5. *Maurizio Bonfiglio* (Catterina Ferrari):
[*C. Ferrari ha raccontato*]
«"Aspettavamo una signora che non arrivava mai, Gustavo si è messo a dire, come un bambino che fa una marachella: 'Sto facendo uno scherzo, sto facendo uno scherzo'".
A un certo momento, un quarto d'ora dopo che sarebbe dovuta essere già arrivata, sento suonare la porta, Catterina va ad aprire, c'è questa signora, bianca in volto, spaventatissima. Entra dentro, le chiede: "Ma come mai sei così in ritardo?" "Non fatemi parlare" "Ma cosa è

successo?" e Rol intanto rideva: "L'ascensore si è rotto, non arrivava giù. Io schiacciavo il pulsante e niente. Ho fatto le scale e a un certo momento mi sono trovata un gatto nero alto mezzo metro che mi guardava e non mi faceva passare, era bello grosso sto gatto eh!" Rol allora le dice: "T'ho fatto lo scherzo, t'ho fatto lo scherzo"».

XLV

Consigli
(di fare o non fare una determinata cosa)

7. Guglielmina Cottone:
«Grandissimo uomo. Ebbi la fortuna di parlare con lui, peccato che non volli ascoltare, ma come sempre aveva ragione».
[*Su mia sollecitazione, fornisce i particolari*]
«Avevo venti anni, ero fidanzata e facevo progetti di matrimonio, però mi sentivo triste e non ne capivo le motivazioni, pensavo perchè non avevo una vita lavorativa. Un giorno scrissi una lettera a Rol, avendo trovato il suo indirizzo di casa in un libro che raccontava la sua vita, misi anche il mio numero di telefono ma non credevo che davvero mi telefonasse, sapevo che era molto impegnato e che solo rararmente contattava lui se capiva che la situazione era davvero meritevole di aiuto. Mi telefonò e con molta umiltà mi disse di non essere un sensitivo o quant'altro ma che era solo un uomo di Dio, lui si definiva la sua grondaia (pensate un grande uomo come lui, così modesto). Mi disse che la persona che avevo vicino non andava bene, che era un mondo completamente diverso da me, che secondo lui mi definì un anima grande. Nel discorso lui capì che io non avevo intenzione di ascoltare (quando si hanno le classiche fette di prosciutto davanti agli occhi) mi disse anche cosa mi avrebbe risposto il mio fidanzato se avesse saputo... ed infatti così andò, mi disse le sue stesse parole (che quì non ripeto). Così mi chiese di poter parlare con qualcuno in casa mia e parlò con mio fratello, voleva che mi convincesse a lasciarlo e forse non voleva essere troppo crudo con me, così lo salutai e gli passai mio fratello al quale disse che se non avessi cambiato strada la mia vita sarebbe stata di lacrime. Così fu, mi sposai per poi rendermi conto solo dopo che avevo scelto la via sbagliata, ma purtroppo a volte bisogna sbatterci la testa prima di capire. Ho divorziato ma penso che le scelte che si fanno poi determinano eventi da cui non si può più sfuggire e non posso fare a meno di pensare spesso a Rol, a quanto aveva ragione. Mi piacerebbe tanto potergli parlare ancora, e a volte lo faccio come se mi sentisse, e magari lo fa, anche se non sento più la sua risposta me lo sento vicino e gli voglio bene come se fosse un mio familiare».

8. Sabrina Rubino:
«Ebbi la fortuna di parlare con Rol al telefono molti anni addietro [*intorno al 1981*] e mai scorderò cosa mi disse in quella lunga conversazione!».

«All'epoca avevo solo 17 anni circa e studiavo danza classica da quando ne avevo 8. Ho passato un periodo molto brutto, entravo in una compagnia da lì a poco, ma non erano ambienti facili per giovani matricole. Ero timida e spaurita, e mia mamma mi diede un saggio consiglio (…): "Prova a telefonare a Gustavo Rol e lui ti aiuterà!" (…)
Fu la cosa più semplice al mondo, il suo numero era lì [*sulla guida del telefono*] e senza segreti disponibile a tutti, propio com'era lui! Allora con una fifa disumana composi il suo numero e mi rispose. Era proprio lui! La sua voce! Allora farfugliai: "Scusi è il Dottor Rol? io sono la figlia di una signora che è amica di una sua amica", e dissi il nome della signora, e lui mi rispose secco "Io non conosco nessuna signora…" allora io mi trovai in un nanosecondo in panico e semi-lacrime disperate e gli risposi: "Certo, capisco, mi scusi tanto, in fondo Lei non mi conosce neppure" e lo salutai. Allora fu lì che non scorderò mai cosa mi disse:
"E perché non provi a dirmi di cosa hai bisogno anziché nominare persone che neppure m'interessano?" (…)
Ho provato dei brividi immensi, ma nel contempo aveva una voce molto tranquilla e diciamo leggera, mi ha fatto una predizione e mi aveva anche invitato da lui ma io non andai mai e di questo mi pento sinceramente, ma non andai per un motivo.
Continuo con il proseguimento della telefonata: lui mi tranquillizzò e mi fece sentire a mio agio da subito, io gli risposi: "Signor Rol, io Le ho detto di essere la figlia di una signora amica di una sua amica perché se mi fossi presentata con il mio nome e cognome, dato che Lei non mi conosce, non mi avrebbe sicuramente considerata", e lui mi rispose in gran semplicità: "E perché? tu prova a dirmi chi sei e cosa vuoi e vediamo se io ti rispondo" (almeno il senso era quello, sono passati talmente tanti anni che le parole esatte non le ricordo) ebbene mi chiese il mio nome di battesimo, io mi chiamo Daniela Sabrina ma fu uno sbaglio anagrafico, dovevo chiamarmi Sabrina Daniela, l'esatto inverso, infatti io sono chiamata con il secondo nome da sempre e lui mi rispose: "Sì tu sei Daniela, come Daniele nella fossa dei leoni! lavori in un ambiente di leoni!" perdinci aveva azzeccato in pieno il problema e continuò: "Tu ti ostini in un ambiente di gente che non fa per te, e se vuoi te lo posso far dire anche da grandi professionisti" (e mi propose di presentarmi un grande nome del mondo del balletto dell'epoca, per convincermi di quello che aveva dovuto passare). Aggiunse: "Se tu mi dai retta e smetti di fare quello che fai, io ti farò trovare un bravo ragazzo che ti voglia bene, e t'invito a venire qui da me e non lo faccio per tutti, ma mi devi promettere di smettere di frequentare quell'ambiente, non è il tuo di ambiente!" Io rimasi di stucco. La danza era tutta la mia vita, a me non interessava conoscere un ragazzo, io volevo ballare e basta, non me la sentii di promettere di smettere la danza, all'epoca avevo solo 17 anni, avevo studiato sodo solo per quello, e quindi lo ringraziai. Poi gli dissi che mia

madre lo adorava e lui mi disse: "Lo so, passami tua madre ora" e si dissero cose su di me, mia madre era bianca in viso, era il suo idolo! gli disse cose private su di me... Io non smisi la danza, ma poi scappai da quella compagnia. Ma continuai con altre. Non ebbi mai il coraggio di chiamarlo perché in fondo avevo disubbidito al suo consiglio saggio. Ecco perché non andai mai a trovarlo. Una settimana dopo raccontai alla mia insegnate di danza l'aneddoto accadutomi, lei provò a chiamarlo per un problema suo e lui si fece negare al telefono!
Non concedeva i suoi favori a tutti, ero stata una fortunata.
Circa tre anni fa, una notte ho avuto una sua visione, era vestito di bianco con un cappello a basco in testa, ma piccolo di statura in realtà, lui era alto mi risulta, e mi disse solo una cosa, ma determinata: "Stai tranquilla tu non resterai sola"! Credevo fosse arrabbiato con me perché non avevo ubbidito all'epoca al suo consiglio (...).
Comunque alla fine sono rimasta sola nella vita! tutta colpa della danza. La mia mamma è morta nel 1997, e mio padre vive all'estero. Forse gli avessi dato retta oggi non sarei sola. Aveva ragione».

9. Marina Ceratto Boratto:
«Mamma [Caterina Boratto] era rimasta legata a Rol, tramite gli amici Elsa e Nino Farina, il campione automobilistico, cui [Rol] consigliava come impostare le gare sulle piste di tutto il mondo, tappa dopo tappa».

9ª. Angelo Celeste Vicario:
Riassumo qui il contenuto di commenti separati del sig. Vicario.
Conobbe Rol quando aveva 27 anni, nel 1963, a casa sua in via S. Pellico, dove era andato per installare un antifurto. Gli aveva confidato di avere problemi digestivi, allora Rol gli prescrisse una cura, a sue spese, con pastiglie «Caved "S"» (provenienti dalla Svizzera e introvabili in Italia) indirizzandolo a una farmacia del centro di Torino; e una dieta con i cibi consigliati e quelli no, il tutto messo per iscritto su quattro fogli.
«Avevo 27 anni e fare quella dieta non era semplice e poi non mi fidavo troppo... e Lui sapendolo ce la metteva tutta per convincermi».

Qui di seguito la trascrizione, i fogli originali sono stati pubblicati nella tav. XVI. Alcune parole non sono riuscito a decifrarle.

Foglio 1

<u>Caved "S"</u>

tavolette stomatiche

2 tavolette dopo i 3 pasti giornalieri, masticandole bene, senza acqua. Totale: <u>sei al giorno</u>
<u>per giorni trenta</u>

1 tavoletta dopo i 3 pasti giornalieri, masticandole bene, senza acqua. Totale: <u>3 al giorno</u>
<u>per giorni trenta</u>

Tempo della cura: due mesi in tutto. Fare la cura 2 volte all'anno

[*a margine*]
Farmacia Masino
Via Maria Vittoria 3
(chiedere della dottoressa – da parte del Dr Rol)

Foglio 2

1 bicchiere di vino ai pasti, mescolato con acqua.
Non mangiare in fretta –
Masticare molto – (la prima digestione va fatta in bocca)
Poco caffè, massimo: 1 volta al giorno e <u>non forte</u>.
Non salumi
Non carni piccanti e salse piccanti
Non cibi in scatola
Non cioccolato
Non noci nocciole, mandorle.
Non futta secca
Non frutta non matura.
Non liquori
Non alcool (aperitivo, wisky, vino fuori dai pasti) –
Non spinaci
Non cavolfiore
Non rape
Non castagne
Non lenticchie, ceci, fagioli. –

Foglio 3

<u>Cibi consigliati</u>

Pasti asciutti
risotti   } con olio e formaggi grattuggiati

Carni: arrosto

Non …
Non pesci grassi (tinche, trote salmonate…)
Pesci o arrosti o bolliti e presi con olio e <u>limone</u>.
Tutte le verdure consentite (escludendo quelle già enunciate)
Possibilmente cotte, con olio e limone –
<u>Mai</u> aceto
<u>Mai</u> salse o spezie
<u>Mai</u> salsa di pomodoro –
Pomodori e frutta <u>molto</u> matura
<u>Nessun cibo fritto</u>

Foglio 4

<u>Uova</u>: fresche – crema fatta in casa, ma in modica quantità –
Non paste dolci, bensì paste al forno –
Non <u>pane</u> che non sia la crosta o almeno raffermo (ossia non pane fresco o, tantomeno caldo)
Ottimi!: <u>Grissini del nonno</u>
<u>Gelati</u>: permessi solamente quelli al <u>frutto</u>
……. molto adagio
Non acque minerali pagate – ……..
Sangemini –

***

Inseriti in altri capitoli ma contati anche in questo:
10. Ascione (XXXV-116 e nota)
11. Marongiu (XLI-35)
12. Gagliardini (XLI-36)

XLVII

——— Sogni (apparizioni di Rol in sogno) ———

6. Maurizio Porro (Francesca Fabbri Fellini) (2019):
«Sarà Francesca Fellini, Franceschina, l'ultima erede del regista dai 5 Oscar, a fare l'omaggio più sentito allo zio Federico, detto Chicco, debuttando al cinema con gran timore: sarà un corto in cui la nipote racconterà un sogno, la favola nuova e antica di una bambina, di una festa, di una torta, di un clown e qualcosa di invisibile che ci appartiene e stupisce nei contorni di un sogno. Insomma, i comandamenti della poetica di san Federico che ha finito la carriera invocando nella "Voce della luna", quel po' di silenzio, please, che aveva già implorato.
Dallo zio famoso, che arrivava da Roma nel vento della gloria, la nipotina ebbe un giorno un regalo che conserva con tenerezza infinita, lo schizzo della piccola Francesca sulla spiaggia, con una lunga treccia, stivali rossi e una palandrana blu a triangolo da collegiale: se ne va con aria decisa e stupita, ripresa di fianco, come se camminasse. Da allora lei fu per tutti in casa la Fellinette: chi non l'avrebbe voluto un soprannome così?
"Lo zio mi diceva di conservare l'ingenuità della fanciullezza — esordisce Francesca —. Di continuare a sbalordirmi sulla ruota della vita; e mi spiegava che nulla si sa ma tutto si immagina".
A patto di avere i doni fantastici con cui legava anche le parole in modo incredibile. Francesca ha immaginato una lieve storia un po' sensitiva ("sono sua erede in questo, l'unica in famiglia che ci crede"), nata da un sogno "commissionato" al sensitivo Gustavo Adolfo Rol, di cui Fellini era amico e testimone di eventi straordinari e che morì un anno dopo di lui.
"Una sera l'ho pensato intensamente e gli ho chiesto di mandarmi nel sonno un'idea — riprende Francesca —. Rol, che quando lo zio era in coma mi telefonò dicendo con quella voce dolcissima, che se avesse potuto avrebbe dato la vita per lui, perché Federico non doveva morire così presto… ma già lo vedeva volare in alto come un palloncino. Mi ha accontentato. Quella notte ho fatto un sogno magico e al mattino presto ho chiesto al mio amico Federico Perricone di disegnarmi lo story board della visione onirica e tutto risultò proprio come immaginavo, segno che un ingranaggio misterioso si era messo in moto. La fiaba "Fellinette" si gira in settembre a Rimini (…).
Un'atmosfera sognante con cui cerco di restituire allo zio parte dei suoi doni di incommensurabile valore: un breve film muto, tutti lo potranno capire e credo che possa far bene ai giovani".

La Fellinette andrà in giro per il mondo accompagnando ai festival il gran circo del cinema felliniano per il centenario della nascita, addì 20 gennaio 1920 ore 21.30, del regista della "Dolce vita", "Amarcord", "8½". (...)
"Avevo 28 anni quando zio ci ha lasciato, fu un rapporto breve ma indimenticabile. Sono nata nel 1965 quando zio frequentava a Torino Rol e girava il primo film a colori, "Giulietta degli spiriti": da allora tutti i ricordi sono sogni, da interpretare, come suggeriva mia madre Maddalena. Una folgorazione fra tutti: quando avevo 6 anni mi vidi arrivare per il compleanno una mantellina da zarina, collo di pelliccia, col disegno di Fellinette, lo schizzo che sarà il mio titolo e poster. Passeggiando sulla spiaggia nella sera riminese, zio mi disse: "Ricordati che le cose sono unite da legami invisibili, non puoi cogliere un fiore senza turbare una stella". Oggi, a 54 anni, ho capito la lezione che collega tutte le scienze e i sentimenti del mondo, in cerca di qualcosa d'unico che finalmente le riunisca (...)».

6ª. Stefania Mariotti:
«Era il 1994 quando sentii parlare per la prima volta di Rol e presa dall'entusiasmo gli telefonai per chiedergli come riuscisse a fare le cose di cui avevo sentito raccontare.
La risposta di Rol fu quella di leggere il Vangelo. All'epoca avevo 23 anni e presa da una forza straordinaria iniziai dal Vangelo di Matteo.
La domanda che mi assillava di più era quella della morte perché Rol in una telefonata mi aveva detto che la morte non esiste. Allora perché si muore?
Rol mi è apparso in sogno dopo la sua morte dicendomi: "Si muore perché la ragione deve morire". Questa risposta mi ha acquietata».

7. Giovanna Cordara:
«Due anni fa nella notte della Pasqua 2019, ho sognato Gustavo Rol, nel mio sogno mi dava piccole pacche sulla mano e mi diceva: "Non si è fatto nulla". Mi sono svegliata con un senso di profondo stupore. Venti minuti dopo esattamente alle alle 2 e 20 ricevo una telefonata. Era mio figlio: "Mamma abbiamo avuto un incidente" (era in macchina con amici e un ragazzo li ha presi in pieno) [senza conseguenze] nonostante la macchina distrutta. È accaduto in Liguria verso le Cinqueterre. Mio figlio da 4 anni vive a Torino. È stata la Pasqua più bella della mia vita».
«Ecco la ripresa [video] dell'incidente. Era uscita anche sui giornali. Lui mi ha detto prima ancora che accadesse che mio figlio stava bene. Ripercorrendo il sogno e il momento in cui mi sono svegliata, esattamente 10 minuti dopo accadeva l'incidente, e più tardi la telefonata. Questo è Gustavo Rol, un uomo che alleggerisce il cuore di una mamma e forse è stato lui a fare in modo che nessuno dei cinque ragazzi si facesse male, nemmeno un graffio. Se non è un miracolo questo».

8. *Loredana Muci*:
«Una notte in sogno ho visto Rol: io entravo in un ospedale e dicevo: "Ma perché sto entrando in questo ospedale?" A un certo punto del percorso ho aperto una porta, c'erano tre persone che mi guardano e mi dicono: "Non è qui, deve guardare di fianco". Non sapevo perché io stessi facendo tutto ciò. Ho guardato di fianco e c'era Rol, in piedi, sempre col suo aspetto molto elegante, mi guarda e mi dice: "Ti stavo aspettando Loredana", io ho detto: "Ma dottor Rol, stava aspettando me? Sono felice di vederla, come sta?" E abbiamo fatto il percorso che io avevo fatto per entrare, quindi questo corridoio, nel senso contrario, verso l'uscita. Continuavo a guardarlo e gli ho detto: "Io sono molto felice di vederla", e lui: "Io sono qui per te, perché voglio avvisarti che andrà tutto bene, ne uscirai illesa".
Il giorno dopo mi telefona una conoscente chiedendomi la gentilezza di accompagnarla in Via Po (a Torino) perché aveva una commissione da sbrigare, per non cercare parcheggio. Le dico: "Volentieri, dopo l'ufficio ti accompagno". Mi viene quindi a prendere, mi siedo al lato passeggero. Mentre siamo fermi in coda in Via Po ho sentito una botta micidiale: la macchina distrutta, non ho più capito né visto nulla, la scena che ricordo è l'ambulanza e il personale che mi dice: "Non tolga neanche la cintura, stia ferma com'è". Mi hanno messo il dispositivo di legno dietro la schiena per tirarmi fuori dalla macchina, sistemata in ambulanza quindi portata all'ospedale Gradenigo, questo è successo intorno alle 18:30 di un mercoledì pomeriggio. Mi hanno rivoltata come un calzino, i medici mi hanno detto: "Ha dell'incredibile, perché la sua conoscente ha subito dei danni, la macchina da buttare, Lei non ha un graffio né dentro né fuori, non riusciamo a capire come mai". Io credo che il giorno prima sia stato un chiaro messaggio da parte di Rol».

XLVIII

— Scrittura automatica —

30ª. *Paolo Fè d'Ostiani*:
[*L'episodio che segue, non contato, è stato messo in questo capitolo a titolo comparativo, dal momento che dinamica psichica ed esecuzione sono analoghi a quelli della scrittura automatica.*]
«Ho visto Rol dipingere un quadro di Ravier che prima aveva la tela bianca, l'ho visto dipingere al semi-buio in modo frenetico, con i pennelli, i colori.
Era un quadro di un paesaggio con degli sfondi non così dettagliati.
Lui non è mai stato incosciente o in trance, ma prontissimo, in condizioni psichiche o fisiche di altro tipo, era seduto su uno sgabello, davanti aveva un cavalletto con la tela e una tavolozza e dipingeva a una velocità della luce, tutututututu così, nel semi-buio, e prova tu a fare un quadro dove appena appena vedi i contorni delle cose, e invece lui è riuscito a farlo».

XLIX

Post-mortem

39. Roberto Valentino (2015):
«Il giorno prima di partire per Torino, dove avrei dovuto essere ospite di una trasmissione calcistica, vidi un documentario sulla vita di Rol, un suo amico raccontò che un giorno disse al buon Gustavo: "Ho voglia di castagne. Rol rispose: "Castagne?" Dal soffitto piovvero castagne!"
Bene il giorno seguente mentre eravamo in auto dissi al giornalista che guidava: "Sai, questa è la città di Rol" e lui mi chiese: "Chi è Rol?", allora gli spiego, poi racconto dell'episodio delle castagne, non finisco di raccontarlo, che dentro la macchina si materializza letteralmente una castagna! Rimasi stupito! Voi direte: sarà caduta da un castagno? Il tratto di strada era senza alberi! Ma non è finita, tornando a casa, trovo 3 castagne nella mensola dello specchio in bagno! Coincidenze? In casa mia nessuno metterebbe 3 castagne sulla mensola in bagno!».

In una comunicazione personale del 2017, due anni dopo, Roberto Valentino aggiunge che il suo amico giornalista subito dopo la comparsa della castagna, «piombata forse dalla fessura del finestrino» «la prende e la butta fuori dal finestrino! "Noooooooo" esclamo io. Arrivo a casa della mia compagna e sul comodino della camera da letto trovo 2 castagne, ovviamente sbianco! Torno a casa mia e sulla mensola del bagno trovo altre 3 castagne!».

40. *Elena M.* (2019):
[*Quello che segue è uno dei rari casi in cui trovo giusto mantenere un minimo di anonimato della testimone, considerata la natura particolare dell'episodio*]
«Mia figlia è nata nel 2009. Già appena nata mi informai (attirando le ilarità di tutti) se eventualmente esistessero (in qualunque parte del mondo) esercizi o "cure" per prevenire le balbuzie in quanto la famiglia di suo padre è balbuziente a livelli molto "pesanti". I vari logopedisti mi dissero che fino a 6 anni non potevano prevedere né far nulla. Mi dissero di non spaventarmi per quella definita di "rodaggio" che è una balbuzia leggera e che passa nel giro di qualche mese. Un giorno (più o meno all'inizio del 2011) ho notato che iniziava a balbettare e ho immediatamente pensato alla balbuzie di rodaggio, ma la cosa peggiorava ed è stato notato anche dalle insegnanti. Non poteva essere di rodaggio (ma questo a parere mio).

Stavo leggendo un libro su Rol (uno dei tanti, leggo e conosco da sempre tutto) quella sera ero disperata perché ho pensato a che vita scolastica difficile e prese in giro che avrebbe dovuto affrontare. Gli ho proprio parlato, mi sono concentrata il più possibile e gli ho chiesto aiuto, gli ho specificatamente chiesto un segnale per farmi capire che aveva sentito senza però spaventarmi e mi sono addormentata.
Al mattino ci svegliamo, la bimba non faceva ancora le scale da sola, la dovevo tenere per mano. Ho un salone enorme, grande quanto più della metà della casa, arrivo in fondo alle scale e la tv (nuova) situata completamente dalla parte opposta da dove noi eravamo si è accesa! Ho capito, ho percepito. [*Rol*] Era lì. Ho guardato G. [*nome della figlia*] e le ho chiesto se per caso avesse lei i telecomandi nascosti, erano riposti sotto alla tv. L'ho sentita "incepparsi" due volte in quella giornata, dal giorno dopo non ha *mai mai* più balbettato».
Quanti anni aveva sua figlia quando questo è successo?
«Faceva il nido, se non sbaglio 2 anni e mezzo. Iniziava la materna a settembre»
E da quanto tempo era iniziata la balbuzie?
«Non tantissimo, credo fosse da uno o due mesi al massimo. Però in costante aumento. Quella di rodaggio è un inceppamento costante di qualche parola, con lei in quel momento erano tantissime, di continuo».
Quindi ha potuto constatare una differenza sostanziale, netta, tra il prima e il dopo.
«No... la risoluzione completa. In quel pomeriggio l'avrò sentita due volte ma cose "normali" per quell'età. Dal giorno dopo o dalla sera stessa ad oggi non ha mai balbettato!»
Certo, intendo dire che non ci sono dubbi tra condizione anteriore e posteriore, con in mezzo l'"evento" a fare da spartiacque.
«Assolutamente. Un tempismo allucinante, impossibile darsi altre spiegazioni. Ne parlai solo con mia mamma, anche lei è rimasta senza parole.
Credo che, fosse stata di rodaggio oppure no, i logopedisti non avrebbero saputo dirmi nulla e sinceramente ero così felice che me lo sono tenuta per me, ringrazio il cielo».
E a scuola le maestre non si sono stupite del cambiamento? Non le hanno chiesto nulla?
«Sì, subito. Hanno creduto d'essersi sbagliate o che G. fosse più nervosa in quel periodo. Ho lasciato che credessero questo e ho cambiato discorso».
«Ritengo che scientificamente una spiegazione non ci sia. Forse negli anni avrebbe smesso di balbettare o forse no, non lo so, ma anche fosse stata di rodaggio non ho mai sentito nessuno smettere in 12 ore! Da tanto a nulla... almeno ci fossero state nel mezzo un paio di settimane... ma così non ha spiegazione».

41. Daniele Alessi:
[*L'episodio che segue è piuttosto sconcertante, anche se compatibile con quanto un grande Maestro potrebbe fare dopo la morte. Inizialmente non sapevo se giudicarlo autentico o meno, per cui l'ho lasciato "decantare" fino a riprenderlo in mano nel 2021, quando l'ho indagato con una certa profondità. Al momento lo ritengo probabilmente autentico. Il 26 gennaio 2017 il sig. Alessi dopo aver trovato il mio sito internet dedicato a Rol mi manda la seguente mail*]

«Ho iniziato a fare un'indagine sulla vita di suo cugino circa una settimana fa dopo che nel programma "Le muse inquietanti" (di Sky Arte), nella puntata dedicata a Fellini[1], è stata mostrata la foto del signor Gustavo. Sono rimasto impressionato da quell'immagine perché circa due anni fa (Settembre 2014) l'ho incontrato. È venuto a trovarmi due volte, nel mio ristorante mentre lavoravo. Indossava un abito e un cappello; indumenti che ho rivisto in alcune foto di archivio che girano in Internet. Sono convinto di aver parlato proprio con Rol e quella chiacchierata, piena di frasi che al momento non riuscivo a capire, mi ha davvero toccato e in qualche modo cambiato la vita».

[*In una comunicazione successiva del 29 gennaio Alessi fornisce tutti i particolari*]

«Innanzitutto devo precisare che da subito, la prima sera, cioè domenica, stavo lavorando nel mio ristorante in aperta campagna marchigiana, nel maceratese, ed avevo anche parecchio lavoro, si presenta un signore sulla cinquantina, al massimo cinquantacinque con un completo nero, una camicia bianca, una cravatta scura ed un cappello, che non ricordo il nome del modello ma che ho potuto riscontrare in un video di Rol di pochi giorni fa. Ad un certo punto questo signore entra e molto gentilmente mi chiede due bottiglie di vino da portare via. La prima impressione che mi ha dato è che da quando è entrato si sia creata un atmosfera ovattata, perché nel quarto d'ora che si è trattenuto nessuno né in sala e né in cucina mi ha cercato, eppure ero a corto di personale. Un altra cosa strana è che ha mentito ma in senso buono e di questo ne sono certo perché si è presentato come un cameriere di matrimoni e stando alle sue parole ad un matrimonio in una villa nelle vicinanze erano rimasti sprovvisti proprio dell'elemento base. In seguito mi sono informato ma non c'è stato nessun matrimonio e poi mi dica Lei se ad un matrimonio rimangono senza vino e poi si accontentano solo di due bottiglie, per di più della casa. Infine per quella serata mi salutò e se ne andò. Il lunedi successivo verso le 21 scende una macchina, una Punto, l'ho riconosciuta perché era lo stesso modello che tempo prima aveva mio padre e con cui io ho avuto un brutto incidente. Ci tengo a precisare che data la posizione del mio ristorante,

---

[1] *Mastorna, il film maledetto di Fellini*, puntata del 23/01/2017, condotto da Carlo Lucarelli.

bisogna arrivarci per forza con un mezzo. Scende questo signore dalla macchina ed entra per mangiare ed è lo stesso presunto cameriere della sera precedente, vestito sempre allo stesso modo. Si presenta e dice di chiamarsi Ivo, ci prendiamo subito in simpatia, prendo l'ordine e anche qui sento qualcosa di strano perché era una serata anomala anche sotto l'aspetto lavorativo, infatti pur essendo i primi di settembre che ancora è stagione lavorativa e noi siamo anche sulla costa, quella sera non venne nessuno, mia madre che era in cucina e bastava che aprisse almeno una volta il passa vivande, cosa che faceva spesso, in quella sera niente, mia moglie che di solito scendeva dall'appartamento sovrastante, quella sera non scese. Poi una volta che questo Ivo si sedette al centro della sala mi chiese se avessi fatto io i quadri esposti, ed uno in particolare. Infatti prima di essere un ristoratore sono un Artista, prendo spunto dalla metafisica e dal surreale ma il mio riferimento è la metafisica. Ed Ivo indicando il quadro mi parlò di tutti i più grandi esponenti metafisici del Novecento, io che sono abbastanza informato non avevo mai sentito alcuni di quei nomi, da come ne parlava sembrava come se li avesse conosciuti di persona. È così che iniziammo una lunga chiacchierata tra una portata e l'altra, visto che avevo solo lui come cliente. Rimanendo nel discorso metafisico mi disse che lui fin da bambino riusciva a vedere il suo corpo da lontano[2], che si vedeva piccolo piccolo e che diventava piccolo piccolo e mi chiese se ero in grado anche io di fare certe cose. A me non sorprese più di tanto perché naturalmente non sono in grado di fare certe cose ma non lo reputo nemmeno impossibile, visto che di cose strane me ne sono successe molte nel corso della mia vita. Poi nel discorso mi disse che avrei dovuto concentrarmi sulla meditazione e sullo yoga, mi parlò di come era nato l'uomo, praticamente ibridato con una sorta di bigfooth. Mi disse di avere tre figli ma i nomi sembravano piu di stelle, che la moglie insegnava, che la loro alimentazione era regolata dal loro gruppo sanguigno e addirittura mi disse con certezza il mio di gruppo sanguigno indovinandolo. Poi ad un certo punto mi disse una cosa che ancora oggi mi lascia perplesso e che ancora oggi mi tormenta, mi disse con uno sguardo penetrante ma come se mi conoscesse da una vita: "Ricordati Daniele che Saturno non perdona". E ha avuto ragione perché non c'è stato un sabato che io sia stato tranquillo. Per esempio, proprio adesso Le sto scrivendo con le lacrime agli occhi per la perdita di un caro amico. Ed è da molto prima della visita di Ivo che il sabato o giorno di Saturno[3] io non vengo perdonato. Dette queste parole lo portai in veranda dove erano esposte le sculture e davanti ad una che ho chiamato *La Trinità*, gli lessi la massima che avevo scritto, che dice: "Il giorno e la notte sono i regolatori del tempo, come il bene e il male sono i regolatori

---

[2] Probabile riferimento alla *proiezione astrale*, OBE.
[3] In inglese, per esempio, è *Satur-Day*.

della vita". Dopo letto questo mi guardò con uno sguardo penetrante ma commosso, lo fece però senza lacrime ma io lo vidi, mi guardò come un padre ma duro. Dopo di questo prese gli abiti compreso il cappello e indicando il solito quadro disse: "Stai attento a questo quadro, trattalo bene". Quadro che il giorno seguente trovai a terra ma senza danni. Detto così può sembrare un dispetto ma non l'ho vista mai da questo punto di vista, per me è stata solo una dimostrazione di forza. Inoltre tutto questo è successo inizio settembre 2014 e mi aveva già cambiato la vita, perché da quella sera in poi ho sempre pensato di aver avuto un incontro speciale, ne ho parlato anche con altri quella volta e molte altre ma l'ho sempre descritto come un uomo di un altro mondo. Ne sono al corrente i miei familiari ed i miei amici e naturalmente non tutti mi credono. Poi la settimana scorsa ho visto il programma su Fellini, addirittura ho riconosciuto Ivo in una foto di un signore di almeno vent'anni di più che io non conoscevo, dal nome di Gustavo Rol. Successivamente la prima cosa che ho fatto è cercare su Google le immagini di Gustavo Rol e quelle poche che ho trovato sulla mezza età è assolutamente Ivo, anche la stempiatura con i capelli laterali è identica. Non avevo mai sentito parlare di Gustavo Rol prima della puntata ed è normale che poi avendomi impressionato ho preso tutte le informazioni possibili, comprese le date di nascita e di morte. Ho 37 anni e ho frequentato Torino molte volte avendo avuto i nonni a Venaria Reale. L'incontro con Ivo mi ha di sicuro cambiato la vita».

42. Maria Grazia Moreno:
«Qualche anno dopo la morte di Rol, mio papà era stato sottoposto ad un delicatissimo intervento per un tumore al cervello in una clinica di Novara. Dopo due giorni si aggravò, aveva tanto male e i medici decisero di fargli una Tac. Mentre io e mia madre aspettavamo uscì dalla porta una signora con il camice bianco e mi disse: "Siete di Torino? Conoscevate Rol? Comunque tranquille, tutto bene". Infatti andò tutto bene, a mio padre bastò un semplice antinfiammatorio per stare meglio. Allora io chiesi al Primario [*informazioni*] di quella dottoressa della Tac carina, capelli corti castani, occhi chiari che ci aveva rassicurate: non c'era nessuno nella clinica che corrispondesse alla descrizione! Razionalmente potrebbe essere un episodio insignificante, ma per me che ho avuto la fortuna di parlare più volte con il Dottore è stato toccante».

43. Maura Croin:
«Sono venuta a sapere di lui nel 2003, non sapevo chi fosse e non ne avevo mai sentito parlare. In quel periodo avevo un sospetto su una cosa del mio passato che i miei genitori mi tenevamo nascosta e a loro per non creare sofferenza non chiedevo. Un giorno entrai in un forum di esoterismo e conobbi un tipo strano, chiesi a lui cosa sentiva sul mio

passato e mi disse che solo Rol poteva aiutarmi, mi disse di andare alla sua tomba e fare una preghiera e un segno ben preciso. Mi informai su Rol e andai a San Secondo, pregai. Una tomba semplice, pensai, per un uomo così illustre, e una sensazione di pace. Chiesi a lui di conoscere la verità entro le ore 14 del giorno dopo, praticamente come vincere la lotteria. Beh il giorno dopo alle 13.30 una persona di famiglia senza neanche rendersi conto e capire e neanche chiedere, mi disse la verità. Rimasi esterrefatta e un mese dopo lo sognai. Mi disse: "Curati l'occhio". Alcune settimane dopo ebbi un uveite che è un infiammazione dell'occhio grave, che porta a cecità, presa al limite. Lì mi ricordai di Rol, di nuovo vicino. Da quei giorni ogni volta che devo affrontare un problema lo prego e vado a portare un fiore a San Secondo, ma sarà un caso o no, io al caso non credo, mi aiuta, mi indirizza, mi consiglia con segni».

44-45. *Maria Luisa Giordano* (2017):
«Questa estate mi sono sentita male. All'ospedale hanno scoperto un piccolo aneurisma. Mi hanno operato e pareva che tutto fosse andato bene. Ma poco prima di essere dimessa, mentre stavo mangiando, mi è andato un boccone di traverso che ha provocato una polmonite doppia "ab ingestis". Ero gravissima, sono stata tra la vita e la morte. Ma, un giorno, ho visto accanto al mio letto Rol. Mi sorrideva e la sua espressione mi ha infuso un tale coraggio da mettere i brividi, un'energia vitale straordinaria. Da quel momento ho iniziato a migliorare e sono guarita perfettamente. Non parlavo e ho ripreso a farlo, ho ripreso a camminare e a ricordare, anche meglio di prima. I medici non hanno spiegazione».
«Non solo mi ha guarita questa estate, ma di recente ha anche piegato la pesante chiave del portoncino di ingresso: uno "scherzetto" che faceva anche quando era in vita. La nostra collaboratrice domestica, che si è trovata la chiave modificata all'improvviso tra le mani, era terrorizzata».

46. Gianfranco Angelucci (*sceneggiatore e biografo di Federico Fellini*):
«Sulle magie di Rol, Federico indugiava ammirato, con profusione di dettagli. (...) Di uno di questi fenomeni inspiegabili, fui io stesso in seguito protagonista inconsapevole, rimanendone davvero impressionato.
Negli anni Ottanta al posto del Borsalino nero a larghe tese che il regista aveva reso di moda in tutto il mondo, Fellini preferiva indossare una cloche comoda da maneggiare, di calda e morbida lana inglese, invariabilmente grigia e dal classico disegno pied-de-poule. Un giorno scendendo dal treno alla stazione di Torino in un rigido pomeriggio invernale, si accorse di aver dimenticato il cappello nello scompartimento. Rol, che era andato a prenderlo al binario, sapendo quanto Federico mal tollerasse restare a testa scoperta, si premurò di accompagnarlo presso uno stimato cappellaio della città (...).

[*Si veda l'episodio completo raccontato dallo stesso Fellini in XVI-7. In seguito il cappello sarà protagonista di varie vicende inusuali (compare spesso in "Viaggio a Tulum", racconto di Fellini e poi fumetto di Milo Manara sul viaggio che il regista fece in Messico quando aveva in progetto di fare un film basato sui libri di Carlos Castaneda). In "Ginger e Fred", 1986,*] la famosa cloche viene indossata da Mastroianni, alias Pippo Botticella, ballerino di tiptap in pensione. Fellini stesso gliela piazzò in testa come un sigillo personale, per rendere l'attore ancora più simile a sé stesso. Ma l'arcano mi sfiorò qualche tempo dopo. In seguito alla scomparsa del regista, la cloche insieme alla sciarpa bordeaux, venne affidata alla sorella Maddalena. All'inizio del 1997 Maddalena mi chiamò a Rimini per dirigere la Fondazione Fellini. Restammo a parlare nel salotto di casa finché a un certo punto mi assentai per andare in bagno e percorrendo il lungo corridoio qualcosa di morbido mi planò addosso, come una carezza: Federico mi stava dando il benvenuto e ancora una volta mi sfiorava i capelli con il suo gesto familiare e affettuoso. Tornai in soggiorno con in mano la cloche. "E quello?" Sobbalzò Maddalena rivolgendosi al marito; "Ma non era nell'armadio?" Non conosceva la storia del cappello magico e così l'apprese da me, stringendolo al petto».

47. Gilda Viale (2019):
«[*Circa due anni fa*] l'ho visto. Mi ha aperto il portone di casa di un amico ed è salito su per le scale. Ho pensato dopo che poteva essere lui per l'intensità dello sguardo ad occhi blu, ma aveva i capelli lunghi bianchi ed ho chiesto al mio amico chi fosse il condomino che mi aveva aperto. Gliel'ho descritto e lui ha detto che nessuno nel palazzo corrisponde alla descrizione. Ci sono rimasta secca!
Mi ha aperto con la chiave del portone
Non ci sarei arrivata se per caso quella sera, a casa di questo amico che non vedevo da qualche anno non avessimo parlato poi tutta la sera di Gustavo Rol di cui avevo conosciuto l'esistenza da poco».
[*Ho chiesto come al solito maggiori dettagli*]
«La città è Vallecrosia, sul mare, vicino a Ventimiglia, la mia città. Parcheggio sulla passeggiata. Mi dirigo verso il cancello di entrata sempre aperto ed un signore anziano, ma di corporatura atletica e bello dritto mi attraversa velocemente la strada ed entra per primo. Il cancello da su una stradina lunga e dritta dove si trovano due palazzi, il mio amico abita nel secondo palazzo, il più lontano dal cancello. Come attraverso il cancello, questo signore si trova in piedi, fermo a pochi passi dal portone del primo palazzo. Si gira intanto che mi avvicino e mi guarda intensamente. Fermo, in silenzio, mi sorride con un viso molto dolce, ma allo stesso tempo fiero. Aveva, sui lati della testa, i capelli lunghi fino alle orecchie e dietro la testa lunghi fino alla base del collo. Erano fini come la seta, liscissimi e bianchissimi. Gli occhi di un blu intenso. Sembrava Elmut Berger

attempato. Io gli sorrido di rimando, lo oltrepasso e continuo a camminare verso il secondo portone. Suono al citofono del mio amico che abita al primo piano. Intanto che aspetto che mi aprano lui arriva. Io rimango vicino al citofono in attesa di risposta. Allora lui, che ha una chiave tra le dita, apre il portone e mi chiede se voglio entrare. Per educazione, per rassicurare l'anziano che non ho cattive intenzioni, gli dico che aspetto che mi aprano, ma poi in un attimo mi dico — alè dai, entra e sali. Gli avrò detto grazie e buongiorno. Io salgo a piedi perché il mio amico abita al primo piano e lui anche sale a piedi. Io vado verso la porta del mio amico e vedo che lui continua a salire a piedi. Ecco. Poi a casa del mio amico sicuramente avrò iniziato io a parlare di Gustavo, ma lui già lo conosceva e ne abbiamo conversato tutta la serata. Io lo conoscevo da qualche settimana. Forse, già mentre andavo via facendo la strada all'indietro verso la passeggiata ho pensato a che strano fosse stato quel signore che mi aveva guardato così intensamente. Sa quando si vede o sente che ha una persona spessa e intelligente davanti? Ecco. In più pensavo che all'inizio mi avesse tagliato la strada molto velocemente per un vecchietto e poi si fosse fermato senza motivo a metà strada, vicino al primo portone, per aspettarmi, e poi quello sguardo intenso, ma molto dolce. Tutto per arrivare anche lui al secondo portone. La cosa strabiliante è che il mio amico Massimo che abita lì da sempre disse che non c'era nessuno nel palazzo che corrispondesse alla descrizione. Eppure mi ha aperto con la chiave. Devo aggiungere che la seconda sera che sono andata a trovarlo, tutta convinta si passare una serata eccitante e in grande sintonia, il mio amico cercava di deridere la cosa, di non prendermi sul serio. Mi ha un po' preso in giro tutta la sera e frustrato i miei tentativi di conversazione al riguardo, liquidando tutto quasi scocciato. Lo dico perché quando cercavo di spremere il cervello per ricordare come era il suo viso e a chi assomigliasse, mi è venuto in mente Helmut Berger, attore che io ricordo dal film anni '80 *Mia moglie è una strega* dove impersonava il diavolo, ma anche un po' il mago Silvan, che tutti conosciamo. Così visto che avevo passato una seconda serata pesante e nervosa dal mio amico, che è tanto buono potenzialmente, ma abbastanza negativo (e troppo appassionato di film dell'orrore), ho pensato fosse come un avvertimento di lasciarlo stare e così ho fatto».

48. Giovanni Fasulo:
«Domenica 16 febbraio 2020 mi sono recato presso il cimitero di San Secondo di Pinerolo (TO) per una breve visita alla tomba di Gustavo A. Rol.
Sollecitato dagli studi che stavo svolgendo in quel periodo su Gustavo, avevo avvertito al mattino (svegliandomi) un innato desiderio di recargli un pensiero, una meditazione. Pertanto, dopo la consueta puntatina in

edicola per i quotidiani e il caffè domenicale, ho preso l'auto e raggiunto il luogo della sepoltura.
Nel cimitero c'erano ben poche persone quel mattino. Entrando, ho chiesto al custode ove potessi trovare la cappella Rol. Egli, gentilissimo, me l'ha subito mostrata, riferendomi che essa è meta di ripetuti pellegrinaggi, soprattutto di persone straniere.
Davanti alla cappella Rol mi son fermato in meditazione. Respirando con tranquillità ed animo sereno, ho rivolto il mio pensiero a Gustavo. Dopo qualche minuto, una folata di vento fredda improvvisa (il cielo era sereno e non vi era alito di vento fino a quell'istante) mi ha quasi travolto... mi son voltato d'istinto, cercando di coprire la testa col mio cappuccio.
Quando la folata è, *ex abrupto*, terminata, ho nuovamente rivolto il mio sguardo alla cappella... e lì, la sorpresa! Ho notato, infatti, che adagiata (o incastrata, potremmo dire) alla solida cancellata nera si era materializzata una rosa rossa molto profumata.
Il mio stupore e incredulità mi hanno gelato. Mi son mosso, così, a cercare di scorgere qualcuno che – pensavo – fosse passato mentre io ero girato e intento a sistemare il cappuccio in testa e avesse lasciato la rosa... ma niente. Ero completamente solo in quel raggio d'azione.
La rosa emanava un dolce e forte profumo, come fosse appena stata raccolta. Il vento era scomparso ed io, invece, ero pietrificato davanti all'avvenimento.
Ho avuto il timore di raccoglierla, e preso da una strana smania sono andato via, quasi di corsa, dal cimitero.
Nei giorni a seguire ho riflettuto molto sull'episodio. Voglio sottolineare che, appena tornato a casa, ho cominciato a tremare... e ho scoperto di avere la febbre (la sindrome influenzale è poi comparsa nei giorni a venire e sparita, come se niente fosse)».

49. Claudia Severino (2021):
«Adesso vi racconto come mai mi ritrovo in questo gruppo[4] (scusate eventuali errori, ma la mia madrelingua è tedesco):
Agosto/2003. Mi trovo alla stazione centrale di Palermo aspettando l'autobus che mi deve portare all'ospedale dove era ricoverata mia madre malata di cancro. Vedo un uomo distante con un cappello gigante di paglia e penso subito che sicuramente è un turista. Subito dopo questo uomo si avvicina e comincia a parlarmi e mi chiede informazioni sulla partenza dell'autobus (in italiano). Comincia a farmi una serie di domande su dove devo andare e.... in particolare mi chiede dove avesse il cancro mia madre.

---

[4] Su *facebook.com/Gustavo.A.Rol*, in realtà non gruppo ma pagina di personaggio pubblico (*Gustavo Adolfo Rol*) da me amministrata.

Mia madre aveva il cancro al fegato e per non fargli capire che fosse già così drammatica la situazione, dissi "all'intestino". Lui cominciò a parlarmi del cancro al fegato e nonostante lo corregessi due volte, continuava a parlarmi del fegato.
Quando era ora di salire lui mi chiese il permesso di sedersi accanto a me, continuando a farmi domande.
Ad un certo punto gli chiesi (visto che parlavamo solo di me e la mia famiglia) dove era diretto, più volte. Mi rispose: "Dovevo prendere questa direzione" e "Dovevo prendere questo autobus", ma nessuna risposta che soddisfaceva la mia domanda.
Infine prima di scendere il signore prese la mia mano e mi disse: "Adesso deve essere forte".
Imbarazzata scesci dall'autobus ma lì per lì non ho pensato nulla di strano. Dentro l'ospedale mio padre mi disse subito che il medico mi voleva parlare.
Quel giorno il medico mi disse che mia madre stava morendo e che mancavano pochi giorni alla sua morte.
Ho cominciato a piangere e non riuscivo a smettere. Non volevo assolutamente piangere davanti a mio padre per paura che potesse non reggere la notizia.
Improvvisamente mi sono ricordata le parole dell'anziano e sono riuscita a prendere forza e a non piangere più.
Ma quello che ancora non vi ho detto è che casualmente ho visto Gustavo Rol su *Facebook* e ho pensato: "Eccolo, è lui".
Poi ho scoperto che Rol era già morto da tempo».
1) Quanto tempo dopo ha "trovato" Rol? 2) il suo aspetto era come quello della foto di questo profilo, ovvero settantenne? 3) oltre al cappello di paglia, ricorda come era vestito?
«Ho "trovato" Rol credo 6-7 anni fa. Il suo aspetto era come la foto del profilo, comunque anziano. Ricordo di aver pensato per un attimo che per via dell'età non capisse, quando lo corressi e lui continuava a parlarmi del fegato. Ma mi resi subito dopo conto che avevo a che fare con una persona colta, elegante e per niente vecchia mentalmente.
Oltre al cappello di paglia aveva sicuramente messo un pantalone lungo ed una camicia, ma non ricordo altro. Mi ricordo gli occhi azzurri».
Grazie. Quindi parliamo del 2013-2015, ovvero ha scoperto una decina di anni dopo che quell'individuo incontrato nel 2003 corrispondeva a Rol. E in quei 10 anni che cosa ne aveva pensato?
«In realtà sono sempre stata una persona molto razionale e scettica nei confronti di ciò che non riusco a spiegarmi (ad oggi continuo ad essere molto razionale) .
Ho continuamente cercato delle risposte relative a questo incontro. Chi era quell'uomo? Perché portava questo cappello enorme di paglia? Perché mi ha fatto tutte queste domande su mia madre? Perché mi ha detto quelle

parole prima di scendere? Perché io? Chi è questo uomo e cosa è? Per dire il vero continuo ancora a farmi queste domande».

[*Una utente chiede:*] «*se appare una persona che è nell'al di là, come fa il suo corpo a sembrare quello che aveva sulla terra?*»

«Io non ho idea. Mi sono chiesta anche molte volte se è tutta una mia immaginazione. Posso soltanto dirvi che quando l'ho associato a "lui" non conoscevo Rol e non sapevo ovviamente nulla delle sue capacità».

50. Paola Giannone:
«Un mio amico antiquario era andato all'asta dei mobili del Dr. Rol[5], dopo la sua scomparsa e aveva comprato alcune cose. Lui non l'aveva conosciuto personalmente ma solo a seguito di alcuni episodi raccontati da me. Questo amico aveva portato nella casa in Liguria (nello stesso borgo medievale dove ho anch'io una casa), un vaso in ceramica di Gustavo e, dato che doveva fare un trasloco nello stesso paesino, avendo timore che si danneggiasse e sapendo che io ero legata a Gustavo, ha portato il vaso a casa mia per qualche giorno, sapendo che l'avrei preservato con speciale attenzione. Gli ho chiesto se me lo regalava o vendeva ma assolutamente senza successo. Ho appoggiato il vaso in alto su una credenza in modo da poterlo vedere sempre. Qualche sera dopo, una decina di amici erano a cena da me, ma l'amico antiquario non c'era. Parlando con uno dei miei ospiti del più e del meno, sono arrivata a parlare di Gustavo, della straordinaria figura che era stato e degli eventi manifestati con lui presente oppure a distanza. Questo amico, seduto davanti alla credenza, ad un certo punto mi ha detto: ma non è possibile, mi fai paura a raccontare queste cose, non ci credo... ma all'improvviso il vaso gli è caduto in braccio. Io ho tremato per paura che andasse a terra ma lui l'ha trattenuto con le mani, poi mi ha guardata e mi ha detto: ho paura, vado a casa. Io gli ho risposto: vedi che è qui con noi, vuole farti sapere che c'è!»

51. Ezio Codato (*trascrizione da audio*):
«Un giovedì sera... mi trovavo a Magenta e sento il telegiornale annunciare la scomparsa del Dottor Rol, Tg2, e dando informazioni rispetto al luogo del funerale che si sarebbe tenuto il sabato mattina successivo. Così sabato mattina ho preso e sono andato per... "salutare" il Dottor Rol. Arrivo – non essendo pratico di Torino città, sono arrivato che la funzione era già iniziata – la chiesa era gremita di persone, sento che l'officiante, cioè il padre che parlava all'interno, [*stava*] dicendo che comunque anche un grande personaggio come lui avrebbe dovuto... inchinarsi davanti all'Altissimo. Questa specie di... presentazione al Divino nell'aldilà non mi era piaciuta, le parole esatte non sono queste, non le ricordo neanche ma era il senso. Allora, e anche poi perché

---

[5] Il 14/03/1995 a Palazzo Broggi a Milano, da Sotheby's.

comunque la chiesa era gremita, sono uscito e poiché nel sagrato c'erano quelli delle onoranze funebri che aspettavano di prendere il feretro per caricarlo sul carro e portarlo al cimitero, ho chiesto loro... in quale cimitero si fossero recati successivamente. Così in questo modo sono partito subito, prima di tutti, e quindi sono potuto arrivare al cimitero in largo anticipo per attendere la salma, o meglio il feretro. Mentre sono lì, fuori dai cancelli del cimitero ci sono due signore di mezza età ben vestite, molto educate, molto simili, per cui per me potevano essere due sorelle e così ci diamo un'occhiata, capiamo al volo che siamo lì per lo stesso motivo. Loro poi... mi raccontano, nell'attesa, che conoscevano molto bene il Dottor Rol in quanto loro avevano un negozio di antiquariato in una località di montagna, se non erro, mi hanno detto anche il nome ma non me lo ricordo francamente, dove quando lui era in vacanza spesso le andava a trovare. Nel momento in cui arriva il carro funebre ci accorgiamo che c'era pochissima gente e questo ci ha sorpreso perché un personaggio così conosciuto nel mondo, anche non solo tra le persone normali ma soprattutto tra persone di una certa fama, comunque ad ogni modo, a differenza della chiesa che era gremita, qui c'erano pochissime persone, un capannello di veramente poche persone forse solo i parenti stretti. A quel punto entriamo, noi seguiamo il carro in maniera educata, andiamo dietro e da quel momento come entro ho cominciato a essere pervaso da una sensazione di vera e propria beatitudine, di gioia e di felicità, quasi come se gli spiriti dei defunti si rallegrassero per la venuta di questa meravigliosa creatura che era il Dottor Rol. Venne portata la salma al forno crematorio e nella sala l'officiante ci dice alcune parole e anche per la famiglia e poi dice che per volere dello stesso defunto, del Dottor Rol, pur essendo stato messo dentro uno dei forni crematori, sarebbe stato in realtà bruciato solo il mercoledì successivo».

[*Quel sabato provò una particolare sensazione*]
«che da allora mi capita ogni qualvolta mi reco a un cimitero oppure partecipo a un funerale, che mi procura anche un certo imbarazzo perché le persone potrebbero magari pensare o guardarmi in maniera un po' strana perché non posso nascondere, contenere questa mia felicità (non dico che mi metto a ridere o sorridere ma proprio ho un espressione felice, non certo triste)».

[*Nel pomeriggio intorno alle 15:00 va al Museo Egizio*]
«ero il primo in assoluto e non c'era fila attorno a me. (...) Entro dentro, allora il museo (...) si presentava nella prima sala con i sarcofaghi. Nella spaccatura di uno di questi sarcofaghi... c'era infilato un bocciolo di rosa. (...) Rol amava molto le rose e le dipingeva e quindi era sicuramente un suo regalo».

52. Silvano Masoero (*trascrizione da audio*):
«È successo... negli anni '90 quando ancora [*Rol*]... era in vita. Non conoscevo affatto questa persona, era un periodo anche abbastanza delicato della mia vita, un momento di empasse, di scelte, artisticamente erano cambiati i tempi. Io ho sempre lavorato nell'ambito non solo musicale ma all'epoca mi girava abbastanza bene a livello musicale, ma era un periodo un po' di crisi... Mi soffermavo spesso in un negozio che si trova in via Pietro Micca a Torino, si chiamava... "Fulgenzi", nel quale ci lavorava una mia carissima amica come commessa, una ragazza di Settimo (ho vissuto tanti anni a Settimo Torinese). Nel mio girovagare un pomeriggio in cui avevo poco da fare, ero abbastanza triste, un periodo molto triste della mia vita, mi soffermavo in questo meraviglioso negozio che aveva tre, quattro vetrine e avevano appena rifatto le vetrine. Questo negozio Fulgenzi vendeva all'epoca monili, portasigarette, incensi, foulard, era roba "etnica". Entrai perché avevano appena rifatto le vetrine e rimasi molto colpito da un portasigarette in argento, all'epoca c'erano ancora le lire. Entrai in questo negozio, salutai... Patrizia e le dissi:
"Bello quel portasigarette in argento, ma mi sai dire più o meno quanto costa?"
"Costa più o meno 80 mila lire"
"Guarda, in questo momento non ho le possibilità economiche per una spesa per questo genere di articoli".
Ad un certo punto mi sono sentito toccare leggermente, sfiorare la spalla, mi giro e mi trovo davanti questo personaggio che io non sapevo proprio chi fosse, che mi guarda e mi disse:
"Ma le piace davvero quel portasigarette?" e ho detto:
"Sì"
"Prendilo pure"
"Ma no, non me lo posso permettere in questo momento".
E mi guarda fisso negli occhi e mi dice:
"È un momento difficile però vedrai che le cose poi andranno meglio, tu hai la forza di reagire".
E rimasi come un attimino incantato da queste parole di quest'uomo con questo sguardo penetrante, vestito con una giacca, una camicia bianca... un bastone, insomma un personaggio molto distinto, mi ricordava anche un po' mio nonno che era già mancato da anni. Rimango lì per lì perplesso, nel senso che... come quasi ... ipnotizzava, però sono rimasto un po' lì così. Sta di fatto che continuo il mio giro in questo negozio, vedo le altre cosine esposte, cose nuove, sto per uscire e Patrizia mi chiama e mi dice:
"Guarda che c'è da prendere il portasigarette"
"Ma no guarda, figurati"
"No no, ma guarda che è a posto, è pagato".

Tra l'altro ho un rammarico nel senso che nei miei vari traslochi della mia vita è andato perso, un vero peccato. E mi fa:
"Sai chi è il tizio che te l'ha pagato? ..."
"No"
"È Rol".
E io "caddi dal pero", nel senso che proprio non avevo neanche la minima idea di chi potesse essere questo personaggio. Al che iniziai a documentarmi, mi disse: "Guarda che è un personaggio famoso", me l'ha descritto come un filantropo... neanche lei comunque lo conosceva a fondo, sapeva che era un personaggio. Da lì in poi mi informai più o meno, sono andato a vedere sui giornali, non ho poi appreso molto.
La roba interessante e inquietante sotto un certo punto di vista... è successa anni ed anni dopo. Io conobbi una ragazza [*Silvia*] che purtroppo è mancata, era la mamma di mio figlio, e con lei abbiamo aperto una fotocopisteria a Biella, mi distolgo un attimo ma Rol torna, è lì che sono rimasto di sasso.
Un giorno [*del 1997*] eravamo in Camera di Commercio a pochi giorni dall'apertura facciamo la fila per gli ultimi dettagli, burocrazia varia per riuscire ad aprire questa attività, che ci aveva tra l'altro lasciato un signore anziano che mi ha anche insegnato il mestiere di fare le eliografie e fotocopie grandi formati. Dietro di noi c'è un omone in coda alla Camera di Commercio di Ivrea che nota al polso all'epoca della mia compagna Silvia, un Rolex di sua mamma che era mancata qualche anno prima di un brutto male. E questo professore – perché poi si è presentato – rimase colpito da questo Rolex che aveva al polso Silvia: "Molto bello quel Rolex, una serie un po' particolare" e lei diceva: "Apparteneva alla mia mamma, me l'ha lasciato in eredità, mia mamma è mancata".
"Ma che ci fate qui in Camera di Commercio?"
"Noi volevamo anche pubblicizzare un pochettino l'attività che stavamo aprendo e quindi abbiamo iniziato un ragionamento, stiamo facendo le ultime cose, in realtà il negozio lo abbiamo già aperto ma ci mancano ancora i documenti".
"Ma dove siete?"
"Siamo a Biella"
"Ma cosa fate, cosa volete fare? Avete delle macchine anche a colori, che fanno delle fotocopie a colori ma abbastanza fedeli? Perché – mi presento – sono il Professor Sansoè di Castellamonte, sono professore di tecnologia e ho l'hobby del sanguinaccio (una tecnica di pittura con la china che anziché essere nera, è rossa – pare sia proprio sangue di bue, un estratto di sangue di bue). Invece di portarmi sempre dietro gli originali, perché ogni tanto qualcuno mi chiede, io faccio delle esposizioni, se avessi una macchina che mi fa delle fotocopie fedeli io potrei anche essere interessato magari a farvi fare dei lavori".

[*Silvano Masoero mi ha poi detto di avergli «lasciato un biglietto da visita e lui mi disse che sarebbe passato»*]
Sicché tre-quattro giorni dopo questo Sansoè lo vedo a Biella in negozio, mattina presto, appena aperto, ore 9, lui arriva, era lì che aspettava, un omone. Gli faccio vedere una macchina fotocopiatrice della Rank Xexox all'epoca in comodato d'uso che faceva veramente delle fotocopie eccezionali a colori, quindi proviamo questa macchina, lui contentissimo del lavoro che stavamo facendo, i risultati erano ottimali. Mi prese da parte, mi fa: "Devo farti vedere una cosa. Innanzitutto ti dico che ho notato che nella vetrinetta hai esposti dei modellini di automobili, di aerei, di navi."
E io ho detto: "Ma sì, qui c'è un professore anzianissimo di elettronica, un signore molto molto anziano che ha visto la vetrinetta di una fotocopisteria... mi ha chiesto gentilmente se gli esponevo, giusto per fare vetrina, i suoi lavori"
"Ah professore di elettronica, poi parliamo anche di questo. Però ho da farti vedere una cosa".
E mi fa vedere un libretto di dove una volta si mettevano le fotografie, quando si facevano le fotografie c'erano quei librettini con il trasparente.... Questo libretto conteneva una serie di foto di interni, tipo: un ingresso, una scrivania bellissima, uno studio bellissimo, una camera da letto bellissima stile barocco... tutto legno scuro, e mi dice:
"Non ti ricorda nulla?"
Io gli dico: "Mah, no"
"Ma guarda bene, non ti ricorda nulla?"
"No"
Continuo a sfogliare, niente, non mi ricordo nulla. Ebbene, l'ultima foto – e lì sono rimasto di ghiaccio – c'era il professor Sansoè con sua moglie con la compagna di Rol nella tomba di Rol. Questo professore mi prende per un braccio e mi fa: "Tu hai avuto un contatto con lui".
Mi viene la pelle d'oca ancora adesso a ripensare quell'attimo in cui lui mi disse questa frase. Rimasi basito:
"Sì, senza sapere chi fosse, è vero, io ho avuto un contatto con lui"
"Io lo conoscevo molto bene" e iniziò a spiegarmi cosa aveva fatto, cosa non aveva fatto, mi ha consigliato di comperare un libro che era stato scritto su di lui, mi raccontò una serie di avvenimenti a livello di conoscenze che aveva Rol, la famiglia Agnelli, di un regista, se non sbaglio Michelangelo Antonioni, di Alberto Bevilacqua che dopo l'incontro con Rol ha scritto un libro sulla mamma. Mi spiegò per bene chi era questo personaggio. Questo professor Sansoè tra l'altro poi mi rivelò che era un rabdomante e poi mi disse:
"A proposito del professore di elettronica che ti ha messo fuori questi modellini... dammi un pezzo di carta e una penna".
Mi fa un disegno che era... un circuito elettrico:

"Domani mattina quando viene il professore fagli vedere questo, visto che mi hai detto che passa tutte le mattine qui".
Questo vecchiettino tutte le mattine andava a trovare la moglie in casa di riposo, un personaggio meraviglioso. La mattina dopo, la prima cosa che faccio – passava di lì tutte le mattine – ero lì che scopavo fuori il marciapiede, lo fermo: "Buongiorno professore, senta ieri c'è stato un cliente che ha visto i suoi lavori, che mi ha fatto veramente i complimenti" e lui:
"È il mio hobby, è la mia passione.."
"Se ha un minutino, mi ha detto di farle vedere questo: mi ha fatto il disegno di un circuito, mi ha detto di porgerglielo".
E lui con naturalezza mi disse:
"Ah, sì questo è un circuito tipo il contatore geiger, quello che rivela la radioattività. Però vede, con questa frequenza qui in pratica questo non è altro che un circuito di un "rilevatore di presenze" che usano alcune persone... so che... alla Sacra di San Michele[6] ogni tanto vanno a fare questi esperimenti".
E anche lì rimasi abbastanza basito perché molti anni prima, parliamo di fine anni '80, insieme a un amico io ho gestito proprio vicino a dove abitava Rol, una traversa di Via Belfiore, c'era lo Yochese, che era un locale, una ludoteca dove organizzavamo anche serate danzanti. Lì accadde un fatto strano nel senso che, una sera piovosa, facevamo giocare questi giochi di ruolo, venivano alcuni ragazzi della "Torino bene", però a mezzanotte si finiva, si incassava veramente poco, aprivamo alle sette di sera non è che si facesse un granché, allora il tizio che ci aveva dato da gestire questo locale che aveva gestito lui anni prima, dice: "Io faccio uno sforzo di solito tengo aperto fino alla mattina presto, nel senso che dopo le 2:30 le 3:00 vengono le prostitute che finiscono di lavorare, vengono a mangiare anche solo un panino, mangiare e bere". E allora noi avevamo queste... due-tre ore di buco dove stavamo lì, parlavamo e sullo schermo ci guardavamo i video, eravamo io e il mio socio Ivo. Una sera, quella sera che era abbastanza brutta e fredda, una sera fresca, pioveva, una sera umida, entrarono due anzianotti, molto anzianotti, belli arzilli e ci chiedono, tipo, lei un Pastis con la menta e lui, non ricordo, forse... qualcosa di caldo... un punch al mandarino, caldo. Allora noi vedendo entrare all'una e mezza di notte questi anziani però così arzilli [*diciamo*]: "Ma che bello! in giro a quest'ora..." Dicono: "Ma sì, noi – era un giovedì, mi ricordo – tutti i giovedì quasi usciamo e facciamo tardi perché

---

[6] *Sacra* o *Sagra* di San Michele, si tratta dell'Abbazia di San Michele della Chiusa, in Val di Susa, non molto distante da Torino, importante complesso architettonico di epoca medioevale che ha ispirato anche il romanzo di Umberto Eco *Il nome della rosa*.

andiamo su alla Sagra di San Michele e andiamo a parlare con i fantasmi, ma son bravi eh!".
Poc'anzi, verso mezzanotte, all'interno del nostro locale era mancata la luce, avevamo pensato:
"Piove", ma non era il temporale, dopo dieci minuti è tornata la luce, abbiamo visto il contatore, non si era spostato di un millimetro, abbiamo detto:
"Bah, sarà un abbassamento di tensione nella zona", peccato che ci eravamo affacciati e tutti gli altri avevano la luce e noi no.
Questo tizio dice: "Noi andiamo sempre là, e qui ce n'è uno". Si è presentata: "Mavi Fenoglio, la cugina di Beppe Fenoglio", così si è presentata. "Ne avete uno qui burlone, eh? È vero che è mancata la luce qualche oretta fa?"
Anche lì noi ci guardiamo: "Bah, robe strane queste".
"Ma sì, ma lui la smette, son bravi eh, son lì in empasse, non dovete avere paura, magari ogni tanto vi farà ancora qualche scherzetto, è un burlone quello che c'è qui dentro"».

***

Questo racconto merita un dettagliato commento direttamente qui, perché si vedrà che ha strani collegamenti con altri episodi o racconti riferiti in questo capitolo. Di questi collegamenti mi sono però accorto solo nel momento in cui riportavo gli episodi "in bella" rileggendoli a poche ore o giorni uno dall'altro. In precedenza non ci avevo fatto caso.
Il breve incontro di Silvano Masoero con Rol (all'epoca ancora in vita) rientra nelle descrizioni tipiche: Rol si presenta come un personaggio sconosciuto, molto distinto e dallo sguardo penetrante, si fa avanti consigliando o suggerendo qualcosa, in questo caso di prendere un portasigarette, mostra di sapere che chi ha davanti sta passando per qualche problema e lo rassicura dicendogli che le cose sarebbero migliorate. E così come è arrivato più o meno improvvisamente, così se ne va, non senza prima essersi assicurato che il testimone avesse quello che desiderava, con questo ottenendo anche di lasciare una impronta effettiva, non volatile, nella sua memoria.
L'incontro è avvenuto presso *La Bottega di Fulgenzi* di Via dei Mercanti 15/b, quasi all'angolo con Via Pietro Micca, a Torino. Curiosamente, anni dopo Masoero aprì la sua copisteria a Biella in Via Pietro Micca (lui stesso non si era accorto della coincidenza fino a che non gliel'ho fatto notare).
Tra i due eventi esiste in effetti un collegamento, di cui la via è solo un riverbero. La singolarità dell'incontro con Rol trova una simmetria nella singolarità dell'incontro con il professor Sansoè, evento che in sé e con le

sue diramazioni Masoero considera «interessante e inquietante» e a causa del quale «è rimasto di sasso».

Sansoè compare "per caso" fuori dalla Camera di Commercio di Ivrea nel 1997, quindi tre anni dopo la morte di Rol, in fila proprio dietro a Masoero e compagna, e attacca discorso interessato dal Rolex. Saputo che avevano appena aperto una copisteria, chiede se facessero fotocopie a colori che fossero fedeli agli originali. Qualche giorno dopo li va a trovare. Dopo aver visto che la fotocopiatrice dava ottimi risultati, pare che la cosa che gli premesse di più fosse mostrare a Masoero il libretto di fotografie che si era portato dietro. Perché questa strana esigenza? Che nulla aveva a che vedere con i Rolex o con le fotocopie a colori o con i dipinti al sanguinaccio? Masoero sfoglia il libretto senza sapere esattamente cosa stava guardando, Sansoè per due volte gli fa una domanda senza senso: "Non ti ricorda nulla?" Perché Sansoè pensava che quelle foto avrebbero dovuto ricordargli qualcosa? Come faceva Sansoè a sapere che avrebbero dovuto ricordargli qualcosa? Masoero non era comunque mai stato a casa di Rol e quelle erano foto di casa Rol, come gli avrebbe riferito in seguito Sansoè, dettaglio che Masoero ha comunicato poi a me e che aveva dimenticato di specificare. L'ultima foto invece, in combinazione con quanto gli disse Sansoè: «Tu hai avuto un contatto con lui», lo lasciò «di ghiaccio», «basito», da fargli venire «la pelle d'oca» ancora ad anni di distanza, ed è evidentemente comprensibile. Come è possibile che questo sconosciuto sapesse che Masoero avesse avuto un contatto con Rol?

Nella foto c'era Sansoè con due donne, una disse essere sua moglie, l'altra di essere la «compagna» di Rol (ma Masoero mi ha poi riferito che poteva essere anche una amica prossima, visto che Elna era morta nel gennaio 1990, quasi cinque anni prima di Rol. Non si trattava comunque di Catterina Ferrari, che Sansoè non ha mai incontrato, come stabilito in seguito).

Masoero non sapeva che Rol fosse mancato tre anni prima. Chiestigli dettagli su quella tomba, la descrizione che mi dette divergeva dalle caratteristiche della tomba di Rol a San Secondo di Pinerolo.

Ho potuto però in seguito stabilire che Masoero non ricordava bene, perché è stato lo stesso Sansoè a confermare che si trattava della tomba di S. Secondo. Sono infatti riuscito a rintracciarlo nel novembre 2021. Il geometra Franco Sansoè, di San Giusto Canavese, mi ha detto di aver conosciuto Rol di sfuggita, e in seguito il suo *factotum* Arturo Bergandi, che gli regalò anche tre bottiglie di vino di Rol. Nato nel 1955, quando Masoero lo incontrò a Ivrea, nel 1997, aveva 42 anni. È stato anche pittore. All'inizio non ricordava di essere stato alla copisteria di Masoero, ma quando poi li ho rimessi in contatto, pare si sia ricordato. In merito alla domanda di cui sopra, ovvero come facesse a sapere che Masoero avesse conosciuto Rol e perché alla copisteria gli aveva portato le foto, non sono riuscito ad avere alcuna spiegazione o ricordo al riguardo. Questa amnesia, unita alle altre stranezze dell'incontro, mi fa sospettare un possibile *trasferimento di coscienza* di Rol, post mortem, ovvero Rol avrebbe fatto fare e dire a Sansoè cose che da solo non avrebbe fatto o detto. E quando gli ho chiesto delle due donne alla tomba, mi ha detto che c'era andato solo con sua moglie.

Stando a Masoero, all'epoca dell'incontro Sansoè aveva elencato una serie di conoscenze di Rol tra cui il regista Antonioni (ma forse più probabilmente era Fellini, o Zeffirelli, o Pietrangeli, o Pontecorvo, perché non ci sono notizie che Rol e Antonioni si conoscessero) e Bevilacqua, che forse incontrò fisicamente Rol una sola volta, sentendolo soprattutto al telefono.

Per finire, aveva disegnato un circuito elettrico che il giorno seguente si scoprì corrispondere a quello di un "rilevatore di presenze", ovvero di spiriti o fantasmi, usato per esempio alla Sacra di San Michele dove, come dice l'esperto vecchietto in materia, «ogni tanto vanno a fare questi esperimenti».

E qui entra in scena un'altra strana storia, strana non tanto o comunque non solo in se stessa, ma per il collegamento con l'episodio raccontato da Marius Depréde che vedremo tra poco.

Masoero dice che rimase basito perché il riferimento alla Sacra di San Michele e alle "presenze" lo riportava indietro di una decina di anni, intorno alla fine degli anni '80 quando con un amico gestiva una ludoteca in «una traversa di Via Belfiore», «proprio vicino a dove abitava Rol».

Un giovedì sera piovoso, freddo e umido entrarono nel locale due anzianotti arzilli che dissero che tutti i giovedì «usciamo e facciamo tardi perché andiamo su alla Sagra di San Michele... a parlare con i fantasmi». A suo tempo la comparsata aveva stupito Masoero visto che due o tre ore prima all'interno del locale, e a quanto pareva solo nel suo, era mancata la luce per dieci minuti. Il contatore «non si era spostato di un millimetro», ovvero come mi ha poi spiegato meglio, «il salvavita non era staccato. Provammo a staccare e riattaccare ma nulla, per una decina di minuti. Uscimmo anche in strada per vedere se fosse stata un interruzione di zona ma l'illuminazione di alcuni appartamenti e lampioni funzionava».

L'uomo continua dicendo che di "fantasma" ce n'era uno proprio in quel locale. La donna di presenta come la cugina di Beppe Fenoglio e mostra di sapere – non si sa come – «che è mancata la luce» qualche ora prima, attribuendo l'evento a un fantasma burlone, ma rassicurando i titolari che avrebbe smesso e di non avere paura anche se «ogni tanto vi farà ancora qualche scherzetto».

Ho potuto stabilire che i due non potevano che essere Maria e Alberto Fenoglio, autori di un libro pubblicato nel 1986 dal titolo *Guida ai fantasmi d'Italia*, nel quale si trova per esempio quanto segue:

«Il professore Cesare Ricotti, studioso di parapsicologia, ha avuto modo di osservare nella zona della Chiusa di San Michele, in valle di Susa e lungo il torrente Sessi, degli incorporei guerrieri da collegare con le battaglie combattute nella zona. Nonostante siano passati circa dieci secoli, lo spirito dei guerrieri di re Desiderio non si è ancora placato, molti sono ancora sepolti sotto poche spanne di terra e involontariamente calpestati. Nei mesi invernali, nella zona la nebbia si forma a banchi e molti sono rimasti sorpresi di vedere sbucare da quei vapori una massa indistinta che avanzava. Si udiva anche il rumore di passi cadenzati, poi quella massa oscura che quasi si confondeva con la nebbia, si divideva in due parti e sostava, i corni squillavano ed a quel segnale tutta la massa si rimetteva in movimento. Tra le spirali mobili della nebbia, si sentivano dei suoni metallici come cozzare di lame, urla, lamenti, grida di incitamento, alle volte dalla massa si staccavano dei turbini che per qualche attimo assumevano forme umane che scomparivano quasi subito inghiottite dai vapori della nebbia. Ombre di guerrieri venuti da terre lontane ad uccidere, conquistare, i cui corpi incorporei vagano senza pace, tormentati fantasmi.

Il professore Ricotti così descrive quanto ha visto nella notte del 14 dicembre 1954: "La notte era molto scura, quando si formò un banco di nebbia strana, giallastra. Avevo l'impressione di essere sospeso in quella nebbia, di fluttuare con essa; non avevo alcun timore, sentivo che stava per accadere qualche cosa di molto interessante. Ad un tratto, come sorte dal nulla, delle ombre cominciarono ad agitarsi, molte di esse mi passavano vicino: si trattava di antichi guerrieri, alcuni armati di grosse spade, altri di scudi, archi e lance. Improvvisamente si scatenò il pandemonio, il suolo tremò sotto l'urto di centinaia di zoccoli, cavalli al galoppo sbucarono da tutte le parti con in groppa dei guerrieri che impugnavano delle pesanti scuri che abbattevano selvaggiamente accompagnate da urla che facevano rabbrividire. Quelli a piedi cercavano disperatamente di proteggersi con gli scudi. Il tintinnio delle armi che si urtavano, quello delle corazze e degli scudi era tale, che pareva di essere in una fucina, a quel rumore si aggiungevano, gemiti, rantoli, invocazioni. Comprendevo che attorno a me, si svolgeva una battaglia fantasma, ripetizione di quella capitata molti secoli prima. A giudicare dalle armi e armature, parevano Unni o Galli, più che fantasmi sembravano uomini in carne ed ossa, alcuni di essi mi passarono accanto quasi sfiorandomi ed ebbi la certezza che erano incorporei dal fatto che essi scomparvero in un attimo ai miei occhi mortali.

> Mi feci coraggio e quando un guerriero alto quasi due metri si fermò a guardarmi, allungai una mano per toccarlo. Non incontrai nulla di solido, solo una sensazione di freddo intenso; a guardarlo quel guerrriero dava l'impressione di "vitalità incorporea", poi anche lui si dileguò improvvisamente nell'ignoto.
> Come era improvvisamente apparsa, la nebbia si sciolse dopo avere turbinato senza che vi fosse un solo filo d'aria e apparvero il cielo stellato e le luci dei casolari"»[7].

Si tratta di una testimonianza affatto banale e con elementi ben noti nei fenomeni di *retrocognizione* o *slittamento temporale*, che sono parenti stretti di aneddoti e fenomenologia che riguardano Rol (si pensi anche solo al suo ritrovarsi nel bel mezzo della battaglia di Waterloo (XXV-4ª) o la cavalleria di Napoleone che attraversa la camera da letto ricordata da Elna (XXIX-23, 23bis)).

Tornando a Maria Fenoglio, Masoero mi ha scritto che «trattava l'argomento con molta naturalezza» e ciò diventa logico se si pensa che aveva appena pubblicato un libro sull'argomento. Aveva sicuramente una certa conoscenza sia teorica che pratica, visto che, riguardo alla Sacra, Masoero mi ha scritto che «si ritrovavano con un gruppetto di persone per conferire con gli spiriti, sostenendo che anche lì da noi ne transitava uno molto burlone ma buonissimo». Però «da subito io ed Ivo rimanemmo molto perplessi e scettici».

Parentesi: non è curioso che anche in questa storia compari un "Ivo"? Ne avevamo trovato un altro poche pagine addietro, sempre con relazione al *post mortem* (o presunto tale) e sempre con relazione a un locale. Ivo non è certo un nome comune.

Ora però, per capire quanto tutto questo sia ancora più *significativo*, vediamo cosa mi ha raccontato Marius Depréde, il quale come avevamo già visto (XXXVII-33) era stato invitato da Rol a casa sua all'inizio degli anni '80 dopo un primo incontro al ristorante *Cantine Risso*. A Marius, poco prima di arrivare da Rol avevano cercato di rubare la bici: «In questa zona non verrei mai ad abitare, mi spaventa parecchio», aveva detto tra sé.

***

---

[7] Fenoglio, M. e A., *Guida ai fantasmi d'Italia*, MEB, Padova, 1986, pp. 94-97. Il libro presenta qualche caso interessante e non è banale, ma con il grave difetto, che trovo davvero fastidioso per non dire insopportabile, di una mancanza precisa delle fonti e di bibliografia. Ad esempio, non è dato sapere da dove sia tratta la citazione di questo prof. Cesare Ricotti, né sono riuscito a sapere chi fosse costui e se e quando abbia pubblicato qualcosa, forse in qualche rivista di nicchia. Se c'è un ambito in cui la bibliografia è importante per non dire imprescindibile, è proprio questo, ovvero la fenomenologia cosiddetta "paranormale", considerando già l'alto tasso di speculazioni, superficialità e mistificazioni cui è soggetto.

53. *Marius Depréde*:

«Quando ho visto Rol gliel'ho detto e lui si è messo a ridere, sentenziando: "Tu un giorno qui ci verrai a lavorare", cosa che infatti, a discapito di tutte le mie aspettative, si è poi verificata. (…)

Il 19 giugno 2019 avevo in programma di vedere un potenziale immobile commerciale da prendere in affitto in Via Baretti, parallela di Via Silvio Pellico (dove aveva abitato Rol)[8], perché volevo aprire un caffè letterario. Era da un anno che cercavo e quella zona non l'avevo considerata, a un certo punto l'ho fatto solo perché in Via Baretti eravamo andati a cena una sera.

La notte prima faccio un sogno: c'era Rol seduto in un angolo di un locale che ancora non conoscevo, io stavo spazzando con la scopa e lui mi guardava. Gli ho detto: "Certo dottore che se mi guarda, vuol dire che devo morire anch'io, perché si dice che quando i morti ti guardano…" e lui mi rispose: "Ma io non sono morto". Io lo guardo e gli dico: "Ma io e Lei non abbiamo mai avuto tutta questa confidenza", e infatti non l'avevamo. E lui: "Vedrai, vedrai…". Dopodiché mi sono svegliato.

Vado quindi a vedere questo locale di Via Baretti e purtroppo quando arrivo scopro che un collega dell'agenzia immobiliare lo aveva già affittato. La signora che me lo doveva mostrare mi dice:
"Ne avrei un altro, ma te lo dico subito: non lo vuole nessuno"
"Perché?"
"Perché è un locale brutto, da rifare"
"Guardi, me lo faccia vedere, tanto ormai son qua"
"Eh però bisogna vedere, perché la serranda non si apre, dentro non c'è la luce", insomma tutta una serie di problemi.

Arriviamo lì, è all'inizio di Via Silvio Pellico (dal lato opposto a dove abitava Rol, che abitava alla fine della via, all'incrocio con Corso Massimo D'Azeglio). La serranda non solo si apre in maniera meravigliosa (tant'è vero che io ho ancora quella serranda con quella serratura, l'unica cosa che non ho cambiato è stata la serranda) ma la luce – e io sono una persona molto poco credulona – si accende di sola. Occorre premettere che l'impianto elettrico era completamente andato, infatti poi lo abbiamo rifatto tutto, quindi potevano anche essere dei contatti. Comunque, quando lei lo aveva fatto vedere la settimana prima ad altre persone, hanno dovuto faticare non poco con la serratura perché non riuscivano ad entrare.

Dentro non c'era luce e hanno dovuto usare le pile, era pieno di ragni, hanno sentito dei rumori, pensavano ai topi, perché era messo veramente male. Invece io e la signora siamo andati al piano di sotto, seminterrato, e le luci si sono accese da sole. Mi guardo intorno e in un angolo riconosco

---

[8] Rol aveva un appartamento anche in Via Baretti, che usava come studio.

la nicchia che avevo sognato, dove c'era Rol seduto proprio su quella poltrona.
È successo come quando si fa un sogno ma non lo si ricorda, si vede poi una determinata cosa o luogo e questo fa ricordare il sogno che si era fatto.
E mi sono detto: "Mamma mia, è proprio qua!".
Volevo vedere la cucina (che era messa malissimo, sporca, marcia, c'era veramente di tutto, i muri erano inguardabili).
La signora mi dice: "La cucina non riesco a fargliela vedere perché è proprio buio pesto ed è pieno di ragnatele, anche con la pila si vede poco, la faccio pulire e poi gliela faccio vedere".
In quel momento, si accende la luce in cucina!
La signora Ima della Tecnocasa di Via Madama Cristina lo può testimoniare.
Lei mi guarda e mi fa: "Ascolta io esco, guardati il locale da solo!".
Io però non le ho raccontato niente né di Rol né di altre cose strane, allora esco e le dico: "Guardi signora, lo prendo"
"Ma guardi che qui ci sono da fare un sacco di cose, da spendere un sacco di soldi"… un altro po' non voleva darmelo!
Ho detto: "Non importa, chiami pure il padrone di casa, gli dica che o affitto o compro, fa lo stesso, devo venire in questo posto, non ho molti liquidi da dare, farò eventualmente un mutuo, qualcosa succederà. Sento che devo stare qua".
La signora mi guarda e mi dice: "Ma come lo vuole chiamare questo posto?"
In quel momento si è sentito un colpo fortissimo, la signora si è spaventata, e le ho detto: "Sa come si dice dalle mie parti? 'I sun le masche', ci sono le streghe, quando uno si spaventa così". E lì mi è venuto in mente che nel sogno avevo la scopa in mano, ma non era la classica scopa, era quella di saggina che noi usiamo nei cortili, quella che sembra da streghe. E allora mi è venuto in mente che il dottore guardava sta scopa e ho detto: "Ma sai che c'è? io lo chiamo 'Le Masche'".
Il giorno dell'inaugurazione c'era gente ovunque tranne che su quella poltrona. E tra l'altro era posizionata sotto la finestra, vicino al termosifone – era inverno – era il posto più bello, da cui mentre io parlavo potevi vedere tutto il locale. Non si è seduto n-e-s-s-u-n-o! Nessuno.
In quel momento mi dico: "Racconto questa storia" e ho detto: "Ho sognato il dottor Rol. Quelle poche volte che ci siamo visti, io gli avevo detto: 'Secondo me Lei è un grandissimo illusionista, ma io l'ammiro per quello…' mentre dico questo mi viene da sorridere e in quello stesso momento la luce che era sopra la poltrona si è accesa. S'è proprio accesa!
La gente che era lì mi ha detto: "Hai fatto un trucco!"

E c'era lì presente anche un mio amico che è un grandissimo prestigiatore (anche se non gli piace essere chiamato così) che fa eventi in tutta Italia, allora gli dico:
"Ma non è Vincenzo che hai fatto qualcosa tu, che mi hai fatto accendere la luce, perché a me non piacciono queste cose, vorrei mantenere una certa serietà, noi siamo storici, antropologi, non mi fare una cosa del genere!".
"Te lo giuro, io non c'entro nulla".
E quella luce si è poi riaccesa, anche se l'interruttore era sullo spento!
Ora si accende al contrario, quando l'interruttore è giù che dovrebbe essere spento, si accende, quando è su si spegne. L'elettricista mi ha detto: "Tienilo così, abbiamo smontato l'interruttore, ma non si può fare nulla". Alla fine ho fatto smontare quella luce perché continuava a spegnersi e accendersi.
Avevo un libro su Rol con la sua foto nel retro copertina, lo guardo e gli dico: "Va bene dottore, io e Lei non abbiamo mai avuto tanta confidenza ma evidentemente Lei vuole stare qua. Io sono in Via Silvio Pellico 4 e Lei è dall'altra parte di Via Silvio Pellico, e mi aveva detto che sarei venuto a stare in questa zona…".
Mai più nella vita avrei pensato di venire in Via Silvio Pellico, l'ultimo posto dove pensavo di approdare, e adesso qui sto benissimo, ho risolto anche molte questioni personali. E ogni tanto passo sotto casa sua, guardo su e dico: "È questo allora quello che voleva dire, giusto? Ora sono qua"».

***

Quando Marius Depréde mi riferì questa storia ancora non avevo riletto il racconto di Silvano Masoero, e non lo ricordavo nel dettaglio, quindi non li avevo collegati. Poi però mi sono accorto che in entrambi i casi esisteva la possibilità di una presenza che voleva farsi sentire e che c'erano luci che si accendevano o spegnevano da sole; e che entrambi i testimoni avevano parlato della Sacra di San Michele. Depréde mi ha detto che sua mamma vive a Chiusa di San Michele, un paesino proprio sotto la Sacra e che loro hanno nei dintorni un bosco e una miniera. Studioso di mitologia norrena e antropologo, da anni si interessa anche alle leggende intorno alla Sacra. Mi ha raccontato:
«Una delle leggende più importanti della val di Susa è il momento sacrale della Sacra di San Michele, che si chiama "Sacra" perché non è mai stata consacrata da uomo, si è consacrata da sola, il vescovo di Ravenna San Giovanni Vincenzo, il fondatore, quando è uscito da Susa per andare a consacrarla l'ha vista avvolta in una grande luce verde e ha detto: "Io non consacro niente di ciò che è già stato consacrato dal cielo", e c'è tanto di testimonianza con un affresco dentro la Sacra di San Michele dove si racconta questa leggenda di questa grande luce verde. E sembra che San

Giovanni Vincenzo avesse anche trovato il modo di rendere più leggero il materiale da costruzione».

Tra le leggende della Sacra c'è tra l'altro anche quella della *Bell'Alda*, cui è intitolata la torre ora diroccata scenario della vicenda:

> «Si narra che la Sacra, in un periodo in cui la Valle di Susa era percorsa da mercenari e conquistatori dediti ad ogni sorta di razzia, veniva utilizzata dalle popolazioni come rifugio per difendersi dagli attacchi e dalle incursioni nemiche.
>
> Fu durante uno di questi attacchi che una splendida fanciulla, di nome Alda, si rifugiò nella torre per trovare riparo dall'inseguimento di un gruppo di soldati, intenzionati, dopo il saccheggio, ad approfittare delle sue grazie. Alda, accerchiata ed impossibilitata a trovare scampo, piuttosto che essere violata preferì spiccare un salto verso la valle sottostante, gettandosi dalla torre invocando la protezione della Madonna.
>
> Il suo appello non cadde nel vuoto: mentre stava precipitando, due angeli la sorressero, adagiandola delicatamente a terra, dove giunse incolume. Gridando al miracolo, Alda iniziò a raccontare l'accaduto, ma lo scetticismo serpeggiava tra chi la ascoltava. Nessuno pensava infatti che quanto da lei narrato corrispondesse a verità.
>
> Così, indispettita dall'incredulità generale, Alda decise di ripetere il gesto, chiamando a raccolta la popolazione affinché potesse assistere all'evento. Salita sulla torre, con orgoglio si gettò nel vuoto, convinta che il miracolo si sarebbe ripetuto.
>
> Ma se la prima volta il gesto era stato dettato dalla necessità, questo secondo episodio era soltanto riconducibile alla vanità ed alla superbia della giovane: nessun angelo la sorresse e Alda si sfracellò sulle pendici del Pirchiriano. Da allora, le sue gesta furono tramandate, e la leggenda della bell'Alda è molto conosciuta dai valsusini.
>
> Questo racconto orale ha anche numerosi riscontri letterari: della leggenda della bell'Alda scrissero, tra gli altri, il politico Cesare Balbo nel 1829 e Massimo D'Azeglio nel 1867. Lo scrittore Edoardo Calandra, fratello dello scultore Davide, nel 1884 a questo racconto dedicò il libro: "La Bell'Alda (leggenda)".
>
> Ogni versione si arricchisce di un particolare, di qualche diversa sfumatura: per alcuni Alda era una contadina che lavorara le terre del monastero, per altri una pastorella. Taluni la vogliono insidiata da soldati francesi, altri da un corteggiatore respinto o da guardie inviate da un ricco possidente locale non corrisposto che se ne era innamorato.

Tutte le versioni concordano tuttavia sul finale della storia e sulla triste fine della giovane, sfracellatasi sulle rocce sottostanti dopo un volo che sarebbe stato di oltre 600 metri (il dislivello tra i 962 metri della Sacra e i 356 della pianura su cui svetta l'abbazia, su di una parete di roccia quasi verticale)»[9].

Il meno che si possa dire, tra *Alda* e il verde, è che la Sacra è un luogo simbolicamente associabile a Rol.
Ma il colpo di scena di questa storia è arrivato dopo che ho chiesto dove esattamente Silvano Masoero e il socio Ivo avevano la ludoteca. Nel suo racconto, Masoero aveva solo parlato di «una traversa di Via Belfiore». In seguito, ha specificato che era Via Silvio Pellico, appunto una traversa di Via Belfiore, ma non ricordava il numero civico, solo che era all'inizio della via... Consultatosi col socio Ivo, che intanto si era trasferito a Padova da una ventina di anni (e il libro dei Fenoglio era edito a Padova...) questi gli ha mandato un loro vecchio biglietto da visita del *Club Yokese* («Ludoteca, giochi di ruolo, feste private, musica, paninoteca»).
Indirizzo: Via Silvio Pellico 4.

Post scriptum.
Dopo questa analisi è venuta fuori, qualche settimana dopo, un'altra coincidenza estremamente significativa, una seconda ciliegina sulla torta paragonabile a quella precedente.
Inizialmente mi ero accontentato di aver identificato i Fenoglio e di aver trovato il loro libro sui fantasmi. Non avevo però preso in considerazione altre loro pubblicazioni. Una rapida scorsa nel catalogo nazionale delle biblioteche mostrava infatti, oltre a varie edizioni del libro sui fantasmi,

---

[9] Dal sito *laboratoriovalsusa.it*. Ne *Il simbolismo di Rol*, 2008 (3ª ed. 2012, p. 370, nota 545) avevo segnalato brevemente questa leggenda nell'ambito di una analisi della vicenda in parte simbolica della storia d'amore tra Rol e una donna che lui in poesie dedicate aveva denominato "Alda", dietro cui si celava una signora torinese, poesie che poi la stessa "Alda" mi donò per farne un uso un po' più adeguato di quello fatto da Giuditta Dembech nel testo del 1999 *Scritti per Alda*, e che rientra in progetti di pubblicazioni future con altre lettere inedite. La storia della *Bell'Alda*, che «viene anche narrata come antidoto alla superbia e all'eccessivo orgoglio», come ricorda un altro sito, può essere presa anche come paradigmatica per certi esperimenti di Rol, e forse è questa una delle ragioni (cumulative) per cui lui scelse questo nome. Infatti, come in certi suoi esperimenti conta l'assenza di una aspettativa, un *condizionamento* sul risultato affinché l'esperimento abbia successo, così il salto nel vuoto di Alda ebbe successo la prima volta, mentre fallì la seconda, dove non solo, in generale, l'*ego* era fin troppo presente, ma nel particolare ella era vincolata psicologicamente al risultato da raggiungere: *quando si vuole, nulla si ottiene*, per citare lo stesso Rol (da *"Io sono la grondaia"*, 2000, p. 143).

numerose edizioni di altri testi su magia e tarocchi, e non mi interessavano ai fini di questa storia, considerando poi quanti autori hanno trattato questi argomenti, spesso in maniera superficiale e avendo io già i testi essenziali che contano. C'era anche un libro su *Torino misteriosa* (1981) e anche su questo argomento se ne sono dette ormai di tutti i colori, quindi non l'avevo preso in considerazione. Ma me n'era sfuggito un altro, che compariva solo una volta, nell'edizione del 1984. Titolo: *Le streghe a Torino*.
Quando poi ho potuto consultarlo, nella prima riga di presentazione da parte dell'editore ho trovato quanto segue:

«In questo libro di Maria Russo Fenoglio ritornano le streghe, anzi le subalpine "masche"»[10].

Occorre che aggiunga qualcosa?

***

54. Silvia Dotti:
«[*Un giorno dell'ottobre 2020*] dovevo fare la cataratta ed ero molto agitata... ero in ascensore che invece di salire è sceso. È entrata una signora poco infermieristica con un tailleur blu, camicia di seta bianca e camice bianco aperto e tanto di cordino con cartoncino identificatore. Assomigliava ad un'attrice inglese che io adoro, la principale interprete del film *Un thè con Mussolini* [*Joan Plowrite*] precisa, simpatica e spiritosa, una deliziosa persona. Bene, entra e mi dice: "Lei è la signora...? La stavo cercando, mi segua." Io ero nel panico più assoluto perché mi avevano mandato un sms sbagliato (ero nella clinica di Torino [*Fornaca*] dove Gustavo era venuto con me in sala operatoria[11]). Ebbene, questa signora mi ha pilotata, ha fatto tutto lei, mi ha portato la cartella clinica, mi ha consegnato alla caposala che mi aveva riservato una stanza di lusso per il mio day-hospital, ed è... sparita! Io ero rilassata, anche se la mia

---

[10] Russo Fenoglio, M., *Le streghe a Torino*, Piemonte in bancarella, Torino, 1984, p. 5. A p. 10 si dice che l'autrice è «nota come Mavy», a quanto pare un soprannome, ciò che spiega come si presentò a Masoero. Anche in *Torino misteriosa* (Piemonte in bancarella, Torino, novembre 1981, p. 7) viene detto che è «nota nel campo dell'occultismo come "Mavy"». Questo testo l'ho consultato velocemente, presenta aneddotica varia abbastanza *noir*, non si accenna nemmeno una volta a Rol. Una ennesima coincidenza il fatto che questi due volumi li ho scoperti il giorno prima che l'editore di *Rol, il prodigioso*, di Nico Ivaldi, mi comunicasse che il libro era pronto per la distribuzione e gli erano arrivate le prime copie stampate (novembre 2021). Si tratta dello stesso editore dei due volumi della Fenoglio, 40 anni dopo.
[11] Cfr. II-39.

pressione era salita alle stelle, non avevo più paura e tutto si è svolto come se capitasse a qualcun altro e non a me. Ovunque era fortissimo il profumo di Gustavo, quell'odore di talco che non dimenticherò mai. Io lo pensavo intensamente da tanti giorni, per andare alle visite oculistiche passo davanti alla sua casa due volte... e lui non mi ha abbandonata... queste sono sensazioni uniche, la certezza che c'è e mi protegge perché come ha sempre detto: "Quando non ci sarò più vi potrò aiutare molto di più".

Io sono felice e poi questa cosa che Gustavo sia venuto a darmi sicurezza e tranquillità mi ha fatto così bene!! Sicuramente ha anche aiutato il professore perché in sala operatoria c'era una pace e una serenità uniche.

Riflettendoci su poi secondo me quella persona non esiste alla clinica, del resto non poteva cercarmi dove io non dovevo essere e poi io non volevo disturbarla troppo, ma lei non mi mollava e mi diceva: "mi segua, la guido io, le è stata assegnata una bella camera, potrà ordinare tutto quello che vuole, anche una buona cena". Io dopo l'intervento avevo una gran sete, ho chiesto dell'acqua e basta. Vedi la cosa pazzesca: ero nel posto sbagliato, in ascensore, l'ascensore è sceso nel sotterraneo invece di salire ed è arrivata questa persona, l'attrice principale del film *Un thè con Mussolini*, un magnifico film di Zeffirelli... e mentre io la guardavo basita lei mi ha detto: "Lei è la signora...? La stavo cercando....."».

55. Silvia Dotti:
«Era l'anno 2007, mia figlia [*Guia La Bruna*] era a Milano per lavoro e nella notte è stata male. Il suo ginecologo le ha detto di andare subito in ospedale, dove lui era Primario. Noi stavamo arrivando da Torino e lei girava sulla sedia a rotelle spinta dal suo fidanzato, quando ad un certo punto si avvicina una vecchina minuta e stordita, con un camice verde, è uscita da una porta si è informata su cosa le succedeva e poi le ha detto: "Non ti preoccupare, andrà tutto bene, adesso io vado a casa e prego la mia Madonnina che ti sarà vicina". Mia figlia è scoppiata in un pianto che era di gioia perché aveva riconosciuto Gustavo e tutti i timori si erano dissolti, il suo fidanzato che non sapeva, non lo conosceva, si è alterato, cercava la vecchina per sgridarla, ma la vecchina era sparita.

Nella camera insieme a mia figlia c'era una giovane signora che era riuscita finalmente a rimanere incinta, ma che adesso doveva essere operata perché l'ovulo era extrauterino. Quando è stato il suo momento in sala operatoria non è successo nulla perché hanno visto che il feto era rientrato nell'utero. La cosa pazzesca era questa: lei era ancora narcotizzata, ma suo marito era felice perché sarebbe nato il loro bambino e al risveglio per lei ci sarebbe stata una bella sorpresa.

Gustavo quindi, visto che era lì, ha miracolato anche la compagna di camera di mia figlia!!».

56. Chiara Barbieri (2017) (*trascrizione da audio*):
«È andata persa 10 anni fa circa la chiave della sua tomba. Quella era una tomba del '700 antica con questo cancello tutto lavorato, mi preoccupavo ed eravamo tutti crucciati per questa chiave che non si trovava. Io vado qui vicino a me a Torino dove ho la cappella di famiglia, apro la mia cappella, entro dentro e vedo una chiave per terra. Ero con una mia amica e mi chiedevo cosa c'entrasse questa chiave. Guardo, era una chiave antica e ho detto: "Nooooo, vuoi vedere che mi hai fatto lo scherzo, che mi ha fatto trovare la chiave?". Andiamo subito al cimitero [*di San Secondo di Pinerolo*] per vedere se apriva e.... apriva. Al che ho chiamato subito gli esecutori testamentari [*Aldo Provera e Catterina Ferrari*]... e ho detto: "Guardate che il Dottor Rol mi ha materializzato la chiave della sua tomba" e tutti hanno detto: "Meno male che ce l'ha". Ho chiesto di poterla tenere e quindi ce l'abbiamo ora solo io e la D.essa Ferrari».

57. Paolo Lanza (iconografo bizantino, 2021):
«Ieri sera tornando dal mare, verso la mezzanotte, accendo la luce del mio studio e mi dirigo verso un armadio al muro, apro lo sportello per riporre una borsa e succede di tutto: il ripiano di legno, del vano superiore, collassa, in un secondo crolla tutto, libroni di Storia dell'Arte, vecchie cassette video, monografie di Santi, tutto cade a raffica, sono costretto a richiudere in fretta e furia i due sportelli per bloccare tutto. Vado a nanna, innervosito, perché domani mi aspetterà una brutta levataccia per mettere ordine a un'infinità di oggetti. Questa mattina di buona lena mi alzo, faccio colazione ed ahimè mi dirigo verso lo studio, per l'immane fatica che mi spetta! due ore per sistemare tutto, ma la sorpresa finale vi lascerà di stucco.
Facciamo qualche passo indietro: in primavera esce un post sulla Madonnina di Gustavo Adolfo Rol, una tipologia di Madre di Dio, che non appartiene al mio mondo Bizantino, le mie Madonne sono più mediterranee, ambrate, invece la Madonna di Rol è una Vergine bionda, dal sorriso moderno[12]. Mi affascina, voglio saperne di più, non so a chi rivolgermi, faccio una ricerca su internet, ma niente di niente, qui in Sicilia è poco conosciuta. Mi rassegno. Sono trascorsi diversi mesi, ebbene l'ultimo libro addossato ai laterali dell'armadio sapete, con mio grande stupore, qual è? *la Madonna ti parla* e l'immagine è proprio quella che io cercavo[13]. Come sia arrivato nel mio armadio, non saprei spiegare, ma questa mattina ce l'ho trovato! La scorsa notte qualcuno nel mio armadio ha fatto tanto rumore per farmi trovare ciò che io ho cercato per

---

[12] Si tratta della *Madonna della Divina Grazia* dipinta da Suor Teresa negli anni'60, la cui stampa del dettaglio del viso, con in braccio Gesù bambino, Rol regalava ad amici e conoscenti (cfr. al fondo nota 123-I).
[13] L'immagine si trova sulla copertina del libretto. Si veda la nota al fondo.

mesi... e sapete qual è il primo capitolo di questo libro? Parigi (Francia), luglio-novembre 1830. Gustavo Adolfo Rol, amava profondamente Parigi, era la sua seconda patria, anzi, forse, a rigore, la prima, sarà qui che appurerà i suoi poteri paranormali».

58. Patrizia Scotto:
[*Segue mio post del 06/10/2015 sulla pagina facebook che amministro[14], dove illustravo i passaggi gravitanti intorno a un episodio più che sincronicistico di cui è stata protagonista la testimone*]

«*Ogni tanto vengono condivisi su questa pagina racconti interessanti sia di chi ebbe la fortuna di conoscere Rol in vita sia di chi sembra abbia avuto dimostrazioni della sua presenza anche dopo la sua morte. A tal proposito, vale la pena dare risalto ad un episodio – intrecciato di "coincidenze" – capitato di recente a una signora intervenuta nei commenti a questa pagina, nelle ultime due settimane.*
La sera del 18 settembre [2015] Patrizia Scotto scriveva in un post:

«Io ho letto tutti i suoi libri e come tutti voi considero quello che riusciva a fare straordinario... eppure persone come Piero Angela sono convinte che fosse solo un abilissimo prestigiatore, anche perché Rol in sua presenza non ha mai voluto dimostrare le sue doti straordinarie[15] e non solo con lui, ma anche con altre persone scettiche che lo volevano mettere alla prova per eventualmente smascherarlo[16]. Tutto ciò mi lascia perplessa: perchè Rol si negava a degli studiosi se non aveva nulla da nascondere? Non sarebbe stato meglio riconoscergli un dono straordinario da chi è studioso e non essere solo ricordato in episodi da amici, medici, attori ecc...? Tutto questo mi fa riflettere non poco!!!»

Quindi il giorno seguente, 19 settembre, interviene con altri due post, dove scrive, tra le altre cose:

«... io personalmente sono molto affascinata da Rol però... sono diffidente perchè purtroppo ho imparato che il mondo è pieno di ciarlatani... non è che leggendo cose straordinarie da lui fatte, per forza devono essere vere !!! ...»

---

[14] *facebook.com/Gustavo.A.Rol*
[15] In realtà, lo ha ospitato due volte a casa sua.
[16] Anche questo non corrisponde al vero: Rol ha spesso ospitato scettici che poi si sono ricreduti, così come ha accettato di incontrare illusionisti. Quanto scrive Scotto è comunque il preciso indice di quanta disinformazione gli scettici siano riusciti a mettere in giro a forza di ripetere come dischi rotti certe falsità o deformazioni biografiche. E la sua domanda successiva prende appunto le mosse da una informazione non corretta, di cui ovviamente è vittima.

«...Tu potresti domandarmi per quale motivo facesse tutto ciò escludendo il lato economico visto che come sappiamo era di famiglia molto ricca!! Forse semplicemente per ciò che stiamo facendo ora, parlare e scrivere di lui anche ora che è morto, cosa che non succederà a tutti noi comuni mortali!»

Passa una settimana, e il 26 settembre torna a scrivere sulla pagina:

«... credo proprio che Rol abbia voluto dimostrarmi con i fatti che le mie perplessità su di lui in effetti non esistono! Volevo condividere con voi questa cosa perchè quanto successo ha dell'incredibile e non può essere un caso dopo ciò che ho scritto nei giorni scorsi. Volevo concludere dicendo che la cosa non mi ha turbato, lo considero un dono che mi ha fatto!»

E finalmente oggi 6 di ottobre è tornata a raccontarci cosa le è capitato, facendolo precedere da una domanda generale:

«...qualcuno è a conoscenza di situazioni di persone che, scettiche dei prodigi fatti da Rol, abbiano avuto dei segnali da parte del medesimo per dimostrare il contrario?»

Noi abbiamo risposto che «quando Rol era in vita è successo parecchie volte, molti dei testimoni stessi tendevano ad essere scettici all'inizio e lo hanno ammesso (e come si fa a non esserlo? certi episodi sembrano pura fantascienza!). Casi però eclatanti di un testimone manifestatamente scettico che poi abbia dichiarato pubblicamente di aver cambiato idea, al momento, non ne risultano»[17].

Al che segue il racconto:

«...Di recente ho fatto parte di una discussione proprio qui ponendo la possibilità che lui potesse essere un abilissimo illusionista. Dopo circa una settimana vado in un mercatino dove vendono un po' di tutto, butto l'occhio su di una cartolina del 07/06/1919 con rappresentato un pastore col gregge, decido di comprarla perchè mio marito le colleziona. Arrivata a casa e data la cartolina a mio marito mi fa notare che è stata spedita da San Secondo di Pinerolo, via Rol 2!!! La cartolina è stata spedita ad un sergente maggiore alpino. Pura coincidenza?? Io non credo. Altro fatto

---

[17] Qualcuno cioè come Piero Angela, che aveva pubblicamente manifestato il suo scetticismo e che in seguito, sempre pubblicamente, si fosse ricreduto.

meno rilevante sabato sera [03/10] conosciamo una coppia mai vista prima e lei da dove viene? Da San Secondo di Pinerolo!!...».

Poi aggiunge:

«Volevo precisare che le cartoline in vendita erano solo due e io ho comperato quella, anche se sapevo che non poteva interessare il soggetto in questione a mio marito, che colleziona tutt'altro genere di cartoline. Quindi anche averla comperata non me lo spiego!».

Abbiamo chiesto alla signora Patrizia di mandarci l'immagine della cartolina. Oltre alla effettiva provenienza da "Via Rol" di S. Secondo (dove c'è ora anche una piazzetta dedicata a Gustavo, dal 2005) – via dedicata alla famiglia Rol in generale e molto prima che Gustavo diventasse noto (all'epoca aveva appena 16 anni) – che già di per sé è una coincidenza eccezionale, oltre al fatto che è stata spedita a un sergente maggiore degli Alpini (Rol è stato capitano degli Alpini, e lo ha fatto scrivere anche sulla tomba) stupisce anche il soggetto dell'immagine, un pastore con il gregge, non tanto perché chi scrive, ne "Il simbolismo di Rol", spiegava nel 2008, a proposito della scelta del titolo del libro che:

«*In una fase precedente, pensavamo invece di intitolarlo "Gustavo Rol. Una Guida necessaria", con questo volendo a un tempo riassumere la necessità di fornire delle direttive e delle coordinate nel caos delle affermazioni e delle illazioni sul suo conto, ma anche alludere alla sua funzione di pastore del gregge umano in un'epoca in cui questo gregge non sembra avere le idee chiare su dove andare*» (*p. 18, 3a ed.*)

quanto per il dipinto di Rol del 1987, intitolato "Autoritratto" (tra l'altro pubblicato proprio in quel libro e raffrontato con una foto molto simile di fine '800 che ritrae il pittore Ravier, alter-ego di Rol), dove Rol veste un impermeabile, un cappello e si appoggia ad un bastone, proprio come il pastore della cartolina![18]
Ci siamo poi chiesti se per caso i numeri della data presentassero qualche altra coincidenza, e spicca la ripetizione del numero 19, come due sono i messaggi della signora Patrizia il giorno 19...[19]
Ne concludiamo quindi che Rol abbia davvero voluto dare un "segno" alla signora Patrizia, che ora probabilmente avrà meno dubbi...».

---

[18] Si vedano le Tav. XVII e XVIII.
[19] Ultimo giorno (di due) in cui viene reiterato il dubbio (quindi, con probabile aumento di *tensione psichica*) prima della successiva dimostrazione (tra l'altro, e in aggiunta, il n. della nota, qui, non è voluto, ma determinatosi "casualmente").

58ª. Renzo Rossotti:
«Dio era il punto di riferimento di Rol, il cardine di tutto, l'inizio e la fine di una sciarada che per Rol durò novantun'anni. Forse, sembra, da qualche parte aveva scritto il momento della sua fine terrena, l'anno, mese e giorno, forse anche l'ora».

59. Fabio Favaro:
Il 16/10/2015 mi aveva scritto (estratti):
«Da un giorno penso sempre al Dr. Rol, stanotte l'ho anche sognato, stamattina mi sono svegliato e con mio grande stupore vedo i colori. Cosa c'è di strano? praticamente nulla, se non fossi "daltonico", da sempre. Lo sento vicino a me, con il suo sguardo sicuro, ma anche impegnativo da sostenere, mi sento un leone in gabbia, una grande forza dentro di me!»
«Sono daltonico dalla nascita, con attestati medici, compreso quello dei famosi tre giorni del militare»
«Ora vedo il marrone, l'arancione e non solo il colore prevalente, come ho sempre visto fino a ieri sera prima di addormentarmi! Vedo perfettamente il verde (il sito[20] ne fa uso :-), riesco a leggere tranquillamente, cosa che prima non riuscivo affatto.
Da quanto conosco G.A. Rol? diciamo che l'ho seguito nei vari programmi, che vengono citati anche nel sito, ma non ho mai avuto nulla di particolare, almeno fino a ieri, non so il motivo per cui ho scritto "Rol" in *Google*.
Passo al sogno: mi sono assopito con la tv accesa, ero comunque a letto, rilassato e, direi in modo consapevole, ho iniziato una piacevole conversazione con Rol.
Parlato del più e del meno, senza entrare in argomenti particolari, mi sono svegliato ed avevo i suoi occhi che mi scrutavano, mi ha salutato e mi ha detto che ci si rivedrà presto, che lui sarà sempre vicino, con quello sguardo. Dire che ero turbato e lo sono ancora, è poco, ma da stamattina mi sento diverso e non solo per i colori!
Credo che anche il gatto abbia notato qualcosa di diverso, il suo atteggiamento è diverso dal solito, non mi si avvicina.
Forse "miracolo" è un termine esagerato, ma sicuramente è molto vicino a ciò che comunemente intendiamo con tale termine».
Giorno seguente, 17/10/2015:
«Stanotte è stata tranquilla, ma stamani ho delle strane sensazioni, dei brividi continui, compreso ora che sto scrivendo».
«Purtroppo alcuni colori non li conosco proprio, ma ora so che esistono, e non so come ma conosco il loro nome!»

---

[20] *gustavorol.org*

Sette anni dopo, la situazione percettiva era la stessa, ormai permanente. Nel 2022 mi ha confermato:
«A volte faccio confusione con le sfumature e i nomi esatti dei colori, ma li vedo e li riconosco», «dopo gli eventi del 2015, praticamente non ho più quel problema».

60. Giliana Azzolini:
In alcune pagine di un suo libro, si rivolge idealmente a Rol, direttamente, ricordando alcuni episodi:
«[*Al telefono, nel 1986*] Mi confidavi aneddoti della tua giovinezza e della tua maturità, mi rendevi partecipe di crucci e angustie.
"So che posso fidarmi", mi dicevi, "io so che non registri le mie confidenze, sei l'unica a non farlo". Sì, perché in quei momenti passati al tu. A tratti, coglievo in te il bambino con aspettative e paure; con un rancore, uno solo che in seguito dirò[21].
"Andrò all'inferno per questo?" Mi dicevi, la voce si faceva tenera.
E poi "Ma ci sarà il paradiso? Vede madamin, non so se ci andrò perché sono stato un birichino sa?" (...).
Poi, con la voce profonda "Quando mi libererò dal corpo andrò oltre. Non credo che verrò a battere dei tavolini per dire, buona sera, sono Rol ora sono una luce, e cose del genere. Nemmeno da lei verrò. Lo dica a tutti, sarebbe troppo umilante. So dove andare, il mio percorso continua, ma non qui con gli esseri umani. Quello che dovevo dire l'ho detto, quello che dovevo dimostrare l'ho dimostrato, quello che dovevo fare l'ho fatto. Spero sia servito alle menti, quelle che hanno capito e che potranno capire". Eppure...
Eppure, solo un mese fa (era il 24 febbraio del 2019) mi sei apparso. Trafitta da impetuose lacerazioni dell'anima per avvenimenti esterni ma a me vicini, ti ho evocato. Ti ho chiesto aiuto. Nella notte, la tua voce è come un tuono soffocato da ammassi di nubi lontane, e poi la tua figura, anzi no, il tuo fantasma accanto al mio letto. Diafano, con un abito grigio chiaro, mi hai parlato ed hai spostato il volto su due donne che potrei riconoscere e che costituiscono un'impedimento al tuo fluire verso l'assoluto e sembravi preoccupato per questo.
"Ma come è possibile che tu sia accanto al mio letto?" Mi indichi un foro di luce e mi dici che conosci la strada per inserirti nel vortice della Terra per poi ritornare nel vortice divino, ma questo avviene di rado.
Mi fai provare una scintilla di estasi e il mattino è ricco di sorprese positive. Samuele l'amico diciottenne dei miei nipoti, si sveglia dal coma e Marco, l'altro amico diciannovenne risponde alle terapie del post coma. Entrambi, i migliori amici dei miei nipoti, compagni di scuola del

---

[21] Il rancore verso il giornalista Piero Angela. Si veda la nota al fondo.

maggiore, incidentati su strada, nel giro di sei mesi. Gravissimi. Ed ho la convinzione del tuo aiuto.
Nel pomeriggio, mi appari (ma è un lampo) in cucina e mi dici mentalmente che perdo tempo. "Devi vivere questi anni in quasi totale solitudine". Non ti temo e mi sorprendo a dirti... "Eeee, c'è Rol...!" Sorrido e riprendo a scrivere, a dipingere, a staccarmi dai rompitempo».

61. *Maurizio Bonfiglio* (Catterina Ferrari):
«Era il 1997 o 1998, Catterina Ferrari era andata a parlare con un *editor* della Einaudi di Torino, per proporre un libro di scritti autografi di Rol. All'Einaudi però non si erano mostrati interessati. Uscita dalla stanza dell'incontro, mentre era in un corridoio, hanno cominciato a suonare le sirene dell'antifurto dell'edificio. Catterina aveva raccontato: "Io mi ero tappata le orecchie, un rumore da diventare sordi. Lì ho capito che Gustavo s'era arrabbiato", perché l'Einaudi non l'aveva voluto pubblicare".
Il libro poi uscì nel 2000 per la Giunti, col titolo *"Io sono la grondaia"*».

62. *Maurizio Bonfiglio* (Catterina Ferrari):
«Catterina Ferrari aveva raccontato: "Il giorno dopo la morte di Rol io ero in via Silvio Pellico, in bagno, con la testa fra le mani, ero molto triste. A un certo momento ho sentito un rumore e ho visto come se qualcuno avesse toccato lo specchio attaccato alla parete. In casa c'ero solo io. Alzo lo sguardo... – e lei diceva di aver pensato o forse aver detto: "Gustavo sei tu? Sei qui?" – e mi sono sentita sollevare di peso".
Lei lo diceva sempre: "Mi ha tirato su, letteralmente, perché io stavo 'sprofondando' nel dolore per la sua perdita, e mi ha fatto fare un giro per tutta a casa, stanza per stanza, sollevata da terra, come a dire: 'Guarda tutto questo, ma io adesso non ci sono più, è finita un'epoca, ora devo andare'. Ovviamente io non lo vedevo, ma sapevo che era lui"».

63. Chicca Morone:
«Che Gustavo Rol fosse un essere davvero speciale pochi l'hanno messo in dubbio e quei pochi hanno avuto tutti un tratto di personalità in comune: l'invidia.
Ogni volta che ho avuto contatto con lui è stata una specie di "epifania" in cui ovviamente si divertiva a lasciarmi a bocca aperta.
L'ultima volta, però, a mio avviso, ha esagerato.
Ero uscita intorno alle 15 per rientrare qualche ora dopo.
Mio figlio era rimasto a casa con la baby-sitter e alla mia richiesta di eventuali telefonate mi ha risposto: "Sì, ha chiamato quello con la voce strana e voleva sapere se eri in casa".
Verso sera Domenica Fenoglio mi ha annunciato che il nostro amico Gustavo ci aveva lasciati intorno alle dieci e mezzo del mattino.

Ho chiesto nuovamente a mio figlio se fosse sicuro della voce che aveva sentito e lui ha confermato, con una certa sufficienza, che non era facile sbagliarsi...
Ecco tutto: era riuscito nuovamente a farmi rimanere con la bocca aperta!».

Inseriti in altri capitoli ma contati anche in questo:
64. Nani (XIII-4^b)
65. Ghy (A1)

♥   ♦   **L**   ♣   ♠

─────── **Resuscitazione** ───────

1. Marina Ceratto Boratto:
[*Una sera probabilmente del 1964 il regista Federico Fellini*] «chiese a mamma di spiegare a tutti chi fosse Gustavo Rol, visto che lo conoscevamo da anni».
[*La mamma di Marina, l'attrice Caterina Boratto, interprete nei film di Fellini "8 ½" e "Giulietta degli spiriti"*] «raccontò, fra lo stupore generale, che Rol, da Torino, aveva fatto risorgere un cugino deceduto durante la Targa Florio a Palermo [*nel 1953*].
Dato per morto da due medici diversi e mentre già era stata allestita la cerimonia funebre nella Cattedrale, mio padre vide il defunto sollevarsi piano piano dalla cassa, e le candele vibrare per il suo respiro improvviso. Gli amici intorno riuniti fecero appena in tempo a dire "Mai visto Franco con una così bella cera!" che rimasero senza parole. Il morto si era seduto nella bara e si guardava intorno disperato e stupito.
Tanto che si era ridisteso, desiderando in cuor suo esser morto per sempre, poiché pur essendo un uomo di grande ingegno e fortuna economica, era sommamente infelice e anni dopo [*nel 1977*] si suicidò gettandosi in mare. Rol [*negli anni '80*] ebbe a dire: "Ho potuto salvarlo una volta, non due! Decide sempre e solo Dio il nostro destino".
Mi disse come il miracolo fosse stato ottenuto prevedendone la morte e supplicando la sua salvezza da Gesù».

***

Questa testimonianza è emersa nel 2020, all'interno di un libro dedicato a Federico Fellini[1], e riguarda mio nonno materno Franco Rol, cugino di qualche grado e amico fraterno di Gustavo. Ne ho fatto un commento e una analisi preliminare nel luglio 2020[2], e questo capitolo avrebbe dovuto esserne l'analisi estesa. Essa però ha assunto dimensioni tali da costituire un libro a parte, già pronto e consegnato a un editore nel marzo 2022, dal titolo *Resuscitazioni. Da Lazzaro a Rol*.

---

[1] Ceratto Boratto, M., *La cartomante di Fellini. L'uomo, il genio, l'amico*, Baldini+Castoldi, Milano, 2020, pp. 162-163.
[2] Mio post del 16/07/2020 su *facebook.com/Gustavo.A.Rol*, dal titolo *Gustavo A. Rol resuscita il cugino Franco Rol (1953)*.

In esso verrano intanto mostrati i dettagli e i retroscena di questa vicenda, verrà spiegato il rapporto tra Gustavo e Franco, saranno fornite spiegazioni ad ampio raggio con approccio come sempre rigoroso, dall'ipotesi della *morte apparente* ai casi di resuscitazione nella storia delle religioni, con una panoramica inedita su questo fenomeno e un tipo di analisi mai effettuato prima.

APPENDICE I

Il mio incontro con Rol

di Elena Ghy
(maggio 2021)[1]

Sono onorata di poter descrivere l'esperienza che ha cambiato parte della mia vita conoscendo il grande e unico dott. Gustavo Rol.
Ho già raccontato come lo conobbi "per caso" nella sala d'aspetto di un dentista[2], in seguito quando glielo ricordai lui mi disse che mi aveva dato nella sua fantasia il nome Gina (bruttino in effetti) ma da lui si accettava tutto.
Quando venni a conoscenza che la mia carissima amica Liliana aveva un tumore e che lei rifiutava fermamente e coscientemente qualunque tipo di cura, mi venne tra le mani "per caso" la fotografia di Rol sulla copertina di un settimanale e da quel momento pensai che l'unica persona che poteva aiutarla era lui.
Provai a fare il suo numero che figurava sull'elenco telefonico ma non ebbi il coraggio di parlargli, allora optai per una lettera, poche righe in cui dicevo di sapere che lui non era un "mago" ma che era in grado di aiutare le persone bisognose delle sue "cure".
Spedii la lettera dopo essere uscita dall'ufficio (circa le 18) e il giorno dopo ricevetti la sua telefonata. Mi rammarico ancora oggi di non aver potuto registrare le sue telefonate poiché erano quasi tutte insegnamenti importanti di vita.
Cosi iniziò la nostra frequentazione purtroppo dettata da una situazione molto triste. Mi diede appuntamento sotto casa sua per andare a casa di Liliana e io puntualissima e agitatissima mi trovai all'ora stabilita davanti al portone di via Silvio Pellico.
Quando lo vidi la mia impressione fu quella di vedere un uomo bello, (nonostante l'età), elegantissimo e profumato in modo discreto e piacevole, che si arrabbiava se gli aprivo lo sportello dell'auto, se cercavo in qualche modo di aiutarlo e se continuavo a dargli del "lei" poiché diceva "non sono mica così vecchio" e questa frase me la ripeté diverse volte.
A casa di Liliana le fece un discorso bellissimo, le disse che lui non sarebbe stato in grado di guarirla ma poteva darle sollievo[3], poi aggiunse

---

[1] Scritto inviatomi per essere pubblicato. Le note sono mie (F.R.).
[2] Si veda IX-123.
[3] L'aveva però fatta uscire dal suo stato comatoso, come ha raccontato Giuseppe Spagarino (II-27 e nota). Caterina Merlo, madre di Liliana, che ha compiuto 91 anni nel settembre 2021, me lo ha ulteriormente confermato (nel maggio 2021),

che non poteva immaginare quanto di più bello la aspettasse, che tutte le aspettative o altro che poteva aver avuto durante la vita terrena, non erano minimamente paragonabili alla meraviglia cui sarebbe andata incontro.
Inoltre ricordo perfettamente che disse "tu lasci un mondo già molto corrotto e mediocre, ma non puoi immaginare come peggiorerà ulteriormente in futuro".
Rol appoggiò la sua mano sulla testa della mamma di Liliana e ancora oggi quando la sento per telefono (é ancora viva e si chiama Caterina) mi ripete tutte le volte che quella mano le ha dato la forza di sopportare i grandi dolori e momenti di sconforto che purtroppo ha subito fino ad oggi.
Comunque tra le mille caratteristiche della sua complessa personalità Rol aveva anche il desiderio di "stupire" quindi Liliana e anche Caterina mi raccontarono che più volte di sera i cassetti in camera da letto si aprivano e chiudevano e così anche le porte degli armadi; poi lui telefonava e diceva "hai visto?" e in quell'occasione si facevano tutti una bella risata quindi era sempre "stupore" a fin di bene[4].
Un episodio che ancora oggi mi fa sorridere è il seguente: un pomeriggio in cui si era concordato di andare da Liliana, Rol mi disse:"fermati da Pepino prendiamo un gelato così non andiamo a mani vuote"; non solo non si rendeva conto che la sua presenza era già un grosso regalo ma voleva portare anche un suo pensiero, senonchè quando arrivammo lo porse a Caterina che ovviamente lo mise in frigo; prima di andare via si fermò un attimo e poi disse "Caterina se non le dispiace prendo il gelato poiché devo andare a trovare una signora e voglio portarglielo" È stato un atteggiamento molto strano inspiegabile non certo dettato da tirchieria, ma da Lui c'era da aspettarsi di tutto!![5]
Durante i nostri incontri un giorno mentre eravamo in auto mi disse "passa un attimo in corso Peschiera" sempre molto gentile, ma le sue richieste le percepivo come ordini, quindi mi diressi in corso Peschiera. Mi fece entrare in un negozio di casalinghi dove ovviamente conosceva la proprietaria e disse: "Lo vedi questo bel negozio, la signora qui presente lo desiderava tanto, ma il prezzo che le era stato richiesto non era nelle

---

così come mi ha confermato che anche lei aveva visto per un breve momento l'aura di Liliana: «Mia figlia in quel momento lì stava molto male, sembrava che dovesse mancare, allora Gustavo si è messo a urlare e a chiamare Padre Martina. L'ha chiamato forte e ha detto: "Falla vivere o falla morire, ma non farla soffrire!" In quel momento Liliana aveva l'aura, proprio alla testa, l'ho vista anch'io, è stato un attimo. Da quel momento lei si è ripresa. Stava malissimo».
[4] Caterina Merlo mi ha raccontato che «quando mia figlia Liliana era in casa alle volte Rol, che non era lì fisicamente, le spostava i cassetti a distanza, li faceva aprire e poi chiudere, e lei diceva "Vedi, mi sta facendo gli scherzi"».
[5] Volendolo portare a qualcun altro non poteva infatti trattarsi di tirchieria. Deve aver rivalutato la situazione e ritenuto che il gelato sarebbe stato più opportuno portarlo a quella signora piuttosto che darlo a Liliana.

sue possibilità, allora mi feci dare il nome del proprietario e dopo un mio intervento (non so a cosa si riferisse se per telefono o altro) il signore abbassò la cifra richiesta, ma non di poco... e quindi eccoci qui la signora ha il suo negozio tanto desiderato". Poi continuò e rivolgendosi alla Signora le chiese: "È successo qualche cosa di recente?". La Signora rispose ridendo "Si dottore l'altra sera mi sono ritrovata un gatto che passeggiava per la cucina poi è sparito e me lo sono ritrovato nella vetrina del negozio il giorno dopo" (al che ho pensato se mi succede una cosa del genere muoio dallo spavento)[6].

Fu proprio quel giorno 20 Giugno (giorno del suo compleanno) che Rol ci invitò per una "serata".

Alle 21 aspettai in auto qualcun altro degli invitati per non salire da sola e così entrai per la prima volta nel suo appartamento; ci fece accomodare in salotto eravamo due coppie ed io (5), mi mostrò alcune foto del suo album di famiglia, mise la sua musica preferita la k581 di Mozart, tra un discorso e l'altro non mancò di infierire contro Piero Angela e poi ci accomodammo tutti intorno al tavolo del salotto.

Prese un mazzo di carte sigillato e lo mise sul tavolo, prese un foglio extra strong da una risma nuova e mi disse di piegarlo in quattro e metterlo in tasca, poi mi disse di pensare ad una persona alla quale volevo bene, io pensai a mio padre, ma non avevo un bel rapporto con lui allora Rol mi guardò negli occhi e mi disse :"ho detto di pensare ad una persona alla quale vuoi bene veramente", allora pensai a mio marito il quale è sempre stato per me il mio "porto sicuro".

Dal mazzo di carte vennero velocemente fuori tutte quelle che avevano il segno di cuori mi sembravano addirittura più di quelle che può contenerne un mazzo e poi fece altri "esperimenti", ma io ero talmente impressionata

---

[6] C'è qualche analogia con l'episodio del gatto (X-19) della signora R.S. (nominativo purtroppo ignoto). Non pare lo stesso episodio, a meno che i ricordi, così come il fatto che in nessuno dei due casi è la testimone diretta a parlare, abbiano portato a delle divergenze. Di un negozio ("fantasma"?) in Corso Peschiera aveva parlato anche un'altra testimone (I-146, e nota). La domanda di Rol ("È successo qualche cosa di recente?") pare retorica, sia perché sapeva probabilmente già la risposta sia perché è stata fatta proprio per farle riferire il fatto alla presenza della signora Ghy.
Alla quale ho poi chiesto se ricordava dove si trovava esattamente il negozio, o almeno in quale tratto del corso. A mente non lo ricordava e ha fatto un sopralluogo, ma là dove lo ricordava, tra C.so Montecucco e Via Capriolo, non c'era più. Mi ha anche scritto: «Ricordo che quando finimmo la visita al negozio, feci un po' fatica per uscire dal parcheggio e il dott. Rol mi fece notare che chi parcheggiava troppo vicino alle auto non aveva rispetto per il prossimo, si irritava molto quando notava situazioni di maleducazione. E questo lo ricordo tuttora, quando parcheggio controllo sempre che l'auto davanti e dietro abbiano sufficiente spazio per uscire».

che non ricordo quali furono i seguenti, non vorrei che qualcuno prendesse spunto per dire che Rol ipnotizzava i suoi ospiti, assolutamente no, ero più che cosciente soltanto non riuscivo a dire niente, tanto meno a memorizzare, per lo stupore.

Dopo le carte mi disse di prendere il foglio che avevo in tasca e su quel foglio con una grafia ed un italiano arcaico c'era il mio pensiero (di allora) riguardo la Chiesa ed i suoi rappresentanti e terminava cosi:"La Provvidenza l'assiste molto e anche la di lei creatura"[7]. Alla fine della serata offrì a tutti dei pasticcini, brindammo per il suo compleanno e ci mandò tutti a casa. Durante il periodo della nostra frequentazione io parlavo di Lui, ovviamente non con tutti ma solo con poche persone affidabili. Successe che una sera mentre eravamo con due amici che conoscevamo da tempo e con cui eravamo abituati a far molto tardi, mi misi a parlare di Rol , erano le due di notte e i miei amici erano un po' scettici riguardo l'argomento ad un certo punto il telefono fece due squilli e loro se ne andarono non di corsa ma quasi[8].

Un'altra volta che parlai di Rol fu con una mia amica-collega, la quale mi ascoltava perché conosceva bene me (persona come si suol dire con "i piedi per terra" e quindi poco suggestionabile) ma io percepivo che non era affatto convinta e mi ascoltava più per educazione che per altro. Questa Signora aveva una casa in campagna e possedeva quattro chiavi quelle belle lunghe di una volta, una per il cancello un'altra per la rimessa ecc... una mattina viene da me in ufficio dicendo "guarda cosa mi ha combinato il tuo amico". Le chiavi erano tutte e quattro piegate a metà come fossero state di carta e neanche il fabbro al quale le aveva fatte vedere era riuscito a capire come poteva essere successo, ma neanche con la fiamma ossidrica aveva detto. Purtroppo la Signora non può testimoniare e ovviamente non ci sono nemmeno le chiavi, ma io le ho viste e ci si deve accontentare solo della mia testimonianza.

Comunque tra le tante personalità che aveva questa splendida persona qual'era Gustavo Rol quelle che mi colpirono di più furono due: l'uomo e il Prescelto.

L'uomo era quello che aveva il terrore per le malattie (strano ma vero) e al minimo malessere chiamava il suo medico di fiducia per essere tranquillizzato. Era anche quello che (come tutti i mariti) a volte si lamentava per il comportamento della moglie nei suoi confronti, era quello che si divertiva a raccontare barzellette "audaci", ma era anche

---

[7] Chiesti maggiori dettagli, Elena Ghy mi aveva risposto: «Quando ho detto "il mio pensiero" non era quello della sera stessa ma era ciò che allora pensavo, ma il dottor Rol non ne era a conoscenza. Lo scritto antico poteva essere di teologia e non so se è stato distrutto, ricordo solo che il giorno dopo Rol mi telefonò dicendo "peccato non aver potuto tenere lo scritto originale"».

[8] Ho chiesto alla signora Ghy se non fosse lei l'amica di cui parla il testimone di un episodio simile (VII-10, parte finale), ma ha detto di no, né sa chi sia.

quello che (come successe una sera) mi telefonò pieno d'angoscia dicendo addirittura di essere stanco di vivere che non ce la faceva più a sopportare l'indifferenza della gente che si divertiva per i suoi "prodigi" senza capire l'importanza dei messaggi che Lui ci stava mandando. L'uomo aveva un'umiltà che si riscontra solo nei "grandi" e anche se tanti personaggi "importanti" lo cercavano in continuazione non ha mai fatto distinzioni e ha sempre aiutato chiunque ne avesse bisogno, l'importante era che fossero persone con una bella luce che solo Lui vedeva. Come ho accennato prima un fatto che non poteva perdonare e non c'è stata volta che non l'abbia sentito nominare è stato l'incontro con Piero Angela, non ha mai perdonato il comportamento del suddetto nei suoi confronti[9].

Il "Prescelto" invece rimarrà un mistero[10].

Quando Liliana morì l'8 settembre 1988 Rol era in ospedale per un'operazione. Quando tornò a casa mi telefonò dicendomi: "Sono tornato finalmente a casa ho subito un'operazione che ha avuto un decorso molto difficile e doloroso, ma quando la "nostra" è mancata è apparsa nella mia stanza circondata da una luce bellissima e poco dopo i dolori sono passati, meno male che ero in camera singola altrimenti ci fosse stato qualcun altro con me gli sarebbe venuto un colpo", testuali parole!!

Termino il mio racconto di questa irripetibile esperienza raccontando un ultimo episodio avvenuto poco dopo la sua morte.

Una sera mi telefona una mia amica e racconta un episodio molto confusamente, c'è voluto un po' di tempo prima che ci capissi qualcosa. Mi racconta di aver ricevuto una telefonata da una ragazza che aveva conosciuto da poco e che non sapeva assolutamente chi fosse il dottor Rol, ma che ultimamente qualcuno le dettava delle frasi che lei scriveva su

---

[9] Questo dimostra, se ce ne fosse bisogno, come sia non solo opportuno, ma doveroso controbattere alle affermazioni del suddetto giornalista in maniera precisa, razionale ed argomentata, ciò che io faccio ormai da vent'anni a questa parte. Ci sono però troppi testimoni e commentatori che hanno fatto e continuano a fare spallucce, credendo non sia importante controbattere alle illazioni e alle insinuazioni di Angela così come di quelli come lui (Cicap & C.). Rol ha più volte espresso chiaramente di voler essere difeso da questa gente – equidistante, nonostante la facciata, sia dalla autentica mentalità scientifica che dall'afflato spirituale – dopo la sua morte.

[10] Non condivido questa interpretazione: lui stesso si definì *precursore*, ovvero qualcuno che ha pre-corso, anticipato i tempi, non diverso però dagli altri esseri umani, i quali sono destinati ad arrivare a fare (e perciò stesso ad essere) come Rol in futuro – lui stesso lo ha preconizzato – questo naturalmente senza nulla togliere alla sua personalità originale e unica. Non ci saranno quindi prescelti, né misteri che non verrano spiegati. Anche i Maestri illuminati del passato, pur se rari, non erano prescelti – nonostante alcuni si sia arrivati a divinizzarli in un senso troppo spesso frainteso – come prescelta non è la personalità del *genio*, con cui mistici e illuminati hanno più di un tratto in comune.

qualunque cosa avesse sotto mano e poi cercava di interpretarle. La prima frase che riuscì a decifrare fu "sono Gustavo Rol".
In seguito scrisse queste frasi "sotto dettatura" con carta e penna si documentò e tutto quello che le veniva suggerito era attinente alla vita di Rol, compresi i riferimenti su Napoleone. Tra tutto quello che le veniva suggerito ci fu una frase che fu il motivo per cui la mia amica mi telefonò con tanta agitazione. La frase era: "mi dispiace di non aver avuto la possibilità di approfondire molti argomenti con Elena" (non saprò mai se Elena fossi stata io ma ci speravo). Comunque la mia amica mi diede il numero di telefono di quella ragazza ed io dopo aver ponderato la cosa le telefonai non sapendo nemmeno cosa dirle, ma lei mi raccontò che all'inizio era molto turbata se non peggio, ma poi si era documentata e quanto aveva scritto in effetti corrispondeva con tutto quello che aveva letto riferito a Rol. Ad un certo punto mi disse :"un attimo mi sta dicendo qualcosa la….l….i ah! Lalique, sono scoppiata a piangere.
Durante una vigilia di Natale desideravo non fargli un regalo, ma fargli capire che lo pensavo e lo ringraziavo per tutto quello che mi aveva fatto capire e per aver arricchito la mia vita, allora comprai una tartarughina di Lalique (sapevo che a Lui piacevano le tartarughe) e con un biglietto di accompagnamento lo lasciai in portineria. Rol non ha mai fatto cenno in seguito a questo, ma non ero stupita e non mi aspettavo assolutamente niente Lui era così non era una persona qualunque che ti ringrazia per un piccolo pensiero.
Però solo Lui poteva sapere quel particolare e adesso so con certezza che l'aveva gradito!![11]

---

[11] Di norma considero questo genere di fenomeni *post mortem* di scrittura automatica, che alcuni pretendono vengano direttamente da Rol, come non convincenti e aventi altre spiegazioni. Le ragioni sarebbe troppo lungo spiegarle qui – basate sia su una consolidata tradizione esoterica seria che su quasi tre secoli di analisi e classificazioni della fenomenologia paranormale da parte della "ricerca psichica" – tuttavia il caso riferito mi pare una eccezione, anche perché trova riscontro nell'effettivo modo di agire di Rol in vita e in quello di un maestro illuminato, *post mortem*; ad esempio, ma non solo, nell'intenzionalità di comunicare a discapito della volontà o delle conoscenze della persona che ne è tramite. Una convalida maggiore può e dovrebbe venire però anche dai contenuti riferiti, che possono confermare ma anche smentire l'ipotesi. Si veda per un chiarimento approfondito il mio post del 27/09/2021: *Le presunte comunicazioni "post mortem" di Rol*, su *facebook.com/Gustavo.A.Rol*

APPENDICE II

Lettera di Gianfranco Marinari[1]

«Invio notizie del (modestissimo) rapporto che il Dr. Rol mi ha concesso negli anni '80, su presentazione di Lelio Galateri[2] e di Federico Fellini. Galateri si interessava del "paranormale" e collaborava, come Fellini, con la rivista *Pianeta*[3]. (…)
I preziosi contatti col Prof. Rol cominciarono quando Federico Fellini, col quale – bontà sua – ho avuto una relazione epistolare dal '73 al '93, fatta di mie lunghe lettere e di sue brevi risposte, tranne una che fu eccezionalmente lunga un'intera pagina, proprio quando mi comunicò gentilmente il recapito e il n. di telefono fisso del Dr. Rol[4].

---

[1] Mandatami il 03/06/2018. Marinari (n. 1937), residente a Portoferraio (all'Isola d'Elba, dove in località S. Martino c'è la villa che Napoleone ha abitato durante l'esilio 1814-1815, ora adibita a Museo), laurea in Legge, è stato tecnico di Cantiere navale dal 1973 al 1990, in seguito operatore culturale e collaboratore di artisti. «Cristiano devoto di Sai Baba dal 1986» e di «visione religiosa induista» come lui stesso si definisce.
[2] Conte Lelio Galateri di Genola, studioso di parapsicologia, autore e curatore di libri sull'argomento, incontrò Rol nel 1972 o 1973 insieme a Wilhelm H.C. Tenhaeff (si veda nota a XVI-44ª).
[3] Edizione italiana di *Planète*, rivista che ha ospitato articoli su Rol e Fellini.
[4] Lettera a macchina del 18/01/1983, firmata, dove Fellini scrive: «Le do' anche il numero di Rol perché potrebbe essere interessato a quanto lei mi dice sui cimeli napoleonici all'isola d'Elba. Allora: Gustavo Rol, Via Silvio Pellico 31, Torino, tel: 011 6698931».
In un commento su *facebook.com/groups/museogustavoadolforol* del 28/08/2019, Marinari ha scritto: «Fellini l'ho conosciuto quando la RAI preferì Comencini a lui per un film sul Pinocchio [*Le avventure di Pinocchio*, miniserie trasmessa nell'aprile 1972], credo ai primi degli anni '70, iniziando una corrispondenza a strappi e intervalli irregolari, con alcuni brevi incontri. (…) mi parlò di Rol ma con poche parole, dicendo che si sentivano spesso, al mattino, per telefono e che lo adorava, per un senso di generosità, amicizia, affinità. (…) Si telefonavano al mattino prestissimo; prima delle 9:00 poi Fellini andava nei suoi 2 studi, non lontani da Via Margutta, dove lo salutai per l'ultima volta, il giorno in cui Gorbaciov era ospite ufficiale del Governo italiano a Roma» [29/11/1989]. In una comunicazione personale del 03/09/2019, Marinari mi ha scritto: «Che Fellini e Rol si sentissero quasi ogni giorno al mattino presto, me lo accennò anche Rol, quando gli dissi che a darmi il suo numero di telefono era stato Fellini e non Galateri. Fellini e Rol erano simili: due persone fuori dal comune, solitari-solidali. Fellini telefonava tutte le mattine molto presto agli amici cui teneva, e Rol era fra quelli».

Il motivo delle lettere era il Pinocchio di C. Collodi, e il Circo da rifondare. Fellini ha sempre desiderato fare un film sul Pinocchio, che immaginava come uno strano "augusto" cui è negata una trasformazione in "clown bianco". (…) Nel '92, autorizzato da Fellini tentai di trovare dei produttori sulla base della somma indicata dal Dr. Pinelli[5].

Intanto nel 1980 o 1981 con Galateri, a Carrara, tentammo una trasmissione tv a Televersilia, sul caso Rol. Lelio aveva una lettera di Piero Angela in cui si negava a Galateri, accusandolo di voler usare il suo nome per faccende senza fondamento. In tv trovammo difficoltà e dovemmo rinunciare perchè fecero una registrazione confusa, che era l'opposto di ciò che intendevamo comunicare. (…) Il Dr. Rol fu generoso, perchè mi offrì[6], spontaneamente, anche la carrozza originale con la quale Napoleone venne in Italia come Re, riservandosi altri cimeli che stava donando. Mi disse che questa carrozza era presso una associazione[7] e che poteva essere rimessa a nuovo facilmente. Io ne parlai con un ottimo restauratore che volentieri l'avrebbe rimessa a nuovo gratuitamente. Ne parlai col Prof. Battaglini, storico e direttore della Biblioteca di Portoferraio, ma rifiutò lo carrozza. Ne parlai con mio cugino Umberto, che abitava a Firenze e, come dirigente della Regione, si era interessato di tutte le opere fatte con i contributi della Comunità europea all'Elba. Mi disse che Battaglini gli aveva telefonato per sapere i dettagli: la lettera di Fellini, la generosità di Rol. Nonostante, confermò il rifiuto immotivato. Mi rivolsi allora al Prof. Aulo Gasparri, che era un autorevolissimo elbano, che rifiutò anch'egli, lasciandomi sbigottito al punto da non avere più il coraggio di contattare il Prof. Rol. Ne parlai con Lelio, che non capì i rifiuti di una generosità spontanea sia di Fellini che di Rol. Ma credo si trattasse dei motivi di scetticismo per i quali fallì anche la trasmissione che tentammo a mie spese, a Teleriviera. (…)

Lelio dunque mi regalò la registrazione raccontandomi dell'incontro con Tenhaeff a Genova e quindi con Rol a Torino, che gli consentì di registrare la musica napoleonica durante l'incontro in una giornata trascorsa interamente insieme ad un Rol in piena forma "come un trentenne"[8].

---

[5] Poi non se ne fece più nulla, sia per assenza di produttori che per le condizioni di salute di Fellini. Tullio Pinelli (1908-2009) è stato autore e co-autore di molte sceneggiature dei film di Fellini.

[6] Ovvero, «era per gli Elbani», come mi ha specificato nel 2021, «che la rifiutarono», come già a suo tempo il Comune di Torino.

[7] L'Ordine Mauriziano, al quale Rol la donò nel 1955. Probabilmente in quel 1983 stava pensando che sarebbe stata una buona idea, in alternativa alla Palazzina di Caccia di Stupinigi, presso Torino, che la carrozza potesse finire all'Elba, con implicito nulla osta dell'Ordine.

[8] Si veda nota a XVI-44ª.

Lelio mi donò anche dei libri, ma non parlavano di Rol, di cui allora non sapevo abbastanza. Mi parlò molto di Sai Baba, ma non in modo preciso, giacché non lo aveva incontrato. Aveva letto il libro di H. Murphet (*L'uomo dei miracoli*)[9]. Di Rol mi parlò definendolo "Il braccio secolare di Dio"[10]. Dalle stesse parole di Lelio tuttavia, capii che Rol non pensava di avere dei poteri sovrumani né sovrannaturali, ma di avere scoperto guadualmente che "l'uomo" può ottenere dei segni dell'armonia profonda del Tutto, a condizione di credere, o meglio di voler divenire consapevole di essere parte (umilissima) di interazioni misteriose ma "esistenti" e quindi di realizzare una interiore disponibilità aprendosi al divino, inteso come valore, e cioè l'Amore come la vera energia della Vita, quindi valore partecipato (proprio nello stesso identico significato di "espansione" di cui parla Paulo Coelho in quel libretto molto bello che è *Il dono supremo*) che Rol difatto ha definito come dono sublime offerto alla nostra coscienza.

Strano infine che Lelio abbia scritto che la Scienza doveva studiare Sai Baba, senza insistere per il caso Rol. La Scienza a tutt'oggi, non è interessata. (…)

Con Rol io mi sentivo un bambino, lo ascoltavo attento al telefono. Cosa posso dire, in breve? Inizialmente fu come incontrare una persona sconosciuta, mi era difficile rispondere, mi sentivo coinvolto ma incapace di rispondere alle sue parole e alle domande. Mi parlò di Napoleone, dei suoi errori, del suo "spirito" e mi invitò promettendomi di farmi sentire la presenza dello spirito di Napoleone. Questo mi incuriosì molto. Parlammo di Sai Baba e dell'India, e compresi il suo atteggiamento.

"Sono stato in India", mi disse, "ho fatto dei prodigi anche davanti a loro, ho regalato oggetti materializzati"[11].

Io [*G. Marinari*] ero andato in India per vedere Sai Baba e per capire la questione dei valori umani e della spiritualità, restando coi piedi per terra. Baba mi ricevette subito, materializzò una spirale che depose ai miei piedi, lasciandomi emozionato. Poi, improvvisamente, nella saletta del Mandir[12], calò dolcemente il buio, fu silenzio, e vidi, come in un film in bianco e nero, Sai Baba adolescente che sorrideva. Alla mia sinistra c'era Sai Baba che aveva 60 anni. Era il gennaio del 1986. Durante l'intervista vi furono molte materializzazioni anche a mano aperta.

---

[9] Howard Murphet, *Sai Baba, l'uomo dei miracoli*, Sadhana, Torino, 1972.

[10] È ciò che infatti Galateri aveva detto anche nel dibattito su Rol avvenuto a Milano nel 1969-1970, prendendo spunto dall'affermazione del dott. Pietro Zeglio per il quale Rol «ammette di essere particolarmente favorito da Dio» (in: *Metapsichica. Rivista italiana di parapsicologia*, Casa Editrice Ceschina, Milano, gen-giu. 1970, p. 27).

[11] Rol dovrebbe essere stato in India (e Tibet) in almeno quattro occasioni. Conobbe anche Sai Baba. Su ciò, ne dirò in uno studio futuro.

[12] Tempio nell'*ashram* di Sai Baba, a Puttaparthi.

Rol rispose alle mie richieste concrete, e mi disse di andare da lui con mia moglie, che però non ne volle sapere, così come non volle mai venire in India. Per convincerla a fare una vacanza a Barcellona dovetti pregarla per due anni.
Rol mi disse, a proposito di mia moglie:
"Venga da me con sua moglie. Io ho conosciuto delle donne fedeli, si, uomini, mai, mai! La donna non può peccare, perchè ha l'utero, no?"
Dopo una pausa breve divenne allegro e disse: "Conosco una coppia di ottantenni, lei si è fatta la plastica, e continuano a fare l'amore, feeeeeliciiiiiiiiiiii come due ragazzi!!". (…)
Quando decisi di incontrare Rol, avevo già la registrazione, ma era ancora la cassetta a nastro di Lelio (…). Successivamente ho fatto riversare, dal Museo napoleonico di Tolentino, su CD la registrazione su nastro (…).
Incontrai Rol da solo, credo che restammo nello studio, (…) mi parlò visibilmente deluso di persone che avevano scritto e detto che i prodigi di cui si parlava avvenissero soprattutto in Via Pellico, fossero non veri e con lo scopo di soldi o notorietà, per avere amicizie di persone come Fellini, De Gaulle, ecc.
"Ho rifiutato molti soldi da parte di tv straniere" disse, e parlò delle sue visite negli ospedali. Ad un certo momento io percepii più oscurità, cioè meno luce nello studio, ma non so spiegare perchè, fu come se la vista si fosse ristretta davanti a me, vedevo entro un arco, una circonferenza di non più di 50 cm, sentivo la voce di Rol, lo vedevo, sentii vibrare forte il mio corpo per 2-3 secondi, non saprei dire meglio, mentre Rol mi parlava di Napoleone, della campagna di Russia. Alla fine ero confuso, non riuscivo a ricordare in ordine di tempo quello che mi aveva detto. Ricordo bene però che mi disse di tornare da lui con mia moglie, che potevo scrivergli mettendo una sigla sulla busta a destra, perchè lui leggeva solo le lettere "siglate", tante erano quelle ricevute. (…)
Avevo un amico che abitava allora a Torino, (…) così passai a salutare Rol [*il quale*] tornò a dirmi di portare mia moglie da lui e mi disse della carrozza.
Quel poco che credo di aver capito dalle molte telefonate fatte con Rol e dai due incontri – bontà sua – in via Pellico, posso osare dire che Rol è un maestro per noi occidentali. Il suo comportamento non era diverso dalle indicazioni che ci ha dato C. G. Jung (noi occidentali dobbiamo creare il nostro Yoga sulla base di ciò che resta vivo e vitale della esperienza del Cristianesimo. E qui, per Yoga, credo che Jung intendesse proprio il concetto di Patanjali: Yoga come arte di agire nel modo migliore, virtuoso; concetto che coincide con la pratica dei valori umani, che iniziò ad essere esperienza viva (Vangelo vivo) con Francesco di Assisi nel 1300, che identificò per primo valori umani con quelli praticati in modo esemplare da Gesù il Cristo, che prese a modello anche di "uomo").

La questione che Rol ha impostato come spiritualista, uomo di scienza e del "sacro", coincide con l'arte della pittura classica (ciclo da Giotto a Van Gogh): l'esaltazione dei valori umani, l'impegno del reinserimento del sacro nella vita quotidiana e dell'uomo nell'universale. Non a caso Rol amava definirsi "Pittore", evitando sempre di essere indicato come mago, paragnosta, medium, spiritista, e tanto meno cartomante!
Egli mi ha precisato che i prodigi fatti (anche in India: comprese le materializzazioni) avevano il fine di mostrare a tutti che accadono e possono accadere a tutti, fenomeni prodigiosi, che la scienza attuale non può spiegare, poichè sono correlati non con la Ragione, ma con lo "Spirito", che è in tutto ciò che esiste, e che nell'uomo può manifestare una "intelligenza" che ha sempre come obiettivo comprensibile o meno, il "Bene". Perchè accadano, l'uomo deve divenire uomo credente o di fede, consapevole, in una parola deve aprirsi totalmente a tutto. Fellini lo adorava per questa sua piena disponibilità permanente. Diceva "Rol è sempre Rol". Fellini non aveva questa apertura permanente, i prodigi lo mettevano, non so come dire, forse lo spiazzavano, perchè era artista che voleva controllare il suo lavoro in modo assoluto. Ma lo affascinavano. E non li negava affatto. Fellini diventava totalmente "disponibile" solo quando, diceva lui, ricevuto l'assegno di acconto, non volendolo restituire, doveva iniziare un film, allora si trasformava in un autore assoluto, e diveniva totalmente disponibile. Finito il film, diceva di cadere in una pigrizia intima, una specie di pudore, che durava fino al film successivo, quando riceveva un nuovo acconto.
Perchè dunque Rol, realizzata quella totale e stabile disponibilità integrale per il *Tutto* (che coincide con l'*Infinito*) non ha raccolto discepoli o devoti o una corte di ammiratori o aperto una scuola o cose del genere (ritiri spirituali ecc.) che spesso vediamo ovunque? Io credo perché era persona seria, perchè sapeva che un occidentale illuminato, che deve cercare la via della buona azione praticando i valori umani, innati, cioè le virtù, per realizzare un processo di "trasformazione" intorno a sé, deve oggi, innanzitutto, cercare di raccogliere l'invito, sempre riservato a pochi, per mostrare esperimenti, con una metodologia precisa e giuocosa, semplice e chiara, dimostrando che i fenomeni prodigiosi, che sfidano i principi della scienza attuale, esistono, sono possibili, e non solo a "Rol", ma a tutti coloro che vogliono realizzare un percorso di apertura, di disponibilità, cioè di reinserimento attivo del sacro nella vita quotidiana e dell'uomo nell'universale, nel tutto, nell'infinito. In ogni caso Rol richiese dei collaboratori con mentalità scientifica come testimoni permanenti. Questo, sappiamo, gli fu "negato". Viviamo tempi oscuri, forse il momento più oscuro del Kali Yuga, che tuttavia è – secondo l'annuncio che ci viene dall'India mistica – finito il 22 ottobre 2015 (o secondo altri, finirà nel 2025) ma non è ancora spuntato il Sole alto del III° Millennio, annunciato per il 2038-39. Viviamo quindi un periodo di transizione, che Rol

certamente aveva "visto", quando volle annunciare (...) che il tempo di una riunificazione del mondo in una sorta di confederazione di stati uniti planetari è possibile e non lontana. Rivolgendosi all'ultima sua generazione, che è la mia più o meno, ha fatto un annuncio che coincide con quello del Sai, con quello che fu di Sri Aurobindo (Auroville) e con quello di altri Maestri, come il Cristo, Maometto, e un Papa della Chiesa Cattolica, e, non ultimo, S. Padre Pio.

Gli uomini di buona volontà devono solo trasformarsi nel senso di *servire gli altri*, che in lingua sanscrita è chiamata *Paropakaratham Idam Shariram*.

Per realizzare una trasformazione vera, utile e sacra non servono penitenze, pellegrinaggi, studi ardui di testi di metafisica, e nemmeno vivere come Devoti di un Maestro o di un Illuminato, ripetendo i nomi del Signore o meditare per settimane o impegnarsi nello Yoga sotto la guida di un Maestro (...). Quel che serve realmente – precisano i grandi testi sacri – è mettersi al servizio degli altri.

"La vera spiritualità sta nel compiere azioni che santificano il tempo. Non si deve voler servire tutto il mondo in modo ostentato; è sufficiente mantenere Dio nel cuore e servire con amore al meglio delle nostre capacità." Esattamente quello che Rol ha fatto nella sua lunga vita».

APPENDICE III

Le fotografie di Gustavo Adolfo Rol
(novembre 2006)[1]

Se vi trovaste per caso ad osservare delle fotografie che ritraggono Gustavo Adolfo Rol, senza mai aver sentito parlare di lui, l'ultima cosa che pensereste è che quell'uomo viene in genere etichettato (in modo piuttosto incompleto) come *sensitivo*, pur se il più grande del XX secolo e non solo d'Italia.
Dallo sguardo profondo e limpido, dall'eleganza nel vestire, dai libri antichi ben ordinati che compaiono alle sue spalle credereste si tratti forse e piuttosto di un aristocratico, oppure di un professore universitario, di un lord inglese, di uno scienziato, di uno scrittore, di un banchiere (e in effetti lavorò in Banca, sua padre essendo stato direttore e fondatore della sede Comit di Torino) oppure di un diplomatico, magari un ambasciatore. Eppure, qualcosa di diverso da queste professioni rimarrebbe sullo sfondo, in modo quasi subliminale, veicolato da quello sguardo dietro cui si nasconde una saggezza remota, antica. Potreste, ad esempio, chiedere a Fellini per saperne qualcosa di più. Il regista direbbe: «Com'è Rol? A chi assomiglia? Che aspetto ha? È un po' arduo descriverlo. Ho visto un signore dai modi cortesi, l'eleganza sobria, potrebbe essere un preside di ginnasio di provincia, di quelli che qualche volta sanno anche scherzare con gli allievi e fingono piacevolmente ad interessarsi ad argomenti quasi frivoli. Ha un comportamento garbato, impostato a una civile contenutezza contraddetta talvolta da allegrezze più abbandonate, e allora parla con una forte venatura dialettale che esagera volutamente, come Macario, e racconta volentieri barzellette. (…) Ma, nonostante tutta questa atmosfera di familiarità, di scherzo tra amici, nonostante questo suo sminuire, ignorare, buttarla in ridere per far dimenticare e dimenticare lui per primo tutto ciò che sta accadendo, i suoi occhi, gli occhi di Rol non si possono guardare a lungo. Son occhi fermi e luminosi, gli occhi di una creatura che viene da un altro pianeta, gli occhi di un personaggio di un bel film di fantascienza»[2]. Di certo il grande regista non farebbe che aumentare i vostri interrogativi. Provereste allora a chiedere a qualcun altro, ad esempio a Dino Buzzati, il quale prima vi direbbe che Rol «non è un mago, come possiamo definirlo? il Maestro? l'Illuminato? il Sapiente? il superuomo?» e poi vi racconterebbe di quel giorno in cui, quando venne

---

[1] Mio scritto destinato ad essere usato come presentazione di un catalogo – poi non realizzato – della mostra fotografica *Gustavo Rol. Il Sublime e l'armonia universale* organizzata dal *tour operator* "Il Tucano" a Torino nel 2006 (dal 05/12/2006 al 31/03/2007). Le altre note sono quelle originali del 2006.
[2] Fellini, F., *Fare un Film*, Einaudi, Torino, 1983, pp. 88-90.

a Torino per incontrarlo, rimase stupito. «Non già della sua casa che mi avevano descritto molto bella, con preziosi mobili, oggetti e quadri antichi, ricca di cimeli napoleonici. Ma di lui. Da quanto avevo letto e sentito dire...mi aspettavo un uomo freddo, ermetico, reticente, chiuso nel giro dei suoi fantastici segreti, perciò inquietante e indecifrabile, da avere disagio o paura.
Colpisce invece in Rol, che a sessantadue anni ne dimostra almeno dieci di meno, una vitalità straordinaria e gioiosa. Insisto sulla serenità e l'allegrezza che ne emanano. Qualcosa di benefico che si irraggia sugli altri. È questa la caratteristica immancabile, almeno secondo la mia esperienza dei rari uomini arrivati, col superamento di se stessi, a un alto livello spirituale, e di conseguenza all'autentica bontà.
In quanto alla faccia, descriverla è difficile. Qualcuno l'ha definita da bon vivant. Non è vero. Potrebbe essere quella di un guru indiano. Ma potrebbe anche appartenere ad un chirurgo, a un vescovo, a un tenero bambino. Ci si aspetta una maschera impressionante e magnetica. Niente di questo. Ciò che sta dietro a quella fronte, almeno a prima vista, non traspare»[3].
A sentire lo scrittore Pitigrilli, Rol era, almeno apparentemente, un uomo come gli altri:
«Pranza nei restaurants, va dal barbiere, si sceglie con gusto le cravatte, si infila camicie impeccabili, preferisce l'automobile al tranvai, non veste da mago, e invece di lasciar dietro di sè odor di zolfo, emana un buon profumo di lavanda Aktinson»[4].
A questo punto vi convincereste che G.A. Rol forse era una persona «terrena». Senonchè vi potrebbe capitare di incontrare, in giro per quella misteriosa città che ha fatto del Toro il suo simbolo, chi sostiene di averlo visto passare attraverso un muro, chi di essersi sollevato per aria, chi di averlo visto ingrandirsi e rimpicciolirsi a piacimento, chi di aver viaggiato con lui nel passato o nel futuro. Altri diranno di essere stati guariti dal suo intervento, alcuni riferiranno di non aver potuto pensare a qualcosa che lui già lo sapeva, molti dichiareranno che conosceva tutti i segreti del loro passato e altri ancora gli avvenimenti del loro futuro. Vi sarà poi chi dirà di aver visto oggetti spostarsi da soli al suo cospetto, e altri oggetti apparire dal nulla o scomparire. Ma se già questo vi lascerà increduli, rimarrete ancor più perplessi quando vi diranno che gli capitava, di tanto in tanto, di trovarsi in due posti diversi, lontani chilometri, nello stesso momento, o di aver percorso grandi distanze in pochi attimi. Vi parleranno anche di carte da gioco, e voi penserete, rassicurati, che almeno quelli erano certamente *divertissements* di illusionismo. Senonchè

---

[3] Buzzati, D., *Un pittore morto da 70 anni ha dipinto un paesaggio a Torino*, Corriere della Sera, 11/08/1965, p. 3.
[4] Pitigrilli, *Gusto per il mistero*, Sonzogno, Milano, 1954, p. 8.

quelle carte mutavano numero e simbolo senza che Rol neanche le sfiorasse. Altre volte quelle stesse carte sembravano vive e si spostavano da sole. Lo facevano anche i pennelli, che evidentemente non avevano bisogno dell'artista in carne ed ossa per mettersi a dipingere. I quadri stessi talvolta si dimostravano insoddisfatti di come erano stati dipinti, e allora decidevano, autonomamente, di modificare se stessi. Mancava un albero? Eccolo comparire. Le figure volevano disporsi in modo diverso? Ecco che si spostavano. Poi vi saranno quelli che, più stupiti di voi, vi diranno di essere stati capaci di rifare le stesse cose che faceva Rol dopo che lui lo aveva consentito, quelli che affermeranno di aver visto fantasmi antichi e moderni, altri che diranno di aver visto se stessi sdoppiati, altri ancora di essere stati messi nella condizione di vedere uno strano alone colorato attorno agli esseri viventi. Allora voi comincerete a dubitare dell'intelligenza altrui, anche se i testimoni sono persone stimate e professionisti seri, oppure penserete che si sono messi tutti d'accordo per prendervi in giro. Tornerete a guardare il volto di Rol, cercando di capire chi egli fosse.

Rol non amava essere fotografato. Pochissimi sono riusciti a farlo: Remo Lugli, Norberto Zini e Gabriele Milani, rispettivamente nel 1972, 1977 e 1978, sono stati gli unici fortunati. Le altre foto sono state prese o casualmente da qualche amico, o sono immagini di quando era giovane e prese in famiglia, mai concesse per un uso pubblico quando Rol era in vita.
Quale miglior contesto di una mostra fotografica su Gustavo Rol per riferire del suo rapporto con le *sue* immagini? Ecco cosa scrisse il giornalista Remo Lugli:
«Le foto personali di Rol di solito rappresentavano un ambìto successo per chi aveva la macchina fotografica in mano davanti a lui e poteva scattare. Era sempre restio ad accettare di essere ripreso, cedeva dopo molte insistenze e sempre a condizioni: sarebbe stato lui a scegliere le foto eventualmente da pubblicare. Così fu per me nel 1972, quando ci conoscemmo per la prima intervista che sarebbe uscita su "La Stampa". Altrettanto accadde per altri giornalisti e fotografi nel periodo successivo, quando si aprì alle pagine di riviste: dovevano sottostare al suo controllo e alla sua approvazione di testi e foto»[5].
Nel 1973 lo studioso Jacopo Comin, in una lettera privata a Giorgio Di Simone, architetto e parapsicologo, scriveva: «Se da Rol puoi fare fotografie, fanne quante ti è possibile: sono preziosissime»[6].

---

[5] Lugli, R., Prefazione al libro di M. L. Giordano, *Gustavo Rol. Una vita per immagini*, L'Età dell'Acquario, Torino, 2005, p. 9.
[6] Di Simone, G., *Oltre l'umano. Gustavo Adolfo Rol*, Reverdito Edizioni, Trento, 1996, p. 111.

Ma Di Simone non potè farne. Ci provò quattro anni più tardi il giornalista Renzo Allegri che stava scrivendo degli articoli su Rol per il settimanale *Gente*. Dice Allegri:
«Non si faceva fotografare (…). Rol non ne voleva sapere, ma io fui irremovibile, pronto a rinunciare proprio perché non avrei potuto diversamente realizzare in modo dignitoso il mio lavoro in un rotocalco. Dopo lunghe discussioni, Rol cedette sulle fotografie, "qualche fotografia" mi disse»[7].
Tuttavia il risultato non fu dei migliori:
«…il direttore del giornale… aveva illustrato l'articolo con una sola foto di Rol. Una di quelle che avevo scattato durante i nostri incontri. Ma io non ero un fotografo professionista. Mi ero arrangiato proprio perché Rol non voleva altre persone. Ma quella foto non era piaciuta a Rol, ed era furibondo. Mi disse che avevo di proposito scelto quella foto orribile e che me l'avrebbe fatta pagare. Mi disse di andare subito a Torino portando tutte le foto e i rispettivi negativi che avevo scattato»[8].
Rol allora gli fornì una sua fotografia, che Allegri utilizzò in uno degli articoli successivi. Ma essendo previste più puntate, erano necessarie altre foto:
«Io avevo pronto il mio lungo articolo e glielo feci leggere. Gli chiesi come avremmo potuto illustrarlo. "Ho bisogno di qualche altra tua fotografia" gli dissi.
"Te l'ho già data" rispose.
"Ma quella l'ho utilizzata nel giornale che ora è in edicola, non possiamo rimetterla anche nel prossimo".
"Io non ho altre foto mie decenti".
"Perché non mi permetti di accompagnare qui un fotografo di quelli bravi per farti fotografare come si deve?" gli dissi.
"Non sono mica un'attrice" rispose aspro Rol. "Sai che odio le fotografie".
"Però, come vedi, sono necessarie per fare i giornali" ribattei. "Adesso sarà un guaio impaginare il prossimo articolo. E poi il problema si ripresenterà per l'altro numero ancora. Se vogliamo andare avanti con questi articoli, bisogna che si trovino delle foto".
"Chi è il fotografo che vorresti portare qui?" chiese Rol dopo un breve silenzio.
"Il fotografo del nostro giornale. Si chiama Norberto Zini, una persona seria, che lavora per noi da anni. È veloce nel fare le foto, non ti fa perdere tempo"
"Le foto poi non vanno in giro. Me lo assicuri?"
"Te lo assicuro. Restano al giornale".

---

[7] Allegri, R., *Rol. Il grande veggente*, Mondadori, Milano, 2003, p. 20.
[8] *ibidem*, p. 73.

"Va bene, per te faccio anche questo. Quando fai venire il fotografo?"
"Anche oggi stesso, se vuoi, gli telefono e in un paio d'ore è qui".
"Va bene, facciamo per le quattro di questo pomeriggio. Ti va bene?"
"Va benissimo".
(…)
Alle 16 precise suonavamo all'appartamento di Rol. Venne ad aprire lui in persona ed era già pronto. Giacca, cravatta, camicia bianca con polsini d'oro. Elegantissimo.
Fece visitare la casa al fotografo, ma disse che preferiva essere fotografato nella biblioteca. Zini lo mise in posa e scattò a raffica. Cambiò alcune situazioni, sempre nella biblioteca, e, dopo una ventina di minuti, Rol, come avevo previsto, disse: "Basta. Ora ne avete anche troppe di fotografie".
Zini mi guardò sconsolato, ma gli feci cenno che andava bene così, non bisognava insistere»[9].
Nel 1978 sarà la volta di Gabriele Milani, fotografo del *Corriere della Sera*:
«Ai fotografi diceva: "Non fate i furbi: sappiate che, se anche scattate di nascosto, le vostro foto non riusciranno mai. Chi lo ha fatto, si è trovato in mano rullini bruciati". Solo Gabriele Milani, reporter della *Domenica del Corriere*, ha potuto fissare con l'obiettivo quanto avveniva in quei salotti inviolabili. "Dopo mesi che gli lasciavamo messaggi, ci chiamò, disposto a vederci. Ma a casa sua non volle rilasciare interviste. Ci mandò in case di amici che ci parlarono di lui. E solo la sera Rol ci raggiunse. (…) Io rubai qualche foto. Ma quando, la volta dopo, gliele mostrai, lui le strappò senza guardarle. Fu solo al terzo incontro, dopo che gli dissi quanto mi aveva fatto male quel gesto, che mi diede il permesso di fotografarlo. Ma con discrezione"»[10].
Milani fu anche l'unico che riuscì a fotografare Rol durante gli esperimenti. Larga parte di questo materiale è ancora inedito. Come riferiva anche un articolo nel 2000:
«Non si faceva fotografare mai durante gli "esperimenti"… al tavolo rotondo nel salotto della sua casa, sfarzosa come una reggia. Fece una sola eccezione per un reporter che gli era stato presentato da amici e oggi quelle immagini valgono parecchio»[11].
I reportage fotografici di Lugli, Zini e Milani sono stati acquisiti dallo scrivente, per evitare indebite speculazioni che purtroppo si sono comunque verificate.

---

[9] *ibidem*, pp. 101-103.
[10] Pronzato, L., *Niente clic, per favore*, Sette – Settimanale del Corriere della Sera, 27/04/2000, p. 135.
[11] Regolo, L., *A tu per tu con gli spiriti*, Chi 11/10/2000, p. 96.

Di Rol si è parlato moltissimo negli ultimi anni, eppure la qualità di ciò che si è detto non è all'altezza della sua eredità etica, spirituale e scientifica. Errori, esagerazioni, vanterie di alcuni, analisi metafisiche lontano dalla sua dottrina – che sua non era –, hanno contribuito a creare confusione sulla sua personalità e le sue idee, cosa che ha fatto il gioco di tutti coloro che, non avendo conosciuto Rol e dubitando di ciò che era capace, si sono prodigati nel criticarlo per non essersi sottoposto a una commissione di indagine, per verificare se davvero erano autentiche le sue *possibilità* oppure se si era di fronte solo a un sofisticato illusionista.

In più sedi io mi sono prodigato di riferire in quale direzione guardare per collocare Rol. Ho parlato, ad un tempo, di yoga e dell'insegnamento di Cristo. Ho detto che il "segreto" di Rol si trova nei testi sacri delle grandi religioni così come negli insegnamenti tradizionali che hanno riconosciute linee di maestri spirituali.

Che Rol fosse un Maestro Spirituale autentico, un Risvegliato, apparirà chiaro a coloro che desiderino approfondire la sua vita straordinaria. Se fino ad oggi non è stato compreso, è solo perché i suoi abiti occidentali e una diffusa ignoranza metafisica hanno impedito di riconoscerlo.

Anche questa mostra fotografica è un contributo alla riflessione, di cui ringraziamo il Tucano per averla resa possibile.

APPENDICE IV

Due miei brevi articoli sul periodico "Voce pinerolese"

Rol, le possibilità dell'Infinito
(maggio 2019)

25 anni or sono passava ad *altra* vita Gustavo Adolfo Rol, che giornalisti o testimoni superficiali continuano a definire "sensitivo", "mago", "medium" e simili. La tradizione occidentale non conosce categorie qualificative per inquadrare un personaggio di tale complessità, e da molti anni chi scrive è giunto alla migliore definizione possibile di "maestro spirituale illuminato", una qualifica che in Oriente ha precise connotazioni anche se occorrono meno parole per esprimerla. "Maestro" perché è stato e continua ad essere esempio per molti; "spirituale" perché ha trasmesso conoscenze attinenti alla sfera dello Spirito; e "illuminato" perché ancora 24enne raggiunse l'illuminazione, uno stato della coscienza molto diverso dalla coscienza comune e che in seguito lui definì "coscienza sublime", corrispondente a grandi linee al *samādhi*, al *nirvāṇa*, al *satori* delle tradizioni orientali. Di maestri spirituali ce ne possono essere molti, ma assai rari sono quelli "illuminati". Espressione caratteristica di questo "status" e conseguenza automatica dello stesso, sono i numerosi "poteri paranormali" che vi sono associati, che la tradizione indù chiama *siddhi*, e quella cristiana *carismi* o *doni dello spirito*. Manifestati con prudenza e solo in circostanze che il Maestro giudichi opportune, legate allo sviluppo spirituale di chi ne viene fatto partecipe, non possono essere mostrati a chicchessia né sarebbe concepibile trarne un qualsiasi tipo di lucro. È stata infatti questa la condotta che Rol tenne tutta la vita. Di mestiere faceva il pittore, dopo aver lavorato negli anni giovanili come funzionario di banca e poi come antiquario. Di cultura enciclopedica, elegantemente vestito, tre lauree, *gentleman* in tutti i sensi, ma anche umile e sempre dedito al prossimo, sua vera vocazione. Era eccezionale anche senza i suoi "poteri", che lui preferiva comunque chiamare "possibilità", sostenendo che ognuno, raggiunto quel particolare stato di coscienza, avrebbe potuto manifestare, a condizione di lasciare da parte il proprio "ego", ostacolo principale per accedere all'"infinito". Le "possibilità dell'Infinito", quindi, titolo che mi sono permesso di suggerire agli organizzatori della bella mostra fotografica su Rol che dal dicembre 2018 si tiene in Torino.

Il "segreto" di Rol: la Coscienza Sublime
(giugno 2019)

Se si conosce – o se si decide di impegnarsi a conoscere – con sufficiente profondità e distacco la storia delle religioni e del misticismo, si potrà comprendere con relativa semplicità il "mistero" Rol, che mistero in realtà non è, per lo meno non nel senso profano. Ricordo ancora i miei tentativi di spiegare in che modo l'essere umano era andato sulla Luna al mio *mlinzi* (guardiano), quando vivevo in Tanzania. Era un semplice pescatore senza istruzione, che quasi nulla sapeva della civiltà moderna. Nonostante i disegni che tracciavo sulla terra battuta del sistema solare, le spiegazioni sulla natura dei pianeti, l'esistenza di vettori e navicelle spaziali, date in swahili, lui non si capacitava di come qualcuno avesse potuto raggiungere quella misteriosa sfera bianca nel cielo, e che talvolta persino spariva o appariva differente. Mi diceva semplicemente: *haiwezekani* (è impossibile), e credeva che io lo prendessi in giro. Non aveva né l'educazione né i punti di riferimento ormai scontati per l'uomo moderno (anche solo il viaggiare su un aereo) per poter credere che qualcuno fosse riuscito in qualcosa di così inconcepibile. L'essere umano moderno, in generale, di fronte all'eccezionalità del "caso Rol" è come quel mio guardiano: non ha strumenti sufficienti per poter capire. Rol è impossibile (o anche solo incomprensibile), i testimoni non possono che essere degli ingenui o dei bugiardi (oppure c'è puzza di zolfo, come dicevano i contemporanei di Gesù). Invece si può comprendere Rol e le molteplici *possibilità* paranormali che ebbe occasione di manifestare in poche righe. Nel 1927, dopo due anni di ossessivi tentativi per indovinare il colore delle carte da gioco (era giunto a questo un po' per caso e un po' per sfida) – anni anche di studio autodidatta di filosofia, religioni, tradizioni ermetiche – qualcosa "scattò" in lui, favorito dal suo monoideismo ossessivo e dalle notti in bianco (di giorno lavorava come funzionario di banca) passate in questa specie di follia giovanile (aveva 22/24 anni). Riuscì a indovinare, una di seguito all'altra, tutte le carte di un mazzo. Come un alchimista che finalmente abbia imbroccato la strada giusta, la metamorfosi avenne grazie all'intuizione di visualizzare intensamente ad occhi chiusi il colore verde smeraldo, e immaginare contemporaneamente un suono corrispondente all'accordo di quinta (Rol suonava il violino), vibrazione che ha corripondenze con l'*OM* della tradizione indù. La componente sinestetica di questa meditazione *sui generis* innescò una particolare sensazione interna di *calore*, ben nota in molte tradizioni spirituali, creando una serie di conseguenze biologiche e neurologiche il cui esito fu l'accesso a quella da lui chiamata *coscienza sublime*, «l'unione con l'Assoluto, un Tutto, un'interezza senza separazione alcuna». L'atterraggio su questo Nuovo Mondo però fu piuttosto turbolento, e Rol inizialmente ne ebbe paura. Solo col passare degli anni ci fu un acclimatamento che gli permise gradualmente di convivere con la sua nuova natura, non più limitata dai ristretti ambiti sensoriali. Quel che è certo, è che Rol non immaginava che quella sua nuova condizione gli avrebbe in seguito donato "poteri" ben più stupefacenti dell'indovinare le carte di un mazzo di carte.

Note bibliografiche e commenti

Vol. III

Per i criteri usati in questi note, rimando alla pagina corrispondente del vol. I. Qui aggiungo quanto segue: i testimoni i cui altri episodi compaiono nei volumi precedenti verranno talvolta segnalati rimandando al capitolo (numero romano) e al numero dell'episodio. Si ricordi di confrontare anche le note al fondo per ciascun episodio, nei rispettivi volumi, dove si trovano dettagli aggiuntivi, biografici, comparativi e commenti. Siccome le testimonianze rese attraverso le reti sociali in questi ultimi anni sono state molte, e siccome spesso i link sono talvolta eccessivamente lunghi, pieni di numeri e caratteri, ho optato per segnalare, tranne eccezioni, solo data e homepage o nome della pagina citata. In genere per trovare il link originale, basta cercare nei motori interni di ricerca. In qualche caso, per le ragioni più varie, alcune testimonianze potrebbero non essere più accessibili e fa fede quindi la mia citazione.

Le fonti che fanno parte della bibliografia aggiunta in questo volume saranno citate abbreviate, per esteso si veda la bibliografia. Le fonti invece non incluse nella bibliografia di questo volume, e incluse invece nei volumi precedenti, saranno qui citate per esteso.

I – Chiaroveggenza

118. Roccia, 2011. Il prof. Luciano Roccia è stato direttore dell'Istituto Italiano di Agopuntura, e docente di Chirurgia generale all'Università di Torino. Cfr. vol I, XII-7 e nota relativa. Quaglia era il dott. prof. Alberto Quaglia Senta, pioniere dell'agopuntura in Italia, maestro di Roccia, amico di Rol e di comuni amici (il dott. Alfredo Gaito, i coniugi Visca). Rol e Gaito pubblicarono il 13 aprile 1979 su "La Stampa" (p. 15) questo necrologio: «Gustavo Adolfo Rol ed Alfredo Gaito con le rispettive famiglie, addolorati annunciano la scomparsa del loro insigne maestro ed insostuibile amico Dottor Alberto Quaglia-Senta – Nessuna parola saprebbe esprimere il cordoglio dello stuolo di coloro che attinsero a tanta luminosa sorgente di sapienza e di carità».

Nel novembre 2015 ho potuto scambiare una corrispondenza scritta e telefonica col prof. Roccia. Ecco alcune delle cose che mi disse:

«Ho insegnato per 36 anni alla Facoltà di Medicina a Torino. Achille Mario Dogliotti è stato il mio professore e direttore per 8 anni. Vivevamo nella stessa casa e la mia stanza era esattamente sotto la sua. L'ho assistito personalmente sino al suo passaggio nell'altra vita, dove sono stato

anch'io per qualche tempo indefinito, come si può leggere nel mio libro nel capitolo "Il mio viaggio più corto".
Qualche volta abbiamo parlato di Gustavo del quale riconosceva le qualità eccezionali ed al quale si rivolgeva a volte per i suoi poteri diagnostici.
Mia madre conosceva Gustavo fin da quando ero piccolo, dopo la guerra, e non ricordo come lo conoscesse se non che lo frequentava sempre insieme a Lella Pinna. [*Raffaella Pinna, cfr. I-96, XII-7, XLIX-34*]
Sono stato il suo medico per 5 o 6 anni. Un giorno mi ha detto: "Caro Roccia ho deciso che Lei sia il mio medico". Io avevo 30 o 31 anni. L'ho visitato ancora qualche mese prima di morire, mi aveva chiamato e mi aveva detto: "Ho bisogno di te che sei l'unico di cui mi fido, come medico". Ero andato a casa sua ed era a letto. Aveva una banalissima influenza, però voleva più che altro parlarmi, dirmi delle cose.
Gli ho presentato io Fred [*Alfredo*] Gaito, era un mio collega che alla bella età di 56 anni era andato in pensione ed era venuto alla mia scuola a imparare l'agopuntura, ed eravamo diventati amici, anche perché era il medico della mutua di mia moglie di allora, che me l'aveva presentato.
Con lui parlavo spesso di Gustavo e prima che lo conoscesse mi diceva sempre: "Quello lì ti prende in giro, è un ipnotizzatore! Voi non capite niente". Dopo un po' di tempo gli ho detto: "Senti, facciamo una cosa, una sera vieni con me". Da lì in avanti è diventato uno dei suoi più fervidi "seguaci"».
Questa testimonianza di Roccia è molto importante, qui in particolare il fatto che sarebbe stato lui a presentare a Rol il dott. Alfredo Gaito, che poi ne divenne grande amico e medico personale per molti anni (nato nel 1915 e deceduto pochi mesi dopo Rol, il 09/01/1995, fu vicepresidente dell'Ordine dei Medici di Torino), e il fatto che Gaito fosse scettico e avesse il tipico atteggiamento di chi ha forti pre-giudizi poi svaniti come neve al sole dopo l'inizio della frequentazione. È un esempio paradigmatico di molti testimoni di Rol prima (scontatamente) scettici, ricredutisi dopo una sufficiente frequentazione e diventati suoi difensori.
Anni dopo ne ho parlato con Hermann Gaito, figlio di Alfredo, che il 02/11/2021 mi ha riferito:
«Mia mamma mi ha detto che Gustavo e mio papà avevano in comune l'amicizia di Dina Fasano, una delle due sorelle note cantanti negli anni '50 come *Duo Fasano*, e ritiene che sia stata lei ad aver parlato di Rol a mio papà e poi gli chiese se voleva partecipare a una delle sue serate. Mio papà che era molto curioso andò, e nacque una certa simpatia tra Gustavo e mio papà».
Potrebbe trattarsi di una sovrapposizione più o meno contemporanea, e probabilmente prima ci fu l'iniziativa di Roccia e poi quella di Dina Fasano, come infatti lo stesso Roccia mi ha poi ribadito il 16/11/2021 per iscritto: «Ogni volta che parlavo degli esperimenti di Gustavo, Fred mi prendeva in giro dicendomi che Gustavo ci ipnotizzava finché stufo di

questi commenti lo portai una sera con me e Fred divenne uno dei suoi più grandi ammiratori. Forse Severina non si ricorda e può anche darsi che il duo Fasano abbia giocato un ruolo in un successivo incontro». Dina Fasano era la moglie dell'ing. Manlio Pesante, coppia che Remo Lugli incontrò, presente anche Alfredo Gaito ed Else Lugli, il 06/09/1972, e ne registrò la conversazione, che io ho tradotto in un video che ho pubblicato su *youtu.be/YPYxuf1AnV0* e di cui darò alcune trascrizioni nei cap. V, XXXIV e XXXV.

Tornando a quello che mi disse nel 2015:

«In sette anni sono stato tante volte a casa sua. L'ultima volta si era arrabbiato con me perché dicevo: "Senti Gustavo, invece di fare tutti sti giochetti, i poteri che hai dovresti usarli più per far del bene agli altri", e lui si era arrabbiato e aveva detto: "Non sono giochetti! sono esperimenti!". Dopo una settimana dieci giorni mi telefona Fred Gaito e mi dice: "Luciano senti, ambasciator non porta pena, Gustavo ha detto che non vuole più vederti, perché gli inibisci i suoi esperimenti"».

Capisco perfettamente come potesse sentirsi Gustavo e io avrei fatto esattamente la stessa cosa. Roccia non solo non aveva compreso la natura di quegli esperimenti – che, *repetita iuvant*, non erano per niente "giochetti" ma esperimenti eccezionali, soprattutto quando c'era un solo uomo su tutto il pianeta Terra in grado di farli, mentre i "giochetti" li fanno milioni di bambini e adulti – e cosa rappresentavano (una legge della natura ancora non identificata) – ma non aveva capito quale importanza Rol gli attribuisse, introduzione fondamentale a tutta la sua fenomenologia. Sentitosi dire quello da Roccia, devono essergli "cadute le braccia" e deve aver pensato: "Ma non ha capito un bel niente!" e a quel punto non aveva più senso farlo assistere di nuovo, perché non dandogli importanza Roccia toglieva di fatto a Rol quell'entusiasmo, quel piacere, quella voglia che gli erano necessari per darne dimostrazione. L'atteggiamento di Roccia era *deprimente*, e quindi appunto *inibente*. Senza contare che Rol passava *la maggior parte del suo tempo a dedicarlo al prossimo*, quindi sentirsi pure fare quella lezioncina ignorante quanto presuntuosa non poteva stargli per niente bene. E del resto, anche oggi è frequente tra i disinformati della biografia di Rol questo tipo di critica superficiale (fino all'estremo ridicolo: *invece di fare giochetti poteva risolvere i mali del mondo, curare migliaia di persone*, e via dicendo). Roccia mi ha anche detto:

«Gustavo aveva senz'altro delle facoltà al di sopra del comune e infatti ne discutevamo spesso, lui mi diceva: "Vedi, io adopero miliardi di cellule neuronali che la gente normale non adopera, ce ne sono tanti nel mondo che potrebbero fare queste cose, ma non lo sanno"».

Questa affermazione di Rol è compatibile col fatto di aver raggiunto l'illuminazione, che ha come conseguenza una iper-attivazione di tutte le aree cerebrali e l'aumento delle sinapsi neurologiche (ed è una delle ragioni per cui nel 2000 ho coniato il termine *neuroteologia*). Secondo uno studio del 2009 della ricercatrice brasiliana Suzana Herculano-Houzel e del suo team, nel nostro cervello ci sarebbero circa 86 miliardi di neuroni.

119. Comunicazione scritta all'Autore del 10/09/2015, episodio inedito. Cfr. XV-5, XXXVII-25, XLI-13.

120. Comunicazione all'Autore del 25/02/2018, episodio inedito. Pur mancando i dettagli, si può ipotizzare che Rol avesse cambiato tono di voce parlando con la stessa voce del padre delle zie, avendo cioè preso contatto con il suo *spirito intelligente* e "incorporandolo", assorto ma senza *trance*, come in altri esperimenti analoghi. Cfr. per es. XXXIV-56. Nico Orengo aveva scritto che Rol, «amava scherzare» con l'amica Luciana Frassati alla quale «per telefono... faceva sentire le voci di Molière, di Mozart, di Napoleone» (Orengo N., *Una vita vissuta per incanto. Il Mago Rol*, Grazia, 16/10/1994, p. 250). Nel 1951 Rol scriveva: «Io mantengo integra la mia coscienza durante i miei esperimenti, almeno per una parte di me stesso sufficiente ad impedirmi di andare "in trance". È vero, sì, che il mio volto e la voce possono cambiare di espressione e che sovente io mi sento "proiettato fuori", ma la parte viva umana e cosciente di me stesso non viene alterata» (Rol, G.A., *"Io sono la grondaia..." Diari, Lettere, Riflessioni di Gustavo Adolfo Rol*, a cura di C. Ferrari, Giunti, Firenze, 2000, p. 138).

121. Pubblicato il 04/10/2015 da Micaela Martini su sua pagina *facebook* "Rol touridee".

122. Commenti del 04/03/2016 e 06/05/2016 su: *youtu.be/jZKkcvvhW9U*. Mirella Delfini è una giornalista e scrittrice. Qui la nota biografica tratta dal sito di Editori Riuniti: «Mirella Delfini, già inviata speciale anche nelle zone calde del mondo, si è da tempo convertita all'ecologia e all'etologia, ed è specializzata in bionica, ossia in tecniche ispirate alle invenzioni della natura. Ha ideato e condotto in Italia e all'estero fortunate trasmissioni radiofoniche di divulgazione scientifica, ha lavorato per vari quotidiani (*Il Giorno*, *Paese Sera*, *Repubblica*, *l'Unità*), per il *Giornalino* delle Edizioni Paoline con cui ha pubblicato *Brevetti rubati alla Natura*. Ha tenuto rubriche su *Airone* e *Minerva*. È considerata la scrittrice che ha inventato la divulgazione scientifica umoristica. Con Mondadori ha pubblicato *Insetto sarai tu* (...), e la prima edizione di *Senti chi parla* (...). Con la Muzzio ha pubblicato *La vita segreta dei piccoli abitanti del mare* (Premio Estense 2000), *La vita segreta dei ragni* e *La vita segreta degli insetti geniali*. Ha collaborato a importanti riviste come *Ligabue Magazine* e *La Macchina del Tempo*».

Interessante notare che è amica di Piero Angela, il quale ha presentato (insieme a Fulco Pratesi) nel settembre 1992 a Roma il suo libro *Senti chi parla*, così come un altro suo libro, *Dal Big Bang all'Homo Stupidus Stupidus* (2011) nel programma tv *Superquark* e ha anche scritto prefazioni a *Vegetale sarai tu! Interviste con le piante* (2013) e a *La scienza giorno per giorno (1861-2015)*(2016). Del libro *Insetto sarai tu* (1986) che era molto piaciuto a Rol, Angela le avevo detto: «È un libro tam-tam, chi l'ha letto lo fa subito leggere a un altro. Io lo tengo sul comodino» (Delfini, M., *Andrà tutto bene*, Abel Books, Civitavecchia, 2011). Un altro che non è dato sapere se sia rimasto scettico oppure no e che Delfini conosceva bene era Ettore della Giovanna (cfr. vol. I, IV-4; VIII-1[h]). Pitigrilli nel 1952 aveva scritto di lui: «Molti anni or sono parlai delle esperienze di Gustavo Rol a Ettore della Giovanna. Questo brillante scrittore, oggi corrispondente da Nuova York di un grande quotidiano di Roma, allora era laureando in medicina. Era cioé un giovane che per la sua formazione scientifica sapeva osservare un fenomeno; nei laboratori si era abituato a non vedere la luna nel pozzo. Quando, a Milano, gli parlai delle esperienze di Rol, prese il primo treno per Torino e la sera stessa, tornando a Milano, mi scrisse una lunga lettera per dirmi che ciò che aveva visto in casa di Rol era stupefacente, scombinava tutto il suo modo di pensare sulla materia, sulla gravità, sulla realtà controllabile, e gli sollevava il velo di Iside. Ma quindici giorni dopo mi scriveva un'altra lettera, per dirmi che ci aveva pensato meglio e che si rifiutava di credere» (*Gusto per il mistero*, Sonzogno, Milano, 1954, pp. 8-9).

La previsione sbagliata sulla morte è un caso più unico che raro, e in effetti non se ne conoscono al momento altre. Rol ha sbagliato anche una previsione con la giornalista Chantal Personè, alla quale aveva predetto che sarebbe diventata nonna, cosa che non è avvenuta. Sia Delfini che Personè hanno però testimoniato altri fatti indiscutibilmente paranormali.

123. Delfini, estratti dagli articoli del 25/03, 01/04, 05/04, 08/04, 12/04/2019.

Ciò che abbiamo contabilizzato in questo racconto è la chiaroveggenza su Gino, avendo contabilizzato quella su Giorgio già nel precedente.

La Delfini non specifica mai gli anni degli incontri con Rol, che abbiamo ricavato noi sulla base delle informazioni fornite. In merito al secondo incontro al Salone della Tecnica e della Scienza abbiamo potuto stabilire la data precisa perché Silvano Villani aveva scritto due articoli sul Corriere della Sera, il primo il 23/09/1965, il secondo il giorno seguente (*Macchine nuove per nuovi sistemi al «Salone» torinese della tecnica*, 24/09/1965, p. 7) dove si menziona l'inaugurazione fatta il giorno prima dal Ministro per lo Sviluppo del Mezzogiorno Giulio Pastore. Ne *Il simbolismo di Rol*, tavola XXVIII, abbiamo pubblicato una foto dove Rol presenta l'amica Franca Pinto proprio al ministro, in quel preciso giorno. È quindi plausibile che poco prima o poco dopo abbia incontrato Mirella Delfini.

In merito a Suor Maria Agnese Emanuel, delle Suore Domenicane di Testona, frazione di Moncalieri vicino a Torino, Rol la considerava una santa, e come si vede dal racconto lei considerava santo lui. Suor Agnese

e Rol erano soliti donare dei quadretti con l'immagine di una Madonna con Bambino (io ne ho due, Gustavo ne donò uno a mia nonna Elda, l'altro a mia mamma Raffaella). Ad Aldo Giacosa per esempio, condomino di Rol, lo donò quando era ancora bambino, con una dedica. Un altro lo donò allo scrittore Alberto Bevilacqua, il quale ne parlò brevemente sul *Corriere della Sera* nel 2000 e poi nella puntata di *Enigma* di Corrado Augias su Rai Tre, dedicata a Rol (02/04/2007):
«È l'ultimo ricordo che [Rol] mi ha lasciato prima di morire. Lo dava agli amici. La Madonna ha il volto di Rol e il bambino dovrebbe avere la mia faccia. Questo è un regalo che lui ha fatto. Io l'ho visto, non aveva niente, non mi aveva portato niente, poi questo quadro l'ho trovato sul tavolino della stanza da cui lui è uscito». Questa testimonianza di Bevilacqua noi non l'abbiamo mai contabilizzata come materializzazione, per due ragioni: 1) proprio perché Rol regalava questi quadretti, può benissimo averlo lasciato a Bevilacqua come sorpresa e ricordo senza che se ne accorgesse (i miei misurano 20 x 26 cm); naturalmente la materializzazione non può essere esclusa, ma ci sono troppo pochi elementi per avallarla, anche se lo scrittore già nel 2000 pareva propendere per questa possibilità (lo vedremo più avanti); 2) Nel 2011 Catterina Ferrari mi aveva detto che Bevilacqua non ha mai incontrato Rol, ha avuto con lui solo lunghe chiacchierate telefoniche. Questo in effetti è compatibile con alcune cose da lui dette a sproposito sugli esperimenti di carte, che non avendoli visti ha lasciata aperta la possibilità che potessero essere solo giochi di prestigio. Però dalle parole di Bevilacqua si capisce che almeno nell'occasione del quadretto si siano davvero incontrati (e forse la Ferrari non ne era al corrente, del resto Rol non le diceva tutto quello che faceva, anche se però negli ultimi tempi erano sempre insieme e Bevilacqua afferma che l'incontro sarebbe avvenuto «prima di morire», quindi negli anni '90). Bevilacqua fa una affermazione strana: «La Madonna ha il volto di Rol e il bambino dovrebbe avere la mia faccia». Che cosa significa? Se uno non conoscesse la provenienza del disegno potrebbe pensare che Rol lo abbia creato di proposito con quei lineamenti. Cosa disse davvero Rol a Bevilacqua (in seguito al telefono)? Forse qualcosa del tipo: "Il bambino sei tu, la Madonna sono io che ti proteggo" (o qualche variante sul tema), ovvero un linguaggio metaforico, che poi lo scrittore ha preso un po' troppo letteralmente. Per lo meno, per quanto riguarda il bambino. Anche perché non si capisce come Rol potesse «dare agli amici» un disegno con un bambin Gesù con la faccia di Bevilacqua… Quanto alla Madonna, ha in effetti uno sguardo particolare, penetrante, e non mi sento di escludere che Rol possa aver avuto un qualche ruolo nella produzione del disegno.
Rosanna Greco, che ricevette anche lei in dono da Rol il quadretto, aveva scritto nel 2019 che Rol le disse che «guardandola negli occhi si poteva vedere l'infinito». Curiosamente, è analogo a quello che io avevo detto di

Gustavo quando venni intervistato da Nicolò Bongiorno nel 2005 per il suo documentario poi trasmesso da History Channel: «era una persona [che] guardandola si percepiva l'infinito, i suoi occhi erano degli occhi immensi» (anche per questo suggerii nel 2019, per una mostra fotografica su Rol – embrione di un futuro museo – poi riedita due volte nel 2021, il titolo *Le Possibilità dell'Infinito*).

Manuela Peretto riferiva il 10/02/2019 nel gruppo facebook "*Museo Gustavo Adolfo Rol*" (da qui in avanti solo con l'URL: *facebook.com/groups/museogustavoadolforol*) di avere trovato questa immagine da bambina:

«Avevo circa tredici anni quando per caso la trovai in un bosco nei pressi di Torino, mi fece tanta tenerezza vedere la Madonnina in mezzo a fango e foglie buttata. La presi, la ripulii e la riempii di scotch per non sciuparla, è da allora che mi accompagna tutti i giorni in questa avventura meravigliosa che è la vita. Ha aiutato e sostenuto anche membri della mia famiglia e non, quando la imprestai. Poi il mio collegamento a Rol è avvenuto solo quest'anno, dopo una serie di eventi e coincidenze che mi portavano dritto dritto a Lui». In un post del 18/11/2020 su *facebook.com/groups/dottorrol* dava qualche altro dettaglio: «circa 15 anni fa venni a conoscenza di questo personaggio vissuto a Torino tramite un mio amico psicologo che ebbe la fortuna di conoscere il Dottor Rol (…). Affascinata dei suoi racconti, iniziai una mia personale ricerca (…). Tanti tanti anni fa [*intorno al 1983, faceva la seconda media*] quando avevo 12 [*o 13*] anni, la scuola media del mio paese organizzò la giornata ecologica "puliamo i boschi". Ricordo quella mattina infreddoliti ognuno di noi con il nostro sacchettino dove buttare dentro plastiche cartacce che si trovavano in giro per il bosco. Arrivata in un punto particolare, una zona paludosa, trovai per terra tutta infangata e sporca una piccola immagine di una Madonna meravigliosa! La pulii e la sistemai un po' con nastro adesivo trasparente. Mi dava un senso infinito di pace, una tranquillità interiore. Non mi separerei mai da Lei. Gli anni passarono ed io con me avevo sempre il mio piccolo "portafortuna". Soltanto due anni fa guardando uno dei tanti video su Rol, raggelai davanti alle parole di Alberto Bevilacqua il quale sosteneva che il dottor Rol, era sua abitudine donare a chiunque ne avesse avuto bisogno questa immagine della Madonna. Era la stessa Madonnina della mia immaginetta, che mi accompagna ormai da più di trent'anni!»

Fu grazie a Manuela che potei entrare in contatto col dott. Guido Lenzi, lo psicologo di cui parla, dal quale ho raccolto una importante testimonianza (cfr. XXXVI-10).

Il 21/08/2019 una utente commentava di vedere nel volto della Madonna «una certa somiglianza con Rol negli occhi e nel sorriso», impressione condivisa anche da Manuela: «anch'io quando guardo il volto dolcissimo di questa Madonna, rivedo Rol». Sin da bambina inoltre recita la preghiera stampata sul retro.

Anche nelle immagini che ho io nel retro si trova una preghiera e al fondo chi ha scelto quelle parole, il *Centro Mater Divinae Gratiae* di Rosta, presso Torino. Approfondimenti fatti da Marco Cipriani, prima nel gruppo *facebook "Museo Gustavo Adolfo Rol"* e poi nel gruppo "Dottor Rol", hanno consentito di risalire al dipinto originale da cui l'immagine – che ne è uno zoom, un particolare – è tratta, ovvero un grande dipinto circolare, la *Madonna della Divina Grazia*, dove la Madonna appare a figura intera su un terreno marrone-verde un po' arido con intorno dei fiori simili a dei gigli, che si trova su una parete proprio del Centro di Rosta, e che era stato commissionato dalle socie fondatrici Luigina Giovanna Provera e Lidia Bonicco negli anni '60 al monastero delle Carmelitane Scalze di Moncalieri, e realizzato secondo le loro istruzioni da Suor Teresa del Bambin Gesù (Maria Emilia Germano, nata a Torino il 04/08/1925 e morta il 31/03/2018, prima dei voti era farmacista) che lo terminò nel 1966.

Per sapere se quel volto intenso e dolce abbia qualcosa a che vedere con Rol, al di là di una sua allusione simbolica (Madonna-*śakti*-potenza sotto la cui protezione il *bambino puro di cuore* – il *vero* Maestro – emette l'energia miracolosa) occorrerebbe scoprire di più sulla suora che fece il dipinto e su chi glielo commissionò. Unica coincidenza per ora è che chi commissionò il dipinto si chiamava Provera, come il co-esecutore testamentario e amico di Rol, Aldo Provera (comunque nessuna parentela, come confermatomi dalla figlia Gilda).

Il 03/11/2021 Manuela Peretto mi ha scritto: «Quando sono stata a Rosta a vedere finalmente l'originale, ho visto tutta l'immagine per intero. E mi ha colpito molto il fatto che la vergine è rappresentata su una palude con tanti gigli bianchi intorno. Riportandomi con la mente al momento del mio ritrovamento: eravamo tanti bimbi, e si sa che il giglio bianco è segno di purezza, in una palude molto particolare nei boschi di Montalto Dora. È una zona chiamata Terre Ballerine. (...) A me ha sempre fatto un po' paura. Per questo motivo da bimba raccolsi quell'immagine, la pulii e la portai via da quel posto».

Tornando a Bevilaqua, lo scrittore faceva sul *Corriere della Sera* (nell'articolo *Nessuna meraviglia: semplicemente Rol*, 12/03/2000, p. 34) un'altra affermazione abbastanza strana, perché diceva a proposito del «dipinto» a lui donato «che nessuna mano terrena ha tracciato». Credeva forse che Rol glielo avesse effettivamente materializzato, come abbiamo già ipotizzato? È quello che sembrerebbe dalla frase che segue: «l'ultimo dono di Gustavo, che sapeva far apparire, concretamente, dipinti anche celebri». La cosa comunque pare contraddittoria col fatto che, come disse lo stesso Bevilacqua nel 2007, «lo dava agli amici». Pensava che invece nel suo caso lo avesse materializzato? O che lo materializzasse sempre?

Oppure, che lo avesse materializzato per lui e al tempo stesso volesse riferirsi alla sua effettiva genesi, anche degli altri dati agli amici, non necessariamente materializzati? Ovvero, stava forse dando espressione a un qualcosa che Rol disse o sottintese in seguito, quando dovettero sentirsi nuovamente per telefono? E che avesse a che vedere con la genesi del dipinto originale negli anni '60? *To be continued...*
Si veda intanto anche l'episodio capitato a Paolo Lanza (XLIX-58) e la nota relativa.

124. Comunicazione scritta all'Autore del 16/09/2016, episodio inedito. La signora Poma abitava a Monza, non sono poi riuscito ad avere ulteriori dettagli. Presumo che il mazzo di fiori sia stato materializzato («all'istante»), ma in mancanza di dettagli non l'ho contabilizzato. La persona con cui aveva parlato era sicuramente Catterina Ferrari.

125. Pubblicato il 04/01/2017 al link: *boscoceduo.it/la-telefonata*. Pietro Ratto, scrittore, musicista, docente di storia e filosofia, mi aveva già informato di questa vicenda poco più di un mese prima. Mi aveva anche scritto (il 30/11/2016) che «una delle sfumature che più mi inquietano di quella vicenda (anche in senso positivo), è che forse quella seconda telefonata si sia verificata proprio nel settembre del 94. E la cosa ha davvero dell'inquietante, perché la voce che in quell'ultima occasione mi rispose dall'altro capo del telefono, e che mi informò dell'assenza del Maestro, sembrava proprio la sua. Lì per lì pensai che si volesse negare in modo un po' troppo evidente. Poi venni a sapere della sua morte». Rol era noto per rispondere anche con voci diverse e negarsi all'interlocutore, per le ragioni più diverse. È quindi molto probabile fosse lui (in alternativa, poteva essere anche il suo *factotum* Arturo Bergandi). Ratto mi aveva anche detto: «La notizia della morte la diedi durante una trasmissione del quotidiano di informazione radiofonica per cui, all'epoca, lavoravo. Si chiamava RadioNotizie, curava i notiziari che poi venivano trasmessi da tutte le più grandi radio piemontesi (Radio Centro 95, Radio Manila, Radio Popolare, ecc). Tra l'altro, ricordo di averne data un'altra, piuttosto imbarazzante, qualche tempo dopo. Una notizia di cui poi non sono riuscito a trovar più traccia. Qualcosa che aveva a che fare con un furto avvenuto forse nella sua abitazione in seguito al quale, a distanza di pochi giorni, gli stessi ladri si erano fatti vivi con la polizia comunicando l'indirizzo di un garage in cui avevano disperatamente riposto tutta la refurtiva con l'intenzione di restituirla, poiché "lui li stava facendo impazzire"!». Ratto mi chiedeva se fosse effettivamente così, e in parte lo era, ma non sono stato in grado di confermare con precisione alcuni elementi. Il furto era avvenuto la notte tra il 17 e 18 luglio 1995, in Via Po n. 59 (Palazzo Accorsi) in un negozio di antiquariato il cui titolare aveva acquistato dei pezzi appartenuti a Rol nell'asta dei suoi arredi ed oggetti che si era tenuta da Sotheby's a marzo, a Milano (cfr. Mascarino, E., *Hanno rubato i «tesori» di Rol*, La Stampa, 19/07/1995, p. 32). Poco più

di due settimane dopo venne ritrovata la refurtiva, come racconta questo articolo: «Non ci sperava l'antiquario derubato, non ci speravano neppure gli investigatori: "Pezzi noti in Italia, ma troppo appetibili sui mercati esteri, soprattutto americani. Troveranno subito un nuovo padrone". Il tesoro del sensitivo torinese Gustavo Rol, trenta oggetti per un valore che sfiora il miliardo, è stato invece ritrovato. Abbandonato nel cortile di un cadente deposito di attrezzi edili, in via del Fortino 34, a Madonna di Campagna, coperto da tappeti, è stato recuperato dai carabinieri della compagnia San Carlo. Era parzialmente imballato, pronto per essere spedito ad un antiquario di Londra, che avrebbe poi avuto il compito di rivenderlo al dettaglio. Qualcosa, nel piano dei ladri d'arte, s'è però inceppato. O meglio, l'hanno inceppato i carabinieri. "Merito di un computer programmato bene – commenta Marco Castiglione, il giovane tenente che ha diretto l'operazione – , che da otto anni immagazzina dati sui furti d'arti in Piemonte. Nomi di arrestati, di denunciati, di ladri e ricettatori, di antiquari sospetti e di commercianti internazionali. Quando, in una indagine, troviamo un nome, lo controlliamo. E possiamo sapere subito con chi abbiamo a che fare". Anche questa volta è andata cosi'. I militari si sarebbero intromessi in una trattativa fra Torino e l'Inghilterra, individuando un gruppo sospetto. Vistisi scoperti, i ladri hanno poi preferito rinunciare alla refurtiva. Facendola ritrovare con una telefonata al 112. Ora i militari sono alla febbrile caccia dei ladri: nelle loro mani ci sono elementi giudicati "interessanti" (alcuni strettamente relativi alla dinamica del colpo, portato a termine con l'utilizzo di un furgone Ducato-Maxi) ma non ancora sufficienti a legittimare provvedimenti di custodia cautelare. Ma, probabilmente, è solo questione di tempo. Dopo il ritrovamento, nella caserma di via Giulia di Barolo sono stati trasportati 5 cassettoni, 8 porcellane, 4 vasi di alabastro, 2 candelabri da muro, 2 poltrone, 3 sedie e 6 specchiere (fra cui quella, preziosissima, proveniente dalla collezione delle baronessa Clotilde De Bottini di Sant'Agnese). Quasi tutti pezzi acquistati all'asta tenuta da Sotheby's a Milano il 14 marzo scorso. I pezzi d'antiquariato erano stati rubati nella notte fra il 17 ed il 18 luglio dal negozio Marco Polo in via Po 59. I soliti ignoti, piuttosto ferrati in elettronica, erano riusciti a superare un sofisticato sistema d'allarme. Il titolare, Giuseppe Lamberti, 55 anni (che fa societa' con il restauratore Oreste Toppino, 34 anni), ieri è subito corso in caserma, dove ha accusato anche un leggero malore. "Tanti pezzi, fra quelli ritrovati, sono stati danneggiati, soprattutto le ceramiche. È un elemento che fa ritenere che gli autori del colpo non siano gente del mestiere. Va da sé, comunque, che siamo di fronte ad un danno economico pesante". Qualche pezzo risulta, inoltre, ancora mancante: due cassettoni, vasi di alabastro ed alcuni pezzi di ceramica sono ancora in mano dei ladri. "Ricordini" di Rol che valgono almeno 300 milioni» (Conti, A., *Il «fluido» di Rol sbaraglia i ladri*, La Stampa, 06/08/1995, p.

33). Stando a questo resoconto, l'idea che Rol, *post mortem*, stesse facendo impazzire i ladri non troverebbe riscontro. Uso il condizionale, perché in quell'agosto 1995 io mi trovavo in Tanzania, però mi era stato effettivamente riferito che i ladri avevano avuto qualche disavventura che andava oltre la semplice coincidenza negativa. Purtroppo all'epoca non ero interessato a investigare questo genere di cose, e inoltre ero troppo lontano, quindi non approfondii né ricordo chi me ne parlò. Non escludo che su qualche testata locale se ne sia scritto. Che Rol abbia potuto agire in questi termini, lo ritengo comunque possibile.

126. Comunicazione scritta all'Autore del 02/05/2017, racconto inedito. Roberto Valentino è un imitatore cabarettista (imitò Romano Prodi al Festival di Sanremo 2007), cantante e autore teatrale.

127. Integrazione di due commenti del 15/07/2017 sulla pagina facebook di personaggio pubblico "*Gustavo Adolfo Rol*" che gli ho dedicato e amministro dal 2011, da qui in avanti solo con l'URL *facebook.com/Gustavo.A.Rol*.

128. Commento del 02/09/2017 (a un post del 02/09/2017, ricerca: Gaito) su *facebook.com/Gustavo.A.Rol*, integrato a dettagli ulteriori comunicatimi personalmente il 05/09/2017, episodio inedito.

128bis. Pubblicato il 13/03/2021 da Loredana Roberti nel gruppo facebook "*Dottor Rol*" (da qui in avanti solo con l'URL: *facebook.com/groups/dottorrol*) di cui è creatrice e co-amministratrice.

129-130. Pompas, 2018. Ascione ha anche aggiunto: «Rol mi aveva detto che se volevo comunicare con lui dovevo semplicemente pensarlo: così spesso, mentre ero nel mio salotto [a Roma], pensavo a lui e squillava il telefono». È quanto aveva riferito, ma con più dettagli, nel 2013 a *Voyager* (cfr. I-86).

130bis. Comunicazione all'Autore del 09/08/2019, racconto inedito.

130[a]. Nievo, 1974. Il racconto non è stato contabilizzato, non essendoci il riscontro se quanto affermato da Rol fosse vero o meno, per quanto nelle spedizioni subacque Nievo avesse comunque trovato «qualcosa di interessante». Definisce Rol impropriamente «medium» e afferma che «si toglieva gli oggetti d'oro, diceva e faceva pronunciare all'interlocutore alcune frasi dove ricorrevano parole comuni e decise, tra cui quella di un colore», ciò che non sembra il resoconto di comportamenti da lui testimoniati personalmente, ma la menzione di informazioni lette nei rari articoli e libri in cui si era parlato di Rol fino a quel momento (per gli oggetti che poteva far togliere, cfr. per es. Riccardi, vol. I, V-13. Non si trattava tuttavia di condizione necessaria, visto che erano eccezioni, ma di funzione didattico-simbolica). Il colore era naturalmente il verde.

131. Ruffo di Calabria, 2016, pp. 40-41. Fulco mi ha riferito di avere incontrato Rol in due occasioni e di avergli spesso parlato per telefono. Lo ha menzionato brevemente in una intervista del programma tv di Rai Uno *Porta a Porta* del 28/11/2018. La famiglia Ruffo è una delle più antiche

famiglie nobiliari italiane. Fulco è figlio di Fabrizio Ruffo di Calabria (1922-2005), che fu tra coloro che inviarono a "La Stampa" un necrologio per la morte di Rol, pubblicato il 25/09/1994 (p. 6): «Con grande dolore partecipo alla scomparsa di Gustavo Rol – Straordinario amico, consigliere, incomparabile personaggio». Fabrizio era il fratello di Paola Ruffo di Calabria, regina del Belgio dal 1993 al 2013. In merito alla percezione e chiaroveggenza di Rol, la si compari con la precognizione dell'incidente aereo occorso a Giorgio Cini nel 1949 (vol. II, appendice I), dove Rol il giorno precedente aveva sentito un forte odore di bruciato, *come se il fatto si stesse verificando nel momento in cui lui lo percepiva*. È ciò che accade anche qui, con la differenza che invece di riguardare il futuro, riguarda il passato. Ma Rol in entrambi i casi pare percepirlo *nel presente*.

132. Integrazione di due commenti su facebook del 15/06 e 09/8/2019, e di comunicazione scritta all'Autore dell'11/08/2019, episodio inedito. È molto frequente trovare testimoni che sul momento non sanno chi sia Rol e che lo scoprono solo in seguito da articoli di giornale o dalla copertina di libri visti per caso in libreria.

133. Comunicazione scritta all'Autore del febbraio 2018, episodio inedito, in vista della conferenza su Rol organizzata dall'associazione *The Club* e tenutasi il 20 aprile dello stesso anno a Torino. Inedito perché anteriore alla conferenza e perché pubblicato per iscritto per la prima volta.

133ª. *Idem*. Ho chiesto all'avv. Gay se sua moglie Ellen conoscesse il danese per capire ciò che Rol le stava dicendo, mi ha detto di no, tuttavia il verbale era breve e Rol lesse le poche parole, che erano comprensibili, e le coordinate geografiche che erano espresse ovviamente in cifre. In merito al luogo della dispersione, Gay mi ha detto che avvenne poco dopo aver passato al largo la città di Göteborg in Svezia, quindi non ancora propriamente nel fiordo di Oslo (se avessero scelto le 6 del mattino invece della mezzanotte vi ci sarebbero trovati in modo più preciso). Lui stesso ha commentato: «fiordo di Oslo in senso largo». Tra l'altro, questo dettaglio conferma – se ancora ce ne fosse bisogno – che Rol non avrebbe nemmeno potuto tirare a indovinare conoscendo previamente le coordinate approssimative del fiordo (latitudine compresa tra i 59° e i 60° Nord) e la rotta della nave. La latitudine dello spazio di mare poco dopo Göteborg è circa due gradi in meno (tra 57,5° e 58°).

134. Commento del settembre 2015 su youtube a un video su Rol poi rimosso dal titolare del canale, in seguito confermatomi per email e a voce.

Il dott. Maurizio Dossi, laureato in Medicina a Trieste e qui specializzatosi in Anestesia e Rianimazione, si è poi dedicato all'Odontoiatria e all'Implantologia e occupato di chirurgia endorale.

Mi ha riferito anche quanto segue: «Fu Rol – lo si seppe e solo in circoli molto ristretti – ad indicare ai Servizi di Controspionaggio dove e come il

Generale americano James Lee Dozier era tenuto prigioniero dalle Brigate Rosse e dettò come gli incursori avrebbero dovuto presentarsi, camuffati da tecnici dell'Enel per poi precipitarsi dentro l'appartamento e immobilizzare i brigatisti». Purtroppo non è stato in grado di fornirmi una fonte, è qualcosa di cui aveva sentito parlare negli anni '80, non ricorda da chi. Forse gli archivi dei Servizi o dei NOCS contengono questa informazione, anche se improbabile, visto che Rol poteva aver chiesto ai vertici dello Stato di non essere nominato (più probabile gli archivi CIA). All'epoca del sequestro Dozier (il 17/12/1981, liberato il 28/01/1982) era Presidente del Consiglio Giovanni Spadolini, che coordinava i Servizi attraverso il CESIS (Comitato Esecutivo per i Servizi di Informazione e Sicurezza), mentre Santro Pertini era Presidente della Repubblica. Si sa con certezza che Rol conobbe Giuseppe Saragat, Amintore Fanfani e Giulio Andreotti. Forse tramite loro, o direttamente da Spadolini o Pertini, era stato interpellato. O forse tramite Henry Kissinger, amico di Gianni Agnelli, tra il 1969 e il 1977 Consigliere per la Sicurezza Nazionale e Segretario di Stato USA durante le presidenze Nixon e Ford. O anche per altre vie. A liberazione avvenuta Rol ricevette un telegramma di ringraziamento dal presidente Ronald Reagan (documento al momento non ancora pubblicato).

134ª. Comunicazione all'Autore del 02/11/2015. Qui non lo abbiamo contabilizzato, perché preso da solo, senza corroborazione di terzi, non avrebbe garanzia di autenticità (agli occhi dello scettico), essendo un racconto di Rol. Lo abbiamo però contabilizzato nell'episodio successivo, che ritengo sufficientemente corroborante. Ebbi occasione di parlare con il prof. Fabio Dossi grazie alla segnalazione del cugino Maurizio, di cui all'episodio precedente. Nato a Trieste ma laureatosi in Medicina a Torino negli anni '50, libero docente in ottica fisiopatologica, pioniere nella cura della cataratta grazie agli ultrasuoni ed esperto della cura del glaucoma, il prof. Dossi ha avuto molti riconoscimenti internazionali e dedicato parte del suo tempo a curare gratuitamente malati in alcuni Paesi poveri o afflitti da situazioni di guerriglia (Kenya, Etiopia, Benin, Uzbekistan, Kakakistan, Afghanistan). In altri capitoli saranno riferiti altri aneddoti. Parlai con lui telefonicamente due volte, nel 2015 e nel 2019. In entrambe approfittai per chiedergli un giudizio medico sulla vista di Gustavo, dal momento che non solo si conoscevano, ma era anche suo paziente: «Non aveva un grande difetto di vista, usava degli occhiali ma gli servivano soprattutto da vicino, da lontano vedeva abbastanza bene. Mi pare ne avesse due, credo però non li portasse tutto il giorno, anche se ne aveva bisogno riusciva a vedere bene senza. Da vicino ne aveva bisogno di sicuro, da lontano mi sembra di non ricordarlo con gli occhiali. Comunque aveva uno sguardo penetrante, che ti colpiva. Alle volte mi pareva un po' ipocondriaco, magari era domenica e l'occhio gli bruciava, allora mi telefonava: "Vieni subito a vedermi per favore perché mi fa male l'occhio" e io correvo al mattino a vedere cosa aveva, ma in genere non aveva niente». Questo comportamento era frequente anche con altri amici e conoscenti medici. Dossi mi ha detto che negli incontri cui ha partecipato in genere era quasi sempre presente anche il prof. Giovanni Sesia.

135. La trascrizione così come la registrazione – che fa parte del mio archivio – sono inedite. Se il racconto di Dossi, preso da solo, non poteva essere contabilizzato per mancanza di dati corroboranti, ora la lettura di Rol di fronte agli amici di questa lettera può considerarsi come prova della realtà dell'episodio. Ci sono elementi interessanti: intanto, il cambio di voce di Rol, che pare si stia immedesimando nell'esatto processo comunicativo che aveva avuto luogo; la dinamica poi, aggiunge elementi al racconto di Rol sulle sue *assenze* che aveva descritto a suo fratello Carlo in una lettera del 1951 (XXII-5). L'analogia fatta dal dott. Alfredo Gaito con le *assenze* epilettiche ("piccolo male") sono pertinenti e suscettibili di interessanti confronti (che faremo in altra sede). Si può notare come in questo caso la prospettiva e l'esperienza del medico siano in grado di inquadrare un fenomeno al quale altri non avrebbero pensato. Infine, la dinamica di questo incontro mostra come le persone che seguivano Rol più assiduamente (Lugli, Gaito e Visca sono forse gli amici che in assoluto hanno visto più esperimenti, tra tutti i testimoni di Rol) conversavano e scambiavano opinioni tra di loro e con Rol nel tentativo di trovare e fornire delle spiegazioni sulla dinamica di un dato fenomeno (atteggiamento analogo si riscontra anche negli altri incontri, come emerge dalle registrazioni che già ho pubblicato e da altre ancora non pubblicate). Lo stesso Rol fornisce indizi, talvolta pare realmente interessato alle spiegazioni fornite, quasi che lui stesso aspettasse che altri spiegassero a lui come un determinato fenomeno potesse avvenire. Credo tuttavia che in larga parte non ne avesse bisogno (sapeva cioè come qualcosa avveniva) però gli piaceva fare la parte di quello che è uno spettatore esterno come gli altri e sollecitare nel prossimo riflessioni e approfondimenti.

136. Comunicazione all'Autore del 09/08/2019, episodio inedito. Sul *Mastorna* mi sono soffermato abbastanza (senza completare comunque quanto c'è da dire) nel mio *Fellini & Rol. Una realtà magica* (Reverdito Editore, 2022) da cui la nota seguente (p. 377): «Mi ha poi detto Ascione che quando Fellini aveva chiesto ad Elna come stava, lei aveva risposto: " 'Federico, tutta notte non ho chiuso occhio, tutta notte in camera da letto cavalleria di Napoleone, cavalleria di Napoleone, cavalli che attraversavano camera da letto', come se fosse la cosa più normale del mondo". Un piccolo aneddoto ma molto rivelatore sulla donna che ha passato gran parte della sua vita accanto a Rol. Testimonianze di apparizioni *olografiche* come queste sono frequenti nella biografia di Rol, cfr. cap. XXIX de *L'Uomo dell'Impossibile*».

136bis. Della Casa, 17/12/2014. Riporto una nota dal testo citato *Fellini & Rol*: «Qualche dettaglio non è preciso: il *Mastorna* è stato definito da Mollica "il film non fatto più famoso della storia del cinema", soggetto e sceneggiatura sono di Fellini *in collaborazione* con Buzzati e Rondi (ma non è dato sapere con precisione quale sia stato il contributo effettivo di ciascuno), Mastorna non "si ritrova in paradiso" ma in un aldilà molto simile all'aldiqua con tutti i limiti del caso, il testimone era passato da Grimaldi prima di passare a Cristaldi, il quale non era andato a Torino» (nota 649, p. 381).
137. Comunicazione all'Autore del 31/10/2019, episodio inedito.
138. Trascrizione dal documentario *Gustavo Rol e lo spirito intelligente – parte 2* (*youtu.be/ZwCzCzHfGww*), Villa e Danelli Production, 2019 (da qui in avanti: Villa 1 o 2).
138bis. Lugli, 2008 (1995), pp. 31-32. Lugli non riferisce quale sia la sua fonte (forse Maria Rol, la sorella di Gustavo?), che a fronte della possibilità che il racconto non sia attendibile, non era probabilmente accurata. L'episodio, così come nelle versioni romanzate di Pincherle (I-78[a]) e Giordano (di seguito) non era stato in precedenza contabilizzato, perché la fonte iniziale, prima di quella di Lugli, in ogni caso era Rol. Ora la testimonianza e conferma da parte di Castino, pur nelle differenze dei dettagli, permette di contabilizzarlo.
138ter. Giordano, 2000, pp. 40-41. Come detto, questo racconto potrebbe essere stato "costruito" dalla Giordano sulla base di quanto scritto da Lugli cinque anni prima. Un indizio è che nel suo primo libro del 1995 (*Rol oltre il prodigio*), pubblicato nello stesso momento di quello di Lugli, non ne parla; vi comincia ad accennare quattro anni dopo nel suo secondo libro (*Rol mi parla ancora*, 1999, p. 72) scrivendo di «una *consolle* del '700, sulla quale era appoggiato il busto di Napoleone giovane, trovato da Rol a Parigi grazie alle sue facoltà paranormali». Ma "magicamente" nel 2000 viene fuori il racconto di Rol che nei due libri precedenti non aveva riportato. Essendo purtroppo questa la regola e non l'eccezione con questa autrice, abbiamo seri dubbi che Rol le abbia raccontato direttamente la vicenda. Dopo Lugli e prima della Giordano, nel 1996 anche Giorgio di Simone aveva scritto del «famoso busto di Napoleone trovato "paranormalmente" da Rol in una stradina di Parigi, dopo aver fatto scavare in un punto preciso, ignoto a tutti» (Di Simone, 2009 (1996) p. 46). È probabile che Rol abbia raccontato più volte la storia di questo busto, e che i testimoni nel corso del tempo si siano persi i veri dettagli, così come è possibile che i busti ritrovati in questo modo siano due, uno negli anni '30, e un altro negli anni '50 o '60 presente Gemma Castino. Nei libri inventari di tutti gli oggetti, mobili e proprietà compilati da Rol a metà degli anni '80 constano 3 busti di Napoleone, ma al di là delle specifiche "tecniche" e delle date (rispettivamente 1796, 1800 e 1805) non vi è alcun cenno al modo in cui furono ottenuti.

139. Asti, 2017, pp. 70-71.
140. Commento su *facebook.com/groups/museogustavoadolforol* del 15/05/2020.
140^a. Commento del 21/05/2020 al video: *youtu.be/7GMvTr88ryQ*. Non contabilizzato perché la testimone aveva già riferito l'episodio nel 2015, cfr. I-99. Credo però sempre utile riferire ulteriori racconti dello stesso episodio perché emergono spesso altri particolari.
141. Unione di due commenti del 15/06/2020 e 19/09/2020 su *facebook.com/Gustavo.A.Rol* .
142. Commento del 20/06/2020 su pagina facebook. Si veda episodio analogo, ma accaduto in treno, in I-34.
143. Fabbri Fellini, 2020.
144. Commento su *facebook.com/Gustavo.A.Rol* a post del 14/07/2020.
145. Ceratto Boratto, 2020, pp. 163-164. Marina mi ha confermato che sua mamma aveva in quel periodo proprio questo genere di pensieri.
146. Pubblicato da L. Roberti su *facebook.com/groups/dottorrol* il 09/03/2021. La testimone ha poi specificato che «era un negozio di soli articoli in plastica in corso Peschiera angolo corso Montecucco». Il fatto che fosse «sparito» potrebbe indicare o che avesse chiuso e cambiato fisionomia, o che si sia confusa. Non si può escludere (ma ci sono troppi pochi elementi per prendere sul serio l'ipotesi) uno *slittamento temporale*, purtroppo la testimone non ha più desiderato fornire spiegazioni e anche il seguito della vicenda, dopo che io ho chiesto se poteva fornire il nome dello studio medico, sostenendo che non erano domande da farsi per una questione di "privacy". Inutile dire che, a distanza di decenni, non condivido per niente questo tipo di opinione. Quanti più dettagli si riescano ad avere di qualunque frammento biografico di un personaggio ormai "storico" come Rol – specialmente quando possa essere fornito da chi gli è riconoscente per qualche cosa – tanto meglio (in un commento successivo la testimone scriveva: «Il "periodo Rol" è stato un pezzo di vita a cui penso spesso, ora che sono ormai molto anziana»). E questo vale anche per i suoi difetti o le sue debolezze – chi non ne ha? – perché permettono un quadro corretto della sua persona, evitando sia la superficialità che l'agiografia, dalle quali ogni buon storico o investigatore deve tenersi alla larga. Comunque, pare di capire che Rol fosse andato in questo studio per un suo problema di salute, quale non è dato sapere.
147. Pubblicato da L. Roberti su *facebook.com/groups/dottorrol* il 27/04/2021.
148. Pubblicato su *facebook.com/groups/dottorrol* il 08/06/2021 da L. Roberti, che ha specificato: «Le iniziali usate per i nomi sono di fantasia». Purtroppo. La frase finale è legata alla conoscenza della testimone di Domenica Fenoglio, direttrice di un Istituto per l'assistenza alle persone disabili, amica di Rol, di cui abbiamo riportato varie testimonianze nei volumi precedenti.

149. Pubblicato su *facebook.com/groups/dottorrol* il 16/08/2021 da L. Roberti, che precisava: «Il dono a cui il Dottor Rol si riferiva era che Michela ha la sensibilità di avvertire l'avvicinarsi della morte delle persone vicine. Il Dottor Rol le disse di non avere paura, che avrebbe potuto utilizzarlo per aiutare gli altri». Ciò che è precisamente quanto la madre di Rol, nel 1927, aveva detto a lui per incoraggiarlo a uscire dalla crisi esistenziale in cui si era trovato al seguito del trauma successivo alla sua illuminazione. La testimonianza era già stata pubblicata qualche mese prima in forma anonima, e io avevo fatto il seguente commento: «Volevo mettere in rilievo un aspetto che si ritrova anche in altre telefonate. Perché Rol le ha chiesto perché avesse chiamato, se in teoria "sapeva già tutto"? È una domanda lecita ed è quella che farebbe subito chi vuole muovere obiezioni alle sue possibilità o anche solo chi vuole capire di più. Ci sono due possibili risposte: 1) sapeva perché aveva chiamato, ma voleva sentirglielo dire da lei; 2) sul momento non lo sapeva – ma aveva risposto perché aveva "sentito" che doveva rispondere – e mentre lei parlava, lui passava alla fase "coscienza sublime" e allora poteva "vedere" ciò che in un primo tempo erano solo sensazioni. Questo spiegherebbe perché, anche in altre situazioni, poteva non sapere subito di qualcosa che gli si rivelava invece in seguito».

150. Comunicazione scritta all'Autore del 23/10/2021, episodio inedito. Si veda I-3 che presenta qualche attinenza. Caterina Dombè mi ha anche raccontato che il padre di questa dottoressa «nel 1972 aveva avuto un'emorragia cerebrale e pur essendo medico, credeva nella pranoterapia, qualcuno le ha indicato il professore [*Rol*]. Suo padre morì dopo qualche giorno come l'aveva previsto Rol. Conoscevamo bene anche il marito, legale della Ditta dei miei suoceri e figli. Li invitammo per un mese in Africa nel 1978, mio figlio aveva due anni ed è lì che le raccontai del tovagliolo (si veda IX-129). Ed è proprio in quel momento che mi parlò della sua esperienza con Rol. Non so se abbia ricevuto il quadro in dono». Non è infrequente trovare persone che qualificano Rol come «professore» o «avvocato» (per la sua laurea in Giurisprudenza).

151. Comunicazione all'Autore del 02/11/2021, episodio inedito.

152. Trascrizione da un video girato da Riccardo Ferrari il 23/06/2021 alla Mostra fotografica dedicata a Rol a Venaria Reale, che la coppia di testimoni era andata a visitare. Ho condiviso il video su *facebook.com/Gustavo.A.Rol* con questa descrizione: «[Si tratta di] una tipica testimonianza su Rol (…) tipica perché Rol era solito dire cose personali agli sconosciuti per strada e poi magari prodigarsi in qualche maniera. Tipica perché i testimoni (Clara e Luciano), all'epoca dell'incontro (1975) non avevano la minima idea chi fosse e lo scoprirono solo in seguito su una rivista. Tipica infine per la semplicità e spontaneità sia delle circostanze dell'incontro, sia di come è emersa questa testimonianza. È probabile ce ne siano ancora altre decine del genere,

ancora sconosciute. (p.s. in merito all'episodio del Casinò, si potrà constatare l'attinenza con quanto raccontato da Pierlorenzo Rappelli, due racconti che si confermano vicendevolmente)» (cfr. I-21).
153. Testimonianza del 05/02/2021 pubblicata da L. Roberti il 13/02/2021 su *facebook.com/groups/dottorrol*. L'incontro sarebbe avvenuto nel 1993.
154. Comunicazione scritta all'Autore del 29/03/2022, episodio inedito. Il testimone è nato a Torino nel 1964 e abita in Val di Chy.
155. Comunicazione all'Autore del 01/11/2021, episodio inedito. In merito a Giuseppina e Napoleone, in *Universo proibito* (SugarCo, 1966, p. 50) il brano sarà pubblicato come segue: «Napoleone, all'isola d'Elba, piange all'improvviso e senza alcun motivo plausibile mentre sta discorrendo con il maresciallo Bertrand, alle ore undici del 13 marzo 1814. In quel momento muore Giuseppina Beauharnais, nella lontanissima Malmaison. Lo psichismo profondo non ha potuto forzare interamente la barriera; ma un'eco 'viscerale' delle sue conoscenze inesplicabili è giunta fino in superficie». L'esempio era per mostrare i collegamenti telepatici spontanei del subconscio, che possono emergere in forme non necessariamente esplicite. Quando P. Garzia mi riferì il fatto, non ricordava il nome del direttore, che neanche io conoscevo perché non lo avevo mai cercato (e perché Talamonti non lo aveva detto, così come non aveva detto di quale periodico). Facendo una verifica, ho scoperto essere Lamberto Sechi (1922-2011) e come molte cose di cui mi devo rammaricare c'è anche questa, perché avrei potuto contattarlo già all'inizio degli anni 2000 per avere la sua testimonianza diretta, cosa che non ho fatto. Sechi è stato un direttore importante nel giornalismo italiano. Fondatore del primo mensile femminile moderno in Italia *Arianna* (1957), dopo *La Settimana Incom Illustrata* è stato direttore di *Oggi* (1962-1964), di *Panorama* (1965-1979) che negli anni della sua direzione divenne il periodico più letto in Italia, di *Europeo* (1980-1983) e di altri periodici Rizzoli; «è considerato il padre dei moderni settimanali di informazione italiani» (*treccani.it*).
155bis. Talamonti, L., *Gente di Frontiera*, Mondadori, Milano, 1975, pp. 107-110. Il convegno speciale cui Talamonti fa riferimento è quello organizzato a Milano nel 1969 dall'A.I.S.M., *Associazione Italiana Scientifica di Metapsichica*. In un prossimo volume ne farò una estesa rassegna commentata.
156. Pubblicato su *facebook.com/groups/dottorrol* da L. Roberti il 19/04/2022. La testimone ha chiesto l'anonimato e in questo caso si può comprendere. In merito al momento in cui «Lui si alzò dalla sedia e con uno sguardo severo intimò alla donna...», si cfr. uno scatto simile, riferito da Bartolomeo Bernocco in XXXIV-141, verso mio nonno Franco Rol.
157-161. Inseriti in altri capitoli.

II – Endoscopia e visione dell'aura

29ª. Comunicazione all'Autore del 05/09/2019, episodio inedito, non contabilizzato. Nadia Seghieri è stata la titolare, col padre Alfo Seghieri, del ristorante *Firenze* in via San Francesco da Paola a Torino. È piuttosto significativo il fatto che Rol non desideri andare in ospedale – spesso ha consolato e assistito persone prossime al trapasso – evidentemente doveva avere le sue ragioni. Per quanto invece riguarda il non volere andare al funerale, era questa una scelta abituale, non desiderava infatti andare ai funerali, e possibilmente neanche ai matrimoni. Le ragioni non sono chiare. Sui funerali si potrebbero fare delle ipotesi legate allo *status* del defunto. In generale però, potrebbe esserci anche solo una banale ragione "strategica", nel senso che in questi ritrovi affollati di gente inevitabilmente avrebbe dovuto interagire con molte persone, esprimere frasi di circostanza (non gli piaceva l'artificialità e nemmeno essere costretto a dire cose che non di rado, in queste occasioni, sono banali), essere circondato da inevitabili curiosi che magari gli avrebbero chiesto qualche "dimostrazione", oppure dover rispondere a domande del tipo: "Dov'è ora il defunto?", o guardare da un'altra parte quando qualcuno gli avesse detto per esempio: "Bel matrimonio vero?" e non poter rispondere sapendo magari benissimo che uno dei due era fedifrago oppure che il matrimonio sarebbe durato solo un anno, ecc. (si immagini tra l'altro uno scettico che sentisse rispondere Rol: "Sì, proprio un bel matrimonio", poi questo finisse malamente, e lo scettico in futuro ricordare che Rol non aveva previsto quello che sarebbe accaduto; o se, al contrario, Rol rispondesse schietto: "Durerà solo un anno", beccandosi del menagramo o mettendo sin da subito in crisi la coppia, ecc.).

Nadia Seghieri a tal proposito mi ha anche detto: «Rol veniva sempre al nostro ristorante, era come uno di famiglia. Tutti quelli che lo vedevano dicevano: "Oddio, ha gli occhi che fanno spavento", invece per me era come un nonno, l'ho conosciuto da bambina per cui era una persona a cui ero affezionatissima. Ho una foto del dottor Rol con la moglie al mio matrimonio. "Guarda Nadia, io non vado mai ai matrimoni, ai funerali, evito, però al tuo vengo, vengo in chiesa, però non vengo al rinfresco". Era una rarità, difatti mi aveva fatto molto piacere». Per gentile concessione, abbiamo pubblicato questa foto inedita al fondo. Sulla possibilità offerta ad Alfo Seghieri di poter rivedere la moglie, si veda per esempio l'episodio dell'attrice Merle Oberon cui Rol permise di rivedere il volto di Giorgio Cini due giorni dopo il suo decesso (vol. II, appendice I, p. 679).

In una comunicazione scritta del 10/02/2018, Lorenzo Pellegrino – del quale vedremo più avanti testimonianze significative – mi aveva raccontato una vicenda che getta una luce importante sul fatto che Rol non fosse (forse) andato in ospedale a trovare la madre di Nadia Seghieri:

«Nell'estate 1973 mentre ero in ufficio (in Svizzera) una mattina mi chiama una mia zia da Torino, dicendomi che mia madre aveva avuto un ictus ed era per metà paralizzata e che l'altra mia zia che abitava in Sicilia era già a Torino, e da questo avevo capito che la mamma era molto grave. Un paio di ore più tardi ero già in strada e pensavo che sicuramente Rol lo avrei incontrato in ospedale (quello di Venaria Reale) o di sicuro stava già aiutando mia madre. La mattina seguente ero già in ospedale e purtroppo la mamma stava davvero male, ma era lucida e felice che ero lì. Non so perché non avevo telefonato a Rol ma c'era qualcosa che mi diceva di aspettare, anche se avrei voluto vederlo lì e cosi sentirmi più tranquillo e protetto. Il mattino dopo la mamma ha avuto un altro ictus ed è entrata in coma. La zia che ha passato la notte con lei, per farmi allontanare da quel terribile momento, mi disse di andare a prendere l'altra zia. Ritornato in ospedale la mamma era già deceduta. Ero arrabbiatissimo con "Lui" pensando che non si era fatto vedere, sentire e non aveva aiutato la mamma. Inoltre non l'ho sentito nemmeno prima del funerale e neanche dopo. Qualche giorno dopo tornai all'ospedale per riprendere alcune sue cose, e l'infermiera del turno di notte mi disse che fuori dell'orario delle visite un uomo grande e robusto vestito bene era al capezzale della mamma, e la cosa strana che l'ha colpita è che la mamma parlava con lui in modo chiaro come se non avesse più quella disfunzione della bocca dovuta alla paralisi che la faceva parlare a stenti e non chiaramente; ma per rispetto della sua personalità – pensava che fosse un medico – non gli aveva detto niente per il fuori orario. Inoltre la zia che assisteva la mamma di notte dormiva di sonno pesante e non ha visto né sentito niente. Qualche giorno dopo, in Svizzera ho incontrato "lui" mentre uscivo dal ristorante. Devo dire che sono stato cattivo, infatti gli ho detto che avrebbe dovuto essere lì e curare la mamma, sono stato egoista perché pensavo di essere nelle sue grazie e anche mia madre. Ma dopo una lunga chiaccherata abbiamo chiarito. È stata l'unica volta che ho visto le lacrime nei suoi occhi e il sorriso aveva abbandonato il suo viso».
Rileggendo questo suo racconto dopo averlo menzionato qui, ho voluto chiedergli più dettagli su quando e come Rol potesse averlo raggiunto in quel ristorante. Quanto segue l'ho contabilizzato tra gli episodi di *bilocazione* (XXII-14). Il 13/09/2021 mi ha risposto:
«Gustavo era venuto a trovarmi un paio di settimane più tardi, come mi ha trovato non lo so, so solo che é entrato dalla porta principale, verso le 18:30, e tutti lo hanno guardato con stupore, perché era veramente imponente come persona e vestito benissimo. A tutti ha regalato un grande sorriso.
L'indirizzo di sicuro non l'aveva, ma penso che non sia stato un problema per lui. Questo ristorante – dove andavo spesso – si trova a Baden a circa 24 Km da Zurigo, dove ho vissuto fino il 1980». Poi ha specificato: «Lavoravo a circa dieci minuti di auto dal ristorante, impiegato in un

garage con mansioni da responsabile parti di ricambio, a volte consegna auto, fatturazione. In quel periodo vivevo anche sopra il ristorante. Rol non sapeva dove lavoravo – sapeva che lavoravo in un garage ma l'indirizzo non l'ho mai detto – quindi non avrebbe potuto comunque sapere in maniera "normale" dove mi trovavo». E ancora: «Penso che Rol fosse in sdoppiamento o teletrasportato visto che diceva che prima delle 21:00 doveva essere a Torino.
E comunque non è stata la sola volta che è venuto. Una sera sono rimasto in ufficio un po' più a lungo e con molto stupore ho poi trovato Gustavo che sedeva con il proprietario del ristorante e naturalmente aveva alcuni mazzi di carte tra le mani, e ha raccontato che era un mio zio alla lunga... Più tardi Alfonso (il nome del proprietario) mi dice che era molto bravo con le carte e che molte volte non ha capito bene il trucchetto».
«Io chiedevo ridendo se era arrivato con l'auto, il treno, il battello... e tutte le volte se la rideva. Le volte che è venuto non mi risulta si sia fermato mai per la notte».
Queste comparsate improvvise di Rol sono abbastanza una sua firma e si tratta di caratteristica che sancisce, in sé sola, la distanza da medium, sensitivi e via dicendo. Solo i maestri *illuminati*, e raramente qualche mistico (un gradino sotto all'illuminazione), hanno tale capacità. Pellegrino non esita a fare l'ipotesi della bilocazione (o telestrasporto?) – lui stesso sa per esperienza diretta che ciò era possibile a Rol – per giustificare qualcosa, per lo meno la prima volta, che non avrebbe potuto accadere, anche se mette l'accento sull'affermazione di Rol sul suo ritorno entro tempi secondo lui troppo stretti (tra Zurigo e Torino ci sono 400 km di strada), mentre per me questo non è un dato rilevante (tranne eventualmente nella possibile allusione di Rol), sia perché non si può escludere, sulle strade degli anni '70, una percorrenza a velocità sostenuta – anche se Rol vendette la sua ultima auto pare proprio nel 1973, certo avrebbe potuto farsi accompagnare – sia per eventuale viaggio aereo sia perché poteva semplicemente essere una sua maniera di "scherzare" (infatti se era in bilocazione/teletrasporto, di certo non avebbe avuto bisogno di due ore e mezza per tornare indietro). Sul fatto che il proprietario del ristorante pensasse che potesse trattarsi di "trucchetti", niente di strano. È ciò che pensa praticamente chiunque assista per la prima volta agli esperimenti, soprattutto se non sa chi sia Rol. Come si fa del resto a ipotizzare qualcosa di diverso, non avendo alcun altro termine di paragone? Solo una sufficiente frequentazione permette di capire che si tratta di cose molto diverse.
30. Roccia, 2011.
31. Integrazione di commenti ad un post del 07/12/2017 su: *facebook.com/groups/museogustavoadolforol*. In merito a questo strano «tubo», il testimone non ricorda altro né dove fosse collocato. Nessun altro testimone ha riferito qualcosa del genere, mancano quindi elementi

per capire di cosa esattamente si trattasse. Sul consiglio dato allo zio, Rol come spesso accaduto è stato una Cassandra inascoltata. Chi conosceva Rol superficialmente non dava a questi consigli la dovuta importanza.

32. Comunicazione scritta all'Autore del 20/06/2019, epsiodio inedito. Alberto Lanteri è un artista nato nel 1955 a Torino. Il morbo o *linfoma di Hodgkin* è un tumore del sistema linfatico.

33. Da un articolo del 22/09/2019 pubblicato su: *freeanimals-freeanimals.blogspot.com/2019/09/anche-un-famoso-sensitivo-previde-la.html* . L'aneddoto del tram fu raccontato a E. Priotti intorno al 1995. Non ha saputo ricordare il nome dell'internista, mentre ritiene di non poter comunicare il nome dell'ex-collega della Magneti Marelli, deceduto nei primi anni 2000.

34. Comunicazione scritta all'Autore del febbraio 2018, episodio inedito. Si pensava che Ellen Koch soffrisse di nevralgia del trigemino, che è un disordine neuropatico del nervo trigemino che causa episodi di intenso dolore localizzato a occhi, labbra, naso, cuoio capelluto, fronte, aree cutanee esterne, dentatura e mucose interne della mascella e della mandibola. Per i dettagli e le soluzioni chirurgiche, una delle quali dovette essere considerata dal dott. Romero, cfr. *humanitas.it/malattie/nevralgia-del-trigemino*.

35. Minotto, 1977. Ho supposto che si tratti dell'ing. Innocenti perché all'epoca dell'intervista era un assiduo frequentatore di Rol, presente spesso, insieme alla moglie Doretta Torrini, agli incontri ai quali partecipavano anche i coniugi Visca, Gaito e Lugli (come da quest'ultimo riferito nel suo *Gustavo Rol. Una vita di prodigi*). Una seconda possibilità è Cesare Romiti, che iniziò a frequentare Rol nel 1974, ma Innocenti nel 1977 aveva certamente una frequentazione molto più assidua e confidenziale e coincide con il profilo di qualcuno che «assiste regolarmente». Significative tre affermazioni: 1) *Rol non crede negli spiriti*; 2) *è convinto di usare un'energia che tutti gli uomini possiedono*; 3) *si serve delle sue straordinarie capacità a fini umanitari e a scopi scientifici*. In merito all'«energia», essa non è che la *śakti-potenza* di cui parla la tradizione indiana, che ho avuto già più volte occasione di menzionare (si veda per es. il mio articolo: *Rol, un Buddha occidentale del XX secolo*, rivista "Mistero", n. 100, agosto 2021, pp. 35-46, pubblicato sul mio sito al link:
gustavorol.org/images/biografia/Mistero_agosto_2021_Rol-Buddha.pdf.
Tra l'altro vi si troverà forse un nesso con l'affermazione che *Rol vede con i propri occhi quello che noi vediamo servendoci di un apparecchio a raggi X*).

36. Comunicazione scritta all'Autore del 10/09/2021, episodio inedito.

37. Comunicazione scritta all'Autore del 11/04/2022, episodio inedito.

38. Comunicazione all'Autore del 03/10/2021, episodio inedito. Con la sua testimonianza Rosanna Priotti si è certamente sdebitata ed è probabile

che Rol, quando era in vita, conoscesse i suoi sentimenti. Mi ha raccontato altri due episodi degni nota che saranno citati in altri capitoli.

La madre Caterina, anche con un po' di aiuto della famiglia (quattro figli, vedremo più avanti anche la testimonianza di Elsa Priotti) mandava avanti la *Locanda del Cannone d'Oro* nel centro di San Secondo, tenuta per una ventina di anni (dal 1946 circa al 1967). La famiglia viveva nello stesso stabile al secondo piano, mentre al primo abitavano i proprietari dei muri. Il padre era impresario edile.

Del dott. Enrico Vecchia parla la figlia Carla Perotti nel suo libro *Gustavo Rol. Il mio primo maestro*, 2013.

Rosanna mi ha anche detto quanto segue:

«A San Secondo di sera portavo la cena alla mamma del dottor Rol, la signora Peruglia, quando in settimana magari non c'era la figlia Maria né nessun altro. E tutte le volte – ce l'ho davanti come fosse ieri, col vestito nero, il suo coso di velluto al collo – mi dava sempre un marron glaçè con le violette. Aveva un aspetto fragile, era già anzianissima, son passati quasi 70 anni.

Mi ricordo di tutta la famiglia, mangiavano sempre a casa nostra, al marchese Cesare Solari [1901-1970], che era sposato con Tina [1900-1970], sorella di Gustavo, era venuto l'infarto da noi. Tina non lo lasciava mai mangiare, lei e Maria lo sgridavano, lui era uno che mangiava molto e aveva già la pancia.

Io sono nata nel 1941 ma sono arrivata a San Secondo nel '46, prima abitavamo in campagna. Eravamo l'unica osteria del paese, si radunavano tutti lì, il dottor Rol aveva molti amici a San Secondo, come Giulio Gallea, bisbocciavano insieme.

Quando veniva a mangiare faceva sempre dei "giochi" per gli avventori del bar, ne faceva di tutti i colori, era un giocherellone e ridevano tutti.

A San Secondo dicevano che era uno stregone, perché nei paesi uno non è che sia ferrato in queste cose.

Avevamo un salone e una cucina, mangiavamo tutti insieme, una volta era così, lui era una persona molto semplice, mangiava a tavola con noi e con gli altri avventori.

Mi ricordo molto bene sua moglie, Elna, venivano a mangiare insieme, era una gran signora.

Invece la marchesa Tina Solari e suo marito mangiavano in un'altra stanza da soli, una piccola saletta da pranzo con tre tavoli. Tina aveva un cane bianco, un volpino. La sorella Maria era una che rideva, era molto alla mano, mentre loro erano più "signori". Non lo so, sarà forse stato il titolo di marchesa».

39. Comunicazione scritta all'Autore del 04/11/2021, episodio inedito.
40. Giovetti, 2022.
41. Comunicazione all'Autore del 04/11/2021, episodio inedito. Altri episodi si trovano in altri capitoli. Anna Rosa Nicola (nata nel 1957), con

il fratello Gian Luigi Nicola (nato nel 1948) e i rispettivi consorti, e con i nipoti, portano avanti la tradizione di famiglia del restauro di opere pittoriche iniziata dal padre Guido Nicola (cfr. episodi I-92, III-19) e dalla madre Maria Rosa nel 1947. Il laboratorio di Torino prima e di Amarengo (provincia di Asti) poi, sono stati punto di riferimento nel restauro di alta qualità, ricevendo numerosi riconoscimenti (si veda il sito *nicolarestauri.org*). Anna Rosa iniziò giovanissima a lavorare con i genitori, aveva presto acquisito «manualità nel restauro delle opere su carta e pergamena, ma trova la sua naturale predisposizione nel restauro integrativo pittorico su dipinti, sculture e affreschi». Rol fu cliente e amico dei Nicola per decenni, e anche io nei primi anni duemila diedi loro delle tele antiche da restaurare. Anna Rosa mi ha raccontato:

«Rol veniva abbastanza sovente in laboratorio, ci portava delle opere da restaurare. Mia mamma ha anche un suo dipinto che le ha dedicato, un bel quadro con le rose, ce l'ha in camera da letto e ci tiene particolarmente. Lui diceva che le rose sono belle non soltanto in bozzolo o quando si aprono, ma anche quando sono sfiorite, e la stessa cosa valeva per le donne».

«Avendolo conosciuto fin da quando ero bambina, la sua presenza era una cosa quasi normale, era una persona simpatica e aveva degli occhi che ti bucavano. Una volta scherzando mi ha detto riferendosi a mio marito (Nicola Pisano): "È una persona onesta e non la tradirà mai. E se a lei viene in mente di tradirlo, guardi che le faccio venire la coda come le scimmie!"».

«Lui non voleva essere chiamato mago, era persino un po' schivo per queste cose. Le faceva per gli amici, ma sempre con molta modestia, non era uno che volesse mettersi in mostra».

Anche Gian Luigi che, come detto nel sito, si era indirizzato «verso il restauro conservativo di affreschi, opere lapidee e in terracotta e nel recupero di reperti archeologici, soprattutto egizi», mi ha riferito qualche episodio, che ho riportato in altri capitoli. Mi ha raccontato anche il divertente aneddoto seguente (non paranormale):

«Quando Rol veniva a casa nostra, al laboratorio, ogni tanto mi portava dei pasticcini, le bignole, e dopo la guerra, all'inizio degli anni '50, erano abbastanza una rarità. E allora quando arrivava per me era una festa. E mi ricordo una volta, avrò avuto 4 o 5 anni, era andato a comprare questi pasticcini in una panetteria/pasticceria che c'era proprio di fronte a casa nostra. La panettiera era una persona un po' avara. Rol le ordinò un chilo di paste, lei strabuzzò gli occhi e cominciò a mettere un foglio di carta, un vassoio, un altro foglio di carta, e così via. Rol capì subito il personaggio, allora le disse: "Ma signora, non stia a mettere tutta sta carta perché intanto queste bignole sono per un cane". Questa qui sbianca: "Come sono per un cane?" "Sì sì, sono per un cane, guardi metta solo un foglio di carta, riempa pure tutto di pasticcini". Quella esegue, poi Rol li ha presi

come un fagotto, ha attraversato la strada ed è venuto da noi. Posa il pacchetto sul tavolo e rivolgendosi a me dice: "Ti piacciono? Mangiali, mangiali", e io ho cominciato a mangiare questi pasticcini, ero tutto felice. Poco dopo aggiunge: "Sai, ho dovuto dire una bugia per portarteli, e non bisogna dire le bugie. Ho detto che erano per un cane. Allora sai che facciamo? ne diamo una anche al cane, le altre le mangi tu"».
Nicola mi ha anche detto:
«Rol venne una volta quand'ero già più grande e facevo il liceo artistico. Avevo fatto dei disegni che lui vide e mi disse: "Sono belli, però devi tener presente una cosa: *quando disegni o dipingi, non devi solo disegnare o dipingere ciò che vedi, devi dipingere anche ciò che non vedi e ciò che non senti, perché solo se dipingi ciò che non vedi e ciò che non senti tu potrai dipingere lo spirito delle cose"*.
Questa frase mi è rimasta in testa, e poi l'ho verificata innumerevoli volte guardando anche le opere d'arte che mi capitavano in laboratorio. Ci sono certe opere che vanno al di là della semplice raffigurazione, c'è veramente l'anima dentro. Per esempio certi ritratti di Goya o di Lorenzo Lotto o di Antonello da Messina, di Raffaello, insomma dei grandi, c'è un qualche cosa che va oltre quello che è la raffigurazione. Io cito sempre questa frase che mi disse Rol, la cito proprio come parole dette da lui, perché è una cosa fondamentale, e bella.
Invece mi è un po' spiaciuto che lui non sembrasse interessato alle cose egizie, mentre io le amavo moltissimo e gliene parlavo. È una cosa strana. Lui le sentiva forse come un qualche cosa di negativo o chissà. Lo avevo invitato a venire ad Aramengo proprio perché avevo delle cose egizie e lui ha sempre glissato, cosa che di solito non faceva perché era molto disponibile, sempre».
Io ho ipotizzato che dal momento che i manufatti egizi hanno in genere a che vedere con le pratiche funerarie perché sono stati trovati nelle tombe, o comunque in templi sacri, Rol non voleva entrare in contatto con la loro storia (cosa a lui possibile per esempio tramite *psicometria*, toccando l'oggetto) e con quella di coloro che fabbricarono e possedettero l'oggetto. Gli Egizi erano noti anche per le loro pratiche di magia e probabilmente Rol andava molto cauto a relazionarsi con quegli oggetti.
G. Nicola mi ha risposto:
«Può darsi. Sentiva forse delle negatività. E pensare che invece a me sarebbe piaciuto moltissimo discutere di magia egizia con lui, perché per gli Egizi la magia era veramente pane di tutti i giorni. Infatti per loro il pittore o lo scultore era chi dava la vita a un'immagine. Per esempio, anche nei geroglifici, specialmente nei tempi più antichi, la lettera "f" che è una vipera cornuta, veniva raffigurata con la testa mozzata perché per loro il raffigurare la vipera voleva dire *creare* la vipera, quindi creare un pericolo. Cioè, tutto quello che è raffigurato diventa reale».

Nicola ha senz'altro ragione, bisogna però aggiungere che l'immagine da sola, senza una mente che funga da "lente" e trasformi un raggio solare in fuoco, non è sufficiente, per la stessa ragione per cui un *mantra* ripetuto senza la corretta condizione della mente/coscienza è del tutto inefficace (ciò che corrisponde al mago che sa come pronunciare una "formula magica", la quale ripetuta pedestremente dal profano non dà alcun risultato, mancando l'elemento fondamentale dello stato di coscienza corretto).

Nicola mi ha anche detto che Rol gli aveva spiegato molte cose sull'aura, ma lui si rammarica di non ricordarle. Tutto quello che può dire è che «guardava le persone e diceva: "Tu hai l'aura così, e quindi..." e poi tirava fuori delle considerazioni sulla salute della persona» (cfr. quanto ha detto la sorella, II-40).

Infine, sia lui che Anna Rosa hanno menzionato l'episodio di cui già parlò il loro padre Guido (I-92), anche se non ne ricordavano i particolari, per averne solo sentito parlare, ma Anna Rosa mi ha detto che la commessa della signora Lancia, fatta avere da Rol, riguardava forse una sala intera con tappezzeria cinese, perché lui arrivò in laboratorio con dei pannelli con motivi cinesi da mettere a posto.

41ª. Episodio di cui sono venuto a conoscenza nel 2018 confermatomi poi direttamente dalla testimone nel 2021. Data la natura della testimonianza, ho ritenuto qui di riferire solo le iniziali del suo nominativo. Non l'ho comunque contato perché, in mancanza di dettagli – che la testimone non ricorda – la malformazione poteva essere stata vista anche in maniera normale. «La scoliosi è una deformità della colonna vertebrale, causata da uno sviluppo anormale delle vertebre che determina una curvatura sporgente della colonna vertebrale. La scoliosi può peggiorare durante la crescita fino a provocare una deformità importante: a parte il danno estetico, una scoliosi grave è causa di dolore cronico nel corso della vita e una curva molto grave può deformare la gabbia toracica, riducendo lo spazio a disposizione dei polmoni e compromettendone il funzionamento» (*ospedalebambinogesu.it/scoliosi-80342*). Si può quindi capire, in ogni caso, come l'intervento di Rol sia stato importante.

42. Comunicazione scritta all'Autore del 19/04/2022, episodio inedito.
43. Inserito in altro capitolo.

III – Interventi terapeutici

39ª. 05/09/2019, episodio inedito, non contabilizzato. Dino Buzzati aveva scritto che Rol possedeva «una vitalità straordinaria e gioiosa. (...) Qualcosa di benefico che si irraggia sugli altri» (Buzzati, D., *Fellini per il nuovo film ha fatto incontri paurosi*, Corriere della Sera, 06/08/1965, p. 3). Evidentemente questo qualcosa non era solo al livello psichico-

emozionale, ma anche propriamente "energetico". Vedi più sopra nota II-35.
40. Pubblicato il 27/06/2019 su uno dei suoi profili *facebook*. Gianfranco Angelucci è uno dei biografi più preparati ed attenti di Federico Fellini.
41. Ceratto Boratto, 2020, pp. 160-161. Nel mio *Fellini & Rol* (nota 72 p. 52) ho segnalato alcuni riferimenti relativi a questa testimonianza: «Cfr. articoli del 12-13 marzo 1951 su "Stampa Sera" (*Coppi operato in una clinica torinese*, p. 1, *Per quaranta minuti sotto i ferri del chirurgo*, p. 4, ecc.). Dogliotti era molto amico sia di Gustavo che di mia nonna Elda Rol (Talamonti nel 1975 riferiva di un intervento chirurgico di Dogliotti su Elda, presente Gustavo, che a un certo punto intervenne in una situazione delicata, cfr. III-1 in *L'Uomo dell'Impossibile* (vol. I, 3ª ed., p. 101). Marina è stata con me più specifica scrivendomi che Rol «alla Sanatrix non imponeva le mani. Papà non voleva. Solo mamma glielo fece fare con Coppi e restò sbalordita». Quindi quanto riferisce nel libro sulle sue possibilità curative va inteso in senso generale – ciò che infatti era ed è risaputo, si veda il cap. III de *L'Uomo dell'Impossibile* –, mentre è inedito il fatto che avesse trattato Coppi, sicuramente per lenire il dolore o anche per altro che non è dato sapere.
Serse Coppi morì proprio alla Sanatrix poco più di tre mesi dopo, ricoverato al seguito di una caduta in una gara ciclistica. Cfr. soprattutto *Il luttuoso episodio*, La Stampa, 30/06/1951, p. 4 e altri articoli stesso giorno e giorno successivo.
Fausto Coppi morì di malaria 9 anni dopo, il 02/01/1960 a soli 40 anni».
42. La prima parte pubblicata nel gruppo *Dottor Rol* il 04/07/2020, la seconda è una comunicazione scritta all'Autore del 05/07/2020, racconto inedito. La frase: *Certo che c'è il paradiso e, per entrarci, saremo misurati sul nostro cuore puro*, è molto significativa. Sul «cuore puro», cfr. *Il simbolismo di Rol* (3ª ed. 2012) pp. 110-111; 273; 345-351.
43. Biondi, 2009, p. 300.
44. Comunicazione all'Autore del 2003, episodio inedito. Si veda quanto dice Franco Zeffirelli (III-28) circa un possibile tumore di Federico Fellini fatto sparire da Rol.
45. Comunicazioni all'Autore del 17/09/2019 e del 13/09/2021.
46. Comunicazione scritta all'Autore del 22/02/2016, episodio inedito, in sé abbastanza semplice eppure altamente significativo. In genere Rol era in grado di far scendere repentinamente la febbre (cfr.) Qui riesce a fare l'inverso! Qual è poi, per esempio, l'effettivo rapporto tra questa salita di temperatura fittizia, ovvero non causata da una qualche patologia, eppure reale, e quella invece dell'episodio precedente di Mariella Balocco, dove è associata alla successiva guarigione? In entrambi i casi si ravvisa l'intervento di Rol, in entrambi i casi a distanza.
Silvia mi ha riferito anche il seguente, che non c'entra con questa classe di fenomeni ma riporto qui: «Io e Clara [*sorella di Silvia*] avevamo

comperato la focaccia dell'Epifania, quella con la Fava all'interno. La focaccia era davanti a noi a tavola. Clara dice: "Io faccio girare il dito e tu mi dici basta, come faceva Gustavo". Al mio basta ha affondato il dito, si è rotta l'unghia sulla Fava». Clara si riferiva al metodo che Rol usava o faceva usare (lo ha fatto fare anche a me, cfr. XVI-12) per scegliere una carta tra le molte distese sul tavolo. L'aver incontrato la fava è un po' come aver scelto la carta giusta in un esperimento riuscito. Non lo considero comunque un episodio "paranormale", anche se curioso.
47. Comunicazione all'Autore del 02/11/2021, racconto inedito.
48. Giovetti, 2022.
49. Azzolini, 2019, p. 10.
50. Giovetti, 2022.
51. Inserito in altro capitolo.

IV – Biblioscopia semplice

30. Comunicazione all'Autore del 27/06/2019, episodio inedito.
31. Commento del 26/12/2015 su *facebook.com/Gustavo.A.Rol*. Non sono purtroppo riuscito in seguito ad avere ulteriori dettagli dal testimone, ad esempio chi fosse questa segretaria. Il presidente ILTE di cui parla potrebbe essere Fortunato Postiglione, fondatore nel 1947 dell'*Istituto del libro italiano s.r.l*, divenuta ILTE nel 1951, operante nel settore grafico dell'editoria e stampatrice degli elenchi telefonici. Ma potrebbe anche trattarsi dell'avv. Renato Zaccone, vicino ad Alfredo Frassati fondatore de *La Stampa*, dirigente Italgas e poi presidente Ilte fino al 1983, o il giornalista Demetrio De Stefano che gli successe.
32. Comunicazione scritta all'Autore del febbraio 2018, episodio inedito. Il libro di Long, giurista, presidente della Federazione delle Chiese evangeliche in Italia, era *Johann Sebastian Bach: il musicista teologo*, 1985.
33. Comunicazione all'Autore del 19/02/2018, episodio inedito. Come nel caso dei ristoranti *La Pace* e *Firenze* a Torino, i titolari non conservavano i tovaglioli e li lavavano. Anche per loro era "normale", e non avevano il metro per comprenderne l'importanza documentale. Elsa Priotti mi ha anche raccontato: «Una volta al momento di andarsene dalla trattoria il dottor Rol aveva chiesto a mia mamma quanto facesse, lei era andata alla cassa e voleva già dargli il resto, ma lui non aveva ancora pagato, e allora si mise a ridere: "Ma signora, non le ho dato ancora niente, cosa mi dà il resto!"».
Un aneddoto che potrebbe far parte dei fenomeni di *trasferimento di coscienza*: la signora non aveva coscienza o controllo di ciò che stava facendo, ma agiva conformemente alla volontà e all'*influenza psichica* di Rol. Siccome però non si può escludere una semplice distrazione, non lo abbiamo contato.

Nel 2021 è però ritornata su questo aneddoto, aggiungendo che sua mamma le aveva detto che Rol le aveva letto nel pensiero e che conosceva già l'importo del conto, ma mi sembra una elaborazione o una interpretazione non conciliabile con quanto raccontatomi in precedenza. Più plausibilmente, considerate le decine di volte che Rol era andato a mangiare da loro, Priotti potrebbe aver unito due episodi diversi, di entrambi non essendo testimone diretta, dove in uno la madre dava il resto prima che Rol avesse pagato, nell'altro Rol pagava l'importo esatto prima che lei gli dicesse quanto facesse, quindi «leggendole nel pensiero», per quanto, anche ammettendo non ci fosse un menu preciso come oggi, non si può escludere una spiegazione normale.

Oltre a ciò e ad altri due aneddoti, mi ha parlato in generale della famiglia Rol e dei rapporti che c'erano con loro, notizie che si aggiungono a quelle fornitemi dalla sorella Rosanna, menzionate in precedenza (nota 38-II):

«La sorella del dottor Rol la chiamavano "tota" Maria, capelli a caschetto, bionda. Lei e anche la sorella Tina col marito facevano colazione al *Locanda del Cannone d'Oro* al mattino, al pomeriggio mia mamma stirava le tovaglie e Maria veniva a chiacchierare con lei mentre io studiavo in un angolino, avevo 14/15 anni.

Era proprio carina, tipo Delia Scala, una di famiglia. Aveva un piedino piccolo piccolo, mi è rimasto impresso un paio di scarpe tipo inglese, quelle bucherellate bianco e blu, aveva sempre quelle scarpe che una volta nei paesi non c'erano.

La trattoria dove abitavamo era proprio una di quelle trattorie di paese di una volta, c'erano tutti i vecchietti che venivano lì, era la nostra casa ma era la casa di tutti, lì avevamo i primi giradischi, la radio a dischi e i vecchietti sentivano le canzoni degli Alpini. Avevamo una cucina enorme con una grande stufa dove mia mamma cucinava, si mangiava sempre tutti insieme: il primo che arrivava si sedeva, c'era la maestra, l'impiegata del Comune, quello della Posta o della banca, poi arrivava Rol e si sedeva lì con noi. Veniva sovente, a mangiare sempre a pranzo, mentre a cena passava solo, aveva mi sembra un Mercedes, un macchinone grosso, lo parcheggiava sulla piazza, di fronte alla trattoria del Levante [*oggi Piazza Tonello*]. A volte era con una signora bionda, che penso fosse la moglie, a volte era con due signore, venivano da noi.

Era sempre ben vestito e aveva un buon profumo addosso, spesso con un cappotto cammello ma non il loden, lui era alto e lo portava bene, molto distinto.

Il ristorante era proprio di fronte a dove abitava la sorella del dottor Rol, la marchesa Tina Solari, col marito. A volte arrivavo da scuola e mia madre mi diceva di andare da loro a portare il secchiellino col minestrone, perché avevano deciso di non scendere a mangiare. All'epoca c'era ancora Catterina Bessone, la tata che avevano. Era già una vecchietta, apriva la porta e io portavo da mangiare in casa.

Al mattino vedevo la marchesa portare a passeggio il cagnolino, aveva i capelli bianchi, era spettinata e con un rossetto di quelli forti, molto rosso, un po' fuori dalle labbra. Lui invece aveva i baffi.
La locanda c'è ancora, adesso si chiama *Al 102*, c'e anche il tavolo ovale dove mia mamma faceva i pranzi, eravamo 10/15 persone, non si usavano i tavolini come adesso, ma non è cambiato molto.
In quella casa vivevamo noi e il padrone di casa con la moglie, siamo stati lì vent'anni. Mia sorella Marisa, quella più piccola, è nata lì, io ci sono arrivata che avevo due o tre mesi. Abbiamo passato lì la nostra gioventù.
Per noi Gustavo era uno di famiglia, in quel periodo non era famoso come è diventato in seguito, era uno del paese che veniva in villeggiatura, un signore benestante di Torino che aveva la villa, non sapevamo dargli il giusto valore. Tutti l'aspettavano, come i due fratelli Gallea, Giulio e Edoardo, che abitavano davanti a noi, erano amici di Rol, uno faceva il tassista.
Noi abbiamo la tomba di famiglia vicino a quella dei Rol, proprio di fronte».
34. Comunicazione scritta all'Autore del luglio/agosto 2019, episodio inedito.
35. Comunicazione all'Autore del 05/09/2019, episodio inedito.
36. Comunicazione all'Autore del 06/10/2021, episodio inedito.
37. Comunicazione scritta all'autore del 11/10/2021, episodio inedito. Se la tazza faceva parte di un servizio donato da Napoleone, la frase latina è perfettamente pertinente, dal momento che Napoleone era il "Cesare" dell'epoca e l'ha donata a Josephine; oltre al prodigio dell'aver "visto" la frase, c'è quindi anche quello di aver suggerito l'effettiva provenienza.
38-39. Inseriti in altri capitoli.

V – Carte

150. Lugli, 2008, pp. 83-84. Nei volumi precedenti avevamo dimenticato di riportare questo esperimento, inizio e parte di uno più complesso intitolato *La penna d'oca dello scrittore*, che abbiamo contabilizzato in XXXIV-101.
150[a]. De Boni, 1975. Gastone De Boni è stato tra i principali studiosi seri del paranormale in Italia, continuatore di Ernesto Bozzano. Ne ereditò la biblioteca che andò a far parte della *Fondazione Bozzano-De Boni*, che divenne l'editrice della rivista *Luce e Ombra* che De Boni diresse dal 1947 al 1986, anno della sua morte. Attualmente (2021) è diretta da Paola Giovetti. Il paragrafo su Rol che abbiamo citato inizia subito dopo un lungo capitolo dedicato agli esperimenti del circolo Poutet a Bruxelles (*Le stupefacenti esperienze di «Stasia» a Bruxelles nella lucida esposizione e valutazione di William Mackenzie*, pp. 307-323) di cui abbiamo parlato nei precedenti volumi. Anche De Boni, come già Massimo Inardi ed

Alfredo Ferraro (si veda la mia introduzione, vol. I, p. 22), non colse l'attinenza delle esperienze di *Stasia* con quelle di base di Rol, pur collocandole nel suo libro di seguito come già fece Leo Talamonti, che l'attinenza però l'aveva notata. La ragione è che De Boni non frequentò a sufficienza Rol per poter arrivare a fare questa associazione. All'epoca (1974 o 1975) in cui metteva per iscritto nuovamente questo incontro del 1967, lo aveva incontrato solo in quella occasione (ma sufficiente per concludere il paragrafo così: «Il dott. Rol è anche causa del determinarsi di altri tipi di fenomeni del più alto interesse, come le materializzazioni e la pittura medianica. Egli è certamente uno dei più grandi sensitivi attualmente viventi»). Lo incontrerà di nuovo nel 1981 insieme a Paola Giovetti (cfr. XXXIII-3). Non è dato sapere se lo abbia incontrato altre volte prima o dopo. Una maggior frequentazione lo avrebbe portato sicuramente a una definizione un po' più pertinente che non quella molto limitata di "sensitivo". Proprio nel 1981 Paola Giovetti lo aveva intervistato, e considerato quanto poco deve averlo frequentato, è certamente molto significativo il suo giudizio, considerata la sua esperienza in questo campo: «Fra tutti i sensitivi che ho conosciuto in più di mezzo secolo di ricerche (...) Gustavo Adolfo Rol è colui che mi ha stupito di più: l'ho visto creare dal nulla quadri stupendi, far apparire e sparire oggetti, compiere "giochetti" incredibili (...), mi ha fatto vedere cose davvero strabilianti. (...) "Una sera mi disse di scegliere una carta in un mazzo, di guardarla bene e poi di tenerla stretta fra le mani. Io scelsi il sette di fiori. Poi Rol fece un gesto in aria con la mano e mi disse di guardare la mia carta: ebbene, la carta che avevo sempre tenuto ben stretta fra le mani era divenuta quella della donna di cuori! In una sola serata Rol, di questi "giochetti", ne fa a decine, con una facilità e una disinvoltura incredibili, divertendosi un mondo per lo stupore dei presenti. È poi in grado di produrre tutti i fenomeni possibili e immaginabili, dalle materializzazioni alla lettura di righe intere in libri chiusi e scelti dai presenti, alla scrittura e pittura dirette: produce cioè scritti, disegni e pitture che compaiono su fogli e tele senza che lui tocchi matite e pennelli; si mette anzi a una certa distanza, coi presenti che lo tengono per mano. Ma ci vorrebbero ore per descrivere tutto questo» (Giovetti, 1981, pp. 40-42). Sul fatto che *i presenti lo tengono per mano* era piuttosto raro, una eccezione, evidentemente è quanto ha testimoniato De Boni in uno degli incontri. Il modo in cui parla di Rol e dei suoi esperimenti mi fa comunque pensare che deve averlo incontrato almeno una terza volta.
(Nelle note del vol. I, all'episodio V-18bis raccontato da De Boni e aggiunto con la 2ª edizione, avevamo dimenticato di inserire il riferimento bibliografico, che è: AA.VV., 1970, p. 20).
151. Comunicazione all'Autore del 27/06/2019, episodio inedito.
151bis. Conversazione raccolta da Loredana Roberti il 09/09/2020.
152. Comunicazione all'Autore del 02/11/2015, episodio inedito.

153. Villa 2, 2019.
154. Biondi, 2009, p. 300.
155. Comunicazione all'Autore del 19/11/2019, episodio inedito. Paolo Fè d'Ostiani, imprenditore nato a Torino nel 1936, negli anni '70 co-titolare di un'azienda di confezioni con duecento dipendenti, poi consulente commerciale e dirigente dipartimento acquisti di un'azienda dell'indotto Fiat, ha conosciuto Rol intorno al 1973 o 1974, presentatogli dall'allora avvocato Pierlorenzo Rappelli, che conosceva perché entrambi soci del *Circolo degli Alfieri* di Torino, di cui Rappelli era stato tra i fondatori. Il primo incontro con Rol fu appunto a casa di Rappelli (e della moglie Giuliana Ferreri) dove era stato invitato. Io conoscevo di vista Paolo già da ragazzo, perché entrambi eravamo soci del *Circolo Golf Torino* (La Mandria), dove tutta la mia famiglia era socia e dove mia nonna Elda Rol organizzava in memoria di mio nonno – morto nel 1977 – la "Coppa Franco Rol", alla quale Paolo aveva spesso partecipato. Dello stesso circolo faceva parte Aldo Provera, amico e co-esecutore testamentario di Gustavo, col quale ebbi occasione di fare anche qualche partita di golf. Di Fè d'Ostiani citeremo altri interessanti racconti. La sua testimonianza è abbastanza paradigmatica di quanti testimoni che abbiano frequentato Rol anche a lungo ci siano e che possano emergere a decenni di distanza dalla sua morte (come anche il caso di Paolo Chionio più avanti). Nel caso specifico, sono entrato in contatto con lui grazie alla segnalazione di Silvia Dotti, amica di Gustavo e mia conoscente da anni, la quale essendo sua amica su facebook un giorno ha visto un suo breve commento su Rol, lui che tra l'altro quasi non usa i socials. Silvia me l'ha segnalato, io mi sono attivato per contattarlo direttamente, e dopo molte "sponde" e giorni – perché su facebook non rispondeva – finalmente ho potuto parlargli per telefono, grazie anche all'aiuto di Loredana Roberti che poi in seguito, da Pesaro dove abita è andata anche a intervistarlo a casa sua in Umbria, dove si è trasferito. Ma se non fosse stato per quel breve commento iniziale di Silvia e per l'amicizia in comune, la sua testimonianza sarebbe forse stata destinata all'oblio. E chissà quante come la sua.
156. Comunicazione all'Autore del 19/11/2019, episodio inedito. L'intervista filmata è stata raccolta invece da Loredana Roberti pochi giorni dopo, il 22/11/2019. Si confrontino altre testimonianze analoghe (V-30, 94, 100) che completano e confermano quella di Fè d'Ostiani.
157. Dall'intervista di L. Roberti del 22/11/2019. A me aveva specificato: «Eravamo a casa nostra in Corso Vinzaglio (…). Rol m'ha detto: "Prendi l'ago, il filo e le tre carte, stringili nel pugno, mettiti le carte in tasca più profondo che puoi", io dico tra il serio e il faceto: "Speriamo che non sbagli mira e che non mi cucia anche qualcosa d'altro…". Poco dopo ho tirato fuori queste carte ed erano cucite da parte a parte». Come nel caso precedente, anche questa "cucitura" delle carte era una tipologia di esperimento abbastanza frequente in Rol, si vedano: V-37, 38, 121.

158. Pubblicato su *facebook.com/groups/gustavorol* il 09/08/2021.
158bis. Comunicazione all'Autore dell'11/08/2021, racconto inedito. Sono inediti anche i due episodi della «palla di fuoco» e della bilocazione, che riprodurremo di nuovo nei capitoli relativi, e che abbiamo comunque deciso di mantenere anche qui per mostrare l'importanza dell'*essere andati in profondità* nel voler sapere direttamente da Chionio i particolari dell'esperimento con il mazzo di carte. Si può infatti notare quale differenza vi sia tra la sintetica testimonianza di Marco Molteni, focalizzata solo sull'esperimento del mazzo, e quella più estesa di Chionio. Per questo io sono piuttosto allergico, per non dire contrario, alle testimonianze anonime e per di più riferite di seconda mano: oltre a non consentire alcuna verifica, non permettono approfondimenti, che potrebbero fornire dati aggiuntivi importanti. L'episodio di bilocazione per esempio è forse uno dei più importanti di questa classe di fenomeni, per quanto breve e per quanto non riferito dal testimone diretto. Ma è uno di quei casi che si possono considerare riferiti fedelmente, perché molto essenziale e facile da ricordare e perché riferito da un testimone attendibile che ha avuto col testimone diretto una lunga e confidenziale frequentazione.
Post scriptum: molto dopo aver scritto questa nota, la signora Susanna Borio ha pubblicato il 02/09/2021 il seguente commento, senza alcuna relazione con l'episodio di Chionio ma a margine di altro episodio, su *facebook.com/Gustavo.A.Rol* : «Anche io penso di averlo incontrato a casa di amici di Torino, sono praticamente certa che fosse lui, ero bambina [*verso la fine degli anni '70*] ... Mi ricordo di questo signore che faceva dei giochi di prestigio. Ho un ricordo molto vago, so solo che la notte non riuscivo a dormire, ero sciocccata da ciò che avevo visto». Questo il mio commento: «Non erano giochi di prestigio, ma ovviamente da bambina non era in grado di capire cosa fossero (è pieno di adulti del resto che non l'hanno capito). Il fatto che fosse rimasta sciocccata dovrebbe essere un indizio che erano ben altro». E a titolo comparativo le ho segnalato l'episodio di Chionio e il mio commento relativo. Ha quindi specificato: «Mi fece tenere fra la mani qualcosa, forse una moneta. E dopo la moneta era nelle sue tasche. Ma il ricordo è piuttosto vago». Vorrei sottolineare un dettaglio: la moneta o un altro oggetto di dimensioni analoghe ce l'aveva *lei* tra le mani, e di punto in bianco deve essere sparita, smaterializzata, e rimaterializzatasi in una tasca. Mi pare evidente che fosse rimasta «sciocccata»... (comunque non ho contato questo episodio, vista la mancanza di particolari e l'età della testimone).
159. Comunicazione all'Autore del 07/09/2021, episodio inedito. Il ristorante *Goffi del Lauro* (oggi *Eragoffi*) è uno storico ristorante di cucina piemontese, in Corso Casale 117 a Torino. L'*incipit* dell'episodio ricorda un po' quanto aveva raccontato Pitigrilli: «"Dottor Rol, non le chiediamo di presentarci i suoi esperimenti. Ci spieghi di che si tratta". "E che cosa

volete che vi spieghi? Mandate a comperare alcuni mazzi di carte"» (V-2). Vedremo più avanti altri aneddoti riferiti da Rosina Goffi. Ecco intanto altre informazioni che mi ha dato: «Ho ceduto l'attività tre o quattro anni fa, il mio era un ristorante d'epoca, prima lo aveva mio nonno, poi mio papà e poi l'ho tenuto io per tantissimi anni. Avevo conosciuto Rol tramite il signor Aldo Provera suo amico, che era già mio cliente e una sera me l'ha presentato. Da lì in poi veniva abbastanza sovente. Io conoscevo anche una persona che affermava di essere la cugina, Giuditta Miscioscia. Lui non voleva neanche sentirne parlare. Si è sempre presentata come cugina, anche quando lui è mancato, anche quando veniva col marito: "Io sono la cugina", però so che lui non la vedeva di buon occhio».

Che la Miscioscia fosse la cugina è naturalmente falso. Ad altri diceva di essere la nipote e ha sempre voluto farsi passare come "allieva" o "erede spirituale". Ho già stigmatizzato, ne *Il simbolismo di Rol* (p. 58 e sgg.), tali pretese abbastanza pietose.

La ragione di farsi passare per "cugina" deriva dall'essere stata la pupilla di mia nonna Elda Rol, che la aiutò in molti modi sin da giovane e che considerava quasi una madre adottiva. Fu Elda a presentarla a Gustavo. I miei nonni sì che erano cugini di Rol, sebbene alla lontana, così come lo è mia mamma Raffaella e lo sono io. Mia mamma – l'ho già riferito nel mio libro – era stata adottata, di qui il gioco ambiguo della Miscioscia, quasi a porsi come a sua sorellastra, cosa piuttosto sgradevole, abusiva ed invasiva. Ne *Il simbolismo di Rol* ho anche criticato l'affermazione falsa che avesse vissuto a casa dei miei nonni da giovane, o che avesse frequentato Rol «per oltre 50 anni», così come altre bugie e distorsioni, di cui la testimonianza dell'allora titolare del *Goffi* è l'ennesima conferma.

Continua Rosina:

«Nel ristorante avevo una saletta più piccola con soli tre tavoli, uno dei quali, quello d'angolo, era quello dove si sedeva lui e che aspettavo sempre a occupare caso fossero venuti. Se arrivava qualcun altro che aveva dei ragazzi o dei bambini, lui si dilettava a scriverne il nome sul tovagliolo, facendo il gesto nell'aria. Lo ha fatto anche a mia figlia, che ora ha 50 anni, il suo tovagliolo l'ho conservato, purtroppo anni dopo quando sono andata a rivederlo era sbiadito, l'avevo lasciato piegato e forse avrei dovuto lasciarlo aperto.

Veniva almeno una volta alla settimana, sempre a cena, solo una volta è venuto a pranzo. Veniva con Provera che spesso lo andava a prendere in macchina e poi lo riaccompagnava, altre volte veniva in taxi.

Aveva gusti molto semplici, noi facevamo gli agnolotti che gli piacevano, poi prendeva un secondo, mangiava quello che ordinava Provera. Mio papà era specialista nel fare il *Pollo alla "babi"* [*un pollo arrosto con vino Barbera*] che piaceva molto a Provera, e allora mangiavano quello oppure la *Financière* [*"finanziera alla piemontese", piatto tipico in cui si*

utilizzano parti di scarto di carni bovine e bianche], ma non è che mangiasse molto, era piuttosto moderato.
Una sera, alla fine degli anni '70 o all'inizio degli'80 perché c'erano ancora i miei che sono mancati nell''82, era triste, gli chiedo cosa fosse successo: "La mia donna mi ha lasciato". Non si riferiva però alla moglie. Io gli ho detto:
"Come si può lasciare un uomo come Lei?"
"Guardi Rosina che io non sono nessuno, io sono comandato da Lassù", e aveva le lacrime agli occhi. Poi lei è ritornata. Però quella sera lì era tristissimo, difatti mi sono seduta a chiacchierare con lui, mi diceva: "Non mi vuole più...""».
La donna di cui qui si sta parlando è di nuovo *Alda* (cfr. nota 103-IX). Provera mi aveva raccontato che Gustavo era così avvilito e depresso che avrebbe voluto farla finita e buttarsi giù dalla tromba delle scale di Via Silvio Pellico (!) ma dopo che una pantofola cadde di sotto ebbe paura e ci ripensò. Era anche molto dimagrito. Difficile stabilire il grado di verità di questa storia: non si sa chi ne è stato testimone, e potrebbe essere stato lo stesso Rol a raccontarla, in maniera forse un po' melodrammatica. Certo è che era una persona estremamente sensibile oltreché ipocondriaca, quindi non mi stupirebbe una momentanea perdita di controllo di questo tipo. Quanto alla paura della morte, come ho scritto spesso in altre occasioni, va sempre intesa come *paura di non essere pronto al "Giudizio", all'esame di fine vita, all'ottenimento del lasciapassare per l'eternità*, non paura di che cosa ci sia dopo o se qualcosa effettivamente ci sia.
«Un'altra volta è venuto a mezzogiorno, da solo, gliene chiesi il motivo ma non sembrava in vena di parlare e mi disse di essere molto stanco. Su mia insistenza mi ha poi spiegato.
Non lontano dal ristorante, a Sassi, sulla strada del Pino Torinese, c'è una grande villa disabitata da tanti anni. Pare non si riesca a ristrutturare perché i muri vengono giù. Dentro c'è anche una cappella, ancora adesso è vuota. Rol è stato chiamato, non so come dire, per esorcizzarla? Era venuto al ristorante dopo questa esperienza e mi ha detto: "Non ce l'ho fatta, chissà cosa hanno fatto in quel posto! Appena sono entrato una forza maggiore mi ha scaraventato indietro contro il muro"
"Ma come 'scaraventato'?"
"Sì, mi sono sentito *booom*... respingere indietro contro il muro. Da quel momento ho detto: 'Non posso fare niente'".
Ed è venuto poi a mangiare da me, è stato un po' lì perché si sentiva stanco e pareva anche deluso, io mi sono seduta con lui a chiacchierare, poi gli è passato. Mi disse anche: "Non posso fare niente perché quella casa è posseduta dal Demonio"».
Di un avvenimento analogo riferisce Nevio Boni su *Stampa Sera* (*Gesuita di professione esorcista*, 20/02/1978, p. 7) in una intervista a Padre Alfredo Gattoni, «uno dei quattro sacerdoti cui l'arcivescovo Pellegrino

ha affidato l'antica mansione di scacciare il Maligno dalla vita degli "impossessati"». A un certo punto Gattoni dice che a Torino «le case infestate, inabitabili sono troppe. Ho dato la mia opera in centinaia di casi. Un ingegnere non poteva più abitare la villa in collina perché gli armadi volavano in pezzi, i rumori che sentiva erano agghiaccianti. Il telefono suonava anche staccato. In quella casa dopo la mia benedizione so che andò il dottor Rol, il famoso mago di Torino, e cadde a terra svenuto. Non ha mai più voluto metterci piede».

Mi pare probabile che la casa sia la stessa di quella del racconto di Rosina Goffi, forse l'ingegnere fu l'ultimo inquilino e successivamente nessuno l'ha più abitata. Dovrebbe però essere chiaro che con certe forze non si può scherzare. Curioso comunque che Rol, in altri casi, sia lui stesso origine di fenomeni analoghi: si pensi, su tutti, a quello raccontato da Cesare De Rossi (XVI-44), del mobile che si spostava da solo buttando fuori i piatti che volavano per la casa.

Ho poi chiesto a Rosina se Rol fosse mai venuto con Fellini:
«Una volta doveva venire, aveva prenotato Provera. Però si vede che Fellini aveva avuto un contrattempo e poi non sono venuti. Rol mi diceva che Fellini veniva sovente da lui».

Infine conclude:
«Ho di lui un bellissimo ricordo, non ce ne sono di persone così, il suo modo, la sua semplicità, la sua gentilezza. Mi piaceva tanto parlare con lui. Qualche volta quando arrivava prima lui e aspettava Provera io mi sedevo al tavolo perché doveva raccontarmi, doveva chiedermi: "Come è andata oggi? Sta bene?" Mi piaceva sedermi lì e sentirlo parlare, mi apriva il cuore.

Non lo consideravo come il personaggio importante che era, perché era molto alla mano, non inculcava una sensazione di distanza».

160. Comunicazione all'Autore del 14/09/2021, episodio inedito. Loredana Muci compare con un cappellino («nero con una piumetta grigia», mi ha poi specificato) in una foto pubblicata su "La Stampa" il 25/09/1994 (*Ieri i funerali di Rol*, p. 37), a lato della porta di entrata dell'androne del palazzo di Rol, mentre la sua bara viene trasportata fuori in vista del funerale.

160[a]. Trascrizione da testimonianza in video (*youtu.be/-_OdBfneLzE*) riferita il 13/02/2020 a Radio Sound Piacenza 24. Ruggero Galeotti è stato titolare di una tipografia a Torino e ha frequentato Rol per cinque o sei anni tra la fine degli anni '70 e l'inizio degli '80.

161. Comunicazione all'Autore del 04/11/2021, episodio inedito. Anche se mancano i particolari, si tratta di un tipico esperimento di Rol, la cui autenticità è possibile stabilire col raffronto con altri analoghi dove è esplicita l'assenza di qualunque possibile manipolazione (per es., si veda Marianini, V-69). Sulla bambina colpita da meningite, Annamaria Sacco, cfr. VII-34.

162-164. Trascrizione da conversazione registrata del 06/09/1972, episodi inediti per iscritto, parte del video inedito che ho pubblicato nel 2017 (qui: *youtu.be/YPYxuf1AnV0*). L'Ing. Manlio Pesante era capo del 'Servizio esperienze' della società *Riv - Officine di Villarperosa*, in seguito *SKF*. La moglie Secondina (detta Dina) Fasano (1924-1996) insieme alla sorella gemella Terzina (detta Delfina) Fasano (1924-2004), costituivano il 'Duo Fasano', famoso negli anni '50, amiche di Rol (cfr. vol. 1, V-87; VI-18 e nota; XVI-17; XXV-7). L'incontro è avvenuto probabilmente in Corso Raffaello dove Dina aveva l'appartamento. Paola di Liegi, ovvero Paola Ruffo di Calabria (n. 1937) sarebbe poi diventata regina del Belgio dal 1993 al 2013, consorte di re Alberto II. Rol era amico di famiglia.

165-168. Inseriti in altri capitoli.

VI – Biblioscopia complessa

38. Comunicazione all'Autore del 02/11/2015, episodio inedito.

39. Comunicazione scritta all'Autore del 04/09/2019, episodi inediti (che non ho separato smistandoli in altri capitoli per mantenere l'integrità della narrazione). Leo Carasso, nato a Paesana (CN), vive a Mentone ed è vicepresidente del *Mustang Club Monaco*. La madre è mancata nel 2020 a 98 anni. Mi ha anche scritto di essere «sempre stato molto colpito dai racconti precisissimi di mia mamma che li ha raccontati molto più di una volta, tanto è vero che perfino io stesso pensavo di essere presente a quell'appuntamento». È quanto ho sottolineato in precedenza sulla "tradizione orale" attendibile. Oltre a quanto ho rilevato nella nota a pie' di pagina, in merito allo scetticismo iniziale, l'episodio è significativo perché contraddice del tutto – ma non è certo l'unico esempio – la tesi degli scettici secondo i quali chi andava da Rol aveva una aspettativa e un condizionamento molto forte, per aver sentito dire di lui cose straordinarie, che impedivano l'esercizio di un sano e distaccato senso critico. Le signore invece non solo non avevano la minima idea di chi fosse, ma proprio per aver tirato in ballo le famigerate carte da gioco hanno inizialmente pensato che potesse trattarsi di un prestigiatore. Associazione piuttosto spontanea e scontata, che molti altri testimoni hanno fatto inizialmente e che si sono *sempre* ricreduti in seguito con una sufficiente frequentazione. Quei pochissimi che invece sono rimasti scettici, e si contano sulle dita di una mano sola, sono quelli che riunivano due caratteristiche comuni: un pre-giudizio radicato nei confronti di certi fenomeni (o di *come dovrebbero essere* certi fenomeni) prima ancora di conoscere Rol e il fatto di averlo incontrato *una tantum*, una sola volta, o al massimo due.

Emblematico il caso del regista Mario Monicelli, scettico e prevenuto in partenza, non a caso ateo e comunista, che nel 2010 scriveva, in un articolo pubblicato a luglio:

«Fra tutti gli attori bravi con i quali ho avuto la fortuna di lavorare, comunque, il numero uno era Sordi. Una volta lo accompagnai a Torino da Gustavo Rol, il mago sensitivo amico di Fellini, per il quale Alberto si era incuriosito. Fellini era fissato con queste cose dell'occulto: non mi sono mai spiegato come mai, dato che era un romagnolo con i piedi ben piantati a terra. Io invece sono sempre stato assai scettico e così quando Sordi mi chiese di accompagnarlo, dal momento che non voleva andare da solo, ho accettato senza problemi. Rol ci accolse sommergendoci di racconti mirabolanti sulle sue performance, su come era stato in grado di apparire contemporaneamente in diversi luoghi. Citava date e nomi ai quali avremmo dovuto chiedere conferma di quanto diceva. Faceva grandi e fumosi discorsi sul nostro futuro, ma senza di fatto prevedere nulla di specifico. Ci mostrava i suoi quadri dipinti in stato di trance. Alla fine, dopo ore spese a cercare di impressionarci senza però sortire alcun effetto (avevamo capito ben presto che razza di ciarlatano avevamo di fronte), ci ritrovammo tutti e tre, a notte fonda, a giocare a carte. A pensarci, una scena da film di Monicelli» (Monicelli, M., *Il mio cinema fra Mussolini, Sordi e Gorbacëv*, MicroMega 6/2010, p. 64).

L'impressione di trovarsi di fronte a un «ciarlatano» – perché come potrebbe non esserlo uno che affermava «di apparire contemporaneamente in diversi luoghi», «faceva grandi e fumosi discorsi sul nostro futuro», «mostrava i suoi quadri dipinti in stato di trance» e faceva dei sicuri giochi di prestigio con le carte? – è la stessa che hanno avuto la madre di Carasso e la sua amica.

Monicelli parlava anche per conto di Sordi, ma difficilmente Sordi, fosse stato ancora vivo (è morto il 24/02/2003), avrebbe condiviso la sua opinione. Probabilmente quello fu il primo incontro per entrambi, forse alla fine degli anni '60 o all'inizio dei '70, ma se per Monicelli fu l'unico, non così per Sordi, il quale andò più volte da Rol. Nadia Seghieri, titolare del ristorante *Firenze* di Torino mi ha detto che Rol e Sordi andarono a mangiare lì due volte, solo loro due, nella seconda metà degli anni '70.

Filippo Ascione mi ha detto che: «Ho conosciuto Sordi, abbiamo anche lavorato insieme ma lo conoscevo poco, non ero un frequentatore, un suo intimo. Non mi sembrava uno molto preparato su questo tipo di argomento. Anche con Federico, negli anni '80, siamo stati un paio di volte da Rol assieme a lui, non era uno affascinato in maniera seria. Era un cattolico che aveva paura della morte, come tutti i cattolici».

Quindi se due più due fa quattro, possiamo stimare provvisoriamente che Sordi sia andato da Rol forse cinque volte (una con Monicelli, due da solo, e due con Fellini e Ascione).

Nel 1987 la rivista *Astra* pubblicava quanto segue:

«Tempo fa, Alberto Sordi ha scritto a Rol una lettera in cui chiedeva lumi sui misteri della vita e della morte, sul significato di alcune sue esperienze e sogni. La risposta è stata breve.

Racconta l'attore: "Non posso svelare tutto il contenuto della lettera. Posso dire che Rol mi ha dato alcuni suggerimenti per superare i problemi, le difficoltà quotidiane. Mi ha invitato a pronunciare, per esempio, una specie di "preghiera" che non ha nulla di sacro o di profano: è un'invocazione dei miei diritti, un'enunciazione dei miei doveri. Non credo di potermi spiegare meglio. Ma ha funzionato. Forse perché la "preghiera" è un esame di coscienza e anche un atto di fede. Forse perché a suggerirmela è stato lui"» (Sordi, A., *Mi ha dato una preghiera per vivere*, Astra, 01/09/1987, p. 90).
Peccato che chi ha raccolto questa testimonianza non sia *andato in profondità* (tanto per cambiare...), e farsi dire qualcosa di più. Ma è anche vero che lo stesso Rol voleva che si parlasse di lui il meno possibile (in una puntata precedente che la rivista aveva dedicato a Rol c'era anche una testimonianza di Fellini, il quale a un certo punto taglia corto e dice: «Ma sarà bene chiudere qui le mie confidenze su Rol: è un uomo che non vuole e non cerca la notorietà» (Fellini, F. *Ho udito voci di amici lontani*, Astra, 01/06/1987, p. 221; come ho poi scoperto in seguito, questi commenti risalivano al 1969 (Fellini, F., *Ho udito la voce di vecchi amici*, Domenica del Corriere, n. 14, 08/04/1969, p. 39), anche se su *Astra* non era stato segnalato e pareva contemporanea). Probabile che Sordi abbia seguito Fellini e tenuto un atteggiamento simile.
Quel che è certo, è che non vi troviamo l'acidità di Monicelli, il quale anni prima dello scritto su *MicroMega* (diretta da Paolo Flores d'Arcais, ateo e comunista come il regista) era parso più morbido, sempre scettico ma meno acido, intervistato da Tatti (Gaetano) Sanguineti per il programma radiofonico di Radio 3 *Il terzo anello*:
«Allora sia Sordi che io dovevamo andare a Torino non so a far che. Dicemmo: "Prendiamo appuntamento con Rol, così lo sentiamo, così lo vediamo". E andammo da Rol, il quale ci ricevette con grande cordialità, una casa bellissima, molto bella, mobili antichi, su ogni mobile aveva un racconto che non aveva mai comprato, gli era sempre arrivato in qualche maniera curiosa».
«Fu un disastro, perché in realtà... a me sembrò... un bravo illusionista... Non fece nulla se non quelle solite cose che si sentono... vedono fare. Lui... un mazzo di carte... ci faceva indovinare le carte».
«Tentò anche... fece anche un altro tipo di gioco in cui domandava a Sordi una parola. Lui diceva: "Ricordati questa parola. Dimmi un numero". Allora lui gli diceva "120". Allora lui andava su un volume nella biblioteca molto vasta che aveva, molto bella, tirava fuori le *Memorie* di Casanova – mi ricordo ancora – le *Memorie* di Casanova dove alla pagina 120... c'era questa parola» (*Fefé*, di Tatti Sanguineti, *Il terzo anello*, Radio3, puntata del 24/11/2003).
Sette anni dopo, tutti questi dettagli sono svaniti, ha prevalso invece l'acidità di un uomo di 95 anni (nato il 16/05/1915) che quattro mesi dopo

l'uscita dell'articolo si sarebbe suicidato (il 29/11/2010) gettandosi dalla finestra della sua stanza al quinto piano dell'Ospedale San Giovanni Addolorata di Roma, dove era ricoverato per un cancro alla prostata (strano parallelo con la scettica e acida antropologa Cecilia Gatto Trocchi, che aveva attaccato istericamente Rol durante la trasmissione *Porta a Porta* del 5 giugno 2003, colpita dal lutto familiare della morte del figlio 5 giorni dopo e suicidatasi due anni dopo (09/07/2005) anche lei gettandosi dalla finestra di un quinto piano a Roma).
Su Monicelli, Ascione mi ha detto:
«Monicelli invece lo conoscevo bene. Lo so, non ci credeva, ne ho parlato tante volte con lui di questo argomento. Non ci credeva assolutamente, diceva che non era vero, al limite si era spinto a dire "ci ipnotizzava" "ci suggestionava", al massimo arrivava a questo. Monicelli era ateo, quindi veramente non credeva a niente. Era un altro che non accettava la vecchiaia, la malattia, si è ammazzato, ha aperto la finestra di ospedale e si è buttato.
Ne avevamo parlato di Rol con lui, ci vedevamo il mercoledì sera, mangiavamo sempre assieme in una trattoria, insieme a Scola, ad altri amici, era una tradizione, andavamo sempre a Via della Croce da *Otello*, e parlavamo ogni tanto di Rol e degli esperimenti. Il problema sai qual'è? che se fai dei "giochi" con le carte il dubbio ti rimane sempre, questo è chiaro. Se invece come è successo a me, a Federico [Fellini], ad altre persone, fai anche degli esperimenti diversi le cose cambiano. Però il problema di Rol è che decideva lui con chi fare certi esperimenti, questo era il punto, per cui dovevi spogliarti dell'ego, questa era la cosa vera. Quindi, avvicinarti senza l'ego e senza assolutamente nessun tipo di certezza, allora lì ti si apriva un mondo, perché ti faceva degli esperimenti appunto incredibili. E allora lì le cose cambiano, entri in un territorio dove poi vuoi approfondire ancora di più».
Tornando a Leo Carasso, mi aveva anche detto, a proposito dell'episodio dove Rol a Parigi o nei dintorni in un negozio di dischi aveva trovato in maniera paranormale un disco con la marcia di Napoleone (cfr. XVI-6) che sua madre glielo aveva già raccontato nel 1965. La cosa permette quindi di collocarlo temporalmente anteriore al 1965. Quasi due anni dopo la comunicazione a me, nell'aprile 2021, Carasso ha fatto pubblicare una versione parziale della sua testimonianza in un gruppo *facebook*. Quella che abbiamo pubblicato qui deve essere considerata quella di riferimento, più completa e precisa.

VII – Telepatia

27. Comunicazioni scritte all'Autore del 04 e 05/01/2019, episodi inediti. Pierlorenzo Rappelli si era infatti trasferito stabilmente nel 1978 in Costa Rica dove con la moglie Giuliana Ferreri avevano adottato quattro figli ed

erano rimasti dal 1975 al 1982. Come conseguenza il rapporto con Rol si era interrotto e non si sono più frequentati, anche se hanno continuato a sentirsi. Ad esempio il 25 dicembre 1979 Rappelli telefonerà a Rol per fargli gli auguri di Natale (lo si evince da un aneddoto riferito da M.L. Giordano, anche se lei non dice chi fosse chi aveva chiamato, cfr. XXXIV-40).
Paola Giannone abitava in Via Baretti, dove Rol aveva un suo appartamento-studio, parallela a Via Silvio Pellico dove abitava. Lo conobbe quando aveva 17 anni, quando iniziò a lavorare per i Rappelli. Mi ha anche scritto: «La cosa che mi stupiva di Gustavo era il fatto che riusciva a fare dei "miracoli" per gli altri ma lui aveva sempre qualche problema. Mi faceva tenerezza, aveva problemi in casa tipo allagamento, ecc. ed era perseguitato anche con lettere da tutto il mondo», di chi lo importunava con richieste per farsi analizzare. «Veniva dall'Avv. Rappelli per chiedergli di rispondere a questi che non lo lasciavano in pace». Ho chiesto dettagli a Rappelli, il quale mi ha risposto (05/01/2019) che «erano i parapsicologi che gli chiedevano spesso di sottoporsi a delle sedute nelle quali essi volevano chiedergli di fare degli esperimenti come volevano loro». Giannone mi ha poi anche scritto che ha «un bellissimo ricordo di Pier Lorenzo e Giuliana, e di Gustavo, quando entrava in ufficio era sempre impeccabile, altissimo, gentile e con uno sguardo stranissimo». In un'altra comunicazione mi aveva scritto che «il Dr. Rol con me era sempre gentile, mi portava i cioccolatini. Era un uomo meraviglioso, sempre elegantissimo e aveva uno sguardo che metteva soggezione».
28. Comunicazione scritta all'Autore del 04/01/2019, episodio inedito.
29. Giordano, 2000, p. 169. Affermazione in se stessa piuttosto generica (ma vera e riferentesi a episodi plurimi, consueti, della trentennale amicizia tra Fellini e Rol), che infatti nei volumi precedenti non avevamo menzionata. Qui l'avremmo citata ma non contata se non ci fossimo accorti di non aver contabilizzato una specifica affermazione di Fellini all'interno di una testimonianza collocata nel cap. XXXVI (*Carte che si trasformano*, 4 e 4bis) ovvero: «[Fellini] intanto si tiene la testa con le mani. E: "È proprio lui [Rol] che in questo preciso momento mi fa sapere di smettere di parlare con la Cederna, perché poi lo va a raccontare a troppa gente"».
«[Fellini] Parlò per due ore, poi si fermò di colpo, come fulminato. "Ma va' avanti" gli avevo detto curiosa e affascinata, e lui: "No, perché in questo momento, Rol mi ha consigliato di non raccontare più niente alla Cederna, perché è una che scrive tutto"». Rol non solo conosceva che cosa Fellini in quel momento stava facendo, dicendo e pensando, ma si intrometteva nella sua mente, ciò che ha fatto anche con altri, in alcuni casi fino a "prenderne il posto" completamente (cfr. cap. X, *Trasferimento di coscienza*).

30. Comunicazione scritta all'Autore dell'11/08/2019, episodio inedito. Marinari ha poi aggiunto e specificato: «Ad es.: le donne non peccano perché hanno l'utero. È un concetto da me espresso quando ero all'Università, in un colloquio con la sorella di un mio amico, che si era sposata da poco. Mi riferivo a Salomone, il quale sostenne che la donna, avendo l'utero, in genere, non è lei che va a penetrare e colpire... ma l'uomo. Salomone fece l'es del pugnale del fodero, per consegnare un neonato alla madre. Ho faticato ad ammetterlo, perché non mi ricordavo più. Ma è cosi, ora ricordo bene. E così per il resto. Con Rol ho perso forse l'occasione più preziosa della mia vita, perchè era qui, in Italia. Ma io non sapevo, in verità, nulla del *vero Rol*, completamente disinformato».
31. Comunicazione all'Autore del 28/10/2021, episodi inediti.
32. Comunicazione all'Autore del 02/11/2021, episodio inedito.
33. Comunicazione all'Autore del 20/07/2017, episodio inedito.
34. Comunicazioni all'Autore del 04/11/2021 e del 08/01/2022, episodio inedito (*telepatia*) e racconto inedito (*interventi terapeutici*).
Ho potuto stabilire, poi confermatomi da Anna Rosa Nicola, che l'articolo visto dalla madre era quello di Remo Lugli, *Il mago di Torino*, pubblicato l''08/07/1973, con una delle foto più note scattata dallo stesso Lugli, Rol con le due dita alla tempia. Questo permette anche di collocare precisamente l'episodio e spiega anche perché fu Lugli a parlarne, essendo accaduto proprio nel periodo in cui aveva iniziato a frequentare Rol (conosciuto il 5 settembre 1972). A.R. Nicola è nata nel novembre 1957 e mi ha detto che Annamaria aveva due anni meno di lei (infatti Lugli scrisse che aveva 13 anni).
35. Comunicazioni scritte all'Autore del 14/08/2020 e 21/04/2022, episodi inediti. Vicario mi ha informato che l'articolo in cui aveva letto di Rol era del 1964. Siccome non l'ho trovato, gli ho chiesto se fosse sicuro e se non si confondesse magari con un altro quotidiano, ad esempio la *Gazzetta del Popolo*, ma mi ha detto che leggeva solo *La Stampa*, e che dell'anno è certo perché «mio figlio è nato a ottobre 1963 e io sono ancora andato per diverso tempo a casa di Rol, perciò senz'altro era nel 1964». Ho cercato anche in anni successivi ma senza riscontro. Potrebbe essere in una edizione di *Stampa Sera* – ce n'erano talvolta due al giorno – non digitalizzata. Mi ha anche detto: «Su di lui all'infuori di quell'articolo non ho mai letto libri ma mi fa molto rabbia quando qualcuno gli dà del ciarlatano non avendolo conosciuto, fra l'altro mi diceva che non aveva paura di morire ma delle gravi malattie», e che «quando gli finivano i soldi vendeva un arazzo, credo che si chiamasse così. Lui aveva tre lauree e andava al S. Anna ad aiutare le partorienti». Il Sant'Anna è un noto ospedale ostetrico ginecologico di Torino. L'episodio dove Rol è nel corridoio e un istante dopo è nella camera è di grande rilevanza. Esso potrebbe essere incluso, indifferentemente, in tre classi diverse: *bilocazione, tunnelling* e *alterazione spazio-temporale*. Io l'ho contato in

quest'ultimo, perché trovo abbia una stretta corrispondenza soprattutto con quanto testimoniato da G.M. (XXIV-4) e perché Rol non è stato visto passare attraverso il muro del corridoio, cosa che peraltro potrebbe anche aver fatto o avrebbe potuto fare. Veniamo infine a sapere che a sessant'anni si dedicava all'attività sessuale una volta alla settimana, e a quanto pare ne era più che soddisfatto.
36-40. Inseriti in altri capitoli.

VIII – Memoria

1°. Delfini, 01/04/2019.
1^P. Inserito in altro capitolo.

IX – Precognizione

93. Commento su *facebook.com/groups/gustavorol* dell'11/05/2021. Sandro Mancini è cugino di Nadia Seghieri. Chiesti maggiori dettagli, ha potuto solo aggiungere che l'episodio si è verificato intorno al 1970. Ho effettuato una ricerca tra il 1968 e il 1972, e i due incidenti più probabili sono i seguenti:
– 19/04/1970 Scandinavian, Roma-Zurigo (23 feriti, nessuna vittima, incendio al decollo causa esplosione motore) cfr. *Stampa Sera* del 20/04/1970, p. 1
– 15/09/1970 Alitalia, Roma-New York (77 feriti, nessuna vittima, ala spezzata all'atterraggio (avvenuto di pomeriggio a New York) due motori di destra staccati di netto) cfr. *La Stampa* del 17/09/1970, p. 8. Dei due, il più probabile pare il secondo, perché poco pratico sarebbe andare da Torino a Zurigo passando per Roma.
Se l'aereo è arrivato di pomeriggio, vuol dire che era partito in mattinata, mettendo in conto le ore di fuso orario da sottrarre (6), quindi potrebbe non essere questo l'aereo se Rol, all'ora di pranzo, ha detto di non prendere l'aereo del pomeriggio. La coppia infatti avrebbe dovuto viaggiare prima da Torino a Roma quantomeno al mattino presto, per poi prendere la connessione. Ma prima di escludere questo volo, possiamo prendere in considerazione la possibilità che Rol possa aver detto qualcosa di leggermente diverso, e al solito, la memoria fa perdere per strada i dettagli (ma non il cuore della testimonianza) ai testimoni, in questo caso neanche diretto. Potrebbe per esempio aver detto: "È meglio se oggi pomeriggio non partiate per il vostro viaggio in aereo", e nel pomeriggio magari c'era il volo Torino-Roma, pernottamento a Roma e l'indomani volo per New York. Non prendendo il primo volo, ovviamente non avrebbero preso nemmeno il secondo. Naturalmente queste sono ipotesi basate sui dati forniti, che potrebbero essere smentite da dati più precisi. Non ho però dubbi che Rol abbia ammonito a non viaggiare, e che poi

l'incidente si sia verificato, come almeno altri tre casi dimostrano (l'incidente occorso a Giorgio Cini nel 1949 – cfr. vol. I, appendice I – e quelli riferiti in IX-19 e 20, quest'ultimo riguardante l'aver salvato la vita all'amministratore delegato FIAT Vittorio Valletta, confermato da quanto riferisce il prof. Luciano Roccia nel racconto seguente).

94. Roccia, 2011. Ho fatto anche qui una ricerca su quale potesse essere l'incidente, il più probabile mi pare quello del 27/01/1951 sul volo Parigi-Roma (13 morti e 4 feriti, 17 a bordo), schiantatosi poco prima dell'arrivo (cfr. *Tredici morti nel rogo d'un aereo caduto presso Roma*, La Stampa, 28/01/1951, p. 1).

95. Comunicazione scritta all'Autore del 02/09/2021, episodio inedito. Qui è più difficile ipotizzare di quale incidente possa essersi trattato, mancando il periodo temporale preciso. La testimone mi ha poi detto che ritiene essersi trattato degli anni '70, l'incontro sarebbe avvenuto, ma non è sicura, all'Hotel Principe di Savoia.

96. Comunicazione scritta all'Autore del 09/09/2017, racconto inedito. Anche a Giovanni Serafini de *Il Resto del Carlino*, nel 1972 quando aveva 69 anni Rol aveva detto «vado per i novanta» (I-43). Quanto al fatto che «si mise il tallone del piede in testa in posizione Yoga» è una ennesima conferma di una sua dimostrazione frequente, la quale aveva come scopo di mostrare la sua agilità e al contempo fornire un indizio. Marisa Di Bartolo nel 1984 scriveva che Rol «tuttora pratica esercizi yoga» (*Mistici e Maghi... a Torino*, 1984, Edizioni Libreria Cortina, Torino, p. V); a Giuditta Dembech, dopo aver mostrato il fenomeno di diventare "gigantesco" (XXXII-7) aveva detto: «Questa non è magia, questo è yoga» (*Gustavo Adolfo Rol. Il grande precursore*, Ariete Multimedia, Settimo Torinese, 2005, p. 151); Sandro Rho ha testimoniato (III-12bis) che Rol una volta «mentre vestito di tutto punto parlava con mia madre stando comodamente seduto sulla poltrona, afferra il suo piede destro e come se niente fosse se lo porta dietro la testa» (Ternavasio, M., *Gustavo Rol. Esperimenti e Testimonianze*, L'Età dell'Acquario, Torino, 2003, p. 126); Silvia Dotti aveva detto che «si compiaceva di stupire gli amici anche con altri giochetti: come quello di afferrare il piede destro e, stando perfettamente ritto su una sedia, di portarlo dietro la testa» (Ternavasio, M., *Gustavo Rol la vita, l'uomo, il mistero*, L'Età dell'Acquario, Torino, 2002, p. 206) ed è quello che aveva riferito anche Remo Lugli: «Rol, in quel tempo prossimo ai settant'anni, aveva una vitalità straordinaria: quando era in vena di scherzare, come gli capitava non di rado, stando seduto su una sedia prendeva un piede e, mantenendo il busto eretto, se lo portava dietro la nuca». (*Gustavo Rol. Una vita di prodigi*, Edizioni Mediterranee, Roma, 2008 (1995), p. 47); che tale dimostrazione avesse a che fare anche con *una certa vitalià* – elemento che già da solo è suscettibile di un certo approfondimento che però faremo in altra sede – lo conferma per esempio Rosellina Pisapia, della pasticceria omonima in via

Madama Cristina a Torino, la quale mi aveva detto che «Rol era pieno di vitalità, arrivava in negozio, si buttava a terra e poi risaliva con un guizzo sui due piedi, scherzava sempre, ci abbracciava e ci baciava»; nel 1977 Rol scriveva in uno degli articoli di *Gente* firmati da Renzo Allegri: «"Non mi sento un vecchio" ha detto ancora "guardi". Con la mano ha preso il piede destro e senza piegare la schiena lo ha alzato fino a toccare la fronte. "È capace di fare altrettanto?" mi ha domandato» (Rol, G.A. (Allegri, R.), *Mentre è a Torino lo fotografano in America*, Gente, 05/03/1977, p. 11).

97. Comunicazione all'Autore del 2003, episodio (quasi) inedito. Il 30/07/2017 ho pubblicato su *facebook.com/Gustavo.A.Rol* un post dove segnalavo la previsione avveratasi e "certificata" fatta a Giorgio Caretto (cfr. IX-71) e a margine quella fatta a Nuccia Visca. Alcuni utenti hanno fatto interessanti commenti, che riproduciamo qui di seguito, che dimostrano come la *possibilità* di conoscere il futuro, anche su se stessi, sia insita in ciascuno di noi e sia piuttosto diffusa (la letteratura della "ricerca psichica" del resto annovera numerosissimi casi spontanei significativi).

Marco Perotti: «Avevo uno zio malato e fermo a letto da tanto tempo. Un pomeriggio disse a sua figlia: "Questa notte alle 4 vado via". Alle 4 morì».

Nelsa Ramallo: «Isolina, mia parente, che aveva certi "doni", il giorno prima della sua morte mandò a chiamare per salutare tutti in famiglia fino all'ultimo ed erano in tanti. Conosceva il momento della sua propria partenza».

Antonella Sarno: «Il mio bisnonno chiamò tutti i nipoti a casa per salutarli e si congedò così: "Salutate il nonno, la prossima settimana non ci sarà più". Morì la domenica dopo».

Daniele Nicolosi: «Mio padre era medico, aveva un cancro prostatico. Tre giorni prima disse: "Il 26 dicembre alle ore 4.30 morirò". Morì infatti quella notte ma alle 4.26».

97[a]. Commento del 16/09/2014 su *facebook.com/Gustavo.A.Rol*
98. Commento del 05/09/2017 su *facebook.com/Gustavo.A.Rol*
99. Comunicazione scritta all'Autore del 01/02/2009, episodio inedito.
100. Comunicazione all'Autore del 05/09/2019, episodio inedito.
101. Commento del 28/11/2017 su *facebook.com/Gustavo.A.Rol* .

Nel pinerolese esistono numerosi Rol, che però non hanno conosciuto o frequentato Gustavo, o al massimo incrociato in una manciata di occasioni, o perché si tratta appena di omonimi, o per l'assenza di relazioni o per motivi come il seguente: Chiara Barbieri, che conosceva bene Rol ed era mia amica, mi aveva detto che era compagna di banco di Giovanna Rol, con la sorella Francesca figlie di Egidio Rol, cugini di terzo o quarto grado di Gustavo. Giovanna aveva raccontato a Chiara che il loro nonno paterno (pare che il nonno di Gustavo, Cornelio, fosse fratello col loro bisnonno, anche lui Cornelio) non voleva che si frequentasse Gustavo, sostenendo che fosse un "indemoniato", e aveva vietato ai figli di frequentarlo e di avere qualunque contatto. Naturalmente, si tratta di una idea ridicola e bigotta, che tuttavia mostra come il "popolino" può giudicare in modo superficiale chi sia molto diverso dalla norma, ciò che è precisamente quello che facevano certi contemporanei di Gesù, lui stesso accusato di essere "indemoniato": «Costui è posseduto da Beelzebùl e scaccia i demòni per mezzo del principe dei demòni» (Mc 3, 22).

102. Dal programma *Laser* del 27/02/2013, Rete Due Svizzera. Ne ho fatto un breve video nel 2017 con l'estratto corrispondente: *youtu.be/91Gmynb9MOY*. L'anno è ipotizzato sulla base del fatto che i terni su Bari con quei numeri sono usciti il 03/05/1952 e il 07/12/1963. Rossotti (1930-2014) nel 1952 era troppo giovane per conoscere Rol e avere con lui quella confidenza.

102[a]. Rossotti, 1998, p. 219. Questo passaggio di Rossotti avevo dimenticato di inserirlo nei volumi precedenti. Si vedano IX-41, 42, 43, 44, così come il capitolo *post mortem*, in particolare la mia scoperta che Rol ha vissuto 33.333 giorni (XLIX-36). Se "uniamo i puntini" possiamo ritenere altamente probabile la possibilità che abbia scritto «l'anno, mese e giorno, forse anche l'ora» della sua fine terrena.

103. Comunicazione all'Autore del 29/04/2006, episodio inedito. *Alda* è la destinataria di poesie d'amore di Rol pubblicate da Giuditta Dembech nel 1999, e che ho commentato diffusamente ne *Il simbolismo di Rol*. Si tratta di una signora torinese di cui per il momento manteniamo ancora l'anonimato, pur essendo deceduta nel 2017. Ho avuto con lei lunghe conversazioni e mi ha lasciato in consegna gli originali delle poesie ed altri scritti di Rol, così come altro materiale. L'episodio è stato inserito solo in questo terzo volume perché parte di una conversazione registrata di cui ancora non avevo fatta la trascrizione (qui stilisticamente adattata).

104. Inizialmente pubblicato il 16/10/2018 in un gruppo *facebook* dedicato a Rol, la signora Messina mi ha poi fornito altri dettagli e rettifiche che ho inclusi nel commento. Racconto inedito.

105. Pubblicato il 19/10/2018 in un gruppo *facebook* (link non più accessibile). La signora Lazzerini non è stata in grado di ricordare il nome di questa signora.

106. Comunicazione scritta all'Autore del 20/06/2019, episodio inedito. La testimone è nata nel 1957. Naturalmente la semplicità dell'episodio lascierebbe aperta la possibilità di un "tirare a indovinare" – è quello che direbbe lo scettico se leggesse su Rol solo questo aneddoto – ma è il confronto con le altre testimonianze a permetterci di stabilire che Rol vedeva in quel momento il presente della ragazza (il fidanzato) e come si sarebbe sviluppato nel futuro (che sarebbe diventato marito, e che sarebbe stato «buono»).

107. Da commenti su: *facebook.com/groups/museogustavoadolforol* del 01/10/2019. La dottoressa Jacob conobbe Rol nel 1972/73, lo frequentò assiduamente negli anni '70, così come i Visca e i Gaito. Josip Broz Tito (1892-1980), presidente della Jugoslavia dal 1953 fino alla morte, era a capo del movimento dei "Paesi non-allineati", ovvero che non aderivano a nessuno dei due blocchi della Guerra Fredda (occidentale e sovietico). La previsione, mi ha in seguito detto Rita, era stata fatta in un incontro del 1981 o 1982. Rol era poi ancora stato a casa sua intorno al 1985 (mi ha detto che «venne a casa mia quando mia figlia era ancora in culla (si chinò e le diede un bacio in fronte)») e lei lo vide ancora qualche anno dopo quando andò a trovarlo all'ospedale Molinette dove era ricoverato («gli portai dietro sua richiesta una foto di mia figlia che allora poteva avere 4/5 anni e quindi sarà stato l'anno 88/89 e forse fu l'ultima volta che lo vidi. Tra il resto vedendo la foto mi disse: "Tu non sai quanto sia buona quella bambina lì"»). Rita Jacob non ricordava per cosa Rol fosse stato ricoverato, ma in seguito la dott.ssa Chiara Valpreda (IX-133) mi ha informato che il ricovero avvenne nell'ottobre 1988 «per un problema alla prostata, me lo disse lui stesso»: Rol aveva subito un intervento che richiese un mese di degenza, al seguito del quale manifestò una forma di eczema estesa a tutto il corpo, che richiese quasi due anni per essere curata.
Lorenzo Pellegrino mi aveva scritto il 26/03/2016 quanto segue:
«Nel 1980 o 1981 con la morte di Tito la sua preoccupazione era alle stelle, diceva: "Ecco, adesso è fatta, nei prossimi anni succederanno cose brutte e in Italia verranno tantissime persone senza seguire la prassi di rifugiati politici". (se ricordo bene negli anni a seguire arrivarono alla costa pugliese circa più di 50.000 persone, senza contare il passaggio dal Friuli e dalla Grecia (e poi traghetti o navi).
Inoltre aveva accennato all'Anticristo ma non si era mai andati oltre a qualche allusione. Comunque parlava che sarebbero aumentate rapine, stupri, insicurezza e paure in generale. Che per le persone normali si sarebbe aperto un conflitto di principio, se queste persone si devono aiutare o addirittura amare, nel senso di aiuti quasi personali, o cercare di non farli entrare e rispedirli al propio Paese rendendo più sicuro dove abitiamo. Quando si parlava di queste cose diventava triste.
Diceva che si dovrebbe fare qualcosa dove abitano e così non lasciano la loro terra per recarsi in Europa, in un altra cultura. Non solo inviare sacchi di farina e articoli da mangiare, ma aiutarli a coltivare la terra e prendere la loro vita nelle proprie mani».
È questa la posizione attuale (ma già diffusa al giro del millennio) del "aiutiamoli a casa loro", ma attenzione a non commettere il grave errore di dimenticare il contesto e trasportare questo punto di vista di Rol ad oggi (2021) *sic et simpliciter* (con tutte le indegne strumentalizzazioni politiche del caso): in primo luogo Rol pensava ai rifugiati dell'Est europeo e del

blocco comunista; in secondo luogo stiamo parlando dei primi anni '80, quando le nazioni europee che da pochi anni si erano ritirate dalle colonie africane, avrebbero potuto e dovuto prendersi carico in modo serio del destino di quei Paesi e popoli, non solo aprendo il portafoglio ai politici corrotti del continente come hanno fatto per decenni, ma adottando serie politiche di sviluppo che sono sempre state poche e insufficienti.

Aiutarli, ma per davvero e capillarmente, a casa loro nel 1981 avrebbe significato avere Paesi molto più evoluti, indipendenti, benestanti e democratici nel 2021. I flussi continui di migranti sarebbero forse molto inferiori se i loro Paesi fossero più vivibili. A nessuno piace emigrare (e lo dico anche da migrante – sicuramente privilegiato, anche se più o meno costretto da certe circostanze familiari – dall'Italia al Brasile; e da uno che ha vissuto tutti gli anni '90 in Africa e conosce molto bene quella realtà), men che meno attraversare deserti, campi profughi e spazi di mare su barconi insicuri rischiando la morte ad ogni tappa. Chi dice oggi "aiutiamoli a casa loro" in genere non è mai stato in quei Paesi e mai ha analizzato davvero il problema, e lo dice quasi sempre per chiudere la discussione e non dover affrontare una questione (non di rado mascherando – se non sono proprio espliciti – sentimenti razzisti) che è diventata sempre più grave (e destinata ancora a peggiorare, e senza ancora tener conto della previsione di Rol sul 2025 (cfr. IX-73[a]) cui tutto questo discorso è per forza collegato, anche se, come ho sempre sostenuto, se le percentuali da lui previste si avverassero, non sarà certo a causa dei flussi "normali", per quanto sostenuti, di migranti, ma a causa di un evento di grande portata, traumatico (guerra nucleare, meteorite/i, terremoto/i, tempesta solare, nuova pandemia peggiore di quella attuale, tra le ipotesi). Che Rol fosse triste non dovrebbe stupire: aiutare gli altri è sempre stata la sua missione, e la questione migratoria crea dei conflitti tra responsabilità morale e pragmatismo quasi irrisolvibili. Purtroppo quello che si sarebbe dovuto fare nella seconda metà del secolo scorso non è stato fatto, e forse è ormai troppo tardi. Non resta al momento che la via del cerchiobottismo (un po' li si accoglie, un po' li si respinge). Fino alla prossima crisi, o alla prossima soluzione.

Per chi avesse una edizione/stampa anteriore al 2018 dei volumi precedenti di questa antologia, riporto qui la nota aggiunta alla ristampa 2018 (vol. I, p. 240):

«Quando contattai il sig. Spagarino la prima volta, nel 2014, mi aveva riferito che l'anno della precognizione fatta da Rol nel 1991 in merito alla composizione etnica dell'Italia era il 2020. Alla fine del 2017 tuttavia, in una seconda comunicazione, mi disse di essersi sbagliato e che l'anno era invece il 2025, sulla base di una conversazione telefonica da lui registrata negli anni '90 – quindi nella stessa epoca in cui Rol gli comunicò questa precognizione – durante la quale lo riferiva alla persona con la quale stava parlando al telefono. Spagarino è convinto anche di avere la registrazione

della conversazione telefonica avuta con Rol dove si trova la comunicazione originale dello stesso Rol. Abbiamo atteso alcuni mesi prima di aggiungere questa nota, nella speranza che trovasse questo documento, ma nel momento in cui scriviamo – settembre 2018 – non è ancora stato trovato, e non potevamo aspettare oltre per rettificare l'informazione precedente. Qui di seguito, quello che Spagarino mi ha riferito in modo conclusivo all'inizio del 2018, dopo varie comunicazioni: «Ho la sicurezza matematica che la data che Le avevo riferito non è né '20, né '22, né '24, ma '25, in quanto ho una telefonata con una certa suora, una santa suora che adesso è mancata, con la quale facevo un colloquio, e dicevo "Guardi che anche il dott. Rol m'ha detto che entro il 2025, entro il 2025, in Italia ci saranno... l'Italia sarà divisa con 60% di persone di colore e 40% di persone bianche"».
Occorre evidenziare la riaffermazione di queste percentuali eccezionali, in merito alle quali si rimanda ai commenti a questo episodio nelle note bibliografiche (p. 392).»
108. Comunicazione all'Autore del 04/09/2019, episodio inedito. Non ci è stato possibile avere ulteriori dettagli sul luogo dell'incontro, non si può escludere si fosse trattato della villa di San Secondo di Pinerolo.
109. Comunicazione scritta all'Autore del 15/12/2019, episodio inedito.
Pare che l'attacco sia iniziato alle ore 07:45 locali, orario estivo. In Italia erano le 06:45, un'ora in meno. Rol lo ha quindi saputo con circa 3 ore di anticipo. Anche ipotizzando che conoscesse i piani o fosse stato avvertito (cosa che lo metterebbe in una posizione di potere "terreno" molto elevata), l'ipotesi non reggerebbe alla previsione della durata (6 giorni), che obbiettivamente nessuno avrebbe potuto conoscere in anticipo sulla base di informazioni "convenzionali", umane. Ergo qualsiasi ipotesi strampalata dei complottisti di turno già è esclusa sul nascere (questo lo dico chiaro perché purtroppo so bene come una certa mentalità si alimenti di speculazioni infondate basandosi su informazioni parziali). Rol forse stava dormendo quando intorno alle 03:30 / 03:45 del mattino deve essersi svegliato in allarme, avendo visto (in sogno?) quanto stava per avvenire. O forse deve essersi svegliato senza sapere il perché, solo con una sensazione di malessere, per poi subito dopo *vedere*, sia il futuro immediato che quello più distante.
110-112. Asti, 2017, pp. 71-73. In questo racconto abbiamo contabilizzato tre episodi di precognizione (e altri due di altre due classi di fenomeni). Di qualche analogia tra Rol e Mandrake, soprattutto in relazione al mondo magico di Federico Fellini, ho parlato in *Fellini & Rol* (2022).
113. Ceratto Boratto, 2020, pp. 394-395. Rol previde che si sarebbe sposata tardi e che tardi sarebbe diventata scrittrice a tutti gli effetti. Mi aveva scritto: «come aveva visto Rol ho ottenuto il contratto giornalistico tardissimo a 43 anni, grazie ad Alberto Rusconi. Avendo cominciato a scrivere a 18 anni per *Paese sera* e *L'Avanti*, è stato come scalare una

montagna». Marina ha scritto anche su *Messaggero, Tempo Illustrato, L'Automobile, Gente, Gioia*.
Molto significativo questo passaggio: «*Un consiglio: scriva in terza persona, mai in prima, come se fosse una narrazione oggettiva di un'epoca del passato*». È precisamente quello che Rol ha fatto spesso, il caso più emblematico essendo quello degli articoli pubblicati sul periodico *Gente* nel 1977, scritti da Rol in terza persona ma firmati da Renzo Allegri. Si veda nello specifico quanto abbiamo scritto nel cap. V in merito alla frase del 1977: «Su di lui sono stati scritti volumi», conforme alla regola «*come se fosse una narrazione oggettiva di un'epoca del passato*».
114-115. Comunicazione scritta all'Autore del 02/09/2020, episodio inedito.
116. Pubblicato su *facebook.com/groups/museogustavoadolforol* il 04/09/2020.
117. (non firmato), *Sopravvissuti*, Panorama, 09/09/2015, p. 74.
117[a]. Pubblicato su *facebook.com/groups/24814795635* il 26/01/2021.
118. Commento su *facebook.com/Gustavo.A.Rol* del 27/01/2021 e comunicazione all'Autore dello stesso giorno, episodio inedito.
119. Tratto dal video *youtu.be/9LztbIm2ulQ* pubblicato da L. Roberti il 04/02/2021. La testimonianza in se stessa è "debole", nel senso che si potrebbe giustificare col fatto che Rol avrebbe potuto avere informazioni che ci sarebbe stato un rastrellamento e il consiglio di nascondersi era una logica conseguenza. In tali condizioni sarebbe stato probabile non trovarlo. Tuttavia come in altri casi, la spiegazione "normale" pare una forzatura ingiustificata e incompatibile con quello che era l'operare consueto di Rol, che appunto era in grado di prevedere lo svolgersi degli eventi con frequenza quotidiana, e che durante la guerra aveva salvato molte persone. Inoltre, se l'episodio si fosse giustificato semplicisticamente con una spiegazione "normale", non sarebbe stato ricordato in questi termini (la frase deve essere rimasta impressa nella mente di Guido Falco) ma solo nel suo aspetto di aver ricevuto una indicazione preziosa per salvargli la vita.
120. Commenti su *facebook.com/Gustavo.A.Rol* del 14 e 15/02/2021.
121. Pubblicato su *facebook.com/groups/dottorrol* il 22/02/2021. Si noti la parte in cui Rol al telefono «incominciò a farle delle domande sui nipoti *e poi improvvisamente le disse* che doveva dirle a sua figlia (mia mamma)…», ecc.. Possiamo "fotografare" questo momento, prenderne il fotogramma, e se potessimo vedere in trasparenza il cervello di Rol, vedremmo forse una nuova configurazione sinaptica, una "accensione" di più aree prima "spente" che testimonierebbero il *cambio di fase* da *coscienza normale* a *coscienza sublime*, ciò che può essere riscontrato anche in molte altre situazioni ed esperimenti.

122. Dembech, 2003, pp. 98-100. La signora Ghy (nata a Torino nel 1946, impiegata per 35 anni presso *Seat Pagine Gialle*) dice che il giorno dopo avere imbucato (in Torino) la lettera indirizzata a Rol lui le telefona e che «in seguito mi ha sempre risposto in modo modo vago e ironico riguardo la celerità delle Poste Italiane». Anche da questo piccolo dettaglio si nota come Rol fosse solito sminuire o persino negare di aver usato eventualmente le sue *possibilità* (in ogni caso non approfittarne ascrivendole a se stesso, ciò che un mistificatore farebbe immediatamente) o di aver avuto un qualche ruolo in certi accadimenti palesemente paranormali di cui era l'autore. Vi sono numerosi esempi analoghi. Certo è possibile che le poste siano state veloci, tuttavia basta rileggersi quanto raccontato da Pietro Ratto (I-125) per lasciare spazio a un'ipotesi diversa. La signora Ghy, nella sua testimonianza aggiuntiva che abbiamo pubblicato nell'appendice I, specifica che spedì «la lettera dopo essere uscita dall'ufficio (circa le 18)» il che rafforza l'ipotesi paranormale, anche se non è improbabile, vista la vicinanza sia con le poste che con il quartiere dove abitava Rol (mi ha poi detto che la lettera è stata spedita da Via Valeggio) che sia effettivamente giunta prima che Rol telefonasse. Non lo abbiamo comunque contabilizzato come chiaroveggenza, non potendo stabilire come effettivamente siano andate le cose. Lo abbiamo invece contabilizzato come precognizione, potendo prestare fede alla testimone che parla di «previsioni ben precise» che poi si sono avverate, anche se mancano i particolari.

123. Commenti su *facebook.com/groups/dottorrol* del 04 e 05/05/2021. Questo era un esperimento semplice ma tipico di Rol, del quale abbiamo visto vari esempi (cfr. IX-5, 6, 7, 8, 8[a], 84, 8[b]). Lo fece anche a me, esattamente tre settimane prima, il 30/05/1987 (IX-5 e tavola XXII).

124. Comunicazione scritta all'Autore del 03/10/2021, episodio inedito. L'esperimento di Brosio è stato pubblicato qui per la prima volta, nella tav. XII. Come si può vedere, consta l'annotazione, fatta da Rol dopo l'esperimento: «Proprietà del Sig. PierMario Brosio 31.7.87» e la sua sigla. Si veda anche, come *collegamento psichico*, l'episodio di sincronicità capitato a Brosio nel 2018 (XXVI-8[d]).

Oltre alle analogie con esperimenti analoghi visti alla nota precedente, si può notare un curioso raggruppamento temporale: il mio esperimento fatto il 30/05/1987, quello di Elena Ghy il 20/06/1987 e quello di Brosio il 31/07/1987. È possibile che Rol facesse questo esperimento nella seconda metà degli anni '80 con molta più frequenza che in precedenza. Anche quello fatto a Piergiorgio Manera (IX-8) è di qualche mese prima (18/11/1986), quello fatto a Giuseppe Spagarino (IX-84) del 15/03/1988, quello a Graziano Sozza (IX-8[b]) presumibilmente nei primi anni '90. Eccezioni al momento sono quello di Beono-Brocchieri (IX-6) e Leo Talamonti (IX-7), entrambi dell'inizio degli anni '60. Non è dato sapere invece quando sia stato fatto quello a Luciano Genta (IX-8[a]), tanto per

cambiare chi ha raccolto la testimonianza (M. Ternavasio) non ha dato importanza, purtroppo, ai dettagli. Io azzarderei comunque anche qui gli anni '80.
125. Comunicazione all'Autore del 30/09/2021, episodio inedito. La testimone, laureata in filosofia, è naturopata e autrice di un libro sui Fiori di Bach.
126. La prima parte riferita durante una *live* su *youtube* dell'aprile 2021, di cui l'estratto corrispondente su uno dei miei canali, qui: *youtu.be/gmopgBmEujY*; i dettagli Pinotti me li ha forniti in una comunicazione scritta del 27/09/2021.
Roberto Pinotti è scrittore, giornalista e ufologo nato nel 1944, co-fondatore nel 1967 insieme a Spartaco Bartoli (1920-?) assicuratore, ed altri, del Centro Ufologico Nazionale.
Nel video aveva "glissato" sul Samurai, non sapendo cosa esattamente pensarne e – come mi ha scritto in seguito – che un tipo di fenomenologia del genere rientrasse in quella conosciuta di Rol. Io in un primo momento avevo pensato potesse trattarsi di una statua che fosse stata animata (classe degli "oggetti viventi"), e lo stesso Pinotti in seguito mi specificò che «Bartoli mi parlò di una "figura statuaria di samurai"» ma dopo aver chiesto ad amici che frequentavano Rol negli anni '60 e '70 ed aver escluso che tale statua sia mai esistita a casa sua, che anche io non ricordo aver visto e che non c'era negli oggetti messi all'asta da Sotheby's nel 1995, ho concluso che dovette trattarsi dell'apparizione di uno *spirito intelligente*, che Rol rese visibile come con altre figure di esseri umani o animali in altre occasioni. Quanto all'olio ROL, negli anni '50 e '60 molti pensavano fosse prodotto da mio nonno che era stato pilota di automobilismo ed era un industriale nel settore chimico, mentre invece si tratta di un acronimo (Raffineria Olii Lubrificanti).
127. Comunicazioni scritte all'Autore del 18 e 23/10/2021, episodio inedito.
128. Commento del 20/10/2021 nel gruppo *facebook* "Piemonte da scoprire". La signora Dompè mi ha fornito in seguito per iscritto una serie di informazioni aggiuntive. Le ho chiesto intanto se avesse tenuto il tovagliolo: «Quella sera non lo adoperai e lo misi nella borsa. A casa lo spiegai, non c'era più scritto nulla! Mio marito ed io rimanemmo sbalorditi.
Quindi la scritta l'avevate vista in due.
Certo, mio marito ed io, era una cosa troppo preziosa per noi. Dopo la cena lo dissi a qualcuno senza farlo vedere».
Ho presunto che, non avendo più visto la scritta, le fosse venuto il dubbio di aver messo nella borsa un altro tovagliolo, ma lo ha escluso nettamente: «No di certo, il tovagliolo non l'avevo ancora adoperato e l'ho messo subito nella borsa.
La scritta era piccola o grande?

Abbastanza grande, era in diagonale su un un quarto di tovagliolo. Perchè a me non è rimasta la scritta?»

Le dico che non conosco altri casi di scritte sparite dai tovaglioli, ma ci sono casi, pochi, di scritte o disegni spariti da altri posti (si veda per es. quanto dice Binarelli in XXXIII-22; o anche la dedica che Rol ha fatto sparire da un dipinto dopo un litigio (XXXV-40); se si pensa poi al foglio di Filippo Ascione, materializzatosi a casa sua, che nel corso del tempo ha cambiato più volte parole (XXXV-116), se ne può dedurre che Rol poteva far apparire e sparire a piacimento questi scritti, non solo al momento delle esperimenti, ma anche a distanza di tempo, così come poteva far apparire a piacimento figure sui dipinti. E probabilmente ci deve essere una ragione particolare per ogni occasione. L'unica che posso immaginare nel caso della testimone è che purtroppo quel figlio, da adulto, lo perderà in un tragico incidente stradale.

Dopo aver scritto che «nessuno lo sapeva» che era incinta, a me ha specificato: «Solo io e mio marito lo sapevamo, ma essendo all'inizio della gravidanza, non si vedeva».

Rol quindi aveva visto, con gli occhi dello spirito (o della *coscienza sublime*, che poi è la stessa cosa) che la signora era incinta e aveva visto che sarebbe stato maschio. È lecito supporre che potesse anche vederne la *traiettoria* di vita e che avesse visto la morte prematura e il dolore della madre (che infatti, come mi ha detto, e come ci si può aspettare, è stato devastante e ne ha condizionato profondamente la vita in seguito). Rol forse aveva tentato di mandare un messaggio? Magari creando la condizione perché Caterina Dompè entrasse in contatto con lui in futuro per chiedergli spiegazioni e così forse prepararla a quella tragedia? Sono evidentemente solo ipotesi, che potrebbero essere provate se, in casi analoghi, si avessero elementi aggiuntivi a supportarle.

Il figlio di Caterina si chiamava Antonio Levrone, avrebbe compiuto 40 anni il giorno successivo all'incidente stradale, avvenuto il 06/02/2016 sulla A21 nei dintorni di Brescia. Con lui persero la vita altri tre amici, tutti membri di una band musicale che rientrava da un tour in Trentino (il Tony Mac Music Show). Tony Mac era il nome d'arte di Antonio, nato a Ouagadougou, in Burkina Faso (all'epoca Alto Volta) dove la famiglia aveva vissuto dal 1973 al 1984 e dove promuoveva iniziative di volontariato, portando fondi e vestiario a famiglie e istituti. La cena all'Hotel Billia era collegata a queste attività, come mi ha detto Caterina: «Al tavolo eravamo una quindicina, ospiti dei proprietari di una nota azienda di La Loggia che conoscevamo da tempo e che desideravano ascoltare qualcosa da noi in merito ai bisogni dei Burkinabè [*gli abitanti del Burkina Faso*] per poi provvedere, difatti vennero in compagnia dei *Fratelli della Sacra Famiglia* di Chieri che ancora ora come allora operano bene. Tra questi imprenditori, Rol non l'avevamo mai visto. Lui era un gran bell'uomo, mi sembrò un uomo tipo Veronesi. C'era anche

l'avvocata Liù Furlan che mi regalò un libro di suo marito Pitigrilli, già deceduto e c'erano pure il figlio medico Gian Maria Furlan e la moglie. Con Liù avevamo anche trascorso una settimana a Sauze d'Oulx nella casa di questa imprenditrice».
Lina Furlan, detta "Liù" (1903-2000) fu la prima donna avvocato in Italia, iscritta all'Ordine nel 1930. Come il marito, era amica di Rol (si veda I-91 e XXXV-2)
Ecco cosa scrive di lei Pitigrilli:
«Acquistata la luce dello spirito ho incontrato una donna, che doveva continuare a condurmi per mano nel mondo della spiritualità. Questa donna, contrariamente a quanto si può supporre, non è una creatura aureolata di mistero, adorna di simboli indecifrabili che cammini con i piedi nudi sui rugiadosi asfodeli di un mondo impossibile. È la donna realizzatrice. È la donna saggia della Sacra Scrittura. Mi ha dimostrato che le forze dello spirito possono modificare il corso delle vicende umane. Questa donna esercita una professione di uomo. È un'avvocatessa. (…) L'avvocatessa di cui parlo ha strappato non alla giustizia, ma all'ingiustizia, delle prede, per mezzo delle squisite risorse della sua mentalità femminile. Si chiama Lina Furlan ed è italiana per la sua nascita, per le sue tradizioni, per la sua sensibilità. È nata a Venezia, la città adriatica dei Dogi, dove un'altra grande avvocatessa, la Porzia del *Mercante di Venezia* di Shakespeare, difende il debole contro il prepotente. (…) La sua mescolanza di fede e di eleganza, di mondanità e di raccoglimento, di spirito combattivo e di indulgenza, componeva in lei una creatura di romanzo, del bel romanzo che avrei voluto scrivere. Tutte le protagoniste dei miei libri sono esseri dalla doppia personalità. Ne *L'esperimento di Pott* la protagonista, Jutta Schumann, è al tempo stesso studentessa di filosofia e cavallerizza in un circo: ne *La meravigliosa avventura*, la figura centrale è la figlia del re e insegna chimica biologica all'Università: in *Mosè e il cavalier Levi* il protagonista, costituzionalmente ebreo, è tutto un'aspirazione crescente verso la religione cristiana. L'avvocatessa Lina Furlan è il più bel caso che mi si sia presentato di doppia personalità. Per essere esatti, di triplice personalità, perché dal luglio 1940 è anche mia moglie: non ci fu mai un'ombra di incomprensione fra noi due e nell'aprile 1943 mi ha dato un figlio» (*Pitigrilli parla di Pitigrilli*, Milano, Sonzogno, 1949, pp. 231-237).
129. Comunicazione scritta all'Autore del 22/02/2016, episodio inedito.
130. Trascrizione da video del 23/05/2018, poi condiviso su *facebook.com/Gustavo.A.Rol*
130bis. Comunicazioni all'Autore del 28/06/2016 e del 26/05/2018, racconto inedito. Nicolò Bonadonna mi ha poi riferito anche i nominativi dei suoi amici, incluso quello che per sventura uccise Pasquale, che era anche quello verso il quale Rol si era girato quando gli chiesero come

sarebbe morto (quindi facendo capire, a posteriori, che aveva *visto* anche come questo incidente si sarebbe svolto e con chi). Considerata la natura della vicenda, abbiamo ritenuto opportuno non menzionarli, diversamente da Pasquale che in rete in seguito era già stato identificato e menzionato.
Nel 2016 Nicolò mi aveva anche detto:
«Addirittura Rol l'ho sognato [*il 19/06/2016*] il giorno prima del suo compleanno, non sapevo che era il giorno in cui ricorreva il suo anniversario. All'indomani trovo la sua foto su internet e poi ho trovato il Suo nome [*rivolto a me*] e qualcosa più forte di me mi ha spinto a contattarla per raccontarLe questa storia, anche se inizialmente ho esitato perché temevo che mi prendesse per matto (ancora non conoscevo tutte le cose straordinarie per le quali Rol è noto)».
Il primo contatto era stato per iscritto il 27/06. Ma dopo:
«All'inizio mi sono detto: "No, lasciamo perdere perché passo per pazzo, per mitomane", però qualcosa più forte di me ha detto: "No, devi scrivere". Non è che ho sentito una "voce", non ho sentito nulla, piuttosto era come una energia, come trovarsi spinti inconsapevolmente a fare un qualcosa. Ed eccomi ora al telefono con Lei. La cosa strana è che io sento come se lui [*Rol*] sia contento in questo momento».
Ciò trova una corrispondenza sia nel processo creativo in generale che nel *modus operandi* di Rol, il quale ha spesso affermato di agire «d'impulso, come sotto la spinta di un suggerimento». Continua:
«Mi sono davvero levato un peso a raccontarLe questa cosa, e mi sento strano in questo momento, sento un'energia strana dentro, come una sensazione di estasi, non riesco a trovare un'altra parola. Tremo, ho la pelle d'oca e mi sento un fuoco dentro, non so cosa sia. Anche questa coincidenza del compleanno, tutto mi ha un po' sconvolto».
«Finalmente ho capito chi è quest'uomo perché è tutta la vita che io me lo chiedo. Avrei voluto reincontrarlo, chiedergli tante cose».
Al termine della lunga telefonata, mi ha ancora detto: «Ora mi sento meglio».
Ho pensato fosse rilevante menzionare queste sue sensazioni e questa "spinta", che trovo significative nel quadro complessivo della sua testimonianza.
131. Trascrizione da video pubblicato il 30/09/2020 su *facebook.com/groups/dottorrol*. L'esperimento è analogo ad altri delle stesso genere, e pare che Rol lo facesse soprattutto ai neofiti. Ho inserito alcune coordinate più precise sulla base di una conversazione avuta nel 2021 con Pedrollo, che mi ha permesso di pubblicarlo qui (Tav. XI) per la prima volta (lo aveva in precedenza mostrato in video nel documentario di Giovanni Villa *Gustavo Rol e lo Spirito Intelligente - Parte 1*, del 2019: *youtu.be/Ogtv8mtJtok*). La cosa che a me personalmente ha colpito di più però è stato il seguito, che Pedrollo mi ha confermato anche a voce: Rol avrebbe detto di aver fatto lo stesso esperimento ad Einstein, ed è la prima

e per ora unica volta che questo viene raccontato. In precedenza, si è detto che Rol di fronte ad Einstein avesse materializzato una rosa, notizia messa in giro a un certo punto da Maria Luisa Giordano senza alcuna fonte (tanto per cambiare). Ne aveva parlato una prima volta nel 2000 in *Rol e l'altra dimensione*: «Einstein, che Rol incontrò in Svizzera, e che battè le mani felice quando vide materializzarsi una rosa tra le sue dita. Durante il loro incontro conversarono, suonarono insieme il violino e Rol gli fece qualche esperimento con le carte, parlandogli dello spirito» (p. 158). In *Gustavo Rol. Arte e prodigio* (2014, p. 9) parlerà dello «stupore che aveva fatto battere le mani, affascinato e felice, al grande Einstein mentre stava suonando il violino con Rol, quando si era trovato tra le dita dei petali di rosa». Ma nei suoi due primi libri (*Gustavo Rol. Oltre il prodigio*, 1995 e *Rol mi parla ancora*, 1999) questo prodigio non viene menzionato. Sospetto di conoscere la fonte, poco attendibile, ma per ora soprassiedo...

Le poche volte che Rol parlò direttamente di Einstein (dei documenti che ci sono arrivati fino ad oggi) menzionò solo le carte, anche se parlò genericamente di altri esperimenti. Può anche darsi che effettivamente avesse materializzato una rosa o dei petali di rosa (ma in assenza di fonte, la questione resta in sospeso), nel caso di Pedrollo lui afferma che fu lo stesso Rol ad avergli detto dell'esperimento del numero fatto ad Einstein e quindi almeno una fonte chiara esisterebbe (ed è un esperimento che avrebbe benissimo potuto fare anche allo scienziato proprio come lo ha fatto a molti altri).

Che Einstein si fosse entusiasmato come un bambino (come "un matto" non credo proprio...) fu lo stesso Rol ad affermarlo in uno degli articoli pubblicati su *Gente* nel 1977 e scritti da lui in terza persona (ma a firma Renzo Allegri): «Einstein, di fronte ai suoi esperimenti, applaudiva battendo le mani come un bambino» (*Mentre è a Torino lo fotografano in America*, 05/03/1977, p. 11).

Il finale di quanto dice Pedrollo è quello che più mi ha incuriosito: «non riusciva a capire se era Gustavo che donava il numero con la sua mente o era lui che lo captava» e mi sono chiesto se non avesse letto anni fa i resoconti di alcuni esperimenti che Gustavo fece a me, mescolandoli coi suoi ricordi.

Infatti, sin dal 2000 si trova in rete il mio esperimento con previsione di un numero di tre cifre, analogo a quello di Pedrollo, nel quale nel finale io riferisco quello che Gustavo mi disse: «Io non so se prevedo quello che tu dirai oppure sono io, con il mio pensiero, ad influire sulla tua scelta» (IX-5).

D'altro canto, un altro mio esperimento che ho messo in rete negli stessi anni è quello – unico in tutta la fenomenologia ad oggi conosciuta di Rol – dove Gustavo decide di mettersi in contatto non con lo *spirito intelligente* di un artista, di un Capo di Stato o di una persona comune, come era

solito, ma con quello di uno scienziato, appunto con Einstein: «"Ora mi metterò in contatto con lo *spirito intelligente* di Einstein"» (XVI-12).
Se non ci fosse il foglio dell'esperimento di Pedrollo, sarei stato tentato di considerare la testimonianza apocrifa (ricordi e letture che ha rimescolato nella sua memoria). Ma il foglio depone invece per l'attendibilità, e non ho ragione di dubitare che anche il seguito non corrisponda al vero. Siccome io ero un ragazzino quando vidi l'esperimento del numero, trovo sovrapposizioni anche col "bambino". Insomma, non solo ad Einstein e a me Rol fece lo stesso esperimento con una spiegazione finale analoga, ma in altro esperimento decise, solo con me, di coinvolgere lo *spirito intelligente* di Einstein, e in questo coinvolgimento *sui generis* ho sempre sospettato una allusione tra le righe, considerando l'interesse che ho per la ricerca scientifica e soprattutto nel rivendicare una rigorosa mentalità scientifica (la quale non pregiudica in nulla, almeno per me, una prospettiva ed elevazione spirituale).
Se credessi alla reincarnazione, il pensierino autoreferenziale di poter essere la reincarnazione di Einstein mi avrebbe forse sfiorato. Certo è che – come spero di mostrare in studi futuri – la componente scientifica del mio lavoro intende essere preponderante (fino ad ora, questa parte ancora non ho avuto occasione di illustrarla). Non occorre però la reincarnazione per spiegare certe eventuali *affinità elettive*, che nel mio caso ho più volte riscontrato col grande scienziato.
Pedrollo ha poi riferito altre cose del suo incontro con Rol, pubblicate sempre in video nel gruppo *Dottor Rol*:
«Quando l'ho incontrato lui tornava – praticamente la notte prima – da Saint Vincent e io non lo sapevo. Ho bussato alla porta, il portiere infatti mi ha detto che doveva tornare. Alle due di notte io dormivo in una pensione a cento metri dalla sua casa... Lui rientra all'una e alle due di notte squilla in telefono in camera mia. Non dice niente. Il giorno dopo mi sono presentato e a mezzogiorno vado su, lui era in pantofole, in vestaglia, i mobili erano tutti coperti [*cfr. quanto dice Maurizio Marongiu in XLI-35 (mobili e oggetti coperti da lenzuoli bianchi)*] e mi dice: "Sai che sei la prima persona che ricevo in pantofole e in vestaglia?" [*ma negli ultimi anni non si faceva problemi a ricevere così anche altri*] Poi piano piano si trascina i piedi, va verso il suo trono, era una bellissima sedia in legno, sembrava una di quelle spagnole, molto belle, e da lì cominciamo... il nostro colloquio, sempre ringraziandomi di diverse cose. Alla fine quando mi ha congedato mi ha dato una bottiglia di Aperol che poi in futuro mi riviene alla mente perché mi diede quella bottiglia. Quando mi trovavo in compagnia di un amico dietro alla zona del L'Aquila sulle montagne e in un bar un ragazzo chiese un aperitivo: "Dammi ancora un Aperol". In quel momento [*avevo*] capito perché mi diede quella bottiglia: A-PE-ROL, c'ha messo una bella risata. Cosa mi ricordo di lui in quel momento, è

quando mi ha salutato, mi ha abbracciato e tutto il calore e tutto il suo essere me lo sono sentito dentro, praticamente».
Su questo in particolare, Pedrollo mi ha specificato:
«Non mi dimenticherò mai l'abbraccio che m'ha fatto quando ci siamo congedati, quando io sono uscito. Ho sentito un'energia *sulla schiena*, una cosa incredibile. M'ha trasmesso un'energia *dietro la schiena* che non la dimenticherò mai, proprio mi ha trasmesso qualcosa di veramente…».
Questo genere di dettagli è sempre importante, visto che il fenomeno descritto va riferito all'*attivazione* di *kuṇḍalinī*, che un Maestro che l'abbia risvegliata completamente può attivare in altri (un *input* che però non significa affatto che chi lo riceve diventi illuminato, ma gli fornisce un aiuto per il cammino che poi dovrà percorrere da solo e che può portare o meno al *Risveglio* completo. Naturalmente, c'è anche chi torna a dormire…).
Pedrollo ha poi aggiunto: «Quando poi abbiamo cominciato ad avere queste comunicazioni telefonicamente, lui magari partiva all'improvviso e raccontava la storia di Re Luigi».
Nel video del 21/10/2020 ne aveva parlato: «Io non glielo avevo mai detto che praticavo la pranoterapia, e lui [*al telefono*] mi comincia subito, mi dice: "Io ti voglio parlare di chi ha iniziato la pranoterapia", dice: "Re Luigi di Francia quando usciva dalla cattedrale le piaceva imporre le mani a tutta la gente che lo aspettava che lui uscisse dalla messa, e si mettevano nella grande scalinata, nei fianchi, e Re Luigi imponeva le mani"».
Rol si riferiva a San Luigi IX Re di Francia (1214-1270), conosciuto come Luigi il Santo, canonizzato nel 1297 da Papa Bonifacio VIII. Naturalmente, l'imposizione delle mani è nota sin dall'antichità e in tutto il mondo, Rol voleva probabilmente dire che in Europa chi ne rese esplicita la pratica sarebbe stato San Luigi. Cfr. Marc Bloch, *I re taumaturghi*, cit., p. 69: «San Luigi "toccava i suoi malati" tutti i giorni, a quanto pare, o almeno tutti i giorni in cui veniva da essi sollecitato, ma soltanto in un'ora determinata, dopo la messa; i ritardatari trascorrevano la notte a palazzo, ove erano loro preparati alloggio e viveri, e comparivano il giorno dopo, al momento opportuno, al cospetto del re».
Altre cose riferite da Pedrollo: «Mi trovavo nelle Marche a Montefiore dell'Aso e ho scritto una lettera a Gustavo [*dicendogli*] dove mi trovavo. Lui mi rispose subito e mi disse: "Ah, Montefiore dell'Aso, io ci sono stato, ospite della Contessa", adesso non mi ricordo più il nome di questa contessa di Montefiore dell'Aso, ma so che c'è ancora il casato e sicuramente i nipoti vivono in questo casato».
«Un caro amico che era anche un conoscente di Gustavo Rol… aveva una figlia che voleva andare in Australia, ma Rol la sconsigliò e le disse di non andare in Australia se non aveva nessun conoscente».
Nel video del 28/10/2020 aveva detto: «Quando ero in visita nel suo appartamento ho notato che Rol portava due braccialetti semplici di rame,

puro rame» ai polsi. «Gli portai una bottiglia di grappa, essendo io Veneto, e lui mi disse: "No io non bevo la grappa, non bevo alcolici", "La può offrire ai suoi ospiti", "Eh, farò questo"». Rol non era comunque astemio, e insieme ai suoi amici/ospiti poteva prendere un sorso di spumante o vino, accompagnato da qualche dolce o pasticcino, anche per tirarsi su dopo esperimenti nei quali aveva perso molta energia.

132-133. Comunicazione scritta all'Autore del 13/12/2021, episodio inedito. Chiara Valpreda è biologa presso A.O.U. Città della Salute e della Scienza di Torino. Quando conobbe Rol si occupava di studiare i primi virus trasmissibili con le trasfusioni. Mi ha scritto poi che lui «era ricoverato per un problema alla prostata, me lo disse lui stesso». In merito al foglio e al cerchio, le ho chiesto se non si trattasse del solito esperimento di precognizione che faceva, come ad esempio il mio (IX-5) che le ho fatto conoscere. Mi ha risposto: «Ho letto quanto scritto sull'esperimento che fece a Lei. Lo stesso lo fece a me, il numero che avevo pensato era l'11, giorno della mia nascita. Lo ritrovai scritto sul foglio dentro il cerchio. Era sempre l'anno 1988 ed eravamo nello stanzetta/studio della caposala Emma del reparto pensionanti. Ora quel reparto non c'è più da tanti anni. Eravamo seduti e credo di ricordare che si sia fatto dare un foglio da Emma stessa o forse da un'altra infermiera. Lo fece con estrema naturalezza, in pieno giorno. Purtroppo tanti anni dopo fui scippata. Portavo questo foglio sempre con me dentro una agenda. Mi rubarono tutto. Lo stesso esperimento lo fece ad una mia carissima amica, Paola, anche lei biologa, anche lei dipendente delle Molinette, un giorno che era venuta a trovare il mio papà in reparto». Si noterà che, se la maggior parte delle cifre di questo tipo di esperimento sono tre (a me aveva esplicitamente chiesto di dirgli un numero di tre cifre) ci sono le eccezioni, come in questo caso che sono due e in quello di Elena Ghy che sono quattro. Si direbbe che Rol volesse mostrare che non ci fossero vincoli o regole prestabilite, ma eventualmente preferenze, e che l'esperimento riusciva anche cambiandone alcuni parametri (ma mantenendo più o meno lo stesso schema).

In questa testimonianza ho contato la previsione sulle nipoti e l'esperimento del numero fatto a lei, non quello all'amica mancando i dettagli, per quanto è chiaro trattarsi delle stesse modalità.

La raccomandazione: «Se un giorno dovesse sentirsi disperata prenda questo foglio, fissi qualcosa di verde e vedrà che io la aiuterò» è importante per due ragioni: mostra anche qui un certo schema ricorrente con Rol (pensare a lui o a qualcosa da lui indicato) e il fatto che l'"oggetto" del pensiero non sia qualcosa di prestabilito, per quanto ci siano elementi che si ripetono, come il verde. Si ricorderà ad esempio che a Filippo Ascione disse di immaginare «una sfera verde che ruota» (I-86).

Chiara Valpreda ha poi ancora specificato: «Io parlai sempre di persona con il dott Rol, mai al telefono. Le previsioni me le fece in uno dei nostri incontri in ospedale».

Infine, come molti altri, pur invitata da Rol ad andare a casa sua, finì per non andarci, rammaricandosi in seguito. A tal proposito ha aggiunto: «Parlando della Banca del Sangue dove lavoravo mi disse che conosceva il prof Levi ma non ricordo mi abbia detto altro. Io raccontai poi al professore del mio incontro con Gustavo Rol e gli dissi anche che mi aveva invitato a casa sua. Fu in una occasione che il professore mi disse che, se avessi voluto andare a casa del dott. Rol, lui avrebbe potuto aiutarmi ed intercedere per l'appuntamento. Però come ho detto non andai mai a casa sua (per mia decisione, purtroppo)».

134. Comunicazione all'Autore del 04/11/2021, episodio inedito. Anche Eleonora, come tutta la famiglia, lavora nel laboratorio fondato da Guido Nicola (cfr. *nicolarestauri.org*).

135. Comunicazione all'Autore del 07/01/2022, episodio inedito. Naturalmente il fenomeno dei cani non è attribuibile a Rol, ma è una chiara dimostrazione di connessione "paranormale" tra loro e un essere umano col quale avevano un particolare rapporto empatico. Nella casistica paranormale si tratta di un fatto ricorrente e ben stabilito. Come scrive Ernesto Bozzano nel suo libro *Animali e manifestazioni supernormali* (Tipografia "Dante", 1941, 3ª ed.) «gli "ululati alla morte" dei cani formano parte delle tradizioni di qualsiasi popolo» (pp. 214-215), e più avanti definisce lo «strano fenomeno dei cani che "ululano alla morte"; vale a dire, dei cani che preannunciano con ululati caratteristici e profondamente lugubri, la morte imminente di una persona familiare, e vi persistono fino alla morte della persona medesima» (p. 267), ciò che è precisamente il caso in questione. Bozzano cita alcuni episodi (cfr. soprattutto pp. 229-239), di cui qui diamo, a titolo esemplificativo, appena l'estratto di uno, del cane Wamar e del suo padrone che era partito per l'Africa: «Per un intero giorno Wamar continuò ad aggirarsi per la casa ululando e gemendo; quindi cambiò bruscamente di contegno, divenendo indifferente a tutto ed a tutti. Non tardò a giungere un telegramma dall'Africa: Il capitano Maris Galli era caduto eroicamente combattendo» (p. 52).

Quanto alla frase "Ci vediamo a Sant'Elena" essa potrebbe essere attribuita alla sola preveggenza del moribondo se non fosse che Sant'Elena non è un nome qualunque e che lui aveva conosciuto e parlato a lungo con Rol. Difficile non vedere un suo "contributo", in due possibili forme: Rol potrebbe avergli detto in privato che sarebbe morto il giorno di Sant'Elena (magari con una frase del tipo: "Anche per te, come per Napoleone, Sant'Elena sarà la tua tappa finale sulla Terra, non però l'isola, ma il giorno") e nel dormiveglia il sig. Querini l'ha espresso a suo modo; oppure Rol – che non era presente, quindi a distanza – *fece dire al*

moribondo una frase che da solo non avrebbe detto (*trasferimento di coscienza*), indirizzata alla moglie Bruna che ovviamente per la stranezza l'avrebbe ricordata.
136. Pomè, 2022. Giovanna Catzola conobbe Rol negli anni '70, quando era cameriera al ristorante *Firenze*.
137. Commento su *facebook.com/groups/24814795635* del 18/02/2022.
138. Giovetti, 2022.
139-148. Inseriti in altri capitoli.

– *A margine di questo capitolo e non contato, l'episodio seguente è da prendere col beneficio di inventario fintanto che non venga trovata la fonte che lo confermi. Lo ha riferito Bruna Chiriatti nel 2017:*
«Ho letto in un'intervista molti anni fa che Rol aveva predetto che Roma e il colosseo sarebbe stato distrutto da un tremendo terremoto nel 2040. Che si trattasse di Rol ne sono sicura perché all'epoca ero molto giovane (sui 15-18 anni) e la cosa mi aveva colpito molto. Però sinceramente non ricordo proprio su che rivista fosse. È una cosa che mi é rimasta dentro in tutti questi anni e non conoscevo Rol prima di aver letto quell'articolo. Quindi sono sicura che era lui e parlava proprio di Roma e del colosseo in particolare.
Credo fosse una rivista tipo *Oggi* o *Gente*. Erano sicuramente gli anni '80-'84. Del 2040 sono sicura perché mi ricordo di aver calcolato all'epoca quanti anni avrei avuto, cioè 85 (sono del 1965) e quindi ho pensato che se ci fossi arrivata avrei avuto la conferma. Ripeto é una cosa che mi colpì molto perché la vedevo come una cosa che avrei potuto sperimentare» (commenti su *facebook.com/Gustavo.A.Rol* del 20-21-22/08/2107).

X – Azione sulla coscienza altrui o "trasferimento di coscienza"

23-25. Comunicazioni scritte all'Autore del 22/02/2016 e del 23/04/2021, episodio inedito. Silvia Dotti, che conosco da anni (e sua sorella Clara Dotti, mancata nel 2022, la conoscevo sin da adolescente), è testimone più che affidabile e grande amica di Gustavo.
Si tratta di un episodio notevole sotto molti punti di vista. Riunisce insieme nello stesso momento tre tipi di *trasferimento di coscienza* (di qui la ragione di contabilizzarlo tre volte): 1) il "possesso" della signora Alma, ovvero Rol che si serve *integralmente* di lei, sia mentalmente che fisicamente; 2) il sostituirsi della coscienza di Rol a quella di Silvia nel momento in cui dà l'esame (Rol che ha fatto l'esame per lei); 3) l'entrare nella mente di Silvia facendo sentire la sua voce, come fosse una voce interiore. Tutte queste tipologie, ma *separate*, le si ritrovano in altri episodi raccontati da altri (ad esempio, un caso analogo della terza categoria è quello di Fellini (XXXVI-4bis e 4ter) importante anche per sgombrare il campo, se ce ne fosse ancora bisogno, dal fatto che secondo

gli scettici disinformati Fellini si sarebbe inventato i prodigi che raccontava di Rol, mentre io ad oggi non ho riscontrato un solo caso del genere, come ho già avuto modo di spiegare a analizzare).

L'episodio è quindi *paradigmatico*, mostra una stupefacente versatilità *multitasking* dello spirito in azione, in grado di agire contemporaneamente in modi e luoghi diversi, e se per Silvia si è trattato di «bilocazione assoluta» – ciò che comunque mostra l'attinenza con questa classe di fenomeni – dovremmo però forse parlare a questo punto di *multilocazione* o *polilocazione*, aprendo scenari interpretativi molto più estesi di quelli ipotizzati finora.

26. Comunicazione all'Autore del 05/09/2019, episodio inedito. Il punto chiave è quando Seghieri dice che «*non se ne accorgevano neanche*»: la loro coscienza normale era in *off*, Rol come un burattinaio gli faceva fare quello che voleva... E si capirà che il fenomeno non ha nulla a che vedere con l'ipnosi (per quanto potrebbe usare o sfruttare meccanismi simili), perché come in qualunque corretta teoria scientifica essa deve spiegare tutti i fatti analoghi. E l'ipnosi non spiega i *trasferimenti* in persone non solo che non conoscono Rol, ma che si trovano a chilometri di distanza. Per non parlare poi dei casi *post mortem*, per i quali parlare di ipnosi sarebbe semplicemente assurdo.

27. Trascrizione dal video pubblicato l'11/02/2021 da L. Roberti: *youtu.be/k6JXDW2TNHE* . Sul primo incontro, Molinari mi ha fornito qualche altro dettaglio (comunicazione scritta del 03/09/2021):

«La prima volta che andai a trovare Gustavo in casa sua, dopo svariate e spesso interminabili telefonate, in Via Silvio Pellico, era l'anno dell'ostensione, il 1969, frangente in cui, uscita la portiera mi ero intrufolato nel condominio ed avevo suonato il campanello di casa Rol, al suo piano. Aprì la porta e rimase sorpreso, stupefatto, di stucco, per la mia presenza. Era un po' imbarazzato e mi liquidò frettolosamente dicendo: "Ma io non l'ho ancora invitata a venire a trovarmi". Poi la sera tornato a Padova, da dove ero partito e dove risiedo dal 1967, Gustavo mi telefonò, non aveva il numero del mio telefono e di cognome Molinari ce n'erano parecchi nell'elenco telefonico, e mi disse: "Mi scuso per il malo modo in cui l'ho accolta e respinta, ma non era prevista una sua presenza fisica". Al che lo rincuorai dicendogli che avremmo saputo provvedere a risolvere la questione, come si fa fra gentiluomini».

Come in molti altri casi, Rol telefonò senza conoscere previamente il numero (si può ovviamente fare l'ipotesi che telefonò anche ad altri "Molinari" fino a trovare quello giusto – di certo non aveva la guida del telefono di Padova e non so se nel 1969 già esistesse il servizio informazioni elenco abbonati, nel qual caso avrebbe dovuto comunque farseli dare tutti (oggi ce ne sono una decina) – ma tale ipotesi è più improbabile rispetto a quella paranormale, attestata appunto molte altre volte). Non lo abbiamo comunque contabilizzato.

28. Testimonianza del 01/12/2021 pubblicata da L. Roberti il 04/12/2021 su *facebook.com/groups/dottorrol*. Se è chiaro che Rol mette la titolare del negozio in condizione di vedere un'altra persona (alla mia domanda se questa persona stesse *al posto* di Rol (e non per esempio, *in aggiunta*, nel negozio), la testimone ha specificato che «vide un vecchio al posto del dott. Rol, poi purtroppo ci furono i clienti e lui salutando andò via») non è chiaro né chi sia questa persona né perché Rol avesse detto: "Ma no, ma no!". Avrebbe voluto farle vedere qualcuno o qualcosa d'altro? Il suo disappunto era rivolto a "Lui", ovvero al suo spirito intelligente? Che non ha "esaudito" come avrebbe voluto la sua richiesta? La titolare poi «si era svegliata come da una trance», ciò che indica che la sua coscienza vigile in quel momento era stata "sostituita" da una coscienza diversa. Ovviamente, era un "giochetto" solo per modo di dire, ed eventualmente dal punto di vista di Rol. Quanti sarebbero in grado di farlo? Oltrettutto in tempi così rapidi senza alcun tipo di "suggestione" o preparazione? Perché naturalmente la prima spiegazione "alternativa" che viene in mente è la "banale" suggestione ipnotica («Mi guardi bene...»). I meccanismi sono probabilmente parenti, ma non gemelli.

Quanto all'affermazione che non fosse lui a dipingere e ai pennelli che dipingono da soli, non è solamente un riferimento agli esperimenti analoghi, fatti in presenza di amici o ospiti, ma una consuetudine anche di quando era in casa da solo, come se uno spirito intelligente (o il *suo* spirito intelligente), autonomamente, proprio come *una personalità separata e indipendente*, decidesse quando e come dipingere.

<u>XI – Oggetti "viventi"</u>

9. Comunicazione all'Autore del 05/09/2019, episodio inedito.
10. Riccomagno, 2021.
11. Comunicazione all'Autore del 03/09/2021, episodio inedito. Anche Arturo Bergandi aveva parlato di biglie, nel suo caso però erano «grosse biglie d'acciaio» (XI-5), e Valerio Gentile (XI-6) aveva parlato di «biglie, sfere» senza specificarne il tipo, per cui gli ho chiesto dettagli (risposta del 10/09/2021): «Le sfere avevano una grandezza come le palle del flipper ma erano di cristallo o vetro, cadevano sempre sul suo tappeto posto innanzi a una vetrinetta dopo la porta a vetri che divideva il salotto». Si tratta dello stesso tappeto di cui parla in II-37 e III-27.
12. Comunicazione all'Autore del 03/10/2021, episodio inedito. La testimone è assolutamente degna di fede (abbiamo riferito anche altri episodi da lei testimoniati, conobbe molto bene Rol) e di certo non ha preso lucciole per lanterne (proverbio anche pertinente, visto l'epsiodio in questione). Quando mi ha raccontato questo aneddoto, mi ha lasciato sbalordito, nonostante tutto quanto abbia già sentito in questi anni. Siamo nel "magico" puro, quello delle favole (o dei film di animazione di

Disney). Rol qui è un perfetto Mago Merlino, ci mancava solo che una zucca di trasformasse in carrozza! Eppure la signora, nel momento in cui scrivo di 80 anni, è una persona normalissima che si è trovata ad assistere a questa cosa per caso da bambina presso l'osteria di famiglia dove Rol andava a mangiare. A distanza di quasi 70 anni non può dimenticarselo (come non può dimenticare Paolo Chionio (V-158, 158bis) anche lui testimone bambino della stessa età della Priotti e ricordando oltre 70 anni dopo). Quale bambino non desidererebbe vedere una cosa del genere? Però una cosa è vederla in un cartone animato, altra nella realtà: la reazione fu di paura, il che dovrebbe anche suggerire che non si sia trattato di «illusione ottica», di allucinazione o di eventuale trucco da palcoscenico. Doveva essere molto realistico e da rabbrividire, anche perché non parliamo di *qualche* zucca, ma forse di decine! Del resto, se Rol poteva far marciare delle uova come soldatini o far scendere delle statue dal piedistallo o da un mobile, perché mai non avrebbe potuto materializzare delle zucche e *animarle* come fossero vive? In fondo, se abbiamo già accettato la *realtà* della sua poliedrica fenomenologia, non si tratta che della conseguenza degli stessi principi, della manifestazione degli stessi fenomeni ma in forme e contesti differenti. In linea di principio, non ci sarebbero limiti alle cose che si possono compiere, e questo confermerebbe l'assunto di Rol, che è una conclusione, che «l'impossibile, sulla Terra, non esiste».

La casa dei Gallea, amici di Rol, si trovava nel centro di San Secondo di fronte al *Cannone d'Oro*, in seguito trasformata nell'*Hotel San Secondo* (in passato era già stata sede dell'Albergo Centrale) che occupa l'isolato trapezioidale tra Via Roma, Via della Repubblica e Via Noli. L'angolo tra Via Noli e Via Roma è smussato da Piazza Caduti per la Patria, mentre l'angolo tra Via Noli e Via della Repubblica è tagliato da un parcheggio e dalla Piazzetta Gustavo A. Rol, che gli venne ufficialmente intitolata il 06/11/2005 (delibera delle giunta comunale del 06/07/2005) e che anteriormente era il giardino di casa Gallea (si veda: *Il giardino antico di casa Gallea*, in: Cozzo, P. (a cura di), *San Secondo di Pinerolo. Immagini e storie di un paese del Piemonte*, Comune di San Secondo di Pinerolo, 2002, pp. 174-175; nello specifico troviamo a p. 174: «Il giardino, ora scomparso, era situato a nord della villa, e inscritto in una cinta muraria, intonacata e sormontata da pietre di colmo»). La targa è stata posta su un muretto che non è quello originale di casa Gallea, ma spostato e poi ricostruito nel 2000 rispetto all'originale che faceva invece un angolo acuto tra via Noli e via Repubblica; il muretto originale dove il fenomeno si è verficato esiste ancora oggi, è quello dal lato di Via della Repubblica, ovvero nel tratto che va dalla Piazzetta Rol verso il *Cannone d'oro* (oggi *Trattoria Pub al 102* – perché in Via della Repubblica 102 – mentre in passato, prima della locanda dei Priotti, era l'*Albergo del cannone d'oro*). Chissà se la giunta comunale era a conoscenza dell'episodio delle zucche

(Rosanna ed Elsa Priotti mi hanno detto che all'epoca tutti ne avevano parlato, ma parliamo pur sempre del 1952-1953, ovvero più di mezzo secolo prima dell'intitolazione della piazzetta). Se a Torino sarebbe stato opportuno intitolare a Rol il laghetto delle anatre al Parco del Valentino, scenario dello straordinario episodio di camminata sull'acqua raccontato da Lorenzo Pellegrino (il Comune ad oggi ha mostrato molta poca lungimiranza e attenzione a G.A. Rol) a San Secondo hanno intitolato la piazzetta non in un luogo qualunque, ma in uno altamente significativo (casualmente o meno): *il muretto delle zucche*. Proprio nei pressi della piazzetta sbuca inoltre la Via Rol. Ho motivo di credere che al seguito della divulgazione di questo episodio, in futuro, magari ad Halloween, lo si ricorderà mettendo zucche illuminate sul muretto.
13. Pomè, 2022.

XII – Volontà

7[a]. Comunicazione all'Autore del 09/04/2018, episodio inedito. Ghigo non conobbe mai Rol, anche se lo incrociò più volte (una delle quali la ricorda stupito ancora oggi, cfr. XXIV-12). Mi ha anche detto: «Io sono uno scettico su tutto, uno che non crede a niente, tranne a certe cose che ha fatto Gustavo Rol. Quando quel signore mi ha raccontato l'episodio ci ho creduto, non aveva interesse nel raccontarmelo. Non ne ho mai parlato con nessuno tranne pochi intimi, non mi piace raccontare certe cose anche perché se uno dovesse pensare che racconto delle bugie mi darebbe fastidio, quindi preferisco non dirlo a nessuno». Questa precisazione è piuttosto emblematica di non pochi testimoni di Rol, i quali finiscono per tenere per sé certe cose impossibili da credere per timore di essere derisi o guardati con sospetto. Tuttavia negli ultimi anni sono un po' meno restii perché vedono che anche altri hanno testimoniato analoghi fatti sorprendenti, quindi si sentono più sicuri a parlarne ora. Nel caso specifico, l'episodio non è stato contabilizzato perché è impossibile stabilire oggettivamente se davvero Rol ebbe un ruolo nel deviare il percorso della bomba. Sarebbe facile per lo scettico sostenere che Rol avesse paura e che una volta caduto l'ordigno su un altro palazzo, avrebbe approfittato della situazione per fare quella affermazione, che ovviamente nessuno poteva verificare. L'ipotesi sarebbe applicabile a un comprovato mistificatore, ma di Rol fino ad oggi non c'è un solo testimone che abbia testimoniato un qualunque trucco e del resto una analisi senza pre-giudizi di tutta la fenomenologia che lo riguarda, così come della sua condotta, depongono sempre e solo in una direzione, quella della autenticità. Per quanto mi riguarda trovo quindi coerente credere che davvero Rol sia riuscito a deviare il corso della bomba. Si vedano per un raffronto, oltre all'episodio del proiettile citato in seguito, per esempio i 3 incidenti automobilistici evitati: XXIV-2, 7, 7bis, 8, 8bis. Sul *soffrire, sudare* e analoghi, cfr. per es. III-12, 12bis, XV-3, XVII-16, XX-14, XXXI-2, XXXIV-3, 12, 56, 58, XXXVI-7bis, XLIV-3. Ce ne sono anche altri. Si cfr. anche quanto aveva riferito per es. M.L. Giordano: «Dopo la seduta si sentì male, diventò pallidissimo e tutto freddo, di ghiaccio. I medici presenti lo fecero coricare sul divano, ma per fortuna dopo dieci minuti il viso riprese colore e rinvenne. Il suo medico curante, il dottor Gaito, che lo aveva seguito per molti anni, ci raccontava che nel passato ciò gli accadeva più spesso» (*Rol e l'altra dimensione*, Sonzogno, Milano, 2000, p. 70).

7^b. Comunicazione all'Autore del 20/07/2017, episodio inedito.

8. Comunicazione all'Autore del 05/02/2022, episodio inedito. Uma Koller mi ha anche detto di aver conosciuto Rol al rosario della moglie Elna, nel 1990, glielo presentò proprio sua nonna, ma lo aveva visto già da bambina e ha sempre saputo in famiglia che faceva cose particolari. Carla e Olga avevano altre due sorelle, Enrica e Severa, «ma la più affezionata a lui, oltre a mia nonna, era Olga». L'episodio ha analogie in particolare con quello raccontato da Rappelli (I-XXI e IX-13), quando Rol al Casinò fece vincere a uno sconosciuto una cifra corrispondente esattamente ai soldi che questi aveva sontratto alla sua ditta per giocarli alla roulette; quell'episodio era stato contato come *chiaroveggenza* e *precognizione*, mentre qui lo abbiamo considerato come *volontà*, per quanto il confine sia piuttosto labile e probabilmente arbitrario. Certo però si comprende quanto eccezionale sia un fenomeno di questo tipo: non solo viene fatto uscire o viene previsto il numero che uscirà, ma la vincita corrisponde all'importo del debito. Non è dato sapere se Olga avesse comunicato a Rol l'entità del debito, o se lui abbia indovinato anche questo. Si può comunque supporre che una volta conosciutolo, lui abbia potuto calcolare – sempre che di calcolo cosciente si sia trattato – quanto avrebbe dovuto puntare per ottenere la cifra esatta.

XIII – Onda d'urto

4^b. Trascrizione dal video *youtu.be/p-bXexOde5E*, dimostrazione del gruppo Gong Master Team tenutasi a Milano nel 2016. Gianluca Nani è naturopata di Crespano del Grappa, membro fondatore del gruppo che dal 2014 da dimostrazioni con i gong in piccoli concerti e sessioni. Su Lorenzo Ostuni, cfr. XXII-8 e nota.

XV – Intervento esterno apparente

10. Lugli, R., *Gustavo Rol. Una vita di prodigi*, Edizioni Mediterranee, Roma, 2008, p. 79. L'episodio presenta una chiara analogia con quello dell'agenda di Rol riferito da G. Dembech: «una forza estranea a noi, invisibile, ci strappò l'agenda di mano» (XV-3) e anche con altri dello

stesso capitolo. Ma si tratta davvero di una «forza estranea»? o piuttosto *apparentemente* estranea...?

XVI – Telecinesi

44. Comunicazione all'Autore del 20/07/2017, episodio inedito. Questa fenomenologia, se non si sapesse che l'autore intenzionale a distanza era Rol, potrebbe ricadere tranquillamente tra i fenomeni di *poltergeist*. Il che può gettare una certa luce sugli stessi. L'episodio conferma anche l'attitudine di Rol – seppur non frequente – di punire o dare una lezione decisa a qualcuno che la meritava, così come quella di perdonare. Esposito è il cognome del testimone (relatore), di Torino, purtroppo De Rossi non ricorda il nome e ho rinunciato a rintracciarlo, essendocene centinaia.

44[a]. Tratto da una registrazione della voce di Rol fatta da Lelio Galateri di Genola, da una conversazione a casa di Rol forse del giugno 1972 o del settembre 1973, dove era andato a trovarlo insieme a Wilhelm H.C. Tenhaeff (1884-1981) e la segretaria. Tenhaeff era uno psicologo olandese autore di numerosi libri, docente di psicologia e parapsicologia a Utrecht dove ottenne la prima cattedra di parapsicologia europea e nel 1953 divenne direttore dell'Istituto di Parapsicologia creato appositamente per lui. Nel 1972 e 1973 era venuto in Italia per partecipare a Genova a due convegni di parapsicologia.

La registrazione è stata resa disponibile da Gianfranco Marinari – che l'aveva avuta da Galateri – ed io ho provveduto a pubblicarne la versione integrale su *facebook.com/groups/museogustavoadolforol* (il 27/04/2018) dove ne ho riassunto i contenuti scrivendo che «Rol fa ascoltare varie marce dell'epoca napoleonica, inclusa una Marsigliese "come non la fanno più". I momenti di conversazione sono pochi. Di interesse, oltre al documento nel suo insieme, il modo in cui Rol parlava in francese, una previsione sull'età che avrebbe raggiunto Tenhaeff che non è dato sapere, per mancanza di dettagli, se sia stata giusta o sbagliata, e il racconto di un prodigio riguardante un disco», vale a dire quello dell'estratto di cui ho dato qui trascrizione e traduzione in italiano. Esiste la possibilità che l'episodio narrato da Rol, e che risalirebbe all'inizio degli anni '60, sia lo stesso che mi aveva raccontato il giornalista Nevio Boni (cfr. XVI-6) al quale l'aveva raccontato Luciana Frassati. Rol ha fatto spesso lo stesso tipo di esperimenti o si è servito delle stesse possibilità in occasioni diverse, quindi non si può escludere che in un caso avesse scovato un disco mentre era insieme alla Frassati e in un altro abbia adottato lo stesso "sistema" mentre era insieme a Elna. A Parigi era di casa. L'ipotesi però traballa un po' perché se Rol avesse fatto due volte questo prodigio lo avrebbe dovuto dire durante la conversazione con Tenhaeff. Quindi è più probabile che si tratti dello stesso episodio. Da ciò ne consegue che o Boni ha ricordato male (ovvero: la Frassati gli ha raccontato l'episodio, ma non era lei ad essere presente con Rol, ma la moglie. Oppure era presente anche la Frassati, ma nel racconto di Rol non viene menzionata (e a sua volta la Frassati non aveva menzionato Elna). Oppure Rol era proprio con la Frassati, ma per non dire che era con lei, per i motivi più vari, ha preferito dire che era con sua moglie. Come che sia, il cuore dell'episodio è lo stesso. Una interessante e importante controprova sarebbe ritrovare l'articolo scritto dal giornalista francese «sul giornale di Parigi», presumibilmente *Le Parisien*, negli anni '60.

Marinari mi aveva detto che il presidente Charles De Gaulle aveva donato a Rol le «musiche napoleoniche». In un commento al post del 27/04/2018, Marinari ha scritto: «Tutte le musiche registrate furono eseguite in un progetto voluto da De Gaulle, amico di Rol, con strumenti appositamente ricostruiti come gli originali, per il collezionismo fuori commercio. Rol ebbe in dono da De Gaulle tutta la collezione, meno un disco, che Rol cercò a Parigi, ma non esisteva più.... lo ebbe per il prodigio raccontato, proprio come un dono misterioso».

XVII – Telecinesi di pennelli

22. Comunicazione scritta all'Autore del 24/08/2014, episodio inedito. I particolari non sono in fondo essenziali. Silvia è persona attendibile e certo non può dubitare che sua madre abbia visto i pennelli muoversi da soli, cuore dell'esperimento (lei stessa è stata poi testimone di altri fatti notevoli). Mi ha comunque riferito che sua madre le aveva detto che quella sera erano presenti oltre a lei e al marito (Marisa Matteoda e Mario Dotti) anche Giacinto e Maria Serena Pinna, Lino e Rosalba Donvito e il compositore Nino Rota. Giacinto Pinna era negli anni '40 e '50 molto amico di Rol (alcune lettere di Gustavo a lui sono state pubblicate in *"io sono la grondaia"*), e Silvia mi ha detto che Nino Rota era amico dei Pinna da anni: «Quando Rota veniva a Torino stava dai Pinna. Io non l'ho mai incontrato. Ho invece iniziato a frequentare Gustavo nel 1967, quando avevo 22 anni».

In *Fellini & Rol* ho pubblicato una lettera inedita di Rota a Rol del 15 maggio 1948, nella quale il grande compositore scrive: «Ho sentito con Lei una corrente così spontanea di simpatia che qualsiasi parola di ammirazione e riconoscenza mi sembra povera e inadeguata. Dal nostro incontro a Trani Lei ha occupato spesso e profondamente il mio pensiero e il mio sentimento. Quanto Lei mi ha prodigato è per me inestimabilmente fecondo. Mi auguro di ritrovarmi con Lei presto». Rota aveva incontrato Rol da non molto tempo, per la prima volta (la lettera inizia così: «mi sembra siano solo pochi giorni che ci siamo lasciati a Trani!»). Non è dato sapere esattamente quando si siano incontrati, ma ipotizzo gennaio o febbraio 1948. In una lettera di un carteggio inedito che fa parte del mio archivio, del 12 marzo 1948, di Rol a Raffaella Pinna, cognata di Giacinto (l'mmagine di una di queste lettere l'avevo già pubblicata nel 2008 ne *Il simbolismo di Rol*, tav. XVI) Rol dice di essere rientrato quel giorno a Torino e aver trovato le lettere di Raffaella e del marito Franco Pinna (fratello di Giacinto). Vuol dire che Rol era stato in viaggio da qualche parte, forse Parigi, e al ritorno ha trovato queste lettere, spedite da Trani probabilmente nei giorni successivi al soggiorno di Rol in Puglia, e arrivate prima che lui rientrasse dal viaggio successivo.

Rota conobbe Fellini nel 1947, e certamente conobbe Rol prima che Fellini a sua volta lo conoscesse, ufficialmente nel 1963, anche se potrebbero essersi incontrati prima, nel 1953. Di certo Rota fu tra coloro che dovettero parlare di Rol a Fellini in modo entusiastico (per gli approfondimenti, si veda *Fellini & Rol, passim*).

23. Comunicazione all'Autore del 05/09/2019, episodio inedito. Vogliamo mettere in evidenza il fatto che se i pennelli che si muovevano da soli fossero stati un trucco o un'allucinazione difficilmente avrebbero potuto avere un tale impatto. La paura è una reazione sia psichica che fisiologica: l'animale in casi come questi *sente* il pericolo di qualcosa che non riesce a qualificare, ma che è reale, non illusorio. Nadia Seghieri mi aveva anche detto che per suo padre una cosa era quando certi fenomeni avvenivano al ristorante, che era l'ambiente in cui suo padre si sentiva a casa, a suo agio, altra cosa era vederli a casa di Rol. E questo rafforza l'idea che *non si sentisse al sicuro*.

24. Comunicazione scritta all'Autore del 15/12/2019, episodio inedito.
25. Comunicazione all'Autore del 07/09/2021, episodio inedito. Come si vede, che siano pennelli o una matita, il fenomeno è lo stesso.

XVIII – Magnetismo

7. Comunicazione all'Autore del 19/02/2018, episodio inedito. Nel 2021, ritornando su questa episodio, ha ancora aggiunto: «Mia mamma teneva questo ferro lì per terra e quando ne aveva bisogno lo usava, era enorme e s'è venuto a incollare al braccio, come fosse una forza che veniva sul suo braccio. Lui è diventato sudato e rosso, noi eravamo tutti lì incantati a guardare».
8. Comunicazione all'Autore del 04/08/2019, episodio inedito. Per un confronto e una possibile spiegazione unica, si veda anche XI-7.
9. Pomè, 2022.
10. Comunicazione all'Autore del 05/09/2019, episodio inedito.

XIX – Levitazione o sospensione gravitazionale

7. Comunicazione scritta e audio all'autore del 04/02/2016, pubblicato in video il 21/02/2016 su *youtu.be/uWpgXHI6m4g*. In una comunicazione

scritta dell'11/02/2016 Pellegrino ha aggiunto: «Rol ha attraversato la cancellata o inferiata e si è visto esattamente che il suo corpo attraversava l'inferiata. Dava l'impressione di attraversare un ologramma e non una inferiata di ferro. (...) Lui è salito sul bordo [del laghetto] e da lì lo ha attraversato, il tutto è durato un paio di minuti e dopo, uscendo, ha fatto finta di aprire un cancello, che non esisteva ed ha attraversato nuovamente l'inferiata con il suo corpo. Non so bene quanto sia profondo [il laghetto] ma certamente un minimo di 50 cm e sicuramente piu profondo in centro». Naturalmente l'episodio è stato contato anche come *tunnelling*.
Approfitto di questa nota per riferire un altro episodio raccontatomi per iscritto da Pellegrino il 18/08/2020, che non ha relazione con quanto sopra né caratteristiche paranormali, ma che merita essere menzionato:
«Spesse volte andavo a Torino con il treno, cosi quando andavo da Rol prendevo i mezzi pubblici fino al fondo di corso Vittorio e dopo a piedi passando da Corso Vinzaglio a volte nel Valentino e a volte a destra sul marciapiede. Il secondo o terzo giorno che passavo di lì (c'erano sempre un paio di prostitute) una donna mora sulla quarantina mi sorride e mi mette in imbarazzo, io continuo e non le do retta. Il giorno dopo la stessa donna la vedo già sorridere da lontano (io penso che fa parte del suo lavoro) io cammino per la mia strada e lei mi dice: "Scusami... un momento". Io non le do retta e continuo, allora lei mi chiede camminando: "Vai dal Dottore?" io rispondo: "Sì vado da un Dottore" e mi metto a ridere. Lei mi dice solo di salutarlo e ancora di ringraziarlo. Le chiedo: "Chi?" ma lei dice soltanto: "Tu lo sai di chi parlo". Poco dopo dico a Rol che ho dei saluti per lui... da una donna mora sulla quarantina. Lui dice soltanto che l'ha aiutata e basta. Il giorno dopo sono io che parlo con lei e le dico che ho portato i saluti al dottore e anche lui la manda a salutare. Vedo solo che lei piange e allora le chiedo cosa sia successo. Dice solo che ha salvato la vita di suo figlio. Mi sono emozionato anche io e ho solo detto che è una cosa bellissima e sono andato via senza fare altre domande. Ho sentito che il figlio era ammalato, non so se l'ha aiutata con soldi o semplicemente guarito. Quella signora non l'ho più rivista e in qualche modo ero contento di non vederla su quel marciapiede».
8. Comunicazioni scritte all'Autore del 22/02/2016 e 21/08/2019, episodio inedito. L'analogia più prossima che viene in mente è quella del ghiaccio, e forse si potrebbe anche ipotizzare che fu a questo che Rol pensò, o meglio che *immaginò* rendendolo effettivo, *reale*, "materializzando il pensiero", per dire una cosa approssimativa ma per farci capire. In ogni caso, questa *sospensione gravitazionale* trova analogie non solo nei fenomeni che abbiamo inseriti nel capitolo sulla levitazione, ma anche in quelli di *magnetismo* o in quello riferito da Catterina Ferrari, la quale mentre era con Rol proprio su una macchina ne aveva percepito il distacco dal suolo (XXIV-3). Al solito, i confini tra questi fenomeni sono forse più labili di quello che appare a prima vista.

9. Riccomagno, 2021.
10. Comunicazione all'Autore del 20/07/2017, episodio inedito. Nel 2019 un breve accenno ne venne fatto su un quotidiano, ma così come esposto non era comprensibile: «"Con me parlava solo in torinese – ricorda Derossi –. Una volta salutandomi mi disse "Assarà mej che pie assenseur"» [*sarà meglio che prenda l'ascensore*]. Il negoziante preferì le scale e «anche se feci attenzione, l'ultima rampa la feci scivolando col culo» (Coccorese, 2019, p. 11).

Non era così semplice capire cosa intendesse De Rossi, e infatti il giornalista l'ha intesa solo come avvertimento avveratosi, non come anche qualcosa d'altro. De Rossi è sì scivolato, ma invece di battere e farsi male, come Rol pare appunto avesse previsto dandogli il consiglio di prendere l'ascensore, Rol lo ha fatto "scorrere" fino in fondo come su uno scivolo, sostenendolo, probabilmente a pochi centimetri o millimetri dagli spigoli dei gradini. Questo "scivolare" è del tutto analogo all'episodio precedente raccontato da Silvia Dotti, e come al solito, un episodio è in grado di far luce sull'altro. Di qui l'importanza di continuare a raccogliere episodi inediti, possibilmente con tutti i particolari.

Post scriptum: per ironia della sorte, pare proprio che l'ultima frase cada a proposito di quando segue: nonostante io abbia parlato numerose volte con De Rossi, ancora in data 04/10/2021 mi dava un dettaglio ulteriore che prima non era emerso, e che potrebbe fornire una diversa interpretazione di quanto è avvenuto. Si sarebbe indotti a pensare che Rol abbia previsto che De Rossi sarebbe scivolato, per questo gli avrebbe consigliato l'ascensore. De Rossi però mi ha poi detto: «L'ultima rampa l'ho fatta sul sedere, mi son sentito sollevare proprio. Perché l'avevo mancato di rispetto. Perché lui mi aveva fatto entrare dalla porta di servizio, e c'era un quadro abbozzato in carboncino, e mi aveva detto: "Me l'ha ordinato quella famosa galleria di Londra, la Tate Gallery", io lo guardo come dire: "Come è venuto male". Ho firmato la mia condanna. Mi parlava in torinese come Marianini: "A le mei ca pia l'ascensur", "Ma no vado a pe", e allora ho detto: "Qui mi fa lo scherzo"». Se l'impressione di De Rossi è corretta, Rol potrebbe averlo fatto scivolare (ma senza farlo battere) di proposito, come una piccola vendetta-scherzo, cosa perfettamente consona alla sua personalità. E quindi insieme alla levitazione, avremmo non un concomitante fenomeno di precognizione, bensì uno di *intervento a distanza* o *volontà*, che ovviamente è cosa completamente diversa. Ecco la differenza che un dettaglio può fare nel giudicare la dinamica di un fenomeno, o in generale la causa di un qualunque fatto o evento.

XX – Tunnelling

37. Testimonianza raccolta da Micaela Martini ai primi di ottobre 2015, da me poi pubblicata su *youtu.be/tKSeU1ryp1I*. Mario De Rossi è un commerciante di Via Madama Cristina a Torino, fratello di Cesare De Rossi di cui abbiamo pubblicato varie testimonianze. Entrambi conobbero bene Rol.

38. Comunicazione all'Autore del 20/07/2017, episodio inedito. Purtroppo non siamo riusciti a risalire direttamente al barman, né De Rossi né Nadia Seghieri hanno più il contatto. La targa del 2014 era quella precedente dove era stato omesso "Adolfo" nel nome (perché Maria Luisa Giordano diceva che le ricordava Hitler…), poi su mia insistenza e con la collaborazione della cara amica Chiara Barbieri l'abbiamo fatta sostituire nel 2015, col nome completo e come si deve…

39. Roccia, 2011.

40. Comunicazioni all'Autore del 02/11/2015 e 04/08/2019, episodio inedito.

41. Comunicazione all'Autore del 04/08/2019, episodio inedito.

42-43. Minotto, 1977. Stando all'anonimo «alto funzionario FIAT» già citato in altro episodio (II-35), forse l'ing. Silvano Innocenti, Rol – gli «dicono» – «è in grado… di passare attraverso un muro». L'affermazione, del 1977 – che come sempre in questi casi generici non abbamo contabilizzato – è importante da un punto di vista cronologico e a quanto ci risulta ad oggi fu la prima di questo tipo pubblicamente. La seconda è quella di Bazzoli fatta due anni dopo. Ciò significa che negli anni '70, quando Rol era poco conosciuto e nessun libro era ancora stato pubblicato su di lui, c'era già questa nomea. Essendo questo uno dei prodigi più stupefacenti e che si fa fatica credere, il fatto che se ne parlasse già a quell'epoca è importante per smentire certe teorie scettiche secondo le quali Rol col passare del tempo è diventato una specie di "leggenda" e i suoi prodigi ingigantiti in "spettacolarità" e "impossibilità". In realtà, il tempo e i fatti hanno dimostrato che queste affermazioni che non citavano episodi specifici corrispondevano a dati autentici e che in seguito testimoni attendibili, indipendentemente gli uni dagli altri, hanno confermato riferendo i propri casi personali. Dei due episodi raccontati dal funzionario, quello della carta che passa attraverso il tavolo era frequente (vi ho assistito anche io) mentre invece è *sui generis* e molto interessante quello delle carte conficcate nel vetro, che non lasciano nessuna traccia, come d'altronde non la lasciano le carte che attraversano il tavolo o altri oggetti che attraversano le pareti. Però è forse più facile accettare l'idea di un oggetto che in frazioni di secondo attraversa una superficie – grazie a una diversa e temporanea configurazione della materia creata dall'azione di Rol – piuttosto che di uno che rimanga *nella materia* per un certo tempo («durante tutta la seduta», quindi non meno di un paio d'ore) e che, estratto, non lascia alcun segno. Come se tale configurazione potesse rimanere in essere *ad libitum*, per qualunque tempo.

43ª. Bazzoli, L., *I capolavori che arrivano dall'aldilà*, Domenica del Corriere, 24/01/1979, p. 83.

43[b]. Commento del 21/07/2017 a margine del video di Mario De Rossi (XX-37) su *facebook.com/Gustavo.A.Rol*. M.T. Chiapponi vi aveva già accennato in una testimonianza più estesa (VII-18), e infatti non è stato contabilizzato, ma qui specifica anche che «lo gettò nella porta (chiusa) che dava sul pianerottolo». Un dettaglio che valeva la pena riportare.

44. Trascrizione da intervista per il programma *Enigma* (Rai Tre) di Corrado Augias, 28/03/2007. Piccolo esempio di come, nonostante i miei sforzi di radunare tutte le testimonianze, possa essermi sfuggito in passato di inserirne alcune in questa antologia. In precedenza avevo già riportato quanto Buffa mi aveva scritto su questa pipa nel 2012 (XXXIV-65). Solo che così come aveva descritto l'episodio, sembrava trattarsi di smaterializzazione e rimaterializzazione da una stanza all'altra, e infatti lo avevo inserito nel capitolo relativo. Ma Buffa in realtà aveva sintetizzato, tralasciando quei particolari che invece aveva riferito cinque anni prima. E questi particolari collocano l'episodio nei fenomeni di *tunnelling* (sarà quindi decurtato dalla contabilizzazione come *smaterializzazione/materializzazione*, per fare questo non conteremo un episodio di questo volume, si veda nota 143[c]-148 cap. XXXIV più avanti).

45. Comunicazione all'Autore del 27/06/2019, racconto inedito. La testimonianza di Vitta era stata resa nota per la prima volta da Simone Facchinetti, storico e critico d'arte, nel giugno 2019: «Tra gli incontri che ama ricordare c'è quello con Gustavo Rol (....) "Un giorno lo punzecchiai dicendogli di fare qualche magia. Lui prese un librone appoggiato su un mobile e lo scaraventò contro una parete. Il libro sembrava magicamente scomparso. Poi lo ritrovammo riverso a terra, nella stanza adiacente"» (Facchinetti, 2019). Fu dopo aver letto l'articolo da cui questo racconto è tratto che entrai subito in contatto con Vitta, il quale mi diede altri dettagli su questo e altri episodi. L'anno deguente, su mio suggerimento, Loredana Roberti raccolse una testimonianza ancora più estesa (di seguito). Anche in questo caso, si dimostra importante *andare in profondità*, dove una testimonianza inizialmente di poche manciate di righe (incluso quel poco altro che si trova nell'articolo di Facchinetti) diventa lunga qualche pagina (includendo anche le altre cose che Vitta ha detto sia a me che a Roberti).

45bis. Conversazione raccolta da Loredana Roberti il 09/09/2020, racconto inedito. Vitta mi ha detto che la signora, «molto elegante e austera», si chiamava Ferraris ed ha lavorato per lui quattro o cinque anni.

45ª. Comunicazione all'Autore del 09/08/2019, racconto inedito.

46. Comunicazione all'Autore del 05/09/2019, episodio inedito. Anna Vaglio è sposata col dott. Vincenzo Assetto, figlio del pittore Franco Assetto che era amico di Rol.

47. Comunicazione all'Autore del 17/09/2019, episodio inedito. Altamente significativo quando lo si metta in relazione agli altri. Preso da solo, ovvero non conoscendo gli altri episodi di questa categoria, il primo impulso è quello di pensare che Mariella Balocco abbia avuto solo una allucinazione. Invece è chiaro che abbia descritto precisamente quello che ha visto, «era proprio come fosse lui, vivo, la testa emergeva dal pavimento tridimensionale, come se passasse attraverso un oblò». È l'analogo di quello raccontato da Chiara Barbieri (XX-22), che al ristorante *La Pace* aveva visto Rol «far passare l'arto superiore attraverso il muro: da una parte scorgevo mano e avanbraccio sino all'altezza del gomito, dall'altra il braccio e tutto il resto». Nel caso di Balocco, Rol era "emerso" dal pavimento venendo dal piano inferiore, ovvero attraversando il soffitto del suo appartamento. Se lo si fosse potuto vedere di taglio, si sarebbe vista testa e collo da una parte e parte del busto, braccia e gambe dall'altra (non oso immaginare l'impatto psichico di qualcuno che fosse entrato nel suo appartamento in quel momento e avesse visto la metà inferiore del suo corpo "incollato" al soffitto (occorre anche considerare lo spessore del soffitto-pavimento). Ma non si può escludere che fosse "solo" il suo doppio che in quel momento appariva a Balocco, magari lui era sotto in poltrona *assorto* con gli occhi socchiusi. Tale ipotesi però verrebbe contraddetta dalla testimonianza di Chiara Barbieri e da altre).

Massimo Foa (1943-2014) è stato imprenditore e letterato, autore di libri in versi della Torah e dei profeti biblici (*Torah in rima: i primi cinque libri della Bibbia*, 2011; *Profeti anteriori in rima*, 2012; *Profeti posteriori in rima*, 2013). Successivamente al divorzio con Mariella Balocco nel 1996, sua compagna divenne la giornalista de *La Stampa*, scrittrice e traduttrice Elena Loewenthal.

Foa aveva acquistato da Rol numerosi suoi dipinti (M. Balocco mi ha detto 12) alcuni dei quali li vendette a me proprio pochi mesi prima di morire, nel luglio 2013. Per un profilo biografico su di lui, si veda: Disegni, G., *Massimo Foa, testimone e letterato*, 2014: hakeillah.com/1_14_26.htm.

48. Comunicazione scritta all'Autore del 10/03/2020, episodio inedito.

49. Comunicazione all'Autore del 07/09/2021, episodio inedito. Questo comparire istantaneo mi ricorda in particolare: 1) Caterina Merlo, che mi ha detto che sua figlia Liliana una volta «dietro di lei ha trovato Rol» (XXIX-25), episodio che ho collocato in *Epifanie* e che mostra, anche in questo caso, quanto labile sia il confine tra le varie *possibilità*; 2) Federico Fellini, che si era ritrovato la collaboratrice domestica di Rol nello studio (XX-26); 3) G.M., che aveva visto Rol cambiare repentinamente posto in un salone (XXIV-4).

49[a]. Estratto dalla testimonianza integrale di XXXIV-124. Non è stato contabilizzato vista la mancanza di dettagli e per il fatto di non essere il

testimone diretto, anche se lo giudico attendibile (sulla base degli elementi della sua testimonianza integrale). Interessante anche per l'epoca cui risale l'informazione.
50. Pomè, 2022. Non sono riuscito ad avere da G. Catzola i dettagli. Sugli «orologi» presumo che il riferimento sia allo stesso episodio di cui mi ha parlato Nadia Seghieri (XX-46), il Rolex di Costantino Vaglio.
51-52. Inseriti in altri capitoli.

XXI – Bilocazione altrui

4. Pompas, 2018. Una testimonianza molto interessante: si tratterebbe dello *spirito intelligente* della madre di Ascione, che Rol ha reso visibile. Quel che più sorprende è il movimento della bocca, non era quindi un "ologramma" statico, ma una entità dinamica e parzialmente indipendente, ovviamente all'insaputa della "proprietaria". L'anno 1984 mi è stato comunicato dallo stesso Ascione.

XXII – Bilocazione di Rol

8. Programma tv *La Storia siamo noi*, Rai Tre, 26/12/2007. Ho già segnalato che «in un sogno del 10/01/1966 (*Il libro dei sogni*, i/148, p. 508), Fellini dice di essere "a piazza Tuscolo, ecco un taxi libero, al volante c'è il mago Rol, è lui l'autista e mi dice che il taxi è occupato". Nel sogno Rol compare poi altre volte, di fatto a ostacolare Fellini che vorrebbe telefonare ad Anna Giovannini, la sua amante» (*Fellini & Rol*, nota 207 p. 110).
Lorenzo Ostuni, (1938-2013), amico di Fellini, è stato uno «scrittore, filosofo e simbologo italiano di fama internazionale. È creatore del Biodramma, metodo per la conoscenza e la terapia della personalità umana. (…) Autore di molteplici sistemi semiologici, simbologici e letterari tesi alla conoscenza profonda della psiche umana (…) ha creato un *Museo del Simbolo* unico al mondo, costituito di 12 mila pezzi, visitabile su richiesta presso il Centro Studi *La Caverna di Platone* di Roma, di cui è [stato] fondatore e presidente. (…) Autore di programmi tv della RAI, per venticinque anni è stato producer dei maggiori sceneggiati tratti da opere letterarie (il *Pinocchio* di Comencini, *Orlando Furioso*, *Lucine Leuwen*, *Cuore*, *Linea d'ombra*, *Il Passatore* ecc) e di grandi film d'autore (*Nostalgia* di Tarkovskij, premiato al Festival di Cannes 1984; *Megalexandros* di Anghelopoulos, leone d'oro al festival di Venezia del 1980). Come ideatore-autore in video, i programmi tv sono stati molto numerosi. Un titolo di grande successo: *Misteri*, Rai 2 e Rai 3, 1994-1999. Ospite in video di molte trasmissioni RAI, Mediaset e La7 di grande ascolto (*Uno mattina*, *Cominciamo bene*, *Il sogno dell'angelo*)» (da: *ilgiornaledelricordo.it*).

9. Fabbri Fellini, 2017, p. 42.
10. Trascrizione da testimonianza telefonica, qui nell'essenziale, durante una trasmissione del 04/07/2019 dell'emittente regionale *Primantenna Tv* (si veda il video: *youtu.be/voqcMNna5sk*; la testimonianza è interrotta e frammentata da commenti in studio, alcuni molto superficiali). Giando Baston è di Rivoli, l'incontro è avvenuto nel maggio 1990 quando aveva 19 anni. Il "loro", come poi stabilì in seguito, si riferisce a «persone che erano mancate 5 o 10 anni prima», quindi defunti (o spiriti intelligenti di defunti), che gli parlavano e gli avevano «detto delle cose». In una comunicazione personale mi ha detto che «mi si avvicinano in momenti qualsiasi senza disturbare e mi danno segnali [e] mi ritrovo ad aiutare persone a loro legate nel passato». Il riconoscimento in libreria era avvenuto nel 1993, il libro era *Rol il mistero* di Renzo Allegri.
11. Comunicazioni scritte all'Autore del 01/08/2017 e del 12/09/2021, episodio inedito. Inizialmente ero poco convinto di questa testimonianza per la banalità del contesto. Perché Rol sarebbe apparso a una sconosciuta per dirle una cosa tanto futile come quella di svegliarsi?
Tre o quattro anni dopo l'apparizione, nel 1981 o 1982, la figlia Sabrina telefonò a Rol, e lui le diede un consiglio che lei non seguì (cfr. XLV-8). passò quindi il telefono a sua mamma Mirella alla quale Rol diede altri consigli che avevano a che vedere con la figlia (lei pensa che sua madre non le disse tutto). Mirella era però un po' intimidita ed emozionata, e non fece menzione con Rol dell'apparizione.
Sulla base delle indicazioni fornite e degli articoli su Rol pubblicati da *La Stampa*, abbiamo stabilito che l'articolo che Mirella aveva visto e nel quale riconobbe Rol fosse quello di Piero Femore del 13/03/1978 (*Il dottor Rol, mago dei maghi che riuscì a strabiliare Fellini*), dove compare una delle immagini classiche di Rol, quella con le due dita alla tempia sinistra, scattata da Remo Lugli. L'apparizione era avvenuta quindi a gennaio o febbraio 1978 (quando la figlia Sabrina aveva 14 anni).
Le ragioni dell'apparizione potrebbero essere che Rol sapesse che quella famiglia aveva bisogno di qualcosa, si è quindi "presentato" in una maniera "incisiva", di modo che non si avessero dubbi sulle sue possibilità e quindi gli si desse ascolto in seguito se lo avessero cercato. Ragione collaterale quella che qualcuno in futuro, come me per esempio, avrebbe riportato questa testimonianza della sua possibilità di bilocarsi (molte sue dimostrazioni avevano certamente come scopo quello di lasciare prove per i ricercatori futuri) anche per cose in se stesse futili, come fosse una normale prerogativa quotidiana, e senza un contesto spirituale di preghiera, rituale o ambito religioso di sorta. Insomma, una possibilità "laica". Per dirla con Marius Depréde, che ha avuto esperienze col *post mortem* di Rol, ma che può valere anche per quando era in vita: «Rol quando hai bisogno arriva, ma non è una "guida spirituale" nel senso di uno immerso nella luce che arriva con le braccia alzate: no, è uno che ti

appare quando lo ritiene opportuno, proprio come se fosse vivo, come una persona normale, come noi».

Aggiungo ancora che questo è uno di ormai moltissimi casi emersi negli anni di persone che incontrano Rol (in carne ed ossa o in bilocazione) senza sapere chi sia, e che lo scoprono solo successivamente da un giornale o libro o altri media.

12. Commenti iniziali (uniti) del 21/10/2021 nel gruppo *facebook* "Piemonte da scoprire", più comunicazione scritta all'Autore del 23/10/2021, racconto inedito ed episodio di *tunnelling* inedito (contato nel capitolo relativo). Ecco un altra piccola dimostrazione dell'importanza di *andare in profondità*: è emerso non solo un altro prodigio tra i più importanti, ma con alcuni dettagli molto significativi. Avrei voluto mettere il nominativo dello zio, ma Paola Bugni, di Biella, ha accettato di comunicarmi solo le iniziali dicendo che «mio zio era molto schivo e non avrebbe amato questo non perché non credesse in quello che aveva visto ma per carattere suo». Pazienza, in fondo ormai non è più con noi e non penso che gli sarebbe dispiaciuto. Su *facebook* aveva semplificato parlando di zii, ma uno era uno zio e l'altro un amico dello zio.

In merito all'episodio di *tunnelling*, all'affermazione che «era confuso nel raccontarlo come se fosse qualche cosa d'impossibile e si fosse suggestionato» denota lo stato d'animo dello zio mentre ne parlava («*come se fosse*») il che non contraddice il seguito che «non ha mai dubitato di quello che aveva visto, era convinto che fossero fenomeni reali e non illusione». Appariva cioè interdetto nel raccontarlo perché non sapeva spiegarlo, tuttavia era certo di non aver avuto un'allucinazione.

12[a]. Comunicazione all'Autore del 11/01/2019. Quello che dice Ascione è una conferma di una delle ipotesi che avevo fatto tre anni prima, nel 2016, quando avevo pubblicato il video della testimonianza di Lorenzo Pellegrino sul viaggio istantaneo fatto con Rol in Australia (si vedano trascrizione e commento in XXIV-10) e che a causa di una serie di incongruenze ambientali lasciava spazio alla possibilità che il viaggio non fosse stato nello spazio, ma nel tempo, possibilità sospettata già dallo stesso testimone che peraltro non sapeva che Rol facesse anche esperimenti di viaggi nel tempo.

Quanto ad Ascione, ebbe da Padre Pio una delle ultime comunioni (in seguito divenne troppo malato) durante una delle ultime messe che diede, se non proprio l'ultima. Ciò era stato reso possibile dalla zia di Ascione, che conosceva Padre Pio dagli anni '40 sin da quando era ragazza, e che aveva testimoniato sue bilocazioni («si sdoppiava e appariva a casa di mia zia che stava a 400 kilometri di distanza»). Ciò che infatti è uno dei numerosi punti di contatto tra Rol e Padre Pio, pur nelle loro differenze.

12[b]. Comunicazione all'Autore del 04/11/2021, episodio inedito. Naturalmente non è stato contato, vista la mancanza dei particolari. Le

"assenze" di Rol sono ben spiegate da lui stesso in una lettera del 22/04/1951, pubblicata in *"Io sono la grondaia"*, pp. 138-143.
13. Inserito in nota II-29^a.
14. Inserito in altro capitolo.

XXIV – Alterazione spazio-temporale

10. Comunicazione scritta e audio all'autore del 04/02/2016, pubblicato in video il 21/02/2016 su *youtu.be/uWpgXHI6m4g*.
Lorenzo Pellegrino – di cui abbiamo visto già altre testimonianze (cfr. tra le altre la nota a II-29^a) – ha conosciuto Rol sin da bambino, perché sua mamma gli lavava e stirava le camicie. Nel luglio 1964 era prossimo a compiere 17 anni (nato ad agosto 1947) e andava ancora alla scuola superiore. Nel 1967 si è trasferito vicino a Zurigo dove in seguito è divenuto *area manager* della Piaggio. Tornerà saltuariamente a Torino (una volta sarà nel 1969 o 1970 quando reincontrerà Rol insieme a Fellini, si veda XIX-7).
Sua madre Tina e Rol si erano conosciuti a metà degli anni '50 per il tramite della titolare di una macelleria di via Ormea, vicino a dove Rol abitava: «Mia madre era molto brava nel lavare e le camice le stirava e le consegnava piegate e confezionate come nuove, molto apprezzato da Rol, così due volte alla settimana partiva con un grande pacco (le avvolgeva nella carta perché non si sporcassero) e con il tram andava dalla Barriera di Milano verso via Ormea. Molte amiche le chiedevano di stirare per loro o anche preparare cene per particolari occasioni» (comunicazione personale del 26/10/2015).
Pellegrino mi aveva fornito in seguito più dettagli dopo che l'avevo informato che ci sono testimonianze su Rol di viaggi nel tempo e di «spostamenti istantanei» (come l'episodio con caratteristiche analoghe vissuto da Giovanna Demeglio, trasportata istantaneamente a Parigi (XXIV-9), che gli ho subito riferito):
«Rol mi ha preso tutte e due le mani. Devo dire che è stato anche per me cosi [come nell'episodio della signora Demeglio] e ancora se ci penso mi vengono le lacrime agli occhi per la contentezza e per quello che si prova, il possibile dell'impossibile, un fatto che non si può descrivere e di emozioni tremende che mi hanno scosso corpo e anima. Adesso posso pensare di meno, avendo la certezza che Rol poteva effettuare piccoli viaggi nel tempo, finalmente dopo tantissimi anni è arrivata la conferma.
Il ricordo che ho di lui è bellissimo, un grande uomo, di statura e intelletto, che amava ridere e scherzare come un ragazzino e con una spontaneità favolosa.
Mi dispiace solo che intorno a lui, escludendo il gruppo di veri amici che aveva, circolavano persone che non mi sono piaciute e che volevano solo in qualche maniera trarre profitto o carpire i segreti che si portava

addosso. Non sta a me giudicare ma l'ho conosciuto anche in questo lato che lo perturbava un po'» (29/10/2015).

A proposito dell'episodio vissuto da Demeglio, Giovanni Villa dopo averle chiesto particolari ha scritto che lei «ha parlato successivamente in più occasioni con Gustavo dell'accaduto, ma in modo generico, più ricordando lo stupore dell'accadimento. Il "metabolismo" per queste cose ha inevitabilmente il suo corso. Ha detto di ricordare però bene come queste persone [*incontrate a Parigi*] e lui si conoscessero, e l'armonia di questi dialoghi di persone che si intuiva si conoscessero da tempo. Ha detto che Gustavo si esprimeva con questi francesi, nella loro lingua, in modo fluente e corretto» (commento del 02/03/2020 su *facebook.com/Gustavo.A.Rol*).

11. Commenti del 07/05/2016 e del 21/06/2016 al mio video *"Gustavo A. Rol: la Terra è l'unico pianeta abitato (1977)"* (pubblicato il 21/10/2015, *youtu.be/-z-vLcyJepc*). In un altro commento, riguardo alla posizione di Rol sugli "alieni" aveva voluto precisare: «Sono certa di quanto ho sostenuto anche perchè la conversazione ha poi assorbito gran parte della serata».

Avrei voluto conoscere i dettagli degli incontri con Rol, purtroppo Emanuela Minosse è mancata appena 11 giorni dopo il secondo commento, il 2 luglio 2016. Anche per questo ho messo la sua testimonianza integrale, nonostante il prodigio sia solo nelle ultime righe. Il prof. Giovanni Guasta era un dentista che ha frequentato molto Rol (cfr. I-15, V-100, X-15, XIX-3, XXXIV-14, XXXV-63,66).

La testimonianza di Minosse è importante perché corrobora la posizione di Rol sulla non esistenza di vita aliena, ciò che nel video con la sua voce originale, parte del mio archivio, dovrebbe essere abbastanza chiaro, e invece c'è sempre chi si arrampica sugli specchi non accettando che uno come Rol possa "pensarla" in questi termini (il pensiero *comune*, scontato, è: "Possibile che siamo soli nell'universo? con tutti i miliardi di stelle...", ecc. ecc., seguito dalle ben note speculazioni su UFO, addotti – una delle barzellette degli ultimi tempi è quella che anche Rol lo sia stato – *et similia*) e giú a dargli del "limitato", del "qui si è sbagliato" e via dicendo (una situazione non molto diversa delle reazioni alla posizione di Rol su reincarnazione o psicografia, tre soggetti che messi insieme costituiscono la maggioranza delle speculazioni *new age*...).

In precedenza (23/10/2015 su *facebook.com/Gustavo.A.Rol*, stesso video) Rosanna Greco che gli aveva parlato al telefono ha commentato che «a domanda diretta mi rispose che gli extraterrestri non esistono», così come aveva detto a Lorenzo Pellegrino che «gli UFO non esistono», ovviamente intendendo con UFO astronavi aliene. Queste testimonianze del 2015 e 2016 confermano quanto avevo già accennato in un volume precedente (nota a IX-73[a]), quando ancora non avevo pubblicato il video. Qui aggiungo ancora le seguenti considerazioni, tratte da un mio post del

23/05/2021 su *facebook.com/groups/dottorrol* dove ho condiviso di nuovo il video:
«Già che finalmente i governi stanno manifestando interesse a dibattere pubblicamente sugli "oggetti volanti non identificati", non molto tempo fa ridenominati UAP (Unidentified Aerial Phenomenon), termine meno compromesso dall'ormai stereotipo UFO associato agli "Alieni", vale la pena non perdere di vista l'opinione di Rol al riguardo, ovvero che non ci sono altri pianeti con civiltà evolute come quella umana e che gli "extraterrestri" non esistono. Come ho scritto spesso su tale questione, e che qui ripeto, di fronte alla affermazione che "sarebbe un po' strano fossimo gli unici nell'universo", invito a calcolare la probabilità di una civiltà evoluta che esista *simultaneamente* a quella terrestre. Non escludo che nell'universo possano essere esistite altre civiltà, ma ritengo improbabile che ciò possa essere accaduto e accada *nello stesso tempo*. Nei commenti al mio video (…) avevo scritto tempo fa:
"La questione essenziale, che sembra non essere mai presa in considerazione in queste "statistiche", è la improbabile *contemporaneità* di due civiltà evolute. Magari 10 milioni di anni fa c'era una grande civiltà nella nebulosa testa di cavallo, durata (esageriamo) 50.000 anni... Poi 7.322.000 anni fa si sviluppò un'altra grande civiltà nella galassia di Andromeda, ma durò appena 33.000 anni... C'è poi un pianeta, nella nube di Magellano, dove a un certo punto, 370 milioni di anni fa, si era sviluppata la vita ed erano nati anche grandi animali come dinosauri... vissero felici e contenti per 5 milioni di anni, poi arrivò un meteorite... Noi siamo qui da poche migliaia di anni... quanto dureremo ancora? Quando si ipotizzano civiltà evolute nell'universo non si può prescindere quindi dal fattore *tempo*, senza il quale le statistiche sono solo una illusione".
Ma allora cosa potrebbero essere gli UAP? Dopo aver escluso illusioni, errate identificazioni, mistificazioni, ecc., rimangono – se si escludono gli extraterrestri – solo due possibilità: 1) quella solita di progetti militari avanzati; 2) quella di oggetti che... viaggiano nel tempo».
Per finire, fintantoché un vero incontro con una civiltà aliena, indiscutibile e pubblico, non avverrà – se mai avverrà – fino a quel momento Rol avrà avuto ragione. Affermare ora che si sia sbagliato è assurdo e presuntoso, non essendoci ad oggi alcuna prova concreta, ma solo speculazioni su fenomeni misteriosi che certamente esistono, ma la cui interpretazione corretta è di là da venire. E se in futuro si scoprirà che la spiegazione giusta non implica alcun Alieno, si potrà già affermare, con un grado superiore di certezza (mai evidentemente al 100%) che Rol aveva avuto ragione.
12. Comunicazione all'Autore del 09/04/2018, episodio inedito.

XXV – Viaggi nel tempo

8[h]. Giordano, M.L., *Rol e l'altra dimensione*, cit., pp. 79-80.
8[i]. dalla Prefazione a *"Io sono la grondaia..." Diari, Lettere, Riflessioni di Gustavo Adolfo Rol*, a cura di Catterina Ferrari, Giunti, Firenze, 2000, pp. 8-9; 23-24. Il «noto avvocato di Torino» potrebbe essere Pierlorenzo Rappelli (se stiamo alle frequentazioni di Rol di persone a lui prossime che hanno fatto altri viaggi nel tempo) anche se non credo fosse così «noto». Potrebbe trattarsi di qualcun altro (ad esempio Franzo Grande Stevens (avvocato di Gianni Agnelli) che Rol conosceva, ma non ci sono dati che possano confermarlo).
9. Comunicazione all'Autore del 27/11/2019, episodio inedito. Chi intravede in questi esperimenti analogie con ipnosi e regressione ipnotica – che sicuramente esistono, ma che non possono ad esse essere ridotte – troverebbe conferma nel fatto che il testimone potrebbe appartenere a quella minoranza di persone non o poco suggestionabile. In effetti, parlandone con Fè d'Ostiani, mi ha detto che aveva tentato di risolvere con l'ipnosi la sua dipendenza da sigarette, ma senza esito, in quanto resistente all'induzione. L'episodio seguente però, della palla di cannone, mostra che – *in un fenomeno spontaneo dove non ci sia preparazione previa, tale per cui questa possa creare inibizione e resistenza psicologica* – anche lui poteva entrare in una condizione percettiva *diversa* e analoga a quella dei viaggi nel tempo, e quindi *udire* un evento del passato che in una condizione normale di coscienza probabilmente non avrebbe udito. Lo stesso si può dire dell'episodio successivo riferito da Marina Ceratto Boratto. In tutti i casi, non si può escludere che intervengano anche i meccanismi che operano per il *trasferimento di coscienza* (più che essere i percipienti ad udire o vedere autonomamente e naturalmente, potrebbe essere Rol che li mette in condizione di udire o vedere) e occorrerebbe una analisi più ravvicinata, con l'aggiunta di dati complementari, per stabilirlo con maggior precisione.
Un altro elemento di riflessione è l'affermazione: «un classico o uno stereotipo dell'Olanda vista dai bambini». Fè d'Ostiani non è il percipiente, quindi il senso della considerazione seguente ha i suoi limiti: ovvero, si potrebbe supporre, in una prospettiva "materialistica", che la percipiente abbia visto ciò che già si trovava nella sua psiche subconscia, e quindi non sia di fatto reale. Il suo cervello avrebbe assemblato in maniera coerente, come in un sogno, elementi che già vi si trovavano. Credo però che un'analisi attenta ci porterebbe in molte direzioni che non si possono ridurre a poche righe né a soluzioni tanto semplicistiche. Una di queste direzioni è quella dei *ricordi di vite passate*, base poi delle (speculative) teorie reincarnazioniste. Qui ci limitiamo a segnalarlo. Certo però nei sogni nessuno è in grado di prendere oggetti visti e portarli nel tempo presente, o nella *realtà attuale*. E poi coloro che hanno fatto questi

viaggi giurano che sembrano assolutamente reali, quindi siamo di fronte a qualcosa di diverso da ciò che è conosciuto dalla moderna neuropsicologia.

10. Comunicazioni all'Autore del 19 e 27/11/2019, episodio inedito. Si confronti il fragore e il colpo rumoroso di questa palla invisibile con, per esempio, quanto riferito da Vittorio Beonio Brocchieri (XXXIX-1): «si percepì la caduta di un pesantissimo oggetto che pareva di metallo, quasi fosse stato un gran vassoio pieno di posateria. Un frastuono indiavolato. Guardai il pavimento: era tutto vuoto, tutto libero. In due cercammo per dieci minuti l'oggetto che doveva essere caduto a pochi passi da noi; ma nulla si trovò». È questa una caratteristica frequente dei fenomeni associati alle manifestazioni *poltergeist*, la cui origine è spesso ignota o poco chiara. Qui è evidente che senza Rol questi fenomeni non possono avvenire.

11. Ceratto Boratto, 2020, p. 163. Marina ha riferito anche che il fratello di Federico Fellini, Riccardo, che frequentava lei e la madre, un giorno portò un copione per un film su Cefalonia: «"So che hai perso un fratello a Cefalonia e ho scritto una sceneggiatura che devi leggere sull'eccidio, te la lascio e tornerò per sapere cosa ne pensi"» (*ibidem*, p. 170). Marina scrive che era un «copione bellissimo» ma che «Caterina dubitava che la Rai avrebbe mai osato sfiorare quella atroce pagina sull'abbandono dell'esercito italiano dopo 1'8 settembre. Quando scriveva a qualcuno di far luce su quell'immane tragedia, riceveva sempre risposte vaghe. Era una vicenda che l'Italia aveva cercato di insabbiare e dimenticare. L'inferno di Cefalonia era toccato solo ai poveri soldati che pensavano di trovarsi al sicuro in quell'isola dell'Egeo e invece erano stati crudelmente sterminati dai nazisti. Il copione di Riccardo era davvero notevole, ma rischiava di rimanere un progetto sulla carta. E così fu» (*ib.*, p. 171).
Come nell'episodio della palla di cannone di Fè d'Ostiani, viene qui aperta una finestra *uditiva* sul passato e se abbiamo detto, nel caso della palla di canone, che vi sono analogie con i fenomeni di *poltergeist*, qui diciamo che l'analogia più prossima è con i fenomeni di *slittamento temporale* (ma sono appena analogie di comodo, trattandosi di sfaccettature dello stesso poliedro) durante i quali il percipiente vede all'improvvivo o si trova immerso tutto d'un tratto in un ambiente o in scene del passato (più raramente del futuro) senza alcun avvertimento e non di rado accorgendosi di questa diversa realtà solo dopo esserne uscito. Sono fenomeni che evidentemente sono strettamente imparentati con i viaggi nel tempo di Rol, e su cui intendiamo tornare nel dettaglio in un lavoro futuro.

11[a]. Ceratto Boratto, 2020, pp. 394-395. «*Gli farò ascoltare la musica di quel tempo*», frase che da sola spiega già molte cose.

12. Trascrizione da conversazione registrata (Archivio Franco Rol). Giovanni Zina è stato Primario della clinica universitaria dermatologica

dell'ospedale Molinette di Torino (cfr. IX-17, XXXVII-13). Lui e la moglie sono i probabili ospiti della serata, mentre i coniugi Visca e Gaito sono i frequentatori abituali. L'incontro è avvenuto a casa Visca. Ad un occhio attento il brano mostrerà tutta la sua importanza non solo per far capire la dinamica di questo tipo di esperimenti, ma soprattutto per le indicazioni e spiegazioni di Rol, una analisi delle quali ci porterebbe a lunghe digressioni che rimandiamo ad altro momento. L'esperimento di carte non è stato contabilizzato, per quanto si sarebbe in grado di trarne una descrizione abbastanza chiara e completa basandosi sullo schema di fondo che emerge da esperimenti simili.

12[a]. Inserito in altro capitolo.

XXVI – Sincronicità

8[a]. Comunicazione scritta all'Autore del 26/07/2021, episodio inedito. La testimone, su mia sollecitazione, ha poi provato a cercare in rete, quindi mi ha scritto: «La ditta si occupa di tende da sole e serramenti, ed ha sede a Lubiana. Non trovo altre ditte con lo stesso nome. Certo, sono passati 9 anni, chissà se è la stessa? Tra l'altro come colore del brand hanno il verde». Confermo queste informazioni, e il verde rafforza ulteriormente questa *sincronicità*.

8[b]. Comunicazione scritta all'Autore del 10/08/2021, racconto inedito. Allegri riferisce il seguito dell'episodio dello spartito alle pp. 93-96 (1[a] edizione) de *Il grande veggente* cominciando così: «L'episodio dello spartito "venuto dal nulla" ebbe un seguito molti anni dopo, nella primavera del 2002», menzionando Luisa Miroglio, di San Mauro torinese, alle pp. 93 e 94.

8[c]. Comunicazione all'Autore del 03/09/2021, episodio inedito. Come detto, non risultano esperimenti di *telecinesi di pennelli* nei quali il soggetto dipinto sia di Vincent van Gogh. Constano invece due vaghe testimonianze (che infatti non abbiamo mai riportato) riferentisi a presunte materializzazioni di acquerelli. Giuditta Miscioscia aveva raccontato: «Alcuni esperimenti di quel genere [*ovvero, di acquerelli*] li fece anche alla corte della regina Elisabetta, presenti molti membri della famiglia reale. Credo che in quell'occasione Rol abbia realizzato dei quadri di Van Gogh. La regina rimase stupita e volle regalare a Rol due fazzoletti di seta, con lo stemma reale. Uno di quei fazzoletti Rol lo ha regalato a me» (Allegri, R., *Rol il grande veggente*, Mondadori, Milano, p. 143). Sull'incontro con Elisabetta II al momento non esistono conferme o dettagli, tranne questo. Nori Corbucci, costumista moglie del regista Sergio Corbucci morta nel 2021, aveva invece raccontato, in maniera ancora più vaga, che Rol «con una mossa della mano faceva van Gogh in qualche secondo» (programma televisivo *Matrix*, canale 5, del 21/09/2005, intervista fuori studio), ma pare essere solo una maniera generica per dire che materializzava dipinti (=acquerelli su fogli A4) di pittori famosi piuttosto che riferirsi a un esperimento specifico. A titolo di curiosità, in un commento del 21/11/2016 su *facebook.con/Gustavo.A.Rol*, Klaus Pendolo scriveva: «Ho portato dei fiori sulla sua tomba, e non sapevo cosa portare. In un negozio di fiori, sono stato colpito dalla bellezza di alcuni girasoli, in vetrina. Li ho comprati e messi sulla sua tomba. Lo stesso pomeriggio, passando sotto la porta di casa sua, in via S. Pellico, ho avuto il grande privilegio di conoscere la signora Isabella Pistarini, ex Vogliotti, che abitava sopra di lui. Lei mi disse "Ma i girasoli erano i suoi fiori preferiti!". Ho trovato il caso curioso, forse Rol mi ha guidato a portargli un omaggio a lui particolarmente gradito? O forse solo un caso».

8^d. Comunicazione scritta all'Autore del 03/10/2021, episodio inedito.

8e. Pubblicato su *facebook.com/groups/dottorrol* il 03/12/2020. Loredana Roberti, di Pesaro, estimatrice di Rol, nel 2017 ha avuto per prima l'idea di un Museo a lui dedicato, ha creato il gruppo *facebook* "Museo Gustavo Adolfo Rol" (del quale non fa più parte da giugno 2021) e si è spesa per anni in questa direzione, incluso sollecitare il Comune di Torino per intitolare a Rol una via della città o in alternativa uno spazio verde (in particolare, inizialmente – dopo che venne bocciata la richiesta di intitolargli l'ultimo tratto di Via Silvio Pellico dove Rol abitava – l'idea, che io ancora caldeggio, era di intitolargli il *Laghetto delle anatre* al Parco del Valentino, situato accanto al "Giardino III° Reggimento Alpini" (quello di cui Rol fu Capitano) e teatro dello straordinario episodio riferito da Lorenzo Pellegrino (XIX-7); il Comune fino ad oggi è stato ben poco ricettivo, indice dell'incomprensione di chi sia stato il suo illustre concittadino). Attraverso questo gruppo prima, e in seguito con il nuovo gruppo *"Dottor Rol"*, creato nel 2020, ha perseguito una informazione di qualità e avuto un sincero affetto per Rol e la sua memoria, raccogliendo anche numerose testimonianze inedite alcune delle quali sono state inserite in questa antologia. Il suo contributo è stato già prezioso, e Chiara aveva visto bene in merito al suo "testimone".

XXVII – Interventi a distanza

4. Da una intervista di Ronin Film Production del 26/10/2016 (estratto pubblicato su *facebook.com/Gustavo.A.Rol*). Paolo Pietrangeli è regista e sceneggiatore, figlio di Antonio Petrangeli (premiato regista degli anni '50 e '60) ed è stato aiuto regista di Federico Fellini. La sua testimonianza, pur nella sua brevità, è molto significativa, perché pur essendo scettico (e ateo, come lo erano tutti i comunisti) deve ammettere la sua incertezza per fenomeni dove il trucco è di fatto impossibile. In particolare, la firma dietro al quadro verificata seduta stante con una telefonata a Roma.

Rol ovviamente mai era stato a casa di Pietrangeli (cosa che, da scettico, se fosse stato il caso avrebbe fatto subito notare), quindi a meno di non supporre che, come un agente segreto, giorni o anche mesi prima si sia intrufolato a casa del regista e abbia scritto dietro al quadro (tanti auguri agli scettici che opteranno per questa che è davvero una spiegazione paranormale...) siamo di fronte a un fenomeno dove il trucco è impossibile testimoniato da qualcuno che certo non si può accusare di credulità. Lo stesso potrebbe dirsi della zuccheriera: non solo c'è la comparsa di un oggetto che prima non c'era, ma quell'oggetto era dei Pietrangeli e si trovava a Roma (per carità, lo 007 Rol dopo aver scritto dietro al quadro già che c'era ha pensato bene di portarsi via la zuccheriera, per poi farla spuntare "magicamente" sul tavolo del suo studio in casa a Torino in un momento di distrazione della ingenua famigliola... come si vede si può sempre arrampicarsi sugli specchi e trovare una spiegazione "normale", anche se James Bond normale non sarebbe comunque). Per una comparazione, si vedano in particolare gli episodi XXXIV-39, 40, 49.

Per quanto riguarda il cucchiaino il pensiero va subito a Uri Geller, controverso (lui, per davvero) uomo di spettacolo che sosteneva di avere autentici poteri paranormali, e che divenne famoso negli anni '70 con esibizioni molto popolari dove, tra le altre cose, piegava posate o chiavi con la "forza del pensiero". Ma nel 1967 la moda dei cucchiani ancora non esisteva e allo stato attuale delle cose è l'unica volta in cui consta che Rol abbia fatto questo tipo di esperimento, peraltro non nelle sue mani, ma nella mano di Pietrangeli (il quale dichiara che «non mi sembrò tanto banale», e anche in questo caso, visto il suo scetticismo, si può dare per implicito che Rol non abbia avuto alcuna possibilità di una qualche manipolazione, altrimenti il testimone lo avrebbe fatto presente). Infine, il taglio sulla mano è analogo per esempio ai segni fatti con un'unghia, a distanza, su di un libro (VI-12, 13, 23) o ad altre azioni a distanza con un impatto fisico (XXVII-1), esempi che possono estendersi a molti altri episodi apparentemente differenti.

L'ipotesi che Rol potesse avere una lametta è piuttosto fantasiosa (perché tra l'altro fece quel taglio? Forse come atto non solo dimostrativo ma di disappunto per lo scetticismo di Pietrangeli, ma credo non sia pensabile che avesse pronta una lametta, già da un certo tempo, con l'intenzione di fare una cosa di questo tipo, e con il rischio di venire magari anche scoperto. Il modo in cui Pietrangeli mostra il dito, come fosse un coltello, esclude che vi potesse essere "incollata" una lametta o che il taglio sia stato fatto con l'unghia. E al solito, idee di questo genere devono poi anche essere inserite nel quadro complessivo: se Rol a distanza poteva scrivere dietro un quadro, davvero ha senso pensare che potesse usare un trucco in un fenomeno apparentemente molto più semplice come quello del taglio? E così via. Se ne desume il seguente principio che io da sempre sottolineo: *se, nel caso di Rol, in un esperimento o prodigio complesso è evidente l'assenza di un qualunque trucco, in un altro esperimento o prodigio più "semplice" è poco razionale ipotizzare un trucco (fatta eccezione per eventuali scherzi espliciti dimostrabili in quanto tali)*. Nel 2016 al seguito della pubblicazione del video, commentavo in rete anche quanto segue:

«Pietrangeli, oltre ad essere scettico, dimostra anche una posizione politica antitetica a quella di Rol (descritto secondo lui come "di destra", anche se sarebbe impreciso [*di certo a "destra" rispetto a lui...*]), il quale sicuramente è sempre stato un convinto anti-comunista e negli anni di piombo sosteneva con certezza assoluta che il comunismo sarebbe stato sconfitto, come in effetti poi avvenuto.

Tale posizione anti-comunista gli renderà invisa, in quegli anni, buona parte della comunità "intellettuale" tra cui si annoveravano molti atei e scettici, come ad esempio il giornalista Piero Angela (fondatore del CICAP) e l'astronoma Margherita Hack».

«Il fatto che Pietrangeli dica che Rol fosse antipatico non mi stupisce: era certamente antipatico a tutti i materialisti e agli scettici, e anzi sapeva essere con loro anche piuttosto acido e insofferente, specialmente in quei casi in cui, dopo aver dato dimostrazione di una realtà spirituale più estesa di quella "materiale" con i suoi esperimenti, lo scettico di turno continuava a rimanere sulle sue e preferiva non credere all'evidenza».

Degli episodi riferiti da Pietrangeli, qui abbiamo contabilizzato solo quello del taglio, anche se inizialmente pensavo di contabilizzare quello della firma dietro al quadro, che invece ho poi preferito inserire nel capitolo della *materializzazione di scritte*.

Infine, la madre di Paolo, Margherita Ferrone, poco dopo esser diventata vedova, era andata di nuovo a trovare Rol (cfr. XXXV-24).

5. Asti, 2017, pp. 71-72. L'attrice ossimoricamente afferma che Rol le «dava piccoli consigli senza senso, i cui effetti però erano stupefacenti». Ragion per cui non potevano essere «senza senso» o tali dovevano apparire a lei che non vedeva lontano come Rol. L'episodio si situa al confine con altre classi fenomeniche, la *chiaroveggenza* o la *precognizione* (Rol potrebbe aver previsto che l'attore avrebbe preferito i capelli raccolti a quelli sciolti) e il *trasferimento di coscienza* (Rol potrebbe aver fatto fare all'attore qualcosa che magari non avrebbe fatto, come la Asti pareva supporre nel momento in cui l'attore pronunciò le prime parole: «come se qualcuno gliele avesse suggerite. Rol aveva anche quel potere. *Il potere di spingere le persone a fare e dire determinate cose*». Sappiamo che è precisamente così, come dimostra appunto il capitolo relativo al *trasferimento*. La stessa Asti infatti ne aveva fatto esperienza: «Stava recitando a Torino nella commedia *Come tu mi vuoi* di Luigi Pirandello, e Rol si fece accompagnare in teatro durante le prove per salutarla. (...) Ricordo che Rol mi aveva raccontato che le era capitato di

dimenticare il copione a Roma e che egli dal palco del teatro aveva cercato di aiutarla suggerendole le parole con la forza del pensiero» (Giordano, M.L., *Rol e l'altra dimensione*, cit., p. 186.). Anche se l'episodio venne raccontato da Rol – e quindi come regola non viene contabilizzato – e anche se la Asti non lo cita nella sua autobiografia (forse per evitare di sminuire la sua abilità di attrice), il fatto però che lei abbia fatto la generalizzazione che lui avesse «il potere di spingere le persone a fare e dire determinate cose» è una implicita conferma che quello che Rol raccontò corrispondeva alla verità.
6. Comunicazione all'Autore del 24/11/2021, episodio inedito.
7-11. Inseriti in altri capitoli.

XXVIII – Interventi vari

7-8. Inseriti in altri capitoli.

XXIX – Epifanie

22. Comunicazione scritta all'Autore del 19/09/2017, episodio inedito.
Ciro Buttari, musicista, è nato nel 1949 a Palermo e vive a Mondovì. M.L. Giordano aveva scritto:
«Quando Ceronetti fece delle rappresentazioni teatrali a Torino con la sua compagnia di marionette "il teatrino dei sensibili", [Rol] mi chiese di accompagnarlo. Le marionette erano state ideate e realizzate da Ceronetti stesso.
Rol ed io eravamo in platea, e durante la recita comparve sulla scena una marionetta che raffigurava il "Mago Rol", con il mantello da mago e il cappello a punta.
Fui presa dal panico, immaginando chissà quale reazione di Gustavo, non riuscii neanche a godermi lo spettacolo, lo osservavo di sottecchi, ne vedevo l'espressione corrucciata, si mordicchiava il labbro inferiore. Non parlai, quando ci recammo dopo la rappresentazione a salutare Guido Ceronetti e i suoi collaboratori, Rol gli disse: "Questo non l'avresti proprio dovuto fare". Poi finì tutto in una grande risata e in un grande abbraccio» (*Rol e l'altra dimensione*, cit., p. 82).
La rappresentazione si era svolta presso la sala della Divina Provvidenza del Cottolengo a Torino. Ciro Buttari mi ha poi specificato che la marionetta di Rol «portava in testa un grande cilindro con una "corona" di carte da gioco che egli volle poi esaminare attentamente durante l'incontro dietro le quinte». Non quindi come aveva scritto la Giordano, col cappello a punta (rimandando a un Mago Merlino), ma piuttosto col cilindro degli illusionisti, il che è certamente peggio. Forse la Giordano dalla platea non aveva visto bene...
22[a]. Comunicazione scritta all'Autore del 21/11/2021, episodio inedito.

23. Pompas, 2018.
23bis. Comunicazione all'Autore del 09/08/2019, racconto inedito. Si potrebbe fare una lunga rassegna di commenti sulla apparente normalità percepita dai testimoni, soprattutto frequenti, di questi fenomeni. Mi limito a citare Rappelli: «Con Gustavo ero talmente abituato a considerare il paranormale come normale, che non c'era più niente che mi stupiva. Avrei potuto vedere un elefante volare che [lo] trovavo perfettamente normale» (dall'intervista di Nicolò Bongiorno e mia del 2005).\
24. Comunicazione scritta all'Autore del 26/01/2021, racconto inedito. Paola Giannone aveva già riferito l'episodio il 21/12/2018 durante un breve intervento (filmato) presso la mostra fotografica dedicata a Rol, in via Nizza a Torino, dove aveva anche detto che Rappelli, che era insieme con Rol, stava tornando dal Tribunale e che «era pallido» per quello che aveva appena visto.
25. Comunicazione all'Autore del 21/05/2021, episodio inedito. Quando ho parlato con Caterina aveva 90 anni. A settembre 2021 ne ha fatti 91. Su Liliana Merlo si veda l'appendice I con la testimonianza di Elena Ghy.
26. Testimonianza video raccolta da Loredana Roberti nel settembre 2020, episodio inedito.
26^a. Riccomagno, 2021. Conferma di un episodio che Fellini ha spesso riferito (cfr. XXIX-11, 11bis).
26^b. Comunicazione all'Autore del 22/02/2018, episodio inedito. Questo racconto è interessante principalmente perché viene detto per la prima volta che Rol fosse amico di Natuzza Evolo. Penso comunque che più che "amico" si conoscessero. Rol aveva conosciuto anche Padre Pio a San Giovanni Rotondo (tra la fine degli anni '50 e l'inizio dei '60) e Sathya Sai Baba in India (forse in più occasioni, l'ultima nel 1992). Certo è piuttosto significativo (anche se non sorprendente) scoprire in questi ultimi anni quanti contatti abbia avuto con altre personalità mistiche. Nell'episodio raccontato da De Rossi, viene da chiedersi subito per quale ragione Rol non potè essere di aiuto all'idraulico, come ha fatto con molti altri e nello stesso identico modo (mostrando o descrivendo il defunto, o il suo *spirito intelligente*, alla persona che sentiva questa necessità). Perché mandarlo fino in Calabria? Il diretto interessato purtroppo è deceduto da anni, e quindi non è dato saperne di più. Rol comunque altre volte aveva mandato da altri qualcuno che aveva chiesto il suo aiuto, ad esempio Maria Luisa Giordano era stata mandata da Giuditta Miscioscia perché l'aiutasse nel caso del sequestro del marito Luigi Giordano:
«Fu proprio Gustavo a farmela conoscere, in un periodo tragico della vita della mia famiglia, cioè durante il sequestro di Gigi, mio marito [*nel marzo 1983*]. Proprio per questo mi consigliò di contattarla. In quel periodo infatti egli non si sentiva di agire come avrebbe voluto, perché troppo coinvolto dall'affetto che provava per noi. Avevo riportato per iscritto le previsioni di Giuditta, nel nostro caso aveva proprio visto

giusto: Gigi ritornò a casa sano e salvo dalla sua prigionia» (*Rol mi parla ancora*, 1999, pp. 63-64). Se l'amicizia col prof. Giordano gli impediva di «agire come avrebbe voluto, perché troppo coinvolto dall'affetto», che cosa lo impediva con l'idraulico del suo quartiere? Non è dato sapere. Forse Rol lo conosceva sufficientemente bene per avere una difficoltà analoga. O forse ha ritenuto che la coppia dovesse fare quel viaggio, per i più svariati motivi. O forse ancora non voleva che l'idraulico poi andasse in giro per il quartiere a strombazzare ciò che aveva visto da Rol (il quale lo considerava magari un chiacchierone, e visto che non amava i pettegolezzi potrebbe aver preferito "delegare" a Natuzza Evolo). In generale, la questione del legame affettivo come impedimento ha sicuramente delle basi (vincolo che crea un obbligo, quindi una inibizione) però vi sono situazioni, con Rol, che contraddicono questa idea o che sono eccezioni alla regola, il caso più evidente è quello della resuscitazione di mio nonno Franco Rol (cap. L). Vi è poi il dato consolidato da osservazioni secolari che il legame affettivo favorisce la comunicazione telepatica e la chiaroveggenza (ad esempio, la madre col figlio, tra gemelli o tra fratelli e sorelle, tra innamorati, ecc.). Un argomento che necessiterebbe di un approfondimento a parte.

27. Comunicazione all'Autore del 03/10/2021, episodio inedito. Il medico di cui parla è probabilmente Fiorenzo Redoglia, autore del testo *Malignità del carcinoma laringeo* (Minerva medica, Torino, 1942). Quando le ho chiesto in che senso Rol le aveva fatto vedere i cavalli e gli Indiani, sapevo ovviamente già di cosa si trattava, ovvero dello stesso tipo di fenomeno testimoniato da altri, con l'unica differenza che in questo caso l'"allucinazione" è stata creata in funzione anestetica. Naturalmente, si tratta di molto più di una allucinazione: Rol l'ha messa in condizione di vedere una scena di un altro luogo (e magari anche di un altro tempo), accedendo al "file" corrispondente.

Quanto all'emorragia interrotta, si tratta anche qui di un fatto notevole (contato nel cap. III) e ovviamente il bacio non è la causa, ma solo un contorno affettuoso e simpatico, in parte anche simbolico come quando Rol tocca il centro della fronte di qualcuno con una o due dita, per trasmettergli qualcosa (temporanea o permanente) sul piano psichico o spirituale.

A Rosanna Priotti è venuto poi in mente, per associazione, anche questo aneddoto: «Una volta, avrò avuto 17 o 18 anni, ho incontrato al cimitero il dottor Rol nel giorno di tutti i Santi, eravamo tutti lì, e io mi ero fatta i capelli rossi. Allora lui mi ha preso da parte e mi ha sgridata: "Mai più coi capelli rossi! Tu non sei il tipo di donna che porta i capelli rossi"».

Infine, l'aver escluso che avesse avuto male è compatibile e consequenziale al fatto che Rol fosse lì proprio in funzione anestetica (in caso contrario, avrebbe significato che la sua azione non era efficace), mentre la supposizione che avesse urlato per la paura è invece compatibile con impressioni analoghe avute da altri testimoni, si pensi ad esempio a Guido Ceronetti che aveva detto a Ciro Buttari (XXIX-22): «vacci tu da solo, io non verrò, sai... il mio cuore si è indebolito e non sopporta certe emozioni. L'ultima volta che ho assistito ai suoi esperimenti apparvero nelle sala alcuni cavalli imbizzarriti»; a quanto pare i cavalli sono spesso protagonisti, se si pensa anche a quanto mi aveva raccontato Magda Olivetti (XXIX-6): «Federico Zeri, grande storico dell'arte, era terrorizzato da Rol, gli ha fatto vedere dei cavalli entrare dalla finestra. Era terrorizzato», o quella testimone che «vide apparire il vecchio bidello della scuola frequentata dai suoi figli, che era deceduto qualche anno prima. In preda al terrore si alzò, corse ad accendere la luce e fuggì verso la porta d'ingresso» (XXIX-9), o l'ing. Fresia che ricordava «l'immagine di alcuni stregoni che avevo visto in Africa tanti anni prima che, con la consistenza della nebbia, sono apparsi nella stanza. Mia figlia e Rol stesso ne hanno avuto un grande spavento» (XXIX-5). E così via.

28. Comunicazione all'Autore del 01/01/2021, episodi inediti. L'estratto citato all'inzio è da: Ronchey, S., *Guido Piovene. Scomodi fantasmi*, La Repubblica - Robinson, 08/02/2020, p. 20.

In merito al fenomeno delle presenze dietro ai battenti delle porte, la porta come soglia, come rilevato da Silvia Ronchey, tra dimensioni dello spazio o del tempo, o del sacro e del profano, è una idea e un simbolo presente in tutte le tradizioni. Nelle testimonianze su Rol non ci sono altri riferimenti ad epifanie presso delle porte nello specifico. Difficile dire se Rol abbia reso visibili queste figure in questi particolari punti dell'abitazione per un proposito, visto che comunque le altre epifanie non sono collegate a tali punti. Forse per mettere in evidenza *punti di interferenza* che si produrrebbero qui con maggiore facilità? O solo per una allusione simbolica? Nell'aneddotica della *ricerca psichica* constano testimonianze di percezioni di "fantasmi", ovvero *spiriti intelligenti*, visti dal percipiente "con la coda dell'occhio", ovvero non frontalmente, ma obliquamente, di lato, che scompaiono quando li si osservino poi direttamente, indice di una alterazione di coscienza, ovvero delle onde cerebrali. Anche questi sono "punti di interferenza" favorevoli alla percezione di presenze che altrimenti non si vedrebbero.

29. Inserito in altro capitolo.

<u>XXXI – Trasfigurazione</u>

6. Delfini, 01 e 12/04/2019. Testimonianza importante perché fa il paio con quella analoga, anche se molto più marcata e "drammatica", della trasfigurazione nel pittore francese François Auguste Ravier (cfr. XXXI-1, 2, 3, 4, 4^a, 4^b). Nessun dubbio che quanto scritto dalla testimone non abbia nulla a che vedere con la reincarnazione (chi lo pensasse dovrebbe far quadrare il cerchio sostenendo – tra le molte altre cose – che Rol fosse

anche la reincarnazione di Ravier, ciò che abbiamo dimostrato essere insensato già ne *Il simbolismo di Rol*, *passim* e in particolare il cap. «Rol e Ravier», p. 211 e sgg.). Nel fenomeno testimoniato da Delfini potrebbe esserci un punto di contatto con il meccanismo del *trasferimento di coscienza*. Quanto alla biografia romanzata di Emil Ludwig, *Napoleone*, pubblicata negli anni '20, era tra quelle preferite da Rol.

XXXII – Plasticità del corpo

13. Comunicazione all'Autore del 25/02/2018, episodio inedito. Lo avevo già anticipato, molto in sintesi, nel mio articolo: *Fellini e il suo Mago Merlino: G.A. Rol*, Luce e Ombra, vol. 120, fasc. 1, gennaio-marzo 2020 p. 16.
Alla signora Tedeschi abbiamo segnalato l'episodio raccontato da Valentina Cortese (XXXII-11) nel dubbio che potesse trattarsi della stessa occasione, ma lei lo ha escluso. Quindi l'attrice, amica di Rol per decenni, potrebbe aver visto questo impressionante fenomeno due volte. L'episodio del tovagliolo, mancando i particolari, non è stato contabilizzato. Quanto alla possibile interpretazione come allucinazione collettiva, è la tipica spiegazione che noi definiremmo *pavloviana*, automatica di chi, non capendo di cosa si stia parlando e non avendo alcun parametro *sul campo* per poter giudicare, la tira fuori per comodità credendo di risolvere con due parole tutto l'enigma. Per chi ha una formazione scientifica e una mentalità "quadrata", questi fenomeni sono di norma un impiccio di cui sbarazzarsi in fretta. Ma così operano in realtà i burocrati e i baroni della scienza, i primi non essendo in grado di andare oltre la scienza loro contemporanea, i secondi anche, ma in più difendendo per principio, partito preso e talvolta anche interesse (personale o corporativo) tutta una serie di conoscenze *già spiegate*, quindi rassicuranti, che si ha paura ad intaccare.
Ma la grande scienza, quella dei paradigmi di Thomas Kuhn, non è mai stata fatta da questa gente. Costoro sono solo amministratori di palazzi (per carità, qualche volta anche bravi amministratori) i cui progetti e le cui fondamenta sono state però gettate da menti *non convenzionali* che hanno saputo andare molto al di là della scienza del loro tempo (e non di rado osteggiati, non creduti e persino derisi). Nel campo dello *Spirito* del resto, la situazione è perfettamente speculare. Vi sono i burocrati, i teologi che speculano decisamente "sulle nuvole", e poi vi sono quelle poche manciate di Grandi Maestri che impongono la rotta di intere comunità per secoli o millenni, anche loro figure *paradigmatiche, non convenzionali, innovative pur restando – in profondità – nella Tradizione*.
Tornando al nostro caso, come si potrebbe parlare di allucinazione collettiva – di per sé un fenomeno rarissimo e che per alcuni studiosi nemmeno esisterebbe – se nessuno della famiglia Tedeschi sapeva chi

fosse Rol né che cosa sarebbe potuto avvenire? Si potrebbe sostenere eventualmente – ma anche questo avrebbe bisogno di qualche prova in più – che la Cortese avesse avuto una allucinazione *se solo lei avesse visto il fenomeno, giacché lei avrebbe potuto essere sotto l'influsso suggestivo di Rol*. Invece sia lei che era sotto questo presunto influsso, sia dei perfetti sconosciuti al tavolo vicino hanno visto la stessa cosa (anche se non abbiamo una dichiarazione della Cortese di quella precisa circostanza – cioè che Rol si era espanso in quel modo – però abbiamo quella dell'altra occasione, e in ogni caso il suo spavento non lascia molto spazio ad altre ipotesi). Non può quindi che trattarsi di un fenomeno *oggettivo*, reale, non di una creazione della mente, e del resto il fatto che esistano molte altre testimonianze analoghe di altre persone in altre occasioni – e non in ospedali psichiatrici, ma nella vita quotidiana e con persone "normali" – non fa che rafforzare questa conclusione.

14. Comunicazione scritta all'Autore del 20/09/2019, episodio inedito. Paola Iozzelli, nata nel 1970, è la figlia di Annamaria Iozzelli, della quale avevamo riferito una testimonianza simile (XXXII-4). Riteniamo si tratti però di due episodi diversi. Le occasioni in cui le Iozzelli devono aver incontrato Rol sul pianerottolo e in ascensore devono esser state sicuramente molte, quindi è plausibile che Rol abbia mostrato questa sua possibilità di cambiare dimensioni due volte. Peraltro ci sono delle differenze: Paola mi ha anche scritto che non lo ha visto allungarsi, ma solo molto più alto, e ha visto questo sul pianerottolo, mentre la madre Annamaria ha visto l'allungamento in ascensore. L'età che aveva Paola, per quella che sembra più che una coicidenza (Rol raramente mostrava certe cose ai più piccoli, con eccezioni però a sua discrezione) è praticamente la stessa che ha Alice (7 e ½) che nel romanzo di Lewis Carroll si allunga e si accorcia più volte.

15. Comunicazione all'Autore del 20/11/2019, episodio inedito. Anche questa testimonianza, come la precedente, l'avevo in parte anticipata nel mio articolo: *Fellini e il suo Mago Merlino*.

16. Commenti su *facebook.com/groups/museogustavoadolforol* del 30 e 31/12/2019. Ho chiesto a Sandro Rho se si fosse allungato solo in altezza o anche in larghezza, ha risposto «sia nell'alto che nel basso!», «non mi era sembrato sproporzionato», ovvero si era ingrandito in modo proporzionale. Il suo racconto ricorda molto l'episodio riferito da Guditta Dembech (XXXII-7). Rho è persona attendibile, quindi l'ipotesi che possa avere plagiato la Dembech non sussiste. Dovrebbe trattarsi di due episodi diversi, per quanto non posso non rilevare che una persona che conobbe Rol – attendibile – e che conosce anche la Dembech, mi avesse a suo tempo detto che giravano voci che lei non era in realtà presente al fenomeno in cui lui si era "espanso", ma aveva riferito un episodio accaduto ad altri. Non ci sono prove che sia così, né che comunque si tratti della stessa occasione – Rol era solito fare più volte gli stessi esperimenti

o in questo caso mostrare lo stesso tipo di fenomeno – certo è che sarebbe opportuno che le due ragazze con le quali la giornalista aveva assistito al prodigio (di cui non è dato sapere il nome) testimoniassero, per fugare ogni dubbio. Un indizio che comunque mi fa escludere che si trattasse dello stesso episodio è quello che Rol disse a queste ragazze: «Questa non è magia, questo è yoga», una frase che la stessa Dembech fa fatica a comprendere e quasi contesta, e che non può certo essere stata inventata (e che Sandro Rho avrebbe menzionato se fosse stato lui la fonte del racconto). Ho comunque sollevato con lui la questione e il 30/09/2021 mi ha scritto: «La Dembech so chi è, ma non l'ho mai conosciuta di persona. Sicuramente non ho mai raccontato a lei nulla. A parte i miei genitori e Caterina Ferrari, non ne avevo mai parlato con nessuno. Non ricordo esattamente quando ho raccontato questo aneddoto, in ogni caso parliamo di questi ultimi anni, forse Domenica Fenoglio ne era al corrente. Comunque ... Gustavo, quando lo ha fatto nell'androne di casa sua, l'ho visto crescere e rimpicciolire sempre in modo proporzionato. È stata la prima volta che l'ho conosciuto di persona, era un lunedì alle ore 14:30, mi sembra nella primavera del 1981. La cosa molto particolare è che non mi sono stupito nel vedere una simile cosa, probabilmente perché avevo così tanto sentito parlare di esperimenti strabilianti sul Dott. Rol, che l'ho ritenuta una cosa "normale" (fatta da lui)».

In merito al seguito, ovvero la visita alla clinica Cellini, intanto la battuta forse potrà stupire qualche benpensante (potrebbe un uomo di alta spiritualità esprimersi in quei termini?) ma Rol non era un ipocrita e poi non sapeva resistere a battute "a tono", e anzi ogni tanto raccontava anche barzellette "sporche", come si suol dire, ma molto divertenti. Anche questo, in fondo, per mostrarsi "normale", spontaneo, e poi perché queste uscite smorzavano un certo alone di "irraggiungibilità" dal quale Rol era avvolto, suo malgrado. Questo elemento fa peraltro il paio con quello del presunto errore, Rho infatti scrive: «Mi ero preso... una piccolissima rivincita, su di un uomo che pensavo non avrebbe mai potuto commettere un errore! Penso siano anche gli errori, sbagli o cantonate così (roba sicuramente di poco conto), ad aumentare il grande fascino di quell'uomo»; dico «presunto» non perché non avesse sbagliato o lo avesse fatto intenzionalmente, ma per prevenire già le speculazioni degli scettici ("se sbagliava cose così banali, figurarsi le altre") e spiegare, come ho già fatto, che Rol non era in uno stato di *coscienza sublime* permanente, e che in momenti della quotidianità poteva commettere banali errori come chiunque, perché in azione c'era solo, di *default*, la *coscienza normale*. Il 4 x 4, o il *turbo*, non erano inseriti.

XXXIII – Materializzazione e/o smaterializzazione di disegni o dipinti

36. Ruffo di Calabria, 2016, p. 41. L'episodio è stato contabilizzato per l'attendibilità del testimone, nonostante i pochi particolari.
37. Rolly Marchi, 1986. L'episodio a prima vista sembrerebbe essere lo stesso riferito, con molta più profusione di dettagli, da Dino Buzzati sul *Corriere della Sera* il 11/08/1965 (*Un pittore morto da 70 anni ha dipinto un paesaggio a Torino*, p. 3), cfr. XXXI-2. Vi sono però abbastanza differenze da far supporre che si tratta di due occasioni diverse. Molto difficile comunque da stabilire. Le differenze, e l'eventuale discostamento dalla realtà, sarebbero da imputare a Fellini, che riferisce l'episodio 20/21 anni dopo Buzzati, e oltretutto col filtro dell'intervistatore, mentre Buzzati ha scritto direttamente nei giorni, forse nelle ore, successivi all'incontro. Però è strano che Buzzati non dica che ci fosse anche Fellini, o che Fellini poi si portò il quadro a Roma. Per Fellini «Rol era a terra su un fianco, i pennelli sparsi, si alzò traballante» una immagine facile da ricordare in sé e che quindi giudico attendibile, mentre in Buzzati Rol prima «si trascina per la sala» poi «si accascia su una poltrona», quindi qualcosa di molto diverso. Fellini poi parla di un pittore francese del '700, mentre Ravier è dell''800 (1814-1895). Potrebbe trattarsi di un banale errore, perché il pittore era probabilmente Ravier, anche se proprio il caso seguente di Tinto Vitta mostra che c'è spazio per altre ipotesi.
Siccome questo tipo di esperimento, descritto sul Corriere, era il primo cui Buzzati assisteva, possiamo ipotizzare che quello descritto da Fellini sia avvenuto in seguito e la cosa è plausibile, perché Rol, Fellini e Buzzati si incontrarono insieme almeno un paio di volte o forse di più per discutere del progetto del film *Il viaggio di G. Mastorna*, poi non realizzato. Ho potuto stabilire che Fellini conobbe o inziò a frequentare Rol nel 1963, mentre Buzzati lo conobbe solo a fine luglio 1965. Rimando al mio *Fellini & Rol*.
Signficative due affermazioni di Fellini: 1) «Rol aveva bisogno di un cerchio magnetico, cioè persone, ben disposte ad aspettarsi prodigi»; 2) «a me parve di sprofondare in un buio insolito, come risucchiato in un'oscurità che era come trasparente». Corrisponde a verità che Rol durante gli esperimenti avesse bisogno di persone *ben disposte*, questo non significa però pronte a bersi qualunque cosa. In particolare tra i suoi amici frequenti c'era uno spontaneo senso critico che corrispondeva a un tentativo di comprenderne la dinamica. Però erano amici, persone con le quali Rol si sentiva a suo agio e con le quali aveva confidenza. Il tipo di rapporto in questi incontri lo si può verificare nelle registrazioni con la voce di Rol che ho pubblicato in rete, in particolare le «serate di esperimenti». Quanto a «cerchio magnetico» è una espressione forse non del tutto esatta, però abbastanza interessante.

38. Comunicazione all'Autore del 27/06/2019, racconto inedito. In precedenza Vitta aveva raccontato in estrema sintesi questo episodio a Simone Facchinetti (*cit.*), che scrive: «Rol era intento a restaurare un quadro (pare si dilettasse anche in questo mestiere). Sopra un secondo cavalletto c'era una tela bianca. "A un certo punto Rol ha iniziato a emettere degli strani rumori e, all'improvviso, sulla tela vergine è apparso un paesaggio francese in stile settecentesco"». All'epoca del progetto di un documentario (estate 2020), avevo suggerito di intervistare Vitta a Loredana Roberti, la quale ha poi pubblicato in rete l'episodio (su *facebook.com/groups/dottorrol* il 26/03/2021), e come spesso capita, con qualche particolare complementare: «Una cosa che mi è rimasta molto impressa, io andavo abbastanza spesso ospite da lui che mi invitava perché parlavamo di antiquariato che a lui e anche a me interessava molto, e mi invita una volta, dopo parecchio tempo che ci conoscevamo, mi invita da lui in studio, e questo me lo ricordo perfettamente, da lui in studio, cioè a casa sua in studio. Oltre a farmi vedere tutti gli oggetti, questa fu una cosa davvero emozionante, perché mi ricordo c'era lo studio dove lui faceva anche restauri di pittura antica, ecc. e quella volta c'era una tela bianca su un cavalletto in fondo a questa stanza, per altro non così grande, e lui mi disse: "Adesso ti faccio una cosa abbastanza, molto emozionante." Allora c'era questa tela bianca su un cavalletto, quindi nuova, e lui mi mise seduto su una sedia, una poltrona, non so cosa c'era lì nel suo studio, e lui rimase in piedi accanto a me , mi ricordo benissimo la sua figura grande e grossa e mi disse: "Concentrati verso quella tela bianca" e lui emetteva dei suoni, anzi gemiti per vari minuti e, dopo un po' appare su questa tela bianca, me lo ricordo perfettamente, un paesaggio francese del Settecento, con tutta la *craquelure* eccetera, quindi ha creato questo paesaggio su una tela bianca nuova».
Questi suoni e gemiti sono più unici che rari in Rol, e forse possono essere associati a forme di *mantra* che altri testimoni non hanno esitato a chiamare – secondo me impropriamente – *formule magiche*.
39. Asti, 2017, p. 74. Se si avesse solo questo racconto sulle materializzazioni di dipinti, sarebbe legittimo sospettare il trucco, mancando molti particolari e soprattutto perché si dice che è stato Rol a distribuire i fogli. Qualsiasi illusionista saprebbe fornire una spiegazione e non ci vuole molto ad immaginarla. Ma la fenomenologia di Rol va analizzata nel suo complesso, prima nel complesso di una classe, e poi nel quadro generale di tutte le classi. Solo così si può escludere che in questo episodio ci possa essere stato un qualche trucco. Piuttosto, il racconto è prezioso sotto il punto di vista della conservazione del foglio, dato che gli scettici affermano che Rol distruggeva tutto, *ergo* non sarebbe possibile una qualche verifica su queste materializzazioni. Invece ce ne saranno in giro qualche centinaio, e in futuro sicuramente saranno fatte verifiche. Qualcosa del genere era già stato tentato nell'episodio che segue.

40. Minotto, 1977.

XXXIV – Materializzazione e/o smaterializzazione di oggetti

113. Commento del 20/09/2015 su *youtu.be/AOMO0CTuUds* .
114. Comunicazione scritta all'Autore del 04/10/2015, episodio inedito. È facile fare l'ipotesi che questo sia stato un gioco di prestigio, perché gli assomiglia molto più di altri. A Gianpaolo Bergandi l'ho fatto presente – non perché avessi dei dubbi, ma per avere ulteriori dettagli – mi ha risposto il 08/10/2015 che «era impossibile che il dott Rol avesse in mano l'orologio perchè me ne sarei accorto. Poi in secondo luogo io non persi mai di vista il pugno dove avevo messo l'orologio e quando lo apri non c'era più».
115. Comunicazione scritta all'Autore del 24/08/2014, episodio inedito. Nel 2018, ricordandomi nuovamente l'episodio, che le era stato raccontato da Serena Pinna, ha aggiunto: «La zia Serena sperava che Gustavo glielo avrebbe reso nel testamento, ma l'anello era sparito». Esiste un racconto diverso che sembrerebbe riguardare questo anello (cfr. XXXIV-2), riferito da Leo Talamonti nel 1975. Le divergenze sono evidenti e io credo che alla base ci sia un malinteso o un errore della memoria. Un primo problema è che né Talamonti né Silvia Dotti sono i testimoni diretti. Però sia l'uno che l'altra sono persone attendibili (il primo per la serietà con cui ha trattato l'argomento "paranormale" (e il "caso Rol"), la seconda perché la conosco da anni ed è stata una vera amica frequentatrice di Gustavo, molto più di altri). Rol faceva frequentemente esperimenti a ristorante, e faceva frequentemente esperimenti simili. Io credo quindi che si tratti di due esperimenti diversi e forse di due anelli diversi, e credo che l'errore sia di Talamonti nell'aver forse associato erroneamente l'anello spuntato fuori dalla torta nuziale con quello regalato dall'avvocato e che Rol portava al dito. Non è plausibile, statisticamente, che *due* avvocati abbiano regalato entrambi un *anello di corniola*, dopo un esperimento simile avvenuto in un ristorante. Un'altra ipotesi è che si tratti dello stesso anello (e dello stesso avvocato) e che Rol abbia fatto due volte lo "scherzo", prima il giorno in cui conobbe Giacinto Pinna, forse a un pranzo di matrimonio (negli anni '40, visto che la loro amicizia risale a quell'epoca, e quanto scrive Talamonti potrebbe essergli stato raccontato negli anni '60) ma in quella occasione Rol non lo ricevette in regalo; poi molto tempo dopo a una cena al *Firenze*, quando era al dito della moglie Serena e li conosceva da tempo.
Non si può escludere che Talamonti abbia accorciato il racconto dell'avvocato o non ricordato certi dettagli. Difficile però confondere una torta nuziale con dei panini, per questo penso si tratti di due episodi diversi. Ovvero: ciò che è stato ricordato non correttamente sono i dettagli, mentre è difficile pensare – sia per Talamonti che per Silvia Dotti

– che non sia stata ricordata correttamente la parte centrale dei due episodi, quella che figurativamente rimane più impressa nella memoria.
Il punto debole dell'ipotesi "due scherzi" è che sia Talamonti che Silvia parlano di un solo episodio. Difficile pensare, ci fossero stati due episodi simili, che nessuno dei due ne faccia menzione.
Post scriptum: una sorprendente sincronicità – o forse un indizio fornito dallo stesso Rol, ma il condizionale è d'obbligo – è accaduta il giorno successivo (26/09/2021) dopo che avevo scritto questa nota e dopo che con Silvia Dotti cercavamo delle spiegazioni, quasi fosse una risposta. Nel gruppo *facebook* "Museo Gustavo Adolfo Rol", nell'ambito di vari post sulla Mostra fotografica dedicata a Rol a San Secondo di Pinerolo, Giuseppe Maggiolino, uno degli amministratori del gruppo e tra i promotori più attivi dell'iniziativa, aveva pubblicato una fotografia del lapis di bambù di cui Rol si serviva in alcuni suoi esperimenti, appoggiata su un supporto in plastica insieme a… un anello di corniola. Silvia Dotti prima, e io in seguito, abbiamo segnalato, per evitare equivoci, che quello non era comunque l'anello che Rol portava al dito (cosa che ho dimostrato pubblicando quattro dettagli della mano di Rol con l'anello da altrettante foto di epoche diverse, dal 1973 al 1994 (in un altra foto degli anni '50 si vede lo stesso anello)). Ma *era comunque un altro anello di corniola*! Riccardo Ferrari, nipote di Catterina, anche lui tra i promotori della Mostra, ha poi informato che quello infatti non era l'anello che Rol portava al dito, ma era comunque uno dei cinque anelli che Rol aveva, come avrebbe affermato la governante di Catterina. Intanto Manuela Visca, figlia di Giorgio e Nuccia Visca, mi informava che Rol aveva anche un anello tutto d'oro. Gli altri due, nel momento in cui scrivo, non è dato sapere come fossero. Questa *sincronicità* o forse risposta di Rol è stata quindi davvero notevole, e ha confermato la mia supposizione dei due anelli. Talamonti aveva pertanto riferito alcune cose sbagliate, ma non è dato sapere per quale precisa ragione. Ho mantenuto l'analisi iniziale e l'ipotesi dei "due scherzi" – che evidentemente decade dopo questa "rivelazione" – per mostrare comunque il percorso "investigativo" e l'antefatto che giustifica la *significatività* della coincidenza.
Post scriptum 2: in una conferenza del 06/05/2018 Catterina Ferrari aveva citato l'episodio di Talamonti e sostenuto che l'avvocato che donò l'anello a Gustavo fosse Pierlorenzo Rappelli. Ne ho chiesto conferma a lui il 24/10/2021, e mi ha detto di no, che Rol quell'anello ce l'aveva da prima che si conoscessero (metà anni '60). La Ferrari si è confusa. Disse anche che Rol le diede disposizione testamentaria di lasciarlo a Vittorio Rol (1929-2017), uno dei nipoti argentini figli del fratello di Gustavo, Carlo.
116. Roccia, 2011. L'episodio poteva essere inserito indifferentemente in questo capitolo o in quello della carte, ma abbiamo preferito metterlo qui per evidenziare l'aspetto *smaterializzazione/materializzazione* della carta. Questa fu la prima volta che Roccia vide gli esperimenti, e la sua opinione

iniziale che forse era solo un trucco – pur non avendo idea di come ciò fosse possibile – conferma, per l'ennesima volta, l'impatto classico che questi esperimenti avevano sui neofiti, i quali non possedevano alcun parametro per giudicarli e capirli se non appigliandosi all'ipotesi illusionistica (e questo senza necessariamente essere scettici prevenuti). Le stesse riflessioni devono averle fatte Piero Angela, Tullio Regge, e in seguito Piero Cassoli, i quali se invece che incontrare Rol solo una o due volte lo avessero frequentato per almeno una decina, forse anche loro, come schiere di scettici poi ricredutisi, avrebbero finito per assistere «incantati» (avendo ormai escluso il trucco dopo innumerevoli verifiche, avevano piena coscienza che si trattava di prodigi autentici). E se tale frequentazione non gli fu concessa, questo fu a causa della loro rigidità mentale e della mentalità inquisitrice, la quale inibisce il processo creativo tanto quanto inibisce l'eccitazione sessuale (analogia che ritengo fondamentale e che già avevo fatta ne *Il simbolismo di Rol*).

117. Commento del 22/092017 su *facebook.com/Gustavo.A.Rol* . Pur se con pochi particolari, l'episodio ci sembra attendibile, così come la supposizione che potesse trattarsi di Rol. Se la professoressa (di matematica per di più, quindi abituata al pensiero razionale) lo ha raccontato agli allievi, significa che deve avere avuto un grande impatto. L'episodio che più gli assomiglia, da un punto di vista fenomenologico, è quello del gelato riferito da G. Miscioscia (XXXIV-9).

118. Comunicazione all'Autore del 21/03/2016, racconto inedito.

118bis. Pompas, 2018. Di una cassapanca aveva parlato Elio De Grandi (l'illusionista Alexander, XVI-28) a proposito di un esperimento di telecinesi di Rol: «Una mia amica [Nella Liboni] a casa sua mi ha detto [che] la sua cassapanca ... si è spostata – una cassapanca che peserà duecento kili – da sola di sei metri lungo il pavimento». Dubito che si tratti della stessa occasione di Piero Angela, altrimenti la signora Liboni lo avrebbe certo riferito, così come Alexander, che di Rol ha una opinione positiva e lo ha incontrato alcune volte.

119. Comunicazione all'Autore del 21/03/2016, episodio inedito.

119^a. Comunicazione all'Autore del 09/08/2019, racconto inedito.

120. Angelucci, 2019. L'episodio del tacco (cfr. XXXIV-1, 1bis) non è propriamente così. Ne ho fatto una disanima dettagliata in *Fellini & Rol*, p. 32 e sgg.

121. Comunicazione all'Autore del 05/08/2019, epsiodo inedito. «Siccome la Casalegno non ricorda l'anno dell'episodio, sulla base degli elementi che fornisce è possibile ipotizzare il 1979. Il libro che cercava Fellini era di Marc Bloch, *I re taumaturghi. Studi sul carattere sovrannaturale attribuito alla potenza dei re particolarmente in Francia e in Inghilterra*, Einaudi, Torino, 1973 (1^a edizione). La prima ristampa dovrebbe essere del 1980. Le edizioni successive del 1984, 1989, 1991» (*Fellini&Rol*, nota 269, pp. 152-153.).

122. Dalla relazione inviatami da Marco Gay preparata per la conferenza del 20/04/2018 su Rol organizzata dall'associazione *The Club* di Alberto Casale. Per altri prodigi attinenti, cfr. in particolare XVI-13, 14, 16, 17, 18, 19, 22. Riguardo alla dispersione delle ceneri di Elna, cfr. Lugli, R., *Gustavo Rol*, cit., pp. 40-42 e il video della conferenza: *youtu.be/TRckgxz1-b0*.

123. Villa 1, 2019 (*youtu.be/Ogtv8mtJtok*). Episodio tra quelli che ritengo più importanti e significativi, sia da un punto di vista fenomenologico che teorico. Mi riservo di includerlo in una analisi futura piuttosto estesa. Qui vorrei appena mettere in risalto il fenomeno della *gelatina*, già nel 2019 avevo messo a confronto la testimonianza di Maneglia con quella di Federico Fellini (XXXVI-4 e sgg.), Gec (XXXVI-2) e soprattutto del dottor Guido Lenzi (XXXVI-10), che parlò anche lui di «*gelatina*», ma in relazione al decomporsi e ricomporsi delle figure di una carta da gioco (cfr. Rol, F., *Fellini e il suo Mago Merlino: G.A. Rol*, Luce e Ombra, vol. 120, fasc. 1, gennaio-marzo 2020 pp. 11-13).

Quando scrissi l'articolo mi dimenticai di citare quello che mi aveva detto anche Filippo Ascione nel 2016 e persino ribadito nel 2019, in un esperimento duplicato di trasformazione di una carta fatto negli anni '80 a Fellini, presente lo stesso Ascione. Alle volte ho così tanto materiale accumulato e da consultare che mi dimentico purtroppo anche di cose rilevanti: sapevo che Fellini aveva parlato di *gelatina*, e mentre citavo Buzzati, che invece non aveva usato questo termine, mi dicevo: "Eppure mi pareva che Fellini avesse parlato espressamente di gelatina", ma sul momento non riuscivo a ricordare la fonte. L'ho ritrovata solo due anni dopo durante la stesura finale della monografia che ho scritto sull'amicizia tra Rol e Fellini, e poco prima di mettere mano al presente volume. Ascione non conosceva nessuna testimonianza analoga – nemmeno quella di Buzzati – dove si parlasse di *gelatina*, ma il fatto che anche Fellini, come Lenzi e Maneglia, usi questo termine indipendentemente dagli altri, ha un alto valore oggettivo. Il resoconto di Ascione è ancora più significativo di quello di Buzzati (lo si trova in XXXVI-13).

Anche un altro esempio mi era sfuggito, perché la testimone, M.L. Giordano, lo disse solo a voce in una conferenza del 2018 (avrei fatto caso al dettaglio se si fosse già conosciuta la testimonianza di Maneglia), mentre nei suoi libri non lo aveva mai specificato. Nel 2000 in *Rol e l'altra dimensione* riferiva di un bottone di Napoleone che si era materializzato nella mano di Rol (XXXV-49): «guardai il palmo della sua mano aperta... si stava formando un bel bottone di una divisa da ufficiale dell'esercito napoleonico»; alla conferenza presso la Pinacoteca Agnelli del 30/01/2018 (video pubblicato anche su *facebook.com/Gustavo.A.Rol*), aveva specificato: «apre il palmo della mano, e vedo formarsi come una *gelatina*, si forma un bottone». Lo aveva anticipato anche alla giornalista che aveva scritto un articolo per informare della conferenza, inziandolo

così: «Si crea una gelatina sulle mani e da quella materia indefinita prende forma il bottone della giubba di un soldato napoleonico» (Francia, 2018).
È un esempio importante perché, come nel caso di Maneglia, si tratta di un oggetto tridimensionale, non di carte da gioco bidimensionali (non che siano meno importanti, ma per il fatto di essere la conferma che anche negli oggetti tridimensionali era una dinamica consueta e non una eccezione: c'è da ritenere che sia così anche in tutti gli altri casi, solo che i testimoni non lo hanno percepito).
123bis. Comunicazione all'Autore del 27/08/2019, racconto inedito. Carlo Altavilla, secondo l'archivio dell'Università di Torino, era nato il 20/01/1924, e laureato nel 1949 in lettere e filosofia, autore di vari libri.
Maneglia mi ha poi ancora specificato che l'incontro era avvenuto tra le 22:00 e le 02:00 di notte, che l'appartamento era di fronte al cinema *Centrale* d'essai (quindi corrispondente a via Carlo Alberto 18). Il proprietario aveva viaggiato per il Canada e aveva chiesto a Rol se poteva occuparsi dell'arredamento. Carlo voleva qualche consiglio sul suo ultimo libro prima di farlo stampare, era un libro sui «conflitti generazionali, la spaccatura sociale, le famiglie moderne con difficoltà di dialogo, temi che venivano spesso affrontati in quel periodo», «Rol prese questo libro in mano e disse a Carlo, senza aprirlo: "Guarda che c'è il capitolo 12 che è tutto sbagliato"». Poi visto quanto accaduto in seguito, di gran lunga più significativo, Maneglia non ha più chiesto all'amico se era vero che quel capitolo avesse qualcosa che non andava bene oppure no, o comunque non lo ricorda.
Inoltre: «Rol mi disse di continuare a coltivare le mie predisposizioni, ovvero il disegno e alla musica. Pensavo che Carlo gli avesse detto di me, e invece non gli aveva detto niente, per cui lui lo aveva percepito con le sue facoltà. Mio papà era un noto pittore a Torino, credo di aver preso da lui, però io ho preferito i fumetti e il disegno pubblicitario, ho fatto il liceo artistico, anche se poi ho fatto il vigile del fuoco».
124. Pubblicato su *facebook.com/groups/museogustavoadolforol* da Nicola Gragnani il 30/01/2021, trascrizione di Loredana Roberti che, come specifica Gragnani, «ha ripulito un poco il linguaggio non sempre oxfordiano del detenuto e ha operato qualche piccolo taglio per rendere scorrevole il tutto. Nel file allegato trovate la testimonianza diretta (vi consiglio, se avete tempo, di andare subito a quella: la viva voce è altra cosa rispetto alla trascrizione)». Concordo con Gragnani. La testimonianza di Ghiringhelli, raccolta il 03/03/2020, non solo è molto significativa dalla sua viva voce, senza inibizioni e autentica sotto tutti i punti di vista, ma anche piuttosto spassosa. Il suo amico si chiamava Piero (detto "Pierin") Ferraris, che lui ha perso di vista e ritiene possa essere già deceduto. Sul fenomeno cui ha assistito, nessun dubbio: tutto indica una comparsa istantanea, come fosse *ex nihilo*, senza alcuna manipolazione possibile. Gli indizi sono contrari anche per quanto riguarda una eventuale

suggestione. Del resto, Rol faceva comparire gli oggetti dal nulla esattamente nello stesso modo anche a distanza, senza toccarli. Ad esempio a Franco Zeffirelli, che si trovava a Roma, fece materializzare nella *sua* mano un mazzo di chiavi (XXXIV-50). La «villetta cintata» «dalle parti di San Secondo» di Pinerolo è molto probabilmente la villa di campagna di Gustavo, e ho trovato molto interessante questo passaggio: «appena passato il muro di cinta era come se fossimo entrati in un campo di forza, come se al di là di questo muro ci fosse la pace assoluta, una sensazione mai provata». Impressioni analoghe sono state riferite da chi entrava a casa Rol a Torino, e anche in altri ambienti dove Rol si trovava che subivano una trasformazione. Si veda ad esempio quanto raccontato da Catterina Ferrari in XXIV-3.

125. Comunicazione scritta all'Autore del 15/12/2019, episodio inedito. A differenza del racconto di Rappelli che aveva parlato di una «pioggia di castagne» a «centinaia» (XLI-5), qui invece ne appaiono "solo" una decina già sul pavimento, ma con la variante di avere ancora i ricci e di aprirsi sul momento (!). Proprio come quando i ricci cadono dall'albero e battendo a terra possono fare uscire le castagne. I frutti fuori stagione sono un'altra dimostrazione e "complicazione sperimentale" classica di Rol, indizio aggiuntivo di autenticità (in un'epoca in cui non era consuetudine, come oggi, trovare praticamente qualunque cosa fuori stagione).

In merito alla *sincronicità*: gli episodi di ogni capitolo tranne eccezioni seguono un andamento cronologico – vale a dire che sono stati aggiunti nel corso del tempo talvolta a distanza di mesi o anni uno dall'altro – quello di Carlo Rosa, nel file grezzo, seguiva quello di Ghiringhelli (la cui anteprima era stata data da Gragnani il 22/09/2019, tre mesi prima), ma mi sono accorto della coincidenza tra fiore e cognome solo al momento della formattazione del capitolo e dell'episodio, dopo aver inserito la citazione di Eliade. Cfr. anche la materializzazione della rosa di cui è stato testimone Giovanni Fasulo (XLIX-48 e nota).

126. Trascrizione dal video pubblicato il 02/02/2021 da Loredana Roberti su *youtu.be/Uo8N5aEknT0*. Questo episodio conferma ancora una volta il *modus operandi* di Rol che ritroviamo spesso: l'oggetto nel *palmo aperto* della mano, che compare "dal nulla", oppure che sparisce, senza alcuna manipolazione o movimento e ricompare da un'altra parte. Tra l'altro, esso suggerisce abbastanza bene la dinamica inversa che potrebbe aver fatto per esempio la rosa di Ghiringhelli: "estratta" da qualche parte, per esempio da un giardino, e fatta arrivare sul palmo, proprio come il pezzo di legno dal palmo viene "spedito" al taschino. Questa nostra illustrazione dovrebbe mostrare ancora una volta, se ce ne fosse bisogno, quanto sia importante conoscere altre testimonianze di questi fenomeni, perché uno completa l'altro e comparati forniscono elementi sulle dinamiche coinvolte, a loro volta base per suggerire delle teorie scientifiche.

Se si fa attenzione al dettaglio del palmo, e poi lo si compara con le altre testimonianze dove l'oggetto compare o scompare da punti distanti da Rol, si dovrebbe poi comprendere molto bene la differenza con un ipotetico gioco di prestigio. Il testimone menziona Via Baretti, parallela di Via Silvio Pellico, perché Rol aveva lì un altro appartamento.

In un post dello stesso giorno su *facebook.com/groups/dottorrol*, Roberti aveva aggiunto ancora questi commenti di Verbale: «Lui sempre veniva, stava lì, toccava delle cornici... Per cinque anni sono stato lì, poi ho cambiato lavoro (...). Non ci sono altri episodi da raccontare. Ricordo che mi ha detto che assomigliavo molto a Napoleone, perché avevo un ciuffo, non so... però poi ho visto delle foto ed è vero che gli assomigliavo molto. Il Dottor Rol è stata una brava persona».

127. Commenti del 01/03/2021 su *facebook.com/Gustavo.A.Rol* .

128. Morone, 2021. Negli stessi giorni la Dell'Olio aveva raccontato l'episodio anche a "La Stampa": «Il regista mi disse che durante il primo incontro una libreria del salotto di Rol finì per strada, in via Silvio Pellico: rideva del fatto che per riportarla in casa ci erano voluti dei maschi forzuti» (Riccomagno, 2021). Dubito però fortemente che possa essersi trattato del primo incontro. Al massimo, anche se non mi convince, potrebbe essere stata la prima volta che andò in Via Silvio Pellico, che non corrisponderebbe al primo incontro (per questo, cfr. *Fellini&Rol*). Rol non mostrava fenomeni di questo livello tanto presto durante la frequentazione, e Fellini non può aver costituito eccezione alla regola. Per analogia, si veda lo spostamento di una pesante acquasantiera (XVIII-5) che dovette poi essere rimessa al suo posto dai cinque operai che l'avevano sistemata in precedenza. E quanto ha raccontato Filippo Ascione, visto più sopra, del monumento spostato da una piazzetta a un cortile interno di un palazzo e ritorno (XXXIV-119).

129. Pubblicato dal testimone su *facebook.com/groups/gustavorol* il 19/06/2021. Molinari mi ha poi detto che quando telefonò a Rol, lui lo prevenne sapendo (ovviamente) cosa era successo.

130. Commento su *facebook.com/groups/gustavorol* del 04/07/2021. Non sono purtroppo riuscito ad avere un contatto con la testimone, quando le ho richiesto ulteriori dettagli alcuni mesi dopo. Si tratta di una testimonianza molto simile a quella di Giuditta Miscioscia (XXXIV-9), ragion per cui, considerato che purtroppo quest'ultima ha talvolta riferito testimonianze di altri come se fossero state vissute da lei personalmente, conoscere i dettagli sarebbe stato più importante che in altri casi, cominciando col farsi dire il nome dell'ex marito e, se ancora in vita, interrogarlo direttamente.

131. Comunicazione scritta all'Autore del 03/10/2021, episodio inedito. Prima che Guido Maschera mi mandasse questo racconto dettagliato, avevo già messo per iscritto quanto lui stesso mi aveva raccontato a voce quattro anni prima (il 20/11/2017) e che avrei pubblicato come racconto

principale. Dopo averlo ricontattato prima di terminare il volume, per chiedere alcuni dettagli, mi ha proposto di scrivere lui stesso l'episodio, cosa che ovviamente considero ideale per qualunque testimone. Trovo utile, a titolo integrativo, pubblicare qui anche quanto avevo preparato io, perché vi si trovano altre informazioni e altri dettagli complementari:
«Rol frequentava a San Secondo di Pinerolo la casa dei miei zii, un grande cascinale che si trovava quasi di fronte al cimitero del paese, dove ora ci sono alloggi moderni. Mio zio Aristide Pallotta Caffaratti era un generale dell'esercito che abitava a Torino in Crocetta, in via Cristoforo Colombo. È mancato nel 1987. Nei fine settimana andava a San Secondo e anche io ci andavo ogni tanto di sabato. Lì alla cascina ho conosciuto Rol, l'ho visto in quattro occasioni tra la fine del 1981 e la fine del 1984, ma non ho mai avuto la fortuna di andare in via Silvio Pellico a casa sua.
Mi ha dato due o tre "botte" che ricordo ancora adesso. La cosa che più mi ha sbalordito è stato quando ha fatto sparire dalla mia giacca un pacchetto di sigarette e l'ha fatto ricomparire nella giacca di una persona che era appena arrivata. Un sabato pomeriggio sul tardi eravamo seduti al tavolo nel grande salone della cascina, io, mio zio e Rol. All'epoca fumavo (Rol non amava che fumassi, odiava un pochettino il fumo) avevo con me un pacchetto di sigarette e mi ha detto di fargli sopra un autografo. Mio zio mi sorrise e capii che c'era forse qualcosa che stava per succedere, e invece poi sembrava finita lì. Ho rimesso allora il pacchetto in tasca, nella tasca esterna sinistra, quindi abbiamo parlato e bevuto qualcosa. A un certo punto – noi non ci eravamo mossi per tutto il tempo dal tavolo – la domestica stava andando ad aprire la porta a un signore che si chiamava Piero (non so il cognome) ex farmacista dell'ospedale di Pinerolo, che arrivava da fuori. Lui fece per entrare e Rol, che mostrò di conoscerlo, in pratica lo bloccò sulla porta dicendogli: "Ciao Piero, hai una sigaretta?" E lui gli ha risposto: "Lo sai che non fumo" e intanto mentre diceva "non fumo" ha iniziato a toccarsi come quando si cerca qualcosa. E così, nella corrispondente tasca della sua giacca (esterna sinistra) ha trovato il pacchetto di sigarette, il mio pacchetto! che era infatti sparito dalla mia tasca.
Nessuno di noi si era mosso e intanto Rol rideva (aveva una risata molto accattivante).
Io da quel momento lì ho iniziato a dare i numeri perché non mi capacitavo di questa cosa.
Se infatti uno si fosse per esempio alzato e avesse poi affiancato questa persona che entrava avrei potuto anche avere dei sospetti, qualcosa cui appigliarmi. Ma davanti a un'evidenza simile non puoi essere scettico.
Quello era inoltre un salone enorme, ci saranno stati una decina o quindicina di metri dal tavolo fino all'ingresso. E la domestica che stava andando ad aprire quando è suonato il campanello sarà passata a cinque-

sei metri da Rol (era poi arrivata a pochi metri dalla porta ma Piero aveva già aperto e lei tornò indietro).
Ho visto anche degli esperimenti con le carte, ma ero io a toccarle, a mescolarle, lui mi dava solo le indicazioni: "Fai così, fai cosà, batti la carta, batti su, batti giù", e mi prendeva anche un po' d'ansia perché certe cose ancora adesso non me le spiego.
Dopo quegli incontri Rol l'ho sempre avuto presente dentro di me, anche perché era una persona buona che non ha mai tirato acqua al suo mulino. Avrebbe potuto approfittare molto di queste sue doti, invece ha sempre agito in totale onestà, senz'altro una persona da cui prendere esempio.
Tra le cose che mi affascinavano c'era anche il suo aspetto così "pacioccoso", il modo di parlare estremamente piemontese, torinese, era piacevolissimo.
Era impossibile rimanere indifferente a un personaggio così».
Nel suo racconto scritto, la frase finale è paradigmatica, e molti testimoni la condividerebbero completamente, io per primo: «*Non so quante volte ho rivisitato mentalmente l'episodio e garantisco che non esiste alcun trucco o spiegazione logica*». Ora si immaginino i testimoni continuativi che avranno «rivisitato mentalmente l'episodio» per decine di altri prodigi e esperimenti, senza trovare appigli plausibili, e si capirà da un lato la loro granitica certezza circa la loro autenticità, dall'altro quella certa assuefazione, quel dare per scontato dopo qualche anno quanto si testimoniava, al punto che, per citare nuovamente Rappelli, «non c'era più niente che mi stupiva. Avrei potuto vedere un elefante volare che lo trovavo perfettamente normale».
132. Comunicazione all'Autore del 26/02/2018, episodio inedito. È la prima volta che sento parlare di una "pallina magica", potrebbe trattarsi di una biglia come quelle di cui ha parlato Marius Depréde.
Elsa Priotti mi ha raccontato che anche lei conobbe Fellini quando il regista andò a San Secondo, quando con Rol e Franco Turina tutti e tre andarono a prendere un caffè alla *Locanda del Cannone d'Oro*. Era una domenica pomeriggio e Fellini stava girando *Giulietta degli Spiriti*, doveva essere quindi il 1964. Lei non sapeva chi fosse Fellini.
Franco Turina mi ha confermato di aver sentito dalla balia di Rol e dal personale di servizio a villa Rol durante la II[a] Guerra Mondiale episodi come quello del comandante tedesco al quale Rol disse che sapeva cosa conteneva il cassetto del comodino o della scrivania di casa sua in Germania o che salvò molte persone (ma non ha ricordi specifici, anche perché lui era bambino). Di quell'epoca mi dice: «Rol aveva una parte della villa, e una parte l'ha data al comandante. Io mi ricordo che c'erano i tedeschi e giravano in casa, e anche noi eravamo lì, con noi son sempre stati gentili, anche i miei dicevano: "Non ci hanno mai disturbati"». Ecco cos'altro mi ha riferito:

«Lui aiutava anche la povera gente, per esempio a Natale, andava al Comune e lasciava dei soldi per i poveri, però non voleva mai che fosse fatto il suo nome. Negli ultimi anni, quando non veniva più, il sindaco che era mio conoscente, mi ha chiamato e mi ha detto di indicargli qualche famiglia povera perché Rol aveva lasciato dei soldi per loro, e io gliel'ho indicata.
Tutti gli anni lasciava qualcosa per le famiglie più bisognose di San Secondo, però non si metteva in mostra. Mai.
Ha aiutato molto anche la casa di riposo Maggiorino Turina, in centro paese. Ha dato dei grossi contributi e c'è un piano intestato al padre e alla madre del dottor Gustavo, Martha e Vittorio Rol. Entrando nel secondo piano c'è una targa che li ricorda. Il papà non l'ho conosciuto perché è mancato l'anno che sono nato io, nel '34. Invece la mamma è divenuta anziana, era una signora molto gentile con tutti noi.
Anche la sorella Tina Solari, la marchesa, ha lasciato come testamento alla casa di riposo l'alloggio di Torino dove abitava.
E poi il dottor Rol era molto amico del fondatore che era il parroco di San Secondo Don Martina, che ha fondato la casa di riposo con la signora Turina, che era il dottore del paese».
Il 22/09/2021 la sindaca di San Secondo, Adriana Sadone, in occasione dell'intitolazione ufficiale a Rol della scuola secondaria del paese, aveva detto: «Ogni anno donava all'amministrazione un contributo di un milione di lire da destinare alle famiglie bisognose» (Depetris, 2021). Su mia richiesta, la sindaca ha verificato a quali anni si riferiscono queste donazioni, per poter avere un valore corrispondente nel 2021. Una prima ricerca d'archivio ha indicato il 1983-1984, valore corrispondente: 1.700 e 1.500 euro.
Continua Turina:
«Il dottor Rol una volta era venuto a trovarmi a casa anche con uno degli Agnelli [*forse Edoardo*], gli Agnelli erano già amici della madre del dottor Rol e sono venuti qualche volta alla villa, nel giardino avevo incontrato l'avvocato Gianni con la moglie Marella.
Le informazioni sulla sua gioventù me le aveva date la sua balia Catterina Bessone, era lei che l'aveva allevato. Il papà, l'avvocato Vittorio, non gli dava molti soldi quando era a Marsiglia o Parigi e allora lei, nonostante fosse solo la persona di servizio gli mandava dei soldi presi dal suo stipendio, mi diceva: "Non volevo vederlo con problemi di soldi, era giovane e mi spiaceva, glieli mandavo io, perché l'avvocato diceva che spendeva troppo, lui diceva che aveva molte spese".
Catterina aveva due nipoti ma sono mancati. Lei veniva da Cavour, aveva avuto una figlia che però poi era mancata e allora è venuta a dare il latte a Gustavo Rol. Questo me lo ha raccontato lei. Dava il latte perché la signora Rol, appena avuto Gustavo ha cercato una balia. Il motivo non lo so, però lei mi aveva detto: "Io ho dato il latte al dottor Gustavo, sono

venuta in casa Rol perché cercavano una balia e avevo appena avuto una figlia". E poi è sempre stata in casa Rol, faceva tutti i lavori e mi ricordo che la signora Rol, la madre, diceva: "Comanda anche me quella, mi dà gli ordini!", e rideva. Era una di casa.

La signora Martha era invece figlia del presidente del tribunale di Saluzzo, i signori di Saluzzo, proveniva da una famiglia facoltosa. Era una simpatica signora, scherzava sempre, anche da anziana mi chiamava quando veniva d'estate, passavano qui due-tre mesi, erano brava gente, arrivavano verso maggio-giugno e andavano via dopo i santi, dopo aver lasciato in ordine la tomba dei Rol. Qui avevano molti amici come la contessa e il conte di San Secondo.

Catterina non aveva pensione, e il dottor Rol una volta al mese veniva a portarle dei soldi perché avesse una vecchiaia più tranquilla, infatti poi ha vissuto fino a 96 anni. Era mia vicina di casa e mi aveva raccontato tutta la sua vita».

Catterina era morta il 21/12/1972. In seguito Rol veniva sempre più raramente, «veniva la sorella Maria ma non lui, e quando poi è mancata la moglie Elna non è più venuto.

Elna era una signora splendida, bellissima e davvero molto gentile, quando io ero ragazzo e lui veniva a San Secondo, lei veniva sempre a salutarci. In villa ognuno aveva i suoi alloggi.

La sorella Maria Rol mi aveva detto che una troupe giapponese – mi aveva anche detto il nome ma non lo ricordo – era venuta apposta dal Giappone per studiare il dottor Rol».

133. Comunicazione all'Autore del 19/02/2018, episodio inedito. Priotti purtroppo non ricorda il nome di questa dottoressa e non saprebbe come ritracciarla, essendo passati decenni. Era una sua vicina di casa ed era già piuttosto anziana. L'episodio risale agli anni '80.

134. Comunicazione all'Autore del 07/09/2021, episodio inedito. L'analogia più prossima di questo episodio è il calamaio di Fellini (XXXIV-3, 3bis) che scompare e poi ricompare subito dopo.

135. Dal programma *Zona Bianca*, Rete 4, del 13/10/2021. L'attrice Sandra Milo è stata amica intima di Federico Fellini e interprete nei suoi film *8 ½* (1963) e *Giulietta degli spiriti* (1965).

136. Comunicazione all'Autore del 04/11/2021, episodio inedito. L'affermazione «mi faceva come dei giochi di prestigio» riflette la semplicità dei prodigi, che anche gli illusionisti, tramite manipolazione, possono realizzare. Questi apparenti "giochetti" per bambini (che erano vere smaterializzazioni, quindi in ogni caso "giocioni") sono effettivamente tra quelli che gli illusionisti sono in grado di riprodurre col trucco. Ma, è il caso di dire, questo lo sanno anche i bambini...

137. Comunicazione all'Autore del 07/01/2022, episodio inedito.

137^a. Bianchi, 2015. Episodio non contabilizzato, mancando i dettagli. In se stesso l'aver trovato un rubino non è certo un "prodigio". Diverso il caso se per esempio la Marzotto avesse detto poco prima e senza alcuna influenza di Rol la parola "rubino", o se Rol le avesse chiesto: "Cosa desideri?" e lei avesse risposto "un rubino", o simili. Magari, ed è probabile, è effettivamente avvenuto qualcosa del genere, ma non essendo riferito non possiamo saperlo. Ecco un esempio di giornalismo o investigazione superficiale, considerato quanto i particolari possano fare tutta la differenza.

Marta Marzotto (1931-2016) è stata una modella, stilista, *socialite*; musa e amante del pittore Renato Guttuso (1911-1987).

137[b]. Montebello, 2020. Milena Vukotic (n. 1935) è una attrice italiana di cinema, teatro e televisione (ruolo forse più noto quello di Pina Fantozzi), candidata più volte al David di Donatello e ai Nastri d'Argento (di uno vincitrice: migliore attrice non protagonista per *Fantozzi in paradiso*, 1994). La giornalista commenta la presunta materializzazione del pesce ad opera di Rol: «Chissà l'immaginazione fino a che punto influenzava queste visioni». Vukotic: «Rol convinceva le persone, aveva una capacità anomala».

Rol avrebbe risposto: «L'immaginazione è la più scientifica delle facoltà»: essa infatti è determinante, ma non nel senso datole dalla giornalista (quale sinonimo di "fantasia" o di "allucinazione"). La Vukotic potrebbe comunque ricordare male: non essendoci altre testimonianze di un pesce materializzato, potrebbe invece trattarsi della sparizione e apparizione del calamaio (XXXIV-3) (magari con associazione inconscia successiva a "calamaro"), che avvenne appunto su un tavolino. Per questa eventualità così come per la mancanza dei particolari, l'episodio non è stato contato.

138. Trascrizione da conversazione con Roberto Briatta nell'ambito del suo programma *La notte è per i gatti* del 24/01/2018, su *Torino Web Tv*. Giliana Azzolini è autrice di alcuni libri, in uno dei quali racconta brevemente gli stessi episodi:

«"Lei [*le aveva detto al telefono Rol*] non ha bisogno di dimostrazioni di esperimenti, e questo mi rilassa." Tuttavia mi hai reso partecipe di alcuni giochi inquietanti: un lucertolone nel minestrone ribollito (abitavo al secondo piano del centro di Torino), il ragno nel bicchiere, grossi spilloni sulle lenzuola appena cambiate; il tutto nel giro di dieci ore.

"Non ha niente da dirmi? Dopo quello che le ho inviato?! Ma lei non ha paura neanche del diavolo! Mi ero detto, non mi chiama mai, la induco a farlo, (In realtà ero in soggezione e aspettavo che tu [*rivolto idealmente a Rol*] mi chiamassi), ma ora mi farò perdonare". Ed ecco, la rosa sul comodino e un'intensa fragranza di fiori nella camera da letto» (Azzolini, p. 9).

Era il 1986, lei inizialmente gli aveva scritto una lettera con le sue "meditazioni" (alcune decine di fogli) e chiedendo se le cose che vedeva e scriveva (anche in scrittura automatica) fossero frutto della sua immaginazione oppure no. Due o tre giorni dopo Rol l'aveva chiamata, e in seguito, dopo molto che non si sentivano, avvennero gli episodi riferiti. I dettagli aggiuntivi me li ha comunicati per iscritto il 06/04/2022.

Nelle telefonate del 1986 Rol le aveva parlato del suo incontro giovanile con Einstein e se l'era presa per il comportamento di Piero Angela; le aveva anche detto: «Io so delle cose che distruggerebbero il mondo in mano a qualcuno di maleintenzionato». A tal proposito in una registrazione inedita del mio archivio audio, Rol dice: «Io c'ho in mano un'arma... micidiale. Io devo imparare a adoperarla, come avessi un'atomica, ma non per distruggere, ma per creare. ... Grazie al cielo, la mia coscienza morale mi mette in guardia costantemente – quante preghiere io faccio, anche durante gli esperimenti... perché le cose che faccio non abbiano a nuocere a nessuno ...».

139. Comunicazione all'Autore del 05/02/2022, episodio inedito. Questo è il genere di episodio che esclude evidentemente qualsiasi manipolazione o preparazione previa. A meno di non considerare tutti i presenti vittima di allucinazione collettiva, o semplicemente di mettere in dubbio la buona fede della testimone e della nipote che l'ha riferita – soluzioni entrambi improbabili – non ci sono molte alternative se non considerare il prodigio come autentico.

140. Comunicazione all'Autore del 05/02/2022, episodio inedito. Uma Koller mi ha detto che il "salotto blu" era chiamato così perché la tappezzeria era blu, altre stanze avevano altri colori ed ogni stanza sua nonna la chiamava per il suo colore. Il dettaglio della «nebbia» è molto interessante, e, ancora una volta, si comprende l'importanza di avere molte testimonianze, ciascuna delle quali contribuisce con frammenti utili a comporre il mosaico.

Lo si confronti con la testimonianza dell'ing. Luigi Fresia, che aveva riferito che Rol aveva «materializzato l'immagine di alcuni stregoni che avevo visto in Africa tanti anni prima che, con la consistenza della nebbia, sono apparsi nella stanza» (XXIX-5); o col «nano con le sembianze di Gustavo che se ne stava andando come circondato da una nuvola» (XXXII-10); e penso che siamo nello stesso ordine di cose della *gelatina* di cui, tra gli altri, aveva parlato Mauro Maneglia: «una specie di gelatina trasparente che si manifestava, come un qualcosa che non era a fuoco, e infatti io mi ricordo che avevo strizzato gli occhi [*fa il gesto, si sfrega gli occhi*] e mi ha incuriosito questa massa informe che poi informe insomma non è più stata visto che son diventati tre bicchieri» (XXIV-123); «ho sentito proprio l'aria cambiare intorno a me, e si sono materializzati questi 3 bicchieri da questa materia molto evanescente che si è formata nell'aria», «una gelatina senza una forma precisa, che si stava formando molto rapidamente», «la gelatina non era possibile metterla a fuoco, perché per sua natura non aveva una forma distinta, però sarà durato

qualche secondo, questa materia informe, perché poi dopo si son ben distnti questi tre bicchieri» (123bis).
Sulla nebbia, si veda anche, caso possa avere qualche relazione, il racconto di Cesare Ricotti che cito a p. 301; così come quella «specie di nebbiolina azzurrognola simile al fumo leggero di una sigaretta contro il sole» di cui parla Giovanni Battista Ferlini in *La barriera magnetica* (Mediterranee, Roma, 1986, p. 101; anche pp. 103, 111).
141. Comunicazioni all'Autore del 31/01 e 16/03/2022, episodi inediti. Bartolomeo Bernocco insieme alla moglie Graziella è stato dal 1975 al 1980 alle dipendenze dei miei nonni per le mansioni di casa, nell'appartamento di Largo Mentana 11 a Torino. In merito al momento in cui Gustavo «tutto d'un tratto si è alzato in piedi, con uno slancio come se si fosse alzato da terra...» e con piglio certamente severo intima a Franco di consegnare la medaglia ai parenti del ragazzo morto per il bombardamento, trovo una precisa analogia con il comportamento o la reazione di cui all'episodio I-156, dove «lui si alzò dalla sedia e con uno sguardo severo intimò alla donna...», indice, in entrambi i casi, di un repentino cambio di coscienza, come lo scatto di un interruttore che ha reso possibile la percezione o la visione extrasensoriale.
142-143. Trascrizione da conversazione registrata del 06/09/1972, episodi inediti per iscritto, parte del video inedito che ho pubblicato nel 2017 (qui: *youtu.be/YPYxuf1AnV0*). Se i prodigi di Rol fossero solo questi, ovviamente sarebbe ben facile essere scettici, vista la manipolazione inevitabile. Ma siccome ci sono innumerevoli testimonianze dove la manipolazione non avviene ed è impossibile, ne consegue logicamente che anche questi "giochetti" siano in realtà "giaconi", smaterializzazioni autentiche.
143^c-148. Inseriti in altri capitoli. Abbiamo ripetuto il 146 invece che contarlo come 147 per compensare l'errore di collocazione dell'esperimento della pipa, si veda più sopra nota a XX-44.

XXXV – Materializzazione e/o smaterializzazione di scritte

110-111. Roccia, 2011. La data sul tovagliolo era quella di nascita di Roccia. Quanto al libro, Roccia mi aveva specificato che anch'esso era stato scelto a caso. Nessun illusionista potrebbe fare un esperimento del genere, totalmente imprevedibile.
112. Testimonianza raccolta da Micaela Martini ai primi di ottobre 2015, da me poi pubblicata su *youtu.be/tKSeU1ryp1I*. Mario De Rossi nel filmato quando dice «se lo appoggia sul viso» mostra le due mani come quando ci si lava la faccia. Questa descrizione, insieme ad altri dettagli, è leggermente diversa dal racconto che segue del fratello Cesare. Ho provato a chiarire con Mario De Rossi, in data 04/10/2021, se a questo episodio fosse effettivamente presente o se l'avesse sentito raccontare dal

fratello o da qualcun altro, ma non ha saputo rispondermi con sicurezza (problemi di memoria). Mi ha invece ribadito con certezza – forse anche a causa dell'impatto che aveva generato – di aver testimoniato l'episodio del mazzo di chiavi che aveva attraversato il muro (XX-37).

113. Comunicazione all'Autore del 20/07/2017, episodio inedito. Si cfr. per es. XXXV-22, anche per concluderne che il fatto di metterlo sulla fronte era solo allusivo (il pensiero che si "imprime", si materializza sul tovagliolo), non certo una necessità "operativa". Nell'episodio precedente il tovagliolo sarebbe stato messo su tutto il volto, in quello successivo, raccontato da Nadia Seghieri, lo prende presumibilmente dal tavolo così com'era.

114. Comunicazione all'Autore del 05/09/2019, episodio inedito. Si tratta evidentemente di una terza occasione, diversa dalle due precedenti. In una intervista del *Corriere della Sera* nel 2019, Seghieri aveva detto: «molti volevano comprare i tovaglioli del ristorante per un unico motivo: perché sovente Rol piegava il tovagliolo sulla fronte, si concentrava per alcuni istanti, quindi lo apriva e apparivano scritti sulla stoffa i pensieri che erano passati nella mente dell'interlocutore.
Un altro momento stupefacente fu quando aprì un tovagliolo sul quale era incredibilmente comparso scritto tutto il menu del ristorante. Era decisamente ricco di portate» (Rosa, 2019; Seghieri riferisce anche che Rol di lei aveva detto che «è la più bella faccia rinascimentale che conosco»). Mi pare che la seconda parte della citazione riguardi propriamente l'episodio che abbiamo riferito (per quanto vi sia inclusa anche la consuetudine della materializzazione dei pensieri dell'interlocutore, nel caso quelli della madre di Seghieri) mentre la prima è compatibile con quanto mi ha detto Cesare De Rossi e conferma l'abitudine a questo esperimento: «*sovente* Rol piegava il tovagliolo sulla fronte».
Nel libro di Renzo Allegri cui allude la testimone troviamo l'immagine del tovagliolo, all'epoca pubblicato in bianco e nero, ripubblicato a colori in *Rol il grande veggente*, dove alle pp. 74-76 (ed. 2003) il giornalista racconta dell'appuntamento al *Firenze* (cfr. XXXV-41, XVI-26), mentre in *Rol l'incredibile* troviamo l'episodio del tavagliolo (p. 7) separato dalla menzione del ristorante (p. 63): «C'è un ristorante a Torino, dove Rol si reca spesso, e da anni. Si tratta del ristorante Firenze, in via S. Francesco da Paola, 41. Rol lo conoscono bene in quel locale, e quante cose gli hanno veduto fare! La padrona del ristorante e il personale di servizio, sanno benissimo che c'è sempre qualcuno che si porta via una tovaglia scritta, e quanti pagherebbero qualunque cosa per averla!» (punto esclamativo mio, secondo me dimenticato).
Tra l'altro questo brano era stato Rol stesso a scriverlo nel 1977 per l'ultimo articolo di *Gente* che poi non venne pubblicato e di cui Allegri ha fornito il testo integrale nel 2003 in *Rol il grande veggente* (p. 181). E

inoltre Rol aveva aggiunto (parlando come fosse Allegri): «Successe anche a me, e quel giorno Rol scrisse una frase sulla tovaglia di un signore che non conoscevamo e che pranzava a un tavolo più distante». Invece in *Rol l'incredibile* Allegri aggiungeva: «Successe anche a me, come ho raccontato all'inizio di questo libro», dove a p. 7 riferiva appunto il suo episodio del tovagliolo, ma non raccontava quello cui accennava Rol dell'altro signore, forse perché era una frase ad uso e consumo dell'articolo per mostrare una tipologia di esperimento ricorrente (ma a p. 28 ad esempio Allegri menzionava Rol a ristorante con Fellini, il quale «si diverte a fargli scrivere sul tovagliolo dei vicini di tavolo»). A parte comunque queste ultime precisazioni, il resto è interessante per mettere ancora meglio a fuoco il *modus operandi* di Rol nei ristoranti.

115. Commenti unificati del 21/09/2016 su *facebook.com/Gustavo.A.Rol* .
116. Pompas, 2018. Ho chiesto ulteriori dettagli ad Ascione su questo episodio, mi ha detto (in data 06/10/2021) quanto segue:
«Rol mi ha detto di tenere questo foglio sempre chiuso in cassaforte o comunque in un posto non accessibile ad altri, di tenerlo al buio e di non farlo vedere, posso fare una fotocopia e mostrare quella, ma non lo lascio comunque fotografare. Non voleva che andasse in giro.
Ogni tanto lo trovo cambiato. Ne ho fatto tre copie. È cambiato tre-quattro volte da quando è morto lui. Quando cambia faccio la fotocopia e me la tengo. E comunque sono cose che riguardano me, quindi anche non avesse detto di non mostrarlo, forse non lo mostrerei.
Ho trovato parole messe sul foglio che prima non c'erano, e che cambiavano il senso di tutta la frase. Una volta erano due, un'altra una e un'altra tre, poi cambiava qualche parola all'interno, cambiava il senso, letteralmente, diventava un'altra cosa. Una volta ho trovato delle parole scritte in più sul lato del foglio, in verticale.
Lo scritto è di sei-sette righe ed è stato materializzato a distanza. Lui mi aveva detto: "Domani mattina apri un libro che hai sull'ultimo ripiano, a sinistra, e apri a caso". Io pensavo di trovare un significato o una corrispondenza nella lettura, come era accaduto per esempio alla collaboratrice di Fellini. [Cfr. IV-36.]
Non credevo di trovare qualcosa di materializzato come un foglio piegato, ma di aprire a caso e trovare una pagina che riguardasse qualcosa che in quel momento lui aveva capito su di me o che io pensavo.
Adesso è un po' di anni che non lo vedo.
Poi volli sapere se dovevo riportarglielo – lui non amava lasciare le cose materializzate – e allora gli ho detto: "Magari vengo a Torino e le porto il foglio", e lui ha risposto: "No, tienilo, e quando senti proprio che hai un'esigenza molto forte rileggitelo". Non mi disse però che cambiava. Mi disse solo "rileggilo". Io me ne sono accorto poco prima che morisse quando ho trovato una parola in più, ed ero sicuro di non averla vista prima perché avevo la fotocopia, e sulla fotocopia non c'era. Dopo ho

capito quello che voleva dire quando diceva: "Quando senti il bisogno rileggilo, perché ci sono dentro delle altre informazioni", ma non immaginavo che potesse trasformarsi in altri messaggi, perché poi quelle parole in più che apparivano e scomparivano cambiavano completamente il senso di quello che c'era scritto. La prima volta che me ne sono accorto mi pare sia stato prima che morisse, poi le altre tre-quattro volte dopo che è morto. Rol aveva messo anche data (14 novembre 1987) e firma.
Quando c'è stata la materializzazione mi aveva detto: "Tu fai una fotocopia e leggitela ognitanto, l'originale però tienilo chiuso", per cui non avevo mai rivisto l'originale, mi ero fatto una fotocopia che mi tenevo tra le mie cose e ogni tanto la leggevo.
In merito al contenuto, era una cosa piuttosto precisa che riguardava la mia famiglia, al rapporto difficile con mia madre, però lo potevo estendere a qualsiasi contesto. Lui aveva capito che ero in un momento difficile e che non sapevo che strada prendere, e fu molto preciso. Mi disse di star buono, perché questa era la via migliore. Però io non gli avevo chiesto nulla, non gli dissi: "Sa ho questo problema", assolutamente no. Ha fatto tutto lui.
Questa era la differenza con altri, perché di solito quando uno va da uno psicanalista o anche da un "mago" o da uno sciamano, comunica il problema, e l'altro risponde: "Sì te lo posso risolvere" oppure "No non posso". Con Rol non è andata così. Lui aveva capito che ero molto dibattuto anche se non si vedeva. Senza che si parlasse a voce del problema, me lo ha messo per iscritto dicendo quello che dovevo fare, sono sei-sette righe, non di più, però c'è tutto».
Da queste precisazioni di Ascione, *come al solito*, si evince molto di più rispetto alla versione "ridotta" dell'intervista.
Questo episodio racchiude in sé molte classi di prodigi: 1) *telepatia* (Rol *sente* che Ascione lo sta pensando e gli telefona); 2) *biblioscopia semplice* (il far trovare qualcosa in un libro); 3) *materializzazione di oggetti* (foglio); 4) *materializzazione di scritte*; 5) scritte che si trasformano, che può essere incluso nella classe *immagini che si trasformano*; 6) *chiaroveggenza* (Rol che sa qual è il problema di Ascione senza che lui gliene abbia parlato); 7) *consigli* (questa per qualcuno può non essere considerata una classe "paranormale", tuttavia va considerata come direzione corretta indicata da Rol affinché le cose si risolvano, che include di fatto un aspetto di *precognizione*: se fai così, ne avrai un beneficio, se fai diversamente, ne avrai un danno o non risolverai il problema).
Va detto che Rol non è mai stato, almeno fisicamente, a casa di Ascione, quindi a meno che non abbia preso l'aereo Torino-Roma la sera stessa della telefonata e si sia poi introdotto come *Diabolik* nottetempo nel suo appartamento e abbia infilato il foglio nel libro... (all'illusionista scaltro che non si fa prendere per il naso si accende la lampadina, ha un *dejà vu*... "ecco perché Rol ha detto ad Ascione di andare a prendere il libro solo la

mattina seguente! *I'm a genius...*"). Ma anche così restano le altre classi di prodigi, un po' difficiline da spiegare tutte. Oppure Rol aveva un fantomatico complice a Roma (*Diabolik* appunto), lo stesso che dovette introdursi nell'appartamento di Pietrangeli (prima non avevamo pensato a questo scenario, perdindirindina!) e che aveva ricevuto da tempo per posta lo scritto di Rol, il quale ha aspettato le circostanze giuste per telefonare ad Ascione e montare lo spettacolo (calcolando anche sapientemente attraverso un algoritmo di sua invenzione in che momento Ascione avrebbe pensato a Rol per chiamarlo seduta stante). Come si vede, una spiegazione "razionale" la si può sempre trovare... *Bond strikes again*!

117. Ruffo di Calabria, 2016, p. 41.

118. Comunicazione all'Autore del 19/11/2019, episodio inedito. Intervistato in seguito (22/11/2019) da Loredana Roberti, in riferimento a questo stesso episodio Fè d'Ostiani ha detto: «Imponeva le mani sul tovagliolo piegato a triangolo, tovagliolone... Aprendo [*poi*] questo tovagliolo c'era una scrittura non sua, non mia, di nessuno dei presenti, dritto/rovescio dritto/rovescio dritto/rovescio. È una cosa incredibile: come riuscisse a traslare della grafite o che cosa fosse non lo so su un materiale di stoffa piegata, da un quadrato grosso, a un quadrato molto più piccolo, a sua volta piegato a triangolo».

119. Asti, 2017, p. 74. Il caso naturalmente è riferito a situazioni testimoniate dalla Asti, Rol deve averlo fatto in sua presenza ma destinato ad altre persone. L'attrice fa precedere l'aneddoto da questo commento: «Amava dare spettacolo per impressionare la gente, questo sì. E spesso utilizzava modalità da imbonitore». Mi pare un'affermazione superficiale, dall'angolatura di una donna, lei sì, di spettacolo, ma Rol di "spettacoli" non ne faceva, per quanto è vero che amasse impressionare. Gli attori però lo fanno per un ritorno psicologico personale, per mettersi in mostra, per vanità; mentre nel suo caso si trattava di una strategia atta a impattare, quindi a scombussolare, l'individuo di turno, che mai più avrebbe potuto dimenticare il prodigio di cui era stato oggetto o testimone. Anche perché certa gente va scrollata per bene se no non si sveglia.

119[a]. Comunicazione all'Autore del 25/09/2019, racconto inedito. Non contabilizzato essendo già stato fatto con il racconto di Romiti.

120. Ceratto Boratto, 2020, p. 162. Sulla clinica Sanatrix, si veda: *Vent'anni di vita di una clinica fra le maggiori d'Italia*, La Stampa, 03/06/1951, p. 7. La vendita avvenne nel settembre 1952, cfr. articoli su *La Stampa* del 20 e 23/09/1952, p. 2. L'episodio del tovagliolo si può collocare quindi in quest'anno. Per ulteriori dettagli e analisi sulla testimonianza della Ceratto Boratto, cfr. *Fellini & Rol*.

121. Commenti unificati del 14/02/2021 su *facebook.com/Gustavo.A.Rol*

122. Comunicazione all'Autore del 04/11/2021, episodio inedito. In seguito Gian Luigi Nicola mi ha confermato l'episodio, anche se

ricordava meno dettagli della sorella. Il laboratorio è quello di restauri di opere d'arte della famiglia Nicola (cfr. nota a I-154).

123. Pomè, 2022. La proprietaria del *Firenze* era Nadia Seghieri, della quale abbiamo già visto le testimonianze dirette.

124. Commento del 17/02/2022 a un un post del 16/02 su *facebook.com/groups/24814795635*. La testimone mi ha poi risposto anche che «tutti noi, giovani e alcune persone eravamo sbalorditi, altri, che frequentavano già il prof. Rol, no». Augusto Del Noce (1910-1989) era un filosofo e politologo, titolare della cattedra di "Storia delle dottrine politiche" all'Università *La Sapienza* di Roma, autore di numerosi saggi. Il figlio Fabrizio è stato giornalista e politico, direttore di Rai 1 dal 2002 al 2009.

125. Trascrizione da conversazione registrata del 06/09/1972, *cit.*, (*youtu.be/YPYxuf1AnV0*). Un vino *rond* (rotondo) è una bevanda facile da bere, poco acida, si dice crei una certa "rotondità" in bocca.

126. Trascrizione da conversazione registrata del 06/09/1972, *cit.*, (*youtu.be/YPYxuf1AnV0*).

127-128. Trascrizione da conversazione registrata del 06/09/1972, *cit.*, (*youtu.be/YPYxuf1AnV0*). L'esperimento riferito da Gaito è carente di particolari, e così come raccontato è soggetto al dubbio dello scettico, visto che oltre alla manipolazione, non viene detto come si è giunti a quella frase (un illusionista potrebbe tranquillamente riprodurlo, avendola scritta in precedenza; non potrebbe invece riprodurlo se la frase fosse stata detta casualmente da uno dei presenti – ciò che spesso avveniva negli esperimenti di Rol – e il tovagliolo fosse stato piegato seduta stante, in bella vista, ciò che è ben probabile; non fosse così, Gaito non lo ricorderebbe, avendolo a suo tempo giudicato autentico dopo aver constatato che non c'era spazio per l'ipotesi del trucco).

E quando Gaito all'inizio dice «lui prende un tovagliolo», è una espressione generica, visto che non solo non è una regola che lui tocchi il tovagliolo oggetto dell'esperimento, ma piuttosto ne è l'eccezione, cosa che si può facilmente verificare nel complesso delle testimonianze su questo genere di esperimento.

Delfina Fasano invece menziona di nuovo l'esperimento di «*rond*» di cui aveva parlato in precedenza, e fa capire che poi ce n'era stato un altro dove era comparsa la scritta *camembert*.

Un punto in cui non si comprende esattamente in mano di chi era passato questo tovagliolo è quando dice: «L'ho dato in mano a questo nostro amico», mentre in precedenza aveva detto che «aveva il tovagliolo qua, glielo dà in mano, così, da tenere», dove non si capisce chi lo da a chi. Sembrerebbe Rol a darlo all'amico, ma Fasano poi aveva detto che era stata lei a darlo, e in genere, come già detto, non era Rol a dare i tovaglioli, ma faceva gli esperimenti o sui tovaglioli piegati intonsi sul tavolo, o su quelli posti sulle gambe dei presenti, mai toccati, come forse è il caso in questione qui.

129. Comunicazione all'Autore del 07/04/2022, integrata con alcuni dettagli di comunicazioni precedenti, episodio inedito.
Filomena Rizzuti mi ha anche detto che Rol e sua nonna si erano incontrati altre volte, «chiacchieravano davanti a una tazza di cioccolata da Peyrano in Via Sacchi».

130-134. Inseriti in altri capitoli.

XXXVI – Carte che si trasformano

10. Comunicazione all'Autore del 04/08/2019, episodio inedito (anche se in sintesi da me già riferito in un articolo del 2020). Il dott. Guido Lenzi (nato nel 1945 e mancato ad ottobre 2020, sarebbe il caso di dire "testimonianza a un minuto dalla mezzanotte" o quasi), di Airuno in provincia di Lecco, era laureato in psicologia (allora corso di laurea della Facoltà di Magistero) all'Università di Padova (il 16 marzo 1981, discutendo una dissertazione scritta sul tema *La malattia mentale tra realtà e mito. Una riflessione critica*) e aveva fatto ulteriori studi a Torino. All'epoca dell'incontro con Rol del quale, mi dice, «sapevo molto poco», abitava a Pino Torinese, la sua amica Giuliana studiava psicologia e lui aveva fatto amicizia anche col padre di lei Luciano, ingegnere, che lo aveva spinto a contattare Rol.

11. Delfini, 25/03/2019 e 29/05/2019. Dino Buzzati era stato il primo a riferire in un articolo del 06/08/1965 (XXXVI-4) quello che gli aveva detto Fellini:
«"Mi fa scegliere una carta da un mazzo. Era, mi ricordo, il 6 di fiori. Prendila in mano, mi dice, tienila stretta sul tuo petto e non guardarla: ora in che carta vuoi che la trasformi? Io scelgo a caso. Nel 10 di cuori gli dico.»
Pur non essendo testimone diretto, è lecito supporre che abbia riferito correttamente quello che gli disse Fellini, essendo vicino ai fatti accaduti. Mirella Delfini invece scrive ben 54 anni dopo Buzzati. Considerata l'irrilevanza, ai fini del prodigio e della sua dinamica, di quali fossero le carte, e che anche la Delfini non è testimone diretta, è quasi scontato che abbia ricordato male, e non solo su questo dettaglio. Parziale conferma ci viene da altra fonte, una lunga intervista concessa da Fellini a Damian Pettigrew tra il 1991 e il 1992 e di cui riportiamo l'estratto di seguito. A differenza dei racconti di Buzzati e Delfini, qui Fellini parla direttamente, e dice che le carte erano il 7 di fiori e il 10 di cuori. Siccome Fellini parla comunque a distanza di 26 anni da Buzzati, penso che sia lui a ricordare male quando dice che la carta era il 7 di fiori (6 e 7 sono prossimi anche foneticamente), ma il 10 di cuori invece non lo può dimenticare, e questo certamente perché, delle due carte, è quella effettiva del prodigio e del suo

impatto psicologico. Quindi, se sia Buzzati nel 1965 che Fellini direttamente, nel 1991, parlano di 10 di cuori, non può essere corretta la versione di Delfini, la quale si è probabilmente confusa con altri esperimenti con le carte raccontati dallo stesso Fellini o da altri, anche perché in effetti l'Asso di cuori è una carta spesso protagonista. Ce n'è anzi uno che è stretto parente di quello visto da Fellini, e lo aveva riferito Pitigrilli negli anni '50. Ne era stato testimone il disegnatore e caricaturista Enrico Gianeri ("Gec"): «"Ora raccolga una carta qualunque: che è?" "Dieci di picche". "In quale carta vuole che io la trasformi?" "In asso di cuori". "La fissi e dica queste parole". Gec ripeté la formula, impallidì; dovette sedersi. La carta che teneva con le due mani si scolorì, divenne grigia, una pallida macchia rosea si delineò nel centro, si fece rossa, un cuore si disegnò» (XXXVI-2).

Delfini deve quindi aver letto in qualche momento del passato questo racconto, e lo ha poi sovrapposto con quello di Fellini.

In merito al 7 di fiori, se diamo retta all'illusionista Tony Binarelli, Fellini teneva questa carta nel portafoglio, in ricordo di un altro esperimento di Rol (tutte le carte di un mazzo diventate bianche, tranne il 7 di fiori, cfr. V-130), e potrebbe spiegare perché a Pettigrew Fellini parlò di 7 fiori, confondendosi con questo esperimento (in interviste orali sono lapsus o confusioni che possono accadere normalmente: non per niente io preferisco di gran lunga scrivere che parlare a voce, così da evitare errori e imprecisioni).

Ma Mirella Delfini potrebbe essere inattendibile anche per uno o due altri dettagli, che evidenzio nella nota seguente.

12. Pettigrew, 2003, p. 41. Fellini menziona chiaramente l'esperimento degli anni '60 e il suo impatto, mentre non parla dello stesso esperimento visto quando era in compagnia di Ascione negli anni '80, che invece era "solo" una conferma e non ebbe conseguenze sulla sua salute psico-fisica. Si veda episodio successivo. C'è poi un passaggio che è diverso da quanto ha scritto Delfini, quando dice: «Rol cominciò a conferire con la mia mano e il sette di fiori, con lo sguardo fisso e penetrante». Delfini invece riferisce che Fellini le disse che Rol era «lontano da me, di spalle. Guardava fuori della finestra che aveva le tende spalancate, non aveva toccato nulla, non s'era neanche avvicinato». È il solito problema della memoria che mostra divergenze nei racconti e che fanno la felicità degli scettici (ma solo quelli superficiali: gli investigatori seri e senza pregiudizi sono in grado di dare il giusto peso agli elementi di ogni testimonianza e di integrarli correttamente con le altre testimonianze). Difficile stabilire con certezza chi abbia ricordato male (Fellini potrebbe confondersi con un altro esperimento, avendone visti a decine; Delfini non era presente ma Fellini deve averle parlato solo di quell'esperimento; entrambi potrebbero ricordare male alcuni elementi e bene altri). Però la bilancia non tende a favore di Delfini. Quando Fellini parla di «conferire con la mia mano»

presumo intenda "concentrarsi sulla mia mano" che è quanto già aveva detto a Buzzati: «Lo vedo concentrarsi, fissare con intensità spasmodica la mia mano che tiene la carta»; anche in questo caso, siccome chi diverge è Delfini, la sua non deve essere la versione corretta. Viene da chiedersi su cosa quindi l'abbia basata, visto che inoltre è una divulgatrice scientifica e non una sognatrice della porta accanto. C'è poi anche un altro punto che secondo me è sbagliato – ovvero ricostruito dalla sua memoria, e con una probabile *forzatura* logica per la sua *forma mentis* in fondo un po' scettica, a 54 anni di distanza – quando Fellini dice: «m'ha fatto prendere a caso una carta da un mazzo, credo fosse il 4 di fiori... "ma tu che carta vorresti?" – "Vorrei... l'asso di cuori." Poi m'ha restituito la carta». Questo «*poi m'ha restituito la carta*» non si trova da nessun'altra parte e non è così che Rol faceva questi esperimenti, senza contare che una tale dinamica apre per forza lo spazio all'ipotesi illusionistica, perché ci sarebbe stata una chiara manipolazione di Rol. Io dubito fortemente che le cose si siano svolte così e non c'è nulla che lo corrobori. Delfini deve aver mescolato inconsciamente la dinamica di qualche gioco di prestigio visto durante la sua vita insieme a quanto le raccontò Fellini. Un esperimento analogo a quello fatto a Fellini – senza sbirciare – lo hanno testimoniato in molti e quelli che lo hanno riferito dicono cose simili: Gec teneva la carta «con le due mani» dopo averla raccolta da terra (XXXVI-2), De Boni e Cassoli scelgono una carta da un mazzo che ha Rol in mano (il mazzo, non la carta) ed entrambi la tengono stretta tra le mani (XXXVI-3 e 5) sia prima che dopo la trasformazione; Fasolo e Lugli se la stringono davanti al petto (XXXVI-7 e 8): Fasolo sceglie la carta da un mazzo che lui stesso aveva portato (e credo sia implicito che Rol non avesse manipolato), Lugli ne mescola uno precedentemente alla scelta. In nessun caso Rol manipola la carta oggetto dell'esperimento. Conclusione: quanto racconta Delfini non è corretto.
13. Comunicazioni all'Autore del 21/03/2016 e del 09/08/2019, episodio inedito.

XXXVII – Dipinti o immagini che si trasformano

33. Comunicazione all'Autore del 03/09/2021, episodio inedito. All'inizio di questo racconto si ha una piccola dimostrazione di quanto sia approssimativa e decontestualizzata l'idea che Rol selezionasse, in un senso più o meno élitario o in base al "credere", le persone che invitava ad assistere ai suoi esperimenti. Qui abbiamo un ragazzino appena incontrato e scettico, eppure Rol lo invita a casa sua per dargli l'occasione di ricredersi. Questo perché dovette vedere direttamente nel suo animo, metro principale delle sue decisioni.
Ho poi chiesto a Marius Depréde se il dipinto non fosse quello che compare nel documentario di Nicolò Bongiorno, che il regista, grazie a un

effetto grafico, usa proprio come esempio delle mutazioni che avvengono nei dipinti (la figura nera si sposta lungo il marciapiedi). Mi ha detto con sorpresa che il soggetto era lo stesso, ma alcuni particolari erano diversi: era più chiaro, le colonne erano bianche e l'uomo era sul marciapiedi opposto rispetto al palazzo.

Certo questo potrebbe rafforzare la convinzione dello scettico che Rol facesse appunto dipinti simili con questo o *anche* con questo proposito e che quindi avrebbe potuto operare delle sostituzioni. Ipotesi legittima, ma da provare, e comunque ci sono episodi le cui circostanze ambientali la invalidano (un esempio per tutti: l'albero che fiorisce, nel dipinto appeso nell'ufficio di Domenica Fenoglio, mentre Rol era a casa sua a chilometri di distanza, XXXVII-8). È certo vero che Rol ha fatto variazioni sul tema degli stessi soggetti, e questo potrebbe creare in futuro qualche problema ai possessori dei dipinti, dei quali sarà importante conoscere la provenienza viste le copie-originali che ci saranno in circolazione. Una curiosa coincidenza (o forse no) è il fatto che qualche anno dopo Depréde, quando aveva circa 22 anni, in quel palazzo del dipinto andò a lavorare come cameriere in un evento. Attualmente vi si trova l'Ufficio Relazioni con il Pubblico della Camera di Commercio.

33[a]. D'Antonio, E., *Lo strano caso di Gustavo Rol*, Novella 2000, n. 14, 06/04/2006, p. 115.

33[b]. Scorranese, 2017. L'episodio era stato raccontato in XXXVII-27[a] per esteso.

33[b bis]. Scarpa, 2018.

33[c]. Cazzullo, 2021, p. 109. Testimonianza riprodotta solo per mettere agli atti che il padre di Reviglio era amico di Rol. Peccato che Cazzullo non abbia indagato più a fondo, comunque il figlio si esprime con un velo di scetticimo – la frase è oggettivamente idiota – e di certo non frequentò Rol (anche perché, in caso contrario, avrebbe snocciolato qualche aneddoto).

33[d]. Testimonianza raccolta da Loredana Roberti, trascrizione da suo video pubblicato l'11/02/2021 (*youtu.be/k6JXDW2TNHE*). Ho chiesto a Molinari se fosse stato possibile ricontattare le persone di cui parla, ma mi ha detto che sono passati troppi anni e non ne ricorda nemmeno il nome.

34. Inserito in altri capitoli.

XXXVIII – Fiammate o raggi luminosi

5. Comunicazione all'Autore dell'11/08/2021, episodio inedito.

5[a]. Trascrizione da intervista nel documentario di Anselma Dell'Olio *Fellini degli spriti*, Mad entertainment, 2020. L'episodio non è stato contato perché ho dubbi sulla sua autenticità, ma visto che è pubblico non potevo non menzionarlo. Ho avuto occasione di commentarlo nel gruppo *facebook* "Dottor Rol" in data 24/01/2021:

«Quello che dice la Miscioscia nel doc sarebbe inedito. Dico "sarebbe" perché la Miscioscia purtroppo non è una testimone sempre affidabile (...). Nessuno ha mai riferito di questo fenomeno della fiamma in presenza di Fellini. Non che non possa essere vero, ma la Miscioscia spesso usa ricordi di altri e li trasforma in cose viste da lei, decontestualizzandoli (la fiamma che esce dal quadro era stata testimoniata da Aldo Provera in un'altra occasione in cui non c'era Fellini e in un esperimento diverso (il quadro di Teresa Rovere) [*cfr. XXXVIII-1, 1bis*]. Provera conosceva bene la Miscioscia, era stato lui a presentarla a mia nonna Elda Rol, la quale a sua volta la presentò a Gustavo.). L'episodio, considerato che mai era stato riferito prima e nessun altro lo ha riferito, potrebbe quindi essere apocrifo e inattendibile (come è apocrifo quello che lei disse su Kennedy) [*cfr. vol. I, nota 1ter al cap. XXI*]. Se però assumiamo che sia vero, ci potrebbe comunque stare, nel senso che Rol non voleva che Fellini facesse *quel* Mastorna, ovvero come lo aveva concepito Fellini, pessimista da un lato, e onirico dall'altro, dove non è contemplata l'esistenza di un aldilà effettivo (spiegherò in un mio studio esattamente in che termini) [*si veda già il mio "Fellini&Rol. Una realtà magica". Altro sarà spiegato in uno studio successivo*]. Quindi la questione non è se Rol volesse o meno che Fellini facesse il Mastorna, ma che Rol non condivideva alcuni aspetti del Mastorna concepito da Fellini, e voleva invece un *altro* Mastorna».

«Oltre all'esperimento di Provera (il quale aveva dichiarato che non ricordava chi fosse presente quella sera, e non è escluso che la Miscioscia fosse presente)... ce n'è un altro raccontato proprio dalla Miscioscia, e forse potrebbe dirci qualcosa...:

"Una sera eravamo qui [nella mia casa], con un quadro, dove, al centro di un paesaggio invernale, pieno di neve, si vede il capitello della Madonna di San Secondo . "Gustavo, chissà che freddo aveva la Madonna con tutta quella neve", dissi. Lui cominciò a guardarmi fisso, ripetendo: "Freddo? Freddo? Freddo? La Madonna non ha freddo" e in quel momento una lingua di fuoco uscì dal quadro, una lingua che sembrava la fiamma accecante di un saldatore elettrico. Corsi a vedere, ma sul quadro non era rimasto alcun segno". (Allegri, R., *Rol il grande veggente*, 2003, p. 141)

È abbastanza strano che la Miscioscia, che ad Allegri aveva riferito questo episodio nel 2002, non avesse contestualmente ricordato di averlo visto un'altra volta in presenza di Fellini, ma se ne sia ricordata 18 anni dopo nell'intervista del doc della Dell'Olio. Ne deduco quindi che in questo caso, possa aver trasposto e confuso quanto accaduto col quadro della Madonna con altra situazione in cui Rol disse a Fellini di non fare il Mastorna (la Miscioscia era sicuramente stata presente almeno una o due volte a incontri con Fellini)».

«Ancora un dettaglio: ho detto più sopra che Fellini non era presente all'esperimento di Provera, e poi in seguito che Provera non ricordava chi fosse presente, il che sarebbe una incongruenza. Ma sono sicuro che se Fellini fosse stato presente, Provera se ne sarebbe ricordato, mentre invece è probabile che in quella occasione fossero i "soliti" amici. In ogni caso, il soggetto dell'esperimento non aveva nulla a che vedere col Mastorna».

XLI – Fenomeni vari

32. Pubblicato il 16/02/2022 su *facebook.com/groups/dottorrol*. Prima di questa versione lunga della sua testimonianza avevo inserito nel capitolo quanto la Caracciolo mi aveva comunicato già nel 2016 e che sarebbe stato inedito. Lo riproduco qui di seguito, insieme ad altri racconti parziali fatti in momenti successivi, nei quali si trovano particolari aggiuntivi e complementari, e anche per dare una collocazione temporale corretta e cercare di risalire all'articolo giusto di *Gente*, che in un primo momento avevo pensato trattarsi di una delle puntate su Rol del 1977 a firma Renzo Allegri, ma in seguito, almeno per come la storia viene raccontata, ho dovuto escludere:

«Dal parrucchiere trovi un giornale, *Gente,* nelle pagine centrali c'era un grande articolo su Rol. Non lo conoscevo, ma spesso in momenti difficili pensavo: "Devo chiamare Rol". Ma non sapevo se esistesse davvero e chi fosse.

In fondo all'articolo, nel punto della firma, c'era un numero di telefono con scritto chi volesse cercarlo a questo numero.

Segnai il numero nell'agenda e non ci pensai più.

Due anni dopo rapirono mio cugino Giuseppe, fu pagato un riscatto ma lui non fu liberato.

A questo punto mi ricordai di Rol e chiamai al numero dell'agenda, mi rispose immediatamente.

Mi presentai e gli dissi la situazione, chiesi se lui poteva sapere cosa fosse successo a Giuseppe.

Mi rispose di non conoscere Giuseppe ma se fosse successo a me saprebbe dove trovarmi.

Pensai che si stesse confondendo con un'altra Caracciolo. Insistette un po' poi vidi che non c'era niente da fare e ci salutammo, prima di lasciarci mi disse: "Se viene a Torino mi chiami, sarei contento di incontrarla". Risposi: "Va bene ma è difficile che io venga a Torino".

Il giorno dopo mi chiama un'amica austriaca dicendo che le avevano prestato un *chalet* al Sestriere.

Partiamo assieme in macchina [*da Roma*], la mattina dopo alle otto mi svegliai e realizzai che ero vicino Torino.

Chiamai Rol pensando che potevo insistere su Giuseppe. Mi rispose anche questa volta immediatamente. Appena mi sentì disse: "Bene bene, vedo che è qui vicino", e mi disse che avrebbe voluto ospitarci ma la moglie era malata e quindi ha prenotato un albergo per me e la mia amica.

Arrivammo a Torino e c'incontrammo immediatamente. Arrivò con un'amica. Nel momento dell'incontro mi successe una cosa stranissima: era come se finalmente fossi arrivata a casa, dopo un'affannosa ricerca, come se facesse parte di me. Non so spiegare. Lo abbracciai fortissimo e avevo quasi voglia di piangere. Non mi capivo, non avevo mai avuto reazioni così.
Mi fece vedere un po' Torino e la sera mi venne a prendere e andammo prima a ristorante poi a casa. C'erano tre, quattro amici ad aspettarci.
Mi disse: "Ottavia, come avevi il mio telefono?"
Gli dissi che l'avevo trovato su *Gente*.
Andò di là, tornò subito dopo con *Gente*, me lo porse dicendo: "Dimmi dov'è il numero per piacere".
Aprii il giornale in mezzo, c'era l'articolo ma non c'era più il telefono.
Non solo gli amici erano esterrefatti, ma ci fecero anche notare che all'epoca del giornale il numero non era quello, sarebbe stato quello solo due anni dopo, cioè nel momento della mia telefonata» (comunicazione scritta all'Autore del 22/09/2016).
Due anni prima (23/11/2014) mi aveva già menzionato l'episodio più sinteticamente, commentando: «Ma la cosa più incredibile è stata che nel momento in cui vidi il numero, il telefono aveva un altro numero, il numero che vidi io era quello che sarebbe stato due o tre anni dopo, cioè al momento in cui lo cercai la prima volta. Capito la cosa da diventare matti?».
In un gruppo dedicato a Rol (*facebook.com/groups/24814795635*) il 28/01/2022 Caracciolo, sollecitata direttamente da me, che non l'avevo inizialmente riconosciuta perché usava un nome di profilo diverso (Ottavia D'aquara) aveva raccontato per la prima volta pubblicamente l'episodio:
«Io non sapevo che esistesse [*Rol*]. Dal parrucchiere trovai *Gente* e vidi l'articolo su Rol su tre facciate, m'interessò molto, e in fondo, sotto il nome del giornalista, c'era scritto: "chi vuol chiamare il dott. Gustavo Rol lo trova a questo numero". Mi scrissi il numero su un pezzo di carta e lo misi nella borsa. Arrivata a casa lo segnai sull'agenda e basta. Quando rapirono mio cugino in Calabria, mi ricordai l'esistenza di un sensitivo di Torino e feci il numero. Forse le 8 di sera. Mi rispose al primo squillo. Come se avesse il telefono in mano. Io che mi stavo preparando a come dirgli del rapimento, rimasi un po spiazzata, e così confusamente, gli dissi che Giuseppe Di Prisco era stato rapito in Calabria e pagato il riscatto ma lui non era tornato. E [*gli chiesi*] se lui poteva sapere dove trovarlo. Mi rispose: "Non conosco Giuseppe e non so dirle niente, se fosse stata rapita lei, saprei dove trovarla". Io pensai: facile, visto che non sono stata rapita. Parlammo pochi minuti, poi delusa stavo per salutarlo e lui mi disse: "Se viene a Torino mi piacerebbe incontrarla". Io dissi grazie e misi giù. Mai stata a Torino fino ad allora. Il giorno dopo mi chiamò un'amica austriaca

ma a Roma, dicendomi che un'altra amica aveva affittato uno *chalet* in montagna, non lontano da Torino e visto che non poteva andare l'aveva offerto a lei, e lei voleva che l'accompagnassi. Dissi di sì, subito (son sempre pronta a partire dopo mezz'ora, da sempre) e cosi arrivammo in montagna, e la mattina dopo, svegliandomi, mi resi conto che ero vicino Torino. Alle 9 chiamai Rol e lui mi rispose al primo squillo. C'incontrammo il giorno dopo, e fu come incontrare una persona che aspettavo da sempre, lo abbracciai piangendo (sto piangendo anche adesso). Pianto strano. Che è come di gioia».

Il giorno seguente, 29/01/2022, in risposta a una mia domanda (sulla mia pagina *facebook.com/Gustavo.A.Rol*) mi scrisse:

«Gli telefonai credo tre anni dopo [*dopo aver visto l'articolo*]. E lui nel frattempo aveva cambiato il numero di telefono. Se lo avessi chiamato quando lessi l'articolo non mi avrebbe risposto lui. Il numero che vidi su *Gente* sarebbe stato il numero che avrebbe avuto quando lo chiamai. È talmente assurdo che neanche lo dico. E se viene scritto vuol dire che lui vuole che lo dico».

Poco più di due settimane dopo, Caracciolo comunicava di nuovo questa sua testimonianza, più estesa, per essere pubblicata il 16/02/2022, che è quella che abbiamo riportato nel capitolo.

Come ho anticipato, credevo che l'articolo su *Gente* fosse uno di quelli del 1977. Invece grazie al nome del cugino che in precedenza non aveva riferito, è possibile sapere esattamente quando fu rapito, cioè il 21/09/1976, rilasciato il 03/01/1977 dopo il pagamento di un riscatto di 18 milioni di lire. Ne parlano vari articoli dell'epoca (si veda per es. *ricerca.repubblica.it/repubblica/archivio/repubblica/1994/08/23/la-baronessa-disse-no-le-rapirono-il.html*).

Siccome in tutti i racconti la Caracciolo afferma che la lettura dell'articolo avvenne due/tre anni prima del sequestro, significa che questo articolo doveva essere del 1973 o 1974. Ad oggi, in bibliografia, non consta ancora alcun articolo su *Gente* prima del 05/03/1977, data della prima puntata degli articoli a firma Renzo Allegri (non perché non ci sia, ma perché nessuno lo ho mai menzionato) e occorrerebbe verificare queste annate, cosa che io non ho potuto fare dal Brasile. Caso non si trovasse, esiste la possibilità – che lei però esclude – che la testimone si confonda con altra rivista, comunque ad oggi l'unico articolo conosciuto degli anni '70 anteriore al 1977, in una rivista popolare, è quello su *Grazia* nel 1972 (Jorio, L., *Viaggia nel passato e vede nel futuro*, Grazia, 10/12/1972, pp. 29-31, dove intanto il numero di telefono al fondo non c'è).

Un elemento poi che complica le cose è il fatto che Caracciolo affermi che il numero di telefono visto da lei, presumibilmente nel 1973-1974, era diverso da quello che Rol aveva in quegli anni, ma che sarebbe stato quello corretto solo in seguito, quando lei gli telefonò.

Rol per tutti gli anni '70, e già da molti anni prima, fino almeno al 1982 – come consta negli elenchi telefonici degli anni '60 e '70 – ha avuto il numero (011) 651931, dopo, pare dal 1983, se stiamo a una lettera di Fellini a Gianfranco Marinari del 18/01/1981 (cfr. appendice II) dove il regista comunica il n. di Rol, avrà il 6698931. Non ho potuto, nel momento in cui scrivo, verificare gli elenchi del 1983-84-85, ma in quello del 1986 constano entrambi i numeri con l'avviso che l'utente «prenderà il» 6698931.
Se avessi solo questo elemento, ne concluderei che la Caracciolo telefonò a Rol dopo il 1982, ciò che non ha senso in relazione al sequestro del 1976 (in ogni caso, non constano articoli (noti) su *Gente* per tutti gli anni '80).
Siamo quindi di fronte a due elementi che paiono entrambi irriducibili e inconciliabili. Ho quindi chiesto a Caracciolo cosa pensasse di questa inconciliabilità, e in data 17/04/2022 mi ha risposto:
«Mi ricordai di Rol al rapimento e lo chiamai due giorni dopo. Nora Micheli mi propose di andare in montagna con lei. Lì realizzai che ero vicino Torino. Per il numero di telefono so solo che quando, dopo essere stati al ristorante, andammo a casa sua, trovammo in casa tre amici (Nuccia Visca era già con noi) e lui andò a prendere *Gente* e me lo passò dicendo: "Mi fai vedere dov'è il numero?". Io lo aprii molto sicura e lo cercai dove sapevo che l'avevo visto, ma non c'era. A quel punto gli amici si erano avvicinati a seguire la faccenda, e uno disse: "Gustavo, ma a quell'epoca il tuo numero non era questo". Io ero frastornata, non capivo, e Rol si mise a ridere, si riprese il giornale, e mi disse: "Tontolona, ti pare che facevo mettere il mio telefono!!". Adesso sulle date non so che dirti. So solo che quando ero a Torino, Giuseppe non era ancora riapparso, perché al ristorante gli richiesi se poteva sapere e lui fece un gesto e sul tovagliolo trovai scritto: *non morirà mai*. A carboncino. Peccato non averlo tenuto».
Anche qui, altri dettagli (a riprova di quanto sia importante investigare le testimonianze): veniamo a sapere che è uno dei presenti a sostenere che «a quell'epoca il tuo numero non era questo», ma ciò non corrisponde con quanto mostrano gli elenchi telefonici, quindi viene da pensare che l'amico, che probabilmente era Giorgio Visca o Alfredo Gaito, si stesse sbagliando, anche se Rol avrebbe dovuto smentire, cosa che non pare abbia fatto. Il mistero rimane. Inoltre, che non possa trattarsi degli articoli di Allegri è chiaro anche dal dettaglio che quando la Caracciolo incontrò Rol, il cugino ancora non era stato liberato, ciò che avvenne il 3 gennaio 1977, tre mesi prima degli articoli di Allegri.
Tra i commenti del 28/01/2022, Caracciolo/D'aquara aveva anche detto (raggruppati):
«Con lui non c'era bisogno di parlare o cercare di farsi capire, o cercare di nascondere. Tanto lui vedeva tutto. Ed era molto dolce. Spiritoso. Era divertente. Diceva cose che sembravano audaci e ti facevano ridere».

«Un giorno con l'aria seria mi disse: "Pensa come sono fortunato ad essere nato uomo". Io un po' seccata, gli dissi: "Guarda che non è male neppure nascere donna". Lui mi guardò con aria furba e mi disse: "Ma per carità, pensa te svegliarsi la mattina vicino a un uomo puzzolente scorreggione con la barba. Poverette". Era veramente unico. Gli chiesi a che età sarei morta. Lui mi disse che sarei morta molto vecchia e perché stufa di vivere. Comunque cosa importantissima: non si muore mai!! Non so che significato abbia. Ma lo diceva. Gli chiesi: "Sono alla quinta reincarnazione?" Mi guardò con aria severa e mi disse: non chiamarla così» (*facebook.com/groups/24814795635*).

In altri commenti del 15/02/2022 (*facebook.com/groups/gustavorol*) in altro gruppo, aveva scritto: «Rol era religioso. Mi diceva che dovevo dire un Padre Nostro tutti i giorni, cosa che invece non facevo mai. E anche se ero poco convinta, non faceva niente [*non aveva importanza*], dovevo fare una preghiera tutti i giorni. Non era un bacchettone mezzo prete, per carità, ma diceva che Dio decide tutto».

33. Pubblicato su *facebook.com/groups/dottorrol* da L. Roberti il 02/03/2022. Anche qui, si tratta di una versione più dettagliata rispetto a quanto Ottavia Caracciolo mi aveva scritto il 22/09/2016, e che ho già pubblicato in *Fellini & Rol* (p. 162), soprattutto si specifica il contesto in cui aveva fatto le foto (in strada). Rol tranne poche eccezioni non amava farsi fotografare, soprattutto da anziano. Si veda l'appendice III. Per il suo comportamento infantile e buffonesco, cfr. *Fellini & Rol*, pp. 88-89; p. 95 nota 177.

34. Racconto scritto a mano dalla testimone (l'anno comunicatomi direttamente) ed esposto insieme alla fotografia della candela alla mostra *Paranormal. Tony Oursler vs. Gustavo Rol*, presso la Pinacoteca Giovanni e Marella Agnelli (dal 03/11/2017 al 25/02/2018). La foto è stata pubblicata anche a p. 162 del catalogo (Corraini Edizioni, 2017).

35. Commenti su *facebook.com/groups/museogustavoadolforol* del 07/12/2017 (domande mie). Non ho alcuna idea di che cosa potesse essere questo tubo, non ci sono altre testimonianze del genere. Marongiu ha aggiunto che «tra di loro parlarono alcuni minuti con una certa intensità, ma non derivava dal fatto che si erano conosciuti precedentemente». Presumibilmente quella fu l'unica volta che lo zio incontrò Rol, al quale telefonò come facevano decine di altre persone.

36. Comunicazione scritta all'Autore del 24/02/2018, episodio inedito. Il 25/02 ha poi aggiunto: «Non fui tanto fortunata d'assistere agli esperimenti del Dott. Rol; egli stesso se ne rammaricò con me. Così come, dopo un elegantissimo e galante "baciamano" (all'apertura dell'ascensore al 4° piano), mi congedò avvertendomi che suo malgrado non ci saremmo più incontrati. L'incontro si protrasse per oltre 2 ore». Gagliardini scrive che «non fui più in grado di raggiungere l'indirizzo... via Silvio Pellico era *scomparsa*. Solo molto più tardi e dopo incredibili peripezie raggiunsi

l'edificio... la cosa mi apparve inverosimile, innaturale, fuorviante, ai limiti della fantascienza». Difficile capire come un fenomeno del genere sia possibile e l'unica cosa che credo si possa dire, in mancanza di analogie, è che siamo di fronte ad una alterazione della realtà, dovuta probabilmente ad un'alterazione indotta della percezione della testimone.

37. Comunicazione all'Autore del 25/02/2018, episodio inedito. Come in altri casi, Rol incorpora lo *spirito intelligente* e può parlare con la sua voce (per la stessa ragione per cui può scrivere con la sua scrittura o dipingere con il suo stile).

38. Comunicazione all'Autore del 26/01/2020, episodio inedito. Abbiamo qui un ottimo esempio di come qualcuno avrebbe potuto fraintendere e sostenere che Rol fosse la reincarnazione di Napoleone. L'episodio anteriore è sufficiente ad escluderlo (e a spiegarlo). E ora da un altro punto di vista: non è fantastica l'idea di poter "interpretare" in maniera perfetta il proprio personaggio preferito? È quello che Rol ci insegna con questi fenomeni: potremmo *essere* chiunque (del passato, ma anche del presente...). Certo per altro verso è anche un po' inquietante.

39-40. Comunicazione scritta all'Autore del febbraio 2018, episodi inediti, in vista della conferenza del 20 aprile dello stesso anno a Torino.

Al secondo episodio non sarebbe difficile trovare una spiegazione "normale": Rol avrebbe potuto incontrare tempo prima il vetturino e dirgli di trovarsi all'ora X di fronte al cancello di casa. Qualcuno potrebbe obbiettare sulla tempistica troppo perfetta e lo scettico potrebbe rispondere che Rol aveva percepito il rumore degli zoccoli o intravisto da una finestra aperta che lui era arrivato... Ovviamente, qui io voglio solo mostrare quanto in alcuni casi potrebbe essere semplice fare ipotesi che non tirino in ballo *possibilità* paranormali. Ma il fatto che una novantenne ancora ricordi quell'episodio di quando era bambina significa che ebbe un impatto non indifferente, certo qualcosa di *magico*. E non c'è ragione di pensare che l'episodio non sia paranormale solo perché siamo in grado di fare delle ipotesi "normali" su come potrebbe essere avvenuto. E tutti gli altri? Si veda anche per analogia l'episodio dei taxi che arrivano in Via Silvio Pellico senza che nessuno li abbia chiamati davvero (chiamati a voce solo per scherzo) (XLI-18).

41. Comunicazione scritta all'Autore del 29/09/2019, racconto inedito. Franca Bertana è nata nel 1933. L'incontro è avvenuto in primavera avanzata, forse inizio giugno. Ha poi aggiunto:
«Mia mamma il giorno dopo lo ha avvicinato e hanno iniziato e parlare. Con me e con mia mamma c'era anche una amica della mamma e sua nipote. L'amica della mamma aveva una villa sulla collina torinese, in Valsalice, e lì io lo reincontrai parecchie volte anche con altri ospiti. La mamma e un'altra signora andarono anche a casa sua in via Silvio Pellico e mi ricordo che la mamma mi raccontò che al ritorno a casa non riuscivano più ad uscire dall'ascensore perché come arrivava a terra,

ripartiva. Probabilmente i suoi scherzi». Non contiamo quest'ultimo episodio solo per mancanza di dettagli, ma ci sono gli elementi dell'*intervento a distanza*. Bertana mi ha infine detto che lo hanno poi frequentato ancora cinque o sei anni.

In seguito, il 08/10/2020, su mia indicazione, nell'ambito del progetto di fare un archivio interviste in video, Loredana Roberti è andata a intervistarla di nuovo, e il 15/03/2021 ha pubblicato una trascrizione dello stesso episodio su *facebook.com/groups/dottorrol*, con qualche dettaglio complementare:

«Negli anni '48-'49 più o meno, ed ero proprio una ragazzina, eravamo nello stesso albergo, l'Hotel Miramare di Sanremo, e c'era questo signore molto distinto da solo, in vacanza. Non c'eravamo mai parlati, io ero con mia mamma, la sua amica e la nipote di questa amica di mia mamma. Mia mamma e la sua amica alla sera andavano al casinò e quando uscivano io e l'altra ragazza rimanevamo in albergo. Una sera questo signore si avvicina e disse: "Vuol vedere una bella cosa?" Io ho detto: "Sì". Nella sala c'era una vetrata che chiudeva la sala dove c'era un tavolo lunghissimo, questo signore fa portare dai camerieri tanti candelabri con le candele, fa posizionare i candelabri sul tavolo e fa chiudere tutte le porte ma, essendo una vetrata, tutti questi candelabri si vedevano. Lui era seduto di fianco a me quando ad un certo punto ha tirato fuori un cerino, ha fatto il gesto di accenderlo e…. immediatamente, con grandissimo stupore, si sono accese di colpo tutte le candele sui candelabri, tutte!! Sono rimasta esterrefatta, stupita, ero una ragazzina! Dopo un po' il signore ha soffiato sul cerino ed immediatamente si sono spente tutte le candele! È questo un episodio che non ho mai sentito raccontare da nessuno, e io l'ho visto!! Lui era ancora seduto accanto a me quando è arrivata la mia mamma a cui naturalmente ho raccontato l'accaduto. (…) Il signore si chiamava Gustavo A. Rol».

42. Commento su *facebook.com/groups/123774680110* del 27/06/2020. In altro commento ha poi aggiunto: «non mi sono osato di suonare, anche perché avevo il timore che mi dicesse, con voce da donna, che non era in casa».

43. Comunicazione all'Autore del 06/09/2021, episodio inedito. De Rossi ha specificato che il dott. Cerri faceva in particolare ortodonzia per bambini e che lo conosceva personalmente perché aveva seguito anche i suoi due figli.

Ha anche aggiunto: «Per me è uno scherzo che gli ha fatto Rol. Gli deve aver fatto sparire le chiavi di tasca, sono cose che faceva». Comunque ciò che è rilevante è l'apertura della porta senza chiavi (cfr. quanto aveva detto il prof. Quaini, XLI-16). Anselma Dell'Olio ha riferito quella che forse è solo una battuta di Fellini, anche se eco di fatti reali: «raccontava di quando Rol armeggiava con la serratura per aprire la porta senza chiave, e la moglie Elna, impaziente, si faceva avanti con la chiave per

aprirla normalmente» (Morone, 2021). Fellini aveva già visto, insieme a Filippo Ascione, Rol infilare la mano nella porta come fosse burro (XX-45ª).
44. Angelucci, 2019. Questo tipo di *possibilità* pare essere della stessa natura del far apparire/sparire scritte, disegni, dipinti.
45. Comunicazione all'Autore del 07/01/2022, episodio inedito. Anche la sorella di Gian Luigi, Anna Rosa, mi ha menzionato l'episodio, raccontatole dai suoi genitori, ma non ricorda altri particolari se non che «i presenti ovviamente rimasero colpiti da questo rumore, che poi divenne insopportabile».
45ª . Comunicazione scritta all'Autore del 15/10/2021, episodio inedito. Il *Golf Club i Roveri* (oggi *Royal Park*), nel parco della Mandria, fu fondato nel 1971 dalla famiglia Agnelli. Ho fatto presente a Umberto Barbera che forse si confonde col Golf Club Torino, fondato nel 1920 e inaugurato anch'esso alla Mandria nel 1957, dove tutta la mia famiglia, io compreso, era socia. Mia mamma ha fatto lì la festa dei suoi 18 anni, nel maggio 1968. Umberto è convinto trattarsi dei Roveri, dice che forse c'era solo la Clubhouse. Non sono in grado di confermare questa informazione. Nell'estate 1969 mi ha detto di essere andato in crociera con i Nasi, ragion per cui l'incontro è anteriore. Gustavo certo non era al golf per giocare, ma per incontrare qualcuno (della famiglia Agnelli oppure mio nonno Franco, oppure la signora Lancia o qualcun altro). Umberto sostiene che l'accoglienza che ricevette in casa Nasi era fuori dal comune e ne attribuisce a Rol la responsabilità, con qualcosa che deve aver detto a Marinella prima dello "scontro". Umberto è uno straordinario cantastorie, è un appassionato di arte e di enigmi lasciati dai pittori... Amico di famiglia, suo padre Silvio era già amico di mio nonno Franco. Per strane "coincidenze" l'ho ritrovato sulla mia strada dopo tanti anni quando ho contattato Anna Assetto, la nuora del pittore Franco Assetto che ho scoperto essere sua amica.
46. Comunicazione all'Autore del 05/12/2021, episodio inedito. Questa *voce da distanza* è stata sentita anche da Hermann Gaito (VII-32), ed è un fenomeno che implica due possibilità insieme: la *telepatia* o la *chiaroveggenza* (Rol che sente o vede il sig. Porta) e la voce che interviene in loco. Il fatto poi che Rol, quando arriva, sappia per cosa Porta è venuto, non è che una conferma del fatto che lo sapeva già dal momento in cui aveva chiesto di lui alla signora con cui aveva parlato (probabilmente una delle collaboratrici domestiche di Rol).
Gabriele Deny ha lui stesso conosciuto Rol, quando per conto della RAI, come responsabile delle luci, andò a casa sua all'inizio degli anni '80 per filmare l'appartamento, in vista di un possibile servizio su di lui. Il filmato fu fatto ma non fu mai usato né mostrato, deve trovarsi nelle teche Rai. Così come quell'altro fatto nel decennio anteriore, presente Piero Angela,

e insabbiato da qualche parte. Di casa Rol esiste poi un filmato girato dopo la sua morte, ancora inedito.
47-48. Inseriti in altri capitoli.

– *Nota aggiuntiva su episodio XLI-8.9*:
In questo episodio citato nel vol. I, Lorenzo Mondo aveva detto che «vicino alla porta d'ingresso avvertivamo come un calpestio su un manto di foglie secche»; a complemento, aggiungo un'altra fonte, sempre dello stesso Mondo, che avevo dimenticato (inquadrabile nella classe di *presenze*): «una sera, era la festa dei Morti, udimmo qualcuno congedarsi con uno scalpiccio di foglie secche» (Mondo, L., *Il passo dell'unicorno*, Mondadori, 1991, citato in Lugli, R., *Gustavo Rol una vita di prodigi*, p. 170).

– *Nota aggiuntiva su episodio XLI-15, vol. II*: in merito all'incontro tra suo marito Davide Scardino e Rol nella pasticceria di Varigotti, Cristina Bianchi mi ha comunicato (il 06/09/2021) che «il proprietario della pasticceria, il sig Faletta che oggi penso sia morto, disse a mio marito che quel signore era un uomo molto noto ed era di Torino, non era amico di Faletta ma evidentemente a Varigotti era conosciuto. Inoltre quando arrivò in negozio non era solo ma accompagnato da un'altra persona, mio marito dice fosse un uomo. Mio marito era nel retro, nel laboratorio, ma da lì dal vetro poteva vedere il negozio. Quando varcò la porta del negozio mio marito si sentì subito molto strano e Rol andò direttamente da lui. Evidentemente i suoi esperimenti erano noti in zona perché mio marito ricorda bene che il suo titolare non fosse più di tanto stupito di quegli accadimenti, come se la cosa fosse in qualche modo nota in zona. Quella pasticceria comunque era molto rinomata per la bontà dei prodotti e in una recente intervista su Rol abbiamo appreso che fosse molto goloso di dolci».

XLII – Profumi

5. Commenti del 27/09/2021 su *facebook.com/Gustavo.A.Rol*. Io ho poi commentato: «L'aneddoto del giornale a me non l'aveva raccontato [*nel 2002 quando ebbi due conversazioni telefoniche con lui (si vedano V-69 e XXXIV-17)*], mi pare credibile e anche originale (non ci sono degli analoghi).
Quanto agli zoccoli e allo zolfo potrebbe effettivamente essere avvenuto, ma attenzione a non prendere abbagli: non può essersi trattato di "evocazione", piuttosto Rol ha materializzato un determinato rumore e un determinato odore – e avrebbe potuto anche essere qualunque rumore e qualunque odore, senza allusioni o riferimenti di sorta – prendendo spunto dagli interessi di Marianini (studioso, tra le molte cose, di demonologia).

Sono molte le testimonianze dove Rol materializza ogni sorta di personaggi (da Napoleone all'uomo di Neanderthal, al bidello dello scuola, ecc.), animali (cani, cavalli, gorilla, ecc.), oggetti, suoni e odori. Quindi trovo plausibile una dimostrazione ad uso e consumo di Marianini, e senza *nulla* di "maligno", direi anzi con un proposito abbastanza ironico. Giovanni Villa ha invece ipotizzato che «zoccoli e zolfo» potessero avere a che fare con «soldati e armi». Abbiamo in effetti visto quanto spesso i cavalli compaiano nelle apparizioni, nello specifico quelli dell'esercito napoleonico. Io però trovo poco probabile tale eventualità, e così ho commentato: «È una ipotesi, però tieni presente che è stato riferito da Marianini, e se lui lo ha menzionato, dubito davvero che pensasse ad armi e zoccoli di cavalli... Non avendolo specificato, l'allusione mi pare abbastanza probabile (e secondo me coerente anche col voler far prendergli un piccolo spavento, una sorta di scherzo). Del resto, sarebbe infantile pensare che quello che non è altro che un simbolo di una "forza" costruito dall'immaginazione umana sia reale in *quei* termini». Vale a dire, se Rol ha materializzato alcuni elementi tipici della raffigurazione *simbolica* del diavolo (zoccoli caprini e odore di zolfo) non significa per niente che questa *entità negativa* fosse lì presente. Sarebbe come materializzare il nitrito di un unicorno o il canto di una sirena...
Molto interessante invece l'aneddoto del giornale straniero della data del giorno in cui Rol lo mostra. All'epoca era certo impossibile averlo nello stesso giorno. Ovviamente diamo per implicito che l'episodio, essendo stato citato (e non da uno sprovveduto qualunque, ma da un professore di filosofia con 3 lauree come Marianini) significa che ebbe un certo impatto e che i presenti hanno escluso tutte le ipotesi "normali". Mancano purtroppo i dettagli, che sarebbero utilissimi per escludere con facilità le spiegazioni normali (ad esempio: un amico di Rol arrivato con l'aereo gli ha fatto avere un giornale europeo, o arrivato da Mentone in macchina uno francese). Occorrerebbe sapere a che ora Rol aveva questo giornale e di quale Paese (già se fosse americano le spiegazioni normali si restringerebbero, ecc.). Credo comunque all'intelligenza di Marianini, e ritengo che Sergio Torassa abbia ricordato bene, pertanto giudico "paranormale" questo episodio (contato nel cap. *materializzazione di oggetti*).

XLIII – Animali

4. Comunicazione all'Autore del 14/09/2021, episodio inedito.
5. Comunicazione all'Autore del 24/11/2021, episodio inedito.

XLV – Consigli

7. Commenti del 09-10/02/2017 su *facebook.com/Gustavo.A.Rol*.

8. Post del 21/03/2016 su *facebook.com/groups/24814795635* e commenti. Come in altri casi, la punteggiatura è stata rivista e le ripetizioni omesse. Ha anche commentato: «nessuna ballerina vera amica lo fu mai, è un ambiente di carogne, anche la più amica una vera amica non lo sarà mai. Ma quando lui mi diede il consiglio era riferito ad un'altra ballerina, questa la conobbi dopo». In merito alla sua insegnante: «lei mi disse che Rol simulò la voce di donna e si arrabbiò anche con me! io le dissi: "Si vede che non gli piacevi tanto". La mia insegnante all'epoca era una ballerina rumena e parecchio nota, ma piuttosto dura e spietata, voleva da lui una predizione egoistica sul suo futuro e non aveva un problema vero visto che nella sua vita era andato tutto a meraviglia e lei aveva usato parecchie persone a suo piacimento, uso e consumo. Sicuramente lui lo ha captato». In una comunicazione personale del 12/09/2021 ha specificato che Rol «mi disse anche che poteva presentarmi Carla Fracci che era sua amica (e che conobbi anni dopo in una compagnia di danza con cui studiavo), per farmi dire da lei cosa aveva dovuto passare».

9. Ceratto Boratto, 2020, p. 162. Giuseppe Farina (1906-1966) detto Nino, è stato campione del mondo di Formula 1 nel 1950. Suo zio Giovanni Battista Farina fondò la carrozzeria *Pininfarina*. Mio nonno Franco Rol era amico di Nino, così come della famiglia Pininfarina. Anche io conoscevo personalmente Sergio Pininfarina (che frequentava il Circolo Golf Torino), che mandò con sua moglie Giorgia le condoglianze a mia mamma per telegramma quando mancò mia nonna Elda Quaglia Rol, nel 1995. Nella Tav. VII un articolo sulla morte di mio nonno con una foto che lo ritrae insieme a Juan Manuel Fangio e Nino Farina. È possibile che Gustavo conobbe Nino ed Elsa per il tramite di mio nonno. Nel 1951 su Epoca (XXIII-2) un testimone aveva detto che Rol «un giorno ottenne lo sdoppiamento del corridore Nino Farina: l'altro "io" dell'asso del volante, con voce schietta e sicura, descrisse le proprie future vittorie, la stessa conquista del campionato del mondo».

9[a]. Da un post e commenti in un gruppo *facebook* del 13/08/2020 più comunicazioni all'Autore dello stesso giorno.

10-12. Inseriti in altri capitoli.

XLVII – Sogni (apparizioni di Rol in sogno)

6. Porro, 2019. Cortometraggio di 12 minuti, *La Fellinette* (2020) è «una bambina disegnata sul foglio di un quadernino nel lontano 1971 dal Maestro Federico Fellini, è la protagonista di questa favola ambientata sulla spiaggia di Rimini il 20 Gennaio 2020, giorno del Centenario della nascita del grande Maestro. Attraverso la sua fervida immaginazione di bimba vivremo un'avventura insieme malinconica e meravigliosa, dove

riprese in live action e le parti in animazione celebreranno il più grande dei registi con atmosfere oniriche e piene di poesia» (*mymovies.it*).
6ª. Post su *facebook.com/groups/museogustavoadolforol* del 01/06/2020.
L'episodio meritava essere citato, tuttavia è difficile stabilire se sia davvero Rol oppure il subconscio della testimone, che prendendo le sembianze di Rol le ha fornito una risposta plausibile alla sua domanda. Il subconscio può lavorare molto a lungo dietro le quinte della mente cosciente cercando risposte e soluzioni ai problemi della vita, che possono emergere in sogno o attraverso intuizioni durante la veglia.
7. Commenti del 25-26/09/2021 su *facebook.com/Gustavo.A.Rol*.
Come al solito ho fatto ulteriori domande, per "pesare" l'effettiva possibilità di un intervento di Rol e scartare, fin dove possibile, una produzione del subcosciente. In una comunicazione diretta Giovanna Cordara mi ha scritto: «Conosco la storia di Gustavo Rol da circa 18 anni. Ho letto tantissimo di lui, persino mi tenevo una sua foto nel portafoglio, perché la mia vita è stata piena di avvenimenti forti e anche dolorosi. Tenevo la sua foto perché quello sguardo mi ha sempre dato una grande energia». Questi elementi potrebbero essere sufficienti per giustificare il sogno: avrebbe potuto essere davvero Rol, ma avrebbe potuto essere anche il subcosciente della testimone, che poi ha una stretta corrispondenza con lo *spirito intelligente*, e che, prendendo le sembianze di Rol, ha mostrato di sapere che cosa fosse successo. La bilancia comunque pende leggermente un po' più dalla parte dell'intervento effettivo di Rol, non solo perché si tratta di una cosa seria e non di un evento banale, ma anche perché questo anedoto ha avuto alcune conseguenze *sincroniche* non indifferenti quando mi ci sono imbattuto. L'ho spiegato anche alla testimone, il 26/09/2021: «in genere attendo contro-prove di certi segni. Ebbene, proprio ieri pomeriggio – prima di vedere il Suo video e commento – mi trovavo da un'amica, siamo andati nel garage del suo palazzo, nel posto di fianco al suo c'era un'auto bocciata davanti, bianca, col fanale davanti rotto, quasi uguale a quello della Renault del Suo filmato (anche se era il sinistro e non il destro). La cosa mi ha talmente sorpreso che per un attimo ho pensato che il video riguardasse proprio quell'auto che io avevo visto poche ore prima nel garage e che qualcuno volesse farmi una qualche tipo di scherzo sinistro! Quando poi ho escluso che potesse essere la stessa auto, ho tolto il video pensando trattarsi di un errore».
Infatti dopo la visita dalla mia amica avevo controllato i commenti sulla pagina *facebook* dedicata a Rol che amministro, e c'era questo video di incidente senza annesso alcun commento, tanto che ho pensato prima a un errore di qualcuno, poi a uno scherzo di cattivo gusto, magari di qualche inquilino. Dopo averlo cancellato, ho scoperto che c'era un commento esplicativo separato, dove G. Cordara raccontava l'episodio del sogno e dell'incidente. La cosa stupefacente è che la macchina del suo video e

quella che avevo visto nel garage della mia amica due o tre ore prima sembravano identiche con identici danni (due utilitarie bianche con uno dei fanali davanti rotti e parte della cofano rialzato a causa del tamponamento). La mia amica mi ha poi mandato foto della macchina (da settimane in garage come abbandonata), e la foto messa affianco a un fermo immagine del video di Cordara mostrano perfetta aderenza, anche se una era una Fiat e l'altra una Renault. Questo è il genere di *sincronicità forte* che metto sul piatto della bilancia a titolo di controprova di eventuali interventi *post mortem* di Rol. Tengo comunque a precisare che non mi sento di escludere del tutto l'eventuale ruolo primario del subcosciente.

8. Comunicazione all'Autore del 14/09/2021, episodio inedito. C'è molta attinenza con l'episodio precedente, si potrebbero fare considerazioni simili. Le differenze sono solo che Loredana Muci conobbe direttamente Rol e che l'avviso e la rassicurazione in sogno erano diretti a lei e riguardavano lei, mentre nel caso precedente riguardano il figlio della persona che ha fatto il sogno. *Sincronica* è la tempistica dei due episodi, che sono stati riferiti ad appena 11 giorni l'uno dall'altro (avevo commentato prima quello di G. Cordara, per questo ne ho invertito qui nel testo e note la sequenza cronologica).

XLVIII – Scrittura automatica

Comunicazione all'Autore del 19/11/2019, episodio inedito. A Loredana Roberti pochi giorni dopo (22/11/2019) aveva detto in video (trascrizione): «A casa sua... nella penombra... lui s'è seduto su uno sgabello, davanti aveva un cavalletto con la tela bianca, in un modo frenetico, frenetico veramente... che non si vedevano quasi i pennelli come li muovesse, a una velocità pazzesca è venuto fuori un quadro di Ravier. Ma nel giro di qualche istante».

XLIX – Post-mortem

39. Da un post su *facebook.com/groups/1505145359769849* del 10/10/2015.
Nel raccontarmi di nuovo per iscritto l'episodio il 02/05/2017 Valentino ne ha parlato come di «un fatto da brividi accadutomi a Torino, riguardante l'immenso Gustavo». Il documentario cui si riferisce è quello di Nicolò Bongiorno trasmesso da *History Channel* nel 2008, l'episodio della castagne era stato raccontato da Rappelli (XLI-5).

40. Comunicazione all'Autore del 01/09/2019, episodio inedito. La repentinità della guarigione insieme agli altri elementi depone a favore di un intervento diretto di Rol. Uno dei tratti caratteristici delle guarigioni miracolose è appunto la subitaneità. Un'amica di Elena che mi aveva segnalato il suo caso nel 2016 e grazie alla quale potei parlare con lei nel

2019, mi aveva detto che dai giorni del «piccolo miracolo» come l'amica lo ha chiamato, Elena «spesso viene con me a portare una rosa sulla tomba di Rol».

41. Comunicazioni scritte all'Autore del 26 e 29/01/2017, episodio inedito. Nel 2021 Alessi mi ha fornito alcune informazioni aggiuntive che includerò in uno studio futuro dove analizzerò questo episodio con una certa profondità. Qui basti dire che il suo ristorante si chiamava *Casale di Mariú*, vicino a Potenza Picena, ora non più di sua proprietà (ha cambiato anche nome) e che «a un km, dove Ivo disse di lavorare per il catering ad un matrimonio, c'è Villa Buonaccorsi, una Villa dove si organizzano matrimoni, un tempo era la dimora del conte Buonaccorsi e della principessa Francesca Chigi, pronipote di Agostino Chigi, potente banchiere nel rinascimento, poi un km più giù c'è Villa Casalis Douhet, altra Villa centenaria e poco più in là Villa Marefoschi».
Mi ha anche scritto: «la sensazione che ho avuto allora appena entrò Ivo al mio ristorante, sia la domenica con il pienone, sia il lunedì successivo con il vuoto assoluto, è quella che possa aver condizionato il tempo e le persone, nel senso che ho avuto molto forte l'impressione che il tempo si fosse fermato, o fosse scorso diversamente dal normale e che le persone non l'abbiano notato affatto. Sono convinto che in qualche modo possa aver manipolato lo spazio tempo, di questo ne sono sicuro perché ancora oggi penso a come possano tante persone non essersi accorte di un uomo vestito veramente fuori dal tempo, chiunque se ne sarebbe accorto, ma era fuori luogo, sembrava venisse dagli anni 50', anche i tessuti della camicia bianca sembravano belli, non come oggi che il cotone è misto a poliestere, tutti questi particolari si notavano molto chiaramente. Il fatto è che li ho visti solo io».
Non posso che concordare con la supposizione di Alessi. E infatti potrebbe non trattarsi di un episodio *post mortem*, ma come nel caso di Madre Speranza, che ho diffusamente analizzato nel volume precedente, potremmo essere di fronte a un *viaggio nel tempo*, ovvero a un *viaggio nel futuro* fatto da Rol negli anni '50.
Aggiungo per finire (questa puntata...) che "Ivo" è anche uno dei due protagonisti del film di Fellini *La voce della luna* (1990), interpretato da Roberto Benigni. Alessi mi ha detto di non aver mai visto quel film.

42. Commento del 24/09/2017 su *facebook.com/Gustavo.A.Rol*. La signora Moreno nell'affermare che «potrebbe essere un episodio insignificante» mostra di non essere a conoscenza di episodi analoghi (il che rafforza la sua testimonianza) dove era precisamente questo il *modus operandi* di Rol, ovvero *trasferimento di coscienza* temporanea in una persona "presa in prestito" per farle dire determinate cose a qualcuno o trovarsi in determinati luoghi senza averne coscienza. È questa una delle "firme" classiche dell'intervento di Rol (non solo *post mortem*), una delle sue preferite.

43. Commento del 24/09/2017 su *facebook.com/Gustavo.A.Rol*.
44-45. Roberto Allegri, 2017, pp. 116; 117. Non ci sono al momento testimonianze di chiavi piegate quando Rol era in vita. Gli unici esempi noti sono *post mortem* (cfr. Elena Ghy, appendice I). Un altro è stato riferito da un erborista di Torino, ma ho qualche riserva al riguardo.
46. Angelucci, 2019.
47. Commenti su *facebook.com/groups/museogustavoadolforol* del 30-31/12/2019. Gilda Viale aveva poi aggiunto: «Mi perdoni il mio amico se mi ero sbagliata e che Dio lo benedica». Io le avevo risposto: «Grazie del dettagliato resoconto. In effetti è una storia interessante. Volendo cercare le spiegazioni normali, si potrebbe ipotizzare che fosse ospite temporaneo di qualcuno nell'edificio o che fosse un inquilino nuovo. Un investigatore pignolo potrebbe andare a bussare a tutti gli appartamenti del palazzo per sapere se un individuo corrispondente a quella descrizione abiti o sia stato ospite per qualche tempo. Ovviamente, la cosa sarebbe facile se gli appartamenti fossero pochi».
Lei si è detta disponibile a fare una investigazione in tale senso, ma non ho ritenuto fosse necessario. Mi ha ancora detto: «Saranno 5 piani, escludendo il primo perché lui è salito su. Poi credo che un vecchio signore non vada a piedi fino al quinto».
All'inizio del suo commento aveva scritto «l'anno scorso», in seguito «saranno già due o tre anni», e alla fine «è stato un paio di anni fa». È chiaro che la memoria è andata affinandosi mentre rievocava l'episodio, per cui ho stabilito «circa due anni fa», nel 2017. Curiosa l'associazione con l'attore Helmut Berger (come Diavolo-Silvan), purtroppo la cultura occidentale non ha molti riferimenti di personaggi carismatico-magici – un Indiano o un Tibetano sarebbero in grado di riferirsi a Maestri della loro tradizione i cui comportamenti fossero compatibili, non avrebbero bisogno di esempi televisivi – comunque, per quanto aprossimativo (visto che Rol non aveva nulla a che vedere né col Diavolo né con Silvan) si può avere una idea di massima sul tipo di impressione che fece questo individuo.
48. Comunicazione scritta all'Autore del 30/03/2020, episodio inedito. Giovanni Fasulo è docente di scuola secondaria di secondo grado a Pinerolo. Quando ho ripreso la sua testimonianza per inserirla in questo volume dell'antologia, che era ormai quasi terminato mi sono accorto della *sincronicità* tra la materializzazione della rosa al cimitero (avvenuta il 16 febbraio 2020) e la materializzazione della rosa di cui aveva parlato Marcello Ghiringhelli (XXIV-124), che lo stesso Fasulo, insieme a Nicola Gragnani, avevano intervistato il 3 marzo 2020, ovvero 15 giorni dopo quanto capitato a Fasulo al cimitero. Ho segnalato la cosa a Fasulo, il quale è rimasto sorpreso, anche per il fatto che non si fosse accorto della "coincidenza". Mi pare chiaro che l'oggetto "Rosa" (e la sottocategoria *materializzazione di rosa*) in quelle settimane era "nell'aria" (cimitero-

fiori, Rol-rosa come fiore preferito e simbolico, Ghiringhelli-rosa) col risultato di favorire la produzione, o *l'emergenza*, del fenomeno. Anche per chi volesse arguire che forse la rosa è semplicemente giunta lì portata dal vento (ma Fasulo lo ha escluso, e mi ha ribadito che se l'è trovata lì di punto in bianco) resta comunque un fenomeno *significativo* che sia giunta *in quel momento* e in *quel luogo specifico*, come *significativo* anche il fatto che la folata (*ex abrupto*) sia arrivata dopo qualche minuto che Fasulo rivolgesse il pensiero a Rol.
Tutto questo va ad accumularsi anche con la "coincidenza" dell'episodio di Carlo Rosa (XXIV-125) che seguiva per caso quello di Ghiringhelli.
49. Commento del 12/01/2021 su *facebook.com/Gustavo.A.Rol*. L'episodio è di grande interesse sia per la dinamica, che per i molti particolari riferiti, che per il fatto che, come nel caso di Daniele Alessi, si tratta di qualcuno che assomiglia precisamente a Rol, non di qualcuno con altra fisionomia del quale Rol abbia preso in prestito il corpo e la mente. A differenza del caso di Alessi però, qui non è un Rol degli anni '50, ma un Rol degli anni '70, essendo la foto del profilo della pagina *facebook* che amministro quella scattata da Remo Lugli nel 1973 e presente anche sulla copertina del suo libro. Anche in questo caso oltre all'ipotesi *post mortem* è legittima quella di *viaggio nel futuro*.
50. Pubblicato il 25/01/2021 su *facebook.com/groups/dottorrol*. Paola Giannone mi ha poi riferito ulteriori dettagli, che riporto qui: «Il paese dove ho la casa è Castelvecchio di Rocca Barbena, provincia di Savona, è uno dei borghi più belli d'Italia»; «l'amico a cui è caduto il vaso in braccio si chiamava Stefano Vallerga ed era di Stella in provincia di Savona, è però deceduto alcuni anni fa. L'antiquario si chiama Bruno Mosca ed è consulente d'arte ceramica, ora in pensione. Abita a Biella e non viene più a Castelvecchio da tempo anche se ha ancora la casa. Stefano era seduto quasi addossato alla credenza, il vaso era appoggiato sopra la credenza, ed è caduto da circa due metri. L'anno dell'episodio dovrebbe essere il 1995 o il 1996».
«Bruno Mosca mi ha detto che all'asta ha comprato solo quel pezzo. Io ricordavo che erano più pezzi, in realtà sono stati acquistati da un altro antiquario torinese che era con lui».
51. Testimonianza del 14/02/2021 pubblicata da Loredana Roberti su *facebook.com/groups/dottorrol* il 17/02/2021 e il 10/03/2021 su *youtu.be/G6FYuBP3w7M*.
Codato aveva poi aggiunto: «La cosa... che ci tengo a puntualizzare [è] il fatto che questa era una vasca e non sarcofago in quanto le vasche si trovano nelle piramidi, che sono dei veri e propri templi e servivano per i viaggi astrali a differenza invece dei sarcofaghi che venivano sotterrati sotto terra nelle tombe, che si trovano appunto sotto il suolo, dove c'erano dentro invece le mummie».

Comunque, un bocciolo di rosa collocato lì e in quel modo in effetti di per sé è già piuttosto strano. Ma assume un *significato* e una probabile relazione causa-effetto con la presenza del testimone, la cui giornata è stata marcata da importanti momenti dedicati a Rol. Se avesse trovato la rosa in un luogo "normale", ad esempio su un marciapiedi, si sarebbe anche potuto parlare di *sincronicità*. Ma qui è qualcosa di un "livello" superiore, e l'intervento di Rol mi pare certo.
Rol morì giovedì 22 settembre alle 10:30 del mattino. La camera ardente venne allestita nell'appartamento di Via Silvio Pellico 31. Come scrive *La Stampa*: «La stanza era piena di rose rosse e gialle, i fiori che Rol amava sopra ogni cosa, e che ha dipinto per tutta la vita. E proprio il dipinto di un vaso di rose – la sua ultima opera, incompiuta – era collocato alle spalle del feretro» (*Ieri i funerali di Rol*, 25/09/1994, p. 37). Il sabato 24 il feretro venne portato alla chiesa del quartiere, SS. Pietro e Paolo Apostoli in Largo Saluzzo, dove si tenne la messa officiata da Don Piero Gallo (che ebbe a dire tra le altre cose che Rol «ha fatto brillare l'intelligenza di Dio in tanti luoghi»). In seguito venne portato al Cimitero Monumentale di Torino. Rol aveva chiesto all'amico ed esecutore testamentario Aldo Provera che si attendessero (almeno) tre giorni dopo la morte prima di procedere alla cremazione, la quale avvenne il mercoledì 28. Successivamente le ceneri furono portate alla tomba di famiglia a San Secondo di Pinerolo.
52. Testimonianza del 28/09/2020 pubblicata da Loredana Roberti il 17/03/2021 su su *youtu.be/SyAOhiHl9Kw*. A margine dell'analisi fatta direttamente nel capitolo, aggiungo qui che: quello che era il socio di Masoero si chiama Ivo Giovanni Dotto, poi trasferitosi a Padova; che la copisteria si chiamava "Helios" ed era di fianco a una autoscuola chiamata "Delleani", nome che fa parte dell'"universo" di Rol, perché ancora bambino piccolo col padre aveva conosciuto Lorenzo Delleani, pittore, che Rol da adulto ricorderà insieme ad altri. Anche qui, userei il termine *riverberi*.
53. Comunicazione all'Autore del 03/09/2021, episodio inedito. In merito a luci che si accendono e spengono, si veda quanto racconta Nevio Boni (I-15): «parlavamo di Rol e puntualmente andava via la luce. E lui [*Guasta*] diceva: "A l'è turna Rol che mi fa degli scherzi" – mi diceva in piemontese – "Non posso parlare di Rol perché salta la luce". Poco dopo Rol chiamava e diceva: "Hai visto? Non smettete di parlare di me!"».
Marius Depréde mi ha raccontato anche l'aneddoto seguente, che menziono a titolo di curiosità:
«Premetto che io non ho mai pubblicato nulla su Rol in rete. Un giorno arriva nel locale una signora con gli occhi gonfi di lacrime, si guarda intorno e dice:
"Allora è questo il posto!"
Io le dico: "Scusi non credo di aver capito"

"È qui. Ho sognato Gustavo Rol"
"E cosa Le ha detto Gustavo Rol?"
"Di venire qui, via Silvio Pellico 4"
"Per fare cosa?"
"Nulla di particolare, dovevo solo venire qui"
"Va bene, si segga..."
Ha bevuto un bicchiere di vino. Rol le avrebbe detto di venire qui, per quale ragione non si sa. Evidentemente si è trovata bene perché è venuta altre due volte, poi è sparita.
Era di Napoli, era anche andata sotto casa di Rol, si era messa lì sotto forse un paio d'ore a chiedergli qualcosa, come se chiedesse una grazia».
54. Testimonianza dell'ottobre 2020 pubblicata da Loredana Roberti il 19/03/2021 su *facebook.com/groups/dottorrol*.
55. Testimonianza del 19/03/2021 pubblicata da L. Roberti il 22/03/2021 su *facebook.com/groups/dottorrol*. Per la seconda parte del racconto non si può comunque escludere la coincidenza (per questo non l'ho contato). Occorrerebbe sapere quante probabilità c'erano che il feto potesse rientrare nell'utero naturalmente.
56. Testimonianza del 22/11/2017 pubblicata da L. Roberti il 30/03/2021 su *facebook.com/ChiarettaRol*. Anche a me Chiara (mancata il 13/01/2018) aveva raccontato questo episodio.
57. Commento del 28/07/2021 su *facebook.com/groups/dottorrol*. Paolo Lanza è docente all'Accademia di Belle Arti "Leonardo da Vinci" di Ficarra (Messina), critico d'arte, pittore e iconografo bizantino. Il libretto che lui si è trovato misteriosamente nell'armadio io avevo provato a cercarlo in vendita ma è introvabile. Mi ha poi scritto (il 01/11/2021) che «contiene tutte le ultime apparizioni di Maria: La Salette, Parigi, Lourdes, Fatima, Bauraing, Banneux, Siracusa... una serie di devozioni alla Madonna». Stampato il 09/06/1973 (ristampa giugno 1985) a cura del *Centro Mater Divinae Gratiae* di Rosta (si veda la nota 123-I). Sulla quarta di copertina si trova una citazione di Paolo VI, col quale Paolo Lanza ha un collegamento particolare (si veda, anche per un profilo biografico, l'intervista:
mediterraneinews.it/2021/01/24/intervista-al-maestro-paolo-lanza):
«Noi crediamo che Maria Santissima continua in cielo il suo ufficio materno riguardo ai membri di Cristo cooperando alla nascita e allo sviluppo della vita divina nelle anime dei redenti». Vi si trova anche scritto: «Maria è presente e operante».
Lanza mi ha anche detto: «Fui incuriosito da quell'immagine, postata in primavera [*2021*] da Loredana Roberti [*nel gruppo "Dottor Rol"*], una Madonna nordica, lontana dai miei schemi iconografici. Allora mi misi alla ricerca di quest'immagine, di qualcosa che mi raccontasse molto di Lei e tre mesi dopo avvenne il "miracolo"».

Lanza aveva vissuto fino a nove anni a Torino, abitava da una zia in via Madama Cristina (nello stesso quartiere di Rol) e spesso andava al parco del Valentino. In seguito il padre per lavoro fu trasferito nella sua città natale, Messina.

Mi ha riferito un retroscena autobiografico dove ipotizza un eventuale «incontro ravvicinato» con Rol (o almeno, con una *parte* di lui): «A 6 anni mentre ero a casa di zia Lucia, all'improvviso persi i sensi, svenni, fui portato alle Molinette, qui rimasi diversi giorni, con mamma che mi abbracciava e non mi lasciò un istante. Il responso fu: lesione al cervello. Crollò il mondo a mamma, piangeva, notte e giorno, nessuno si raccapezzava come fosse accaduto ciò, senza traumi, non vi erano stati incidenti, nulla di nulla, ma io all'improvviso svenivo, perdevo i sensi ed era come se la mia anima si staccasse dal corpo. Cominciai a prendere dei farmaci ed in più o al Mauriziano o alle Molinette, fui curato da un grande Professore il cui nome era Rondelli. Lo ricordo calvo come Gustavo Rol, stessa cravatta (quando vidi in foto Rol per la prima volta credetti di rivedere questo Prof. Rondelli, che fu il mio Salvatore!). Questo Professore disse a mamma: "Cara signora Lei dovrebbe ritenersi una donna fortunata, perché suo figlio un giorno sarà un genio, avrà come un terzo occhio (la lesione), stupirà gli altri, perché se la lesione fosse stata dal lato sinistro, suo figlio sarebbe stato un ebete, avendola invece dal lato destro farà grandi cose, sarà un genio". Quelle parole mi rasserenarono e non le ho più dimenticate da allora, il prossimo mese compio 60 anni. Alcune volte penso: "E se quel Prof. Rondelli (all'interno ci sono le lettere di Rol) con Rol fossero la stessa persona?". In effetti da allora ho fatto tante cose, laurea, realizzato Grandi Opere, senza aver frequentato alcuna Accademia e per la mia preparazione vengo chiamato ad insegnare in Accademie...».

Difficile rispondere, in questo caso, alla domanda di Paolo Lanza: troppo pochi elementi, tuttavia – lo abbiamo visto spesso – è una eventualità che ritengo possibile.

58. Mio post del 06/10/2015 su *facebook.com/Gustavo.A.Rol*. Patrizia Scotto vive a Marentino vicino Torino ed è volontaria della Croce Rossa Italiana. Il soggetto della cartolina è un dipinto del pittore francese Karl Cartier (1855-1925), *Retour du troupeau (après l'orage)*. Nelle tav. XVII e XVIII è messo a confronto con una foto del 1875 del pittore, anche lui francese, François Auguste Ravier – alter-ego di Rol – e il dipinto di Rol del 1987, *Autoritratto*, entrambi già messi a confronto nel 2008 ne *Il simbolismo di Rol* per mostrarne la somiglianza. La cartolina del 2015 arriva quasi come ulteriore conferma di quell'accostamento di sette anni prima.

58[a]. Rossotti, 1998, p. 219. Non avendo conferme, l'affermazione non è stata contata. È tuttavia perfettamente plausibile che corrisponda al vero, e già nel volume precedente ho fornito elementi sufficienti che mostrano

come Rol – l'Illuminato che visse 33.333 giorni – sapesse sia dove sia quando sarebbe "morto".
59. Comunicazioni scritte all'Autore del 16 e 17/10/2015, e del 07 e 10/04/2022, episodio inedito. Favaro è di Lugo (Ra), nato nel 1964.
60. Azzolini, 2019, pp. 6-8. In seguito (p. 13) Azzolini scrive: «"Andrò in paradiso madamin", mi ripetevi, "anche se serbo rancore per..." (un personaggio torinese che pur avendo visto i suoi esperimenti, l'aveva denigrato in televisione e presso la *Stampa*)». Si tratta del giornalista Piero Angela, che lo aveva considerato alla stregua di un illusionista (senza prove e distorcendo e mentendo riguardo ai due o tre incontri avuti con Rol), nel suo libro di *dezinformatzija*, *Viaggio nel mondo del paranormale* (1978).
Importante il discorso che Rol fa in merito al *non*-ritornare, o meglio non indulgere, sulla Terra, mettendo bene in chiaro cosa pensasse di *tavolini & C.* («sarebbe troppo umilante»), ciò che per me è sempre stato più che ovvio, ma non per alcuni ingenui *newagers*, quando non sono approfittatori o speculatori, che di tanto in tanto insistono nell'affermare che Rol sia in contatto con loro, o sia la loro "guida", sia "canalizzato", e via dicendo, di suggestione in suggestione. A tal proposito, rimando al mio scritto del 27/09/2021: *Le presunte "comunicazioni" post mortem di Rol* (*facebook.com/Gustavo.A.Rol/posts/4025101345661 28*). L'«eppure» della testimone, e quello che ne segue, conferma le modalità di intervento *post mortem* di Rol, il quale certamente ancora interviene sulla Terra (un Maestro può farlo *ad libitum*), ma raramente e molto meno di quanto i neo-spiritisti pretenderebbero.
61. Comunicazione all'Autore del 23/11/2021, episodio inedito.
62. Comunicazione all'Autore del 23/11/2021, episodio inedito.
63. Comunicazione scritta all'Autore del 16/04/2022, episodio inedito.
64-65. Inseriti in altri capitoli.

– *Nota aggiuntiva al capitolo, dettagli forniti dal prof. Pierantonio Milone sul momento del trapasso di Rol:*
Adriana Guglielminotti mi aveva comunicato per iscritto, il 07/10/2019, di aver parlato con il prof. Pierantonio Milone, che le disse che Rol, ricoverato all'ospedale Molinette al reparto Pensionanti A di cui era caposala Emma Ghioni (si veda XLIX-1t[er]; tra l'altro qui segnalo che a causa di un errore di comunicazione iniziale, avevo scritto il cognome senza la "i" finale. Ghioni è quello corretto) «scalpitava, da giorni, per farsi trasferire adducendo che si sarebbe sentito più libero di ricevere visite. Ma non appena Emma chiamò Milone per avvisarlo che si era liberato un posto, lo fece trasferire immediatamente e Gustavo spirò improvvisamente poco dopo. Dopo di che, eseguito l'elettrocardiogramma obbligatorio, Milone fece portare la barella di ferro chiusa, al fine di trasportare la salma in obitorio (così come da protocollo ospedaliero). A

quel punto, Catterina Ferrari scoppiò in lacrime, pregandolo di non utilizzare quel metodo. Cosicché Milone fece applicare una flebo al braccio di Rol, debitamente chiusa, e lo fece trasportare fino all'obitorio come fosse un paziente vivo».

L – Resuscitazione

1. Ceratto Boratto, 2020, pp. 162-163.

***

In questo terzo volume non sono stati aggiunti episodi nelle seguenti classi: *Xenoglossia* (XIV), *Sdoppiamento* (XXIII), *Interventi vari* (XXVIII), *Presenze* (XXX), *Fenomeni apparentemente indipendenti da Rol* (XXXIX), *Fenomeni sonori* (XL), *Folgorazione* (XLIV), *Anticipazioni scientifiche* (XLVI).

Bibliografia

Le fonti nuove di questo terzo volume cominciano dove finiscono quelle della terza edizione dei primi due volumi (2015) fino ad aprile 2022, con eccezioni per fonti anteriori scoperte durante questo periodo.
Alcune sono qui citate solo come aggiornamento della bibliografia generale, non contenendo materiale usato nel libro.
Non vi compaiono le numerose fonti dal web di singole testimonianze, spesso dai *socials*, che si trovano invece già nelle note bibliografiche.

Accatino, F., *L'enigmatico Rol affascina ancora la città del mistero*, La Stampa, 21/09/2019, p. 54 (cronaca di Torino).
- *Né medium, né mago ma maestro spirituale* (intervista a Franco Rol), *id.*
- *Ha fatto cose bellissime ma era un illusionista* (intervista a Massimo Polidoro), *id.*
Allegri, Ro., *Rol dall'aldilà mi ha salvato la vita*, Chi n 43, 11/10/2017, p. 114-117 (intervista a M.L. Giordano).
Angelucci, G., *Gustavo Rol (ventiduesimo capitolo del "Glossario Felliniano"). Verso il Centenario della nascita di Federico Fellini*, sito "Articolo21", pubblicato su: articolo21.org, 20/06/2019.
–, *Fellini & Rol di Franco Rol*, pubblicato su: articolo21.org, 21/03/2022.
Asti, A., *Un futuro infinito. Piccola autobiografia*, Mondadori, Milano, 2017, pp. 70-74.
Bertone, C., *Un laghetto e un museo dedicati a Rol?*, L'Eco del Chisone, 26/09/2018.
–, *San Secondo. Una mostra «riporta a casa» Gustavo Rol*, L'Eco del Chisone, 22/09/2021.
Azzolini, G., *Ritorno all'io. Ritorno a casa*, Edizioni Alvorada, Milano, 2019, pp. 5-13.
Bianchi, C., *Guarda un po' chi corre dai maghi*, Oggi, n. 30, 22/07/2015, p. 57.
Biondi, P., *Mistero: interviste sull'ignoto*, Anima Edizioni, Milano, 2009, pp. 298-302 (intervista del 2007 a Gianfrancesco Ferraris di Celle)
Bonetto, M., *Fellini e Superga*, Tuttosport, 30/04/2020, p. 15.
Brachetti, A., *L'arte dell'illusione*, intervista nel programma *Maestri* di Edoardo Camurri, Rai 3, 25/11/2020.
Candiano, V., *La media di S. Secondo sarà intitolata a Rol*, L'Eco del Chisone, 28/02/2018, p. 1; e *Rol vince sull'ammiraglio Cagni: la media prenderà il suo nome*, p. 11.

Cavallo, G., *Alexander, mentalista e illusionista: «Vi svelo i segreti del sensitivo Rol»*, CronacaQui (quotidiano piemontese), 03/02/2018, p. 11.

Cazzullo, A., *Gustavo Rol*, Sette – Settimanale del Corriere della Sera, 28/05/2021, pp. 108-110.

Ceratto Boratto, M., *La cartomante di Fellini. L'uomo, il genio, l'amico*, Baldini+Castoldi, Milano, 2020, pp. 157, 160-164, 288-289, 301, 312, 316, 318-319, 344, 394-395, 447.

Coccorese, P., *Gustavo Rol, il sensitivo amato da Fellini e Agnelli ha ingannato anche l'oblio: viaggio nella sua San Salvario*, Corriere della Sera, 21/09/2019, sezione *Corriere Torino*, pp. 1 e 11.

Colace, M., *Mi chiamo Rol*, blog su *michiamorol.altervista.org*

Corvi, L., Izzo, P., Mion, M., *Rol: la scienza e lo spirito*, documentario pubblicato su *youtube* e su *vimeo*, Bamboo Production, 2016.

Culicchia, G., *Quando il mago stregò il maestro*, Oggi, n. 12, 24/03/2022, pp. 82-84.

De Boni, G., *I fenomeni prodotti dal dott. Gustavo Adolfo Rol*, in: *L'uomo alla conquista dell'anima*, Armenia, Milano, 1975 (3^a ed.), pp. 323-324.

Delfini, M., *Andrà tutto bene*, Abel Books, Civitavecchia, 2011 (cap. 49, *Il mio amico Rol e l'incredibile*).

–, *I miei due amici straordinari*, 8 articoli (25, 29 marzo; 1, 5, 8, 12, 16 aprile; 9 maggio 2019) su: *monpourquoi.com/it/author/mirella-delfini*.

Dembech, G., *I lettori raccontano*, Ariete Multimedia, Torino, 2003, pp. 98-101.

Depetris, F., *Intitolata a Gustavo Rol la scuola media di San Secondo*, Vita diocesana pinerolese, n. 16, 26/09/2021, p. 24.

De Simone, G., *Suoni simboli colori*, Konsequenz, Napoli, 2021.

–, *Suoni e colori, simbiosi perfetta*, Il Manifesto, 26/06/2021, p. 14.

Dora, F., *«Anche Gustavo Rol era un devoto di Padre Pio»*, Grand Hotel, 27/10/2017, p. 31 (intervista a M.L. Giordano).

Elter Tutino, B., *Senza capo né coda*, END edizioni, Gignod (AO), 2021, pp. 11-19.

Fabbri Fellini, F., *Fellini e Rol maestri di misteri*, apud catalogo della mostra "Paranormal", Corraini Edizioni, 2017, p. 40 e sgg..

–, *Foreword* (prefazione a): *A companion to Federico Felllini*, edited by Frank Burke, Marguerite Waller, Marita Gubareva, Wiley Blackwell, 2020, p. XXVII.

Facchinetti, S., *Tinto Vitta, antiquario per passatempo*, Il Giornale dell'Arte, 26/06/2019.

Fellini, F., *Ho udito la voce di vecchi amici*, Domenica del Corriere, n. 14, 08/04/1969, p. 39.

–, *Fellini, aberto a tudo*, Planeta (ediz. brasiliana di *Planète*), Editora Trés, n. 2, ottobre 1972, pp. 96-103.

–, *Estoy voluptuosamente abierto a todo*, Horizonte (ediz. spagnola di *Planète*), n. 6, settembre-ottobre 1969, pp. 72-79.

Formichetti, P., *Gustavo Adolfo Rol*, 4 articoli-parti su *ereticamente.net*: 1) *La coscienza sublime e lo spirito intelligente*, 10/10/2019; 2) *Magia ed empatia*, 17/10/2010; 3) *Il verde e il cinque*, 09/11/2019; 4) *I «miracoli» e la «scienza»*, 19/11/2019.

Francia, S., *Il signor Rol*, La Stampa, 28/01/2018, p. 53.

Garzaro, S., *Gustavo Rol, l'uomo del futuro*, Torino Storia, n. 35, gennaio 2019, pp. 34-39.

Giovetti, P., *Lo giuro: ho visto Rol dipingere con gli occhi*, Domenica del Corriere, n. 36, 05/09/1981, pp. 40-42 (intervista al dott. Gastone De Boni).

–, *Rol per sempre*, Il Giornale dei Misteri, n. 542, mar-apr. 2019, pp. 8-14.

–, *Gustavo Adolfo Rol. L'uomo oltre l'uomo*, Edizioni Mediterranee, Roma, 2022.

Gragnani, N., *Cifre dell'immanenza*, Spazi di Filosofia. Rivista di avanguardia filosofica, settembre 2018, pubblicato su *spazidifilosofia.altervista.org*

Guglielminotti, A. e Oderda, P., *A 25 anni dalla sua morte, Gustavo Rol "parla" ancora*, Voce pinerolese, ottobre 2019, pp. 8-9.

Ivaldi, N., *Rol il prodigioso*, Editrice Il Punto - Piemonte in Bancarella, Torino, 2021

Lattarulo, A., *Indagine su Gustavo Rol. Vol. 1 & 2*, Lulu Press, 2016.

Maioli, A., *La cartomante di Fellini: «Federico occulto»*, Il Giorno, 26/05/2020, p. 24.

Merola, M., *Mago Alexander 'Tra spazio e tempo': la fisica quantistica incontra l'illusionismo*, 16/03/2016, su: *futura.it* .

Minotto, E., *Rol, il supermago di Torino*, IllustratoFiat (periodico mensile del gruppo Fiat), anno XXV, n. 9, settembre 1977, p. 21.

Monda A., *Roberto Benigni. Un folletto con il dono dell'incanto*, La Stampa, 23/09/2019, p. 37.

Monstert, H. A., *L'inconveniente*, Mondadori, Milano, 2020 (romanzo).

Montebello, V., *Milena Vukotic, un mistero leggero nella storia del cinema italiano*, 12/02/2020 (su *rivistastudio.com/milena-vukotic-intervista*).

Morelli, P., *Gustavo Rol e il cinema ai confini della realtà*, Corriere della Sera, 24/11/2020, sez. Corriere Torino, p. 10 (parziale intervista a Franco Rol).

Morone, C., *Rol, il Maestro che insegnava in silenzio*, Civico20news (rivista online), 11/06/2021 (interviste ad Anselma Dell'Olio, Paola Giovetti, Carlo Buffa di Perrero).

Morvillo, C., *Quando Fellini mi disse che voleva fare il mago*, (intervista a Filippo Ascione), Sette – settimanale del Corriere della Sera, 17/08/2012.

–, *Andrea De Carlo: «Io, Fellini e le fattucchiere. Poi la lite per un romanzo. Calvino? Era raggelante»*, Corriere della Sera, 28/10/2019, p. 27.

Nievo, S., *Il prato in fondo al mare*, Mondadori, Milano, 1974, pp. 126-127.

non firmato, *Sopravvissuti*, Panorama, 09/09/2015, p. 74.

Novelli, M., *Rol, l'uomo che per anni ha incantato Fellini e Agnelli*, Il Fatto Quotidiano, 16/09/2019, p. 17.

Oderda, P., *Intervista a Franco Rol nel ricordo di Gustavo Rol*, Voce pinerolese, settembre 2019, (*vocepinerolese.it/articoli/2019-09-22/intervista-franco-rol-nel-ricordo-gustavo-rol-16989*)

Offreddu L., *Rol aiuta ancora gli altri a parlare con l'aldilà*, Corriere della Sera, 04/04/1999, p. 18.

Pettigrew, D. (a cura di), *Federico Fellini. Sono un gran bugiardo*, Elleu Multimedia s.r.l., Roma, 2003, p. 41.

Polidoro, M., *Gustavo Rol: superuomo o superprestigiatore?*, Focus n. 325, novembre 2019, p. 26.

Pomè, E., *Gustavo Rol, la gentilezza del fantastico*, 10/01/2022, *zetaluiss.it*

Pompas, M., *I miei incontri con Rol e Fellini*, intervista a Filippo Ascione, *karmanews.it*, 12/04/2018.

–, *Per zio Federico ridivento Fellinette*, intervista a Francesca Fabbri Fellini, *karmanews.it*, 31/08/2019

Porro, M., *Per lo zio Fellini*, Corriere della Sera, 17/08/2019.

Quaranta, B., *L'incredibile acrobata fra l'Aldilà e l'Aldiquà*, La Stampa, 21/09/2019, p. 55 (cronaca di Torino).

Riccomagno, A., *"Cerco tutta la verità di Rol"*, intervista ad Anselma Dell'Olio, La Stampa, 05/06/2021, p. 47 (cronaca di Torino).

Roccia, L., *Ci ho messo una vita ad avere vent'anni*, Canale Edizioni, 2011 (eBook, capitolo "Gustavo Rol").

Rol, Franco, *Postfazione* al libro di Aroldo Lattarulo *Indagine sugli esperimenti di Gustavo Adolfo Rol*, Lulu Press, 2016, incluso nel volume doppio *Indagine su Gustavo Rol. Vol. 1 & 2*, pp. 213-230.

–, *Prefazione* al libro di El Gtay, S., e Angellaro, N., *L'anello mancante* (romanzo), Il Camaleonte Edizioni, Torino, 2016.

–, *Rol, le possibilità dell'Infinito*, Voce pinerolese, maggio 2019, p. 2.

–, *Il "segreto" di Gustavo Rol: la Coscienza Sublime*, Voce pinerolese, giugno 2019, p. 2.

–, *Fellini nel paese delle meraviglie L'amicizia con Gustavo A. Rol*, Luce e Ombra, vol. 119, fasc. 4, ottobre-dicembre 2019, pp. 291-299

–, *Fellini e il suo Mago Merlino: G.A. Rol*, Luce e Ombra, vol. 120, fasc. 1, gennaio-marzo 2020 pp. 7-17.

–, *Fellini e Rol. Un'Amicizia ai confini della realtà*, Fellini Magazine (periodico on line diretto da Francesca Fabbri Fellini), 20/01/2021.

–, *Rol, un Buddha occidentale del XX secolo*, rivista "Mistero", Edizioni Fivestore-RTI, Cologno Monzese, n. 100, agosto 2021, pp. 35-46.

–, *Presentazione* del libro di Nico Ivaldi *Rol il prodigioso*, Editrice Il Punto – Piemonte in Bancarella, Torino, 2021, pp. 7-8.

–, *Fellini & Rol. Una realtà magica*, Reverdito Editore, Trento, 2022.

–, *Il Bene di G.A. Rol*, postfazione al libro di Paola Giovetti *Gustavo Adolfo Rol. L'uomo oltre l'uomo*, Edizioni Mediterranee, Roma, 2022, pp. 185-192.

Rolly Marchi, *Buzzati e la magia: dialogo con Fellini*, in: *Dino Buzzati: vita & colori: mostra antologica: dipinti, acquarelli, disegni, manoscritti*, catalogo, Overseas, Milano, 1986, pp. 14-16.

Romagnoli, G., *Il segreto di Rol e la lunga notte del '43*, La Repubblica, 19/09/2019. p. 38.

–, *La prima cosa bella*, rubrica su La Repubblica, 07/03/2022, p. 39 (commento su Fellini e Rol che prende spunto dal mio *Fellini & Rol. Una realtà magica*).

Ronchey, S., *Guido Piovene. Scomodi fantasmi*, La Repubblica – Robinson, 08/02/2020, p. 20.

Rosa, A., *«Rol e le apparizioni sui tovaglioli»*, Corriere della Sera, 20/08/2019, sez. Corriere Torino, pp. 1 e 6.

Rossi, U., *Una nuova piazzetta ricorda il grande Rol*, L'Eco del Chisone, 02/11/2005.

Rossotti, R., *Rol, Gustavo Adolfo*, in: *Guida Insolita ai misteri, ai segreti, alle leggende e alle curiosità di Torino*, Newton & Compton Editori, Roma, 1998, pp. 217-219.

Ruffo di Calabria, F., e Borrelli, C., *Ricordo quasi tutto*, Mondadori, Milano, 2016, pp. 40-41.

Scarpa, A., *Roberto Giacobbo su Rete4: «Freedom, il mio viaggio lontano dal posto fisso»*, Il Messaggero, 23/08/2018.

Scorranese, R., *Marte, gli Ufo, un sorriso invisibile (e mio padre): intervista a Roberto Giacobbo*, Futura (newsletter del Corriere della Sera) n. 40, 02/09/2017.

Stancanelli, E., *Fellini e Rol. Amici di prestigio*, La Stampa, 13/04/2022, pp. 30-31 (sul libro *Fellini & Rol*; ci sono inesattezze).

Villa, G. e Danelli, V., *Gustavo Rol e lo spirito intelligente*, documentario in due parti pubblicato su *youtube*, Villa e Danelli Production, 2019.

Principali pagine *facebook* fonti di nuove testimonianze:

- *Gustavo Adolfo Rol*, pagina di «personaggio pubblico» da me creata e amministrata a partire dal 2011: *facebook.com/Gustavo.A. Rol*
  Non è un gruppo, ma una fonte di riferimento aggiornata e attendibile, con pubblicazione di contenuti verificati e spesso inediti.
- *Dottor Rol*, gruppo creato da Loredana Roberti nel 2020: *facebook.com/groups/dottorrol*
- *Gustavo Adolfo Rol*, gruppo dal 2008, che ha ricevuto un impulso nel 2021 con l'amministrazione di Davide Baresi e in seguito anche da Loredana Roberti, promotore di varie iniziative su Rol: *facebook.com/groups/gustavorol*
- *Gustavo Adolfo Rol – Le Possibilità dell'Infinito*, gruppo creato da Loredana Roberti nel 2017 (con altro nome), cui hanno poi contribuito e sono subentrati Giuseppe Maggiolino, Nicola Gragnani, Cosimo Malorgio, Nereo Ferlat, Riccardo Ferrari e altri, promotore di varie iniziative su Rol: *facebook.com/groups/lepossibilitadellinfinito*

Tav. I

Gustavo Adolfo Rol nel 1977 fotografato da Norberto Zini
(© Archivio Franco Rol)

Tav. II

La *Madonna della Divina Grazia,* ritratto che Rol regalava talvolta ad amici e conoscenti, dettaglio dal dipinto conservato al *Centro Mater Divinae Gratiae* di Rosta (To), qui a destra.

Tav. III

La *Madonna della Divina Grazia* con Gesù Bambino. Dipinto murale di grandi dimensioni terminato nel 1966, opera di Suor Teresa del Bambin Gesù (Maria Emilia Germano, 1925-2018).

Tav. IV

Rol al tiro a segno, insieme all'amica Domenica (Nuccia) Schierano Visca. Torino, anni '70.

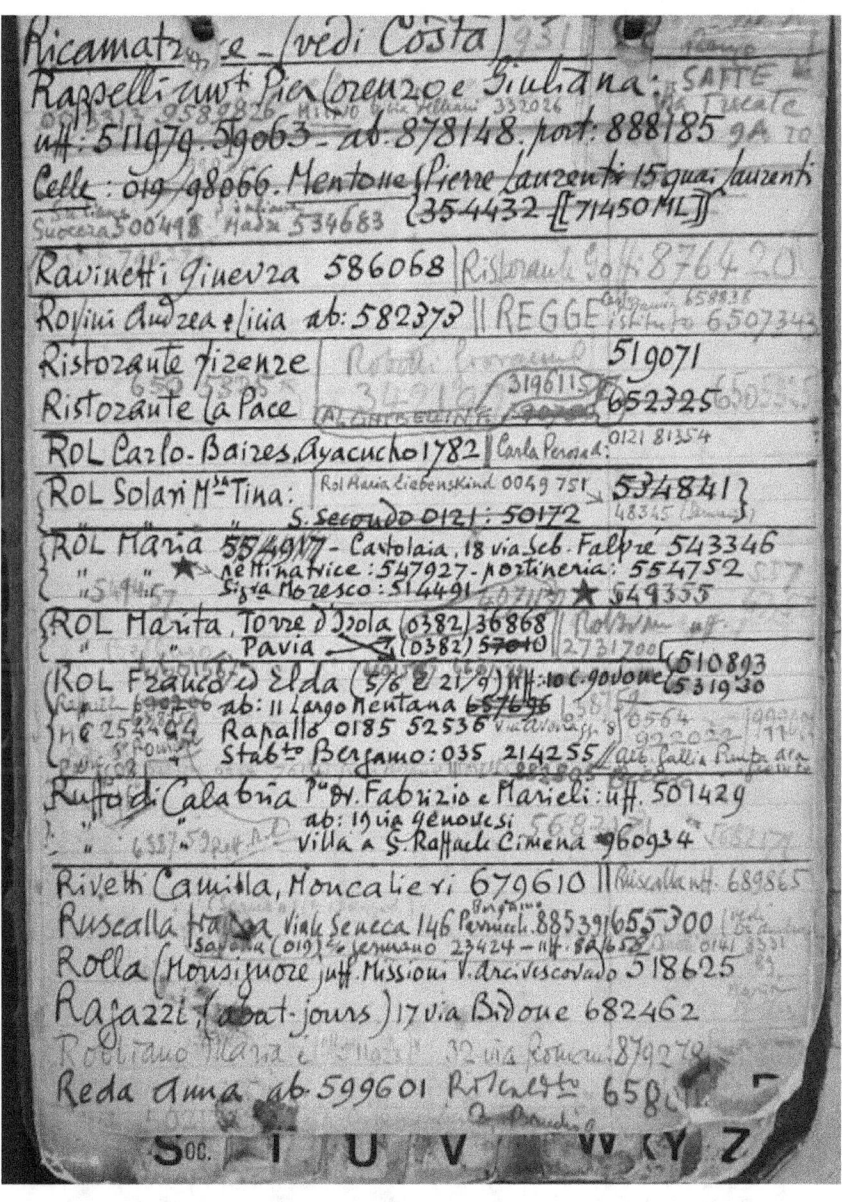

Tav. V

L'agendina del telefono di Rol, alla lettera "R". Ci sono i contatti delle sorelle Tina e Maria, del fratello Carlo a Buenos Aires, della di lui figlia Maria Marta (Marita) ritornata in Italia, dei cugini Franco ed Elda (nonni dell'Autore) e della loro figlia Raffaella (madre dell'Autore). Tra gli altri contatti, in particolare Pierlorenzo Rappelli con l'allora moglie Giuliana Ferreri; i Ruffo di Calabria e i due ristoranti di Torino che Rol frequentava maggiormente, *Firenze* e *La Pace* (foto: cortesia Riccardo Ferrari).

Tav. VI

In alto: articolo sull'incidente al *Giro di Sicilia* (*Stampa Sera* del 13-14 aprile 1953, p. 1) dove, stando a testimoni, Franco Rol morì e tornò in vita. Sotto, al Gran Premio di Monaco nel 1950.

Tav. VII

Articolo sulla *Gazzetta del Popolo* del 29/06/1977, sul suicidio di Franco Rol, nonno dell'Autore. Nella foto (1950) è tra i futuri campioni del mondo Juan Manuel Fangio (alla sua destra) e Nino Farina. Sotto: con l'amico e collega di corse il principe thailandese Prince Bira, 1950 c.ca.

Tav. VIII

Rol al matrimonio di Elena Belluso, il 30/05/1987. Alla sua sinistra Elda Rol, nonna dell'Autore; alla sua destra Maria Teresa Belluso, madre della sposa, sorella di Elda, prozia dell'Autore, anch'egli presente, all'epoca 14enne, subito dietro, insieme alla madre Raffaella Rol (nel dettaglio in basso, dietro a G.A. Rol).

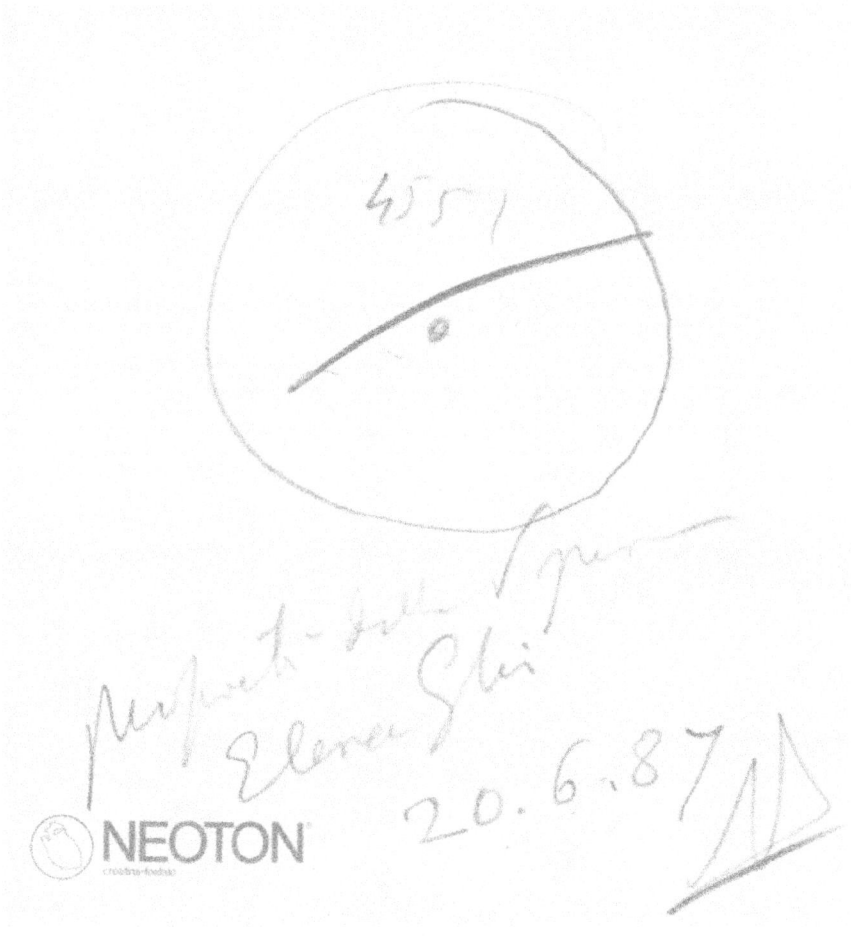

Tav. IX

"Proprietà della Signora Elena Ghi - 20.06.87"
Esperimento di precognizione (IX-123)

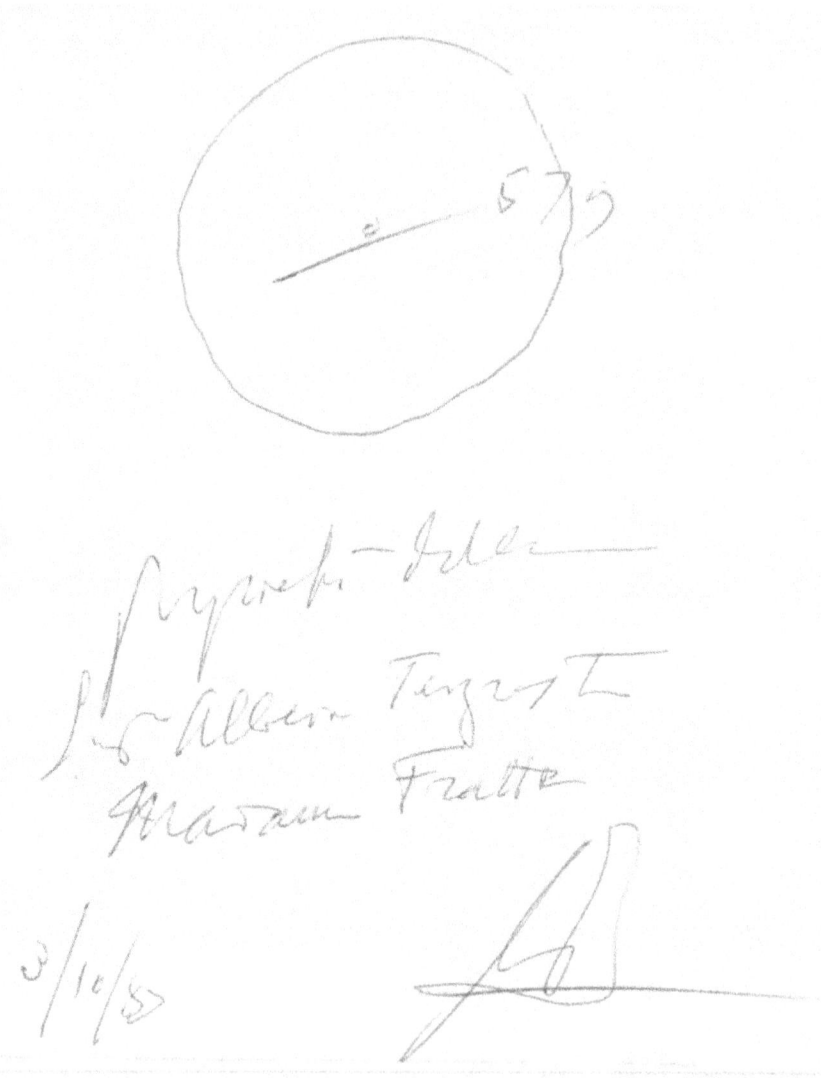

Tav.X

"Proprietà della Sig.ra Allieva Terapista Marianna Fratta - 3/10/87"
Esperimento di precognizione (VII-31). L'intestazione è stata qui aggiunta in basso, ma si trova nel retro del foglio.

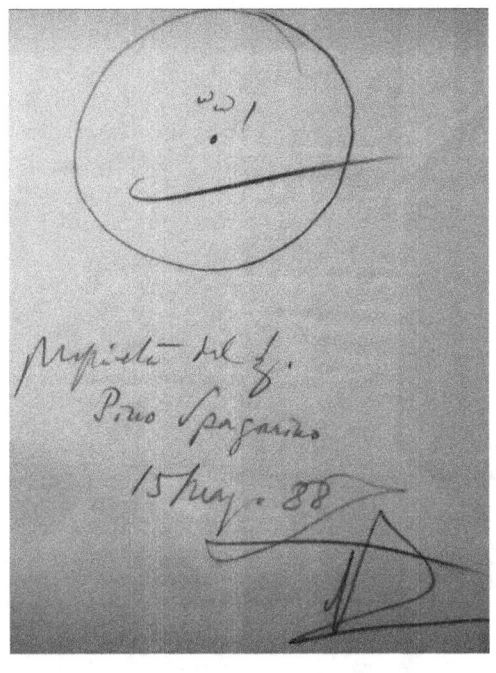

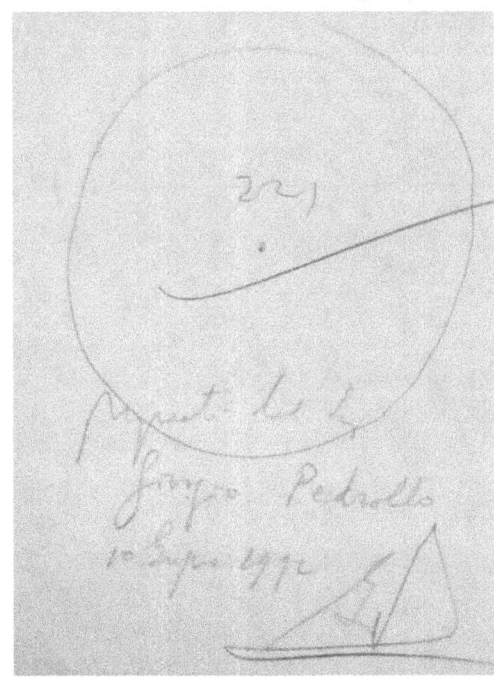

Tav. XI

Sopra: "Proprietà del Sig. Pino Spagarino - 15 marzo 88" (IX-84).
Sotto: "Proprietà del Sig. Giorgio Pedrollo - 10 giugno 1992" (IX-131)

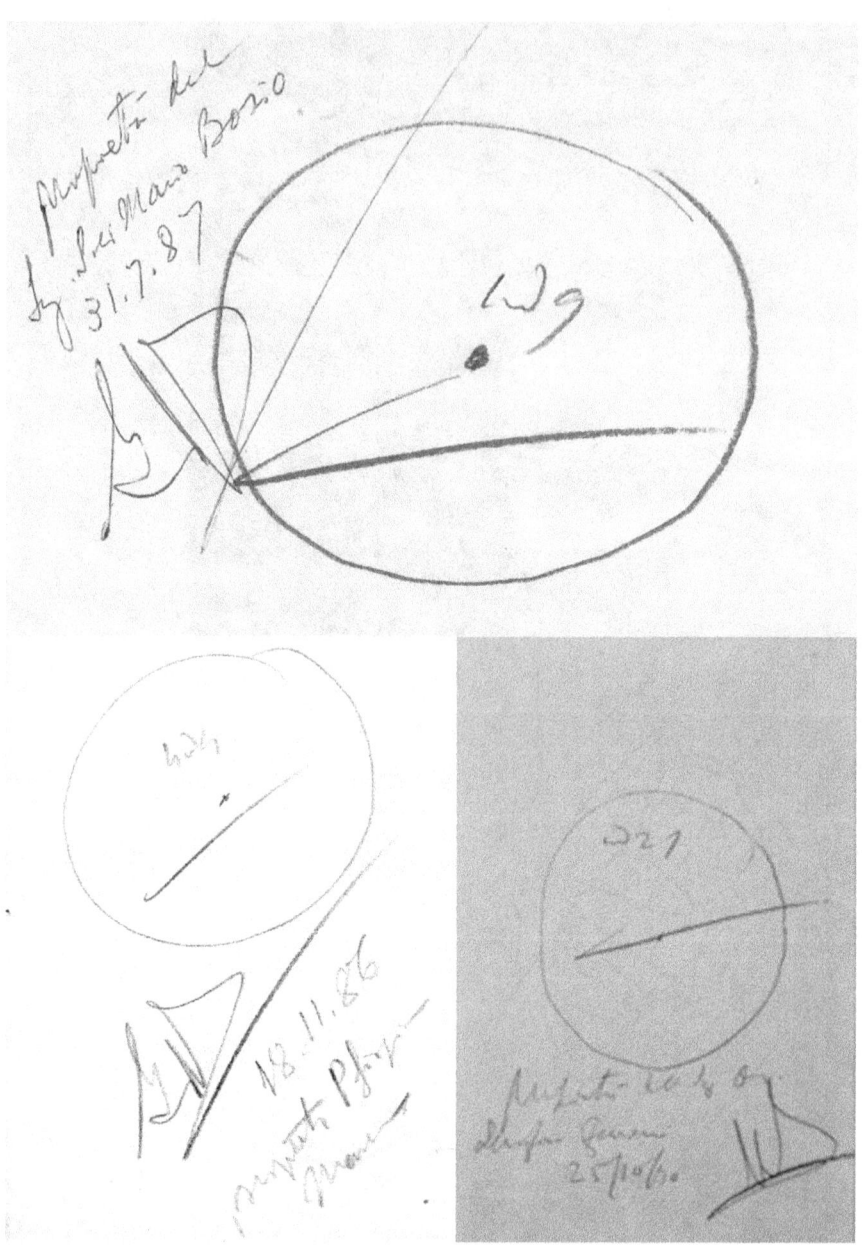

XII

Tre esperimenti di precognizione.
In alto: "Proprietà del Sig. Piermario Brosio - 31.7.87" (IX-124); sotto:
"18.11.86 - proprietà Piergiorgio Manera";
"Proprietà del Sig. Serafino Ferrari - 25/10/90"

Tav. XIII

Rol con la moglie Elna il 15/11/1973 al matrimonio di Nadia Seghieri e Vittorio Bellati - Cappella dei Banchieri e dei Mercanti, Torino.

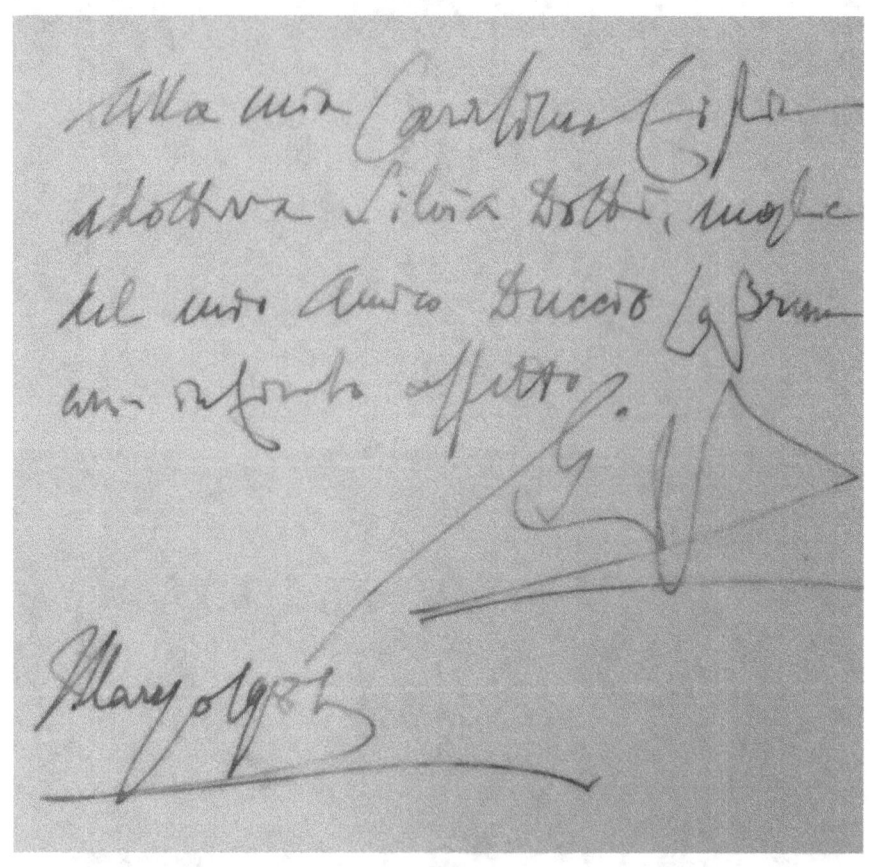

Tav. XIV

Dedica di Rol all'amica Silvia Dotti, con la sorella Clara (foto della pagina accanto) due delle persone che hanno maggiormente frequentato Rol: "Alla mia carissima figlia adottiva Silvia Dotti, moglie del mio amico Duccio La Bruna con profondo affetto - Marzo 1981"

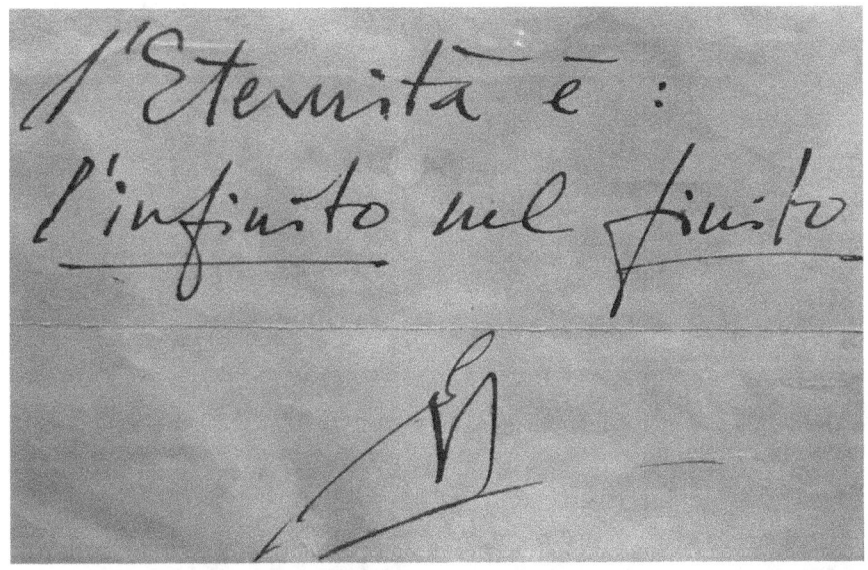

Tav. XV

Rol al tiro a segno con l'amica Clara Dotti. In alto: scritto autografo di Rol degli anni '70 (per gentile concessione di M. T. Chiapponi)

Tav. XVI

Prescrizione medica e dietetica fatta da Rol ad A. Vicario (XLV-9ª)

XVII

Dall'alto: la cartolina del 1919 trovata da P. Scotto (XLIX-58) messa a confronto con una foto di F.A. Ravier del 1875 e l'*Autoritratto* di Rol del 1987.

Tav. XVIII

La cartolina del 1919 inviata da Via Rol, e il dettaglio delle immagini di cui alla tav. precedente.

XIX

In alto: disegno pubblicato nel 1973 sulla rivista *Scienza e ignoto*. referente al prodigio della carta che si trasforma testimoniato da Fellini (XXXVI-4). Sotto: le carte passate da ago e filo (recto e verso) di Fè d'Ostiani (V-157)

Tav. XX

In alto: da sinistra: Luigi Bazzoli, Severina Gaito, G.A. Rol, Nuccia Visca, Aldo Provera, Alfredo Gaito e Giorgio Visca. In basso: Rol con la moglie Elna e il dott. Gaito (foto di G. Milani, 1978, © Archivio Franco Rol)

XXI

Il dott. Alfredo Gaito, amico e medico curante di Rol, fotografato a casa di Rol nel 1978, vicino alle due statuette romane "che si muovevano da sole" (© Archivio Franco Rol)

XII

Rol a casa di amici negli anni '70. Alle sue spalle un suo dipinto di rose. sul tavolo un ritratto di Napoleone (© Archivio Franco Rol)

www.ingramcontent.com/pod-product-compliance
Lightning Source LLC
Chambersburg PA
CBHW070005010526
44117CB00011B/1433